U0401996

☆美国名校学生喜爱的心理学教材☆

人格心理学

经典理论和当代研究

PERSONALITY
Classic Theories and Modern Research
6th Edition

原书第6版

[美] 霍华德·S. 弗里德曼（Howard S. Friedman）
米利亚姆·W. 舒斯塔克（Miriam W. Schustack） 著 王芳 等译 许燕 审校

机械工业出版社
CHINA MACHINE PRESS

图书在版编目（CIP）数据

人格心理学：经典理论和当代研究：原书第6版 /（美）霍华德·S. 弗里德曼（Howard S. Friedman），（美）米利亚姆·W. 舒斯塔克（Miriam W. Schustack）著；王芳等译．-- 北京：机械工业出版社，2021.5（2023.5 重印）

书名原文：Personality: Classic Theories and Modern Research, 6th Edition

（美国名校学生喜爱的心理学教材）

ISBN 978-7-111-68009-3

Ⅰ. ①人… Ⅱ. ①霍… ②米… ③王… Ⅲ. ①人格心理学 - 教材 Ⅳ. ① B848

中国版本图书馆 CIP 数据核字（2021）第 097043 号

北京市版权局著作权合同登记 图字：01-2021-1379 号。

Howard S. Friedman, Miriam W. Schustack. Personality: Classic Theories and Modern Research, 6th Edition.

ISBN 978-0-205-99793-0

本书通过对人格心理学八个基本理论取向的阐述，结合本领域最新发展及对时代特色人物的人格分析，启发读者对人性的批判性思考；借助各理论学派创始人的个性特点及理论形成的历史背景，让读者从历史的角度思考人格心理学理论的发展，帮助读者在收获具体知识的同时，了解如何评估假设、理论和研究；借助当代方法下人格各方面的分析研究，使读者对“人”的思考更全面、更科学。

本书适合心理学专业的本科生、研究生及教师使用，也可作为研究人员及管理人员的参考用书。

出版发行：机械工业出版社（北京市西城区百万庄大街 22 号 邮政编码：100037）

责任编辑：蒋雪雅	责任校对：殷　虹
印　　刷：北京建宏印刷有限公司	版　　次：2023 年 5 月第 1 版第 4 次印刷
开　　本：214mm × 275mm　1/16	印　　张：22.25
书　　号：ISBN 978-7-111-68009-3	定　　价：135.00 元

客服电话：（010）88361066　68326294

Foreword | 序

第一次翻译这本书（第4版）是在2010年，10年后的2020年，我们的团队再次翻译了此书的第6版。这一版的翻译工作最终完成时，中国正经历着一个特殊的时期：新冠肺炎疫情在中国大地肆虐，它停滞了我们流动的生活空间，冲破了人们脆弱的心理防线，带来了死亡恐惧、焦虑无助、信息失调、行为慌乱、无所适从、心理枯竭，同时激发了民众在抗击疫情过程中的英勇无畏、协同一致、坚韧沉着、助人奉献。一场灾难全方位地考验着人们的心理、道德与人性等，一批批逆行者——抗击疫情的勇士们涌现出来。每个特殊事件的出现都会检验或凸显某种知识的应用价值，这次灾难让民众自汶川地震后再次体验到心理学在生命救援中的作用，前方与后方都显现出对心理学知识与心理援助的极大需求。

人格心理学作为心理学的一个分支，其知识为何会为民所需，它的作用又凸显在哪里？在第4版的译者序中，我们将人格心理学视为一门人生的哲学，一门深刻的学说，一门实用的科学。学人格知识，思科学谜题；解自我之惑，引人生之路。特别是在灾难与特殊事件中，个人自身的积极或消极心理状态，外部环境中的积极或消极因素，两者交互作用，会对人们的言行产生不同的影响。在突发事件或挫折情境中，人们容易出现差错与失误，而人格心理学知识储备可以帮助我们避免脱轨行为。

人格心理学知识可以帮助我们诠释很多现象，解开谜题，它是描述百态人生的宝典。例如，在疫情面前，我们看到不同人（群）显露出的人格特征的差异性：有人毅然请战，有人脱岗逃离；有人自觉隔离，有人恶意传播；有人倾囊捐款，有人黑心捞钱；有人矫正视听，有人编造谣言。在一个个逆行的医护人员队伍中，有人英勇无畏，有人胆怯恐惧，但是他们都会毫不犹豫地出发，因为职业使命让他们义无反顾，这就是职业性格。关键时刻，尽显人性的善与恶，人格的美与丑。为什么同一情境中的人会有个性差异？人格的特质理论会帮助你分析不同人的差异性特征。疫情中人为什么会出现死亡恐惧？精神分析理论会告诉你有关死本能的知识。不确定环境中的人为什么会轻信谣言？认知学派会为你剖析缘由。灾难时期为什么会出现抢购现象？行为主义和社会学习理论会说明从众行为的原理……书中的人格心理学知识会给你很多问题的答案。

人格心理学知识深奥又厚重，理论流派纷繁不一，很多心理学前辈，如弗洛伊德（Freud）、荣格（Jung）、霍尼（Horney）、马斯洛（Maslow）、华生（Waston）、凯利（Kelly）等，都为人格心理学贡献过很多思想，学习时需要投注较多的认知能量。因为心理学知识是为人生服务的，人格心理学是一门人生的哲学，所以需要阅读者边学习、边思考、边领悟其中的奥妙。但是，这本书的特色是能给人一种简洁又清爽、流畅又清新的感觉，将浓缩的精华通俗地展现于读者的眼前。其风格非常适合初学者或非心理学专业人员学习。新版教材还增加了很多新的内容，特别是引入了对当今进展性研究的介绍，将经典观点与新近成果结合，理论与应用融合。作者遵循与时俱进的原则，用新案例替换旧例子，用新成果验证经典理论，还加入了一些运用新方法和脑神经科学获得的研究结论，丰富了本书的实证内涵与科学价值。另外，作者丰富了各章的专栏，以更多元的角度和展示形式来帮助读者理解知识。第 6 版内容的更替与添加，使人格心理学知识得以更加富有魅力地显现，让学习者可以更加快速且有效地理解知识、运用知识、服务人类。

本书的翻译队伍来自北京师范大学心理学部人格与社会心理学实验室，成员均为人格心理学研究者。第 4 版译者包括王芳、蒋奖、陈咏媛、张燕、王萍萍、王中会、王荣、王卓、张迪帆、张雯、鲁峥嵘、谭树华、杨浩铿、辛霞、贾慧悦、郁笑铮等。由于第 6 版与第 4 版相比，内容变化很大，我们对本书进行了重新翻译，参加翻译工作的有王芳、蒋奖、肖丽娟、成磊、周璇、李雅雯、郝明阳、赖斯羽、余涵萱。最后由本人与王芳对全书进行了统校与修改工作。

将全部的职业生涯投身于人格心理学研究与传播，积累了 30 多年专业思考的我，真诚希望大家能够：学人格知识，看人生百态，观世间风云，辨真伪善恶，思人生真谛，戒污行秽言，助自我完善，扬人格魅力！

许　燕

写于海南三亚红塘湾

2020 年 02 月 20 日

Preface | 前言

我们为本书前五版的成功感到高兴。很多老师与学生告诉我们，他们喜欢本书对经典理论的解读，也喜欢其中对现代研究趋势的介绍，包括人格与文化、进化、自我、性别、人 – 情境交互作用、积极心理学的研究等。我们展示了经典如何被挖掘，如何与现代研究相联系，如何与当下的现实挑战发生新鲜的对接。因此，虽然本书是过往人格心理学教材自然发展的结果，但在某种意义上也是全新的——经典理论在现代研究的审视下得到全新的阐释与考量。

本书具有七个突出的特点，使其有别于同类教材。

第一且最重要的是，本书能启发对人性的批判性思考。学生不仅将收获具体的知识，还将学习到如何评估假设、理论和研究。虽然本书轻松有趣、通俗易懂，但读者不要被误导，事实上我们坚持了科学与学术的最高标准。我们的目标之一便是令学生在多年后回忆起来，依然会认为“这本书帮助我塑造了我的人生”。学生确实给予了这本书很高的评价，认为它清晰明了且发人深省。

第二，本书致力于在八个基本的人格理论取向（精神分析、自我、生物学、行为主义、认知、特质、存在 – 人本主义 – 积极心理学、情境 / 交互作用）间实现某种一致与平衡。我们认为人类的复杂性源于各种因素，包括生物天性、早期经验、认知结构、强化、情境要求、自我实现动机等。某种取向总是正确而另一种总是错误的观点并不可取，每个取向对于理解人格都有作用。因此，我们采取乐观的策略，既聚焦于每种理论取向的贡献，又检视它们的局限。

第三，本书将理论与研究相结合。虽然我们经常用人格理论家的生活来举例，但读者应该更关注知识内容而非人物传记。那些历史上少有人关注且没有价值的理论不在本书的讨论范围内。新近研究与其原初理论在本书中获得了有机整合。例如，我们将当代认知取向对潜意识的探讨作为经典精神分析一章的结尾。类似地，亨利 · 莫瑞（Henry Murray）和哈利 · 沙利文（Harry Sullivan）的理论为当代交互作用论奠定了基础，卡尔 · 罗杰斯（Carl Rogers）和亚伯拉罕 · 马斯洛（Abraham Maslow）是积极心理学的先驱。我们致力于描述经典理论家的精彩见解，同时也展示现代研究如何检验和发展他们的理论。自始至终，我们都贯彻着本书书名——《人格：经典理论和当代研究》的宗旨。

第四，我们保留并扩展了文化、性别这些在传统教科书中常被忽视的主题。在讨论过程中，我们关注的是科学性、逻辑性，而非政治正确性。例如，我们指出测验偏见的存在，但并非否定所有测验；我们阐述每一个理论家的文化局限性，但不存在对任何人的轻蔑，我们也是自己所处时代和文化的产物。这些充满时代感的主题贯穿全书，在不同的章节被探讨，以适用于如今越来越多元的社会与学生。

第五，本书用评估和整合的方式为对人格问题的思考提供了一套具有联结性和反思性的方法。本书致力于帮助学生认识到人格与他们的人生及社会重要问题密切相关。例如，关于生物因素对人格的重要影响，正如不能忽略行为遗传学和脑生理学领域的新进展一样，现代优生运动的危险性也被纳入书中，供学生思考和讨论。同样，有宗教背景的大学生想知道人格心理学如何理解他们的信仰。不同理论取向或多或少都包含相应的假设观点和价值倾向，而我们不断鼓励学生去思考这些与他们个人的关系。这本书就是在讲述有关人类特性的故事。

第六，本书最后几章涉及个体差异相关理论的实践应用，如帮助学生理解仇恨和恐怖的来源。人格研究和理论与当下社会对性别差异、健康差异、文化差异、宗教、爱、仇恨等的思考密切相关。

第七，本书试图促使人格回归人格。我们努力延续通过丰富实例激发学生兴趣的写作风格，因为学生只有在对学习材料真正感兴趣的情况下，才能有所收获。但是对写作风格的重视并不意味着丢失科学的精确性。正如某书评者所说："对于第一次涉足人格领域的学生而言，这本教材在从现实层面上呈现人格方面做得独到且优秀。"

本书囊括了大量现代研究，但并不只是新近研究发现的窄化或冗长的汇总。比起包罗万象，我们更愿意认为它是引人入胜的。如今，美国、加拿大、澳大利亚、南美洲、印度和欧洲等地的数百门课程都已使用本书作为教材。

总之，我们致力于使本书清晰和流畅、一致和平衡，具有理论和实证的准确性、文化敏感性和科学性，能兼顾整体和局部、基础与应用以及对批判性思考的促进。这些目标虽然宏大，但我们认为值得为了学生而做得更好。

本书包含八个重要专栏。

- 从经典到现代：在每种取向中展示经典观点如何引发现代研究。
- 自我了解：为学生提供自我测评的样例。
- 人格改变：对学生提出人格是否能够改变这一挑战性问题。
- 名人的人格：用名人举例来阐释某些概念。
- 历史脉络：帮助学生理解理论的发展及其社会和科学背景。
- 思维训练：提出争议，激励学生将人格心理学知识应用于对社会中重要问题的理解，也可能设置写作练习，促使学生创造与思考。
- 观点评价：简述每一种理论取向的主要优势和局限。
- 它为什么重要：分散于各章的简要评论，旨在回答一个潜在的问题——一个概念或方法为什么值得关注。

第 6 版新增内容

所有的章节都更新了当代研究的新发现。这些新发现进一步阐明了经典理论的启示，能帮助我们理解"作为一个人意味着什么"。

为了便于当今学生学习和理解，第 6 版更新了案例和插图。

第 6 版还与时俱进，为当今精通媒体技术的学生提供了重要的多媒体学习材料。

第 6 版延续和发展了以往的优势，即讨论的话题面向多样化的本科生，无论这样的多样性来自种族、文化、性别、年龄、宗教还是政治等层面，以促进学生的思考和理解，这对个体和社会发展至关重要。

第 6 版还详尽讨论了决定论、学习和选择等重要主题，以帮助学生理解何时、何处及为何个体和社会将发生改变。

第 6 版也对参考文献进行了更新，方便读者对感兴趣领域的新兴发展进行探索。

具体更新内容

- 第 1 章：增加克拉克·洛克菲勒（Clark Rockefeller）的例子，说明自我和认同在人格心理学中的重要性。
- 第 2 章：增加基于媒体及网络大数据进行的人格研究，同时补充对于叙事取向的讨论。
- 第 3 章：加入精神分析的现代案例。
- 第 4 章：更新新精神分析的研究成果，并补充认同和自我的相关材料。
- 第 5 章：更新促进人格理解的脑科学研究的内容，增加遗传学的新研究成果。
- 第 6 章：深入分析行为主义和学习方面的例子。
- 第 7 章：阐明并更新社会认知取向的人格研究。
- 第 8 章：更新特质跨文化普遍性的例子及目前对特质的理解。
- 第 9 章：增加人本主义和存在主义人格研究的新例子，以及关于成熟原则和创伤后成长的内容。积极心理学、心盛和享乐适应的内容也得到补充。
- 第 10 章：增加同辈对人格的影响、延迟满足和情境选择的内容。
- 第 11 章：增加关于性别差异（包括生理性差异和社会性差异）的新研究。
- 第 12 章：增加关于痛苦和健康的内容，更新从长寿研究中得到的关于人格、幸福感和健康的新发现，完善自愈性人格的内容。
- 第 13 章：增加文化与人格的相关内容（以及主位研究与客位研究的区别），更新关于双文化主义的研究。
- 第 14 章：更新有关荣誉与攻击性、人格与爱的内容。
- 第 15 章：更新对未来发展的讨论，增进对“作为一个人对人生和社会意味着什么”的讨论，重申杰出人格研究者的首要动机是对探索“是什么让我们成为我们”以及“为什么我们为我们所为”的热爱。

致谢

非常感谢协助我们编写此书的诸位杰出的学者与学生：Dr. Veronica Benet-Martínez，Dr. Kelly Huffman，Dr. Nancy Lees，Dr. Leslie Martin，Patricia Lee，Dr. Terry Allison，Dr. Raymond D. Collings，Dr. Peter Hickmott，Dr. Kathleen McCartney，Dr. Glenn Stanley，Dr. Dan Ozer，Dr. Mike Furr，Dr. Kathleen Clark，Dr. Jessica Dennis，Jhoshua Friedman，Dr. Ryan Howell，Dr. Charlotte C. Markey，Joya Paul，Aarti Ramchandra Kulkarni，Josephine Haejung Lim，Dr. Angela Minhtu Nguyen，Jason Pache，以及其他为编写此书做出贡献的人们。由于这本书是以学生为导向的，因此让学生参与到它的发展中是非常合适的。

Will Dunlop 教授阅读了整本书的原稿，为本书做出了巨大贡献。

感谢帮助我们改善这个版本的评审专家，也感谢前五版的评审者。幸得各位的建议，我们才能不断对此书进行优化。感谢所有人的帮助！

热烈欢迎老师和学生为新版本提供反馈和建议。

霍华德·S. 弗里德曼

米利亚姆·W. 舒斯塔克

作者简介 | About the Authors

霍华德 · S. 弗里德曼（Howard S. Friedman）是美国加利福尼亚大学河滨分校杰出的心理学教授，研究领域是人格与健康。弗里德曼博士曾荣获加利福尼亚大学河滨分校优秀教学奖，2000 年荣获美国西部心理学会（WPA）授予的“杰出教师奖”。他还获得了“伊丽莎白 · 赫洛克 · 贝克曼奖”，该奖项表彰那些激励学生使社会发生改变的人。他于 2007—2008 年荣获了美国心理科学协会（APS）颁发的“詹姆斯 · 麦基恩 · 卡特尔奖”，该奖项表彰那些在应用心理学研究领域做出终身杰出贡献的心理学家。弗里德曼博士是美国科学促进学会（AAAS）和行为医学研究学会（ABMR）的会员，同时也是《心理健康百科》(*Encyclopedia of Mental Health*) 的主编。弗里德曼博士还是耶鲁大学的荣誉毕业生，并在哈佛大学获得博士学位。

米利亚姆 · W. 舒斯塔克（Miriam W. Schustack）是美国加利福尼亚州立大学圣马科斯分校的心理学教授，研究领域是个体差异和计算机在学习中的使用。她曾作为学术评议会主席和代理院长于美国教育委员会工作。舒斯塔克博士曾参与和领导了加利福尼亚州立大学圣马科斯分校的荣誉课程（CSUSM's Honors Program），并参与建立和推广服务学习（Service Learning）。她曾任教于哈佛大学，并荣获普林斯顿大学的荣誉毕业生称号，分别在耶鲁大学和卡耐基 – 梅隆大学获得了硕士学位和博士学位。

Contents | 目录

序
前言
作者简介

第1章 什么是人格 1

1.1 人格与科学 2
○人格理论从何而来 4
1.2 人格理论观点概览 5
1.2.1 人格心理学研究的八大取向概述 5
1.2.2 各个理论取向的人格观点是迥然不同的吗 6
1.3 人格心理学简史 6
1.3.1 戏剧与自我展示 6
1.3.2 宗教 8
1.3.3 进化生物学 8
1.3.4 测评 9
1.3.5 现代理论 10
1.4 人格研究中的基本问题：潜意识、自我、独特性、性别、环境和文化 12
○人格是一个有用的概念吗 13
1.5 情境下的人格 13

第2章 人格测量与研究 16

2.1 测量人格 17
2.1.1 信度 18
2.1.2 结构效度 20
2.2 偏差 21
2.3 各种人格测量 23
2.3.1 自我报告测验 24
2.3.2 Q分类测验 25
2.3.3 他人评定 25
2.3.4 生理测量 27
2.3.5 行为观察 28
2.3.6 访谈 29
2.3.7 表达性行为 30
2.3.8 档案分析和传记研究 30
2.3.9 投射测验 32
2.3.10 人口统计学和生活方式信息 33
2.3.11 社交媒体在线网络分析和大数据 34
2.3.12 是否存在一种测量人格的最佳方法 34
2.4 哪些方法无法测量人格 35
2.5 研究设计 36
2.5.1 个案研究 36
2.5.2 相关研究 37
2.5.3 实验研究 37
2.6 人格测验的伦理 38

第3章 精神分析取向的人格理论 41

3.1 精神分析的基本概念 42
3.1.1 潜意识和治疗技术 43
3.1.2 心理结构 44
3.2 性心理发展 46
3.2.1 口唇期 47
3.2.2 肛门期 47
3.2.3 生殖器期 48
3.2.4 潜伏期 50

3.2.5 生殖期 50
3.3 男性与女性 51
3.4 防御机制 52
3.4.1 压抑 53
3.4.2 反向形成 55
3.4.3 否认 57
3.4.4 投射 57
3.4.5 替代 58
3.4.6 升华 58
3.4.7 退行 59
3.4.8 合理化 60
3.5 跨文化问题 60
3.6 弗洛伊德精神分析理论的主要贡献和局限 61
3.7 实验心理学带来的现代发展 63
3.7.1 潜意识情绪和动机 64
3.7.2 自由意志的错觉 64
3.7.3 记忆增强 65
3.7.4 幼事遗忘 66
3.7.5 记忆 67
3.7.6 遗忘症 68

第 4 章 新精神分析和自我取向的人格理论 71

4.1 卡尔·荣格——自我 72
4.1.1 荣格理论的背景 72
4.1.2 荣格的分析心理学 73
4.2 阿尔弗雷德·阿德勒——个体心理学 77
4.2.1 阿德勒与弗洛伊德理论的不同点 77
4.2.2 阿德勒的个体心理学 77
4.3 卡伦·霍尼——文化和女性心理学 80
4.3.1 反对阴茎妒羡 81
4.3.2 基本焦虑 82
4.3.3 自我 82
4.3.4 神经症性的应对策略 82
4.3.5 霍尼对精神分析的贡献 83
4.4 安娜·弗洛伊德和海因兹·哈特曼——自我论述 83
4.5 客体关系理论 84
4.5.1 玛格丽特·马勒的共生论述 85
4.5.2 梅兰妮·克莱恩和海因茨·科胡特的关系论述 85
4.5.3 客体关系理论的贡献 86
4.6 埃里克·埃里克森——人生全程的自我认同和认同危机 87
4.6.1 埃里克森生平 87
4.6.2 自我认同形成和自我危机 87
4.7 自我认同的现代理论观点 91
4.7.1 个人和社会认同 91
4.7.2 目标和人生任务的作用 93
4.7.3 可能自我和追寻有意义的生活 93

第 5 章 生物学取向的人格理论 97

5.1 直接的遗传效应 98
5.1.1 自然选择与功能主义 98
5.1.2 安格曼综合征 99
5.1.3 行为基因组学 99
5.2 气质的遗传效应 100
5.2.1 活动性、情绪性、社交性、冲动性 101
5.2.2 艾森克的神经系统气质模型 101
5.2.3 格雷的强化敏感性人格理论 102
5.2.4 感觉寻求与成瘾倾向 102
5.3 双生子作为数据来源 104
5.3.1 弗朗西斯·高尔顿爵士的双生子研究 105
5.3.2 明尼苏达大学的双生子研究 105
5.3.3 教养及非共享环境差异 107
5.3.4 表观遗传学 108
5.3.5 精神分裂症、双相情感障碍、抑郁症 109
5.4 性别认同与性取向 110
5.4.1 生殖优势 111
5.4.2 激素与经验 112
5.5 生物因素的调节作用 113
5.5.1 环境毒素的作用 113

5.5.2 生理疾病的作用 114

5.5.3 合法与非法药物的作用 115

5.6 环境创设的作用 116

○向性 117

5.7 他人反应的作用 118

○外表吸引力的刻板印象 118

5.8 社会生物学 119

○灰姑娘效应 120

5.9 达尔文主义与社会达尔文主义 120

5.9.1 文化、纳粹主义和“优越的种族” 121

5.9.2 人类基因组与优生学 121

第6章 行为主义与学习取向的人格理论 124

6.1 人格的经典条件反射 125

6.1.1 刺激反应的条件化 125

6.1.2 条件反射的行为模式 126

6.1.3 消退过程 126

6.1.4 神经质行为的条件化 126

6.1.5 条件反射原理应用的复杂性 126

6.2 行为主义取向的起源 127

6.2.1 拒绝内省法 127

6.2.2 恐惧条件反射和系统脱敏 128

6.3 斯金纳激进的行为主义 129

6.3.1 用操作性条件反射来描述人格 131

6.3.2 强化控制 131

6.3.3 斯金纳行为主义的乌托邦 132

6.4 行为主义的应用 134

○内在过程、外在因果和自由意志 134

6.5 其他学习取向的人格理论 137

6.5.1 内驱力的作用 137

6.5.2 社会学习理论：多拉德和米勒 138

6.5.3 习惯层级 138

6.5.4 驱力冲突 140

6.5.5 育儿模式和人格 140

6.5.6 现代的行为主义取向 141

6.6 评价 141

第7章 认知与社会认知取向的人格理论 144

7.1 认知取向的根源 145

7.1.1 格式塔心理学的根源 145

7.1.2 柯特·勒温的场论 146

7.1.3 认知风格变量 146

7.2 认知与知觉机制 148

7.2.1 图式理论 148

7.2.2 类别化 149

7.2.3 注意控制 150

7.2.4 注意的个体差异：注意缺陷多动障碍 150

7.2.5 认知对人际关系的影响 152

7.3 人人都是科学家：乔治·凯利的个人建构理论 153

7.3.1 人人都是业余人格理论家 153

7.3.2 角色建构库测验 153

7.4 社会智力 154

7.5 作为人格变量的解释风格 155

7.5.1 乐观主义和悲观主义 156

7.5.2 习得性无助和习得性乐观 157

7.6 朱利安·罗特的控制点理论 158

7.6.1 泛化期望和特定期望 158

7.6.2 强化和心理情境的作用 158

7.6.3 控制点 158

7.7 阿尔伯特·班杜拉的社会认知学习理论 159

7.7.1 自我体系 159

7.7.2 观察学习 159

7.7.3 自我效能感 162

7.7.4 自我调节过程 164

7.8 如同计算机一样的人 164

第8章 特质取向的人格理论 168

8.1 特质取向的历史 169

8.1.1 荣格的内外倾理论 171

8.1.2 统计学的应用 171
8.1.3 Q数据、T数据、L数据和16 PF 171
8.2 高登·奥尔波特的特质心理学 173
8.2.1 文化的重要性 174
8.2.2 机能对等 174
8.2.3 共同特质 174
8.2.4 个人禀赋 175
8.3 当代特质取向：大五人格 176
8.3.1 大五人格模型是如何发展的 176
8.3.2 职业生涯和其他重要生活结果 179
8.3.3 五个是多还是少 181
8.3.4 艾森克的大三理论及其他 182
8.3.5 艾森克理论的证据 184
8.4 人格判断 184
8.4.1 人格判断的一致性 185
8.4.2 特质概念的局限性 186
8.5 类型 187
8.6 动机 187
8.6.1 动机的测量 187
8.6.2 特质的动机取向 188
8.7 表达风格 189
8.7.1 情感表达 190
8.7.2 支配性、领导力与影响力 191
8.7.3 表现力与健康 191

第9章 人本、存在和积极取向的人格理论 194

9.1 存在主义 195
○现象学观点 196
9.2 人本主义 197
9.2.1 创造力和心流 197
9.2.2 与他人的关系定义我们的人性 197
9.3 爱是生活的核心：埃里克·弗洛姆 198
9.3.1 爱的艺术 198
9.3.2 辩证的人本主义 199
9.3.3 是否有证据支持弗洛姆的观点，如“焦虑的时代” 199
9.4 责任：卡尔·罗杰斯 200
9.4.1 成长、内在控制和正在体验着的人 200
9.4.2 罗杰斯治疗和成为你自己 201
9.5 焦虑和恐惧 202
9.5.1 焦虑、威胁和无力 203
9.5.2 个人选择 204
9.6 自我实现 205
9.6.1 荣格思想中关于自我实现的早期观点 205
9.6.2 高峰体验 205
9.6.3 自我实现的内在驱动力 206
9.6.4 马斯洛的需要层次 207
9.6.5 自我实现的测量 208
9.7 幸福和积极心理学 210
9.7.1 积极心理学 211
9.7.2 美国悖论和享乐适应 211
9.7.3 心盛与PERMA模型 212
9.8 对存在-人本主义取向的进一步评估 213

第10章 人-情境交互作用取向的人格理论 217

10.1 人际精神病学 218
10.1.1 人际精神病学与精神分析理论的对比 219
10.1.2 人格是一种人际交往模式 219
10.2 动机和目标 220
10.2.1 人学系统 220
10.2.2 主题 221
10.2.3 叙事取向 222
10.3 现代交互作用取向的开端 223
10.3.1 米歇尔的批评 224
10.3.2 米歇尔的理论 225
10.3.3 特质的效度 226
10.4 情境的力量 227
10.4.1 特质相关性及情境的“人格” 227
10.4.2 跨情境的平均一致性 228
10.4.3 镜像神经元 229

10.4.4 个人与社会情境 229
10.4.5 寻找和创造情境 230
10.5 纵向研究的重要性 231
10.5.1 生命历程取向 233
10.5.2 准备状态 235
10.6 交互作用和发展 236
○难以预测的人类行为 237

第11章 性别差异 239

11.1 男性和女性存在差异吗 240
○性别差异的证据 241
11.2 人格性别差异简史 242
○19世纪的观点 243
11.3 性别差异的生物学影响 243
11.3.1 孕期性激素对性别行为的影响 243
11.3.2 性激素在青春期及之后的影响 245
11.4 从八种理论视角看人格的性别差异 245
11.4.1 精神分析取向 246
11.4.2 新精神分析取向 247
11.4.3 生物/进化取向 248
11.4.4 行为主义取向 250
11.4.5 认知取向 250
11.4.6 特质取向 251
11.4.7 人本主义取向 253
11.4.8 交互作用取向 254
11.5 性别差异的跨文化研究 256
11.6 爱和性行为 256

第12章 压力、调适和健康差异 259

12.1 疾病倾向人格 260
12.1.1 健康行为与健康的环境 261
12.1.2 病人角色 263
12.1.3 疾病引起的人格改变 263
12.1.4 素质–应激 264
12.1.5 人格障碍 265
12.1.6 压力、调适和健康研究的新近发展 267
12.2 人格、冠心病倾向和其他疾病 267
12.2.1 A型行为模式和易怒的挣扎 267
12.2.2 放弃 268
12.2.3 其他疾病 269
12.3 人类白蚁 269
12.3.1 尽责性 270
12.3.2 社交性 270
12.3.3 愉悦 271
12.3.4 压力下的“白蚁” 271
12.3.5 心理健康 272
12.4 责备受害者 272
12.5 自愈型人格 273
12.5.1 控制、投入和挑战 273
12.5.2 信任和奉献 274
12.6 自愈型人格的人本和存在主义观点 275
12.6.1 成长导向 275
12.6.2 认同、道德和目标 276
12.6.3 连续感 276

第13章 文化、宗教与族群 279

13.1 群体影响 280
○文化效应 281
13.2 人格与文化研究的历史 281
13.2.1 文化人类学的贡献 281
13.2.2 主位研究法与客位研究法 283
13.3 集体主义与个体主义 283
13.4 科学推断的偏差 284
13.4.1 以族群来区分群体的缺陷 285
13.4.2 美国困境 286
13.5 宗教 287
13.6 社会经济对人格的影响 288
○卡尔·马克思和异化 289
13.7 语言——一种文化影响 290
13.7.1 语言和认同 290
13.7.2 通过共享语言创造文化 290
13.7.3 语言作为政治 290
13.7.4 语言和思想 291

13.7.5 双语者 292
13.7.6 语言和社会互动 292
13.7.7 性别和语言 293
13.8 文化和测验 294
13.8.1 文化无关和文化公平测验 294
13.8.2 刻板印象威胁 295
13.9 人格与文化的通用模型 296
13.9.1 将文化融入人格理论 297
13.9.2 文化和人性 297
13.9.3 文化和理论 299
13.10 近来的研究方向 300
13.10.1 情境诱发文化差异 300
13.10.2 族群社会化 301

第 14 章 爱与恨 303

14.1 仇恨人格 304
14.1.1 仇恨的生物学解释 304
14.1.2 仇恨的精神分析观点 307
14.1.3 仇恨的新精神分析观点 307
14.1.4 仇恨和威权主义 309
14.1.5 仇恨的人本主义观点 310
14.1.6 仇恨特质 311
14.1.7 仇恨的认知观点 311
14.1.8 仇恨的学习理论 312
14.1.9 仇恨的文化差异 313
14.2 仇恨的评估 313
14.3 爱的人格 314
14.3.1 爱的精神分析解释 315
14.3.2 爱的新精神分析解释 316
14.3.3 爱的认知观点 316
14.3.4 爱的人本－存在主义观点 316
14.3.5 爱的文化差异 318
14.3.6 特质与交互作用的观点 318
14.4 爱的歧途 319

第 15 章 人格何处寻 322

15.1 人格的美丽新世界 323
15.1.1 药物与人格设计 323
15.1.2 乌托邦世界与奖惩的滥用 324
15.1.3 基因超人 324
15.1.4 我可以改变自己的人格吗 325
15.1.5 人格心理学的一些应用 326
15.2 再次审视人格研究的八种理论取向 326
15.2.1 哪种观点是正确的 328
15.2.2 只有这八种取向吗 328
15.2.3 这些取向可以合并吗 328

术语表 330
参考文献[⊖]

⊖ 参考文献为在线资源，请访问华章网站 www.hzbook.com 下载。

CHAPTER

第1章

什么是人格

> **学习目标**
>
> 1.1 展示如何用科学方法深入理解人格
> 1.2 介绍人格心理学研究的八大基本取向
> 1.3 讲述人格心理学的发展史
> 1.4 解释人格心理学的基础术语和概念
> 1.5 阐明情境对于理解人格的重要性

那个自称克拉克·洛克菲勒的人显然是个大骗子。他凭借谎言平步青云，最后被打回原形。故事开始于1978年，一个德国青年通过撒谎入境美国，并成功找到了愿意接纳他同住的人。他喜欢看电影《梦幻岛》（*Gilligan's Island*），尤其喜欢超级富翁瑟斯顿·霍威尔三世（Thurston Howell III）这个角色。不久后，他娶了一名来自威斯康星州的女性，凭此获得了永久居留美国的绿卡。随后他出发去了好莱坞。他声称自己是皇室成员，一路行骗，直至混入上流社会，每个人都深信他是个大人物。他在加利福尼亚与一对情侣一起居住，而这对情侣于1985年不幸失踪。最后他去了纽约，设法混进高薪金融圈，并常常出入高级俱乐部。不久后，他娶了一名毕业于斯坦福大学和哈佛商学院的高收入的企业顾问，从此开始走下坡路。女儿诞生后，他的行为变得古怪，于是他的妻子雇用了私家侦探去调查他，过往的“空白”被揭开，两人宣布离婚。再之后，他因绑架女儿被捕，一切都结束了。2013年，克拉克·洛克菲勒（真名为克里斯蒂安·格哈斯雷特（Christian Gerhartsreiter））因谋杀罪被判刑27年。然而直到最后，他都声称自己无罪。

我们该如何理解这样的人？心机、暗黑以及才华的结合，还是灵活多变、适应性强，又或者善于操纵？我们身上也有这些特征吗？究竟是什么塑造了这样一个奇特且危险的人，是他的家庭、早期经历、社会关系以及社会本身吗？

又或者，生物性才是人格的核心？昌（Chang）和恩（Eng）是一对连体双胞胎，腰部上方胸骨附近的一小部分组织把他们连接在一起。1811年，他们出生于当时的暹罗（泰国的旧称），因此当时人们将连体双胞胎称为“暹罗双胞胎”。当然，更科学的说法是“连体双胞胎”，这一状况的出现是由同卵双胞胎的受精卵在分裂过程中分离得不完全导致的。

昌和恩总会引来猎奇的目光。他们在8岁时丧父，之后便去了美国，在那里通过巡回展览自己来谋生。人们对他们议论纷纷，也有人去采访他们。据说，他们俩相处得非常融洽，一方总能“知道”另一方的感受（很多双胞胎都这么说）。后来，两兄弟都结了婚，他们分别组建了家庭，不过只能轮流陪伴自己的妻子，还生了不少孩子。他们住在北卡罗来纳州，在当地很受大家的喜爱。

尽管兄弟二人都很聪明勤奋，然而他们也发展出了不同的反应模式：昌比较易怒，容易感受到压力，而恩则痴迷于读书。后来昌开始酗酒，并患上了中风。再后来，昌死了，当然，几个小时后，恩也随之而去。很显然，昌和恩有诸多共同之处，比如基因，又比如环境。但是，就像其他一些连体双胞胎一样，他们形成了截然不同的人格（Smith，1988）。

这种独特的个性源于什么，又是如何改变和发展的？是什么心理力量塑造了昌和恩？你的男友或女友会成为克拉克·洛克菲勒式的人物吗？在本书中，我们关于个体差异的根源及意义的一系列推断将有助于我们探讨人们如何理解他人，如何与他人交往，以及如何建构社群及社会。

人格心理学关乎一个重要且基本的问题：生而为人到底意味着什么（What does it mean to be a person）？换句话说，我们是如何成为独一无二的个体的？自我的本质是什么？通过系统观察个体的行为方式及其原因，人格心理学家回答了这个有趣的问题。他们关注现实生活中人的思想、感觉和行为，而不是抽象的哲学思辨和宗教反思。诸如利润和亏损、灵魂和精神、分子和电磁等非心理学概念不涉及人格问题。人格是心理学的一个分支领域，人格心理学可以被界定为对致使人们与众不同的心理力量的科学研究。

总体上，我们可以从八个方面理解人格，以揭示个体复杂的本质。第一，个体受潜意识（unconscious）的影响，而潜意识不能时时刻刻被清晰地感知。比如，我们可能会像父母对待我们一样对待他人，却意识不到这是我们想表现得和父母一致的动机在作祟。第二，个体受所谓自我力量（ego forces）的影响，它为我们提供了身份感和“自我”感。例如，我们总想实现行为上的自主性和一致性。第三，个体还是一个生物存在（biological being），具有遗传、物理、生理和气质等属性。人类已经演化了上百万年，每个人都是一个独一无二的生物系统。第四，个体会受到经验和周围环境的制约（conditioned）和塑造（shaped）。环境会使人们形成特定的反应模式，比如，我们都成长于特定的文化之中，文化也是使我们成为我们的重要力量。第五，个体因认知维度（cognitive dimension）不同而异，认知是我们用以思考和解释世界的方式，不同的人会按照不同的方式理解周遭发生的事。第六，个体是特质（traits）、技能（skills）和倾向（predispositions）的集合。毫无疑问，每个人都具有独特的技能和倾向。第七，人类还有精神层面（spiritual dimension）的生活，它使人变得高尚，并去思考存在的意义。人之所以比机器高明，正是因为他们会追求幸福和自我实现。第八，个体的本质是人与环境之间不间断的相互作用（interaction）的结果。以上八个方面将帮助我们界定和理解人格，它们也是本书将着重论述的主题。

1.1 人格与科学

1.1 展示如何用科学方法深入理解人格

现代人格心理学家运用科学推理（包括使用以系

统化方式收集到的证据）来检验理论的正确性，他们的做法具有科学性。通过揣摩陀思妥耶夫斯基的小说《罪与罚》（*Crime and Punishment*）中的主人公拉斯柯尔尼科夫（Raskolnikov）的心理，或者观看莎士比亚创作的戏剧《哈姆雷特》（*Hamlet*），一个人可能也能学到很多关于人格的知识。的确，“莎士比亚创造了人格”这个一度引发了大量争论的观点现在已慢慢被接受了（Bloom，1998）。不过，在经过系统的实证检验后，这些朴素的洞见才能成为科学。就像下文即将讲到的那样，正是科学方法的运用推动了人格心理学思想的百花齐放，而一个优秀的小说家或哲学家做不到这一点。

如何评估人格？求助于占星术，或者看手相，又或者寄望于相面术，比如通过额头形态来推断人格，这些方法显然都靠不住，据此得出的结论是无效的。尽管它们偶尔也能言中，但多数时候闪烁其词、模棱两可。人格心理学则完全不同，通过学习经典理论和现代研究成果获得的关于人格的观点，才是有意义且可取的。

一些科学家认为，严格意义上的科学研究必须是量化的，也就是说，要用数字说话。以相关（correlation）分析为例。相关系数（correlation coefficient）是反映两个测量变量之间关联程度的数学指标。比如，身高和体重呈正相关：在大多数（不是所有）情况下，一个人身高越高，体重就越大。又如，外向性和害羞程度呈负相关（或成反比）：如果一个人外向活泼，那么我们基本可以预测其不会很羞涩。再如，如图 1-1 所示，一个人内向性的程度和他所拥有的好友的数量呈负相关。这样的统计有助于我们量化不同事物之间的关系。不过，相关分析虽然能告诉我们关联性的存在，但并不说明事物间存在因果关系。例如，我们知道肥胖者大多比较快乐，但这种正相关并不能揭示为什么会这样。是某种特殊体质导致他们总是吃得很多并感觉快乐吗？是丰盛的食物和超标的体重本身就会使人感觉快乐吗？还是快乐的人不担心他们的外表，所以不在乎体重增长？又或者体型丰满的人总是假装高兴来隐藏内心的孤独，甚至会因为身边的人大多认为肥胖者本来就很活泼、心态很好，总和他们开玩笑，而感到更高兴？实际上，对于肥胖者为什么更快乐这个问题，还真有一些学者做过科学研究，但至今没有得出一个完整清晰的结论。唯一可以确定的是，肥胖是抑郁症的风险因素之一（Roberts，Strawbridge，Deleger & Kaplan，2003；Roberts，Strawbridge，Deleger & Kaplan，2002）。当众说纷纭时，对人格的科学研究能够帮助我们厘清不同变量间错综复杂的关系。

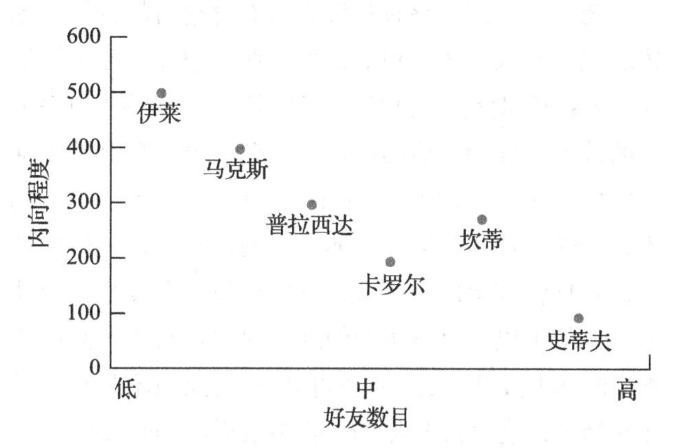

图 1-1　脸书（Facebook）好友数目与内向性之间的关联

注：这些数据显示了内向性与好友数目这一社会网络方面的指标的负相关：一般说来，越内向的人，朋友越少。不过坎蒂是个例外，她很内向，但她拥有的好友数量仍然达到了平均值。这种相关统计可用于评估内向性的建构和测量的有效性。

> **思考一下**
>
> 如何解释这种关联？
>
> 可能是因为史蒂夫性格内向，所以他很少与人交往。也可能是因为他的计算机经常出故障，导致他失去了社交的途径，交不到朋友，继而他变得更加内向。还可能是因为史蒂夫的甲状腺功能异常，这使他看起来超重，于是他变成了一个内向孤独的人；只要他的甲状腺功能恢复正常，其外向性和朋友数量就会增加。在这个基础上，我们可能可以成功推论出因果关系，但我们不能总是根据简单的相关关系来做出判断。

尽管相关分析等统计分析手段对于人格研究非常重要，但它也仅是揭示科学真理的辅助工具。除了相关分析之外，本书还将系统介绍其他分析方法，包括个案研究、跨文化比较和生物结构研究等。通过这些研究方法，我们可以将零碎的观点总结为完整且理论化的学术观点，继而深刻而有效地认识人格。

一个人是活泼外向还是盛气凌人？他是否专注于性吸引和性满足？他的工作习惯是好是坏？他的不安全感来自童年经历吗？他为什么志向远大却眼高手

低？人格心理学将引导我们理解人们为什么会成为他们现在的样子。

人格理论从何而来

第一，许多人格理论源自富有洞察力的思想家细致的观察与深刻的反思。例如，西格蒙德·弗洛伊德花了大量时间分析自己的梦，从而发现了潜藏于自身内部的冲突和冲动。他第一次注意到了患者身上被压抑的性欲力量，从而创立了关于人类心灵的完整理论。基于人与性欲抗争的假设，弗洛伊德详细阐述了他的理论，并且将其运用于实践，以解释临床个案及社会冲突。也就是说，弗洛伊德的理论建立在对于人类内心本质的基本假设之上。从逻辑上看，它是先有假设而后才有结论，故而属于人格研究中的演绎取向（deductive approach）。在演绎的过程中，我们需要借助一些基本的心理学原则，才能理解一个特定的人。

第二，一些人格理论源于系统的实证研究。例如，当我们想了解哪些维度或特质（如外向性）对于理解人格来说是最基本的时，我们可以通过收集许多人与特质相关的行为的观察数据，分析哪些特质是根本的，哪些是不重要的，甚至是多余的。之后，我们可以继续收集相关材料，运用新数据来修正之前的结论。在这种模式中，概念是基于系统收集到的观察结果和数据而被提出的，因此，该模式被称为人格研究中的归纳取向（inductive approach）。归纳是从数据到理论的取向。这两种取向的实质如图 1-2 所示。

第三，人格理论可能来自类推以及借用其他相关学科的概念。以科学家目前正在开展的有关人脑结构和功能的研究为例。通常使用的脑扫描技术有以下几种：功能性磁共振成像（fMRI）技术使用磁场进行扫描；电子计算机体层摄影（CT）技术运用 X 射线来获取活体大脑的详细图片；正电子发射计算机断层显像（PET）技术则能够在人们思考和反应的时候，通过追踪放射性葡萄糖在脑内的分布来显示脑活动的过程。这些技术手段常被用于变态心理学研究，例如寻找精神分裂症或脑损伤患者思维错乱的原因。对于人格研究来说，一方面，如果某一假定的人格模式与已知的大脑结构及功能不一致，就可以被证伪；另一方面，脑扫描技术也提供了一种探索心理组织的新路径。此外，人类学家提供了关于人类进化及文化差异的一些信息。一方面，人类的一些特征（如社会性）是跨越时间和空间而存在的，人类倾向于群居（不管是种族群还是文化群）；另一方面，人类的一些特征在不同文化背景下存在极大的差异，例如对个性的关注程度，美国人重视个人功绩和个性自由（个人主义价值取向），而日本人崇尚和谐，不鼓励个性张扬（集体主义价值取向）。因此，任何人格理论想要成功，必须考虑人类学方面的因素。

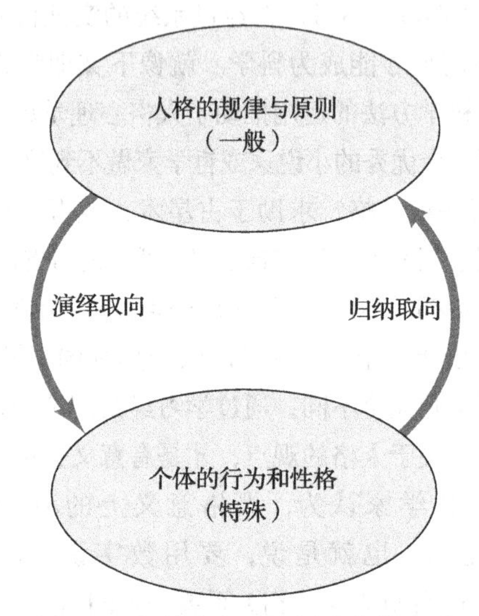

图 1-2 归纳取向和演绎取向的实质

注：演绎常常是由一般到特殊的自上而下的过程。而归纳相反，是自下而上的。研究者从一般知识和特殊观察出发，在一个永无止境的循环中进行工作。而对于那些声称发现了绝对性的人类本质，但只有单一取向的证据的研究，我们要提高警惕。

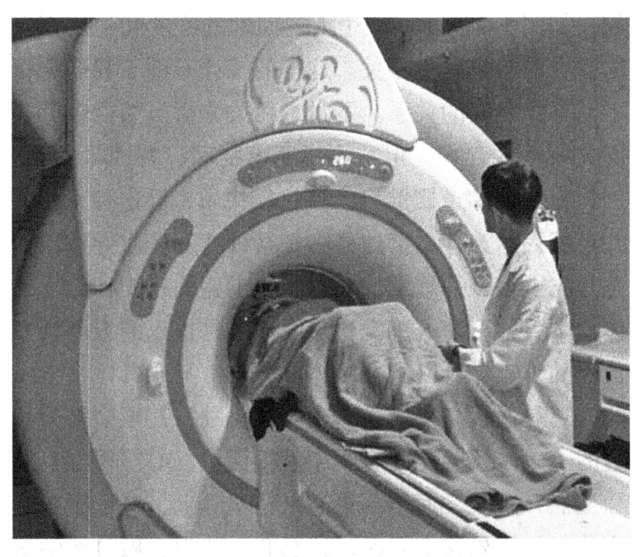

我们通过现代技术，如功能性磁共振成像（fMRI），对大脑的结构和功能进行了更多的了解，从而更加明了生物因素对人格所起的作用。

实际上，几乎所有人格理论都或多或少会包含上述所有取向的元素。这些理论的形成部分通过演绎，部分通过归纳，部分则通过类推。不明白这一点，有时就会导致有趣的误读。例如，第 3 章会介绍弗洛伊德理论的基本观点之一，即男孩子具有“弑父娶母”的情结，对这个冲突的解决将直接影响其成人后的人格。弗洛伊德有关人格的种种推断均可追溯到这一假设。于是，当学过人格心理学的年轻父母看到 4 岁的儿子走进卧室、爬到床上、命令父亲出去时，一定会惊叹不已！他们可能会发出“天哪！弗洛伊德太伟大了！”的感叹。在他们眼中，男孩的行为是证实弗洛伊德理论的依据。然而父母们没有意识到，其实弗洛伊德当年就是通过这种观察来构建他的理论的，因此，其他人能观察到同样的现象一点都不奇怪。和大部分人格心理学家一样，弗洛伊德也是一位观察专家。

这就引出了一个非常重要的观点：不同的人格理论能够预测和解释一些相同的问题。因此，证明一个取向完全“错误”并不容易。在自然科学，比如物理学中，随着认识的发展，从前的观点可能被颠覆，经典的理论框架（如爱因斯坦的相对论）可能被修正，而且年轻一代的科学家很快就能接受这些新的理论（Kuhn，1962）。然而截至目前，人格心理学还没有一个兼容并包，且得到广泛接受与认可的理论框架。这意味着有必要对同一人格现象的多种竞争性解释进行检验，以确认哪一种是正确的。这同时体现出人格心理学的一个基本特征，即拥有一系列极具启发性甚至竞争性的理论观点。此外，在特定领域，某些理论相对其他理论而言具有更好的应用性。鉴于此，我们也会介绍不同理论取向在理解人格时的优势与劣势。一个完善的理论应该是综合的（能解释各种现象）、简明的（解释清晰明了）、可证伪的（能够检测其正确性）和可延展的（能够引发新观点、新假设、新研究）（Campell，1988）。

1.2　人格理论观点概览

1.2　介绍人格心理学研究的八大基本取向

几乎没有人没听说过西格蒙德·弗洛伊德的理论。你或许知道，弗洛伊德认为梦中出现的下列物体象征着男性生殖器官——榔头、步枪、匕首、雨伞、领带、蛇等；而通往灌木丛的小径或花园象征着阴道。脱离当时的时代背景，上述观点纯属无稽之谈，然而弗洛伊德极大地影响了 20 世纪的学术思想。我们将阐述为何他的理论会有如此深远的影响。

尽管许多其他人格理论家和研究者也做出了重要贡献，但关于人格的最好和最新的阐述来自围绕以下主题展开的系统研究：自我的本质、精神生物学、学习理论、特质理论、存在主义取向以及社会心理学等。我们将人格心理学研究的八大基本取向归纳于表 1-1。

1.2.1　人格心理学研究的八大取向概述

潜意识是心理学的研究热点。确实如弗洛伊德所推断，大脑具有复杂的、潜藏的子系统。心灵的另一重要方面是自我，这一点从阿尔弗雷德·阿德勒（Alfred Adler）对自卑情结的探讨到现代的多重自我理论均有体现。人们如何以及为何拥有“自我”感始终是一个吸引心理学家的问题（Dweck，Higgins，& Grant-Pillow，2003）。

正如人们存在身高、体形以及肤色的天然差异，人们的生物系统也或多或少存在着差别。个体独特的

表 1-1　人格心理学研究的八大基本取向

理论取向	主要贡献
精神分析	注意到潜意识的影响；发现了性驱力的重要性（即使在与性无关的方面）
新精神分析 / 自我	强调自我的力量，自我一方面致力于应对内在的情绪和驱力，另一方面还要满足外在他人的要求
生物学	关注由生物遗传引起的倾向性和限制性；适合和其他取向相结合来进行分析
行为主义	对塑造人格的学习经验进行了更加科学的分析
认知	强调人类思维的活跃性；运用现代认知心理学的知识
特质	关注优秀的个体测评技术
人文主义 / 存在主义	推崇个人的精神本性；强调为自我实现和尊严而奋斗
交互作用	认识到在不同情境下的不同自我

情绪和动机模式——通常被称为气质（temperament）会受到多种生物因素的影响。从达尔文时代起，这些因素就受到杰出科学家们的持续关注。如今，进化论和人类基因学取得的新进展也被应用到人格心理学之中。

行为主义及学习理论是人格研究的另一取向。我们将从激进的行为主义心理学家 B. F. 斯金纳（B. F. Skinner）的工作讲起，探讨人格在多大程度上受外部环境影响。人格的认知层面则聚焦于人们在感知和解释周围世界时表现出来的稳定性。我们将看到认知取向渐渐与社会心理学相结合，形成了人格研究的社会认知取向，例如阿尔伯特·班杜拉（Albert Bandura）提出的“自我效能感”（self-efficacy）概念。从 20 世纪中叶开始，人格研究的焦点转向了特质，哈佛大学的心理学家高登·奥尔波特（Gordon Allport）一手创立了备受关注的特质论，之后便一直是人格研究的主流。目前，通过五种基础特质来描述和理解他人的方式的确十分令人着迷，但同样存在局限。

关注自由和自我实现的人本主义及存在主义取向是人格研究的又一流派。我们将从卡尔·罗杰斯（Carl Rogers）富有影响力的作品开始，考察是什么使人类独一无二，更进一步说，是什么使人们感到幸福和自我实现。最后一个取向是人与情境交互作用的取向，这是八大取向中最具现代感的一个。

1.2.2 各个理论取向的人格观点是迥然不同的吗

事实上，所有睿智的人格理论家都曾在著作中论述到人格的不同层面。例如，弗洛伊德的理论非常强调生物学因素，但他同时认可社会力量所起的作用。同样，尽管斯金纳这个激进的行为主义者基本上只在实验室里研究动物的条件反射，但他十分清楚他人对我们生命的巨大影响。本书的目标绝不是将成熟的理论置于狭隘的对抗，而是要从不同视角深入解读人格本质。

哪种人格理论观点是正确的？人受到特质、激素、潜意识动机，还是崇高精神的制约？这个问题不同于“哪种人格理论是正确的？”或“哪个假设是对的？”理论和假设从本质上来说都可以检验或被证明是错误的，也就是说可以被证伪。后文将一一检视许多这样的理论或假设，并且告诉人们它们的哪些方面是错误或值得怀疑的。但现在的问题是：“哪种人格理论观点（perspective）是正确的？”这个问题其实很容易回答：这 8 个观点都是正确的，因为它们每一个都从特定角度提供了对心理学的洞见，以帮助我们了解作为一个人到底意味着什么。换句话说，通过了解这八种观点的优势和不足，我们将受益匪浅。

这一回答并非敷衍。复杂的人性当然需要从多个视角来解读。过分依赖任一研究取向都有失偏颇，因为这样难免会忽视其他研究视角带来的真知灼见。也就是说，每一个取向都将丰富我们对人格的理解。当然，得不到实证支持的所谓“不朽观点”也是不合理的。

写作练习

本书将介绍人格研究的八大理论取向。想一想，它们之间具有内在联系吗？

1.3 人格心理学简史

1.3 讲述人格心理学的发展史

20 世纪初，科学力量和哲学力量交织在一起，为人格心理学的诞生提供了可能。1900 年，弗洛伊德出版了他一生中最重要的著作之一——《梦的解析》（*The Interpretation of Dreams*）。到了 20 世纪 30 年代，现代人格理论逐渐形成。虽然人格心理学的历史还不到一个世纪，但是它的根源可以追溯到人类历史之初。“历史脉络”专栏列出人格心理学历史上重要的里程碑事件，也显示了它们与当时世界重要历史事件之间的关系。

1.3.1 戏剧与自我展示

人格心理学某种程度上源于戏剧。亚里士多德的学生泰奥弗拉斯托斯（Theophrastus）是最早发明人物速写（character sketch）的人之一。人物速写是对某一类人物跨时空稳定特性的简短描述，比如某人是低贱的、整洁的、懒惰的或粗野的（Allport，1961）。古希腊和古罗马的演员通过戴面具来强调他们正在扮演着有别于自己的角色，这也体现了面具之下还有真我的含义。到了莎士比亚时代，面具几乎消失了，人们以扮演各种角色为乐事。莎士比亚在《皆大欢喜》（*As You Like It*）中说道：“世界是个舞台，男男女女都不过是一些演员”（第 3 幕第 7 场）。到这一时期，善妒的国王或被抛弃的情人等角色都可以由不同的人用相似的方式来扮演，因为所有人都知道和了解他们背后基本的人物原型。

历史脉络

人格心理学的发展

人格心理学观点不仅彼此相关，同时与更广泛的社会和文化背景有关。

时间	事件
1959 年	达尔文（Darwin）《物种起源》出版
1861—1865 年	美国内战
19 世纪 80 年代	弗朗西斯·高尔顿（Francis Galton）开始测量个体差异
19 世纪 80 年代	大量移民涌入美国
1900—1921 年	妇女争取选举权
1900 年	弗洛伊德《梦的解析》出版
1905 年	比奈（Binet）和西蒙（Simon）开发了第一个有效的智力测验
1906 年	伊万·巴甫洛夫（Ivan Pavlov）研究神经系统的条件反射作用
1910—1930 年	荣格、阿德勒、霍尼等人完善精神分析
1914—1918 年	第一次世界大战
1917 年	美国军队开始使用人格测验
1919 年	华生创立行为主义
1920—1933 年	库尔特·勒温（Kurt Lewin）在柏林研究格式塔心理学；1933 年为躲避纳粹迫害逃到美国
20 世纪 20 年代	怒吼的 20 年代
20 世纪 30 年代	玛格丽特·米德（Margaret Mead）研究跨文化人格
20 世纪 30 年代	经济大萧条
20 世纪 30 年代	斯金纳研究强化程式
20 世纪 30 年代	亨利·莫瑞发展动机人格学
1937 年	奥尔波特提出特质理论
20 世纪 40 年代	存在主义哲学在美国兴起
20 世纪 40 年代	第二次世界大战和战后的蓬勃发展
20 世纪 40 年代	吉尔福德（Guilford）、卡特尔（Cattell）等人完善测验和因素分析方法
20 世纪 40 年代	心理学家研究法西斯主义
20 世纪 50 年代	实验心理学中认知取向的复兴
20 世纪 50 年代	大学和中产阶级发展
20 世纪 50 年代	罗杰斯、马斯洛和奥尔波特创立了人本主义心理学
20 世纪 60 年代	交互作用论（人与环境交互）取向开始出现
20 世纪 60 年代	公民权利和性解放运动
20 世纪 70 年代	有关性别差异的重大研究
20 世纪 70 年代	女权运动；离婚率上升
20 世纪 70 年代	多元自我、自我监控和社会自我研究；经典理论衰落
20 世纪 80 年代	从社会认知角度研究自我
20 世纪 80 年代	商业复苏；国际贸易
20 世纪 80 年代	现代交互作用模型出现
20 世纪 80 年代	关注文化影响力
20 世纪 80 年代	研究人格与健康；健康心理学被建立
20 世纪 90 年代	人类基因组被破解
20 世纪 90 年代	理论趋于小而精，个人目标和人生道路成为研究主题
20 世纪 90 年代	人格的遗传和进化基础研究的复兴
20 世纪 90 年代	大五人格理论成为核心主题
21 世纪	人格心理学与神经科学、进化生物学及认知心理学相结合
21 世纪	经济高速发展告一段落；世界冲突加剧
21 世纪	人格心理学蓬勃发展，并被应用于健康、伦理冲突和文化等领域

人们在生活中扮演的角色之下是否真的存在着什么？19 世纪，存在主义哲学家索伦·克尔凯郭尔（Søren Kierkegaard）警示说，到了午夜，每个人都不得不摘下自己的面具，面具下的你就会被发现，而不能揭示自己的人就无法去爱。20 世纪，戏剧又迈出了创造性的一步，路易吉·皮兰德娄（Luigi Pirandello，1867—

1936）等剧作家提出新的创作理念，即人物角色可以走到他们的表演行为之外。例如，一个演员可以走出舞台（或银幕），并对戏剧进行评论。突然之间，角色本身似乎成了现实，而现实变成了一系列的幻象。同时，社会哲学家开始考虑相对自我（relative self）的概念：外在面具之下并不存在潜在的自我，所谓“真我”也由面具组成（Hare & Blumberg，1988；G. H. Mead，1968）。这些思考挑战了“存在核心自我或人格”的观念。

戏剧观潜移默化地影响了人格心理学，尤其是对社会情境的重要性的理解。它们也影响了那些致力于探讨“作为一个人到底意味着什么”的存在主义和人本主义心理学家。不过，戏剧终究只是短暂地提供了一些启示，之后，人格心理学开始了对普遍科学法则的追寻。

1.3.2 宗教

人格心理学的另一些观点则可追溯到宗教观念。西方宗教传统（犹太教、基督教、伊斯兰教）认为，人类是神按照自己的形象创造的，自诞生起就面对着诱惑与道德的挣扎，去恶向善是人的天赋使命。在这种传统中，人类的本性被认为主要是精神性的——自落地起就在肉体之中居住着的灵魂。这些观念阻碍着对人格的科学分析，因为在这些观念中，人不是自然的一部分，而是神明秩序的一部分。不过，也有很多现代理论家在尝试将科学理解融入传统观念，比如一些人格心理学家就专门研究宗教对人性的智慧启迪。

东方哲学和宗教强调自我意识和灵魂的自我实现。东方思想对意识、自我实现和人类精神的关注在现代人格心理学中越来越受重视，这一点在亚伯拉罕·马斯洛等人本主义和存在主义心理学家的著作中可以看到。东方思想也影响了其他富有创见的人格心理学家，如C. G. 荣格。当然，今天的人格研究多在现代实证科学的框架中进行，较少关注灵魂问题。

宗教对西方人性观念的影响在文艺复兴时期开始消解，尤其是在17世纪。在哲学家笛卡尔（Descartes）、斯宾诺莎（Spinoza）和莱布尼茨（Leibniz）及其17世纪的后来者的著述中，我们看到关于思想与身体、感情与动机、知觉与意识的争论。人类的精神本质不再被认为是理所当然的，而是成了被分析和观察的对象。对这些话题的关注持续了两个世纪。其对现代人格理论的影响表现为对于个体人格整体性和一致性的关注，以及把生理整合进心理的尝试——把心灵和身体结合起来。在后面的章节中，我们将通过自愈人格（self-healing personality）的概念来了解有关精神性与幸福感的观点。

1.3.3 进化生物学

19世纪生物学的发展对现代人格心理学产生了非常直接的影响。为什么一些动物（如老虎）极具攻击性且独来独往，而其他一些动物（如黑猩猩）具有社会性，愿意合作？人类和其他动物具有哪些相似的特征？19世纪最伟大的生物学突破是进化（evolution）论。在前人研究的基础上，查尔斯·达尔文提出，有机体可以把基因传递给后代，从而使个体的特性代代相传。而那些不能适应环境的个体终将被淘汰。例如，那些在食物和配偶上具有支配优势的动物，那些出于自身安全需要能够与他者合作的动物，都能够存活下来，并繁衍后代。强调功能，也就是行为的有用性，为思考人格提供了一个重要视角。

不过，达尔文进化论对人格心理学更为关键的贡献在于它将人们的思想从宗教的控制下解放出来。如果认为神的力量控制了人类行为，那么寻找影响个体的其他因素就没有什么意义。一旦明确了自然法则才是人类的主宰，科学家们就可以系统地研究人类的行为。

尽管无法给宠物做人格测试，但主人还是可以通过它们的行为方式描述它们的“人格”——它们也像人一样行动，而不仅仅是作为猫或狗。

达尔文主义有一个很少被人提及的推论，即其他动物（尤其是灵长类动物）身上都或多或少地拥有一些人格元素。这对于养宠物的人来说一点也不惊奇，他们会经常和别人谈起他们的狗、猫或马的人格。但是直到最近，人格心理学家才开始对动物人格展开研究。很显然，我们无法让动物内观它们内心的感受，但动物人格研究有助于我们以全新的方式来思考人格究竟是什么以及如何评估（Gosling，2008）。例如，当像黑猩猩这样的灵长类动物获得最高的社会地位，其行为模式会发生急剧的变化，这就说明个体的基本特征会与社会情境发生交互作用（de Waal，2001b）。此外，动物饲养员对黑猩猩“人格”的评价也与其行为模式有关（Pederson，King，& Landau，2005）。详细内容见“从经典到现代”专栏，专栏中会介绍人格心理学中的传统理论、概念和观点如何引发了当前的实证研究。

从经典到现代

动物人格

19 世纪末，随着达尔文进化论的提出，人格心理学开始发展。达尔文认为，包括人类在内的所有物种都是经由数千年进化而来的，那些适应环境的物种最终存活了下来，得以繁衍。多年来，达尔文进化论对人格心理学的主要影响在于促使研究者以科学的取向思考人性问题。例如，弗洛伊德（在医学院从事进化论方面的研究）得以提出潜藏在意识之下的进化了的本能，奥尔波特得以提出人们拥有的共同特质在某种程度上是生物系统的表现。在本书随后的章节中，我们还将看到进化论对人格心理学的诸多启示及其诸多的误用危险。不过，现在先让我们通过动物人格的例子，看看经典理论是如何影响当前的人格研究的。

不少人喜欢将狗、猫甚至鱼描述为友好的、有攻击性的、聪明的、通感情的，等等。这仅仅是拟人化的说法吗？认为宠物也具有人类的特质，会不会很愚蠢？现代人格研究可以用一种科学的方式来回答此类问题。一般来说，动物无法自我报告，也没有自我概念，于是动物人格研究转而使用人类对动物的特质评估作为研究数据。幸运的是，人格研究者知道如何做出可靠的评估（可重复的），也知道如何做出有效的评估（聚焦于感兴趣的特质而不是其他特质）。动物也能完成实验室任务，从而显示它们面对特定的环境（如争夺食物）时将如何反应。事实证明，对于动物人格的各种评估具有很高的一致性，尤其是在某些基本维度上（Gosling，2001，2008）。

在动物人格研究中，哪些特质是普适且可靠的？有一项研究基于人类人格研究中常用的基本维度分析了 19 个非人类物种，包括黑猩猩、大猩猩、猴子、土狼、狗、猫、驴、猪、老鼠、虹鳉和章鱼等。结果显示，外向性、神经质（焦虑）、宜人性具有强大的跨物种普适性（Gosling & John，1999）。在人类身上，外向性是最容易评估的，评估的信度也最高。此外，那些更外向、社会性更强的动物也确实更加频繁地与同伴交流，这样的黑猩猩最为快乐，尤其是当它们处于统治地位的时候（King & Landau，2003）。因此，如果你觉得自家的狗活泼、安静或者友好，而邻居家的狗羞怯、焦虑、不值得信任，这些想法可能是有科学道理的（Gosling，Kwan，& John，1999）。

在这里我们必须提到高斯林博士以及该领域的其他一些杰出学者，包括布莱恩·黑尔、罗宾·福克斯和莱昂内尔·泰格尔。

1.3.4 测评

请注意！这个测试的目的是了解你的记忆、思维和执行能力。我们不是在检查心理问题，我们旨在帮助你在部队里找到最适合的位置。

第一次世界大战期间，在美国 1917 年宣布参战后，有超过 100 万的美国青年男子按照要求接受了这个测试（Yerkes，1921）。美国人在招聘时，总是像测试机器一样测试应聘者，并相信这样能找到合适的人。美国心理学的这种“能 – 做”（can-do）的实用取向为个体差异研究提供了新的视角。

出于战时需要及和平时期对国家安全的考虑，一些人格心理研究项目得到了政府的扶持。时至今日，美国军方仍雇用了数百位心理学家从事人格测评工作。在1917年，军队开展这项工作的目的主要是筛除那些心智能力差且抗压能力弱的人。例如，有一道题目要求被试回答，“如果站在高处，你会有跳下来的冲动吗？”（Woodworth，1919）这种类型的调查问卷推动了现代人格测评的发展。

斯坦福大学的刘易斯·推孟（Lewis Terman）和哈佛大学的罗伯特·耶基斯（Robert Yerkes）也对智力测验十分感兴趣，在这两位心理学家的影响下，军队的心理测验有了长足发展。这是心理测验的第一次大规模应用，心理学家也为取得的巨大成功而倍感鼓舞。对于心理测验的应用前景，他们有很多设想，比如，对所有在校学生进行一次测查，看看谁会成为未来的社会精英。然而不幸的是，这也开启了测验误用的历史，那些不受施测者喜爱的群体受到了不公正的对待。例如，有研究发现，最“聪明”的移民来自北欧（其文化与美国式测验的背景一致），然而那些非洲裔移民本就是非正规教育和社会歧视的牺牲品，再加上他们的思维方式与美国的思维方式有差异，测验分数自然不高。如果以测验结果来判断智商高低的话，他们就会成为低人一等的族群。

第一次世界大战期间，心理测验首次被大规模使用，其目的在于通过测验将所谓的不符合条件的人从要害部门筛除，再分配那些符合条件者到适合他们的部门。

智力和创造力通常不被归入人格的范畴，因为相对于外向性等特质而言，它们更类似能力。但是，在一定程度上，智力对一个人的心理结构至关重要，它应该是人格的一部分。不过由于现实原因，大量有关智力的知识尚不能被完全整合进人格心理学领域，但本书仍然涉及其部分内容。

在被一些心理学家，如吉尔福特（J. P. Guilford，1940）应用于人格研究之后，测验和测量知识很快和临床心理学以及实验心理学的新进展一起，奠定了现代人格理论和研究的基础。

思维训练　谁应该拥有人权

近年来，动物权益支持者提出：动物，尤其是那些高智商的动物，应该享有与人类相同的权利。尽管没有提出大猩猩和海豚是人，但支持者宣称，这些动物具有一定程度的理解能力和觉知能力（感觉和意识），就凭这些其他动物所不具备的优势，它们就应该享有自我决定权。同时，人格心理学研究者和灵长类动物学家也证实了，黑猩猩等动物的幸福感和“人格”都可以由人类来进行可靠的评价（de Waal，1996；King & Landau，2003）。

工作犬（导盲犬、警犬等）要与人类打交道，必须具备一定的智商和技能。如果狗能做到这些，那有什么理由不给予它们人权？我们的动物保护法要走到哪一步？是规定虐待违法就已足够，还是要限定必须善待？像蚂蚁、尘螨这样的微脑动物也应该享有一些权利吗？它们享有的权利应和黑猩猩有所不同吗？病毒或者植物呢？人格心理学有助于我们思考人存在的意义，我们与其他生物有哪些相似性，又有哪些不同的地方。

写作练习

社会应基于什么来决定给予非人类动物哪些特权和限制？

1.3.5　现代理论

20世纪30年代，现代人格心理学理论初具雏形。在此过程中，高登·奥尔波特、柯特·勒温和亨利·莫瑞3个人功不可没。奥尔波特受过哲学和古典文学方面的系统训练，他的研究兴趣集中于个体的独特性及尊严。奥尔波特认为人格是“个体内在心理生理系统的动力组织，决定着个人对其所处环境的特有反应”（Allport，1937，p.48）。他在美国哲学家和心理学家威廉·詹姆斯（William James）研究的基础上，放弃了将人格细分为若干成分（如感觉或内驱力）的思想，转而寻求决定个体独特性的内在组织。

勒温的思想与欧洲的格式塔学派的观点一脉相承。格式塔心理学强调知觉和思维的整体性和主动性，认为整体大于部分之和。例如，格式塔学派的先驱沃尔夫冈·科勒（Wolfgang Kohler）举过一个例子，如果想要记住一些成对的词，如湖泊－糖、靴子－盘子、女孩－袋鼠，有什么办法呢？这些词看起来毫不相干，但若做如下解释就不一样了：一块糖溶化在湖泊里，一只靴子放在盘子上，一个女孩喂食一只袋鼠。如果读到这些词的时候头脑中出现了上述画面，你就能把这些词很好地组织起来了（Kohler，1947，p.265）。当遇到某种情况时，个体能够想象出一个整体的画面。这一点对勒温影响巨大，对后来人格和社会心理学的发展同样意义深远。

勒温的研究取向和奥尔波特一样，也是动力性的，他致力于发掘外显行为背后的潜藏系统。勒温注意到“个体的短暂状态及其心理状态的结构”（Lewin，1935，p.41）。换句话说，勒温强调影响个体的力量会随时随地发生变化。现代人格理论接受了勒温的这一观点，并将其用于解释某种特定情境之下的个体状态。

第三位对现代人格理论产生重大影响的是莫瑞。莫瑞试图将临床问题（病人遇到的具体问题）与理论及评估结合起来。重要的是，他坚持一种综合的研究取向，其中包括纵向研究——长时间地研究相同的人。莫瑞对人格有更为宽泛的理解，他认为人格心理学是“心理学的一个分支，主要研究人类的生活及其影响因素，当然也研究个体差异”（Murray，1938，p.4）。莫瑞强调作为复杂有机体的个体在面对特定环境时反映出整合的、充满动态的本质，也强调了需要和动机的重要性。

简而言之，奥尔波特、勒温和莫瑞都强调心理学研究应该关注整体的人，而不是人的各个部分，也不是各个部分的总和。无论何时何地，个体反应都是相关心理力量共同作用的产物。换句话说，一个成功的研究取向在任何情况下都不能忽视人的整体性以及各种心理力量的整合——意识的与潜意识的，生物的和社会的。这就是现代的人格观点。

同一时期，与以上观点相对立的是新学习理论，该理论的代表人物是克拉克·赫尔（Clark Hull）及其耶鲁大学的同事，以及斯金纳及其哈佛大学的同事。这种对立形成的张力进一步推动了对于人性的现代理解。

20 世纪 30 年代，人类学家玛格丽特·米德的著作极具影响力，尽管它们对人格心理学的影响不如预期那么大。在《三个原始部落的性别与气质》（*Sex and Temperament in Three Primitive Societies*）一书中，米德提出，男性气质并不总与攻击性绑定，女性气质也并不总与合作性绑定，它们很大程度上会受到文化的塑造。米德写道（1935/1963）：

> 我们详细分析了这些原始部落中不同性别对应的人格。我们发现，阿拉佩什人（Arapesh）的性格（不论男女）均表现出了我们的文化所说的母性和女性化。男人与女人一样被训练得善于合作，没有侵略性，对他人的需要反应积极。在他们身上看不到强烈的性驱力。与此形成鲜明对比的是，我们发现，蒙杜古马人（Mundugumor）不论男女均性情暴烈，富于侵略性，性方面积极主动，而母性缺失。（p.190）

米德的研究说明，人格研究不应仅局限于一种文化或情境。她还通过调查揭示了许多两性迷思，如“性攻击力是天生且不可改变的”。然而美国心理学经常忽视文化在塑造人们生活方面的重要作用（Betancourt & Lopez，1993），米德的贡献没有得到人格心理学研究者应有的重视。在本书中，我们会科学地探讨与文化相关的议题，同时避免混淆文化和人格的关系（Hofstede & McCrae，2004）。

写作练习

从古希腊剧作家到莎士比亚的创作者创造了很多人格，以反映或评判现实生活。人们扮演的角色究竟是反映还是掩饰了他们的人格？

1.4 人格研究中的基本问题：潜意识、自我、独特性、性别、环境和文化

1.4 解释人格心理学的基础术语和概念

在人格心理学研究中，一些问题在不同时期的不同理论中反复出现，它们是理解人格所需的最为基础的概念。

1. 什么是潜意识

你或许注意到了，男性总会被长相与母亲相似的女性吸引，甚至最后娶她为妻。当然，大多数男性并没有意识到对方与母亲的相似性成了他们择偶的标准。有时候，我们没有意识到的内在力量，或者某种我们感觉到却无法理解的莫名冲动，会影响我们的行为。然而，人们一般认为，人要对自己的行为负责。除非你是精神病患者，否则就应该知道自己在做什么以及为什么这么做。也就是说，人们是有意识地行动的。于是，我们就面临一个悖论：到底是意识还是潜意识决定了我们的行为？人格心理学研究试图揭示潜意识的力量在人类行为中如何发挥作用以及会发挥多大的作用。

2. 什么是自我

为什么电视名人更倾向于自恋、傲慢、爱慕虚荣、表现欲强（Young & Pinsky，2006）？荣格（1933）认为："不同人格的两个人一接触，就如同把两种不同的化学物质放到一起；一旦发生某种反应，双方都会改变。"（p.57）我们应该把自我当作某种复杂的化学物质（如荣格说的那样），还是某种精神力量呢？社会影响（如父母离世、他人赞誉）对自我的影响程度如何？自我是对"我"（me）的特征的一系列知觉，并试图实现自身潜能吗（Rogers，1961）？从本质上说，自我的感觉究竟是一个不合逻辑的附带现象，还是一种由其他真正起作用的力量（如生物驱力）所引发的次级感觉？"我们到底是谁"这个问题的核心是什么？这些都是人格心理学应该尝试回答的问题。

3. 对每一位个体都需要用一个独特的研究取向来进行讨论吗

科学本质上是关于普遍性规律的研究。因此，科学通常是归纳性的，旨在发现一般规律（Nomothetic，在古希腊语中，nomos 指"法则"，thetic 指"制定"）。但是，奥尔波特坚持认为人格研究必须聚焦于个体，关注特殊规律（Idiographic，在古希腊语中，idio 指"私人的、个人的、独特的"）。当然，采用详尽的传记分析来研究单一个体很有意义，但每个人的传记不尽相同，要如何对其进行概括呢？这就给进一步的研究带来了巨大挑战。多年前，奥尔波特曾抱怨大多数心理学入门教材仅有一章关于人格的内容（还写得不够认真），且往往被放在全书靠后的位置，这是对人类最为重要和最具生命力的部分的忽视。也就是说，研究者秉承科学的态度和方法，却忽略了人格中最有趣（也最复杂）的方面。如今这个问题仍然尖锐，一些现代人格研究者致力于解决此问题，他们首先对每个个体进行细致分析，然后提取出通用维度来研究个体差异。

4. 男女差异体现在哪里

男人和女人具有哪些差异？这些差异从何而来？最基本的性别差异当然是人体解剖学意义上的，有一些差异在出生之前已由基因决定了。我们该如何看待现实生活中出现的各种性别差异？为什么男人看起来更具有侵略性、控制欲和反社会性，在数学和空间感上表现得很好？为什么女人一般来说更易于打交道，更多愁善感，更具有母性？谁的性欲更强，性生活上谁更主动，为什么？这些问题都很有趣，也都是人格心理学基本的研究问题，几乎所有的人格心理学家都研究过这些问题。虽然我们无法简单回答这些问题，但将对它们进行尽可能的阐释。

5. 人与情境

20 世纪初，现代人格理论建立伊始，研究者就已经意识到单个个体的行为中存在着不一致性（Woodworth，1934）。一个外向的人来到陌生的环境也会表现得内向起来。此外，从 20 世纪 20 年代开始就有研究表明，某些人的自我一致性要远远高于其他人（Hartshorne & May，1928）。例如，一些孩子总是表现得很诚实，另一些孩子则不然。

如果外向的人也能表现得像内向的人，或者诚实的人也会做出不诚实的行为，那么研究人格还有什么意义呢？我们又该如何解释人或多或少受环境影响这

个现象？本书将从各种视角对这些问题进行分析。

6. 文化在多大程度上决定人格

诗人沃尔特·惠特曼（Walt Whitman，1871）曾写道："是与生俱来的人格，也仅仅是人格，而不是文化、知识和智商等，使一个男人得以泰然自若地站在总统、将军面前，或一群杰出人士中间"（p.45）。这段话简明扼要地指出人格是内在的——我们自出生起就具有某种持久的气质和特性。

当然，我们也有理由相信，孩子在成长过程中会受到环境和文化的影响。尽管先天影响与后天影响（遗传与环境）的关系极其复杂，但研究者还是取得了许多研究成果。我们不必模棱两可地说人格中一部分是内在的，另一部分是由文化所决定的。相反，我们要弄清楚人格的哪些部分是相对固定不变的，哪些部分是容易变化的。

人格是一个有用的概念吗

对于解释人类行为来说，人格是一个有用的科学概念吗？还是说它仅仅是一种错觉，一种对因果关系的误读？大多数人可能都收到过关系不错的朋友赠送的卡片，上面写着诸如此类的祝福话语：

不是你的名字和出身
或你的骄人成就
也不是你对我的帮助
让你成为我最好的朋友
我看重的不是你的聪慧
尽管你的确真诚友善
是那些使你成为你的特质
让你成为我最好的朋友

这样的话语假定，使我们成为我们的是一些内在的本质。不幸的是，"个性"等概念比较模糊，容易让人误解。例如，情侣经常会吃惊地发现，他们的另一半尽管本质不坏，但也有犯罪、不忠或攻击性的一面（如克拉克·洛克菲勒妻子所发现的那样）。然而试图捕捉这些内在核心的科学研究常常无功而返。人是复杂的生物，要避免对人格的简单化误解，这一点至关重要（Chandler et al.，2003）。

这是否意味着针对人格的科学研究不必再继续下去了？绝对不是。正如本书即将论述的那样，被用于研究和解释人格的多种科学手段和方法，已经是心理学及其他学术领域中最为复杂的了。

除了这些之外，本书还会涉及一些是现代人格研究的前沿问题。当前，大多数研究者不再建构宏大的人格理论，而倾向于踏踏实实地解决现实的具体问题，如：人格对身体健康和婚姻生活具有哪些作用？确实存在易感型和自愈型人格吗？某些人格会有助于我们找到理想的爱人和伴侣吗？此类问题回答起来比较复杂，本书最后几章将会提及。

写作练习

你已经了解到了奥尔波特和其他人对于人格普适性的思考。花几分钟对你的观点进行一次头脑风暴：在多大程度上我们可以使用一般性方法来研究所有人？以及是否有可能，甚至有必要使用专门的方法去研究每一个个体的某一个特定的品质？

1.5　情境下的人格

1.5　阐明情境对于理解人格的重要性

19 世纪三四十年代，美国心理学家研究了权威主义人格（authoritarian personality），这种人格过分男性化、冷酷、专横，易于发展成为法西斯主义的支持者，迫害外群体成员。与此同时，纳粹德国的心理学家在研究相反的人格类型，这种人格软弱、自由、女性化、具有艺术气质（Brown，1965）。美国人称为死板的，被德国人称为稳定；德国人称为古怪的，被美国人称为有个性；德国人称为变态的，被美国人称为敏感。毋庸置疑，纳粹分子是狂热的破坏者，而同时代的美国人致力于自由和安全。而且，那个时代的心理学家对人格的考察方式也受到时代背景的深刻影响。

今天，大多数人格研究都带有美国主流文化的色彩。亚洲、拉丁美洲、非洲和印第安文化的独特性经常被忽略。例如，在北美社会，一个特立独行或者挑战权威的人通常会得到积极评价，被认为是独立自信的（甚至具有英雄气概）。然而在日本，同样的行为会被认为是粗鲁的、不合作的、自私的和反社会的。换句话说，我们对人类行为的解释有赖于我们所处的文化，于是偏见不可避免。

本书将特别关注人格理论及研究所处的文化情境，也将提及理论家的个人生活。但重要的是不要让思想的批判成为人身攻击，必须根据科学标准而不是理论提出者来评估理论及研究。例如，不能仅因为弗洛伊德的病人中多数是19世纪末20世纪初欧洲中产阶级的犹太女性，就认为他的理论不适用于其他人。当然，如果能够考虑到理论提出者所处的文化情境，理念解释可能会更为有效。

最后来看一个例子。假设你被告知具有如下特征的人在未来可能出现严重的人格问题：

> 这些人时常感到孤独，经常对自身的价值产生怀疑。他们希望自己更受他人欢迎。他们会时不时地对某人产生性幻想。他们希望有健康的身体。他们有时无法确定自己是谁，以及为什么活着。

事实上这是一个虚假信息，但以上描述确实刻画出了一些大学生的特征。尽管语焉不详，仍有很多大学生认为这些说法非常符合他们的情况（于是他们也容易出现人格上的问题），如图1-3所示。这种对关于人格的模糊且概括性的描述深信不疑的倾向被称为巴纳姆效应（Barnum effect）（Snyder，Shenkel，& Lowery，1977）；首次出自著名的马戏团老板P. T.巴纳姆（P. T. Barnum）的名言“我能让每个人看到他喜欢的东西”（Ulrich，Stachnik，& Stainton，1963）。这一效应表明，必须确保人格理论和评估的具体性和科学性。人格是一个令人着迷的领域，但如果评价理论的人不够谨慎，这些理论就容易被滥用和歪曲。

另一方面，在理解个体特性时还应考虑社会价值观的因素。伟大的法国哲学家和数学家布莱斯·帕斯卡尔（Blaise Pascal，1670/1961）在《思想录》(*Pensées*）中写道：“一个人越有智慧，就会发现越多的人是独一无二的。一般人是看不到人与人之间的差异的。”（I.7）现代人格心理学证实了帕斯卡尔的观点，在个体所处的独特情境中理解每个个体非常重要。

图1-3 十二星座的黄道宫标志和“预言”信息

注：那些相信占星术的人会比怀疑占星术的人更容易接受一般性人格描述吗？研究表明，占星术的信奉者的确更容易受到巴纳姆效应的影响，但是几乎每个人都会或多或少地认为这种一般性描述刻画出了自己的某个方面（Glick，Gottesman，& Jolton，1989）。

写作练习

出生于第二次世界大战结束之后的人被称为婴儿潮一代；出生于千禧年之后的人被称为千禧一代；而在这两代人之间出生的人则有一个更为神秘的名字——X一代。人们对这些群体的人格持有一些刻板印象。在特定的社会和政治背景下，某种人格确实会更为普遍吗？

总结：人格是什么

人格心理学提出的问题充满魅力：生而为人意味着什么？我们会成为怎样的独一无二的个体？自我的本质是什么？

人格心理学关注现实中人的思想、感觉和行为，通过系统观察个体的行为方式及其原因来回答这些问题。人格心理学可以界定为对致使人们成为与众不同的自己的心理力量的科学研究。整体来看，人格包含八个关键方面，了解它们可以帮助我们理解个体纷繁复杂的本质。本书将详细介绍每个观点的精彩洞见。

人格心理学家使用科学演绎的方法来检测理论是否正确。相关技术手段包括对特质和能力的精确量化，以及对单个个体思想、感觉和行为的丰富考察。为什么一个18岁高一学生的脑子里充满了性幻想和侵入性想法？是激素作用、性冲动，还是受到环境的影响？是过往经历和条件反射的作用，存在危机，抑或是这些因素连同其他个人因素共同作用的结果？要想对人格进行全面彻底的研究，就必须理解不同研究取向的意义、效度以及其他相关内容。

人格理论有多种来源，它们可以源于仔细的观察、深入的反思、系统的测量、统计分析，也可以来源于生物学的脑部扫描、心理疾病研究，以及人类学、社会学、经济学和哲学。人格心理学家将这些多元知识应用于对个体心理的认识。

人格心理学的某些根源可以追溯到戏剧、宗教及东西方哲学传统。达尔文的进化生物学理论直至今日对人格心理学影响仍旧深远。尽管文化对测验分数的巨大作用常被忽视，人格与智力测验领域取得的重大突破依然推动了现代人格心理学理论和研究的发展。

20世纪30年代，现代人格心理学理论初具雏形，奥尔波特、勒温和莫瑞三人居功至伟。奥尔波特认为人格是“个体内在心理生理系统的动力组织，决定着个人特有的思想和行为”（Allport，1937，p.48）。勒温采用动力学取向研究潜藏于外显行为背后的系统，他注意到“个体的短暂状态及其心理状态的结构”（Lewin，1935，p.41）。莫瑞坚持一种综合的研究取向，其中包括纵向研究——长时间地研究相同的人。莫瑞对人格有更为宽泛的理解，他认为人格心理学是“心理学的一个分支，主要研究人类的生活及其影响因素，当然也研究个体差异”（Murray，1938，p.4）。同时，玛格丽特·米德提出了文化在很大程度上影响着人格的观点，但遗憾的是，她的研究成果在那个时代没有引起足够的重视。

在人格心理学研究中，有一些问题会在不同时期的不同理论中反复出现，它们包括：

潜意识的重要性何在？

什么是自我？

与特殊方法（个案研究）相比，一般方法（关注一般规律）在多大程度上具有普适性？

男女之间的差异及其原因是什么？

人与环境哪个对行为的影响更大？

文化在多大程度上决定着人格？

人格是一个有用的概念，还是仅仅是一个简单化的幻象？

总之，人格心理学阐明了一些有趣且复杂的心理学问题，比如对人的意义的理解。就像奥尔波特指出的那样，所有的人格心理学著作也是人性哲学著作。

写作分享：你是谁

我们将在本书中学习人格。思考你的人格，你的人格特点是你生来就有，还是经历了某种巨变后才产生的？无论是基因还是抚养方式，你的人格受父母的影响有多大？你的人格在多大程度上是性别和文化的产物？

2

CHAPTER

第2章

人格测量与研究

学习目标

2.1 介绍测量人格时的常用参数

2.2 解析人格测量中主要的偏差来源

2.3 展示不同类别的人格测量

2.4 阐述某些人格测验为什么不应该继续使用

2.5 描述人格研究的基本设计

2.6 检视心理测验的伦理问题

有一次我和太太带两个儿子去迪士尼公园玩，碰到了一个身高两米多的海盗，看起来很像邪恶的胡克（Hook）船长[⊖]。他就站在人群中，时不时地与过往的人握手（拉钩）。我的大儿子很崇拜海盗，然而作为《彼得·潘》（*Peter Pan*）的忠实观众，他迅速认出胡克船长，马上转身躲到妈妈身后。小儿子则完全不同，他径直走到海盗面前，笑着跟他握手。

这简直就是一种新的人格测验。所谓人格测验指的是能够引发个体反应从而揭示个体差异的标准化刺激。就叫它“儿童海盗测验”好了，我们可以把更多的孩子带过来，看看他们的反应如何。作为一个人格测验，它是个不错的开始，但显然还不完整。就像其他任何一个人格测验一样，它可以有力地捕捉到性格中的某一部分，但也存在弱点和局限。

⊖ 童话故事《彼得·潘》中的人物。——译者注

观众可以就一件艺术品的品质达成共识（即他们的评判是可信的），然而并不意味着这种评判是有效的。凡·高的许多作品在当时被认为一钱不值，如今却价值连城，动辄拍卖出几百万美元的高价。观众在某些维度上对人格的评价也可能出现类似的效度问题。

海盗测验像其他许多人格测验一样，在得分计量上并不客观。算数测验和跳高测验的结果很客观，分别使用答对题目的百分比和所跳高度来计量。有一些人格测验与之类似，可以做到客观评估，即不需要评估者对受测者的反应进行主观解释。例如，让受测者找到镶嵌在复杂图形中的一个指定图形，或者在听到一个熟悉的提示音后尽快做出按键反应，这些方法都可以形成清晰可计量的分数，即找到镶嵌图形的成功率和听到熟悉提示音后按键的反应时间。而海盗测验则有赖于观察者对孩子反应的解释，这要求观察者是一个有经验的人，这样方能得出细致丰富的评断，这种评估显然是主观的。

主观评估建立在解释的基础上，所以有利有弊。问题主要在于不同的观察者做出的判断可能不同，而且它们可能都不可靠。不只心理学是这样。在许多人文学科，专家的主观判断均起着重要作用。例如艺术品评价，可怜的凡·高和许多印象派画家在 100 多年前很难卖出画作，一部分观众——包括主流文化圈的人，也包括普通人——根本不认为他们的画作是真正的艺术；而另一些观众不同意这种观点。不过不管他们同不同意，都很难说谁对谁错。

不过，有一些专家能够透过复杂现象洞察本质，得出精彩的见解。人格心理学领域就有很多这样的专家。例如，那些观察敏锐、经验丰富的临床心理学家能够通过观察孩子与胡克船长的互动，注意到某些与适应不良、童年创伤或人格优势有关的行为模式。很多常用的人格测验都包含这样的主观成分。人格测验实践必须在主客观间获取平衡，这样一方面不至于让数据信息过于冷冰冰，另一方面也能避免出现观察对象过于特殊或推导不够科学的情况。幸运的是，有许多指导及技术正在促进人格测量向有意义同时更科学的方向发展（如 Aiken，1999）。本章将解释什么是有效的和无效的人格测量。

2.1 测量人格

2.1 介绍测量人格时的常用参数

如果让人们列举魅力超凡的人物，约翰·F. 肯尼迪（John F. Kennedy）、马丁·路德·金（Martin Luther King Jr.）、罗纳德·里根（Ronald Reagan）、圣雄甘地（Mahatma Gandhi）、富兰克林·罗斯福（Franklin

许多人把具有超凡领导魅力的人（比如肯尼迪）的成功归结于他们的个人魅力而非他们的行动策略。

Roosevelt)、温斯顿·丘吉尔（Winston Churchill）和马尔科姆·艾克斯（Malcolm X）等人常常榜上有名。他们激励并吸引着大量追随者。在日常生活中，我们也能碰到极富人格魅力的人，他们具有吸引力和领袖气质，谈吐不凡，是人们注意的焦点。在研讨班等小团体中，人们也很容易对谁是其中最具人格魅力的人达成共识。

我们如何判断一个人是否善于表达并可能成为一个有影响力的团队领导者？我们要如何识别出这些人，进而对他们及其影响社会的过程进行研究，以进一步理解人格魅力的概念？我们能否创建一个简单的人格魅力测验？表 2-1 就是这样一个测验，它被称为情感交流测验（Affective Communication Test，ACT；Friedman，Prince，Riggio，DiMatteo，1980）。你不妨现在就做做这个测验，选择与你的实际情况最符合的数字，-4 代表“完全不符合”，4 代表“完全符合”。本章还有其他类似的测验，后续我们会讲到该如何计分。

2.1.1 信度

如果你在某天下午每隔半小时测量一次体重，不出意外的话，每次的结果应该都差不多。信度（reliability）指的就是多次测量结果的一致程度。一个可靠的测量的多次测量结果应该是一致的，如果在一个下午之内，你的体重秤显示你的体重时而是 150 磅[⊖]，时而是 140 磅，又从 160 磅跳到 120 磅，你一定会把它扔掉。

当然，你也可能会发现，随着季节更替、湿度变化以及体重秤的重复使用，体重的测量结果会出现轻微变化。这种由彼此不相关的、随机性的波动和变异造成了误差方差（error variance）或者测量误差。一个良好的测验必须具有良好的信度，即测量稳定性高。以人格魅力测验为例，一个人在周一测出很有魅力，就不应该在周二再测时突然变得没有魅力了。同时，信度也隐含着精确的意味，如果一个体重秤只能模糊地显示你的体重

表 2-1 情感交流测验

请仔细阅读指导语：

接下来你将读到一系列关于态度和行为的描述，你可能符合其中的某些描述，也可能不符合。请你在 -4 到 4 之间选择一个数字作为你的答案，-4 代表完全不符合，4 代表完全符合。

示例：

看到美丽的花朵，我感觉非常高兴。 完全不符合 -4 -3 -2 -1 0 1 2 3 4 完全符合

选 2 意味着看到花朵你会感到有些高兴，但并不像选 4 那么高兴。

你的选择没有对错之分，对于每句描述你只能选一个数字。仔细阅读以下句子，选出最能代表自己情况的数字。

题目	完全不符合→完全符合								
1. 听到好听的舞曲，我很难保持不动。	-4	-3	-2	-1	0	1	2	3	4
2. 我的笑声轻柔。	-4	-3	-2	-1	0	1	2	3	4
3. 我可以在电话里轻松地表达情感。	-4	-3	-2	-1	0	1	2	3	4
4. 和朋友聊天时我会很自然地触碰对方。	-4	-3	-2	-1	0	1	2	3	4
5. 我不喜欢被很多人注视。	-4	-3	-2	-1	0	1	2	3	4
6. 我经常面无表情。	-4	-3	-2	-1	0	1	2	3	4
7. 人们说我很适合做演员。	-4	-3	-2	-1	0	1	2	3	4
8. 我希望大家都不要注意我。	-4	-3	-2	-1	0	1	2	3	4
9. 面对陌生人我会害羞。	-4	-3	-2	-1	0	1	2	3	4
10. 只要我愿意，我的眼神可以很勾人。	-4	-3	-2	-1	0	1	2	3	4
11. 我不擅长身体语言，比如我不擅长玩动作猜谜游戏。	-4	-3	-2	-1	0	1	2	3	4
12. 聚会中我常是焦点。	-4	-3	-2	-1	0	1	2	3	4
13. 我会通过拥抱或身体接触来表达喜爱。	-4	-3	-2	-1	0	1	2	3	4

资料来源：版权归 Howard S. Friedman（1980）所有，未经作者允许不得复制。

⊖ 1 磅 = 0.454 千克。

“大于 100 磅”，你一定会很不满。

1. 内部一致性信度

人格测验的信度通常由两种方式决定。一是测验的各部分是否可以得出一致的结果。比如，你可以把某个书面测验一分为二，然后根据两部分测验结果的相关性得出分半信度（split-half reliability）。当然，前提是收集到足够多人的测验数据。如果两部分测验结果具有高度的相关性，即一个人在一半测验中得到高分，在另一半测验中也得到高分，那么这个测验就具备内部一致性信度（internal consistency reliability）。就像在情感交流测验中，各题目的得分虽然不会完全相同，但会彼此接近。

在统计学中，内部一致性信度用“克伦巴赫 α 系数”（Cronbach's coefficient alpha）表示。我们可以把这一系数看作所有可能的分半相关系数的平均数。重复测量的次数越多，一致性和稳定性就越高（Rosenthal & Rosnow，1991）。这在统计学中意味着内部一致性是测验题目数和各题得分间相关性的函数。在构建人格测验的时候，经常需要纳入具有关联性的题目，以让结果更加稳定。但是另一方面，题目也不能过多，否则会导致测验过于冗长，令受测者感到厌烦。测验要被广泛使用，其内部一致性系数一般要在 0.8 左右。

使用专家观察法也会涉及一致性问题。比如，我们的海盗测验需要不同观察者达成共识，一般来说，12 名观察者就足够获得高一致性了。

2. 重复测量信度

信度的第二个层面与测量工具在不同情境下得到的结果的一致程度有关。比如，一个受测者在周一的测验中表现出善于表达和高度负责的特点，那么他在周四参加相同的测验应该得到相似的结果。这种测验结果在时间上的稳定性就是“重复测量信度”（test-retest reliability）。在情感交流测验的编制过程中，研究者对同一批人进行了两次测验，两次测验的时间间隔为两个月，得到重复测量信度约为 0.9。也就是说，虽然存在测量误差，但该测验的结果可以在短期内保持稳定。如果内部一致性信度和重复测量信度都很高，就说明测量是可靠的。

当然，人会随时间发生改变。我们的生理系统会成熟和老化，我们会受到经验的塑造，我们会不断获得对自身和他人的看法，我们所处的环境会随时发生转变，因此人格会发生变化也就不足为奇了。对测量体重来说，这一观点很容易被接受，因为我们都知道吃得多一点或少一点，体重都会波动。但人格在界定时就被认为是相当稳定的，于是这带来了理论和测量上的挑战：如果人格是可以改变的，如何获得一个可靠的（稳定的）人格测验？

对于这一挑战有两类回应。第一种观点是奥尔波特一再强调的，人格是一系列能够动态地引导行为的模式的集合。虽然一个人的特定行为和日常反应可能发生变化，但其内部的基本模式相对稳定。事实上许多人格研究都应该纳入时间维度，也就是说必须探明个体在长时间下的行为模式（Larsen，1989）。如果模式是稳定的，就会常常表现出来。例如，如果不对一个患有双相情感障碍的人进行长时间的考察，当发现其一会儿躁狂一会儿抑郁时，就可能误以为测量是不可靠的。

对于该挑战的另一种回应是，人格确实会因为长时间的发展或者重大创伤经历而发生改变，因此所谓人格的稳定只是短期的稳定，比如在几年之内。例如，测量一个人 16 岁时的外向性以推测其成年早期的行为模式很有价值，但如果多年之后这个人变得内向了，并不意味着这个测验不可靠，反而意味着我们应该思考这个有趣的现象——一个外向的人为什么会在几年后变得内向了呢？研究者在人格研究和测量中经常碰到类似的现象。对生物有机体（如人类）的测量毕竟不同于对物理特性（如身高、体重）的测量，人会成长、会变化，甚至他们最基本的反应模式都可能发生改变。

从经典到现代

主题统觉测验

从潜意识被揭示开始，弗洛伊德及其同事的研究就面临着一个巨大挑战：潜意识动机无法与意识过程相连接，因为它们隐藏在内心深处。于是，我们不能期待一个人说出他的潜意识动机。弗洛伊德在很大程度上依赖自由联想和梦的解析来考察潜意识，而在他之后，一些新的方法被开发出来。

投射测验（projective tests）可以使受测者的内在动机通过“投射”的方式浮现出来，于是施测者就能够捕捉到意识之外的想法和感受。主题统觉测验（TAT）是最常用的投射测验之一，由亨利·莫瑞和克里斯蒂娜·摩根（Christiana Morgan）开发。施测者会给受测者一些图片，要求受测者看图说故事，包括设想后续还会发生什么（比如，第一张图片上画着一个年轻女人扶着一个年轻男人的肩膀）。讲故事可以引出与受测者生活有关的各种心理联想。因此，主题统觉测验可以用于测验一个人如何给模糊刺激排序。心理动力学取向的临床心理学家经常使用主题统觉测验，将其作为了解内在人格和动机的重要工具。

然而，主题统觉测验一直饱受争议，这些争议到现在也未停歇。心理学家斯科特·利林菲尔德（Scott Lilienfeld）及其同事仔细检视了大量研究证据，对主题统觉测验及类似测验的效度提出了严肃的质疑，尤其是它们常用方法的有效性（Lilienfeld, Wood, & Garb, 2000）。一个突出问题是现存多个标准化计分系统，而许多临床专家仅根据经验简单进行选择。第二个问题是，主题统觉测验和自我报告量表得到的结果经常存在差异甚至矛盾。这究竟是效度不够导致的，还是恰恰反映出意识和潜意识动机的差别？总之，人们围绕着主题统觉测验的信效度问题一直争论不休：一个人在不同时候，经不同施测者施测得到的结果是否相近？一个人的得分是否与其他指标相关，受其他指标影响，以及它能否预测某些生活表现？这些问题时至今日仍然没有获得明确的解答。

解决争议的核心在于使用主题统觉测验的目的（Dawes, 1998；Woike, 2001）。如果一名来访者饱受焦虑困扰，而主题统觉测验可以给予治疗师关于引发来访者焦虑的内心冲突的信息，那么即使这一测验有时会出现偏差，它也是有价值的。但是，如果测验的目的是评估某人是否胜任教师这一岗位，或者为某人提供抗辩其虐待儿童的法庭证言，那么不充分的信效度所造成的任何一个偏误都将带来严重的后果。此外，如果将主题统觉测验用于对普通人群进行大规模施测，并由习惯于面对存在心理健康问题的临床专家来对结果进行解释，较低的效度也可能造成“过度病态化”，即将健康个体诊断为心理疾病患者。

对于学习人格心理学的学生而言，这些问题同样重要。你可能会在工作场所、法庭或医院碰到类似问题。因此，你需要了解人格测验是如何构建的，其优势和局限在哪里，应该如何恰当使用及其理论基础是什么，然后你才能对人格测验在各具体情境下应如何合理应用做出明智的判断。

2.1.2 结构效度

试想你在一家商场，整个下午每过一小时你就站在一个电子仪器上测量，得到的结果非常可靠，每一次都是“11”。这是什么奇怪的体重秤吗？其实这个仪器是专门为鞋店设计的，能够通过压力测出脚的长度。毫无疑问，它信度良好，然而它真的测出了你想测的东西吗？它到底在测量什么？这就是效度问题。

效度最为重要和复杂的方面是结构效度（construct validity）。它指的是一个测验真正测到其理论概念的程度。比如说，情感交流测验真的能测到人格魅力吗？还是仅能测到一个人的友善程度或者教育水平？

结构效度可以通过观察测验能否预测所测量概念理论上所能预测的行为反应来进行判断。例如，具有人格魅力的人不仅情感交流测验得分高，还会经常做出一些富有魅力的行为，在其他相关测验中也会表现出特定的反应模式，比如更加外向。结构效度是一个动态的过程，具体体现在：①测验必须与其在理论上应该有关的事物有关，这被称为会聚效度（convergent validation）；②测验必须与其在理论上应该无关的事物无关，这被称为区分效度（discrimination validation）（Campbell, 1960；Campbell & Fiske, 1959）。如果情感交流测验与智力测验的结果有关（它们在理论上应该无关），那就说明区分效度不够。

因此，结构效度与理论的发展紧密相连。只有理论可以告诉我们各个人格结构之间应该有关还是无关。而社会科学的理论发展极其复杂，其中涉及太多假设和太多难以测量的概念。理论指导着测量，测量也反过来指导着理论。一开始，我们会形成一些关于人格的特定想法，而当其真的被测量后，我们又可以基于结果对理论进行修正和完善。正因如此，测量是人格心理学领域中永恒的主题。比如说，情感交流测验最初编制的目的是测量非言语表达能力，然而随着认识的深入，它变成了一个测量人格魅力的良好工具。例如，美国销售业绩最高的丰田汽车推销员在情感交流测验中得分很高。

假设我们开发出一个简短的智力测验，它与其他已有的智力测验相关很高，我们要怎么知道它能否预测一个人在现实生活中的问题解决能力呢？效度还要求测验结果与期待中的现实行为有关。这就是效标关联效度（criterion-related validation）——测验能够预测相关结果。比如说，情感交流测验需要预测谁更可能成为领袖。此外，施测者还可以通过同时使用多种测量方法来测查多种特质，以获得更好的效度，这种方法被称作多特质 - 多方法测量（multitrait-multimethod perspective，Campbell & Fiske，1959）。

内容效度

内容效度（content validity）关注的是一个测验能否测到期望测量的内容。如果一个测验期待测量创造力，而实际上只测出了艺术能力，而忽略了音乐能力、写作能力等创造力范畴的其他方面，它的内容效度就不会高。在编制情感交流测验题目的过程中，我们收集了与高表达性有关的广泛特征，并删除了信度不高和模棱两可的题目，最后留下的题目涉及非言语表达（如身体接触、笑容、面部表情）、表演、社会关系（如聚会上的表现）、人际交流等多个方面，可见情感交流测验希望捕捉到与人格魅力有关的各个内容维度。

写作练习

在构建人格测验时，挑选题目的最佳方法是什么？

和你的想法对比

显然，题目要清晰，要与要测的内容密切相关，并尽可能简洁。除此之外，题目甄选还在很大程度上依赖于对人格本质的假设，而假设离不开理论的支持。一个测验的信效度背后的数学假设可能非常复杂。一些心理学家穷尽毕生精力想找到测验设计和评分的最佳方式。例如，我们已经知道可以通过增加题目数量来提高信效度，不过这样成本也相应加大了。虽然我们可以尽可能地留下合适的题目，剔除不合适的题目，但界定“合适”或“不合适”本身就不是一件容易的事。

一个衡量题目质量的标准是看其能否把不同受测者区分开。如果每个人的答案都一样，这些题目就毫无价值。因此每个题目都应该能够把受测者大体上分成两类（得分高一些的和得分低一些的），与此同时这些题目又应彼此相关，且均应测量到整体概念结构的某一方面。题目之间的相关性还会影响区分度——相关性太高表明一些题目可能是多余的。测验总分应该正态分布，即能够测量全体范围的人。例如，情感交流测验可以测出魅力非凡的人，也可以测出魅力平平的人。

近年来，通过特定的数学方法来甄选题目的技术逐渐发展，项目反应理论（Item Response Theory，IRT）便是其中之一。使用项目反应的数学技术，我们可以基于一个人在测验所测深层特质上的得分的总体位置，考察其对某一特定题目做出积极反应的可能性。如果不同性别的受测者对某些题目的回答差异较大，也就是说，它们仅仅对某一性别的人具有检验力，这些题目就会被标记为有偏差的。你可以在专门介绍此技术的书和文献中进一步了解它（更多细节请见 Flannery，Reise，& Widaman，1995）。

2.2 偏差

2.2 解析人格测量中主要的偏差来源

人格测量中最令人头痛的问题之一就是可能出现的偏差。偏差主要有三个来源：族群偏差（ethnic bias）、性别偏差（gender bias）与反应定势（response sets）。

1. 族群偏差

族群偏差是最为常见的测验偏差之一。因为没有考虑受测者所属文化或亚文化因素的影响，在某一文化下编制的测验根本无法应用于其他文化的情况比比皆是。

了解更多

在迪士尼乐园，我们的孩子看到胡克船长反应强烈，而另一个来自亚洲的孩子一脸迷茫，他也许并不知道胡克船长是何许人也。

于是海盗测验对于这个小男孩就不大适用，因为它需要受测者具备相应的知识背景。因此这个测验就和许多测验一样具有文化偏差，只适用于一部分人群。

但是，虽然所有测验均基于一系列假设并因此带有一些偏差，但这并不意味着它们是糟糕的或没有价值。如果一个男人妻妾成群、殴打孩子、虐待动物，他在今天和在过去（这些行为司空见惯的时代）所获得的评价可能截然不同。人格测验只有被置于具体情境解释才有意义，因此我们必须重视测验的背景。

例如，受过良好教育的亚裔美国人被期待表现得富有合作精神、谦逊、温和；而受过良好教育的意大利裔美国人被期待表现出自信、外向和能言善道的特质。当然，这两种亚文化都能培养出适应良好且成功的人。但是，如果给一个平均水平的亚裔美国孩子贴上“非常害羞”的标签，或者给一个平均水平的意大利裔美国孩子贴上“攻击性很强”的标签，都是犯了测量错误。另一方面，把一个极其害羞的亚裔美国孩子与其他亚裔美国孩子做比较是有意义的，同样，也可以将一个人际交往困难的意大利裔美国孩子和同一亚文化下的其他孩子进行比较。

有些时候，这种偏差还可能导致某些文化优势被错认为缺陷。例如，西班牙裔美国儿童常被认为成就动机不高（一个缺点），然而事实上这是因为他们所受的教育强调他们要与同伴合作（其实是优点）。

美国的理论和测验常常注意不到种族偏见。来看19世纪的例子。当时犯罪性人格被看作一种与生俱来的特性（Gould，1981）。人们不认为犯罪是早年受虐待、缺乏教育机会以及同伴与社会压力的结果，而将其看作犯罪天性的表现。因此，主流文化之外的人就很可能被贴上标签。在美国文化中，这种盲目的偏见有着悠久的历史和顽固的根源。那个时候，非洲裔美国人就被视为天生的犯罪者。而讽刺的是，奴隶制时期，奴隶主认为奴隶的人格是温顺和奴性的（除非他们想要逃跑，不过意图逃跑时，他们又会被看作具有犯罪天性了）。

很难说清楚此类偏差在我们的社会里有多么微妙与根深蒂固。人格心理学太专注于研究便于接近的样本——某人的病人、学生、邻居、孩子，而很少尝试系统地考察这些结论是否可以应用于其他人群、其他地点及其他时刻。

2. 性别偏差

如果我们正在开发一个新的外向性测验，初步测验结果显示，女性的得分高于男性，我们应该怎么办？是否应该把女性得分高的那些题目全部删除，以使测验得分相等？如果有很强的理论基础表明女性和男性在外向性上的得分确实应该相等，那我们就可以这样做。然而我们并没有理论的支持，有的只是偏见，并通过调整测验分数来适应这种偏见。第二种常见的测验偏差就是性别偏差。

了解更多

女性常被认为具有自我挫败人格（self-defeating personality；Tavris，1992）。许多著名的理论及相关测验试图收集资料并解释为什么许多美国女性不快乐、充满挫败感、多疑、陷于痛苦的婚姻和没有前途的工作。测验表明，这些女性有受虐倾向、依赖、抑郁、感情用事、想要的太多、着迷于男人。然而，很少有人注意到她们所处的环境——整天面对暴躁的丈夫、职场歧视，缺乏平等的受教育机会。

再来看有关健康人格的性别期待。如果一名女性乐意照顾孩子，有很高的合作性，反对暴力，害怕老鼠，关注自己的外表，醉心于编织、烘焙与装修，她肯定会在心理健康测验上拿到很高的分数。然而如果一名男性表现出以上特点会怎么样呢？当然，从另一方面来说，我们并不否认性别差异的存在。比如，一般来说，男性在空间旋转认知任务上比女性表现得更好，而女性在识别情绪等非言语敏感性任务上比男性表现得更好（Hall，1984；Miller & Halpern，2014）。

3. 反应定势

反应定势是指出现了与所测量的人格特征无关的偏差。处理这种偏差的方法之一是使用反向计分。情

表 2-2　情感交流测验的常模

总体平均数	71.3
总体中值	71.2
总体众数	68.0
实得最低分	25.0
实得最高分	116.0
标准差	15.7
女性平均分	72.7
男性平均分	69.5

注：基于 600 名大学生样本得到的结果。

感交流测验中第 2、5、6、8、9、11 题（见表 2-1）就采取了反向的表述方式，即得分高表明受测者缺乏表达能力。这种反向计分题的设置是为了避免出现默认反应定势（acquiescence response set）。有些人会倾向于对任何问题给以肯定的回答，于是有必要在测验中加入反向计分题。在最后计分时，需要把这些题的分数进行转置。

另一种反应定势是社会赞许反应定势（social desirability response set）。许多人会想要在测验中表现得更加符合社会规范或让自己的回答能够讨好施测者。极少有人愿意在类似“我曾经想过猥亵幼童”的题目上表达自己真的有过这样的想法。但是，另一些想要装作有精神问题的人就可能欺骗性地说自己有。减少社会赞许反应定势的一种方法是提供两个社会赞许性程度相当的选项，让受测者从中选出一个。

还有一些人会在人格测验中随机作答。他们可能没有认真看题目，可能想搞破坏（因为不喜欢施测者），也可能厌烦了在心理学课上填问卷。于是有些测验会含有部分测谎题，比如“我曾经登上过月球（是 / 否）”。这些题目可以筛查出随机作答的人（当然如果碰到真的宇航员就无效了）。

即使设计精良的测验也不可避免地存在偏差。比如，随便撒几个谎就可以改写你的情感交流测验得分。因此，采用多种形式的测量对于人格心理学家来说非常重要，本章后续会提到这一点。与此同时，虽然存在偏差，测验仍有其价值。现有的绝大多数人格测验均具有中到高的效度，可以相当有效地刻画绝大多数情境下的绝大多数人。

表 2-2 呈现的是情感交流测验的常模。计算该测验得分的方式是：首先，在每一题的得分上加 5，以避免出现负数；然后对 2、5、6、8、9、11 这 6 题进行反向计分，即把 1 换成 9，把 2 换成 8，以此类推；最后加总，就得到了你的分数。

写作练习

完全客观（无偏差）地测量人格有可能吗？我们可以做些什么来尽量减小偏差？

在过去的一个世纪中，人格测量领域最伟大的胜利莫过于发展出了许多不同种类的人格测验。如果使用得当，它们都将为了解复杂人性做出贡献。接下来我们将介绍人格测验的类型。

2.3　各种人格测量

2.3　展示不同类别的人格测量

人格测验种类繁多，既有理论的原因，也有方法的原因。在理论层面，不同测验在测量特定人格特征时的契合度是有差异的。例如，让人们自我报告他们的潜意识动机毫无意义，因为理论上它们无法在意识层面被捕捉和报告。

在方法层面，采用多种方法测量人格至关重要，因为不同方法各有各的偏差。比如，与标准化问卷相比，访谈能够更深入地探测个体的内在想法和感受；而行为观察及表达风格分析可以捕捉到人们的真实行为。也就是说，一种评估技术的不足可以通过其他技术来弥补，从而帮助我们更为完整地理解人格。表 2-3 列出了主要的人格测量类型以及它们的样例。

表 2-3 人格测量的类型

测量类型	样例
自我报告测验	明尼苏达多项人格测验（MMPI）；情感交流测验；米隆临床多轴调查表（Millon Clinical Multiaxial Inventory）；NEO 人格测验（NEO-PI）；人格研究表（Personality Research Form）；迈尔斯－布里格斯人格类型指标（Myers-Briggs Type Indicator）
Q 分类测验	自我概念；自尊；家庭关系
他人评定	父母、老师、朋友、配偶的评价；心理学家的判断
生理测量	反应时；皮肤电；脑电图（EEG）；正电子发射断层扫描；磁共振成像（MRI），功能性磁共振成像；尸检分析；激素和神经递质水平；染色体和基因分析
行为观察	经验取样；视频编码分析
访谈	A 型人格结构化访谈；金赛性行为访谈；临床（精神病学）摄入性会谈
表达性行为	语速；注视方式；身体姿势；动作手势；步态；人际距离
档案分析	心理传记；梦的日记
投射测验	画人测验；罗夏墨渍测验；主题统觉测验
人口统计学和生活方式信息	年龄；文化族群；性取向；政治立场
社交媒体在线网络分析和大数据	分析脸书上“点赞”的模式；分析推特的推文

2.3.1 自我报告测验

大多数人格测验（如情感交流测验）依赖于自我报告。这类测验施测容易、花费低、客观性较强，但是其效度需要仔细评估。

这里介绍一个著名的自我报告测验——明尼苏达多项人格测验。它包括 500 道题目，受测者需在“是”“否”或“很难说”中选择一项作为回答。该测验是通过与效标的关联性来拣选题目的。也就是说，只有能够有效区分目标组（如抑郁者）和正常控制组人群的题目才会被保留下来。因此，它常被用于精神病理学（精神疾病）的测量。该测验的第二版（MMPI-2）在 1989 年修订而成，删除了过于陈旧的题目，并基于更具代表性的样本创建了新的常模（Butcher，1990）。2008 年的修订版（MMPI-2-RF）又发展出新的分量表，以更有效地预测心理问题（如攻击性和虐待倾向）。

在你去应聘一些要求高度情绪稳定性的职业（如警察），或者心理治疗师想要探究你痛苦的来源时，你很可能会碰到明尼苏达多项人格测验。不过由于这个测验的临床属性以及一些与性或其他私密身体体验有关的题目，在现在的招聘过程中，它已经很少被使用了，企业已经疲于应付针对隐私侵犯的起诉了。

该测验常使用多个分量表分数的组合模式来提高结果的解释力。例如，如果在疑病（过度担心自己患病）、抑郁（感到沮丧）和癔症（心因性机体功能障碍）三个分量表上得分都很高，就很可能引起行为医学研究者的兴趣，因为这意味着他们大概率是慢性疼痛患者，他们可能过度依赖药物治疗，如果辅以心理治疗会取得更好的疗效。

人格测验可以协助治疗师制定治疗方案，如米隆临床多轴调查表就是一个能够详尽测查人格障碍的工具（Craig, 1993; Millon, 1997）。它可以辅助诊断一些临床症状，如酒精依赖；或一些人格模式，如被动攻击（通过虚假的开心来隐藏攻击性，如与伴侣谈笑风生，却拒绝与其发生性关系）。

还有一些出色的现代人格测验致力于测量普通人的基本人格维度。NEO 人格测验就是其中之一，它是基于大五人格模型发展起来的（Costa & McCrae，1992a, 1992b）。这种人格测量方法非常依赖名为因素分析（factor analysis）的统计技术。因素分析开始于对一系列简单测验结果进行的相关分析，然后会逐步减少信息以形成有限的基本维度。比如说，开朗、活跃、温暖、健谈、有活力、爱社交等均可包含在外向性这一维度内。因素分析会首先得到一些描述性的因素，然后用理论进行解释。NEO 人格测验测量的五个基本人格维度为尽责性、外向性、宜人性、神经质和开放性。

人格研究表（Jackson & Messick，1967）是自我报告测验的另一种方法。其初衷是测量亨利·莫瑞（1938）提出的基本需要和动机，也就是说，它原本是理论驱动的，不过其后来的发展是基于相关技术的。另一个直接建立在理论之上的自我报告测验是迈尔斯－布里格斯人格类型指标（Hammer，1996；Myers，1962），其理论来源为荣格的人格类型理论。人格测验总是在数据取向的归纳法和理论取向的演绎法之间寻求平衡，两种取向都是有价值的。

最后，随着苹果手机这类电子设备的出现，自我报告测验得以电子化，于是能够随时随地进行测量。取样灵活性的提高使得对人格随时间的稳定性与变化性，以及人格如何与特定情境共同作用于情绪和行为的研究成为可能。

2.3.2 Q 分类测验

相比量表，Q 分类测验是一个更有趣的收集自我报告信息的方法。施测时，受测者会拿到一大堆写着各种人格特性词语（如“焦虑的”“深思熟虑的”）的卡片，然后根据自己的情况将其放进某个分类，如“完全不是我”，或者“完全是我”。施测者会告诉受测者一共有多少种分类以及可以把多少张卡片放进每种分类里，从而保证得到的自我报告信息形成期待的统计分布（如果近似正态分布，即称为强制性正态分布（forced normal distribution））。另外请注意，受测者在进行分类时需要在他们自己的特性之间做比较，而不是与他人做比较。

Q 分类测验的突出优势在于，在不同情境中那些需要分类的项目（特性）是稳定不变的。比如，在描述完自己之后，一名男士可以用相同的 Q 分类方法去描述他的妻子、他还是孩子时的情况，或者他理想中的自己。比较这些结果能够揭示一个人对这些人格特性的态度（Ozer，1993）。

Q 分类测验也可用于结构化情境的行为编码（Funder，Furr，& Colvin，2000）。例如，研究者通过观察法比较一名男生碰到一名女生时和碰到另一名男生时的行为差异，这时研究者可以在一大堆描述基本行为的词语中进行选择，如“讨人喜欢的”“容易生气的”“表达流畅的”等，然后根据与被观察者行为的符合程度进行分类。这一方法也体现出现代人格研究为捕捉更多的客观行为数据所做出的努力。

2.3.3 他人评定

1921 年，路易斯·推孟在加利福尼亚州开展了一项对 1 500 名聪明学生的研究。这位斯坦福－比奈智力测验的开发者对聪明孩子如何成长这一问题很感兴趣。他们会成为古怪孤僻的呆子，还是高成就者，又或者令人信服的领袖？为了知道答案，他对这些孩子进行了追踪，追踪的特质不仅包括智商，还包括他们的人格和社会技能。

当时信效度良好的自我报告测验尚未形成，但幸运的是，推孟的想法非常天才，甚至值得当下的人格研究借鉴。他收集了这些孩子各方面的信息，比如，在 1921—1922 学年（也就是这些孩子约 11 岁时），推孟让家长和老师在以下几个维度上对他们进行了评价：

- 小心谨慎或深谋远虑
- 尽责性
- 不虚荣
- 诚实坦率

这几个方面加起来显然形成了一个测量尽责性 / 社会可靠性的优秀工具。父母和老师完全可以评判一个 11 岁孩子是否具有责任心和可靠，而且后来证明他们的评判确实信度良好，这 4 项评定的 α 系数为 0.76。与此同时，这些评判也是有效的，它们很好地预测了这些孩子的其他预期行为。不过最有趣的是，这一从 1922 年开始的尽责性 / 社会可靠性评价竟然还有效地预测了这些孩子的寿命。被评价为更具责任心的人寿命明显更长（Friedman et al.，1993），这一效应与公认的与健康有关的指标（如胆固醇水平）的作用相当。显然，通过家长和教师的评价，如图 2-1 所示，研究者可以得到一些非常重要的信息。简言之，来自经验丰富的他人的判断是一种非常有效的人格测量方法。

他人评定隐含的假设是他人可以做出有效的人格判断。他们真的可以做到吗？事实上已有大量证据（其中不乏对人格测量方法的系统研究）表明，他人——包括朋友、熟人，甚至陌生人都可以做出有效的评价（Funder & Colvin，1991；Funder & Dobroth，1987；Funder & Sneed，1993；Kenny，Horner，Kashy，& Chu，1992）。例如，观看不到 30 秒的录像后，观察者就可以评价教师的非言语表达风格了，研究者从中能够了解到人们是如何评价教师的（Ambady & Rosenthal，1993）。也就是说，我们对他

特质 11：喜欢群体

极其喜爱群体活动，独自一人时不开心，热爱聚会、野餐等活动	非常合群	比较合群	一般水平	比较孤僻	非常孤僻	总是避免群体活动、总是独处或只与一两个亲密的伙伴在一起

你对这一特质的评价是非常确定、比较确定、比较不确定还是非常不确定？

特质 12：领导力

有极强的领导力，能够让别人按照他（她）的意志行事，不容易被影响	非常具有领导力特质	有较强的领导力特质	一般水平	比较倾向于服从	完全是个服从者	一直是一个服从者，从不主动倡议什么，很容易接受他人的建议和被人影响

你对这一特质的评价是非常确定、比较确定、比较不确定还是非常不确定？

特质 13：受其他孩子欢迎的程度

极受欢迎，在哪里都被人喜爱、被大家所追捧并有很多朋友	明显比其他人受欢迎	稍比其他人受欢迎	一般水平	没有一般人受欢迎	明显不如一般人受欢迎	极其不受欢迎，别人不喜欢他（她）甚至回避他（她），被大家所排斥

你对这一特质的评价是非常确定、比较确定、比较不确定还是非常不确定？

特质 14：对社会赞许或否定的敏感性

对来自其他孩子的赞许或否定极其敏感，无法接受自己不被喜欢	明显比一般人敏感	稍比一般人敏感	一般水平	对他人看法不大关心	完全不在意他人看法	对其他孩子的看法漠不关心，不在乎自己是不是被喜爱

你对这一特质的评价是非常确定、比较确定、比较不确定还是非常不确定？

特质 15：卓越渴望

对取得的成绩非常自豪，渴望变得出众，尽自己最大努力争取第一	非常渴望卓越	比较渴望卓越	一般水平	比较没有上进心	非常没有上进心	对于取得的成绩没有自豪感，毫无野心，几乎不去尽力去做什么事情

你对这一特质的评价是非常确定、比较确定、比较不确定还是非常不确定？

特质 16：不虚荣或自我中心

毫无虚荣心和自我中心，不愿意被赞赏与崇拜	非常谦虚	比较谦虚	一般水平	比较虚荣	非常虚荣	极度虚荣和以自己为中心，沽名钓誉，总是炫耀

你对这一特质的评价是非常确定、比较确定、比较不确定还是非常不确定？

特质 17：同情与温柔

非常温和且富有同情心，讲原则，对残忍的做法深恶痛绝	明显比一般人有同情心	稍比一般人有同情心	一般水平	稍比一般人缺乏同情心	明显比一般人缺乏同情心	完全没有同情心，很少表现出善意，有残忍的倾向

你对这一特质的评价是非常确定、比较确定、比较不确定还是非常不确定？

图 2-1　推孟追踪研究的问题样例

通过类似的问卷，推孟从父母和教师那里获得了有关孩子们的信息。这些儿童时期的评价对他们成人之后的人格和成就具有预测性。

人某一维度（如外向性）形成的最初印象有时相当准确（Holleran，Mehl，& Levitt，2009）。

外向性这样的特质相对比较容易评估，因为它涉及人际交往，容易观察。通过互联网收集来自朋友和家人的观察也比较方便、快捷（Vazire，2006）。但人格的其他方面就可能比较难观察到，如潜藏的内在冲突，尽管非言语线索（如手势等肢体动作）可能会对其有所“泄露”。后面我们还会讲到表达性的线索。

2.3.4　生理测量

19世纪，弗朗兹·约瑟夫·高尔（Franz Joseph Gall）的著作令成千上万的人企图通过摸头骨的凹凸和形状来了解自己的人格。这一操作方法被称为“颅相学”(phrenology)(DeGiustino，1975）。它认为各种心理特征会表现在大脑上（合理的想法），于是不管是优势还是缺陷都会体现在颅骨的凹凸与形状上。当然，随着我们对大脑功能的了解增多，我们知道这样的想法显然是荒谬的。大脑的反应有赖于神经细胞网络（神经元），而非颅骨的样子。但即便如此，颅相学的基本观点还是影响了后来的人格生理测量思想。

颅相学的操作方法（精确的颅骨测量）虽然有所误导，但也是使用科学工具进行人格测量的有益尝试。图中这个精心制作的电子机械仪，获得了“心理描计器”的专利，虽然缺乏效度，但对于头颅轮廓的测量具有良好的信度。

当代的人格生理测量基于一个关键性假设，即神经系统（包括大脑的神经元网络）至关重要。因此这类测量主要关注与神经系统相关的行为，如反应时、皮肤电（出汗）等，不过结果并不理想。更令人振奋的尝试来自对于大脑神经系统的直接考量。近年来新的生理测量技术带动了个体差异测量的巨大进步（Blascovich，2000；Cacioppo，Berntson，Sheridan & McClintock，2000；Kircher et al，2000）。大脑被划分为各个区域，同时这些方法致力于将个体不同的人格与特定脑区联系起来（Schwartz et al，2010）。

1. 脑电图

一种研究特定大脑皮层（高级功能区）内神经元活动的经典方法是分析脑电图中的诱发电位。脑电图测量的是大量神经元同时活跃时引起的头皮电。其优势在于测量时无须使用固定的实验室设备（只有在测量头皮外部电压时才需要），可以更灵活地进行研究。例如，诱发电位——大脑受到刺激后脑电图测量出的脑电波——能够显示出大脑反应是如何实时变化的（Cacioppo，Crites，Berntson，& Coles，1993）。

2. 正电子发射断层扫描

正电子发射断层扫描是以追踪放射性葡萄糖在大脑中的代谢活动来观测脑活动的先进技术。一个人在完成复杂任务的时候，任务相关脑区会因其神经元使用放射性葡萄糖以获取能量而在该扫描图像上显示发亮。也就是说，我们可以在人们思考或处理问题时观测到大脑的活动，也可以比较不同个体的大脑活动。例如，有研究发现，神经质与休息时大脑前额皮质的葡萄糖代谢呈负相关（Kim，Hwang，Park，& Kim，2008）。图2-2即一张正电子发射断层扫描的结果图。通过这一技术，人们得以窥探思维过程的系统性个体差异（Blascovuch，2000；FreitasFerrari et al.，2010）。

3. 功能性磁共振成像

功能性磁共振成像通过测量大脑血氧含量的变化来评估大脑活动，因为血流可以直接指向大脑活动最活跃的区域。不过，虽然这种技术可以显示哪个脑区参与了个体的特定情绪反应，但在人类对大脑活动过程有更深层次的理解前，我们很难对结果进行解释（Lieberman & Cunningham，2009）。

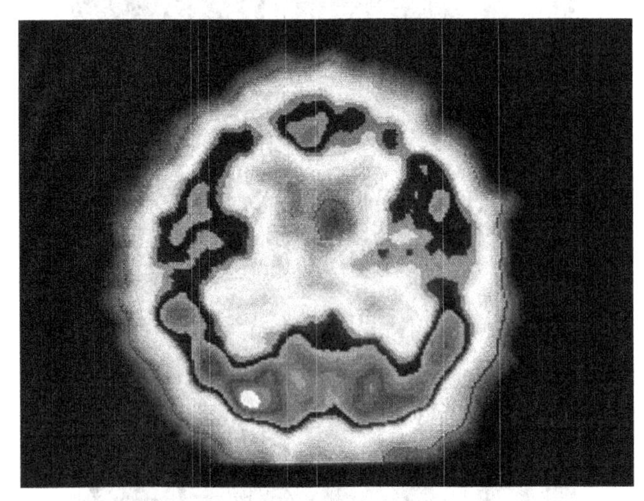

图 2-2 对快速眼动睡眠时期的正常大脑进行正电子发射断层扫描

注：正电子发射断层扫描图像记录了执行特定任务时大脑区域的活动水平。通过这一技术，研究者可以了解大脑活动的一般规律，以及大脑发生病变时这些活动的变化情况。它也可以测量大脑活动的个体差异及其与其他人格测量结果间的相关程度。图中高亮代表着高代谢水平。这张图是一个 20 岁正常成人的水平脑成像图，左半部分显示的是左脑（鼻子在顶端）。

另一个重要的生理测量对象是激素水平。毫无疑问，人格的某些方面与激素密不可分。例如，甲状腺功能缺陷可能导致反应迟缓或抑郁。更明显的是性激素（睾酮素与雌激素），它们在青春期的分泌将影响和改变青少年的人格。不过，即便在老鼠身上也尚未发现激素与行为的简单联结。被阉割老鼠的性行为除了受激素水平影响之外，还在一定程度上受先前经验及周围环境刺激的作用（Whalen，Geary，& Johnson，1990）。于是，即使对于老鼠，睾酮素引发性行为的论断都过于武断，可见人的激素水平与行为的关系肯定更为复杂。当然，虽然要尽量避免过于简单的结论，但某些激素的缺乏或过剩（可以通过血液分析检测）的确会对人格造成很大影响（Kuepper et al.，2010）。

4. 疾病及遗传疾病

对于某些疾病的生理测量同样可以提供关于人格，特别是异常人格的重要信息。例如，通过甲状腺功能检测，研究者发现甲状腺肿大可引起躁狂和嗜睡；血液检测可检查出轻度脑中毒（如汞中毒、铅中毒），而类精神分裂的症状可由各种有毒物质引起。

另外，通过染色体分析，我们可以清楚地看到，引起唐氏综合征的遗传物质对智力和人格都有显著影响（唐氏综合征患者的第 21 对染色体上会出现三体细胞或多余的染色体）。最近的基因研究越来越多地使用基因芯片分析技术，这种技术可以很快地将采集到的 DNA 序列与生物提取物（如一些脑组织）相比较，以检测哪种基因出现在了样本提取物中。

2.3.5 行为观察

19 世纪，英国科学家弗朗西斯·高尔顿（Francis Galton）在个体差异测量和行为观察的使用方面做出开创性贡献。在他的人体测量实验室中，高尔顿（1907）收集了各种各样的身体测量工具，并开展了对控制情境下特定反应的研究。比如，他用口哨声引起受测者对高声调的反应，然后用自己设计的工具测量他们的握力强度。他还建议使用藏在椅子下的压力计测量斜度，使用六分仪偷偷测量丰满女性的身材尺寸。

英国科学家弗朗西斯·高尔顿（1821—1911）醉心于使用自创的精巧工具测量各个方面的个体差异。

即便天才如他，高尔顿依然遗憾地受到所处时代及社会阶层主流态度的影响。例如，他发表过类似“高贵的高加索人”和“最低等的野蛮人”的种族主义言论。与之类似，20 世纪有不少杰出的人格研究者受到当时社会风气的影响，将种族偏见带进了研究。

20 世纪 20 年代，在多次击出本垒打后，贝比·鲁斯（Babe Ruth）在实验室中接受了心理学家对他的反应时和手部稳定性的测试。不出所料，他完成得非常好（Fuchs，1998）。在当今的人格心理学研究中，行为观察可以是简单地统计过去的经验（如有多少次口吃或抓破自己的经历，酒量有多大等）；也可以相对复杂，比如一个人与他人的互动（这里可以借助录像）；还可以更加精细，比如观察和编码面部表情（Ekman，Friesen，& Hager，2002）。

手机的使用增加了收集到完整行为样本的可能性。研究者可以打电话或发短信给受测者，而受测者要反馈给研究者自己当时的行为或思想（Stone，Kessler，& Haythornthwaite，1991）。这被称为经验取样测量法（experience sampling method of assessment）。行为观察假设当前的行为是未来行为可靠而有效的预测。只要能够收集到关于当前行为足够数量的样本，这一假设通常都可以实现。

2.3.6 访谈

通过访谈来研究人格是一种常见的方法。心理学中经典的访谈方法是心理治疗会谈（psychotherapeutic interview）——来访者（患者）谈论他们生活中重要的或棘手的部分。在精神分析治疗中，来访者常常躺在长椅上完成这一过程。

访谈的效度很难评判，因为人们不愿意或不能够说出自己的深层想法、感情和动机的原因有很多。不过治疗效果可以作为心理治疗会谈的效度指标之一。很显然，一个治疗起效的会谈诊断比一个治疗失败的会谈诊断更有可能是准确的。当然，还需要考虑其他许多因素。总体而言，会谈不失为一种有效的评估手段。

20 世纪四五十年代，阿尔弗雷德·金赛（Alfred Kinsey）和他的同事们（Kinsey，Pomeroy，& Martin，1948）使用访谈法研究人类性行为。由于获得了被访者的信任，金赛得到了很多人们不愿意透露的真实想法，并了解到如何提出引导性问题，如何沿着一条主线追问，直到对方说出敏感的信息。访谈可以松散而主观，而一个有技巧的访谈者能够发掘出大量无法通过其他方法得到的信息，内容可能令人震惊。例如，金赛的很多来访者最后向他讲出自己隐秘的同性性经历、与动物的性行为，甚至私通的经历。

近年来，访谈日趋系统化和结构化。访谈者不能与被访者漫无边际地聊天，而应该遵循既定的提纲。这样每个访谈者都能够得到结构类似的信息，从而提高了测量效度。例如，人格心理学家丹·麦克亚当斯（Dan McAdams）通过叙事方法来研究人格，即让人们讲述自己。他常使用生命故事访谈，让个体做一个说故事的人，讲述自己的过去、现在及可能的未来（McAdams，2013）。在此过程中，被访者均被清楚地告知应叙述哪些类型的事件，如人生转折点、早期记忆、积极影响、最爱的书等。

利用结构化访谈（structured interview）进行研究的最佳案例之一是 A 型行为模式的测量。在 20 世纪 50 年代，两名心脏病专家提出，一种以紧张和竞争性为主要特征的人格模式容易引起心血管疾病，他们将其称为“A 型人格”(具有该人格的人以男性居多)。结构化访谈可以有效评估 A 型人格。在访谈中，访谈者会提出一系列挑战性问题（Chesney & Rosenman，1985），其中很多都与竞争性情境有关，例如，“你在高速公路上被开得太慢的汽车堵在后面会怎么办？”有趣的是，判别 A 型人格要基于被访者对这些问题的言语和非言语反应。如果一个人用愤怒的语气和很快的语速扯着嗓子、张牙舞爪地说：“我会干掉那个慢吞吞的家伙！”那么他很可能会被确定为 A 型人格。如果被问到玩游戏是否以取胜为目的，他回答说“我不是为了赢他，我要杀了他！”那么他也有理由被判定为一个典型的 A 型人格的人。

A 型人格模式的测量还会引出一个争议已久的人格心理学理论问题，即特质与类型之争。按照类型论（Typology）的观点，一个人要么被归为这一组，要么被归为其他组。例如，男性和女性就是类型划分。一个人只可能属于其中一种，没有其他可能。然而，男子气这种心理特性（如攻击性）只有男性才具备吗？显然，男性和女性都可能具备，只是具备了多少不同而已。所以这一概念更适合被当作一种特质而不是类型。正因如此，在当代人格心理学研究中，特质论要比类型论更加普遍。

不过，访谈法也会因访谈者的主观性和行为评定时的偏见而存在不可避免的缺陷。访谈者预期被访者（或是病人、学生）身处某种“麻烦”中，就会鼓励或引导其表现出他们期望的那些行为。此外，和自我报告测验一样，访谈者只能收集到被访者意识到并愿意表露的信息。当然前面也提到过，优秀的访谈者能够动态地发掘到其他方法难以发现的事实或情感。

2.3.7 表达性行为

在对 A 型人格的结构化访谈中，言语和非言语反应（如语调高低和语速快慢）都是测量的指标。使用表达风格（expressive style）的非言语线索来评估人格是一种十分有趣的尝试。早在 20 世纪 30 年代，奥尔波特和 P. E. 弗农（P. E. Vernon，1933）就开展过相关实践，大大推进了对于表达风格和人格的现代研究。

人们做事情的方式通常比他们所做的事情本身更具信息量。有人嗓门很大，有人轻声细语；有人爱笑、表情丰富，有人则看起来正在生气或悲伤。我们甚至可以经由打电话时对方打招呼的方式来判断他是个什么样的人；我们也能通过走路的姿态在偌大的校园里快速辨识出我们的朋友。表达方式，特别是情绪表达方式，与人格动力、动机的方面关联紧密。（注意：虽然对表达风格的观察也属于一种“行为观察”，但其具有独特性。）

有些人具有高超的表达技巧，这使他们可以成功扮演不同的社会角色，灵活多样地调整自己的情绪、举止和风格。表达风格是人格的重要内容，也是人格魅力的关键元素之一。

表达风格是评估人格魅力的有效途径，虽然较自我报告（如情感交流测验）而言，它对评估者的要求更高，但它也更有效。例如，高人格魅力者更少表现出紧张情绪，身体更放松，语言更流畅和富于激情，因此很容易吸引陌生人的注意和兴趣。

思考一下

虽然表达风格是评估人格魅力的好方法，但你觉得表达风格会不会也存在测量偏差呢？

和其他测量方式一样，表达风格也常带有文化偏差。比如，来自美国南部的人往往语速较慢，带有特有的南方口音。如果将他们的语速慢与纽约人的语速慢等同视之，显然不合适，因为对于纽约人来说，慢吞吞地说话不是常态，于是可以作为特定人格的反映，而美国南方人说话慢是当地文化的反映。又如注视的差别，美国白人在与人交谈时，倾向于在听的时候看着对方，而在讲的时候看别的地方；非洲裔美国人则相反（LaFrance & Mayo，1976）。如果不考虑这种文化规范上的差异，就容易做出错误的判断，如一个美国白人可能认为非洲裔美国人没有合作精神，而事实并非如此。

一些民间的“评估者”，如算命先生和预言家，特别擅长通过表达风格做判断。设想一下，一个有点超重的年轻女性拘谨地站在算命先生面前，小声支吾地询问自己的未来，一脸紧张和唯唯诺诺。算命先生回答说：“你太害羞了，因此在和男人相处时总是遇到麻烦……”这位算命先生做了一个有一定效度但模棱两可的判断，很显然他不是通过读取思想或分析掌纹，而是通过观察她的表达风格得到的结论。

除了表达风格，个体在非言语技巧上的差异也可以被测量。比如，有些人对非言语线索非常敏感，他们很容易理解（“破译”）别人非言语行为表达的含义（Hall & Bernieri，2001），图 2-3 就是一例。

2.3.8 档案分析和传记研究

不难想象，像日记这样的个人记录可以为了解个体人格提供丰富的信息。奥尔波特将书信和日记看作研究人格变化（书信和日记通常具有时间上的连续性）的绝好资源，以及对人格理论有效性的检验。他写道：“心理学家处于安定状态太久了，他们总是在泛泛而抽象地探讨一般意义上的人格，”而当需要解释一个活生生的个体独特的生活时，考验就来了。1965年，奥尔波特出版了《珍妮书信》(*Letters from Jenny*)一书，其中收录了珍妮·高夫·马斯特森（Jenny Gove Masterson）在人生最后10年中写作的约300封书信，并辅有基于这些资料做出的对于她人格的“解释”。就这样，奥尔波特将其人格理论应用在了书信研究中。

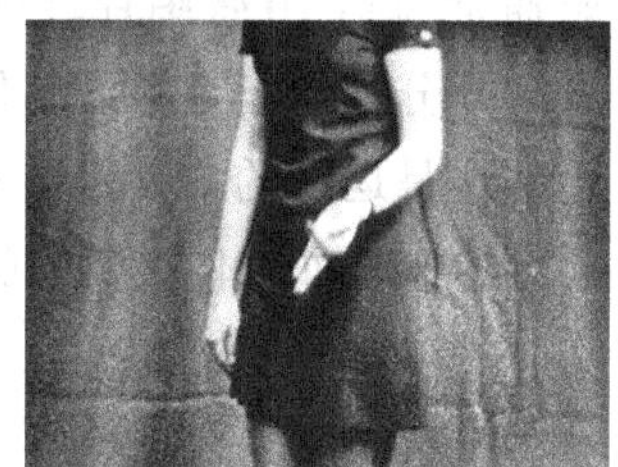

图 2-3　非言语技巧测试的刺激材料

注：非言语技巧的测量工具，如非言语敏感性测试（Profile of Nonverbal Sensitivity，简写为PONS）、日本人和高加索人短暂表情识别测验（Japanese and Caucasian Brief Affect Recognition Test，JACBART）等，常用方法是给受测者呈现一个人情绪表达的视频或截图，看受测者能多精准地识别出该情绪。图 2-3 出自非言语敏感性测试（已取得授权）。

珍妮过着悲观且自暴自弃的生活。要通过书信来解释珍妮的人格，即便对于奥尔波特来说，也是一项巨大的挑战。例如，珍妮在一封信中写道：“我常常感到自己是世界上最孤独的女人”（1935年10月13日）。这句话该如何理解？是仅仅按照字面意思理解，还是将其当作其他什么因素的结果？只有书信这一个信息源就很难决定该如何处理。（奥尔波特从不同理论角度对珍妮的文字进行了分析，包括存在主义、精神分析、特质等。）正因为难度很大，极少有心理学家做类似的尝试。但是档案分析依然是少数能够深入理解随时间发展变化的个体的方法（行为观察的经验取样法是另一种）。

档案分析也可以关注更为狭义的问题。在对高尔顿的档案分析中，推孟研究了大量信件，认为高尔顿的智商至少为200（Terman，1917）。比如，高尔顿不到5岁的时候就写信称自己可以阅读所有的英文书，能看懂大部分拉丁文，熟知乘法表，还可以看一点法文。到了6岁的时候，他就知道《伊利亚特》和《奥德赛》，并在7岁时轻松阅读莎士比亚的著作。在他人眼中，他也是一个可敬、善良且高尚的孩子。推孟将他与年龄是其两倍的孩子所取得的成绩相比较，估算出高尔顿是一个天才。

日记还可以提供关于特定时期和地点下的人格的有价值信息。图2-4为1952年安妮·弗兰克（Anne Frank）在纳粹屠杀期间写的一封信。从中可以看出，即便身处难以想象的恶劣艰苦环境，安妮最关注的和其他青春期青少年没什么不同，比如自己的身体变化、独立于父母的渴望、自我认同的发展以及性冲动。

图 2-4　安妮的日记片段

注：文献分析法可以让我们从一个人的作品，尤其是日记、信件和自传等内容中更加深入地了解人格。这是安妮的日记，当时她正与家人一起为躲避纳粹屠杀而隐居在阿姆斯特丹，但最后也未能幸免于难。这是她在遇难前用德语写的最后一封信。信中写道她难以改变与家人的互动方式，她在结尾说“我会努力想办法成为我想成为的人”。几天后，她被抓到集中营，死去。

许多富于洞见的传记作家基于历史人物的史料来进行创作。虽然情书、求职信、自传等表达的思想和感情不一定完全真实，但这些资料还是能传达出很多有价值的信息。如果目标是理解某个特定个体及其生活的丰富心理内涵，那么档案分析尤为有用。当我们已经从其他来源获得了关于这些个体的大量信息时，心理传记研究更能取得成功。比如埃里克·埃里克森（Erik Erikson）的著作《青年路德》（*Young Man*

Luther，关于马丁·路德的研究）和《甘地的真理》（*Gandhi's Truth*，对甘地的研究）里充满独到的见解。另一个例子是对2001年9·11恐怖袭击事件后纽约市长鲁迪·朱利安尼（Rudy Giuliani）在新闻发布会上的讲话的分析，他说话风格的改变可以作为压力下人格改变的证据（Pennebaker & Lay，2002）。简言之，如果能得到其他来源的旁证，个人的文字及思考将成为相当有力的人格评估资料。

2.3.9 投射测验

假设一个孩子经历了性虐待、严重车祸、暴力战争等创伤性事件，心理学家或精神病专家就需要对这些事件对其长期功能造成的影响进行评估。一个常用的评估技术是让儿童画一幅或一组图画。

将画图纳入心理评估的做法源于20世纪20年代。其基本想法是一个儿童（或成人）可能愿意将他们不想说的事情画出来，又或者画画可以反映出某种意识之外的内容，如潜意识动机。例如，一个孩子画了一个父亲，而这个父亲有着巨大的生殖器，或者没有表情，又或者旁边有很多蛇，就表明孩子可能存在某些心理问题。

画人测验一般来说是主观的。（心理学家们试图将图画的特定特征与人格的特定方面一一对应，但没有成功。）于是，这种方法可否使用最终还是有赖于分析者（通常是心理治疗师）的技巧。但不管怎样，图画还是能够帮助人们洞察作画者的人格。图2-5给出了一个画人测验的例子。

图2-5 儿童画人测验样例

注：投射测验允许受测者掌控反应的内容。图2-5为一个9岁儿童画的人。一些心理学家认为，通过分析图画的特征，可以对画图者的人格进行评估。

类似这种通过一些相对无结构的刺激、任务或情境来研究人格的测量技术叫投射测验，人们会将内在动机“投射”到测验中。除了画图之外，投射测验还包括故事讲述、句子完成、词语联想等。对于精神分析理论的倡导者来说，投射测验非常有价值，因为精神分析的理论基础就是潜意识动机，而投射测验能够捕捉到潜意识动机。

一个世纪前，瑞士精神病医生赫尔曼·罗夏（Hermann Rorschach）给他的病人看了一些墨渍，让他们对其进行描述。后来，罗夏墨渍测验逐渐成为最常用的投射测验之一。图2-6是一张典型的墨渍图。和其他投射测验一样，罗夏墨渍测验会呈现一些模糊刺激，并记录个体对它们的反应（Exner，1986）。测验通常包括10张图片，施测者会记录下受测者的描述，并分析他们是关注整体还是部分，把刺激看作静止的还是运动的，是否会对阴影做出反应等。施测者还会追问，如“你在图中哪里看到了你所说的弹球？”

图2-6 罗夏墨渍测验示例

注：罗夏墨渍测验要求受测者逐一描述每一张墨渍图。正是由于图片的含义暧昧不明，个体内心的冲突和动机才可以通过他们对图片的反应投射出来，再由有经验的心理学家进行解读。莱昂纳多·达·芬奇（Leonardo da Vinci，1452—1519）也曾用过相似的方法来分析他的学生及其作品。

人们经常意识不到是什么因素在推动行为，因此探索动机并非易事，但它对于理解行为又不可或缺。投射测验就可以帮助解决这一问题，它所设置的模糊的任务或刺激能够引发受测者的情绪性与动机性反应，从而可以窥探人们看待世界的深层风格。海盗测验就带有投射测验的意味，因为海盗可激发孩子的戏剧性反应，而又无对错之分。比如一个孩子在看到胡克船长时发出兴奋的海盗战吼，还经常在家里包着头巾拿着剑走来走去，就很有可能被认为具有一定的攻击性。

罗夏墨渍测验存在所有投射测验共有的问题，那就是评分。受测者的个人解释固然有趣，但缺乏信度。换句话说，对不同的受测者可能有不同的评分标准，而即便同一个受测者，在不同时间对他的评分也很难保持一致。当然，这一问题可以通过训练施测者基于标准化评分系统来打分予以一定程度的缓解，如将特别关注浅灰色部分的人标记为“情绪抑郁的”。此外，有研究表明，罗夏墨渍测验的效度也不理想（Wood，Nezworski，& Garb，2003），但即便如此，这一方法仍然是有价值的，特别是对于临床实践来说（Exner，1986；Peterson，1978）。甚至有时候当其他方法均不奏效时，通过罗夏墨渍测验得到的一些特征反而十分有用。例如，罗夏墨渍测验中探测知觉扭曲的分量表可以区分正常人和精神病患者（存在思维障碍和脱离现实的症状的个体）(Mihura et al.，2013）。

另一种被广泛使用的投射测验是主题统觉测验（Bellak，1993）。在受测过程中，受测者被要求看图说故事，并预测故事接下来将如何发展。比如，第一张图片上画着一个小男孩凝视着一把小提琴。有时候受测者说，施测者记录；有时候受测者自己把故事写下来。研究者可以通过主题统觉测验看到受测者如何将模糊刺激条理化。例如，如果受测者说那个小男孩很苦恼，因为他刚才把小提琴摔到了地上，害怕父亲回来会揍自己，这一反应就可能指向潜藏的攻击性。

还有一些类投射测验通过考察受测者完成认知任务时的反应时与正确率来测量个体内隐概念之间的联结强度。例如，内隐联想测验（Implicit Association Test，IAT；Greenwald et al.，2002）让受测者将代表四个概念（如好、坏、胖、瘦）的刺激分为两类，如果同一类别中的概念更相关，它们对应的刺激就会更快地被归为一类。例如，如果将“胖”和“好”归于一类时，受测者的反应时较长，说明其持有一种“胖不好”的内隐观念。内隐联想测验的基本观点也是通过这种方法能够发掘出无法经由有意识的自我报告发掘的内容。

和其他人格测验一样，投射测验的基础是其对人格本质及行为所做出的假设。投射测验假定存在深层且基本的动机模式，它们会表现在人们对刺激所做的反应上。莫瑞的人格理论认为，潜意识需要总在努力寻求实现，于是像内隐联想测验这样的测验对他来说就极其有价值（Smith，1992）。

2.3.10　人口统计学和生活方式信息

你可能经常听到“我受不了摩羯座的人了，但我真的大爱白羊座的人”之类的话，说话的人借助占星术（用天体和星座虚构出与神灵的联系）来了解人格。占星术始于 2 500 多年前，当时的古人相信他们的命运由星星写就。而现在的占星术最常做的是基于人们出生时的天体位置预测其性格和命运。

歌手兼影星詹妮弗·洛佩兹（Jennifer Lopez）出生并成长于纽约布朗科斯区的一个波多黎各家庭。作为史上最成功、收入最高的拉丁裔艺人，她拥有无数热门专辑和单曲，在美国极具影响力。然而，1999 年，她因在夜店与人发生冲突而被捕，之后她又经历了一次失败的婚姻。这一切与她之前的形象极不相称。如果把她的人格放在文化背景、舆论压力和好莱坞这些情境下去分析，是否能更理解她人生中的这些矛盾之处？

根据天体来预测人的行为并不是无稽之谈。例如，月亮影响潮汐，太阳的辐射影响地球的磁场，地球的位置影响气候等。但是占星术并不基于任何严格的科学分析，而是基于迷信，缺乏科学的效度证据。不过占星术流行至今，经久不衰，还是说明了人们对于人格解释的极度渴求。

尽管如此，为了更好地了解一个人，收集各种人口统计学信息（demographic information）——如年龄、出生地的文化背景、宗教信仰、家庭结构等是很有帮助的。这些信息提供了一个理解个体的框架。一个测验由22岁的人做和由80岁的人做，结果肯定存在差异。但是有时候人口统计学信息也可能产生误导，比如双胞胎兄弟有着完全相同的人口统计学特征，但他们的人格可能迥然不同。

人口统计学信息中很重要的一个方面是个体生活的文化背景及其对文化的认同，尤其当个体处于非主流文化时，这些信息尤为重要。比如，在20世纪60年代民权运动中兴起的黑豹党（Black Panther）尽管很少使用暴力，但依然被占统治地位的文化看作麻烦重重的反叛分子。与此类似，同性恋者受到美国同性恋文化的巨大影响，尤其在旧金山、洛杉矶和纽约这样的大城市。如果不将他们的文化纳入考虑，某一同性恋个体与众不同的（非主流的）行为模式可能会被错误归因为是其人格的一部分。

一方面，多数的人格统计学及文化分类信息不直接对应心理层面，难以与大多数人格理论对接；另一方面，人格心理学家经常低估社会影响，导致这类信息在人格研究中被忽视。例如，20世纪60年代的加利福尼亚州嬉皮士风行，70年代的美国离婚现象普遍，这些都是由社会因素，而不是由反叛人格和易离婚人格造成的。

2.3.11 社交媒体在线网络分析和大数据

脸书、亚马逊、美国国家安全局等掌握海量数据的大型机构正在尝试利用你在互联网和移动设备上的日常行为来评估你的人格，据此他们或者能够加深对社交网络的理解，或者能被更好地卖东西给你，又或者能够识别你是否为恐怖分子。于是，基于社交媒体及其他数字痕迹（如通话记录）的在线网络分析成为人格测量的新方法（Wilson，Gosling，& Graham，2012）。

大数据一词指的是只能由计算机采集和分析的大型数据集。与传统人格心理学研究几百人的人格不同，大数据可以研究几百万人的人格。当然，这么海量的数据不可能由研究者逐个检查、评分或分析，因此需要发掘的是模式。例如，有研究分析了7万名脸书用户发布的上百万条状态更新中的用词。这些用户是通过一个人格类应用程序招募而来的。结果发现，外向者更倾向于使用社交类词语，如“派对”，内向者更多谈论阅读以及与计算机相关的活动，情绪不稳定（神经质）和低尽责性（不谨慎、低自我控制）的人则更喜欢说脏话（Kern et al.，2014）。

想要真正了解人们的数字生活模式，这些研究还只是开始。从某种程度上来说，这类数据（尤其是发帖）受限于人们在特定情境中呈现自我的意愿（Seidman，2013）。但是，随着发帖、浏览记录、购买记录等信息的不断积累，运用此方法来测量人格变得越来越重要。顺便说一下，如今脸书上活跃着超过10亿人，而本书的作者之一为自己是2004年第一批加入脸书的人而自豪。登录他的脸书主页“长寿项目”可以了解到他关于人格和健康的研究。

和传统人格测量方法一样，大数据技术的使用也存在着伦理、隐私和被滥用等问题。这些人格研究领域长久以来一直关心的问题，也许能在更为详尽的数据和更加有效的测量的基础上得到一定程度的解决。学习人格心理学必须深刻理解这些问题，才能为这些有关道德和隐私的重要社会议题做出贡献。

2.3.12 是否存在一种测量人格的最佳方法

哪种人格测量方法是最好的？答案因人而异，也因评估者及测量目标的不同而不同。例如，如果想知道人格的哪些方面可以预测冠心病，就应该努力完善及使用那些真正能准确有效预测心脏疾病的测量技术；如果想知道攻击行为背后的潜意识动机，就应该使用投射测验或行为观察，而非自我报告测验。最重要的是要始终保持对于测量效度的关注。表2-4列出了常见人格测量方法的优势和不足。

需要注意的是，几乎所有的人格测量技术都会受到过度概括化的威胁，即巴纳姆效应——大众和临床专家均倾向于接受模糊的人格描述，以为它们是合理且准确的（Cash，Mikulka，& Brown，1989；Prince & Guastello，1990）。而好的测量要揭示的是受测者的独特之处。综合使用多种方法也许是最佳方案，这样各种方法的不足可以相互抵消，而真正重要的特征会反复出现（Westen & Rosenthal，2003）。使用多种方法同时测量多种人格特征，被称为“三角测量法”（triangulate）。

表 2-4　人格测量的优势和不足

测量方法	优势和不足
自我报告测验	易于标准化，施测方便，信度高，善于捕捉与自我相关的观念；但是收集的信息不够丰富，容易作假，依赖自我觉知程度
Q 分类测验	和量表相比，作答者的卷入程度更高，可以得到人格特征的排序，可用相同的项目去评估不同的对象；但是与自我报告测验有相同的缺陷
他人评定	能够提供不带有自我认知偏见的信息，可以清楚揭示“可观察的”特质，可以用来评估儿童或动物；但是如果评定者（他人）知识不足或带有主观偏见，效度就会打折扣
生理测量	可以不依赖自我报告和他人判断揭示个体反应；但是使用难度及成本较高，且生理基质与复杂行为模式之间的关系绝不简单
行为观察	可以捕捉到个体的真实行为；但是很难在人格层面上进行解释，或不能代表个体行为的全貌
访谈	可以进行深入探究，可进行追问和回访，非常灵活；但是可能因为不同的访谈者和被访者而产生偏差，花费较多，耗时较长
表达性行为	可以捕捉到真实且独特的行为风格，包括细微的情绪；但是观察、编码和解释的难度较高
档案分析	可以评估时间变化中的个体（如果资料是连续的），可以非常细致和客观，甚至可以研究故去的人；但是资料展现的可能只是个体的某一方面，不一定完全真实，且重要时间节点或重大事件的资料往往难以获取
投射测验	少数能够揭示深层心理的方法，可以测量无法自陈的人格部分，可以为进一步研究提供信息；但是信效度不高
人口统计学和生活方式信息	可以呈现个体所处的结构和群组（如年龄、性别、职业、文化等）；但其本身与人格关联不大
社交媒体在线网络分析和大数据	可以经济地获取海量有关数据，可以为新兴的研究领域提供信息，可以揭示人们的社交网络；虽然不严重，但也可能受到自我展示偏差的影响

写作练习

自我报告或者他人评定哪种能够更为准确地测量人格？它们各自的优势是什么？

2.4　哪些方法无法测量人格

2.4　阐述某些人格测验为什么不应该继续使用

如果知道有些人为了充其量只有一点合理性的所谓人格测验花费了多少时间和金钱，你一定会非常震惊。这些“人格测验”中很多完全是骗子的把戏，比如前文提及的最为古老而愚昧的通过星座了解人格的占星术。许多报纸仍在刊登星座预言，提供着似是而非的建议，比如“你的好运快要来了”。它们的作用也就相当于幸运饼干，甚至还没有幸运饼干好吃。

在游乐场、私人会所及伪宗教学说中也经常能看到此类人格测量方法，以前是看手相和占卜，现在则发展为利用各种伪高科技手段，例如头发分析、计算机声音分析等。

与表达风格有关的测量技术问题最多，因为有些表达风格（特别是情绪风格）确实能够作为有效的人格指标。其中一种值得怀疑的技术是笔迹分析。企业经常购买这种技术作为甄选员工的方法。虽然笔迹分析专家无法提供充分的效度证据，但一个人的笔迹有时的确可以提供某些与人格有关的信息（见图 2-7）。比如，男性和女性的笔迹通常有明显的不同，年老体弱者的书写与年轻力壮者也不同。但这些信息在面试中显而易见。这些稀松平常的观察也完全不足以做出“从她书写字母 t 的方式可以看出她不能持之以恒地干好工作”这样荒谬的结论。

图 2-7　汉斯·艾森克（Hans Eysenck）的签名

注：你可以从这个签名中看出签名者是一个内向的人还是外向的人吗？（已获得使用授权）

从原则上来说，并不是笔迹学不能告诉我们某些关于人格的信息，而是我们应该问一问，它背后的理论是什么？它的结果与已知的那些人类生理与行为特征一致吗？这样的研究可信吗，有效吗？其证据是否被独立的科学研究检验为准确，即是否应用了一些常规的标准？笔迹分析显然并没有。了解这些基本原则，有助于我们在日常生活中做出分辨，这也是深入研究人格的一大裨益。

写作练习

通过颅骨形状、手相和声音来评判人格都是不可信的。你还知道其他哪些类似方法？为什么人们依然在相信和使用这些不可靠的方法？

2.5 研究设计

2.5 描述人格研究的基本设计

人格心理学家如何选择恰当的研究设计来探索人格？人格研究并不是从假设到最终结论的直接线性过程，而是想法被不断检验和修正，在反复中迂回前进的过程。不过，研究过程当然会以一定的逻辑推导作为基础。基本的研究设计包括个案研究（case studies）、相关研究（correlational studies）和实验研究（experimental studies）。

2.5.1 个案研究

假设要研究像马丁·路德·金这样的魅力型领导者的人际影响力，以探索人格魅力到底有哪些特别之处，我们会马上想到找到这样的个体，对他们进行深入研究。我们可以分析他们的采访，看他们是如何思考自己和他人的；或者分析他的档案资料，如演讲、文稿、论文等；也可以收集认识他们的人对他们的评价，包括非正式评价和深入评价；还可以分析他们的体态、声调等表达性行为；以及分析他们面对挑战时的反应，与上下级相处的模式，与异性的互动方式，政治观点和生活风格。这些灵活且深入的研究方式正是个案研究的突出优势。

个案研究可以配合各种结构化测量使用，以获取更全面的信息。例如，有研究考察了水手道奇·摩根（Dodge Morgan）的人格，他曾独自驾驶小船环游世界。研究者收集了他的传记与自传资料，包括采访、日记和标准化人格测验的结果，来研究他从童年一直到他令人瞩目的航海生涯结束时的生命叙事（Nasby & Read，1997）。与此同时，摩根还是一名成功的飞行员、商人和记者，很显然，他人生的主题就是冒险精神、内驱力和勇气（一种钢铁般的意志）。

个案研究常被用于收集关于人格的构想和假设，但这些假设要变得更为科学，还需要系统化的研究。个案研究的结果无法直接推广至其他人，也无法揭示因果关系。

历史脉络

人格测量的历史

下表梳理了人格测量的发展史以及当时的社会和科学背景。

时间	内容
1800 年	几乎没有系统化的人格测量研究及实践
	社会和科学背景：人们主要从宗教或哲学的角度来看待人类
19 世纪 20 年代	达尔文的表兄高尔顿建立了个体差异研究实验室
	社会和科学背景：对进化和个体变异的日益关注
1890—1910 年	心理测验出现，主要关注智力，但是在比奈之前都没有成功
	社会和科学背景：美国移民高峰；数理统计方法得到关注
1910—1920 年	耶基斯、推孟等人将测验用于士兵选拔；大量测验诞生
	社会和科学背景：技术发展，工业化程度加深；军队科技化；第一次世界大战爆发（1914—1918）
1920—1930 年	个人价值观和职业兴趣研究开始；生理气质引发研究兴趣
	社会和科学背景：经济大发展；数理统计有了长足进步

20 世纪 30 年代	奥尔波特等人发展出特质词表；新的统计方法促进了特质的分析；新精神分析学家开始使用投射测验 **社会和科学背景：**德国法西斯上台，第二次世界大战即将爆发；经济大萧条；大型企业发展
20 世纪 40 年代	对权威主义和种族主义的研究；多种测量方法同时使用 **社会和科学背景：**知识界对抗法西斯
1940—1960 年	金赛使用访谈法研究性行为；市场营销学家研究购买行为；认知心理学思潮兴起，促进了认知测验的诞生 **社会和科学背景：**女性角色、工作及社会关系的变革；新中产阶级兴起，经济繁荣；婴儿潮；营销科学化
1970—1980 年	对作为非言语交流的表达风格的测量重新受到关注 **社会和科学背景：**行为主义衰落；关系和家庭中的沟通受到重视；电视被用于政治宣传
20 世纪 90 年代	特质测量随着因素理论的确立回归到首要位置；生命叙事的作用重新凸显 **社会和科学背景：**工作场景中的个体得到了更好的理解
20 世纪初	基于计算机和网络的测量增多 **社会和科学背景：**全球化加剧，虚拟的社会网络关系日益普遍

2.5.2　相关研究

在相关研究中，两个或多个变量之间的关联程度将被测量。例如，我们会收集一些领导者的样本，包括有魅力的和没有魅力的，然后考察人格魅力是否与外向性有关，是否与强有力的肢体语言及富于感染力的声音有关，最后看这种表达风格是否与外向性有关。换句话说，我们可以测量一系列的变量，然后计算它们彼此之间的关联程度：首先使用相关系数，接着是因素分析（对一系列相关关系进行分析；通过考虑重叠或共享方差，因素分析能够在数学上整合来自一组相关变量的信息）。

不过，相关并不能显示因果关系的方向。比如，它无法说明人们是有了成为一个成功领导者的动机之后才开始使用表达性的姿势，还是因为人们具有表达性的姿势才当上了领导者，又或者这两者都是一个更深层次的第三变量的结果，如活跃和追求刺激的倾向。为了找到因果关系，我们需要进行实验或准实验设计。

2.5.3　实验研究

得到因果推论的最直接有效的办法是设计一个真实验（Campbell & Stanley，1963）。在真实验设计中，被试被随机分配到一个处理组（treatment group，将接受研究想要检验的某种处理）或一个控制组（control group 作为比较的基准）内，然后研究者会将两组进行比较。例如，我们想知道人们做出表达性的姿势能否让他们更具人格魅力，于是可以这么做：将被试随机分配，其中一半参加表达性姿势培训，另一半人参加无关培训（如某种游泳姿势培训）。然后我们追踪所有被试，看那些受过表达性姿势培训的人是不是更可能成为领导者或被感知为领导者（这种可能性是通过统计得来的）。如果是这样的话，就有理由相信是表达性姿势培训这一实验干预导致了该结果的发生。

随机分组可以排除两组被试本身的差异对结果造成的影响。但即便如此，实验依然存在问题。首先，我们不知道这些研究结果能否被推广到与这个实验中的被试具有不同特征的其他人身上。其次，与第一个问题类似，我们不知道存在着哪些重要的调节因素。例如，也许干预在老年人身上作用明显，但用在年轻人身上就不起作用。再次，在精巧的实验设计的实施过程中，依然会产生偏差，如实验者偏见等。最后，我们没法知道是否还有其他有效的干预方法，或者哪一种最有效。

一个真实验虽然存在以上局限，但由其得出的结论较相关研究和个案研究而言依然更具优越性，尤其是在相关研究基础上进行的实验。在医学领域，这样的真实验设计被称为“随机临床试验”。在人格心理学中，我们称其为“实验法”。

然而可惜的是，绝大多数人格研究都很难做到完全随机化。我们无法随机分配 10 000 名青少年接受长达 5 年的姿势培训，再安排另外 10 000 名青少年作为控制组，以考察未来哪一组中诞生了更多的魅力型领导者。于是，我们使用准实验研究或自然发生的实验来检验哪些影响因素将提高成为魅力型领导者的可能性。比如，我们可以对比就读于男女同校高中的学生和就读于男校或女校的学生之间的差异。作为练习，你也可以想一想还能收集哪些资料以理解人格魅力的起源和成分。

写作练习

选择一个你想研究的人格因素。对于你的研究问题，哪个方案最佳，是个案研究、相关研究还是实验研究？为什么？每种方法分别会对你的研究有什么贡献是什么？

2.6 人格测验的伦理

2.6 检视心理测验的伦理问题

人格测验设计得再好也仍然是工具。和其他工具一样，它可能被合理利用，也可能被滥用。例如，依据某些测验的结果断言族群之间存在巨大的人格差异是十分危险的，但它们依然可以为探究族群（如亚裔美国人）间的人格差异提供有益参考。此外，测验可以发现一些有趣的群体差异，值得使用其他研究手段做进一步考察。因此，就像不能因为工具被滥用就禁止其使用一样，也不能因为测验存在偏差就将其舍弃。相反，我们应该了解它们的局限性。在后面的人格测验伦理部分我们还将讨论此问题。

第一个具有实质效度的心理学测验诞生于一个多世纪之前。阿尔弗雷德・比奈于 19 世纪末在巴黎开创了智力测验的先河。他的目标非常高尚：发现那些真正聪明，却因为听力或语言功能受损而被贴上“笨蛋”标签的孩子。换句话说，比奈的目标是帮助那些受到社会误解和歧视的人（Binet & Simon，1916）。

该观点也适用于其他心理或人际关系问题的测验。为了帮助有问题的人，准确地诊断出他们的问题以及优势至关重要。因此，公平有效的测验将使每个人受益。但是，各种局限导致的测验结果错误所带来的后果是危险的。如果测验目的是筛查出谁是没有价值的人，那么测验不准确会成为致命的问题。这种情况下的测验错误或偏差往往是悲剧性的。

在著作《人的误测》（*The Mismeasure of Man*）一书中，生物学家斯蒂芬・杰伊・古尔德（Stephen Jay Gould）表达了对于科学种族主义的遗憾。古尔德指出，在针对智力的研究中，即使是最卓越的科学家也会被偏见所蒙蔽，虽然他们确信自己是在进行纯粹客观的科学测验。例如，在 19 世纪中期，备受尊敬的外科医生保罗・布洛卡（Paul Broca）使用颅骨的大小证明男性比女性聪明，白人比黑人聪明。布洛卡与所有在 20 世纪追随他的科学家一样，可能没有意识到他们收集的数据本身就是有偏差的，他们深深受限于自己的既有观念。毫无疑问，这种偏见同样影响着当今的人格测验，但是在其后果清晰地展露出来之前，人们意识不到这一点。

很遗憾，就像第一个智力测验很快就演变为寻找“傻瓜”和“蠢蛋”的工具一样，心理测验时至今日也在被歧视和迫害他人的人所利用。例如，一个测验可能会被合理地设计出来以筛选求职者，然而人们很容易就会（有意或无意地）对那些历来更少被雇用的群体产生偏见。这就好像进行医学诊断不是为了治疗疾病，而是为了判断哪些人“有病”而需要被隔离起来。

由于测验的滥用，有人提出应该将测验取缔。这当然是矫枉过正。我们不应该因为科学发展促使危险武器的产生就禁止科学，或者因为有很多人死在手术台上就禁止手术。解决之道是确保测验的使用者和接受者都熟悉并深刻理解人格测验的使用价值及其重大局限。

思维训练　伦理与实验

科学界已高度重视研究的伦理问题，科学组织和政府也出台了各种用以规范研究过程以及如何对待被试和使用数据等方面的标准，并在实验执行过程的各个环节进行安全监督，以避免实验违反现有的伦理规范（虽然这些规范还远称不上完美）。20 世纪 30 年代，声名狼藉的塔斯基吉梅毒试验（Tuskegee Syphilis）在非洲裔美国人身上进行，一些研究人员似乎认为，在不治疗的情况下了解疾病的自然过程的好处足以抵消不治疗对参与者可能造成的伤害。不过当前的观点有些变化，认为主要问题出在参与者没有被明确且充分地告知所有风险。在给参与者造成不可接受的伤害之后，是否应该抛弃基于对这几百人进行的实验得到的关于该疾病病程的所有数据，即便这些数据可能有用？

20 世纪中期，美国和加拿大政府涉入一个长达几十年的项目，在对方不知情也未授权同意的情况下，将致幻剂（LSD）和其他精神类药物用于普通市民，考察其作用。这导致其中一部分被试承受了永久性损伤，甚至死亡。当时，研究人员认为，开发又一个冷战秘密武器的目标可以合理化对被试的伤害。我们是不是应该抛弃这些以不道德手段得来的数据，即使它们对于了解药物非常有用？

一种观点是只要通过非道德途径收集的数据都应该被弃用，不用考虑任何可能的价值。而另一种看法是那些伤害令人惋惜，但如果使用这些数据进行一些有价值的研究，也不失为一种补救。尽管多数伦理专家都支持第一种“致命污点”的观点，但近期的一些例子表明，一种不那么绝对的立场正在得到关注。

想想人类胚胎干细胞使用的复杂性，它可以为治愈疾病带来希望。要从人类胚胎上获取这样的细胞，必然使胚胎受损。一旦干细胞被分离和特殊处理，就可以被培养成一个连续的细胞系。很多人认可对此展开研究极有价值，但同时也有很多人认为，不论出于什么目的，有意损伤胚胎都是不道德的。乔治・沃克・布什（George walker Bush）领导下的美国政府在处理 2001 年的一起事件时就采用了这种观点。政府禁止联邦基金用于制造新的干细胞系，认为这种对胚胎的破坏性使用不被道德所接受（即使在实验室培育的胚胎也不能用于移植）。然而在规定日期之前已经存在的干细胞系可以继续培养，并在联邦资助的实验中使用。也就是说，他们认为，胚胎干细胞研究的潜在好处还不足以抵消进行干细胞破坏性采集的危害，但足以允许使用已经通过这种方式获得的干细胞。然而也有一部分人认为，最终那些未被使用的胚胎都将被丢弃，不利用它们来帮助患有严重疾病的人才是不道德的。最近，关于从成体细胞中发展干细胞的研究取得了进展，从而规避了许多伦理问题。

虽然和那些生死攸关的例子相比，人格研究触犯伦理规范的可能性小很多，但是研究者仍然需要思考该如何处理那些在没有经过被试充分的知情同意，或者被试中途退出实验就会受到惩罚的情况下收集上来的数据。

写作练习

通过不道德途径收集的数据是否能够被道德地使用？

总结：如何对人格进行研究和测量

标准化的人格测验能够激发并评估反应上的个体差异。客观的人格测验易于量化和界定，但可能捕捉不到人格的细微方面。主观的人格测验依赖观察者或施测者对结果的解释，可能会带来分歧。最佳方案是使用多种测量方法以绘制人格的全貌。

人格测验应该是可靠的。信度指的是分数的一致性程度，人们在不同情境下完成同一个测验，得分应相近，因为人格是相对稳定的。（不过，经过长时间发展或经历创伤性事件后，人格也会发生改变。）内部一致性信度是一个测验内各部分间的一致性程度；重复测量信度是一个测验在不同时间进行，所得分数的一致性程度，一般相隔几周。

一个测验是否测得了想要测量的东西？它究竟在测量什么？这是效度的问题。效度最基本的方面是结构效度。结构效度考察测验能否预测该理论讨论的行为或反应。测验是否与应该有关的东西有关？如果是的话，测验便具有聚合效度。另一方面，测验还应该有区分度，也就是说，它不应与应该无关的东西有关，这就是区分效度。内容效度则是指一个测验是否测量了施测者期待测量的内容。

理想的测验题目应该能够区分出不同的受测者。由于每个题目测查的均为整体结构的某一方面，题目与题目之间应该存在内在关联。最后，题目应该能得到一个合适的分数分布，以适用于广泛的人群。

反应定势是一种偏差，它与被测量的人格特征无关。具有默认反应定势的人较他人而言更可能对任何问题给以肯定的回答。另一种反应定势是社会赞许反应定势，它是指一些人会想要在测验中表现得更加符合社会规范，或让自己的回答能够讨好施测者。虽然所有测验都或多或少受反应定势影响，但这并不意味着它们没有价值。其存在提醒我们必须恰当地编制、使用及解释测验，才能保证其有效性。

族群偏差是一个常见的测量偏差。测验有时没有考虑到受测者所属文化或亚文化的影响，以及在一种文化下发展出的理论和测验用在另一种文化中可能不适宜。例如西班牙裔的美国儿童可能会被看作缺乏成就动机的，而实际上他们只是接受了更多应与人合作的教育。人格心理学经常进行方便取样的研究，如在自己的病人、学生、邻居中取样，但并未系统考虑能否将从这些群体中得来的结论推广到其他群体、其他地区、其他时期。

性别偏差也是一个常见的测量偏差。有的测验可能可以发现女性身上存在的所谓“问题”，但没有考虑到她们所处的环境——她们的丈夫、她们遭受的职业歧视、她们平等教育机会的缺乏等。

在过去的一个世纪里，人格测量的多样性大大发展，不再只依赖自我报告。来自朋友、熟人甚至陌生人的他人评定可以作为测量人格的有效手段。现代的生理测量技术认为神经系统对于人格至关重要。大脑是近来的关注焦点，如通过脑电图观察诱发电位，使用正电子发射断层扫描测量葡萄糖代谢。行为观察（如记录人们某一经历或行为出现的次数）是另一有效的方法。实验者可以让被试通过日记或经验取样测量记录当下的行为与思想。

心理治疗会谈是心理学中经典的访谈法，来访者谈论他们生活中重要或棘手的方面。近年来，测量性访谈日渐系统化和结构化。如在A型人格结构化访谈中，研究者可以同时基于言语和非言语反应（如音量与语速）来评估人格。事实上，表达风格中的非言语线索是一种非常有趣但未被充分使用的人格测量方式，而它是测量人格魅力的绝佳途径。此外，书信和日记（也含有非言语线索）可以为人格变化研究提供丰富的信息，因为它们涉及多个时间点。

像罗夏墨渍测验这样的投射测验能通过非结构化的刺激让个体将其内在动机“投射”出来，可以是画一幅图、讲一个故事、完成一个句子或者进行一次语词联想任务。投射测验的主要问题在于评分。评分者的个人解释会很有趣，但可能缺乏信度。不同评分者或者同一个评分者在不同时间做出的解释可能会不同。训练评分者使用标准化评分系统可以在一定程度上解决这一问题。

最后，如果想要准确理解一个人，必须理解他的文化背景和文化认同，这一点对于非主流文化中的个体来说尤为重要。例如，如果对非洲裔美国人的文化知之甚少，就无法准确地测量出非洲裔美国人的人格。

人格测验的错误使用已然发生过。由于被滥用，有人建议对它予以禁绝。然而，人格测验错误的本质在于测验建构得不够完善，使用方式不够恰当，或者出于政治或其他目的而被误用。只有让使用者在人格理论的框架下深刻理解人格测验的价值及局限性，才能解决这一问题。

写作分享：测量人格

选择你想测量的人格的某个方面。本章提到的哪种方法最适用于你的研究，为什么？哪种方法可能导致测量误差？本书作者开发了一个人格魅力测验。那么你最想测量人格的哪一方面呢？

3

CHAPTER

第3章

精神分析取向的人格理论

学习目标

3.1 检视弗洛伊德提出的精神分析基本概念

3.2 详解性心理发展的各个阶段

3.3 分析弗洛伊德以性器官为基础的性别差异理论

3.4 描述弗洛伊德提出的防御机制及其对人们生活的影响

3.5 考察文化对人格的影响

3.6 论述弗洛伊德精神分析理论的主要贡献和局限

3.7 认识一些后弗洛伊德心理学家所做的工作

1882年，西格蒙德·弗洛伊德爱上了年轻美丽的姑娘玛莎·博内斯（Martha Bernays）。但是，由于没有足够的财富和不具备良好的社会地位，他们不能马上结婚，而在当时的时代背景以及他们所处的奥地利–犹太文化下，也不能发生婚前性行为，因此，对于20多岁的弗洛伊德来说，性冲动无法得到满足。在结婚之前漫长的4年等待过程中，这个敏锐的年轻科学家深入地思考了自己对性的渴望及其对生活方方面面的影响。10年之后，也就是19世纪90年代，弗洛伊德开创了他关于人类心灵的性心理理论。

弗洛伊德的母亲（见本页她与弗洛伊德的合影）是其父雅各布·弗洛伊德（Jacob Freud）的第三任妻子，她比

丈夫小20岁。她非常迷人，是小时候的弗洛伊德爱慕的对象。长大以后他还记得儿时有一次看到了母亲的裸体，他将这种爱而不得的矛盾情感作为其理论基础之一。

弗洛伊德两岁半时，妹妹诞生，后来又陆续有了更多的弟妹，这激起了他对于人类繁衍的好奇，这位高智商的年轻人开始深入思考兄弟姐妹之间的竞争。而让家庭关系变得更加复杂的是：弗洛伊德两个已成年的同父异母的哥哥（他父亲前妻的孩子）住得离他们很近，而且很依恋他年轻的母亲。为什么他的哥哥会和母亲调情？多年以后，弗洛伊德仍然清楚地记得童年时见到的这种纠缠不清的爱欲关系（Gay，1988；Jones，1953）。

虽然弗洛伊德是犹太人，他的妻子玛莎也是在正统犹太教的环境中长大的，但他对宗教有着非常强烈的抵触情绪，并且不让玛莎完全遵守宗教戒律。他对宗教充满戒心，尽管对于当时所有的欧洲犹太人来说反犹主义是一个敏感话题，就像对于今天的非洲裔美国人来说肤色是一个敏感话题一样。由于所受的医学训练，弗洛伊德首先认为自己是一个生物学家——一个深受查尔斯·达尔文影响的生物学家。当时达尔文刚刚提出他革命性的思想，即人类虽然具备高度发达的智能，但仍是动物——受生物性支配。弗洛伊德曾在早期花了好几年时间研究鱼的生物进化。他把自己看作一个科学家，总是尽其所能去理解心理反应背后的生物结构和规律（Bernstein，1976；Freud，1966b；Gay，1988；Jones，1953）。

这段对弗洛伊德早期生活的介绍暗示着童年经验、压抑的性欲和潜意识冲突会影响人们的成年行为。对于今天的多数大学生来说，这种分析看上去十分合理，但在20世纪初，这种想法十分罕见。弗洛伊德学说以人格的自然性解释获得了巨大的成功，也影响了后来者，从而形成了精神分析取向的人格理论。

1909年，弗洛伊德应著名儿童心理学家、克拉克大学校长G.史丹利·霍尔（G. Stanley Hall）的邀请，由卡尔·荣格（当时荣格30岁出头，弗洛伊德50多岁）陪同，访问了美国。当时他们两人都没什么名气，但是看过他们著作的美国人对潜意识性欲的思想极感兴趣。很多有影响力的心理学家邀请他们前去讲学，这其中包括哈佛大学哲学家、心理学家，美国心理学的奠基人之一威廉·詹姆斯（William James）。尽管弗洛伊德在面对这些名人听众时有些焦虑，但仍然很好地表达了自己的观点。这次美国之行是精神分析观点在北美大规模传播的起点。如今，弗洛伊德的著作不仅在心理学界被广泛引用，在很多人文学科领域也被相当广泛地提及。

今天，有些人视弗洛伊德及其学说为老古董，因为其中一些观点已被现代生物学和心理学研究证伪。但是，这种态度实际上是对弗洛伊德学说的影响的误读，它会让人们忽略一个重要的事实：精神分析能够帮助我们更好地理解人格。在这一章里，我们将会看到弗洛伊德的思想直至今日仍生机勃勃且极具影响力。当然，我们也会讲到这一理论的局限与不足。

3.1 精神分析的基本概念

3.1 检视弗洛伊德提出的精神分析基本概念

在医生生涯刚起步时，年轻的弗洛伊德对神经学和精神病学产生了浓厚的兴趣。为了获得临床经验以赚取更多的收入，他慢慢把主要的精力从生物学研究转向对病人的治疗。1885年，弗洛伊德去了巴黎，师从著名的神经病理学家J. M. 沙可（J. M. Charcot）。

沙可当时正在研究癔症（hysteria）。这种现如今已经很少见到的疾病在一个世纪以前却是一个相当棘

沙可正在示范对一个癔症患者的治疗。弗洛伊德的书房里也挂有此图的复制品。

手的疾病。准确地说，癔症是一种流行病。很多人，特别是年轻女性，被各种形式的麻痹、瘫痪等症状折磨，身上却找不到相应的器质性病变，奇怪的是，有时候他们能够因为心理和社会作用而痊愈。例如，沙可和皮埃尔·让内（Pierre Janet，1907）使用催眠术（hypnosis）成功治疗了癔症。这种疗法背后的原理是：生理症状是由患者意识不到的心理作用导致的，通过解放内在的心理紧张，外部的身体得以解放。

历史脉络

精神分析取向的发展历史

从精神分析取向的人格理论间的历史关系及其与更广泛的社会和科学背景的关系，可以看出它们的主要发展。

1800 年以前	除了一些驱魔术，几乎没有对于潜意识的探索
	社会和科学背景：从宗教或哲学的角度看待人类
19 世纪初	沙可和让内研究癔症和催眠，弗洛伊德向他们学习
	社会和科学背景：对进化和脑功能的关注增加；将人类和其他动物进行对比
1890—1910 年	弗洛伊德提出了本我、自我、超我、压抑的性欲（力比多）和释梦等概念
	社会和科学背景：工业和技术革命；以父权制家庭为主、讲究名声和尊奉宗教的维多利亚时代
1910—1930 年	新精神分析开始与弗洛伊德分裂，双方围绕驱力、防御机制和死本能展开辩论
	社会和科学背景：技术、工业和大型科技武器发展，第一次世界大战（1914—1918），行为主义在美国心理学内部兴起
1920—1940 年	精神分析思想影响了多种理论，包括驱力、动机、依恋、冲突、失忆症、疾病等
	社会和科学背景：弗洛伊德的观点出现在艺术、文学、电影、医学、戏剧等领域，席卷整个西方文化
20 世纪 30 年代	弗洛伊德为躲避纳粹迫害逃离奥地利，死于英国
	社会和科学背景：经济萧条，社会动荡，政治宣传；精神病学在美国发展
1950—1960 年	经典精神分析取向不再是人格心理学的主流
	社会和科学背景：精神分析更多作为临床治疗实践的工具，较少引发人格研究者的兴趣
1960—1990 年	现代实验和认知心理学、语言学为弗洛伊德学说提供了新的解释
	社会和科学背景：脑科学取得巨大进步；心理测评和发展心理学取得长足进步
21 世纪初	以现代知识重新解读弗洛伊德学说的观点
	社会和科学背景：脑成像应用于科学；社会病理学的复杂性得到公认

3.1.1　潜意识和治疗技术

从巴黎归来后，弗洛伊德开始在治疗中使用催眠术，但最后他发现，并不是每个人都能被催眠。受到同为医生和生理学家的同事约瑟夫·布洛伊尔（Josef Breuer）的影响，弗洛伊德尝试从催眠术转向自由联想（free association）——思维和情感的一种自发且自由流动的联想。再后来，他走向了释梦（Breuer & Freud，1957）。弗洛伊德逐渐认识到多数病人并不能在意识层面认识到其内部冲突，而正是这些内部冲突导致了心理和生理问题。梦为解开这些潜藏的内心秘密提供了一把钥匙。

位于维也纳的弗洛伊德书房。他的病人会斜倚在沙发椅上进行自由联想。

早在“圣经时代”[1]甚至更早，人们就已经开始对梦进行解释。那时候梦常被视作预言或神谕。但对弗洛伊德这样一位进化生物学家来说，梦是个体心理的产物。他将梦看作潜意识的碎片和线索——惯常的意识思想无法触及的心灵的那个部分（Freud，1913）。

弗洛伊德将梦称为理解潜意识的“捷径”。试想一下，你反复梦到沿着楼梯向上追赶你的老板，你越跑越快，也越来越挫败，一直无法到达楼顶。弗洛伊德将其解释为一种没有得到实现的性行为的象征。为什么会做这样的梦呢？从心理角度来讲，承认自己经常产生淫欲将使你面临威胁，如威胁到你的婚姻、自我概念或道德感。于是，人们将此种欲望转化为一种不具威胁性的象征符号——向上爬楼梯。

在梦里，几乎任何一个看上去像阴茎的物体——从单簧管到雨伞——都可以被看作阴茎的象征。而任何一个封闭的空间，比如有围墙的私密庭院、毛皮口袋、一个盒子，都可以代表女性的生殖器。不过，作为一个重度雪茄依赖者，弗洛伊德却说“有时候，雪茄只是雪茄”（弗洛伊德 1939 年死于吸烟引起的口腔癌）。

但是，如果真的梦到和老板或同事性交，又该做何解释呢？为什么在这里性驱力没有被隐藏起来？弗洛伊德的病人遇到的问题通常是一些内心冲突或紧张，这在 19 世纪末严苛刻板的维多利亚时代非常常见。性是社会禁忌，当时的病人很少会做直白表达性欲望的梦，如果有的话，也会被解释为代表着其他更为深层和隐匿的冲突。不知道弗洛伊德对于现代这种开放随意的性行为做何感想，他会坚持认为我们仍处于一个并非真正意义上的性自由的社会中吗？

根据精神分析理论，梦以及心理体验的很多方面都包含两个层面的内容——显性内容（manifest content）和隐性内容（latent content）。显性内容是指一个人记得并能够进行有意识思考的内容，而隐性内容则指使人意识不到的潜在意义。我们可以把梦类比为冰山——一小部分漂浮在水面上，大部分潜藏在水面以下。这是精神分析取向的人格理论的标志性观点：我们所看到的水面之上的冰山（显性内容）只是潜藏在海水之下的冰山（隐性内容），也就是大量心理活动的部分代表。这启示我们，任何依赖意识反应和自我报告的评估工具都是不完整的，它们仅捕捉到显性内容，而潜意识可以通过梦境象征性地表现出来。

精神分析对人格的解释有时会陷入循环论证。试想，一位年轻女性患有严重的神经性咳嗽、斜视和局部瘫痪，这些症状被归因于她关于性虐待的潜意识冲突。通过精神分析治疗，这一问题逐渐显露并得到彻底处理，患者的情绪能量得以释放。然而，病人仍然被诸多神经性问题和癔症困扰着。那么我们可以据此认为精神分析的解释完全错误吗？不能。精神分析师还可以继续探索该问题更为底层和隐匿的方面。并没有一种有逻辑的科学方法能够用来评估这些解释。换一种说法是，精神分析的研究几乎没有控制组，也就是说，缺乏一个比较坐标或者既定标准来评估这种理论及治疗方法。在电影《安妮·霍尔》(*Annie Hall*) 中，演员兼导演伍迪·艾伦（Woody Allen）所饰演的角色埃尔维（Alvy）告诉安妮，他坚持向精神分析师寻求帮助“恰满 15 年”。安妮对此感到很吃惊，埃尔维回答说他会再坚持一年，然后就会去卢尔德（Lourdes，法国的朝圣中心）。这种将精神分析和宗教治疗等同视之的说法反映出弗洛伊德观点受到批评的原因：它不像其他心理学理论那样经受过批判性、严格且科学的检验。

如今，还是有很多人相信梦蕴含着丰富的信息（Morewedge & Norton，2009）。例如，一些准备去旅行的人会说，如果他们梦见飞机失事，他们的焦虑会比被政府警告目的地恐怖袭击风险上升造成的焦虑还要大。也就是说，对梦的解释与自由联想会影响人们的行为，因此，理解潜意识过程是否、何时以及如何与日常生活产生真实的关联十分重要。

3.1.2 心理结构

所有人格理论都认同，和其他动物一样，人类生来就具有一系列本能与动机。其中最基本的有新生儿遭遇疼痛会哭泣，饿了会吮吸乳汁等。此时，内在驱力显然还没有受外部世界影响，它们原始且未社会化。弗洛伊德使用“本我”（id，it 的拉丁语说

[1] 通常指从公元前 2000 年到公元 500 年的一段时期。——译者注

法）这一术语来表示这种未分化的人格内核。在德语中，弗洛伊德使用的是 das es 这个短语，其字面意思也是 the it（它）。本我包含基本的心理能量和动机，常被称作本能或驱力。本我遵循快乐原则（pleasure principle），即仅追求自身欲望的满足，以减少内在张力。例如，婴儿通过吮吸来获得快感和放松，吮吸驱力是由进食需要引发的，最后会得到纾解。

然而，即使是婴儿也不得不面对现实。外面还有一个真实的世界——疲倦的母亲、弄脏的尿布、冰冷的卧室。弗洛伊德用术语“自我”（ego）或者“I”（ego 是 I 的拉丁语说法，在德语中为 das ich，也是 I 的意思）来指称这个被分化出来以应对真实世界的人格结构。自我遵循现实原则（reality principle），它必须解决现实问题。只是想并不能真的获得乳汁和拥抱，必须在现实世界中做出计划并付诸实施。于是婴儿很快学会更大声地哭，以吸引母亲的注意。

追求快乐的本我和面对现实的自我终其一生都在斗争。个体不会因为成熟而放弃本我，但绝大多数成年人都能很好地控制它。当然，也有一些人被欢愉主导，寻求满足成为他们成人人格的核心。图 3-1 说明了本我的作用。

图 3-1　精神分析对心理结构的观点

注：自我（由图中的市政厅来代表）和超我（由图中的教堂来代表）都扎根并来源于本我（由图中的大海来代表），就如同火山岛从水中生起，也被水环绕。

问题到此还没有结束。孩子们不能只学习如何用最现实的手段满足内在驱力，人不能完全以自我为中心。事实上，我们势必要受到父母和社会的塑造，学习遵守道德规范。内化了这些道德规范的人格结构被称为超我（superego）。从字面上看，弗洛伊德认为它是超越自我的部分（其德语名为 Über-Ich，意思是自我之上），因为它支配自我。超我类似良知，但还有更深层的含义。我们可以觉察到良知，即内在的伦理标准会告诉我们如何行动，而超我有一部分是潜意识的。也就是说，我们并不总能意识到加诸我们身上并限制我们行为的内化的道德力量。

这一基本过程在弗洛伊德看来具有跨文化一致性，同时超我可以代表所处社会的特定要求和期望。从这个意义上说，弗洛伊德的观点与当代强调文化重要性的观点是一致的。

当自我，特别是超我，没有做好本职工作时，本我的某些成分就会悄悄地显现（如以口误的形式），大白于天下。弗洛伊德（1924a）曾在书中提到一个解剖学教授的例子，这位教授在上课时说：“就女性的生殖器而言，尽管很有诱惑力（tempting），呃……我的意思是企图（attempted）。”（p.38）弗洛伊德认为，语言学对这种口误的解释是不充分的，这种口误应该归于潜意识欲望的流露。从表面上看，人们仅仅是说错话而已，但实际上这揭示了个体深层次的动机。这种在言语或写作中表现出的心理失误被称为弗洛伊德口误（Freudian slip）。严格来说，能够揭示潜意识的失误被称为动作倒错（parapraxes），这是希腊语，意为与动作相随（alongside the action）。于是，弗洛伊德学说不会用记忆的学习理论或简单的疲劳来解释突然忘记朋友叫什么名字这种现象，而会将其看作与这位朋友存在潜意识冲突的体现。同样地，一位年轻女性在与一位外表有吸引力的新朋友交谈时，如果她抚摸或是轻敲她的订婚戒指，就暗示着她潜意识里担忧自己和未婚夫的关系。

即便是在写这本书的过程中，也有可能出现弗洛伊德口误。在草稿中，就算只漏掉了一个字母 *n*，也会使文字的意思大相径庭。例如，在整理“男性和女性的区别”一章的纲要时，一个学生助理本意是要写“男性为了延续自己的基因，会尽可能多地发生性行为，这从进化论的角度来讲是十分重要的”。然而尴尬的是，她写成了“我会尽可能多地发生性行为，这从进化论的角度来讲是十分重要的。”不必说，任谁看到这句话都会觉得好笑。

弗洛伊德认为，当一个人很疲劳或注意力不集中时，就很容易出现口误或笔误。这时人们的防御力下降，对潜意识的防守减弱，潜意识冲动会更容易浮出到意识层面。弗洛伊德是一个极具洞察力且敏锐的观察者，他不满足于仅对人格进行表面的肤浅解释。一个主张戒烟的活动领袖起了一个叫作“伦道夫·斯谋克”（Randolph Smoak）的名字（在英文中，Smoak与香烟smoke同音），这不会使弗洛伊德感到惊讶——他总能从思想和行为的蛛丝马迹中寻找到意义。

如今我们已经知道很多关于大脑结构和功能的知识，但是在100年前，弗洛伊德和他的同事对此知之甚少。现在我们很清楚大脑并没有被划分成本我、自我和超我三个部分，但是人类大脑确实存在着不同的层次和结构。其中有一些比较原始，与原始动物大脑结构类似；其他则进化出了高级功能，如产生了情绪和动机，而上皮层包含了对应高级人类智慧和自我控制的复杂神经网络。从这个角度上说，弗洛伊德将人们意识不到的特定部分纳入心灵结构是完全正确的。

尝试记录你的口误、笔误和梦会是一个有趣的经验。你可以把纸笔放在枕头旁，醒来以后继续躺着（保持闭眼状态），努力回忆梦境，然后尽可能地把能记起的全都写下来（随着练习次数的增加，这个过程会变得越来越简单）。几个星期之后，你可以试着去寻找这些梦境之间的共同主题，然后将这些主题与你的担心、冲突、朋友和家人联系起来。这一过程可能会使你顿悟，当然也可能不会，而弗洛伊德当年就是这样进行自我分析的。在最近的一项研究中，学生被要求在睡觉之前写日记。他们需要选择自己认识的一个人，其中一部分学生要写下关于那个人的事情，而另一些学生则需要写一些其他的事情，同时压抑自己关于那个人的想法。第二天，学生会记录他们的梦境，然后由研究者对这些梦进行研究。结果发现：同直接思考目标人物的学生相比，睡觉前压抑自己，不去想目标人物的学生更多地梦到了目标人物（Wegner，Wenzlaff，& Kozak，2004）。

美国世贸中心在“9·11”恐怖袭击中被摧毁后，一些心理学家（在新闻节目中）推测恐怖分子选择该攻击目标的原因是高楼是生殖器的象征，恐怖分子不仅要重创美国，还要阉割美国。这种说法大多遭到新闻评论员的嘲笑。然而，其中一个劫机犯许下了一个遗愿，他说：“我不希望女人参加我的葬礼或是到我的坟前，我也不希望有孕妇跟我道别。”在理解类似的复杂动机时，精神分析取向强调那些隐藏于人内心深处的性功能紊乱以及不正常的性关系、思想和欲望所起的作用。

写作练习

弗洛伊德及其同事将自由联想引入心理学，将其作为接触潜意识的工具。写下当你想到“爱”“恨”“母亲”和“父亲”时脑海中浮现的内容。你认为可以通过你联想到的这些内容看出你的人格吗？

3.2 性心理发展

3.2 详解性心理发展的各个阶段

弗洛伊德将心理世界看作一系列相对立的紧张状态，例如自私性和社会性之间的紧张，以及想要得到缓解的心理内部的紧张。他认为，这些紧张的基础是性能量，或者力比多（libido，拉丁语，有欲望、性欲的意思）。这种心理能量是驱力或动机的基础。

在弗洛伊德将性引入科学框架之前，非婚性冲动和性行为被看作不健康和不正常的。19世纪后期，一些内科医生和科学家，包括理查德·冯·克拉夫特-埃宾（Richard von Krafft-Ebing，1886/1965）和哈夫洛克·霭理士（Havelock Ellis，1913；1899/1936）等，开始写书探讨人类的性活动及异常的性行为。弗洛伊德对他读到或在病人身上看到的各种性经验产生了兴趣：“为什么有些人喜欢与孩子、尸体、禽兽、鞭子和锁链，甚至鞋子发生性关系，喜欢群交，喜欢在他人在场时做爱，对做爱着迷？……”弗洛伊德是一个科学家而不是道德家或法官，他试图探索为什么性能量可以通过这么多方式表现出来。

3.2.1 口唇期

被摆脱饥渴的驱力所驱动，婴儿会寻求母亲的乳房或奶瓶，在此过程中他们也能获得安全和快感。但到了某个时刻（在美国社会通常是 1 岁），婴儿必须停止吮吸并断奶。这时就会产生冲突，一方面婴儿有停留在一个可以依赖的安全状态的需要，另一方面，断奶又有生理和心理上的必要性（“成长”）。这时本我和自我就发生了冲突。对于一些婴儿来说这一冲突很容易解决，他们会把性能量（力比多）转移到其他挑战上去。然而对另一些婴儿而言，这很困难，他们可能过早地、在还没有准备好时就被要求吃固体食物了。根据精神分析理论，这些孩子的关注点会一直停留于养育和照顾，以及可以满足他们口腹欲的东西上。用术语来说，他们固着在了口唇期（oral stage）。

随着人格的发展，那些固着在口唇期的个体依然会被诸如依赖、依恋、“吸收”有趣的物质或想法等事情所占据。口唇期的固着成了他们成长与发展的基本框架。到了成年，他们可能会从撕咬、咀嚼、吮吸硬糖、吃东西或吸烟中获得快感。类似地，他们的心理快感可能会源于谈话、与他人亲近（可能过分亲近）和不断吸收知识。现代研究证明了这种早期安全感的重要性。母亲的回应是婴儿依恋类型和之后的社会适应的重要的影响因素之一（Johnson，Dweck，& Chen，2007；Pederson et al.，1990；Sroufe & Fleeson，1986）。

3.2.2 肛门期

在今天，如果有人被说成具有肛门期（anal stage）性格，他一定会视此为侮辱。这是因为弗洛伊德思想的背景和特色已经失落了很久。事实上，弗洛伊德是借助儿童早期的重要生活事件来解释日后人格形成的深层次原因的。

在西方文化中，所有的 1 岁孩子都使用尿布，但到了 3 岁，多数孩子就会使用马桶了。在 2 岁左右的某一时刻，孩子需要接受排便训练。尽管多数人早就不记得这一过程，但父母们都清楚当时有多么困难。

在本我冲动的作用下，两岁的孩子通过排便释放紧张、获得快感。但是，父母想要控制孩子在什么时间、什么地点大小便。也就是说，父母希望社会对自由排便的禁令在孩子的超我中出现。

一些孩子很容易就学会了这种自我控制，这种控制继而成为他们人格中一个健康的方面。另外一些孩子则过度学习了这一技能，他们通过抑制排便来控制父母，并获得快感，即他们只有在感觉愉悦或者准备好时才排便。（这样的情况甚至威胁到一些孩子的健康，比如他们必须吃泻药。）还有一些孩子试图反抗这种对于排泄的管控，希望可以获得排便自由。精神分析理论认为以上这些行为模式会贯穿人的一生（A. Freud，1981；S. Freud，1908；Fromm，1947）。

一个 2 岁的孩子在排便时会获得极大的快感，固着在这个时期的人将形成富有创造性和表达开放性（毫无保留地说出自己的想法）的人格类型。

到了成年，那些固着在肛门期的人可能会在排便时获得极大的快感。而在心理层面，固着在肛门期的人可能会喜欢浴室幽默或制造混乱——包括搞乱他人的生活；又或者他们会过分关注整洁、齐啬、秩序和组织性。也就是说，严苛的排便训练可能会导致孩子在控制排便时获得极大快感，（从理论上来讲）这种乐趣在成年后可以同时表现为固执（“我想去就去”）和吝啬（“我自己留着”）。尽管这一简单的机制还没有被实证研究证明，尽管精神分析也不是强迫症最有效的疗法，但是早期的情绪模式及其冲突将对人格发展产生重大影响这一观点已被广泛接受。

就像前面提到的，肛门囤积型的人（即过度学习了抑制排便的人）长大后会极度吝啬。这种人也往往具有被动攻击性。例如，他们可能不会公然做一些不好的事情，但是会被动地攻击，比如实施冷暴力。这就像是在童年时抑制排便——“妈妈，我没有做错事；我没有随地大小便。”

关注童年时的排便训练是理解成年人吝啬或被动攻击的最好的取向吗？如果我们相信童年时成功习得的行为模式在整个人生的不同阶段可以被多次应用的话，那么，这种取向就是有意义的。但是，如果我们坚持认为固着在肛门期的力比多是成年人行为模式的直接生理原因的话，那么我们的看法就远远超出了能够由现有理论和研究支持的范围。

杰克逊·波洛克（Jackson Pollock，1912—1956）声称自己的艺术灵感是他的潜意识。他是非正统画家的先驱，经常不使用画笔，而是将液体颜料直接泼在或抛在地面或帆布上。他在描述自己艺术创作的过程时说，自己总是处于作品中，意识不到自己在创作过程中的行为。

总之，将成年人人格直接与哺乳、断奶，或者与接受排便训练时的年龄和排便训练的类型相联系的尝试最后都被证明是失败的。或许在极端的条件下，排便训练中的某次创伤性经验可能会形成一种模式并保持一生，但对多数人来说，早期经验并不能独立地对未来人格产生简单直接的影响。不过，一些性格特点群的划分是有价值的。就像弗洛伊德所说，也被现代研究证明，整洁、顽固和吝啬是一组相关的性格特点，可能源于父母或社会施加给特定孩子的一系列压力（Fisher & Greenberg，1996；Lewis，1996）。

3.2.3 生殖器期

4 岁左右，孩子进入生殖器期（phallic stage），在这个阶段，孩子的性能量集中在生殖器。小孩子会玩弄生殖器，当然这种行为不被社会接受（在弗洛伊德那个年代则完全被禁止）。很多家庭的父母也会制止孩子偷偷玩弄生殖器，甚至实施惩罚。这一阶段的孩子还很关注男孩和女孩的差别。到了 6 岁，多数孩子能够获得良好的性别认同。在弗洛伊德的理论中，这一阶段的核心是俄狄浦斯情结。

1. 俄狄浦斯情结

在 20 世纪的第一个 10 年里，精神分析思想得到蓬勃、迅速的发展。其中，对小汉斯（Little Hans）的研究是特别有影响力的一项研究，小汉斯是弗洛伊德“对一个 5 岁男孩恐怖症的分析”（1909/1967）中的研究对象。

小汉斯的父亲是弗洛伊德的朋友，也是他的崇拜者。这个男孩患上了恐怖症——一种过度的、不能忍受的恐惧。他恐惧的对象是马（当时还没有汽车），他害怕马会咬他，因此不敢出门。

不同的理论对恐怖症持不同的观点。弗洛伊德用潜意识的性冲突来解释恐怖症。他认为，汉斯的父亲蓄着大胡子，是一个强大且有力量的男人；同样地，马的笼头长且宽，也很强大且充满力量。就像梦中出现的象征物一样，弗洛伊德认为在汉斯的心里，马是他父亲的一种象征。那么，为什么汉斯在潜意识中这么害怕父亲呢？

弗洛伊德指出，就像很多小男孩一样，汉斯非常关注阴茎——他自己的阴茎、他父亲的阴茎、一匹马的巨大的阴茎。他也非常关注那些没有阴茎的人（比如他的妹妹）。汉斯曾经被威胁不许手淫。弗洛伊德认为，汉斯很爱慕母亲，但知道自己无法战胜强大的父亲，因此不得不与这种紧张做斗争。他对马的恐惧就是由这种斗争产生的。这种潜意识中的恐惧被称为阉割焦虑（castration anxiety）。汉斯害怕父亲会报复自己，并将自己阉割，这样自己就变得和妹妹一样了。

小汉斯对马感到过分恐惧，在弗洛伊德看来，这是一种担心自己会被强大的父亲阉割的替代性恐惧（父亲与马有相似之处，有强健的身体和巨大的阴茎，且毛发浓密）。

在希腊神话中，底比斯的国王俄狄浦斯无意中杀死了自己的父亲，并娶了母亲为妻。在历史上，很多文化中都有类似的杀死父亲的神话。弗洛伊德仔细研读了这些经典的文学作品，他相信这些神话故事不仅仅是一种消遣，它们抓住了人类本性的基础。他使用术语俄狄浦斯情结（Oedipus complex）来描述男孩对母亲的性冲动以及其与父亲的竞争。对于一个男孩来说，这些感觉以及他心理上对这些具有威胁性的思维和感觉的防御是非常重要的，因为它们形成了个体终生使用的基本反应类型，换句话说，形成了人格。

一个 5 岁的男孩无法杀死父亲，娶母亲为妻。为了解决这种存在于恐惧和性欲之间的紧张，一个心理发展良好的男孩会转而认同自己的父亲。他会表现出男子汉的性格，并试图使自己更像父亲。除了减少被阉割的风险，这种认同还使男孩子代偿性地“得到”自己的母亲——通过他的父亲。

2. 阴茎妒羡

那女孩又会怎么样呢？弗洛伊德认为女孩在认识到自己没有像男孩和男人那样的阴茎后会感到心烦意乱。在男性比女性拥有更高地位的时代或地区，做出这种假设不是没有道理的。一个想知道为什么自己没有那么受人尊重的女孩可能会认为她和男孩唯一的生理区别就是她缺少阴茎。弗洛伊德假定“性”塑造了人格，那么女孩会关注她们缺少男性生殖器的这个想法就显得更加合理。根据这一思路，女孩会发展出一种自卑和嫉妒的感受，其术语为阴茎妒羡（penis envy）。

像男孩一样，女孩首先会发展出对母亲的性依赖。然而，因为母亲允许她不带着阴茎出生或者（在她认为）切掉了她的阴茎，女孩为了获得阴茎，会把爱转向自己的父亲。在这里，弗洛伊德指出女孩的冲突感受：她当然爱自己的母亲，但是也要对父亲的慈爱和力量给予回应。这一点是没有争议的，只不过弗洛伊德给这些关系附加了性的成分。（其他学者有时会用“厄列屈拉情结”（Electra complex）来描述女孩的这种内心冲突。在希腊神话中，少女厄列屈拉说服自己的弟弟俄瑞斯忒斯杀死了他们的母亲克吕泰墨斯特拉。但是，弗洛伊德本人并不喜欢这个术语）。

正如男孩不能娶自己的母亲一样，女孩也不能嫁给自己的父亲。按照弗洛伊德对正常人格发展的观点来看，尽管女孩不能拥有阴茎，但她长大后可以生孩子，这样她就会变得完整。换句话说，弗洛伊德的观点是：女孩的人格发展建立在早期的与生殖器认同有关的性心理感受上。因此，一个健康的成年女性很可能会寻觅一位与自己父亲很像的男性做丈夫，并且与其生孩子。

男性在找女朋友时，会找那些与自己母亲很像或是截然相反的女性，这种现象很常见。同样，女性在找男朋友时，也会找那些与自己父亲很像或是截然相反的男性。他（她）们的动机都可以通过精神分析理论来推导。今天，各种证据证实，很多恋爱或婚姻方面的问题均会围绕着对方的父母或其他早期关系反复出现，尽管并不总以弗洛伊德预测的方式（Andersen，Reznik，& Glassman，2005）。童年期没有解决的冲突，成年后可能再次出现（Snyder，Wills，& Grady-Fletcher，1991；Sullivan & Christensen，1998）。

它为什么重要

弗洛伊德的性心理发展理论是一种阶段论，认为正常的适应应包含解决童年期面临的一系列挑战，然后继续面对和解决下一系列的挑战。

思考一下

不能与伴侣建立正常亲密关系的成年人会怎样呢（比如恋童癖者）？

恋童癖是一种心理失调，指一个成年人需要从青春期前的儿童身上获得原始的性满足，例如，他们可能会要求5岁的女孩子脱衣服。

为什么会出现这种现象？应该去哪里寻求治疗？

根据弗洛伊德的精神分析观点，这种失调来自一个人童年期性心理阶段转变的失败经历。而其他的解释包括异常的学习和条件作用，大脑发育的生理问题，缺乏道德教育，缺少行为榜样等。

3.2.4 潜伏期

任何人都知道，青春期的性驱力会对人产生显著影响。但是，当个体处于俄狄浦斯情结消退（5岁左右）到青春期（11岁左右）之间的阶段时，会是怎样的状况？弗洛伊德认为这一阶段不会发生重要的性心理发展，因此称其为潜伏期（latency period）。在这一时期，性欲望通常得不到直接的表达，因此性能量会通过其他形式的活动释放出来，比如学习、交朋友。

弗洛伊德的理论几乎没有涉及小学阶段，这是其理论的一个明显缺陷。事实上，小学这几年是儿童学习如何交朋友，如何成为领导者或追随者，如何配合教师和其他权威并养成学习和工作习惯的重要时期。而显然这些都不能由潜意识动机和性驱力来简单地解释。为了理解这一阶段的问题，我们需要了解自我概念、能力和特质等概念。

思考一下

弗洛伊德所说的“潜伏期”是否意味着个体在此阶段不经历生理发展？

弗洛伊德并不知道，潜伏期绝不是生理发展的休眠期。在青春期的前几年（6岁到11岁之间），肾上腺正在逐渐成熟，伴随着这些变化，肾上腺激素的水平急剧上升。在四年级时产生性吸引力并不罕见，这要比个体达到性成熟早很多年（McClintock & Herdt，1996）。

3.2.5 生殖期

如果一个人克服了童年早期的挑战，并且仍有足够的性能量可以利用（也就是说性能量没有固着），那么他将进入一段适应良好的生活，即生殖期（genital stage）。换句话说，弗洛伊德认为，如果一个人没有被固着在之前的阶段，接着就应该迎来青春期，它标志着拥有正常性关系、婚姻、生育的成年生活的开始。

在风靡世界的德古拉（Dracula）的传说中，吸血鬼咬伤并吸食无辜者的血，以使他们与自己同流合污。这可看作一种潜意识的具象化，这种潜意识与性、侵犯行为及相关的深层阴暗力量有关。

弗洛伊德提出，童年时期的异常经历会引起成年时期的人格问题。事实上，这一假设正是今天诸多心理治疗实践的基础，即早期的环境会造就未来的生活方式（Horowitz，1998）。然而，在假定童年时期的性欲望突然使个体进入青春期这一问题上，弗洛伊德偏离了轨道。现在，我们很清楚地知道：青春期时，人们的激素水平会发生显著的变化，青少年开始变得独立。青春期时确实会出现很多冲突，但是这些冲突似乎与婴幼儿时的性心理发展并不存在紧密的联系。此外，我们更清楚的是，许多关于成人性行为的问题应该从人们自己的角度来考虑，而不是以一个过分强调精神分析的性心理模型来解读。

在生殖期，人的注意焦点从手淫转向两性关系。到达生殖期即意味着人们已经成熟，成熟以婚姻、事业成功、自我控制为标志。而任何的偏离（如单身、没有孩子、同性恋或其他性行为）都被认为是缺陷或反常。在这一点上，弗洛伊德显然大错特错。文化和生物学研究显示，采用不同婚姻模式的人、单身者、同性恋者、从事多样化性活动的人，均能心理健康、适应良好。一个人可能因为宗教、道德、经验或文化的原因不赞成多元的性行为，但这种偏见不受科学或生理的支持（Kaplan，1983；Masters & Johnson，1966）。弗洛伊德犯了这个错误，而今天还有很多可能出于善意的人也会犯同样的错误。

为什么弗洛伊德会错误地混淆偏离和病态（疾病）呢？弗洛伊德是一位内科医生，他的理论源于对病人的治疗。显然，病人是有问题的，否则不会来寻求专业治疗。因此，弗洛伊德的理论是基于病理学、治疗和康复的医学模型，这并不是心理学理论建构的常规路径。你也很可能会提出质疑，认为弗洛伊德对于病理学的过分强调并不恰当。事实上这正是对弗洛伊德理论的主要批评：它过分关注人类发展中的异常和问题，倾向于将诸多行为和反应看作病态的、错误的和基于冲突的。还有很多其他重要动机和经历也在塑造着人格，我们会在后面的章节中介绍。但尽管如此，近来的很多研究还是证实了早年的气质和人格对于未来的重要预测价值甚至因果影响。

例如，研究表明，成年早期的人格及社会行为与童年时期的人格适应过程高度相关（Caspi，2000）。或许真像诗人威廉·华兹华斯（William Wordsworth）所说，“儿童是成人之父”。

写作练习

弗洛伊德认为个体需要经历多个阶段才能变得成熟，他还将人们在口唇期、肛门期、生殖器期、潜伏期的固着称为病态。你能够想到一个像弗洛伊德所说，已经成人，但心理上还固着在某个阶段的人吗？

3.3 男性与女性

3.3 分析弗洛伊德以性器官为基础的性别差异理论

弗洛伊德的理论视性为人性的核心动力，因而阴茎常常被提及。于是当他把这个理论运用到女性身上时，讨论的就是阴茎缺失的影响。

弗洛伊德指出了避而不谈阴蒂的重要性对女孩的强烈影响。即便在社会开放的今天，人们也很少教导女孩阴蒂是什么，以及如何检查或刺激阴蒂。提高女性对于阴蒂的自我关注可能会降低男性在她们性体验中的重要性，这种情况在如今提倡阴蒂教育的女权主义女性身上很常见。弗洛伊德认为，女孩要想获得成熟的性发展，应将自己的关注从追求快乐的阴蒂刺激转向阴道。他假定存在“阴道高潮”，一种在心理和生理上都高于“阴蒂高潮”的体验。按照推测，阴道高潮来自阴茎“自然的”刺激，阴蒂高潮则来自“人工的”刺激。

尽管不同部位的刺激会引起肌肉不同的活动性，但是，对人类性反应的现代研究并没有证实不同高潮类型的存在（Masters & Johnson，1966）。高潮就是高潮。由弗洛伊德追随者发展出的理论推测给女性带来了很大的痛苦，因为很多女性被治疗师诊断为无法产生“正常的”阴道高潮。这是弗洛伊德拥有好的想法却缺乏数据支持的又一个例子。将一个能够与伴侣建立深厚关系并获得性满足的人视作成熟，这当然合理，但推测女性在生理上有不同的高潮毫无意义。

和 19 世纪末西方文化背景下的其他人一样，弗洛伊德认为男性天生就优于女性。因此，他的理论更多地将男性的行为看作正常，而女性的行为是对这种“正常”的偏离。弗洛伊德有一个观点，他觉得女性对痛苦有一种潜意识的渴望（并且会在痛苦中获得潜意识的快感）。弗洛伊德观察过很多女性，她们在与男性的关系中处于不安或被虐待的角色，然而她们仍然选择停留在这种关系中，并向他解释为什么她们喜欢这样的关系。弗洛伊德因而发现了人们为了合理化自己的生活可以做到何种地步。他的很多女性病人都陷于这种关系，因为那个时代的女性没有机会拥有自己的社会、教育或经济成就。弗洛伊德将这些女性看作受虐狂。在今天，她们更可能被认为是被洗脑的、自我挫败的或受过伤害的，然而在当时的情况下，将女性看作受害者几乎是不可能的，因为所有的社会制度——宗教、政治、教育、法律、家族，都将女性看作男性的附属品。

很遗憾，弗洛伊德在两性领域（其他很多领域也一样）的基本观点被后人曲解了。男孩和女孩确实会表现出不同的发展模式。随着女性权利逐渐得到人们的认可，“女性”倾向的价值和重要性越来越为人们所接受。今天绝大多数心理学家，包括女权主义心理学家，均认为两性在心理社会倾向上存在巨大差异。不过，人们对这种差异的理解与弗洛伊德的时代完全相反，例如，女性的情绪性和家庭导向现在被看作积极的抚育性和合作性的体现，而男性的韧性和独立被认为是攻击性和不合群的体现。

20 世纪七八十年代的女权主义作家经常谴责弗洛伊德学说中的性别歧视观点，认为精神分析在某种程度上发展成了伪宗教。他们认为，弗洛伊德只是一个诊断学家，试图为女权主义宣称要治愈的疾病做诊断，而精神分析本身反倒成了一种疾病，它成了它自己宣称要治愈的疾病之一（Firestone，1970；Millett，1974）。1972 年，美国国会女议员帕特·施罗德（Pat Schroeder）在被问到同时作为一位母亲和一位出版商（成功的职业女性）有何感受时说：“我有大脑，也有子宫，两者都为我所用。”（Pogrcbin，1983，p.121）。这些讨论将现代两性思想引入新的方向。大量研究详细考察了男女发展过程中各个生理和文化因素的影响，我们将在后文中探究这些科学或迷思。

写作练习

在弗洛伊德的时代，女性普遍被认为是男性的附属品而非自己的主人。这个观点现在已经过时，但现在出现了与之类似的另一个观点，即受害者有罪论，且相当流行。你认为这可能是什么原因造成的？

3.4 防御机制

3.4 描述弗洛伊德提出的防御机制及其对人们生活的影响

来自外部环境和内在冲动的挑战不时威胁着人们，使我们感到焦虑。它可能源自与亲密他人的冲突，也可能源自自尊威胁（尴尬、愧疚、自卑等）。遵循现实原则的自我试图以现实的方式应对环境。然而，有时候我们也会歪曲现实，以避免被本我制造出

乔治·富兰克林（George Franklin Sr.）因谋杀被法庭宣判有罪。证据是他已成年女儿的证词，她最近突然回想起 20 多年前曾看到父亲侵犯并杀死自己的玩伴。这是真实的记忆吗？它是因为女儿的恐惧和害怕而被长期压抑，直到最近才重返意识吗？（这次判决后来被推翻了。）

的痛苦或危险冲动所伤害。自我歪曲现实以保护自己的心理过程被称为防御机制（defense mechanism）。弗洛伊德精神分析取向中最为有趣和具影响力的观点都与防御机制有关（Freud，1942）。

3.4.1　压抑

前段时间，一个已经退休的男人因涉嫌谋杀一名 8 岁女孩而被审讯。令人惊讶的是，谋杀案发生在 20 多年前。为什么凶手直到现在才被起诉？原因居然是这个男人 29 岁的女儿直到现在才提供了证词。她报告了一段突然进入自己意识层面的 20 多年前的记忆。她回忆起自己 8 岁的时候看到父亲猥亵她的同学，并将其重击致死。根据弗洛伊德的观点，女儿记忆的丧失是典型的压抑（repression）机制的作用过程，这种自我防御机制会将具有威胁性的思想驱逐进潜意识。

如此重要的记忆可能被压抑长达20年之久吗？我们可以相信这种几十年后才突然进入意识的记忆的准确性吗？我们每个人都怀有这种隐藏的记忆吗？

自我了解

被压抑的性虐待记忆

已故的芝加哥红衣主教约瑟夫·伯恩纳丁（Joseph Bernardin）曾深陷丑闻。名为史蒂文·库克（Steven Cook）的男子控告他在17年前对自己进行了性骚扰。神父极力否认这一指控，但库克声称自己在经历催眠后记起了这段经历。后来，经过进一步的心理和法律调查，库克公开承认他错误地指控了主教。他的回忆是一种错误记忆。还有很多类似的案例，其中治疗师可能有意无意地成了“记忆”的来源。

几乎同一时间，喜剧演员罗珊娜·巴尔（Roseanne Barr）在报道中称自己曾被父亲性骚扰，她的父母同样否认这一控告。类似的例子还出现在很多人（一般是女性）身上。例如，一个受心理或性问题困扰的女性去寻求心理治疗，治疗过程中的问题追溯到其早年遭受的性虐待，而这段记忆被压抑了。这样的指控可以相信吗？这些被“还原”的记忆准确吗？该如何评估这种过往的“回忆”？

我们难以简单回答这些问题，事实上两种情况都有可能，而它们又是冲突的。更有意思的是，这两种情况的可能性都是弗洛伊德所强调的。一方面，痛苦的感受的确可以与记忆相分离，如创伤性经验会导致失眠、噩梦、焦虑等情绪烦扰，意识拒绝再回想起那些痛苦的场景。另一方面，人易受暗示，在治疗师的影响下，他们可能歪曲自己的记忆。通常来说，记忆并不可靠。

童年记忆非常复杂，一般来说它不会很鲜明，不像照片。一个在3岁到5岁期间被反复骚扰的孩子成年后，其记忆会被后来的生活事件所影响。因此，如果一个人突然将其所有的问题归咎于早期童年经历，却没有可信的证据，我们应对此表示怀疑。对于这种持续被骚扰的清晰记忆不太可能突然从潜意识深处跳脱出来重见天日。一个无辜的人，即使是一位主教，也可能被诋毁。但是近来一项针对神职人员虐待儿童的大规模调查显示：确实存在此类现象，有数量惊人的孩子受到过神职人员的性骚扰。

此外，对于某个一过性但冲击力很强的场景的记忆也可能被压抑，且基本可以完全还原。有些孩子或成人目击过血腥的谋杀、肢解，甚至极端的社会暴力，他们可能会在不知不觉中带着这些记忆很多年。

已故的约瑟夫·伯恩纳丁因为“还原的记忆”而被指控性虐待。随后，原告撤销了指控，否认了自己的记忆。

1. 创伤后应激

关于这个问题，创伤后应激（posttraumatic stress，也称创伤性应激障碍，PTSD）也能提供一些证据。越南战争后，成千上万的美国老兵体验到焦虑，他们做噩梦、入睡困难、婚姻失败（Jaycox & Foa，1998）。关于这些困扰，唯一的线索是其中一些老兵报告说他们的脑海中会不断闪现战争的画面，那是他们努力想忘记的东西。就像弗洛伊德推测的那样，意识可能无法面对不可抵抗的压力和可怕的记忆，对老兵们而言这些压力和记忆就是那些被火烧的、残缺的尸体和被屠杀的孩子。最近人们也发现，从伊拉克或阿富汗回到美国的士兵中，多达 1/6 患有创伤后应激障碍。

那些参加过战争后来患上创伤性应激障碍的老兵更倾向于克制自己的情绪反应（Roemer，Litz，Orsillo，& Wagner，2001）。有效的治疗手段包括与其他老兵一起参与自我披露小组治疗，对创伤事件进行焦点讨论等，这些都与弗洛伊德的观点相符。值得注意的是，如果老兵知道他们的问题是由战争经验导致的，压抑就会消失，因为它们不再是潜意识了。然而，在很多案例中，那些经历过童年创伤的人尽管战胜了最初的打击并且看上去生活良好，但是那些隐藏的记忆仍然纠缠和折磨着他们。这些似乎都证实了压抑的存在。

2. 乱伦

在今天的心理学实践中，另一个经常被探讨且符合弗洛伊德性压抑观点的问题是乱伦。弗洛伊德一派的理论认为，受到父母的性侵犯是非常痛苦的心理体验，因此很可能会被压抑。不过弗洛伊德自己又提出，多数的亲子性行为是想象出来的而非真实的（Masson，1984）。一些女权主义者指责这是弗洛伊德性别歧视倾向的体现，即否认侵犯小女孩的现象十分普遍这一事实。当下，此类问题在庭审时引发了极大关注（Crews，1996；Loftus & Ketcham，1991）。长大成人的孩子可能会控告父母在多年前虐待他们。有趣的是，圣路易斯一项普查研究发现，对于男性来说，创伤性应激障碍的易感人群是那些经历过战争的人，而对于女性来说，创伤性应激障碍的易感人群是那些遭受过身体侵犯的人（Helzer，Robins，& McEvoy，1987）。

如果没有客观证据，仅凭还原的压抑记忆进行判断，就可能导致不幸但合法的结果。例如，可能有一个患有焦虑障碍的 22 岁女性，以乱伦、性骚扰或其他罪名控告她的父亲或邻居，而被告可能是一个 55 岁的已婚男性，他虽然在法律意义上清白无辜，但不得不为自己辩护，声称这种指控无中生有。

顺便说一下，在前面提到的父亲被指控谋杀的案例中，他先因女儿的压抑记忆的证词而被判有罪，然而后来上诉到联邦法院后，罪名被推翻，他从监狱中被释放，不过他的女儿仍深信他有罪。

令这一切变得更加复杂的是，善意的精神分析师有时会在来访者的头脑中“植入”被虐待的记忆。例如，一个女大学生因为抑郁、做噩梦、难以建立亲密关系而寻求治疗，治疗师可能会说：“当你还是孩子的时候有没有过被性虐待的经历？这种经历即使发生在你很小的时候，也会导致和你目前类似的症状。”这种说法将引导来访者思考自己被虐待过的可能性。接下来，她可能会在记忆中搜寻证据或线索。如今，很多女性都将她们的问题追溯到早期的性虐待，在这种社会环境下，女性很可能会相信自己确实被骚扰过。现代的记忆研究已经清楚地证明了虚假记忆是可以被有意或无意地“灌输”的，就好像细微的社会影响可以诱导人们偏好某种类型的衣服甚至政治观点一样，我们也会相信甚至回忆出从未在现实中发生过的事情（Appelbaum，Uyehara，& Elin，1997；Loftus & Davis，2006；Loftus & Ketcham，1991）。

然而，儿童骚扰、乱伦和其他形式的虐待非常普遍，这已是不可回避的事实（Alexander et al.，2005；Herman，1992；Koss & Harvey，1991）。弗洛伊德在研究病人的童年经历时，发现他们中的很多人都在与性冲突进行着斗争，其问题可以追溯到儿童时期遭到的性骚扰。这一结论在当时那个保守的年代是极具震撼且令人难以接受的，但弗洛伊德坚持了下来。他对于性如何影响人格这一问题的关注是其最重要且不朽的贡献。然而，正如前面提到的，弗洛伊德自己也不愿相信有这么多的孩子遭遇过性虐待。于是他在理论中提出多数的性冲突是想象出来的——孩子担心父亲会伤害他们的生殖器，而这种危险只存在于想象。然而，现在的调查结果显示，遭遇过性侵害的人（尤其是女性）远比想象的多。

它为什么重要

当下很多有罪抑或清白，滥用抑或公正的问题都与如何理解弗洛伊德所说的“压抑”现象有关。很遗憾，尚无确切答案。

思考一下

没有任何一种方法可以判断一种突然出现的想法是被压抑的真实记忆还是因为受到暗示或其他影响而出现的虚假推断。只有针对每一个特定的案例，对情况进行仔细的分析，同时对心理活动进行深入精准的理解，才能推导出答案。这是一个生动的例子，可以告诉我们人格心理学的研究是如何在日常生活中起到重要作用的。压抑是一个重要的心理学概念，与我们的关系及健康息息相关（Blatt，Cornell，& Eshkol，1993；Emmons，1992；Loftus & Davis，2006）。

3.4.2 反向形成

传教士在电视上传教可以影响成千上万的观众，他们靠的是对神圣的表达和对人们追随宗教福音的渴望。在公众面前热情洋溢地谈论私人内在的宗教情感必定是一种有趣的体验。这些牧师（或者叫电视传教士）的动机是什么呢？多数情况下他们看上去诚意满满，想去帮助他人获得精神圆满。然而，精神分析理论却给出了一种截然不同的解释。

吉姆·巴克（Jim Bakker）经营着一个著名的电视宗教组织。他仿佛成了正义的化身，说服成千上万的观众寄钱给他去完成上帝的工作。然而事情的真相是，巴克从事了大量不道德甚至非法的经济以及性活动。被捕时他号啕大哭，最终锒铛入狱。吉米·史华格（Jimmy Swaggart）是另一位著名的电视传教士，他激烈斥责并反对淫乱行为。然而他后来被拍到与一位妓女在一起。他辞去了教堂的职务，含泪忏悔，结束了牧师生涯。不过不久，他又在加利福尼亚州因三起交通肇事案件而被法庭传讯，每次事件中，他均和一个女子在一起，据说这名女子也是个妓女。

根据精神分析理论，是核心内在驱力（本我动力）驱使他们做出这些与性欲、贪婪、欺诈有关的行为，而这些行为显然与他们的宗教信仰不符。此时他们的自我意识遭到严重威胁，于是自我歪曲了这些潜意识欲望，使它们转向自己的对立面。因此，与在行动中实践性欲望相反，他们在宣道时激烈地反对性行为，将其视为“罪孽”。

反向形成（reaction formation）是通过过分强调对立面的思维和行为来赶走威胁性冲动的过程。反向形成是一个极具争议性的概念，因为它暗示着很多看上去“道德高尚”的人其实在与内在的不道德激烈对抗。一些牧师之所以如此虔诚是不是因为感受到自己的邪恶与有罪？自豪于自己从不喝酒的人是不是其实特别想大醉一场？那些反对同性恋的人是不是在潜意识中受到同性恋冲动的威胁？

反向形成是一个很吸引人的概念，但是现代人格研究很少对其进行系统评估，只有一些事件持续为这一概念提供着生动的证据。

了解更多

威廉·贝内特（William Bennett），著名的保守主义者，美国教育部前部长，第一位美国缉毒总指挥，写过一本家喻户晓的书——《美德书：伟大美德故事集》（*The Book of Virtues：A Treasury of Great Moral Stories*），书中对如何过上道德高尚的生活提供了大量建议。后来，他被发现是一个豪赌千万的大赌徒。有专栏作家称他为“美德的赌徒”。

约翰·泰瑞·窦兰（John Terry Dolan），美国国家保守主义政治行动委员会创始人，反对赋予同性恋者雇用和收养的权利。他在 30 多岁时死于艾滋病，临终时承认自己是一名同性恋者。

詹姆斯·韦斯特（James West），前华盛顿州议员及斯波坎市市长，因强硬的反同性恋立场而闻名。当地报纸在某同性恋社交网站设下一个诱饵——一个 17 岁的男孩，韦斯特向其求欢，当他去“约会”这个男孩时，发现等待他的是记者。之后他被迫辞职。后续还有消息称韦斯特曾在担任童子军主管时骚扰过 12 岁以下的男孩。此前韦斯特倡导过禁止同性恋者在学校或托儿所工作的法案。

马克·福里（Mark Foley），著名的前佛罗里达州议员，以保护青少年儿童而闻名。他倡导并推出了《福里修正案》，允许学校公布那些从事过暴力犯罪的学生的名字。他协助通过了一项法案，允许青年组织通过FBI（美国联邦调查局）获取其成人领导者的指纹信息。他强化了有关性侵犯的法律来保护儿童，并且竭力促成立法，禁止有性暗示意味的青少年影像作品，以使他们免受恋童癖的伤害。后来，他与一名担任国会侍从的未成年男孩交流露骨性信息的事曝光，他辞去了职务，这件事也引发了后来持续多年的人们对性剥削男孩的谴责。之后，他公开与同性（成人）伴侣长期生活在一起。

拉里·克雷格（Larry Craig），前爱达荷州议员，坚定的保守主义者，因在机场男厕所的下流举动被捕。这件事之后，多人公开声称克雷格曾招揽他们与其发生性关系，而克雷格对此表示否认。他并没有马上辞职，但被迫不再参选。

艾略特·斯皮策（Eliot Spitzer），纽约州前州长，曾因打击白领犯罪获嘉奖，被称为“廉洁先生”。他有一句名言是“我希望道德和廉正是我执政的标志”。他曾活跃在财政检举领域，检举那些通过电汇的方式洗黑钱的违法企业，也捣毁了一些卖淫集团。后来，他不得不辞去州长职务，因为他频繁享受高价妓女服务的消息被曝光。之后他还被银行举报洗钱，从而被逮捕，该案件可以追溯到对一家非法公司的“三陪服务”的付费。

马克·桑福德（Mark Sanford），南卡罗来纳州前州长，因保护婚姻传统和反对政府开销而闻名。他曾在一个全国性电视节目上道貌岸然地批评比尔·克林顿（Bill Clinton）[㊀]，指责他对公众撒谎，违反了婚姻的神圣契约，破坏了公众信任。后来，桑德福被发现和情妇一起去阿根廷旅游（旅行费用由政府支付），而他对妻子和下属说自己独自在阿巴拉契亚山脉徒步旅行。

马克·苏德（Mark Souder），前印第安纳州议员，将推进贞洁教育、保留传统婚姻和对抗“对美国价值观的攻击”作为执政的主要议题。他认为贞洁教育可以作为一种“品德教育”，用来预防青少年性行为。他还发布过一个视频，内容是一名女性职员采访他如何为了促进贞洁教育而不懈努力。后来他被发现与一名职员（正是视频中采访他的那一位）有外遇，于是被迫辞职。

也有一些研究偶然发现了反向形成现象存在的证据。例如，一项关于异性恋者自我认同的研究比较了恐同者（对同性恋抱有非常消极的态度）和不恐同者在观看异性夫妻及同性夫妻的性爱录像时的唤起水平，结果发现只有那些恐同者在看到男性同性性行为时出现了阴茎勃起的反应（Adams，Wright，& Lohr，1996）。

杰出的福音派传教士泰德·哈格德（Ted Haggard）领导着自己建立的大教堂，并担任美国福音派协会主席。一名男妓声称哈格德是他多年的顾客，还曾使用非法药物，之后他被迫辞去了这两个职务。该男妓称自己之所以站出来披露这一切，是因为看到哈格德正在支持一项禁止同性婚姻的州级法案。哈格德最终向其会众忏悔：“这是我生命中令人厌恶和阴暗的部分，我一生都在与其抗争”（O’Driscoll，2006）。

作为美国国会议员，大力推进“家庭价值观”的民主党人加利·康迪特（Gary Condit）是美国的一个浸信会牧师的儿子。作为一位福音派基督徒，他倡议立法，要求在公共建筑上张贴“十诫”，并且曾公开叱责比尔·克林顿隐瞒自己与莫妮卡·莱温斯基（Monica Lewinsky）的桃色丑闻。然而，在一位年轻女实习生神秘失踪后，人们才知道康迪特与她有染（他可能也与其他女人有染）。并且，他没有立刻与有关机构合作以调查她的失踪原因。这件事结束了他的政治生涯。像康迪特这样的人是难以理喻还是可以理解呢？

写作练习

回顾你学到的关于反向形成的内容。在各个案例里，这一防御机制是如何发挥作用的？你认为这些人是真的丢失了内在自我吗？

㊀ 美国前总统，1993—2001年在任。——译者注

3.4.3 否认

悲剧发生后，警察需要通知受害者家庭。当父母听到孩子在意外或杀人案中失去生命，反应往往出奇地一致："不，这不可能。我正要去接他放学。"家长们会彻底否认这一可怕的事实。同样，少女意外怀孕时也会对自己和他人否认她已经怀孕的事实，尽管证据显而易见。

2001 年，恐怖分子摧毁了纽约世贸中心，并导致 3 000 多人死亡，很多受害者的尸体因燃烧的飞机燃料产生的极度高温而蒸发，或被倒塌的摩天大楼碾碎，换句话说，他们的尸体"失踪了"。他们的亲人朋友开始一家医院接着一家医院地寻找，结果只是徒劳。几天后，当记者问这些人是否还有信心找到亲人时，普遍得到的是平静的回答：他们很有信心，一定会成功，一切都会好起来的。一瞬间失去了孩子、伴侣或兄弟姐妹，这显然令人无法接受，人们很难相信和理解这一事实。

对于生理痛苦反应的研究也发现了类似的现象。例如，一名工人失足滑倒，一把螺丝刀划过他的手，他可能看到血才会感到疼痛，然后才会意识到发生了什么事。一些战场上的士兵和赛场上的球员要在受伤几个小时后才感觉到疼痛，这是一种在心理上将感觉隔绝于意识之外的方法。

否认（denial），即简单地拒绝承认可能引起焦虑的刺激，是一种常见的防御机制（Baumeister，Dale，& Sommer，1998）。成人经常会在面临严重压力或痛苦情境时歪曲情境，比如告诉朋友他们与配偶之间的战争不过是小打小闹。很显然这是自欺欺人。同压抑一样，否认是一种防御机制，吸引着压力、应对和健康研究者的关注（Fernandez & Turk，1995）。

3.4.4 投射

投射（projection）是一种将唤起焦虑的冲动外化并置于他人身上的防御机制。换言之，投射即个体将内在威胁归因于其他人的心理机制。

想象一个反对婚前性行为、私生子、同性恋和学校性教育的激进政治家声称："那些左翼危险分子正在破坏我们的道德体系！"这个政治家是一个意在给人们带来美好生活的尊贵且道德高尚的先知，还是一个沉迷于性却害怕这种本我欲念被人知晓的人？弗洛伊德希望将理论运用到对社会问题的解读上，例如偏见和战争的产生原因。

事实上，这位激进政治家的真实动机难以被科学所证实。这是弗洛伊德理论一个显见的缺陷，也是精神分析取向的普遍弱点。例如，传统弗洛伊德理论的"证据"来源，即经过精神治疗的深入暴露后，心理功能能够得到改善，完全有可能是由其他因素引起的。而如果症状在治疗之后仍然存在，精神分析理论也可以将其解释为潜意识欲望隐藏在更深层面，这种结论是无法证明的。如果我们发现一位经常谈论家庭价值观的已婚政治家有一位多年的地下情人，那么很自然地会想到这个人可能是在使用反向形成（做与欲望相反的事情）和投射（将自己的欲望放置到他人身上）来与自己的力比多做斗争。如果这名政治家还表现出其他方面的不稳定，那么这个猜想就更加被坐实了。

还有一些更微妙的例子。想象一位女性社区活动者，她参加学校董事会来确保孩子们不会在公立学校里接受性教育和避孕教育，她认为这些应该在家庭（或教堂）中探讨。如果这是她的真实动机，那么她应该能够给她的孩子提供相关信息；她应该可以自如地谈及阴茎勃起、阴道润滑、性高潮、早产、射精这一类话题，以及艾滋病和披衣菌感染等通过性传播的疾病。弗洛伊德的解释也就不适用了。相反，如果谈论到性相关的问题时她变得面红耳赤、极不友善，或者东拉西扯，那么弗洛伊德理论就能解释她的行为动机。

对于那些表现得对自由性爱和公开表达色情艺术特别关切的自由派政治家或活动家来说，此类分析也适用。弗洛伊德的观点允许观察者确认这些人的主张究竟是一套理性的符合逻辑的信念，还是对不受控制的本能性力量的非理性适应。关于防御性投射这一迷人话题的讨论和研究贯穿 20 世纪，至少有一些研究发现支持了弗洛伊德的观点（Allport，1954；Newman，Duff，& Baumeister，1997；Vaillant，1986）。

更广义一点说，有证据表明，对模糊和不确定性容忍度较低的人往往持有更为保守的观点，而那些对秩序和闭合需求更低的人则更为开放（Jost，2006；Jost，Glaser，Kruglanski，& Sulloway，2003）。当然，这并不意味着哪类人的观点更不理性，保守派和自由派都会做出不合逻辑的决定。更确切地说，这一结果显示，人们倾向于持有与自身人格相一致的政治观点。

大量现代研究证明了潜意识偏见，特别是种族偏见的存在（Greenwald et al.，2002）。例如，在一项研究中，研究者给被试呈现一系列美国黑人和白人的面孔，配对呈现的还有积极或消极的形容词。如果在白人的潜意识中存在对黑人的偏见，那么它将会在他们看到黑人面孔的时候被启动。被试的任务是尽快按键来判断呈现的词语是积极的还是消极的。因此，对与黑人面孔配对出现的消极词语的反应时就代表了潜意识偏见的程度。结果显示，这一测量的结果可以预测其后黑人实验助手对被试友善程度的评价（Fazio，Jackson，Dunton，& Williams，1995）。

以上方法被称为内隐联想测验（Implicit Association Test，Greenwald et al.，2009）。除此之外，还有很多研究使用现代的神经科学技术来探索人类深层次的思维和情感（Eberhardt，2005），正像弗洛伊德所期待的那样。

3.4.5 替代

回想一下小汉斯的案例，男孩担心马会咬他或踩到他，但实际上他害怕的是强大的父亲会将其阉割。这是一个替代（displacement）的例子，即个体将潜意识恐惧或欲望的目标进行了转移。

替代的一个经典例子是，有个男人被老板羞辱，就回家拿孩子和狗出气。这是一个很有意思的例子，因为他的行为还存在其他有趣的替代性解释。将气出在狗身上是在将一种不可被接受的想要将老板杀死的感受以一种可以接受的以狗为对象的形式释放出来。这是一种液压替代模型（hydraulic displacement model）——典型的弗洛伊德解释，压力会像锅炉中的蒸汽聚集那样地堆积起来，必须被释放出来。而另一种非弗洛伊德式的解释更加强调释放攻击行为的情境、当事人过往的学习历史、个体的攻击性或当事人对自我和行为目标的认识。对攻击行为的解释非常重要，因为它将引导攻击行为的预防方案的设计与实施（Melburg & Tedeschi，1989；Neubauer，1994）。比如，按照液压替代模型的解释，要预防攻击行为，就必须找到一些释放渠道，来宣泄因挫折和屈辱而被压抑的攻击性冲动。

整体来说，替代性攻击的证据相当充分（Bushman et al.，2005；Marcus-Newhall，Pedersen，Carlson，& Miller，2000）。此外，目标与引起情绪的原始对象越相似，替代性攻击就越可能发生。因此，可怜可怜那些长得让你想起老板的狗吧。

弗洛伊德通过档案材料分析意大利艺术家米开朗琪罗（Michelangelo，1475—1564）。弗洛伊德确信米开朗琪罗是一位受其母亲支配的压抑的同性恋者，他将性能量升华到伟大的艺术创作中，从而成为雕塑家、画家、建筑师和诗人。图中所示的是米开朗琪罗的雕塑作品，《圣经》中的巨人杀手——大卫。

3.4.6 升华

升华（sublimation）是将危险的欲望转化为积极的、社会接受的动机（Cohen，Kim，& Hudson，2014；Loewald，1988）。例如，由于压抑排便而产生的肛门囤积冲动会导致个体试图控制和命令所有人的生活。通过升华，这些驱力可以被转化为孩子组织活动或者清理河岸的行为。

艺术成就常被归因于升华。弗洛伊德对莱昂纳多·达·芬奇进行了心理历史分析，他认为达·芬奇的灵感来源于升华，他将性能量升华为一种对自然创造和发现的热情。当然，先天的才能也是必需的，不是每一个升华性能量的人都能成为达·芬奇。弗洛伊德对米开朗琪罗也进行了类似的分析。

弗洛伊德把社会看作将性能量从性目标转移到社会目标的工具。根据这一观点，社会害怕的就是性欲望回归其原始目标——性满足。可以说，现代社会为弗洛伊德理论提供持续的检验。在弗洛伊德所处的保守时代之后，性革命和性解放运动陆续发生。随着人们在性方面变得更加自由和满足，根据精神分析的观点，艺术和创造力的激发将会受到影响。

人格改变

精神分析取向对于改变人格有什么启发？

思考一下

精神分析观点认为个体被内心驱力和冲突所掌控，本质上是悲观和决定论的。然而弗洛伊德及其后继者通过成功的治疗让患者感觉良好并恢复其心理功能。根据他们的观点，除了接受长期治疗，以下两种方式也可以改善患者的人格：

第一，通过记录患者的口误、梦、怪癖以及关系模式来探索患者潜藏的深层次动机，比如患者为什么对手机或公主如此着迷。

第二，接纳预感和直觉，利用潜意识思维过程，在做决定之前先忘掉患者的选择。举个例子，当决定是否要加入一个新组织时，停止权衡利弊，让内心来告诉自己真正想要什么。

3.4.7 退行

退行（regression）指的是在心理上返回到早期的、安全的生命阶段。这种防御机制常见于小孩。例如，一个刚断奶的孩子会拼命寻找奶瓶或乳房；一个已经能轻松控制排便的孩子可能在弟弟妹妹降生后故态重萌；一个已经上学的孩子可能在受到威胁时表现得像个幼儿。人们有时尤其可能退行到以前固着过的阶段。

成人的退行较难被证实。但我们也可以观察到一个成年人在万分焦急之下像个孩子般呜咽，寻找安慰；一个心烦意乱的男人蜷缩在妻子的怀抱，一个心力交瘁的女人爬上丈夫的膝头；一个重压之下的成年人寻找小时候的吃食来获得慰藉。这种退行性防御提醒我们，精神分析取向的人格发展理论是一种阶段论：性心理沿着固定的、描绘好的步骤逐渐发展。

它为什么重要

不久前，我们跟一位女士聊天，她的舅舅是一名颇受尊敬的精神分析师。在多年的临床工作后，他患上了阿尔茨海默病，但他仍然坚持工作，找他咨询的来访者也依然不少。即使心理状况不断恶化，他仍能通过点头和重复来回应来访者。一年之后，他的记忆和思维已经太过糟糕，他的妻子不得不强制停止了他的治疗工作。没想到，来访者十分生气，他们仍然相信他可以帮助他们。这是一个真实的故事，绝非玩笑。

思考一下

这个令人吃惊的故事揭露了精神分析的一些核心真理。第一，当一段治疗关系建立后，是患者而非医生完成了大部分治疗工作。第二，患者向精神分析师传达他们的内心感受，继而开始认清自己的内心冲突，最后医生的参与其实微乎其微。第三，有时候仅仅是一位客观且关怀的权威的倾听，就能起到积极的作用。

它为什么重要？

通过了解传统精神分析取向的优势和局限，我们既可以梳理出临床工作的科学基础，又能发展出更有效的治疗技术。

3.4.8 合理化

合理化（rationalization）是一种对行为进行事后（事实发生后）理性解释的防御机制，被解释的行为其实是由内部潜意识动机引发的。精神分析充分认识到人们对行为的解释不一定与其真实原因有关，事实上可能相去甚远。例如，人们不承认自己不远万里地搬家是为了接近性伴侣，而会将其解释（不仅对他人，也对自己）为是在寻找更好的工作机会或迎接新的挑战。其他人格理论取向也会强调合理化的危险（导致非理性行为），但是如果它不是为了抵御来自潜意识欲望的威胁，就不能被称为精神分析式的防御机制。

有一个实证研究很有趣。研究对象从初中起被追踪，直至中年或老年（Malone et al.，2013；Vaillant，Bond，& Vaillant，1986）。这些人应对生命挑战的方式被描述为防御风格。结果显示，防御风格是一个相当稳定而持久的人格方面。研究也发现，防御风格的成熟程度，如合理化的使用，与独立测量的心理成熟得分正相关，且防御风格成熟的人的整体心理健康水平更高，也活得更健康。另一项研究发现，政治观点保守的人比政治观点自由的人更加开心，这部分是因为保守派更少因为收入不平等这个事实而困扰（Napier & Jost，2008）。换句话说，保守派更少因不平等而烦忧，而自由派体会到情绪冲突，因此会提议征收富人税。根据此观点，双方都没有意识到他们的政见是情绪合理化后的结果，因此出现了一系列非理性的动机（Onraet & Van Hiel，2014）。

还有一项有趣的研究通过实验室实验考察情侣处在何种情况下会被潜意识驱使，从而错误判断对方的思想和情感（Simpson，Ickes，& Blackstone，1995）。首先，正在约会中的82对男女完成问卷，评估他们关系的亲密度和他们对关系持久性的看法及确定性。然后，他们坐在一起看一组幻灯片，在这期间男性根据生理吸引力和性诉求来评定女伴，女性也评价男伴。幻灯片显示的是吸引力不同的约会对象候选人。之后，他们讨论彼此的选择，讨论的全程都会通过录像被记录下来。

随后，他们分别在独立的房间看讨论时的录像，指出他们在互动时的哪一点上感受到某种想法或情绪，它具体是什么，是积极的还是消极的。在这之后，每个人会被要求再看一遍录像，来推断伴侣在每个点上的想法或情绪。结果显示：那些对关系持亲密但不确定态度的被试，以及认为约会候选人有很大吸引力的被试，在推断伴侣的真实想法和情绪时准确性最低。也就是说，当关系存在威胁时，他们理解对方情感的能力被削弱了。从某种程度上说，他们不想知道伴侣面对一个潜在高吸引力的约会候选人时会有怎样的想法和情感。现代人格研究者如何通过实验来研究弗洛伊德提出的概念？这就是一个很好的例子。

尽管现代人格研究对心理动力及性心理的作用关注不多，但相关实例在新闻中比比皆是。例如约翰·G.施米茨（John. G. Schmitz）的例子（左图），他原是加利福尼亚州一名极端保守的立法委员，因大力支持家庭价值观和强烈反对学校性教育而闻名。然而，当他已怀孕的情妇被曝光后，他的政治生涯画上了句号。更有趣的是，施米茨参议员有一个女儿叫玛丽·凯·莱图尔诺（Mary Kay LeTourneau）。1997年，35岁的已婚教师莱图尔诺被控告与所在学校的13岁小男孩有染（并生下了一个孩子），而她自己的儿子仅比这个小男孩小一岁。她出狱后再次怀上这个男孩的孩子，并因此再次入狱，服刑了更长的时间。第二次刑期结束后，她再度与那个男孩结合（他当时已经21岁了），并嫁给了他（右图）。

写作练习

弗洛伊德认为当人们将性心理能量升华为创造性的努力时就会产生积极结果。你认为这是真的吗？当人们获得自由和满足后，他们的创造力就会减弱吗？

3.5 跨文化问题

3.5 考察文化对人格的影响

弗洛伊德对潜意识进行了详细的探讨，而对于可能存在的文化变异，他不那么关心。尽管他也运用精神分析的观点去理解文化，但更相信所有文化之下的人具有相同的精神动力，特别是与俄狄浦斯情结有关的动力。在著作《图腾与禁忌》（*Totem and Taboo*）一书中，弗洛伊德（1912/1952）回溯到文明起源时期，那时，兄弟会聚在一起杀死部落的首领，也就是他们的父亲，然后瓜分其权力和妻子。弗洛伊德认为这会以文化禁忌的形式在所有文明中留下痕迹，比如禁止近亲通婚。类似地，宗教也被视为心理动力的产物，他没有考虑有可能是宗教引发了特定的心理动力。

弗洛伊德还从事心理传记研究，实际上这一领域就是他和同事开创的。他从档案资料中分析出达·芬奇是一个受母亲支配和压抑的同性恋者，他将性能量升华为了艺术创作。弗洛伊德进一步假定这种现象是普遍存在的，因此起源于 19 世纪奥地利的精神分析原理可以被应用于理解生活在 15 世纪的意大利人。

众所周知，在德国，对孩子的管教比在美国严格。我们可以据此推断出德国人的人格更古板吗（Rippl & Boehnke，1995）？类似地，美国有很多创新科学家（获得过诺贝尔奖），是因为他们成长在更开放和以儿童为中心的社会，因而形成了独立人格吗？强调一致和服从的日本学校，是不是会教育出更加适应在大型企业里协同工作的人？这种概括乍一看挺有道理，但其实犯了严重的逻辑错误。当文化本身就是一种显见的解释时，为什么还要将这些行为归因于文化导致的某种人格呢？德国人很能喝啤酒，但没有理由推断德国人具有爱喝啤酒的人格，他们只是生活在一种流行喝啤酒的文化中而已。同样，我们能说犹太人的人格具有“百吉饼和熏鲑鱼倾向”（bagel-and-lox-prone），或者意大利人的人格有“比萨倾向”吗？更有意义的说法应该是：“特定文化下的人从家人和朋友那里学习到惯常的行为。”这些行为并非他们人格的结果，如果他们搬到新的地方去，有了新的朋友，他们的行为也会改变。习惯不等于人格。

尽管如此，人类学家还是会使用投射测验，如罗夏墨渍测验，去测量这些人格与文化概念。他们认为这类测验不受语言影响（如使用墨渍图），因而能够适用于所有文化。然而并非如此，这类跨文化研究存在严重的方法学问题及错误的假定（Lindzey，1961）。其中最根本的一点是，使用投射测验来探究文化相关的基本底层人格本来就存在偏差。研究者事先设想好他们预期中的文化人格概念，再用那些尚未在不同文化中被修订或证明有效的方法去测量，选取的受测者样本也缺乏代表性。而且，如果使用效度不够的临床投射测验来进行跨文化研究，那么所有的异国文化很可能都将被贴上（有些已经被贴上）病态的标签。

总之，基于文化的人格模式是否存在还没有得到充分证明。当然，随着对文化特性更为敏感的新研究技术的出现和发展，人格跨文化研究的前景将不可限量（Benet-Martínez & Oishi，2008；Segall，Dasen，Berry，& Poortinga，1990）。

写作练习

罗夏墨渍测验在设计之初期望成为能够解释深层思维和情感的通用方法。你认为来自不同亚文化的人会用同样的方式解释这些随机图案吗？怎样的解释才能被认为是以文化为基础的？

3.6　弗洛伊德精神分析理论的主要贡献和局限

3.6　论述弗洛伊德精神分析理论的主要贡献和局限

在 20 世纪以前，弗洛伊德的工作尚未开始的时候，是不存在人格心理学的。当然，对个体差异的解释是有的。很多神学家认为人类行为受神的力量指引，为无所不能的上帝所控制；而机械医学模型认为人受体液的影响。直到弗洛伊德，才出现真正的探讨人格和行为的心理学，他以达尔文为榜样，追寻人类心理的成因及功能。心理治疗也是从那时候开始出现的。

弗洛伊德对性的关注及将性视为人格核心元素的尝试不啻为一场心理学革命。询问任何一位激素分泌旺盛的年轻男女，性是否强烈影响着他们的行为，约会对他们来说是否非常重要，答案都肯定无可争议。弗洛伊德的突破还在于将此动力学思想推广至儿童——幼儿性欲，并将其概化为一种普遍的动机力量。

弗洛伊德强调早期经历对成人人格的重要影响。这一假设不管在大众领域还是科学界都已被广泛接受。很少有人怀疑对孩子的疏忽或虐待——特别是性虐待，将给孩子带来终身的毁灭性影响。尽管关于俄狄浦斯情结的笑话层出不穷，但只要小男孩爱他的母亲，这一概念就是成立的。生命早期对于后续生活的重要性极少被质疑，虽然弗洛伊德的发展阶段理论已经被后人扩展成终生发展理论。

鉴于人们一般意识不到自己的内在动机与冲突，弗洛伊德另一个极具影响力的贡献是探索和发展了潜意识这一观点。弗洛伊德口误真实存在，释梦的可应用性也被广泛认可，并引发了对不同心理结构的探索。弗洛伊德还指出，心理疾病和生理疾病处在一个连续体上，可以采用科学的方法进行研究和治疗。任何一个正在寻求或接受过心理咨询的人都要感谢弗洛伊德。弗洛伊德的很多观察结果已被现代脑科学和认知心理学证实，但不包括他基于对大脑的粗浅认识所推测的人格结构。

名人的人格 劳瑞娜·波比特

这本是劳瑞娜·波比特（Lorena Bobbitt）生命中寻常的一天。她的丈夫约翰·韦恩·波比特（John Wayne Bobbitt）很晚才回到家，粗暴地提出做爱要求。她拒绝了，因为他喝醉了。然而尽管如此，他还是将其压倒，强暴了她。凌晨4点，劳瑞娜用厨房的切肉刀将熟睡中的丈夫的阴茎割下，同冰块一起放在密封塑料袋中，拿到车上，开始兜风。最后，她把塑料袋扔出车窗，去了一个朋友家。

在那个夜晚之前，24岁的美甲师劳瑞娜过着普通平淡的生活。是什么让她做出此种暴力行为？根据劳瑞娜后来的描述，在他们的婚姻生活中，充斥着情感、身体与性虐待。她时常被打、被迫肛交甚至强制流产。另外，他从不等她达到高潮。然而，既然这种状况已经持续了4年，那个夜晚又有什么不同？

劳瑞娜说，那个晚上被强奸后，她不停回想之前遭受虐待的场景。她说自己完全失控，攻击丈夫时不能自已。而26岁的约翰否认自己曾虐待妻子，尽管他承认他有婚外情。劳瑞娜只是单纯地想要报复丈夫的不忠并且确保他不会再欺骗自己吗？弗洛伊德会怎么看这一事件？

根据精神分析理论，事情远不止我们看到的这些：劳瑞娜的行为可能源于受到其内在性冲突驱使的潜意识动机。弗洛伊德学派的心理学家可能会认为，劳瑞娜未必是一个完全的受害者，因为很多女性在潜意识中有受虐的渴望（证据是很多女性持续让自己身处受虐的关系）。而另一个更可能的解释是劳瑞娜无法控制自己的本我，它一直在寻求力比多的释放。

用弗洛伊德学说的术语来说，劳瑞娜遭受着阴茎妒羡的折磨，这种感受很多女性都有，但她们很少直接表达。如果劳瑞娜生了孩子，这个问题就可以避免。生孩子是女性获得力量感和自我价值感的途径之一，而男性一般通过先天生理上的优势来获得满足。但是，劳瑞娜的丈夫让她打掉了孩子，因此，她可能还在寻求重获出生时缺失的阴茎。这可以解释为什么她小心翼翼地把它保管在密封塑料袋中，还加了冰块——因为那对她很有价值。

这个案例中最不寻常的一点在于，劳瑞娜把她对男性阴茎的关注直接表达了出来。根据弗洛伊德的理论，这种冲突是潜意识的，所以总是以其他方式被表现出来。

劳瑞娜声称她“只是想让他消失”，有意思的是，她所说的让他消失的方法是让他的阴茎从她的生活中消失，在弗洛伊德看来，这样做的结果是使他成了一个没有价值的下等人。这种复仇行为间接地使她拥有了自己的阴茎。

劳瑞娜接受了审判，但被判无罪释放，因为陪审团认为她当时的冲动不可抑制，她无法控制自己。这意味着现代社会也在某种意义上接受潜意识动机不可抗拒的思想。弗洛伊德则可能会说，劳瑞娜的自我和超我都没能控制住她的内部驱力，本我赢得了胜利，得到了它想要的。事实上，弗洛伊德理论也是很多法学理论热议的对象。从法律的视角来看，如果本我控制了我们，那我们还需要为行为负责吗？

波比特事件是一个讨论弗洛伊德理论优缺点的绝佳案例。一方面，几乎没可能用科学方法直接揭示劳瑞娜的真实动机。另一方面，这个案例暗示着人类行为中一些非常基本的东西——深邃且阴暗的秘密浮出水面，正像弗洛伊德所预测的那样。

由于将行为视作内部冲突的结果，精神分析对人格的看法悲观且具有决定论色彩。虽然这对理解病理学的帮助很大，但很多最初接受精神分析训练的理论家对此表示反对，并转向存在和人本主义取向。弗洛伊德也过于夸大和依赖心理能量的液压替代模型。现代研究将更多注意力投向大脑结构和认知取向。

我们很难将精神分析取向的人格理论作为一个科学理论去评价。如果任何观察到的现象都可以用假设存在的另一种潜藏机制去解释，这一理论就无法被证伪。精神分析取向的研究者也很少使用对照实验。这一点很可惜，因为它导致很多现代研究者忽略了弗洛伊德提出的诸多有价值的观点。纵观全书，我们试图指出每一种人格取向的价值和缺点。精神分析理论可能存在缺陷，但绝不是一无是处。

如今，一些精神分析师将弗洛伊德视为像《圣经》作者那样伟大的人物，精神分析非科学的方面颇为流行，还有很多“信徒”。因为这些追随者而指责弗洛伊德公平吗？在弗洛伊德着手研究人格和潜意识时，他认为自己所做的是对大脑工作原理的暂时性、近似性解释。因此，如果将其视为大脑生理结构的解释理论，就会带来灾难性后果。精神外科学（psychosurgery）——对大脑进行手术以修复人格问题的学科，有着漫长且可怕的历史。20 世纪 40 年代，前额叶切除术是一种常见的手术。外科医生在患者的头盖骨上钻孔、插入钝刀、切割脑叶，直到患者（处于局部麻醉状态下）看上去完全丧失了判断力。手术目的是切断高级脑区和动物性低级脑区（例如丘脑）之间的神经联结，这与精神分析理论相一致。如果患者成功从手术中幸存（没有成为植物人），那么他的虐待和攻击性行为会少于术前。当然，对于手术效果还有其他解释，不仅仅是所谓“切除”了潜意识驱力。

弗洛伊德接受过神经病学和生物学的训练。我们可以推测，如果他生活在今天，会成为一个神经科学家，对大脑结构和功能了解得更为深入（Turnbull & Solms，2007）。因此，在很多方面仅因其假设无法得到证明就否定他的巨大贡献是不公平的。但是，弗洛伊德喜欢成为注意的焦点，难以接受批评，这也助长了一些人利用他精神分析学创始人和无可争议的大师的名头发展伪科学的行为。

弗洛伊德假定存在着基本的、精神分析式的性别差异，这也是本书从头到尾都在探讨的问题。弗洛伊德认为女性无法发展出道德人格，因为她们不会经历俄狄浦斯情结，这种观点显然不足为信。相反，多数女性拥有高度的罪疚感，她们关心弱者、共情温暖、关注公平（Block，1984；Eagly，1987；Friedan，1963；Hall，1990；Tangney & Fischer，1995；Tangney，Wagner，Hill-Barlow，& Marschall，1996）。

最后，有一个对精神分析的关键性批评是弗洛伊德相对不关注人际关系、个体认同和生活适应。这些问题为新精神分析和自我心理学所重视。

写作练习

弗洛伊德的哪些思想已经过时了？他的工作又对当代人格研究做出了哪些贡献？

3.7　实验心理学带来的现代发展

3.7　认识一些后弗洛伊德心理学家所做的工作

近几十年来，弗洛伊德的许多观点开始在主流心理学领域中复苏（Dijksterhuis & Nordgren，2006）。例如，人本主义取向的人格理论受到弗洛伊德思想的影响。随着人类认知研究的迅猛发展，现代认知心理学重新审视了弗洛伊德的观点（Cohen & Schooler，1997），开始重视潜意识过程（Hassin，Uleman，& Bargh，2005）。尽管认知心理学的方法论、取向和目标与精神分析大相径庭，但认知行为学者发现，他们关注的东西和弗洛伊德感兴趣的人类行为并无二致。

在心理学诞生之初，最古板的实验主义者也看到考虑意识之外的内在过程的必要性。例如，19 世纪人类知觉研究的先驱赫尔曼·冯·赫尔姆霍茨（Hermann von Helmholtz，1866/1925）就曾提出，视觉需要潜意识推断。试想一个潜意识感觉的例子：多数人在晚上睡觉时不会从床上掉下来。如果你处于深睡眠阶段有人溜进你的房间，看了看你又走了出去，你不会知道。我们躺在床上，不知道周围发生了什么。早上起来的时候，我们不会记得自己晚上差一点掉下床去，幸好我们及时把自己拉了回来。这个简单的例子说明一些感觉系统始终处于工作状态，尽管我们不总能意识到这一点。另外，有些人因昏迷或滥用药物住院，他们可能真的会从床上掉下来，因此病床设有防护栏以防止这种意外发生。也就是说，必定存在不同类型的潜意识。现代研究还将对此进行长足的探讨，即便未必是以弗洛伊德期待的方式。

3.7.1 潜意识情绪和动机

是否有证据表明充满情绪性的心理部分存在于意识之外？情绪研究明确支持了潜意识动机的存在，如愤怒等情绪激发状态可以独立于思维。其中一部分情绪研究依赖于脑研究，后者揭示了不同神经系统的存在（Panksepp，1991）。换句话说，在进化过程中，人类大脑发展出相对独立于涉及思考的高级皮质功能的神经回路，这些回路不需要经由高级（皮质）思维活动也可以被激活（Winkielman & Berridge，2004）。

其他研究还发现，特定情绪与面部表情存在先天普遍的神经性联结，且情绪能够独立于思维（认知）而被激活。有时候我们可以准确地感受或学习，而无须意志上的努力；也就是说，来自不被意识控制的大脑部分的直觉是有价值的（Dijksterhuis & Nordgren，2006；Wilson，2002）。这些研究结果全都符合弗洛伊德学派的观点：我们可以体验到深层的情感和动机，即便它们无法在认知上被理解或认可。弗洛伊德并不了解大脑的精确构造，但他的很多猜想是正确的（Izard，1992）。

3.7.2 自由意志的错觉

弗洛伊德取向的基本观点即人们的行为源于潜意识动机而非自由意志。例如，我们打算（想要）起床，找点东西来吃，并且也这样做了。这是我们意志的体现吗？还是行为其实由潜意识动机引发，只是被事后解释或合理化成我们的意志？神经学（测量脑电波）及实验心理学（操纵因果）的研究表明，我们会经常误解身体与大脑之间的因果关系：有时候我们的大脑在决定采取行动之前就已经被激活，而有意识的行动意图只是一种事后的想法（Berns，McClure，Pagnoni，& Montague，2001；Wegner，2002；Wegner & Erskine，2003）。

思维训练　责任与意图

现代法律体系在评估一个人行为的法律后果时，会很看重意图（个体打算做什么）和认识（事情发生时个体知道些什么）。例如，如果一辆汽车撞到行人，致其死亡，肇事司机可能会面临各种指控，从无罪到一级谋杀。判定因素包括情境因素和心理因素。如果司机没有伤害行人的意图，同时没有认识到行人可能会穿过车辆行驶的道路，且在事件发生时其驾驶和反应方式都很恰当（如刹车或打方向盘以避免撞到行人），那么，司机通常不会被判有罪。但另一种情况则可能导致最严重的刑事起诉：司机的意图就是杀死行人，如果这起事故是经过仔细预谋而不是在情绪失控的情况下发生的，那么司机将会受到严厉处罚。

假设司机是一个年轻人，他在潜意识中怀有对继父的憎恨，这一点得到精神分析师的证明。也就是说他有杀死继父的欲望，但又意识不到这一点。那么如果他开车撞死了继父，该如何量刑？在司法实践中应该将潜意识欲望纳入意图评估吗？

再想象一位年轻的孕妇，她已经怀孕多时，但她否认这一点，不相信自己怀孕了。如果她吸食可卡因或注射海洛因，导致孩子生来就有毒瘾，那么她是否应该受罚，因为她不仅自己非法使用药物，还给婴儿造成了伤害？在很多司法实践中，相比其他时期，在怀孕期间服药所要承担的法律后果更严重。如果孕妇原本就知道自己怀孕，还会被附加刑期。但是，尽管迹象明显，她就是不相信自己怀孕了，那么她又该负多大的责任呢？

如果在量刑时必须考虑意识状态，那么怎样才能准确评估一个人的意识状态呢？法庭要如何确定意图究竟是意识的还是潜意识的呢？潜意识动机必须与意识意图分别解读吗？有可能准确判断某种意图的意识状态吗？人们应该为影响到行为的潜意识动机负责吗？

写作练习

人们应该为意识之外的行为负责吗？阅读以上的例子。在确定犯罪类型时，个体的意识状态应该起到怎样的作用？如果事实上有部分意识参与犯罪了呢？

与之有关的是，精神分裂症患者经常听到脑袋里有声音，他们总是觉得有人在跟他们讲话——可能是上帝、魔鬼或者死去的亲人，他们认为这些声音来自自身之外。确实，不知道自己头脑中有什么也太让人不安了。但是，旁人清楚地知道那些“声音”的确来自他们自己。同理，可能我们所有人都并不真正了解是什么在驱动行为，只是将其解释为欲望和意图的结果。比如，我们在有意识地“决定”减肥之后马上吃了一大桶冰激凌，其实可能是强烈的求生欲在作祟；又比如做出一些不理智的行为（当然我们可以对其进行合理化的“解释”），背后是性唤起在起作用。总之，自由意志和潜意识动机是现代大脑和行为研究的重要主题。已有充分证据表明行为是意识与潜意识过程综合作用的结果，但意识与自由意志是否及什么时候能占上风还未有定论（Baumeister et al.，2011）。

3.7.3 记忆增强

有一次与儿时好友聊天，我们谈到很久以前共度的美好时光，比如一起制作圣代冰激凌。突然，朋友的回忆滚滚而来，她想起很多事情，而这些事情在之前的 30 多年里完全被她忘记了。记忆增强（hypermnesia，从字面上看是过度记忆（excess memory）的意思）指的是在后来回忆时记起了之前回忆时没有想起来的内容。记忆增强是精神分析关注的重要现象，也是现代认知心理学研究的对象（Goodman & Quas，2008；Madigan & O'Hara，1992）。

通常来说，人们的记忆会随时间衰减。最初发生的事件距今最远，关于它的记忆也就最少。记忆实验显示，事情发生后马上询问相关问题，被试的记忆效果最好，而随着时间推移，他们的记忆会逐渐减退（一开始急剧下降，后期较平缓）。对此，刺激 – 反应心理学（“学习理论”）的解释是，记忆或联结会随着时间逐渐减弱或消失，直至完全消逝。然而，这并不是人类记忆规律的全部。研究发现，还有很多其他因素影响着被试的回忆，不只有时间。

在精神分析治疗中，自由联想是揭示病人潜意识记忆的关键方法。在接受精神分析一段时间后，人们经常会回忆起此前已经“忘记的”（没有报告过的）事情，比如童年创伤、邪恶的欲望或可怕的想法。精神分析认为是患者和分析师共同努力挖掘出了这些记忆，即压抑它们的防御机制被成功瓦解。但是，质疑者（比如现代认知心理学家）不禁要问：首先，这些记忆是真实的吗？也就是说，患者回想起来的事件、愿望和想法真的存在过吗？其次，这些之前无法触及，突然被还原到意识层面的记忆会不会是由分析师和治疗所处的环境所引发的？

精神分析通常不会去尝试证明童年记忆真实存在，这一任务太艰巨了，但对于理解人类记忆来说它又十分重要。人们在生活中时常生动形象地报告自己的记忆，然而根据客观信息来看，这些记忆有时是不准确的。例如，一个目击者确信自己认出了嫌疑人，但这个人事发时根本不在国内；一个学生绘声绘色地描述他在上西班牙语课时听到挑战者号航天飞机失事的消息，但他的成绩单显示那一年他根本没有上过西班牙语课（Harsch & Neisser，1989）。人们对自己的虚假记忆信心满满，以至于后续行为也会受其影响（Conway，1996；Loftus，2004；Pezdek & Banks，1996）。

另一个关键问题是，这些记忆到底是新近被回忆起来的，还是只是新近报告出来的？记忆实验探讨了这个问题。有研究发现，用不同的方法考察被试对同一件事情的记忆，他们回忆出的信息量是不同的（Baddeley，1990）。例如，让两组被试学习同一个单词表，之后给第一组被试一张白纸，让他们尽可能多地写下他们记住的单词（即“自由回忆”（free recall）），给另一组被试呈现多组成对出现的单词，让他们选择在每对单词中哪个曾在单词表中出现过（即“迫选再认”（forced-choice recognition））。不出意料，在迫选再认的条件下，被试报告的准确率更高。同没有任何外部线索相比，从一对单词中选出学习过的单词显然更简单。那么这是否意味着不同小组的潜在记忆强度和准确性有所不同呢？假定测验之前两个小组的被试并不存在差异，那么导致记忆效果不同的原因只可能是引导他们回忆的方法。当提供适当的线索、暗示和参照物时，记忆的可得性或可接近性会提高（Tulving & Osler，1968）。在精神分析情境下，治疗师的引导性提问以及对相关事件的谈论有可能促发记忆的恢复。通过这种方式，认知心理学证实了精神分析式记忆增强的这一方面（Erdelyi，1996，2006）。

从经典到现代

精神分析观点依然有用吗

一个世纪以前，弗洛伊德及其同事建立了精神分析取向的基本思想。如今，这些思想是已被扔进故纸堆，像恐龙一样灭绝了，还是像达尔文的理论一样在现代科学中仍充满生机？答案是两者兼有。

在一篇名为《西格蒙德·弗洛伊德的科学遗产：走向心理动力学的心理科学》(The Scientific Legacy of Sigmund Freud: Toward a Psychodynamically Informed Psychological Science）的文章中，作者德鲁·威斯顿（Drew Westen，1998）提出：精神分析思想依然生机勃勃且发展良好。尽管弗洛伊德的诸多猜想已被现代生物学和神经科学的研究结果证伪，但他提出的很多观点和问题在当前仍然适用，认为其智慧已然消亡还为时过早。公平地说，我们需要看到精神分析思想的发展变化，而不只是基于弗洛伊德最初提出的构想来进行批判。

弗洛伊德最核心的观点是，大部分心理生活，包括思维、情感和动机都是潜意识的。换句话说，人们有时做事情是基于他们自己都无法理解的原因。威斯顿指出，心理潜意识是当前人格心理学、认知心理学、认知神经科学的重要课题，科学家竭力去了解，在自我意识的高级皮层没有参与的情况下，大脑是如何对感觉和信息进行加工并做出回应的。就像我们前面提到的，存在内隐知觉、内隐记忆和内隐动机。有时，我们在“看”东西，却并没有意识到我们正在看；我们学习和记忆，却没有意识到我们是如何学习的以及学到了些什么。我们的行为源自深邃而复杂的动机系统，有时候我们甚至会因为一些意识不到的原因妨碍或提高自己的表现。

此外，很多现代研究证明了潜意识情绪的存在及其对行为的影响。例如，当人们对少数群体或外群体成员产生微妙的敌意或防御时，往往会导致紧张的群际关系。精神分析治疗师一贯重视通过观察非言语（如面部表情、姿势变化）和言语（如紧张地转换话题、语无伦次）线索来发现隐藏的情绪。正如弗洛伊德所说，这些内部冲突通常是防御机制这种基本心理动力结构的表征。例如，在实验中让被试清晰意识到死亡（如完成一份关于死亡的问卷或呈现殡仪馆的标志)，他们的反应会更具防御性，尽管他们并没有意识到这些反应背后的情绪，研究者称其为死亡焦虑（Strachan，Pyszczynski，Greenberg，& Solomon，2001）。又如，人们诋毁外群体成员（他们不知道自己为什么会这样做）能够提升自尊。正如前文提到的，大量证据证明早期经验（如童年期的被虐待、被忽视和家庭破裂）与后来的人际问题和人格障碍存在联系，虽然人们意识不到。

尽管弗洛伊德的某些思想由于受到时代局限而存在显见的错误，例如他对女性的偏见，但仍有诸多洞见长存于现代研究中。

那么，催眠有效吗？警方在审讯时可以借助催眠来唤起与罪行相关的压抑记忆吗？在精神分析发展的早期，弗洛伊德和布洛伊尔（Breuer）曾尝试使用催眠——治疗师的强烈暗示来获取患者的隐藏记忆。在现代实验心理学研究中，这种经由催眠获取的记忆称为“催眠性记忆增强”(Kihlstrom，1998)。实验室实验表明，催眠性记忆增强有时会出现，即催眠后人们有时可以报告更多记忆内容，但它的效果不及其他手段，例如使用相关线索来诱导记忆。也就是说，催眠并不是那么有效（Kihlstrom & Barnhardt，1993)，自由联想和线索激发的效果都优于催眠。因此，弗洛伊德很快就放弃了催眠是正确的选择。

3.7.4 幼事遗忘

弗洛伊德认为多数的人类动机来自童年早期不被成人社会接受的欲望，例如男孩想要与母亲建立性关系的欲望。成人的神经症则是内在冲突被压抑的结果。支持性证据之一便是，多数成年人对童年早期的生活没有太多记忆（尽管他们可以回忆出小学时的很多事情）——这种现象被称作幼事遗忘（infantile amnesia)。成人和大一些的孩子不能回忆起三四岁之前发生在他们身上的事情，这一现象已被很多研究证实（Pillemer & White，1989)。小孩子在这几年里学习了很多东西，当时也似乎记忆力良好（Oakes，Ross-Sheehy，& Luck，2006)，比如一个3岁的孩子可以很好地描述上周去动物园的经历。那么，这些记忆是在后来被压抑了吗？

和弗洛伊德的很多研究一样，这种现象被认为的确存在，但对其的解释有所变化。弗洛伊德的解释只能说明威胁性的早期记忆为什么会被遗忘，而事实上所有的早期记忆都会被遗忘，不仅是创伤性的。因此，近来的研究认为问题可能出在记忆的认知结构上：也许小孩的大脑还不成熟，长时记忆混乱（Richmond & Nelson，2007）造成记忆丧失。不过也有研究显示，小孩也拥有一部分类似成人的有序的记忆（Bauer，2007；Nelson，1993）。一项研究用直接外显的方法来测查学龄前儿童的记忆（从一堆照片中挑出自己同学的照片），结果发现他们的记忆水平很差；但如果换一种方式，不要求他们报告哪一个是自己的同学，结果显示，同学的照片在他们看来是更为熟悉的（Newcombe，Drummey，Fox，Lie，& Ottinger-Alberts，2000）。这说明记忆是存在的，只不过通过外显报告的方法可能难以触及。

还有一种可能性，即孩童尚未发展出思考过往或同他人分享记忆的能力。例如，大一点的孩子可能会谈论自己愉快的假期，并因此演练这部分记忆且将其整合进对自己的理解之中（Nelson，1993）。这样一来，记住事情就变得容易得多。值得注意的是，这种解释与弗洛伊德提到的认同形成有关，因此，虽然我们因何忘掉了最早也是最重要的那几年的记忆仍是未知数，弗洛伊德至少为我们提出了一个具有重要意义的问题。

3.7.5　记忆

直接针对人类记忆展开的研究可以提供不少认知取向与精神分析取向交叉的例子。言语学习研究范式（学习单词表）掀起了一股研究的热潮，这方面的实验报告数以千计，关注的主要是被试对学习过的词语的后续记忆如何受材料呈现方式的影响。其中两个现象与弗洛伊德思想有关。第一，记忆中的事情与发生过的事情本身不完全相同，前者往往经过了个性化加工、解释和内化，然后才被呈现出来。第二，经历过相同事件的两个人对该事件的记忆也不一定完全相同，每个人都会基于自己的需要、目标、假设和其他经验，以独特和个人的视角去体验事件，不管是在事件发生时还是事件发生前。

原始信息越复杂，记忆信息的差异就越大。一个复杂的故事将比一个简单的单词表引起更为多样化的再现。换句话说，记忆是对真实事件、个体经历及信念的信息的整合或混合（Bartlett，1932；Owens，Bower，& Black，1979）。这些发现证实了弗洛伊德关于外在因素会歪曲记忆的观点，但现代研究更强调心理的复杂结构，而不是对威胁思想的防御。

此外，这种个体化的记忆并非一个独立实体，可以在脑海中独立存在或从脑海中整块消失，它是一个复杂、多面且不断变化的存在。当记忆在不同情境下被唤起时，个体报告的信息（即使将所有内容都报告出来也）可能差异巨大。即便同一个人，在不同的时间、以不同的方式、处于不同的心理状态时被问及时，回忆出来的内容也可能迥然不同（见图 3-2）。用现代的话来说，一段记忆可能是可用的，但不总是可及的。在精神分析过程中，治疗师会反复鼓励来访者回忆重要的早年记忆，回忆事件发生时的情境（如所在的房间）、涉及的人以及当时的感受。这些策略与现代研究发现的能够帮助回忆的因素相一致（如 Williams & Hollan，1982）。许多人报告说，经历此类治疗令他们认识到影响生活的重要因素，那是他们以前从未想过的。此外，压抑也获得了一些神经科学方面的证据。使用功能性磁共振成像技术研究发现，背外侧前额叶活动增加及海马体活动减弱或与将威胁性记忆排除到意识之外这一过程有关。也就是说，存在"动机性遗忘"的神经科学证据（Anderson et al.，2004）。所有这些都与弗洛伊德的基本观点一致，即构成人格的诸多成分处于意识表面之下。

图 3-2　梦游和睡觉吃东西——一种潜意识过程

注：安眠药可能释放原始的进食动机，使一些患者在梦游中走进厨房，吃大量食物。而一觉醒来，他们什么都不会记得，只会好奇为什么枕头上会有花生酱的污迹。

关于潜意识存在且重要的观点在现代认知心理学中多有应用，尽管人们可能使用了与弗洛伊德不尽相同的术语。例如，实验能够揭示出人们觉知不到的回忆。说起记忆，我们一般会想到外显记忆——对事物的回忆与再认；但是，也存在内隐记忆——我们会由于某些不会在意识层面被回忆起来的经验而改变思考和行为方式（Schacter，1987，1992）。人们经常会“忘记”先前的经历（即没有外显记忆），比如他们会忘记已经解决的某个难题或学会的某个新技能，然而在实际操作的时候他们又能够表现出该技能。换句话说，在实验中，被试自己有意识，研究者也知道其经历，但之后这段经历被遗忘了；可是过了一段时间，被试再次来到实验室，尽管他无法有意识地回忆那段经历，但他仍会比第一次接触该任务的人表现得更好。外显记忆和内隐记忆的这种分离表明，潜意识记忆也会影响我们的行为，包括我们对待他人的行为（Chartrand，Maddux，& Lakin，2005）。

3.7.6 遗忘症

很多关于潜意识记忆现象的认知研究聚焦于病人。比如遗忘症患者，他们刚刚经历过一件事情，但几分钟以后就无法有意识地提取这段记忆。你可能和他们聊了大半天，然而离开 5 分钟再回来，他们就会说从未见过你！但有意思的是，他们却可以学习新的技能。例如，一个顺行性遗忘（anterograde amnesia）患者连续多天反复练习解一个复杂的迷津，慢慢地，他解谜的技能和正常记忆者一样得到提高，然而即便如此，他仍然每天都说自己从来没有见过这个迷津（Milner，1962）。这一表现清楚地显示，那些报告不出来的记忆经验在影响着他。

针对遗忘症患者的记忆研究常将他们暴露于各种不同的经验中（如学习新的操作技能、听新歌、与陌生人见面、读新闻等），以找到规律，区分出哪些是被报告为“记得”的经历，哪些是“不记得”却还在影响任务表现的经历。此类研究的重要发现之一是，有意识记忆的能力与那些“遗忘”经验对行为的影响程度是相分离的（Graf，Mandler，& Squire，1984；Warrington & Weiskrantz，1978）。也就是说，并不是有意识记忆功能受损越严重，受潜意识记忆的影响就越大，两者没有关系。这一发现不仅适用于临床人群，还意味着如弗洛伊德所说，很多持续影响我们心理与行为的经验并不总能被意识捕捉。脑科学研究也为此找到了证据：大脑各个系统的运行相对独立，处于意识觉知之外，偶尔相互交流（Kihlstrom & Glisky，1998）。

前面还提到过，弗洛伊德认为压抑的信念、情感和欲望会在说话（或写作）时通过失误暴露出来，歪曲个体意识本来打算说的话。从实验心理语言学（psycholinguistics，对语言的心理学研究）的视角也可以解释此类失误，但不涉及心理动力机制。表 3-1 呈现了一些例子。

表 3-1 对口误（笔误）的重新解释

所说或写的内容	精神分析的解释	心理语言学的解释
先生们，请注意，与会人员已经全部到场，在此，我宣布会议结束。（错把“开始”说成了“结束”）	说话人的本意是要宣布会议开始，但是他潜意识里希望会议不要进行。（这是弗洛伊德本人对这个例子的解释）	单词“开始”和“结束”在语义上密切联结；说出“开始”的意图高度激活了意外说出口的“结束”
我的脖子在打鼾……（错把“疼痛”说成了“打鼾”）	说话人在潜意识中认为脖子疼的问题与睡眠有一定程度的关系	“疼痛的”（sore）被说成“打鼾”（snore）是因为音韵上的联结：“脖子”（neck）一词中应发的音素 n 被挪到了前面的单词“疼痛的”中，且刚好形成了一个真词，于是错误很容易发生
我对少女（lasses）……嗯……是眼镜（glasses）很反感。（错把“眼镜”说成了“少女”）	说话人泄露了自己对女性的恐惧或厌烦，或者他在潜意识中将一副圆眼镜和女性乳房联结了起来	辅音连缀 gl 被分解了。原因可能是前面重音节中的起始音（单词“反感 allergic 中的“ler”）的固着造成的
我一整个星期都在担心睾丸。（错把“测验”说成了“睾丸”）	这名学生潜意识中担心他的性认同。他可能害怕自己不育或让女朋友怀孕	测验（tests）和睾丸（testes）在拼写上非常接近，区别仅在于是否有字母 e（一般情况下，e 处于这个位置是不发音的）
麦哲伦（Magellan）是第一个割包皮的人。（错把“环游”说成了“割礼”）	这名学生有严重的阉割焦虑	他在“心理词典”中搜索正确单词时，想找到一个不常用的动词，以 circum 为前缀，如“环游”（circumnavigate），当搜索到割礼（circumcise）时就立即使用了。
工业革命带来了机械化的强奸犯，可以用一半的时间完成 10 个人的工作。（错把“收割机”说成了“强奸犯”）	这名学生将强奸看作男性表达性冲动的常用途径	在努力写出一个不熟悉的概念时，认知就容易出错。这个例子里，单词收割机（reaper）中的第一个字母 e 被意外遗漏了。这个错误又生成了一个新的单词——强奸犯（raper），它很难被发现。

资料来源：Hansen（1983），Freud（1917），Jaeger（1992）和 Dell（1995）。

此外，弗洛伊德将潜意识视作力比多的仓库——最具威胁性、最受性支配、最不被社会所接受、最非理性的驱力全在那里。而认知心理学家眼中的潜意识温和得多，他们认为它是信息（记忆、概念、加工）的集合，可能因为与当下任务无关，或者过于微弱而无法被唤起，又或者与觉知内容不相容而被自然抑制，所以才处于容量有限的意识的范围之外。例如：

- 你对十几岁时第一次约会的记忆的觉知，可能不及当下就要赴约的觉知强烈。这是因为那些记忆与你此刻的关注点无关，还是因为某些未解决的性欲望？
- 你可能难以回忆出小学二年级时所有老师的名字，尽管这些老师你当时都认识。这是因为那些记忆过于微弱，缺乏恰当的线索提醒，所以难以获取，还是因为那个时候你遭到过性骚扰？
- 你无法解释为什么自己非常不喜欢橄榄的味道，甚至无法解释自己是如何辨别这些味道的。这是因为你从来没有想过这个问题，还是因为你对睾丸存在压抑的情感？

写作练习

你能回忆起来的最早的事情是什么？这些记忆有什么特别的地方？它们是日常事件，还是特殊情境？它们是只关于你还是也有其他人涉及其中？

以认知的观点看待潜意识，并不存在什么保护自我、远离潜在痛苦和伤害的主动过程（Kihlstrom，1987）。弗洛伊德对潜意识过程和记忆的观察结果是否存在过度概括和夸大解释，或是现代心理学家忽略了某些重要现象，还有待进一步回答。

总结：人格的精神分析观点

尽管弗洛伊德有时会被实验取向的现代人格研究者称为“老古董”，尽管他的不少观点已被现代生物学和心理学研究结果所推翻或取代，但是，弗洛伊德的理论依然保有生命力，持续帮助着人们更好地理解人格，直至今天仍影响巨大（Westen，1998）。

弗洛伊德一早就开始建立关于潜意识的重要理论，起初使用催眠术来发掘这个潜藏的心理领域，后来转向了自由联想和释梦。弗洛伊德认为梦及其他思维活动均由可回忆的或显性的意象所组成，而它们通常是潜意识问题和紧张的象征（换言之，它们具有“潜在”的含义）。

通过倾听患者的梦境和困扰，以及回想自己的童年，弗洛伊德逐渐建立了心理结构和性心理发展理论，并因此闻名，直至今天。他认为，个体的核心存在是本我，即心灵最原始的部分，目标是追求快乐；其次是自我，目标是寻找现实可行的方法满足本我需求；最后是超我，类似良心，但包含潜意识的方面，会内化社会标准，引导行为符合社会可接受的标准。

弗洛伊德的性心理发展理论指出，个体的发展轨迹包含多个阶段，每个阶段均有一些特定的重要目标需要个体达成。如果与某一阶段相关联的冲突没有得到解决，个体会固着在那个阶段。在第一阶段（口唇期），最重要的是满足饥渴的驱力；固着在这个阶段的个体会过分关注依赖和消费的问题。第二阶段（肛门期）需要处理排便的问题，接受社会标准认可的时间表；固着在这一阶段的个体可能会被动攻击、过分整洁或粗心。第三阶段（生殖器期）的关注点在生殖器，男孩面临俄狄浦斯情结（女孩面临厄列屈拉情结），通过对父母的认同得到解决。第四阶段与前三个阶段相比时间较长，被称作潜伏期，因为这一阶段的性能量表现不明显，转而通过对学习和友谊活动的追求等其他渠道释放。在最后一个阶段（生殖期），问题都被成功解决的标志是健康的成人两性关系、有爱的婚姻和家庭的建立。童年冲突解决与否将对成年人格产生重大影响，这一观点已被广泛接受，但是，很多具体的预测并没有得到有力的支持或证明，这与弗洛伊德所处的时代文化及其偏见有关。

弗洛伊德还建立了复杂但极具影响力的防御机制理论——人们在心理上歪曲现实，以避免威胁，令生活更愉快。压抑是最重要的防御机制之一，即将痛苦的记忆驱逐到意识层面之下。创伤后应激障碍和被压抑的性虐待记忆，这些在新闻头条常见的现象是对该理论的直接应用。弗洛伊德提出的另一个防御机制是反向形成，当它起作用时，如果个体的欲望与其基本信念相悖，就会转化为对立的形式，表现为相反的行为。一种与之相关的机制是升华，即将危险的欲望转化为利他的、有益的及社会赞许的动机。另一种防御机制——否认，是指心理上不能（或拒绝）承认那些无法接受的现实；如果难以完全否认，就会进行部分歪曲。当唤起焦虑的冲动不被个体承认，而被归因于他人，投射就发生了。当威胁性的情感在其他事物或人而非真实对象上释放时，发生的是替代作用，替代目标往往比原初目标更可控、更安全。退行的防御机制指个体“退回”到生命中一个更为安全和快乐的时期，以逃避当下存在的威胁。尽管退行在童年早期常见，但很难在成人身上证实。最后一种，也可能是最常见的一种防御机制是合理化，即为那些受潜意识动机驱动的行为和事件赋予合乎逻辑的解释。

弗洛伊德的思想如今遭受着激烈的批评。对此最传神的说法大概是作家弗拉基米尔·纳博科夫（Vladimir Nabokov）说过的话：“让轻信和庸俗之人继续相信心理伤痛可以通过每天对私处施用古希腊神话来治愈吧。”（Nabokov，1973）不过，尽管经常被批评过于原始，弗洛伊德的思想依然是极具开创性和冒险性的，它促进了后续诸多重要理论和研究的发展。除了直接脱胎于其中的当代精神分析理论和实践，弗洛伊德理论还成为当下许多重要心理学课题的基础。例如，记忆增强现象指后来回忆出的信息包含了很多之前回忆中未曾报告的内容，这一现象备受当代认知心理学研究关注，如对于成人后恢复的早期受虐记忆是否真实的争议。类似地，幼事遗忘现象指人们通常不记得婴儿期或童年早期发生的事情，这对儿童发展和语言研究者来说是个很有趣的现象。如今对内隐记忆的研究相当热门，尽管这些研究用到的技术是全新的，但概念本身可追溯到弗洛伊德的潜意识理论。最后，尽管今天人们都认为弗洛伊德过于强调人类性活动和本我，但到底是他过度解释了其观察结果，还是现代心理学家遗漏了什么重要的现象，还有待于进一步的探索。

观点评价：精神分析取向的优点和局限

快速回顾：

- 人类作为性冲动和攻击性冲动的结合体受到文明的约束

优点：

- 强调生命早期建立的心理模式对人格发展的影响
- 为理解潜意识力量所做出的努力
- 考虑到性和攻击这两个基本动机
- 将防御机制视作人格的重要方面
- 假定大脑的运作存在多个层面

局限：

- 过于强调早期经验和破坏性的内在冲动，并对此持悲观态度
- 相对不关心人际关系、个体认同和生活适应
- 很难用实证方法进行检验
- 关于心理结构的很多观点已被现代脑研究结果推翻
- 假定任何偏离异性恋的关系都是病态的
- 将男性行为看作正常，而将女性行为看作偏离

对自由意志的看法：

- 行为是由内部驱力和冲突所决定的

常用的测评技术：

- 精神分析治疗、自由联想、释梦

对治疗的启示：

- 由于人格问题是内在深层次冲突的结果，因此真正的改变必须通过长时间的、领悟导向的精神分析治疗才可以获得。在治疗师（通常收费很高）的指导下，经由催眠、自由联想或释梦来探索内部自我。传统的精神分析治疗一般会持续多年，但是也有新的短期领悟精神分析疗法出现，双方建立起治疗联盟，引导来访者获得对内在心理世界的洞察

写作分享：盲点

回顾否认、压抑、投射、反向形成、替代等概念。联系一个最近发生的丑闻，思考哪些防御机制在其中起了作用。

CHAPTER 4

第 4 章

新精神分析和自我取向的人格理论

学习目标

4.1 探讨荣格心理学的发展及其与弗洛伊德心理学的区别

4.2 解析阿德勒提出的社会兴趣三大议题

4.3 介绍霍尼关于文化和女性主义的理论

4.4 描述安娜·弗洛伊德和海因兹·哈特曼的工作

4.5 分析客体关系理论的各家之言

4.6 考察埃里克森提出的自我认同形成持续终生的观点

4.7 论述自我认同的现代观点

对那些一夜成名的歌手或好莱坞名人来说，从默默无闻到一下子被大量粉丝、记者、摄影师包围，他们认为自己配得上全新的地位吗？他们能信任身边的名人朋友吗？他们还能坚持过往的价值观吗？还是会顺应新环境带来的快节奏且刺激的生活方式？

某位医学生经常失眠，她为什么会因为生涯选择而焦虑得睡不着觉？她的成绩很好，但她是家族里第一个选择从医的。她与高中时的朋友渐行渐远，她经常迷茫于自己到底是谁、应该做些什么。不难理解，她正在经历“自我认同危机”。

另一个年轻人很难与同伴建立关系，他过分关心自我形象，总想超越他人，但又总是深感自卑。这种反应模式源自童年时某些未解决的冲突吗？

当个体告别童年，来到青春期和成年早期，迎来性成熟，便开始极其关注他人对自己的看法。精神分析学家埃里克·埃里克森（Erik Erikson，1950）将这些心理社会事件的发生期称为一个发展阶段，具体表现为各种小团体、早恋等典型的青少年现象。如果这个阶段处理得当，青少年就能顺利进入下个阶段——成年期，并有能力处理真正的亲密关系。

“情结”一词由卡尔·荣格创造，指被压抑却能影响后续行为的驱力（如弗洛伊德提出的俄狄浦斯情结）。后来，另一位精神分析学家阿尔弗雷德·阿德勒使用该词来描述儿童努力压抑进而克服弱小和无力感的过程。例如，一个小男孩可能觉得自己处处不如别人，运动能力不如哥哥，阴茎比父亲的小等，为了应对这些问题，内心斗争不可避免。阿德勒称其为“自卑情结”，这个词现在也很常用。

阿德勒观点的重要意义在于它考虑到个体与他人的对比和竞争。对于阿德勒来说，社会兴趣才是动机的主要来源。这种对外部压力（特别是来自人际关系的压力）的强调有力地弥补了弗洛伊德仅关注内在驱力的缺憾。

弗洛伊德主张人受本能（本我）支配，但很多学者很快认识到自我的重要性，它源于个体与他人的互动或冲突，并持续终生。这些学者使用的自我（self）与弗洛伊德使用的自我（ego）不完全一样。前者的含义更广泛，定义了个体的核心个性。由于这些学者的理论来自精神分析却将其拓展至新的方向，这一取向被称为“新精神分析”（neo-analytic）。后来，到了20世纪后半叶，这一取向进一步发展为自我理论，仍然强调动机和社会互动的重要性，但已很少提及弗洛伊德的本我概念（Brenner，1994）。总体来说，这一取向的理论不再那么突出生物性，转而重视社会性，因此比弗洛伊德的理论更加乐观。

4.1 卡尔·荣格——自我

4.1 探讨荣格心理学的发展及其与弗洛伊德心理学的区别

纵观历史，王子（或继位者）与国王（或掌权者）反目成仇的故事比比皆是，例如《圣经》中记载的押沙龙背叛其父大卫王的故事。即使你并不熟悉这个故事，也能料想到大概情节，你会猜测大卫王是一位优秀睿智、励精图治的统治者，而押沙龙恃宠而骄、贪婪任性、追逐名利，以至于为谋取王位而背叛了自己的亲生父亲。确实，故事情节和你想的差不多。

为什么我们很容易猜到此类主题的故事走向？为什么情节那么轻易就能被想到？荣格认为，我们之所以能预知某些事实，不仅是因为我们过去的经历，还因为我们继承了祖先长久以来积累下来的经验。大卫王和押沙龙的故事在历史上屡见不鲜，只是并非所有故事都这么极端。下次看电视的时候，你不妨留意一下谈话节目中人们讲述的故事：孩子和父母或继父母长期不和，员工诽谤上司，徒弟公开反对师父、自立门户等。而这样的故事模式同样适用于弗洛伊德和荣格，荣格（弗洛伊德钦定的“太子”）背离了弗洛伊德执掌的精神分析之国。

4.1.1 荣格理论的背景

1. 荣格的童年

卡尔·古斯塔夫·荣格1875年7月出生于瑞士凯斯威尔（Kesswil）一个标准的宗教家庭。他的父亲保罗·荣格（Paul Jung）是当地的牧师，母亲艾米莉（Emilie）是牧师的女儿。荣格的人格理论非常独特，其根源可以追溯到他的童年经历，特别是他童年时期的两大主题，后者直接奠定了其人格理论的根基。

第一个主题是，荣格认为自己拥有两种不同的人格：他是表面上看起来的那个孩子，也是18世纪一位有教养且睿智的绅士。童年的荣格内向孤僻，多数时间都在独自玩耍或沉思。他经常坐在花园的一块大石头上，思考自己到底是坐在石头上的男孩，还是被一个男孩坐着的石头。能从石头的角度看问题使他更相信自己可能具有多种存在方式。在某次做错事被朋友的父亲严厉斥责后，这种想法更加强烈。荣格在被责骂时突然感到很生气，觉得这个男人不该这样对待自己，因为自己是一位有地位且受人尊敬的绅士，应得到崇拜和礼遇；然而与此同时，他又感到自己是一个淘气的孩子，正因犯错而受到批评。

第二个童年主题是，他所经历的幻觉和梦境并非毫无意义的巧合，而是来自超自然领域的重要信息。这个想法成为日后集体潜意识概念的基础。10岁左右的时候，荣格给自己刻了一个木头小人，还为他做了衣服，将他和一些五颜六色的石头一起藏在阁楼上。这个被偷偷藏起来的小人和那些彩色石头带给了荣格很大的快乐以及在难过时平静下来的力量。他还会用密码写信，然后将信和小人藏在一起，即藏在阁楼上那个能给他带来快乐的秘密储藏室里（Jung，1961a）。

2. 荣格理论的开端

多年以后，荣格在创作时读到了有关“灵魂之石”（坐落于阿勒斯海姆（Arlesheim）[㊀]附近）和古代巨大神像的资料。当时，他轻而易举地想象出石头和神像的形象，因为它们与他小时候画过的石头和神像非常类似。可是事实上此前他从未见过它们的照片，甚至从未听说过它们（荣格通过查阅父亲的藏书确认了这一点），但能毫不费力地把它们画出来！这使他意识到或许存在着某些为人类所共有的特定的心理因子，它们能通过潜意识代代相传。

荣格曾在巴塞尔大学学习医学，在此期间对精神病治疗产生了兴趣。他毕业于1900年，正是在这一年，弗洛伊德出版了《梦的解析》一书。荣格读过这本书之后，于1906年开始和弗洛伊德通信。二人彼此欣赏，很快成为朋友。1907年4月，荣格已成为弗洛伊德精神分析王国无可争议的接班人（Brome，1981）。

与弗洛伊德的精神分析相比，卡尔·荣格（1875—1961）的分析心理学不再那么聚焦于性，而是采用历史视角，关注精神及超自然层面。荣格的思想相当开放，在为被称为上流社会的“自由精神”（某种意义上的性爱缪斯）的克里斯蒂安娜·摩根（Christiana Morgan）进行精神分析时，他自己也被深深吸引，视她为“阿尼玛”，后来还鼓励她与哈佛大学的人格心理学家亨利·莫瑞（和她合作开发了主题统觉测验）发生婚外浪漫关系。

尽管他的精神分析研究一帆风顺，但荣格始终相信，个体的目标与动机在决定人生轨迹时和性欲同等重要。他逐渐意识到可能存在一些普遍的原型（情感象征），这一想法在他对精神病人的治疗过程中反复得到验证。弗洛伊德认为人格在童年中期就已基本定型，而荣格倾向于从目标和未来导向的角度看待人格。他们之间的分歧越来越大，终于在1913年分道扬镳。之后，荣格回到家中隐居，开始了长达数年的内省。在这段时间里，他深入探索自己的精神世界，洞悉其中个人化的成分。他写了大量笔记，后称“红书”。书中他使用多种语言书写，留下了精美的书法和画作，内容包括梦境和幻象中丰富多彩的意象。（荣格在世时这本书没几个人读过，他死后则被锁在瑞士银行的保险柜里，直到多年后他的后代认可这本书是荣格的重要遗产，允许其出版，它才得以重见天日（Jung，2009））。这段内省时期结束后，荣格更加坚信其理论的基本原则是放之四海而皆准的。为了与弗洛伊德的精神分析理论相区别，荣格称自己的理论为分析心理学（analytic psychology）。

4.1.2　荣格的分析心理学

1. 精神或心灵

根据荣格的理论，精神或心灵（psyche）分为三部分：意识自我（the conscious ego）、个体潜意识（the personal unconscious）和集体潜意识（the collective unconscious）。

（1）意识自我

荣格所指的自我在概念和范围上都类似弗洛伊德所说的自我，即人格中有意识的方面，包括自我意识。（荣格认为这种自我结构在4岁左右时就已基本形成。）

（2）个体潜意识

构成“心灵”的第二个组成部分——个体潜意识，包括当前不在意识层面的思维和情绪。不过，个体潜意识可能被觉知到，它既包含被主动压抑的威胁性冲动，也包含对于当前活动来说不重要的思维。例如，你正在上心理学课，并没有想着昨晚的约会（我

㊀ 瑞士城市，距离荣格读大学的巴塞尔市不远。——译者注

们希望如此）。约会这一信息不是被压抑了，只是与当前活动不相关。与此同时，坐在你旁边的同学可能对自己的兄弟素有敌意，但他的家庭十分强调兄友弟恭，故而他不得不压抑这种愤恨，以免威胁到“自己是个好人”的认知。这些想法和冲动都被荣格视为个体潜意识的一部分。他还认为个体潜意识不仅涉及过去（回溯性）的成分，还包含关于未来（预见性）的内容。这源自他对病人梦境的观察，很多梦与未来发生的事有关。这并不是指他们“预见”了未来，而是他们能感觉到有事要发生。此外，个体潜意识对意识层面的态度和观点具有补偿（平衡）作用。换句话说，如果一个人意识层面的态度比较极端，那么他的个体潜意识可能会通过梦境或其他渠道强调另一方面，借此达到某种平衡（Jung，1961b，1990）。现代研究证实，在意识注意之外的确存在这种自动化过程，影响着人们特定情境下的反应及追求目标的方式（Bargh & Williams，2006）。例如，如果我们想到朋友或者当前心情愉悦，就更有可能做出利他行为。

自我了解

评估自我：释梦

我们每天晚上都会做梦，虽然绝大多数梦被忘得一干二净。你可以尝试在床边放一个记事本、一支笔，让一盏昏暗的台灯一直亮着。每当你夜晚或清晨醒来时，先闭目思考一会儿，回想一下你做的梦，然后睁开眼快速将其记录下来。（这样几周下来，你对细节的回忆会越来越好。）

关注梦中反复出现的主题和动机，然后将这些与日常生活中的目标、主题和动机相比较。例如，你梦中的愤怒或冲突是否反映了日常生活中正在经历的愤怒或冲突，抑或是对失败的担忧或对爱情的投入？是否出现过荣格说的原型？

如果你持续这么做下来，那么每年年底，你就可以总结自己的动机和自我认同随时间发生了哪些变化。

（3）集体潜意识

你有过似曾相识的感觉吗？即觉得自己经历过其实未曾经历过的事情。荣格将构成“心灵”的第三个部分称为集体潜意识。这一概念饱受争议，它代表着潜意识的底层，由强烈的情感象征构成，这些情感象征被称作原型（archetypes）。原型意象自人类诞生即形成，为人类所共有（也就是说它们是非个人甚至“超个人”的）。原型源自人类祖先对于反复发生的事件的情感反应，例如日出日落、四季更迭和重复出现的人际关系（如母亲—孩子）。这些原型或情感模式使我们对普遍反复的刺激产生预设的反应。荣格描述了多种原型，包括英雄、睿智老人、魔法师、暗影等，我们可以在很多备受关注的电影中看到它们，比如《星球大战》系列里的睿智老人欧比－万·克诺比（Obi-Wan Kenobi）、恶魔黑武士达斯·维德（Darth Vader）、英雄卢克（Luke）等。而事实上，导演乔治·卢卡斯（George Lucas）正是读到了当代神话研究者约瑟夫·坎贝尔（Joseph Campbell）关于原型及跨文化一致性的著作，才在创作《星球大战》三部曲第一部时直接做了借鉴。也许没有荣格的理论，R2-D2[㊀]就不会引领机器人时代，你也不会觉得你的教授像尤达（Yoda）[㊁]了。

荣格理论中几个著名的原型如表4-1所示。

写作练习

复习荣格原型的相关内容。联系你最喜欢的书或电视节目，思考那些原型是如何塑造角色的？

阿尼姆斯（animus）和阿尼玛（anima）。阿尼姆斯（女性心灵中的男性成分）和阿尼玛（男性心灵中的女性成分）是两个重要的原型。阿尼姆斯意味着每个女性都具有男性化的一面及相应的先天知识；而阿尼玛指代男性身上女性化的一面及相应的先天知识。

人格面具（persona，拉丁文，意思是面具）和暗影。这两个原型彼此对立，分别代表着外在形象和内

㊀ 电影《星球大战》系列中的机器人角色。——译者注

㊁ 电影《星球大战》系列中的人物，德高望重的大师，培养了多位杰出弟子。——译者注

表 4-1　荣格理论中的原型及其现代象征

原型	例子
魔术师（或骗子）	巫师、术士、千里眼、《蝙蝠侠》中的谜语人（Riddler）
孩子 – 神	小精灵、小妖精
母亲	睿智的祖母、圣母玛利亚
英雄	国王、救世主、冠军、《星球大战》中的天行者卢克
恶魔	撒旦、异教徒、吸血鬼
暗影	阴暗面、邪恶双生子、《星球大战》中的黑武士
人格面具	面具、社会面孔、演员

在自我。人格面具代表了呈现于人前并受到社会赞许的表面。人格面具是人们理想化的自我图景，但其具体内容因人而异，体现出独特的个人努力和目标。与之相反，暗影原型是人格中黑暗的、不被接受的一面，是人们不愿承认的可耻的欲望和动机。这些消极冲动可能会引发不被社会赞许的思想和行动，非常类似弗洛伊德所说的不受控制的本我。

母亲。母亲原型代表着繁殖和养育性。它可以由真实的母亲形象（如某个人自己的母亲或祖母），也可以由象征性的形象（如教堂）唤起。此外，母亲原型可以是好的也可以是坏的，还可能善恶兼有，就像现实中的母亲一样。

英雄和恶魔。英雄原型是一个强壮有力，为拯救苍生与恶势力做斗争的形象。相反的是残忍邪恶的恶魔原型。在大卫王和押沙龙的例子中，大卫王就代表了英雄，而他那忘恩负义的儿子就是恶魔。

荣格的集体潜意识和原型理论很吸引人，但我们并不能不经思考就全盘接受。当代的科学心理学对集体潜意识是否存在还持怀疑态度，尤其是对它是大脑对于祖先经验的记忆这一观点。不过另一个更复杂的版本可能有一定的正确性。例如，世上所有的小孩都对动物着迷，但也都有害怕蛇的倾向（LoBue & DeLoache，2010）（见图 4-1）。

纵观历史，人们似乎总是在相同的问题上纠缠不休。例如，几千年来，人们总是以上帝之名发动战争，直到现在依然如此。另一个世代争论的问题是性别差异：到底存在哪些差异，以及这些差异到底有多重要？20 世纪初，女性不能上大学，没有选举权，被认为是丈夫的财产，而现在已不可同日而语。然而即便已经取得了如此伟大的平等，社会仍然非常关注差异。

图 4-1　对蛇的恐惧

注：从《创世纪》中夏娃遇到蛇的经历，到当代对灵长类动物的科学实验，都证实了人类对蛇似乎有一种本能的惧怕（Shibasaki & Kawai，2009）。人类能很快意识到蛇的存在，很快产生对蛇的恐惧，并能在意识之外对蛇这一刺激产生反应（Ohman & Mineka，2003）。这些发现暗示着人类大脑可能存在“集体潜意识”。

为什么我们对性别差异、找寻“真正的上帝”或“正确的宗教”这些问题如此感兴趣？荣格的理论或许可以在某种程度上回答这一问题。身为人类，我们有着某些类似的兴趣和热情，它们在某种意义上接近于本能，构成了人类生活的一部分。荣格认为，成功的人生是自我实现的过程，即将原型从潜意识整合至充分发展的自我之中。很多当代理论为了做到更为“客观”，往往忽略了这些深刻而基础的问题。为了避免犯类似的错误，本书将讲到每个理论的优缺点。

2. 情结

荣格认为，情结是受情感力量支配的情绪、想法和观点的集合，所有这些情绪、想法和观点都与某一特定主题有关（例如，某位名人的自卑情绪）。特定情结的强度由力比多或其“价值”决定。需要注意的是荣格对力比多的定义不同于弗洛伊德，他认为力比多是一种广义上的心理能量，而不局限于性能量。

表 4-2　荣格的语词联想测验中用到的部分刺激词

指导语：请在看到每个词语后立即报告你由该词联想到的第一个词。

头	蓝色	雾	洗
绿色	灯	分离	牛
水	作恶	饿	朋友
唱歌	面包	白色	快乐
死亡	富有	儿童	撒谎
船	刺	铅笔	狭窄
付钱	怜悯	悲伤	兄弟
窗户	黄色	李子	害怕
友好	山峰	结婚	鹤

资料来源：节选自荣格（1910）。

注：首先，注意受测者回答时是立即报告还是有所延时。然后列出存在延时的词语，不同寻常的反应词，多个或很长的反应词，表露情绪的反应词。最后，看是否能在这些词中找到一个主题。荣格认为这一过程将打开观察潜意识的大门。

荣格通过语词联想测验证明了情结的存在。他首先给受测者呈现一系列词语（见表 4-2），这些词语是按他认为最合理的次序排列的，受测者需要报告他们看到该词后想到的第一个词语。荣格及其同事测量受测者的反应时（如出现延时即意味着某种异常或冲突）、呼吸频率、皮肤电反应及复测记忆数量。通过这种方法，他发现一些词语能唤起情绪，并可用来揭示情结的本质。有趣的是，当今的认知心理学研究采用了相似（但更复杂）的方法。荣格认为人格由彼此对立且不断斗争的力量所构成，进而达到某种程度的平衡（对一个健康的人来说）。但是，他逐渐认识到语词联想测验不能很好地区分到底是想象的刺激还是真实的情境引发了相应的情感，于是放弃了这种方法。

3. 功能和态度

荣格提出了“心灵”的四种功能：①感觉（“这里有东西吗?”）；②思维（“那是什么东西”）；③情感（“那东西价值多少”）；④直觉（“那东西来自哪，又会去哪”）。荣格认为思维和情感是理性的，因为它们包含判断和推理，而感觉和直觉是非理性的，因为它们不包含真正有意识的推理。尽管每个人的心灵都具有这 4 种功能，但通常会有一种占主导。

除了这四种功能，荣格还提出了两种心理态度：外倾（extroversion）和内倾（introversion）。这两个概念直到现在还被广泛使用，但基本被认为是同一维度相反的两极，而不是当时荣格所定义的两个完全相反的结构。类似心理功能，外倾和内倾同时存在于一个人身上，但通常由一种占主导。外倾者的力比多（心理能量）朝向外部世界，而内倾者更关注内在世界。两种态度和四种功能组合出八种可能的人格类型（Jung，1924）。举例来说，如果一个人的主导功能是情感，主导态度是外倾，则他的情感倾向是朝向外部的。也就是说，一般情况下这个人善交际，比较活跃，易受他人情感态度的影响。但如果这个人的主导态度是内倾，那他的情感倾向就是内省的，受内心体验的引导，易被人理解成冷漠无情。具有讽刺意味的是，这种人格类型的人常被误解为“缺乏情感”。因此，可以看到四种功能和不同的态度类型相组合，会产生八种不同的人格类型，不同的人格类型又有不同的表现。这种分类方法为后续一种著名的人格测量工具——“迈尔斯－布里格斯人格类型指标”（Myers-Briggs Type Indicator）奠定了基础。

最为重要的是，荣格挑战了弗洛伊德的理论，打破了关于动机和本我的固有观点，进而促进了后续其他理论的蓬勃发展。荣格对人格神秘性和精神性方面的论述对存在—人本主义取向的人格理论产生了重大影响。此外，和弗洛伊德一样，荣格是 20 世纪初的伟大智者，他破除了中世纪流传下来的旧观念，开启了对人性的新思考。

它为什么重要

我们是否拥有满含古老原始思维的共同集体无意识，这一点为什么重要？

> **思考一下**
>
> 在某种程度上，这一观点很有用，它将帮助我们理解普遍的神话，解释文学作品中的共性，并为心灵层面的共情及诸多直觉的潜意识实现提供基础。但是，如果集体潜意识并不存在，这些共同或普遍的主题和思想从何而来呢？也许就得以某种方式从社会总体结构或者更原始的本能中产生了。

4.2 阿尔弗雷德·阿德勒——个体心理学

4.2 解析阿德勒提出的社会兴趣三大议题

美国司法部长曾就维护儿童权利的重要性发表评论，提出“在十二三岁时对辍学儿童进行干预已经太晚了，因为他们已经形成了自卑情结”（Liu & Cohn，1993，p.42）。如前所述，荣格创立了情结这一概念，而自卑（inferiority）情结一词则是由阿德勒提出的。

阿尔弗雷德·阿德勒 1870 年 2 月出生于维也纳，

阿尔弗雷德·阿德勒（1870—1937）。阿德勒的许多理论概念（自卑情结、器官自卑、男性反抗）都反映出他儿时体弱多病的个人经历。

他从小体弱多病，好几次差点丧命。他天生佝偻，兄弟姐妹玩耍的时候他只能在一边看；5 岁时因肺炎引发高烧，病得严重，家庭医生已打算放弃治疗，幸好他的父母没有放弃；他还出过两次车祸，严重的外伤险些让他丧命（Orgler，1963）。羸弱的身体以及数次与死神擦肩的经历使阿德勒备感无力与惧怕。因此，他决定成为一名医生，以学习如何对抗死亡。

阿德勒在维也纳大学学习医学（尽管弗洛伊德曾在同一时期任教于维也纳大学，但两人从未见过面），1895 年毕业后开设了自己的诊所。两年后他与赖莎·爱泼斯坦（Raissa Epstein）结婚，四个孩子中有两个后来也成了心理学家。

4.2.1 阿德勒与弗洛伊德理论的不同点

1902 年，阿德勒受邀参加弗洛伊德组织的小型讨论会。尽管他的观点与弗洛伊德的精神分析理论有所不同，但仍留在组织多年。到了 1911 年，两人的观点分歧越来越大，时任维也纳精神分析学会主席的阿德勒辞去职务并断绝了与组织的一切联系。在与弗洛伊德及组织内成员的争论中，阿德勒建立起自己的人格理论，并很快创建了自己的学会，名为“自由精神分析学会”，不久更名为“个体心理学学会”。

阿德勒的观点和弗洛伊德理论的主要区别在于对动机根源的认识不同。弗洛伊德认为人类的主要动因是快乐（正如本我以快乐原则行事）和性欲，而阿德勒认为人类的动机比这复杂得多。

4.2.2 阿德勒的个体心理学

阿德勒之所以将自己的理论称为个体心理学（Individual Psychology，1959），是因为他坚信每个人都有自己独特的动机，每个人对自己在社会中所处位置的感知至关重要。和荣格一样，他强调目的论及目标导向的重要性。从哲学层面来说，阿德勒与弗洛伊德还有一点不同在于，阿德勒更关注社会环境，认识到应该采取预防措施来避免人格失调。

1. 追求优越

阿德勒（1930）提出，人格的核心之一是追求优越。当人们过于无助或感到无力，就可能自卑。如果经常体验这种感觉，就可能产生自卑情结。自卑情结让人感觉无能并将其夸大，使个体认为自己无法达成目标，于是放弃努力。例如，大卫的学习成绩一般，其实他不算是一个差生，只是不如他两个兄弟，上不了荣誉榜而已，但长此以往他也会产生自卑情结，即一种认为自己很笨的不愉快感，即便只是没有兄弟那么好而已。

当个体尝试克服这种情结时，会形成优越情结来维护自我价值，事实上大卫也是这么做的。如果你见到大卫，你绝对想不到他是个自卑的人。他对自我评价很高——总是自夸、与人争论，试图让别人接受他的问题解决方法。但是如果深入探究，你就会发现，这种夸张的傲慢是大卫对其缺陷的过度补偿，他通过优越情结来克服自卑感，于是总向他人和自己力陈自己是有价值的。但不幸的是，优越情结的表现常让人反感，大卫的过度表现反而令别人对他的评价不那么积极，甚至厌烦。而这种拒绝又会反过来强化其内在的无价值感，导致更为严重的过度补偿——此时恼人的循环就形成了。正如讽刺作家安布罗斯·比尔斯（Ambrose Bierce）在《魔鬼词典》（*The Devil's Dictionary*，1911）中所描述的那样，自大者是“一个低级趣味的，对他自己比对我更感兴趣的人”。

2. 阿德勒理论的演变

随着对人类动机看法的变化，阿德勒的理论经历了一系列的转变。一开始他提出器官自卑，即每个人生而存在一些生理缺陷。阿德勒认为，正是这个“薄弱环节”使无能感或疾病生根发芽，于是身体试图在其他方面予以补偿。他认为正是这些缺陷（或者更重要的是个体对这些缺陷的反应）主导了人生选择。

不久，阿德勒将攻击驱力（aggression drive）概念加入理论模型。他认为驱力可以直接起作用，也可以转化为相反的驱力（类似弗洛伊德的防御机制）。这一概念对于阿德勒尤其重要，他相信它是对无助感和自卑感的反应——对无力达成或掌控目标的一种反抗。

阿德勒进而又提出男性反抗（masculine protest）的概念。但是，他并不认为只有男孩才会经历这一过程，只不过在历史上无论从文化还是社会角度，人们都接受用女性化和男性化分别指代自卑和优越。阿德勒认为所有孩子都会因其相对弱势和从属的社会地位而体会到明显的女性化，因此不论男孩女孩都会经历男性反抗，即努力变得独立，在他们的小世界中争取和成人或掌权者平等的地位。男性反抗即指个体试图成为独立且有力量的人，能够自主而不是父母的附庸。如果通过积极的自我肯定来完成这一过程，那么追求优越就是健康的。这种寻求自主、控制感和效能感的观点后来也被其他人格心理学家所采纳（White，1959）。

与此有关的另一重要概念是追求完美。阿德勒认为，如果个体没有神经症性的自卑情结，就会在人生中努力达成虚构目标（有时也被称作“梦幻结局”）。这些目标因人而异，反映了不同人对完美的不同理解，但目的都是克服个体感知到的缺陷。笃信这些虚构目标的现实性有时也被称为“类如”（as if）哲学。每个人都有虚构目标。例如，有个女孩叫克里奥，她的虚构目标是获得一个“完美职业”。她想象自己以高分顺利完成学业，做完一份令人羡慕的实习，受邀任职于一家跨国公司，享受愉快的工作环境、不菲的薪水和旅游机会。当然，她在工作中也非常成功，她强大的个人魅力征服了所有上司。然而在现实中，克里奥并不是“顺利”完成学业的，她需要非常努力学习才能保持高绩点。她会得到一份人人称羡还是一般的实习工作，还不确定；她能不能获得升迁，也是个未知数。但这些虚构目标给了她动力和方向，想象美好未来是她自己给自己的小小奖励。如果降低期待，就很可能无法实现这些梦想了。

阿德勒格外关注个体对社会责任和社会理解的认识。以弗洛伊德对爱和工作的重视为基础，阿德勒提出了每个人都要处理的三个基本社会问题：①职业任务——选择职业并为之奋斗，使个体感到有价值；②社会任务——建立友情和社会网络；以及③爱情任务——寻找合适的人生伴侣。这三个方面互相影响，任一方面的经历都会影响其他两个方面。

3. 出生顺序的作用

通过对社会结构的关注和（对自己及其他人童年的）敏锐观察，阿德勒渐渐意识到出生顺序在决定人格特征方面的重要性。头生子一度因为是家里唯一的孩子而受到优待。然而，不久之后，他们就得学着处理自己不再是父母的注意焦点的事实，并与其他兄弟姐妹分享父母的关爱。这种地位的急转直下可能造成头生子的独立倾向或者使他们努力想要重获地位，也可能使他们变为一个社会性的“假性家长”，帮助父母照顾弟弟妹妹。第二个孩子一出生就处于需要竞争的环境。比如阿德勒自己，他感觉到和兄长之间强烈的对比以及身体孱弱带来的自卑，这使他在身体竞争方面无能为力。这种环境可能促使第二个孩子去努力争取更大的成就，但若是反复失败，也可能严重损害自尊心。最小的孩子通常比其他孩子受到了更多的娇惯。他们可能一直是“家里的宝宝”。阿德勒认为过多的同辈榜样会导致最小的孩子面临各方面的成功压力，而如果做不到就会导致懒惰，甚至变成失败主义者。

以上观点（事实上该观点部分源于弗朗西斯·高尔顿的早期作品）引发了广泛的研究。许多研究发现，头生子的确更可能上大学并成为一个成功的科学家（Simonton，1994），但是其他孩子可能会更富创造性、反叛性和革命精神，或者比较前卫。《生而叛逆》（*Born to Rebel*；Sulloway，1996）一书中提到，科学、宗教、政治和社会方面的革命，绝大多数是由后出生的孩子推动的。基于对西方历史上 6 000 多名杰出人物自传的研究，苏洛威（Sulloway）提出，虽然第一个孩子更易取得高成就，但是相较于其他孩子，他们很少提出或支持革命性的观点。

苏洛威还用这种家庭动力观点（即头生子与弟妹的生存策略不同）来解释出生顺序对于个体是否支持激进观点的影响。例如，第一个孩子从父母那里得到更多资源、责任及教育（共处时间），因此更没必要去冒险。查尔斯·达尔文就是后生革命的典型例子：在 1837 年，很多科学家都掌握建立达尔文理论的所需资料，但是需要一个具有反叛精神的非头生子利用这些资料，对当时占统治地位的神创论提出质疑。

思考一下

这些影响会表现在日常情境（如运动领域）中吗？

在一项关于出生顺序和高风险运动参与（如足球、橄榄球、曲棍球、雪橇和赛车）的关系的元分析（一种对于过往研究的定量综述）中，苏洛威和兹韦根哈夫特（Zweigenhaft，2010）发现，后出生的孩子比第一个孩子更有可能从事这些高风险活动。他们接着对在美国职业棒球大联盟打球的兄弟进行了一项研究，关注盗垒（风险很高且经常失败），发现弟弟尝试盗垒的可能性是他们哥哥的 10 倍（Sulloway & Zweigenhaft，2010）。但需要注意的是，苏洛威或阿德勒理论中最重要的不是出生顺序本身，而是出生顺序造成的动机差异。阿德勒因此为动机心理学的发展创造了条件。

出生顺序研究通常没有区分生物学顺序和抚养顺序的不同影响。例如，如果头生子在出生时就去世了，那么第二个孩子就是最大的了。或者，如果头生子被已有孩子的家庭领养了，这个孩子虽然是生物学上的第一个孩子，却会被当成非头生子抚养。多次怀孕之间是有生物性区别的（例如，母亲第一次怀孕时子宫要小一些，多次怀孕的激素环境不同，乳房状况也不同等）。因此，未来的研究应更关注生物性出生顺序和抚养顺序不一致对个体造成的影响（Beer & Horn，2000）。不过，头生子更为成功导向和更具责任心已经得到很好的证明（Healy & Ellis，2007；Paulhus，Trapnell，& Chen，1999）。

4. 阿德勒的人格分类理论

阿德勒试图将经典的古希腊人格气质理论融入自己的理论。这一古老的观点认为，黄胆汁占优势的人比较急躁，即胆汁质（choleric）；血液占优势的人比较活泼，即多血质（sanguine）；黑胆汁占优势的人比较忧郁，即抑郁质（melancholic）；黏液占优势的人比较沉静，即黏液质（phlegmatic）。阿德勒借鉴此模式，保留了活动性的不同水平，再加入社会兴趣（德语中称为 Gemeinschaftsgefuhl，即“社群感”）的不同水平，得到四种人格类型。

如表 4-3 所示，阿德勒将它们命名为：①统治—支配型（进取的、专横的），②索取—依赖型（依赖别人、被动消极），③回避型（遇到问题就逃避），④社会利益型（现实地处理问题，富有合作精神，乐于助人）。这些倾向源于早期经历。例如，如果身体不适应环境，就会被大脑视为负担。受到这种“器官有缺陷”想法困扰的儿童就会努力克服缺陷：或以积极但非社会性的方式（专横），或以积极且社会性的方式（合作），再或者以消极且非社会性的方式（依赖他

表 4-3　阿德勒分类理论和经典希腊分类理论的对比

希腊气质说	希腊分类	社会兴趣	活动性	阿德勒分类
黄胆汁	胆汁质	低	高	统治－支配型
黏液	黏液质	低	低	索取－依赖型
黑胆汁	抑郁质	非常低	低	回避型
血液	多血质	高	高	社会利益型

人），以及消极且抑制的方式（逃离问题）。很多身体或智力上有缺陷的儿童承受着巨大的精神压力，进而变得自我中心（刚愎自大）。只有克服这种自我中心才能获得身体和心理健康。不过，和其他很多著名理论一样，想要建立一个既简洁又经得起实证检验的人格分类理论非常困难。

阿德勒对社会环境的重视后来被哈里·斯塔克·沙利文所采用。他也启发了诸如埃里克·弗洛姆（Erich Fromm）等理论家，后者既接受人格存在基本的生物性动机，也认为人格中包含哪怕遭受重重阻碍也要努力发挥创造力、爱和自由的部分。我们将在人本和存在主义取向的人格理论部分介绍弗洛姆及其观点。或许阿德勒对人格心理学最大的贡献就在于对积极的、目标导向的人类本性的坚持。他向我们展示了人类为克服自身弱点和尽力发挥功能——换句话说，成为对社会有贡献的人——所做出的努力。

思维训练　理论家的生活还是理论家的理论

在这门课中，理论家本人也是一个有趣的话题，即讨论理论与提出理论的人的人格之间是什么关系。这在心理学之外的科学领域非常罕见。把理论家看作理论的一部分对于理解理论有帮助吗？它是否提供了一个无法通过其他途径得到的看待理论的视角？这会不会侵犯到理论家的隐私？这样做会不会过于走捷径而得不到确凿的证据支持？

理论家的个性和经历对于理论发展的作用已被普遍认可。例如，在介绍荣格关于集体潜意识的概念时，我们提到了他童年时的双重身份认知，以及他自己动手做的木头小人和彩色石头。荣格本人也认为这些早期经历帮助他领悟到人们对世界的深层认识具有时间和文化上的共同性，因此，理论家与理论之间的联系是理论创造和发展的重要部分。

不过，当只是观察者认为两者存在联系时，这一观点也一样适用吗？例如，在对阿德勒的介绍中：我们提到他自己身体的孱弱与他提出的“器官自卑”概念之间的关联。了解到阿德勒本人的情况是否会改变你对他理论的看法？这样对吗？

究竟在什么时候理解和评价理论需要联系理论家的人格和生活经历呢？对于理论家的个人生活，我们有权挖掘到何种地步？究竟是八卦之心还是科学好奇驱使二手作家们津津乐道于理论家的个人生活？我们应该尽可能广泛且深入地审视理论家的生活和世界观，还是完全根据理论自身的优点来理解和评价它们？请带着这些问题思考理论家及其理论的关系。

写作练习

回想一个你在课程中已经学到的理论家。他的个人生活是否影响了他最知名的理论点？是怎么影响的？

4.3　卡伦·霍尼——文化和女性心理学

4.3　介绍霍尼关于文化和女性主义的理论

卡伦·丹尼尔森（Karen Danielson）成长于19世纪末的德国汉堡，聪明且志向远大的她在那个时代面临着各种来自个人及社会的挑战。卡伦的父亲是一位船长，他的第一位妻子在生下第四个孩子后不幸离世。后来他娶了小自己18岁的克洛蒂尔德（Clotilde），她迷人且有教养。他们生下一个儿子，4年后又迎来一个女儿，她就是卡伦。可想而知，卡伦很难被同父异母的兄姐所接纳，她就是在这样的家庭环境中长大的（Horney，1980；Quinn，1987）。

卡伦出生的时候，她父亲已经 50 岁了，这位严肃且虔诚的人基于对《圣经》的解读，相信女性地位低下，并以强硬的风格管制着自己的家庭。不过，虽然他毫不掩饰对卡伦的哥哥伯恩特（Berndt）的喜爱，但也的确很关心卡伦。他有时会从远方给她带礼物，甚至会带她一起出海旅行。因此卡伦对父亲的情感有点复杂：她既崇拜父亲，又感觉没有得到父亲足够的关爱。但是她和母亲的关系很好。

尽管长得不难看，卡伦却自觉很丑，所以她很早就下定决心，如果无法美貌，就要努力聪明。她热爱上学且成绩很好。12 岁时，她决定当一名医生，可是父亲并不同意。在卡伦、伯恩特和克洛蒂尔德的软磨硬泡下，他最终同意出钱让她上医学预科学校。

在当时的社会，两性之间的冲突不断。女性在抗议并争取更多的权利和受教育机会。卡伦是首批获准进入高级中学（德国文理中学）学习的女性，医学院校也刚刚准许女性入学。1906 年，卡伦开始在德国弗赖堡接受医学训练，在这期间，她认识了奥斯卡·霍尼（Oskar Horney），两人很快坠入爱河，于 1909 年结婚，次年卡伦怀孕。对卡伦来说这是充满挑战的一年，她刚刚结婚就怀有身孕，同时跟随弗洛伊德门徒卡尔·亚伯拉罕（Karl Abraham）学习精神分析，为日后从事精神病临床治疗做准备。雪上加霜的是，她的母亲在这个孩子快出生时去世了。

卡伦和奥斯卡一共有三个孩子，每个女儿都记得童年时母亲和她们并不亲近。尽管这有一部分原因是卡伦刻意为之，目的是要培养她们的独立性（卡伦和奥斯卡都这么认为），但的确也有部分原因是卡伦对抚养孩子缺少热情和兴趣。有趣的是，卡伦基于自己童年时被父母忽视的经历，形成了父母冷漠会导致孩子出现神经症人格的观点。

1920 年后，卡伦和丈夫的感情逐渐疏远。不久，不幸接踵而来。1923 年，奥斯卡的投资开始亏损，随着通货膨胀的加剧，他的收入已经不足以维持家庭日常用度。与此同时，他还被查出患有严重的脑膜炎，身体越来越虚弱。同年，卡伦的哥哥伯恩特因肺部感染去世。两人都陷入低谷。到了 1926 年，婚姻已名存实亡，卡伦带着三个女儿从家里搬了出去，但直到 1939 年，他们才正式离婚。

卡伦·霍尼的思想类似阿德勒。霍尼也认为对孩子来说最重要的就是认识到自己的无力，进而努力建立个性并自我塑造。她认为自我实现和个人成长极其重要。她比弗洛伊德更关注社会和社会性动机（后者更关注性驱力）。1932 年霍尼从柏林移民至美国。巨大的文化差异使她进一步认识到社会对个人发展的影响。

4.3.1　反对阴茎妒羡

弗洛伊德对女性的分析建立在“阴茎妒羡”这一概念之上。霍尼反对这种认为女性感到自己在生殖上不如男性的观点，但经过仔细观察，她也发现女性的确经常自觉劣于男性。弗洛伊德将此现象归因为生理原因——女性缺少阴茎，但霍尼则认为女性的自卑感源于社会环境的影响，即过于强调女性应该获得男人的爱。她指出，社会将“男子气概”定义为强壮的、勇敢的、有能力的、自由的，而将“女性气质”定义为弱势的、娇柔的、软弱的、顺从的，在这种环境下，女性当然会认为自己是附属的，进而寻求“男子气概”来获得力量。因此，她认为女性需要的并不是弗洛伊德所认为的阴茎，而是与男性有关的自主性和控制权。她还假定男性会潜意识地嫉妒某些女性特质，例如生育能力。

卡伦·霍尼（1885—1952）修正了弗洛伊德的精神分析理论，强调社会和文化对人格的影响，反对弗洛伊德对先天性欲和阴茎的强调。她的女性主义观点与父权式的弗洛伊德思想形成鲜明对比。

4.3.2 基本焦虑

因为儿童的无力感——不能直接进入社会争取自己的地位，他们必须压抑自己对成人的敌意和怨愤，代之以努力讨好，以满足自己的需要。基于此，霍尼用基本焦虑的观点取代弗洛伊德对生物性的强调。基本焦虑（basic anxiety）即儿童对独处、无助和不安全的恐惧。基本焦虑由儿童与父母的不良关系所引发，如父母不够温暖、稳定、尊重或投入。霍尼逐渐认识到，基本焦虑可以指向任何人，此时内在的混乱不安通过外部世界表达出来。因此，尽管霍尼同意弗洛伊德精神分析的基本观点——人被童年时期形成的潜意识非理性动机所驱动，但在她看来，这些动机来自家庭中的人际冲突以及更广泛的社会冲突（Horney，1968，1987，1991）。

为了应对基本焦虑，个体会采取特定方式以适应社会。那些认为顺从是最佳应对方法的个体会形成顺从风格（passive style）；那些认为争斗是最佳处理方法的个体会形成攻击风格（aggressive style）；那些认为不掺杂任何感情是最佳处理方法的个体会形成退缩风格（withdrawn style）。这些观点不仅富有历史意义，而且形成了一种参考框架，能够帮助人们思考什么是好的抚养方式。比如要为儿童成长提供温暖和相互尊重的家庭环境等现代人普遍接受的观点就源自霍尼等人的新精神分析理论中社会能够驯服生物本能的观点。

4.3.3 自我

新精神分析学者格外关注自我认同和自我意识。在分析神经症人格时，霍尼区分了自我的三个方面。第一是真实自我（Real Self），它是内在的人格核心，是人们对自身的认识，包括自我实现的潜能，它可能被父母的忽视和冷漠所伤害。第二，父母的忽视可能导致被轻视的自我（Despised Self）的产生，它包含对自卑和缺点的感知，源于他人的消极评价和自身的无能感。第三个也是最为重要的自我方面是理想自我（Ideal Self），它是人们认为完美和希望实现的东西，为感知到的不足所塑造。在论述理想自我时，霍尼还提出所谓“应该之专政”（tyranny of the shoulds），指一系列我们“应该”做到的事情使我们备受折磨。理想自我就由这些“应该”组成。霍尼认为，精神分析的目标不是帮助人们实现理想自我，而是让人们接受真实自我。如果个体与真实自我脱离，就会形成神经症人格，进而发展出用以“解决”冲突的人际应对策略。这些观点启发了后来的“可能自我”概念。

4.3.4 神经症性的应对策略

霍尼提出了神经症患者应对他人的一系列策略。第一种方式被称为“亲近”（Moving Toward）他人，即总是试图讨好别人，争取被爱，获得赞赏和喜欢。霍尼认为采取这种应对方式的个体过度认同被轻视的自我，认为自己不值得被爱。他们争取被爱的努力，一方面是为了掩盖对自我的真实感知，另一方面是为了让别人觉得自己是值得被爱的。例如，由酗酒的父母抚养长大的女孩可能会顺从剥削性的要求来换取自尊，成年后她们也可能去寻求剥削性男性的庇护，讨好他们来赢得认可（Lyon & Greenberg，1991）。用现在的流行语来说，这种混乱的关系模式就是所谓的共依附（codependency）。

如果你神经症性地过于认同理想自我，认为自己很了不起，那么就很可能遭遇不幸。最近有种说法，称20世纪70年代至90年代出生的人在成长过程中获得了太多赞美，听了太多类似“他们无所不能”的论调，这种自恋（即自私和过分利己）常常导致焦虑、抑郁和痛苦（Twenge，2014）。

表 4-4 卡伦·霍尼提出的 10 种神经症性需要

亲近他人	
喜爱与认可	不停地取悦他人
支配性的伴侣	过度依赖
反抗他人	
权力	控制他人，无视自身缺点
剥削	利用别人同时害怕被别人利用
地位和名声	追求更高的地位
他人的崇拜	追求赞美，即便并不匹配
抱负和成就	总想做到最好，其实是内心缺乏安全感
逃避他人	
自满自足	从不麻烦别人
完美无缺	试图做到无懈可击
限制自己的人生	满足于拥有的不多的东西，从而容易服从他人

注：霍尼认为，在社会互动过程中，神经症患者会非理性且强迫性地关注某些需要，但这些需要永远无法得到满足（Horney，1942）。

霍尼将第二种方式称为“反抗”（Moving Against）他人，即追求权力、认可和别人的崇拜。霍尼认为这种类型的人不是过度认同了被轻视的自我，而是过度认同了理想自我。这种人误把他们期待达到的一切当作已经达成的现实，而他们对认可和权力的寻求就是对这种假象的再确认。

第三种方式被称为“逃避”（Moving Away）他人，即在处理人际关系时不投入任何情感，以避免受到伤害。霍尼认为这种个体想要克服被轻视的自我，但又感到无力达成理想自我。他们认为现在的自我不值得他人关爱，但又无法做得更好。因此，为了避免这种令人不快的矛盾，即两个自我之间的鸿沟，他们选择躲在独立和孤独的面具之下。

霍尼认为心理健康的人会将这三种方式结合起来解决冲突，而神经症患者的人格则被其中一种方式所主导。霍尼将这种单一策略称为神经质倾向（neurotic trend）。她还列举了 10 种应对焦虑的方式，即著名的 10 个神经症性需要（neurotic need），及相应的神经症性应对策略（神经质倾向），详见表 4-4。

4.3.5 霍尼对精神分析的贡献

总的说来，霍尼动摇了精神分析单纯强调生物性、解剖学和个人主义的人格观点。虽然她承认童年期形成的潜意识动机的重要性，但更强调一个温暖、稳定的家庭的重要性，以及社会和文化的影响。此外，正如霍尼自己与阻碍女性成功的社会力量抗争一样，她反对女性天生柔弱、劣等的观点。她认为家庭和文化会对每个人产生影响，而个体可以打败潜意识恶魔。她强调“应该之专政”的危害。她认为精神分析不是解决内在冲突的唯一方法，“生活本身”就是有效的治疗（Horney，1945）。

然而，尽管霍尼做了很多努力，精神分析依然存在严重的男性至上和家长式作风。正如女性主义者杰曼·格里尔（Germaine Greer，1971）所说：“弗洛伊德是精神分析之父，而它没有母亲。”（p. 83）

写作练习

回想一下弗洛伊德对儿童的看法，并与他女儿安娜的观点进行对比。在本我和自我方面，他们是如何区分成人和儿童心理的？

4.4 安娜·弗洛伊德和海因兹·哈特曼——自我论述

4.4 描述安娜·弗洛伊德和海因兹·哈特曼的工作

西格蒙德·弗洛伊德和玛莎·弗洛伊德的小女儿安娜·弗洛伊德（Anna Freud）1895 年出生于德国。弗洛伊德夫妇本来不打算再要孩子了，这或许使安娜在成长过程中感觉自己必须特别努力才能赢得他们的喜爱。安娜小时候羞涩安静，非常依恋父亲（Young-Bruehl,

1988）。20岁出头时，她学习了精神分析（包括向父亲学习），随后成为维也纳精神分析学会的一员。

1922年，她发表了自己的第一篇论文，1923年，她开始从事精神分析的实践工作，即便她从未取得过心理学或医学的学位。也正是在这一年，她父亲被查出患有口腔癌。连续的手术引起一系列并发症，父亲的身体状况促使安娜下决心要继承父亲的衣钵。

这张照片是1913年安娜·弗洛伊德（1895—1982）17岁时与父亲西格蒙德在一次家庭旅行中的合影。她一直照顾着父亲直至他去世，同时她是精神分析理论的坚定推崇者。她致力将精神分析应用于儿童青少年的治疗。

与父亲总是从成年病人身上了解童年经历不同，安娜直接接诊儿童病人。她根据儿童的特点对精神分析技术进行了改良，使之更适应儿童的言语表达和注意特点。半个世纪以来，安娜·弗洛伊德追随着父亲的脚步，采用精神分析疗法为广大儿童和青少年提供咨询与治疗。尽管从未脱离传统的精神分析理论，但她对自我的直接研究为后来的新精神分析学者开拓了道路。虽然她仍认为自我与本我和超我存在联系，但更为强调社会环境的影响，因此把自我阐释得更为明晰。她同时让精神分析不再那么决定论，也就是说，虽然她没有明确放弃本我驱力和超我限制的观点，但赋予了自我些许主动和独立功能，从而为后来的理论家拓宽了道路（A. Freud，1942）。

海因兹·哈特曼（Heinz Hartmann）常被称为自我心理学之父。与安娜·弗洛伊德一样，哈特曼维持着精神分析的传统，但对自我的功能进行了拓展。哈特曼认为自我并不处于本我控制之下，但也并非完全自主。在他看来，本我和自我以互补的方式共同运作，彼此协调。哈特曼接受自我的“任务”是帮助个体更好生存这一观点，但他对传统理论进行了修正，认为个体不是简单地纾解紧张和追求快乐的有机体。他认为自我可以指导个体做出那些当下可能并不快乐但长远来讲对自身有利的行为。他还提出，自我不仅能防御力比多冲动，还可以独立应对各种社会要求（Hartmann，1958）。安娜·弗洛伊德和海因茨·哈特曼的这些观点为现代的自我及自我认同观念打下了基础。

写作练习

马勒（Mahler）认为，父母和孩子之间的融合和分离程度在很大程度上影响着成人亲密关系的健康情况。对于父母和孩子之间健康和不健康的关系，你能举出哪些例子？

4.5 客体关系理论

4.5 分析客体关系理论的各家之言

总体说来，随着精神分析人格理论的发展，学者关注的重心越来越从个体内在心理拓展到个体与他人的关系上。要想了解一个人的本质就不能不了解这个人与重要他人的关系，这种取向被称为客体关系理论（object relations theories），“客体关系”一词在这里指的是重要他人的心理表征。也就是说，儿童首先通过与他人的互动了解自我与他人。

有时候，客体关系心理学家、自我心理学家和新精神分析心理学家很难区分，而事实上很少有学者将自己的理论严格限制于某一领域。但是，客体关系心理学家会格外强调与他人的关系对于决定个体人格的重要作用，自我作为一种独特的人际互动功能，由社会所建构，而非生理发展的自然产物（Kernberg，1984，见自我了解专栏）。如果在不同的文化或社会群体中长大，你就会成为一个不同的人。

自我了解

评估自我：自我理论的批判性思考练习

这个练习需要一位熟悉你的人一同参与。

首先，你们俩各自独立写出五个简短的（一句话）自我描述。这些描述可以比较具体也可以比较具有概括性，关键是要抓住“你是谁”这一本质特征。

然后，思考你搭档的特征，同样写出五个简短的（一句话）能够描述你搭档的语句。完成后对比两人的描述。

你的搭档对你的描述准确吗？你对搭档的描述准确吗？两人的描述是否存在不一致（这是很多人都会出现的情况）？这些是否说明你的社会自我和内在自我之间存在差别？你是通过社会角色来定义自己的吗？还是通过目标来定义自己？知道了别人的看法会影响你对自己的定义吗？

4.5.1　玛格丽特·马勒的共生论述

儿童精神病学家玛格丽特·马勒（Margaret Mahler）的治疗对象是患有情感和行为障碍的儿童。她发现有一些儿童难以与他人（尤其是母亲）建立情感联系，进而会自我封闭。与此相反，患有共生性精神病（symbiotic psychotic）的儿童与他人的情感联系过于坚固，这使得他们难以形成自我意识，无法自主。总的说来，每个人都面临着自主需求与渴望依附亲密他人之间的矛盾。

马勒认为与母亲建立健康的联结对个体心理健康极为重要。能做到这一点的儿童属于正常共生性儿童，他们能够发展出同理心，认识到自己是一个独立但被爱的存在。正如安娜·弗洛伊德和海因兹·哈特曼一样，马勒也看重个体掌控自己的能力以及一个健康的自我的创造力。但特别的是，马勒（1979）提出有效的抚育技能对培养情感健康的儿童非常重要。这一概念今天已被普遍接受。

客体关系理论的发展推动着精神分析理论不断拓展并逐渐摆脱了机械论观点。例如，类似马勒，奥托·康伯格（Otto Kernberg，1984）指出，出生后最为重要的就是我们与重要他人的情感关系。在此基础上，我们进而了解自我，了解重要他人（即“客体”），懂得基本情感联结（如爱、不信任等）的本质。这些经历进一步整合成一个完整的自我，即“我”（I）或“自我”（ego）。有趣的是，这种社会建构性自我的观点，几乎同一时期也出现在了社会学的社会心理学之中。

当代的灵长类动物研究证实了这些观点。例如，研究发现某些恒河猴会在轻微压力刺激下表现出冲动和攻击性倾向，而且这种不健康的心理模式多见于幼年与母猴关系不良的猴子身上，在那些与母猴关系亲密且有安全感的猴子身上并不多见（Suomi，2003）。

4.5.2　梅兰妮·克莱恩和海因茨·科胡特的关系论述

出生于维也纳的英国精神病学家梅兰妮·克莱恩（Melanie Klein，1882—1960）同样致力于儿童治疗，她关注儿童（在头脑中）如何思考和表征他人。克莱恩首创了如今仍被广泛使用的“游戏疗法”。在今天，因父母一方去世或因受到身体攻击而悲伤痛苦的儿童，可能会被带到哀伤中心加以治疗，治疗者根据其摆弄玩具时流露出的潜意识情感或冲突展开治疗，正如成人通过释梦或自由联想显露潜意识一样。如果你或朋友的孩子正面临痛苦，你会向他们推荐这种治疗方法吗？在了解了其背后的缘由和理论后，回答这个问题可能会简单一些。

克莱恩（1975）将弗洛伊德的思想应用到新的方向，她考察婴儿早期的反应模式，例如婴儿对于哺乳后移除乳房的反应。母亲的乳房是婴儿获得满足感的首要来源，当被迫与之分离，婴儿会在某种程度上责怪母亲。因此，我们对亲密他人又爱又恨。当婴儿明白母爱不仅来自乳房时，这种冲突才得以化解。这需要心理上的分化和深层次的理解。总之，这种生命早期建立起来的对于他人的理解将塑造日后的关系模式。

近年来，斯蒂芬·米切尔（Stephen Mitchell，2000）等当代自我（客体关系）心理学家拓展了梅兰妮·克莱恩的思想，将其发展为精神分析的关系观

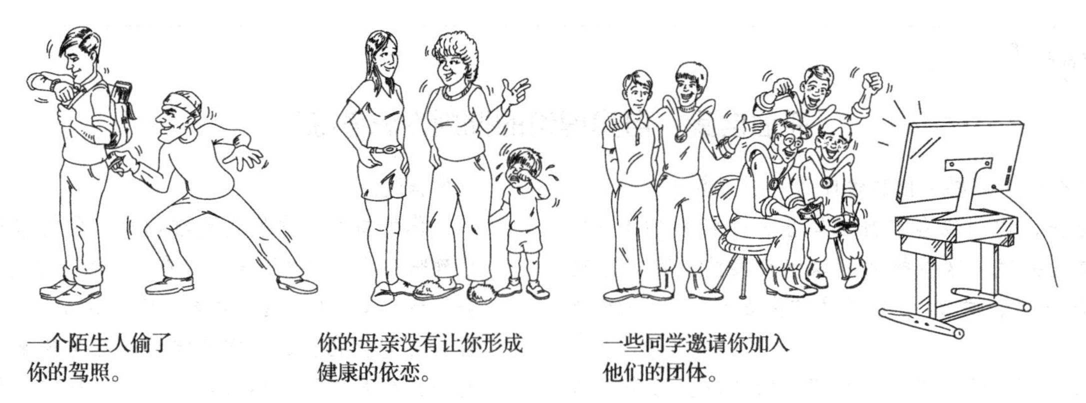

一个陌生人偷了你的驾照。 你的母亲没有让你形成健康的依恋。 一些同学邀请你加入他们的团体。

图 4-2 被偷走的认同

注：个体认同可能在很多情况下受到损害。

点。这一观点试图解释这种婴儿和童年期建立的自我 – 他人关系的早期模式如何在后续的各种生活挑战中不断影响自我概念和社会关系。如果基础不稳定，就可能产生各种心理问题。早期经验不良，自我认同就很难正常发展（见图 4-2）。例如，一个追星族无法摆脱与某位明星相爱的幻想，你可以理解为他在自我认同、亲密关系和理解他人想法方面没有正常分化。这一观点也很关注文化对认同和性别歧视的影响，这是弗洛伊德未能成功阐明的（Chodorow，1999a）。当今主流人格心理学理论更注重实验性和实证性，与之相比，这些理论更为临床和人本主义，但两者都致力于探索自我的社会性本质。

还记得阿德勒说每个人都在努力克服自卑情结，并可能将优越感当作保持自我价值的方式。精神分析学家海因兹·科胡特（Heinz Kohut，1971）在他和梅兰妮·克莱恩思想的基础上进一步提出，对于许多焦虑的人来说，核心问题在于惧怕失去重要的情感对象（通常是父母）。他接诊了一些患有自恋型人格障碍（narcissistic personality disorder）的来访者，这种障碍的表现是个体通过逞能和自我膨胀来掩盖自身的无能和依赖。他认为这些患者的问题源于不被父母接纳，而这导致他们也无法接纳自己。他发现，通过扮演治疗师 – 父母的角色，他可以扭转形势，使患者形成一个健康的自我概念。

举例来说，24 岁的菲利普因饱受低自尊困扰来寻求治疗。他的自我概念完全被他人对自己的看法所左右，他基本不能独立做出决定，并总是担心别人怎么看。与此同时，这种不安全感让他觉得自己应该得到特殊的关注。他的治疗师采用科胡特的理论，认为在菲利普还没有能力区别“母亲”和“自我”时，曾有过涉及父母（可能是他的母亲）的创伤性经历。治疗师采用的治疗策略之一就是理想化移情（idealizing transference），即让菲利普将治疗师看作父母一样的亲密客体，这可以帮助菲利普形成维护自尊的内在系统，而不用再依靠他人来获得自尊。科胡特建立起由弗洛伊德精神分析理论通往更为积极和强调自我的人本主义心理学的桥梁。

4.5.3 客体关系理论的贡献

从客体关系理论开始，自我被视为一个更为独立的实体，人类个体性和掌控感的重要性更加凸显。这些睿智的思想家继承并发展了弗洛伊德的理论，丰富了关于社会自我（一种在社会世界中的认同感）的理解。许多新精神分析观点，如自卑情结、精神原型、寻求掌控、手足竞争、基本焦虑、母婴关系的重要性、认同感的分化等，均已渗透到现代人对子女抚养、家庭、人性本质等问题的认识之中。这些观点在文学、政治、教育和艺术领域也有所体现。聪明的学生能在日常生活中辨识出这些现已司空见惯的假设，进而去了解它们的起源及发展历史。

写作练习

埃里克森概括了一个人一生要经历的八个自我危机。思考其中一个阶段的危机，怎样才是一个平衡且健康的解决方法？对于那些未能成功完成这一阶段任务的人来说，接下来会发生什么？

4.6　埃里克·埃里克森——人生全程的自我认同和认同危机

4.6　考察埃里克森提出的自我认同形成持续终生的观点

正如阿德勒将社会影响融入精神分析，霍尼转变了精神分析中有关女性的概念，埃里克森使精神分析不再局限于儿童期。在他看来，成年期并非对童年经历的简单反映，而是一个受到之前阶段影响的连续的发展过程。

4.6.1　埃里克森生平

1902 年，埃里克·埃里克森出生于德国法兰克福。年轻时的埃里克森不确定自己未来的人生方向。他的继父（他以为是生父）是一个犹太人。（他的生父是斯堪的纳维亚人，在他出生之前即抛弃了他们母子。）黄头发蓝眼睛的埃里克不但在家里显得与众不同，在学校里也一样，同学认为他是犹太人，而在犹太人集会时他又被认为是非犹太人。可想而知，年轻的埃里克不知道自己究竟属于哪里。

他的继父德奥多尔·霍姆伯格（Theodor Homburger）是一位医生，他希望埃里克长大后能子承父业，但是埃里克想过不同的生活。他上了艺术学校，成为一名自由艺术家，却依然不开心。他享受艺术和无须履行社会责任的自由感，但仍渴望投身于一项真正有意义的事业。可是几乎没有哪个职业能够同时满足他这两个相冲突的需求。

渐渐地，埃里克对儿童发展产生了兴趣，接着他遇见了安娜·弗洛伊德和维也纳学会的其他成员。埃里克非常推崇弗洛伊德父女的观点，同时认为精神分析是一个令自己可以不用经历传统步骤（如去医学院读书）就能有所建树的领域。于是他师从安娜·弗洛伊德，开始学习精神分析。仅靠这一经历和一张蒙台梭利教育培训结业证，他成了 20 世纪最具影响力的心理学家之一（Coles，1970）。

后来，纳粹开始统治德国，1933 年，埃里克和妻子移民至美国波士顿。成为一名美国公民后，他开始认真思考自己究竟是谁以及想要什么。他将自己的名字埃里克·霍姆伯格改为埃里克·H. 埃里克森。有趣的是，他将姓和名改得几乎相同，暗示着他找到了自我的“认同”。他和亨利·莫瑞共事了一段时间，莫瑞也关注个体人格在整个生命周期中的变化。埃里克森逐渐形成其毕生人格发展理论，表 4-5 对此有所论述。

4.6.2　自我认同形成和自我危机

弗洛伊德认为人格在童年期（大约五六岁）就已形成。埃里克森不同意这种观点，他认为自我认同形成的过程贯穿一生。在某种程度上，埃里克森也反对欧洲学术界认为人格不可改变的决定论观点，相反，他认同美国的哲学观点，认为个体能够并且的确会发生重大改变。这种观点也意味着个体必须在生活中承担某种程度的个人责任。

埃里克森认为，随着一系列人生阶段的推进，人格（尤其是他关注的认同）逐步发展（Erikson，1963，1978）。每一阶段的发展状况（即形成的人格）在某种程度上都依赖于前一阶段的发展结果，每种自我危机的成功解决都对个体的健康发展起到重要作用。他的理论以弗洛伊德的性心理发展阶段论为基础，前五个阶段所反映的自我危机与后者关系密切。

表 4-5　埃里克·埃里克森的发展阶段理论

自我危机	对应的弗洛伊德的阶段	获得的自我能力	年龄段
信任对不信任	口唇期	希望	婴儿期
自主性对羞愧与怀疑	肛门期	意志	童年早期
主动性对内疚	生殖器期	目标	童年早中期
勤奋对自卑	潜伏期	胜任	童年晚期
自我认同对角色混乱	生殖期	忠诚	青春期
亲密对孤独	无	爱	成年早期
繁殖对停滞	无	关怀	成年期
自我完善对绝望	无	智慧	老年期

1. 信任对不信任

第一个自我危机是“信任对不信任”。在这个阶段（类似于弗洛伊德的口唇期），婴儿会努力满足自己对成功哺育、安全温暖、舒适排泄的需求。如果母亲提供的环境可以满足婴儿的需求，孩子就能产生信任感和希望。但如果这个过程不顺利，儿童就可能产生不信任和被遗弃感。例如，如果母亲对婴儿饥饿时的啼哭反应不及时或较少给婴儿拥抱，那么该婴儿可能会感觉周围的环境是不安全的，并产生怀疑感——这个世界是不可相信的。如果这种自我危机一直得不到解决，该个体在今后的生活中就会很难信任别人，总认为他人想占他的便宜，朋友是不可信赖的。

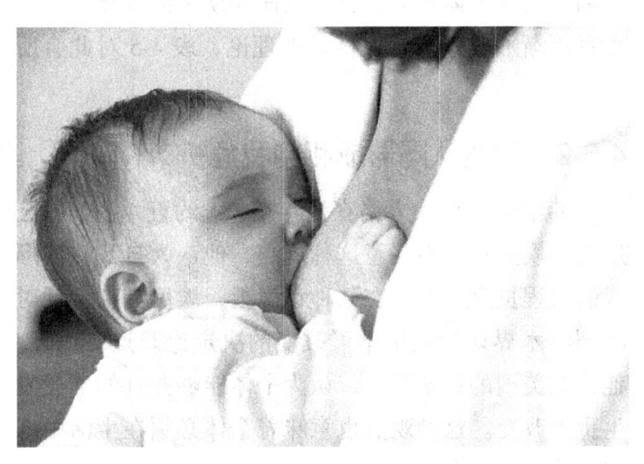

儿童在婴儿期经历第一次自我危机，危机解决良好，儿童会对环境产生信任感，认为环境可以满足自身需求。

2. 自主性对羞愧与怀疑

埃里克森称第二个自我危机为“自主性对羞愧与怀疑”。在这段时间里（相当于弗洛伊德所说的肛门期），幼儿逐渐学会控制自己的身体。父母应该恰到好处地给予指导，教会幼儿控制冲动，而不应过分严厉。成功处理自我危机的儿童可以分辨对和错，并在大多数时候愿意并有能力做出正确的选择。而过度控制和惩罚的父母将给儿童造成“我总是很差……我不知道怎么做才能成功”的感受。

3. 主动性对内疚

埃里克森将第三个自我危机称为“主动性对内疚”。进入这一时期，（相当于弗洛伊德所说的生殖器期）儿童已经知道自己是一个独立自主的人，但是对其他事情还不了解。在这个阶段，儿童知道了怎样做出计划并付诸行动，也知道了如何与同伴相处。没有形成主动性的儿童可能仍会展望未来，但会因为过于恐惧而不敢行动。如果这种感觉没有得到处理，以后该个体可能会变得不够主动、不能做出决定、不自信、成就意愿较低。

埃里克森认为，青少年对自我认同和角色的寻求是这个发展阶段的主要危机。

4. 勤奋对自卑

第四个自我危机被称为“勤奋对自卑”（对应的是弗洛伊德所说的潜伏期）。在这个阶段，儿童通过完成任务（尤其是学业任务）获得快乐和满足感。这个阶段的顺利完成使儿童有能力解决问题并从中得到自豪感。相反，解决不良的儿童会产生自卑感，觉得自己没有能力正确处理事情，无法胜任同龄人能够做到的事情。

5. 自我认同对角色混乱

第五个自我危机（大致对应的是弗洛伊德提出的生殖期）——“自我认同对角色混乱”，是埃里克森人格发展阶段理论中最为著名和最有影响力的一个。在这个阶段，青少年会尝试多种不同的角色，同时整合在之前的阶段中获得的身份。例如，一个儿童可能身兼儿子（或女儿）、学生、朋友等角色，同时可能是别人的兄弟姐妹。这些角色是如何融为一体的？与此同时，青少年开始思考自己到底是谁，以及将来想成为一个怎样的人，社会也允许他们在交友和择业方面享有更大的自由，这些都使问题变得更为复杂。在此阶段整合良好的个体会形成一个清晰且多面的自我，即将多种角色整合成一个身份，形成“认同”。埃里克森认为青少年的自我意识和苦恼来自自我认同混乱，即对自己的能力、关系和未来目标感到不确定。他将这种混乱称为自我认同危机。如果不能顺利解决这种自我危机，个体可能会一直处于这种不确定之中：无法回答我是谁的问题，并总在寻找答案。

茱儿·芭莉摩尔（Drew Barrymore）是一位非常成功的童星。她出生在一个演艺世家，6岁时在电影《E.T.外星人》(*E.T. the Extra-terrestrial*）中担纲主演，大获成功，自此她的生活等同于上电视、参加首映礼及各种派对。9岁时她开始喝酒，10岁时抽上大麻，不久又开始吸食可卡因。在那段时间里，她的事业进展不错，生活却一团糟。根据埃里克森的理论，她没有处理好自我认同和角色混乱的问题。作为一颗冉冉升起的好莱坞新星，她的公众身份由经纪人、导演和电影商共同设计形成，而非通过惯常的自我探索和自我反省获得。演员形象带来的压力和要求使她难以发展出自我认同。经历数次努力，她度过了这段充满挑战的时期，并完成了从“前童星”向一个成功的演员和电影制片人的转变。

现在，埃里克森关于自我认同危机的观点已经得到很多拓展。例如，青少年对新身份（如工作、宗教、性别角色）的探索和承诺程度是不同的（Marcia，1966）。有些青少年的认同比较扩散，这意味着他们对任何一个身份都还没有投入。还有一些人认同早闭，即没有经过探索或挣扎，就直接遵从了父母的期望。第三种人认同延迟，一直在探索，尚没有做出承诺。最后，一些青少年成功获得自我认同，他们完成了身份探索，并对特定角色做出了承诺。当然，还有些青春期男孩没有进行任何探索，就决定成为和父亲一样的男子汉、新教徒、共和党人，他们到了大学或成年早期还是会面临认同危机。

在西方社会，越来越多的学生上大学，推迟结婚和工作，很多人甚至到20多岁还没有稳定的自我认同。心理学家杰弗里·阿内特（Jeffrey Arnett，2014）将这一时期称为“成年初显期”（emerging adult），假定这是介于青春期和成年早期之间的一个新的发展阶段，是青春期危机与相对稳定的成人角色之间一段较长的认同形成时期。

6. 亲密对孤独

第六个自我危机（弗洛伊德提出的人格发展阶段到此已经结束，但是埃里克森开辟了新阶段）被称为“亲密对孤独”。在这个阶段，年轻人学着与他人建立深层人际互动。他们容许他人以亲密的方式了解其新建的“自我”。这一阶段的目标是寻找相似的伙伴，尤其是发展恋爱关系。个体需要与他人建立牢固的社会关系，同时不迷失自己，如不能做到这一点，个体会感到孤独和被孤立，而非友爱和满足。这样的个体不仅不能建立亲密关系，还可能成为“孤独者”或建立很多肤浅虚假的关系。

例如，安看起来很受欢迎，很多同学都羡慕她在社交方面的游刃有余。她总是约会不断，身边围绕着很多朋友。但事实上，安感到非常孤独。没有人了解

詹妮弗·卡普里亚蒂（Jennifer Capriati）13岁时就被公认为网球奇才，但由于无法承担成人世界的竞争压力，17岁时她选择退出职业巡回赛。为此，女子网球联合会规定女性必须年满16岁才能参加大型联赛，这说明不仅运动技能，心理发展水平也决定了一个人是否准备好成为一名职业选手。后来，卡普里亚蒂重返职业联赛，25岁时，她成为排名世界第二的女性网球选手。

真正的她，她很难亲近他人，她担心没有人会喜欢真正的自己。与此相反，吉尔的生活平凡得多。她不是不被喜欢，只是没有那么受欢迎。她不缺少朋友，还有两个很亲密的女性朋友，她们的友情深厚且舒心。此外，她还有一个关心她的男朋友，两个人交往了一年，关系很好，就好像已相识多年。尽管在外人看来吉尔比安更孤独，但事实上，吉尔比安更好地处理了亲密对孤独这个自我危机。

7. 繁殖对停滞

埃里克森称第七个自我危机为“繁殖对停滞”。在这个阶段，个体开始重视自我对他人的奉献。奉献的形式通常是生育和抚养孩子，但也可以是社区服务等。这都是在回馈社会，并为下一代的成功创造条件。你可能听说过一些人在取得物质成功后设立了新目标——帮助他人。例如，一些功成名就的演员和明星致力于慈善事业，投入时间和金钱，或者成为相关组织的代言人。如果不能建立良好的繁殖观，个体将感到生活无聊且没有价值。他们可能会取得物质上的成功，但成功背后的生活却了无意义。实证研究也证明，正如埃里克森所预测，繁殖与健康的育儿及社会参与有关（Cox et al.，2010；Peterson，2006）。

8. 自我完善对绝望

自我发展的第八个阶段也是最后一个阶段的危机是“自我完善对绝望”。在这一阶段，已步入老年的个体会从一生的经历中汲取智慧，他们回首往事并发现生活的意义、秩序和统整。他们乐于反思，当前的追求与多年来所追求的生活目标完全一致。这个阶段的失败意味着一种绝望感：我没有实现我所期望的生活，而现在一切为时已晚。

9. 解决自我危机

埃里克森（1969）不仅强调个体一生的人格发展，而且强调文化和社会的影响。他学习了历史学和人类学，对马丁·路德（Martin Luther，宗教改革运动的领导者）和圣雄甘地（Mahatma Gandhi）等名人进行了分析。这为他的理论提供了良好的实证支持。埃里克森的人格发展理论概括了个体积极和消极两方面的潜力，对于普通人的发展更具现实意义（而不是只关注缺陷）。埃里克森等新精神分析学家致力于理解个体存在于社会世界的意义，即使这并非易事。诗人艾伦·瓦兹（Alan Watts，1961）曾说：“定义自己就像去咬自己的牙齿。”（p. 21）当我们和晚年的埃里克森交流时，他真的像自己的理论所说的那样生活，他睿智且成熟，坚持阅读、写作和学习。1994 年，埃里克森去世，享年 91 岁。

埃里克森自己就是自我发展最后一个阶段应对良好的例子。在老年时，他获得了智慧并完成了整合。

和你的想法对比

埃里克森强调，八个自我危机的最佳解决方法是达到平衡，这一点常被误解或被简单化。在第一个阶段，儿童的目标是建立信任感，但并不是说他们易受骗或者很天真。对信任的过分强调会与过度不信任引发一样的问题。个体在这个阶段需要获得信任的能力，或者说将信任作为第一倾向，同时在需要时拥有质疑和自律的能力。其他阶段同样如此：在每一阶段，有一个特征是应该占优势的，但是真正的成熟也包含另一个特征。

写作练习

你现在最主要的三个生活目标（你努力提升的自我的方面）是什么？这些可能自我会透露出关于你的哪些信息？它们会告诉你已知或你还没有发现的弱点吗？这些目标将如何塑造你未来的生活？改变你的目标会改变你的自我认同吗？

4.7　自我认同的现代理论观点

> 4.7　论述自我认同的现代观点

当代自我心理学家不再那么关注童年创伤经历对成人后动机的影响。正如霍尔顿·考尔菲尔德（Holden Caulfield，J.D. 赛林格著作《麦田里的守望者》中的反英雄主人公）所说："你想知道的第一件事可能是我在什么地方出生，我倒霉的童年是怎样度过的，我父母在生我之前是干什么的，以及诸如此类的大卫·科波菲尔（David Copperfield）[⊖]式废话，可老实告诉你，我无意告诉你这一切。"（p. 22）与此相反，当代自我心理学家更关注当下：今天的我是谁？什么定义着我们？什么影响我们？我们期待如何发展？以及我们的未来目标如何帮助我们建立起当下的自我认同？

历史脉络

新精神分析与自我取向的人格理论的发展历史

从新精神分析与自我取向的人格理论间的历史关系及其与更广泛的社会和科学背景的关系，可以看出它们的主要发展。

1800 年	人们主要从自己的社会位置（女人、贵族、牧师）中思考自我认同
	社会和科学背景：以宗教或哲学的观点看待人；儿童与成人没有区别
1880—1900 年	聚集在弗洛伊德周围的欧洲学者开始考虑扩展他的力比多理论
	社会和科学背景：日益关注进化和繁殖；比较人类和其他物种
1910—1930 年	新精神分析学者开始与弗洛伊德决裂；有关驱力和防御机制的争论；荣格提出集体潜意识
	社会和科学背景：科技发展和工业化；人类学发现跨文化的异同
20 世纪 20 年代至 40 年代	阿德勒和霍尼转而关注儿童的社会生活；客体关系理论发展
	社会和科学背景：女性参政运动打破了维多利亚时代父权制家庭的规则；儿童精神病学的发展
20 世纪 40 年代至 60 年代	埃里克森等把自我认同研究扩展至生命全程
	社会和科学背景：人类寿命延长，选择增多；传统性别角色和工作角色被打破
20 世纪 60 年代至 80 年代	现代理论直接关注人生任务、自我监控、自我呈现和依恋等自我认同方面
	社会和科学背景：个体自由度不断增大，人们更加追求目标；传统的社会结构减少，人口流动性和受教育水平提高
20 世纪 90 年代至 21 世纪初	关注目标和动机
	社会和科学背景：学校、公司、运动队期待提高绩效

4.7.1　个人和社会认同

心理学家乔纳森·切克（Jonathan Cheek）没有纠结于区分自我认同究竟是一个内在的个人结构（传统自我心理学的观点）还是一个外在的社会性结构（社会心理学的观点），他认为一些人适合从自我视角来定义，而另一些人适合从社会视角来定义（Briggs & Cheek，1988；Cheek，1989）。也就是说，对于某些人来说，"自我"最为重要的部分是与他人的关系中的自己，例如受欢迎程度，和他人交往时自己做事的方式，给别人留下的印象，等等。但是，对另一些个体来说，社会角色不那么重要，内省更能够描述"自我"："我相信自己能使这个世界更美好"或者"我很有创造力"。此外，自我还有其他方面，包括公

⊖ 狄更斯同名小说，这里讽刺小说语言风格拖泥带水、不够简练。——译者注

共/集体认同（如宗教和种族）和关系认同（如具有双方满意的关系）。在测量认同的各个方面的问卷中，切克及其同事给受测者呈现了一系列条目，比如“我的想法和观点”或“我对他人的吸引力”，然后请受测者评定该条目对于自我感知的重要性。其目的是了解人们内心对自己的看法，即人们是如何将各种社会和个人角色统合起来的？

马克·施奈德（Mark Snyder）的自我监控概念可以帮助理解一个人的社会认同和个人认同哪一个更占优势。自我监控包括自我观察和自我控制，它们受到关于行为是否恰当的情境线索的指导。自我监控强的个体愿意且能够做到自我呈现，即按照社会期望行事。美国前总统（和演员）罗纳德·里根（Ronald Reagan）非常愿意且善于展现自己，他甚至被称为“伟大的沟通者”。但是低自我监控的人经常意识不到社会期望，或者不愿意或无法按照社会期望行事，他们更为关注自己和内省。也就是说，低自我监控的人更偏于特质导向（dispositional orientation），而高自我监控的人更偏于情境导向（situational orientation）。

施奈德（1987）和其他当代理论家转而采取功能主义取向来解释人格，关注“某一行为的功能或目的是什么”。他们会从①人们想要什么，②他们为什么想要这个，③他们打算怎样得到，这三个方面来定义人格。施奈德关注个体对生活环境的选择，因为生活环境对决定人们的行为甚至想法，进而塑造认同，起着辅助性的作用。为了更好地了解你是一个怎样的人，施奈德会观察你所交往的人、你的爱好等。因为会做出这些选择说明你对它们有控制感，它们可以反映出你是一个什么样的人，以及你是如何看待自己和理解他人的（Snyder & Klein，2005）。例如，什么样的人会志愿帮助艾滋病患者（Omoto & Snyder，1995）？帮助他人的动机可以满足的某些人格需要可以作为重要的预测因子。此类分析是对新精神分析社会动机和社会认同观点的发展，但不再基于弗洛伊德的假设。不过，这些现代理论的解释范围要小一些。

从经典到现代

将情感融入文字

自我心理学家最为关注我们在与他人互动时遭遇的挑战和冲突所引发的感受。他们不再关心弗洛伊德提出的本我冲动，而是看重与重要他人关系不良导致的嫉妒、焦虑、抗争和紧张等情绪和相应的行为。健康的自我或自我感知能够更为理性和有效地应对挑战，较少受到由敌意、无能感、不信任、不安全、自我憎恨、自恋、自主性缺乏及其他神经症人格所引发的非理性情绪困扰。

自卑情结、寻求掌控、手足竞争、基本焦虑、认同分化等新精神分析和自我心理学的观点深刻影响着现代有关子女抚养、家庭和人性本质等方面的观念。可是，怎样才是恰当的应对？我们还没有答案。在面对性骚扰、严重的嘲弄、背叛或者无差别的恐怖袭击所带来的压力时，我们还不清楚究竟如何应对才是有效的。我们只知道协调好自我感知的不平衡或差异，在某种程度上是有利的。因此，我们寻求朋友、治疗师、支持小组的帮助，谈论发生在我们身上的事情或破坏性的人际模式。支持性的言语和对苦难所蕴含的意义的理解通常是恢复的第一步。这是什么原理呢？

心理学家詹姆斯·彭尼贝克（James Pennebaker）提出了一个有趣的方法来尝试回答此经典问题。彭尼贝克想知道：人们为什么会与他人敞开心扉谈论情感性话题，谈论完能获得哪些效果？能够带来健康和幸福感变化的语言具有哪些特征？

和其他新精神分析学者一样，彭尼贝克教授通过总结临床经验，首次提出叙事有益健康的观点。只要连续两三天每天花几分钟以感性的方式写下重要的个人经历，就能改善身心状态（Pennebaker & Seagal，1999；Pennebaker & Chung，2007）。诉说和整理复杂的情感经历对于解决内在情感冲突具有重要作用。例如，有研究显示，不对他人诉说自己的创伤性经历与高疾病风险有关（Pennebaker & Keough，1999）。

最近，彭尼贝克还研究了语言在此过程中的作用。他和同事收集了多位诗人在不同情境下的作品。分析表明，特定的语言模式可以揭示人格特征，甚至可以预测个体的健康状况（Pennebaker & Graybeal，2001，Stirman & Pennebaker，2001）。例如，通过分析9位自杀了的诗人（年龄为

30～58岁）和9位非自杀的诗人的300首诗作，结果显示：相比于非自杀的诗人的作品，自杀的诗人生前的作品多涉及自我，而很少有集体性（他人）的主题。也就是说，自杀者与他人关系更为疏离，更关注自我，这体现在他们的语言使用上，并可能支配着他们的思想。因此，语言本身可能是我们的情感－动机冲突和更理性健康的应对之间缺失的关键环节。

4.7.2 目标和人生任务的作用

另一个当代研究者常用来了解认同功能的方法是询问人们的个人目标是什么——对你来说什么是重要的。例如，个人计划指个体最近正为之奋斗的目标或事件（Little，Salmela-Aro，& Phillips，2007）。计划可大可小，大计划如“成为一名医生”，小计划如“不再咬指甲”。这些个人计划是一些具体的任务，对日常生活有激励作用。例如，个人计划会对个体保持健康的想法和行为产生不同影响（Peterman & Lecci，2007）。罗伯特·埃蒙斯（Robert Emmons，1992）将更为抽象的目标称为“个人奋斗”（如“打动我的朋友”），很多行为都指向这些目标的满足。例如，要打动你的朋友，可以通过优异的学习成绩，也可以通过开一辆豪车，又或者通过高谈阔论。因此，个人奋斗是一个总体目标，它包含许多小目标和行为，同时使它们达到一种功能上的平衡。不过，社会认同对动机、目标和行为的塑造我们意识不到，这一点也与新精神分析理论一致（Devos & Banaji，2003）。

心理学家南茜·坎托（Nancy Cantor，1994）提出了人生任务的概念，它指人们当下关注的、与年龄有关的事件。坎托研究得非常具体：大学生怎样看待自己的恋爱关系？他们是怎么想的、怎么做的？例如，与过往的自我发展状况有关，有的人试图与一个特别的他人建立起亲密的联盟，有的人则刚好相反，他们努力保持独立。一些人与人分享最隐匿的秘密，另一些人则对自己的一切守口如瓶。

这些研究处于埃里克森的理论框架之内，即个体的任务很大程度上由所处的年龄阶段决定。例如，一个3岁的孩子可能不会将“高中顺利毕业”作为目标，但对于一个16岁的青少年来说，这个目标就很重要且正常。类似地，年轻人在结婚或确立长久、稳定的爱情关系之前，应该清楚地知道自己是谁，即将获得自我认同作为主要任务。不过，与阿德勒和埃里克森这样既深入研究个体也广泛观察社会的大理论家不同，当代人格研究者更倾向于从相关人群中取样，收集系统、详尽的数据展开研究。当然，坎托等大多数当代人格心理学家也非常强调情境影响的重要性。

人格改变

许多人——尤其是自恋的、以自我为中心的人——面临的一个大问题是，他们习惯性地离开伴侣（重要他人），与下一个人共谱恋曲。当今社会的分手率和离婚率极高。

思考一下

新精神分析取向对于预防这一问题有什么启示？

鉴于成人行为常被视为童年形成的潜意识模式的体现，所以第一步应该是了解父母的婚姻。你的父亲在身体或情感上欺骗过你的母亲吗？你能成熟地理解他们关系的失败吗？第二步是学会辨识当前的社会情境，这些情境往往会唤起你内心隐藏的情感，比如，注意到你是从什么时候开始感到被抛弃、不受尊重或孤立的（参见 Hunyady，Josephs，& Jost，2008）。例如，当伴侣单独出席社交宴会或商务会议时，你是否格外苦闷和嫉妒？一旦你理解了社会关系中这些更深层次的冲突主题，就能避免重蹈父母的覆辙。

4.7.3 可能自我和追寻有意义的生活

由卡伦·霍尼和其他新精神分析学家提出的理想自我和“应该”的观点，以及客体关系理论家提出的多重自我的观点，都受到当代人格心理学研究的重新重视，不过它们是以一种更为“认知”的形式出现的。当代理论家们认同人们具有多重角色和状态，但认为这是一个更为理性和认知的过程，而非源于深层的情感冲突（Markus & Ruvolo，1989）。心理学家E. 托利·希金斯（E. Tory Higgins）提出了现实自我（当前的自我概念）、理想自我（期待、愿望或志向）、应该自我（关于个人职责的信念）的区分。现实自我和理想自我之间的差距会导致长期的失望和不满。没能成功履行个人责任时，现实自我和应该自我之间的差距会导致悔恨和焦虑（Higgins，1999；Higgins & Spiegel，2004）。这些自我差异将引发一系列的情绪和动机。例如，如果你追求更多奖励，可能会变得抑郁；如果你担心越来越多的责任，可能会变得焦虑和神经质。而如果你想象自己成为或者已经成为理想中的自我，朝着理想而奋斗的动力就会增强（Norman & Aron，2003）。如果你的目标、认同和特质彼此协调，你自然会对自己感到满意（McGregor，McAdams，& Little，2006）。当然，这些小理论并没有期待达到新精神分析理论那样的心理深度，而是从日常生活的特定方面来看待动机和自我调节。

一项研究询问高年级大学生："你进入大学后有哪些变化？"这些学生在即将进入大学时接受过一次评估，因此研究者可以对他们的变化进行考察。研究发现，那些以积极的口吻和反思性的想法（如思考社会公平问题）来解释他们人格变化的学生在大学期间的情感成熟度越来越高（Lodi-Smith，Geise，Roberts，& Robins，2009）。同样，那些关怀他人和社会的中年人也更可能积极地看待自己的人生故事，同时关注社会正义，为社会做贡献（McAdams & Guo，2015）。也就是说，正如埃里克森等自我心理学家所预测的那样，我们讲述自己是谁的发展性叙事似乎是我们自我认同的重要核心。

在大学里，许多学生在经历了帮助他们思考自己的情感插曲或事件后，也会形成或确认自己的种族认同（Syed & Azmitia，2008）。例如参加一个令人难忘的大学聚会、宗教活动或节日，在其中你会思考并认识到，你与相似的人之间存在有意义的联结，从而形成一个终生的种族认同框架。

罗伊·鲍迈斯特（Roy Baumeister）是另一位尝试全面解释"自我"的当代研究者。有趣的是，他认为人类很多"发现自我"的行为其实是在追寻有意义的人生，而自尊并不是一个有用的目标（Baumeister，Campbell，Krueger，& Vohs，2003）（见图 4-3）。

事实上，对于成绩不好的学生，增强他们的自尊（这是学校经常使用的策略）可能适得其反，即让他们的成绩变得更差（Crocker & Knight，2005；Forsyth，Lawrence，Burnette，& Baumeister，2007）。人们都有归属需求，即希望融入他人（Baumeister & Leary，1995）。如果遭到社会排斥，哪怕在一个简单的游戏中被朋友忽视，都会导致他们产生生活没那么有意义的感觉（Stillman et al.，2009）。

鲍迈斯特指出，生活（我们的社区、目标、工

图 4-3　自尊和表现

注：与许多人的想法相反，高自尊并不总带来好的学业表现或工作绩效，也不总能获取好的社会关系。取得好成绩的人会因为一点成就就觉得自己不错（Baumeister et al.，2003；Baumeister & Monroe，2014）。这启示人们，应少在抽象意义上表扬儿童，而多教给他们技能并对其成就进行奖励。

作、朋友）在不断变化，而人们赋予生活的意义（我们的价值观）相对稳定。我们想要找到目标并做出改变，同时想要证明自己的行为是正确的，并产生自尊。换句话说，我们并不受本我控制；那些有意识的想法更加重要，即便心理学家尚未完全理解意识和潜意识力量是如何相互作用的（Baumeister，Masicampo，& Vohs，2015）。这一观点比前面提到的当代认同观点更加哲学化。但共同之处在于它们都使用了认同创造这一概念，并认可自我具有重要的功能性。此外，这些现代理论家无一例外地认为，成年后个体的心理仍在不断成长，关注个人目标和他们达成目标的策略可以为理解他们的自我认同提供有价值的洞察。

写作练习

你现在最主要的三个生活目标（你努力提升的自我的方面）是什么？这些可能自我会透露出关于你的哪些信息？它们会告诉你已知或你还没有发现的弱点吗？这些目标将如何塑造你未来的生活？改变你的目标会改变你的自我认同吗？

总结：新精神分析和自我取向的人格理论

尽管弗洛伊德把自我放在本我和超我斗争的夹缝之中，但是他更加关注驱力和冲突，很少考虑自我本身。弗洛伊德的后继者重拾自我研究，他们认识到自我是一种重要且独立的心理力量，其功能绝不仅是应付本我。“自我”意识（即我们认为自己是谁）仍是现代人格研究中的主要概念之一。

荣格感兴趣于人格最为深邃且共通的方面，他将受情绪控制的意象和世代相传的类本能纳入潜意识，以此来解释为什么人类会共享那么多的信念并经历极为相似的发展历程。荣格提出了集体潜意识和原型的概念，尽管不被当代实证主义的人格理论家所接受，但他的天才创造为后续理论开启了一扇大门，而且这部分理论迟早会以更为复杂的形式受到承认。荣格理论的另一贡献——“情结”（在特定主题上受到情绪掌控的思想和感受）——已被心理学界所接受。实际上，这一词语已经融入我们的生活语言。另外，荣格认为人格由相互竞争的力量组成，它们相互抑制又彼此平衡，最佳例证就是外倾（向外关注的倾向）和内倾（向内关注的倾向）这两个维度。它们今天仍在被广泛使用，只不过被概念化为同一个维度的两极。

阿德勒关注社会世界及其对自我和认同形成的影响。现代人常开玩笑说“我的自卑情结比你严重多了”，这要感谢阿德勒提出的自卑情结（对无能感的自我夸大）和优越情结（自我保护式的优越感）的概念。阿德勒是一名个体心理学家，他关注个体的独特性以及自我感知的重要性。他相信通过建设健康的社会环境，人们可以避免很多人格问题的发生。阿德勒还在古希腊体液说的基础上提出自己的人格类型说，但他最为人熟知的一面可能还是他对目标导向这一人性积极面的坚持。

霍尼改变了精神分析对女性的看法，她摈弃了阴茎妒羡的观点，以自己的观察重新解释了为什么女性会在男性面前感到自卑。她认为是社会因素——女性缺乏相应的机会——导致了女性的自卑感。她还用基本焦虑的概念（孩童的无助感和不安全感）修正了弗洛伊德生物决定论的观点。因此，她将精神分析的思想从决定论引向更为包容和交互的方向。

埃里克森提出了个体毕生发展的重要阶段。他发展理论的第一个阶段几乎是弗洛伊德性心理发展阶段的翻版，但埃里克森并未止步于此。他没有把成年阶段看作对早年经验的反映，而是视其为一个不断发展的过程，拥有自己独特的重要事件和冲突。每个阶段都有需要克服的特定危机，危机的成功解决有助于后续阶段的健康发展，一生都是如此。

自我认同的现代观点不再追求对广大人群的泛化理解。正如新精神分析改进弗洛伊德的理论，把社会、文化、性别差异和终生发展的作用考虑在内，当代的自我认同理论更加关注每个个体在努力维持自我感知（即对“我是谁？”问题的回答）的过程中所要面对的独特的来自个人及环境的要求。他们从功能性的视角分析人格，通过由动机激发的行为和目标来理解其背后的自我。其中一些研究者认为日常的目标对人格具有重要影响，另一些研究者则看重长期和抽象目标的作用，还有研究者重视个体达成目标的计划而不仅是目标本身。但是，所有这些研究者都认同一点：自我认同的结构单元（目标、动机、奋斗、愿望）有助于更全面地理解个体。

还有两个问题难以回答：自我在哪里？什么构成了自我认同？我们必须首先就自我认同的概念达成一致。它是普遍性的，包括个体与世界相关联的各个方面吗？

还是更为内在、个性化和内省？无论它属于哪种情况，最重要的是个体是自我导向的，这一主动且动力性的特性是新精神分析理论的突出贡献。

观点评价：自我（新精神分析）取向的优点和局限

快速回顾：

- 人类是有意识的行动者和奋斗者

优点：

- 强调自我，同时努力应对内在的情绪和驱力以及外在的他人要求
- 强调积极的、目标导向的人性本质的重要性
- 认识到他人、社会及文化对人格的影响
- 尝试解释健康及不健康心灵的结构
- 假定发展持续终生

局限：

- 相对不关心生物性的、较稳定的人格结构
- 很难用实证方法进行检验
- 有时候像来自不同传统的不同思想的大杂烩
- 时常依赖于抽象或含混的概念

对自由意志的看法：

- 虽然人格很大程度上由潜意识动力决定，但个体依然有能力克服它们

常用的测评技术：

- 多种多样，从自由联想到强调自我概念的情境与自传体研究

对治疗的启示：

- 虽然精神分析治疗重视对内在动机的洞察，但因为自我成了核心，所以新精神分析不再那么关心潜意识动机。例如，你可以通过治疗认识到，你不断向朋友吹嘘、害怕与恋人亲密等问题源于你早年对被抛弃的恐惧、不安全感、不信任感和自卑感。你逐渐领悟到，你与同伴及伴侣之间错误的关系模式来自早年你与父母、兄弟姐妹或老师之间糟糕的互动模式

写作分享：你的动力是什么

阿德勒、霍尼和其他新精神分析学家将精神分析的思想从弗洛伊德关于人生阶段和性心理需要的僵化框架中解放出来，把注意力放在内在驱力和外部社会要求之间的冲突上。他们观察到很多动机形成于早年与他人的关系之中，这些观点如何影响如今人们对于健康育儿、家庭矛盾和不稳定的社会化的看法？你如何看待孩子应该受到教养（经历社会化）这一观点？

5

CHAPTER

第5章

生物学取向的人格理论

学习目标

5.1 认识达尔文的进化理论
5.2 了解气质的四个基本方面
5.3 分析如何通过双生子研究考察基因对人格的影响
5.4 了解性别认同与性取向的不同方面
5.5 通过各种疾病的后效来理解心理
5.6 考察环境如何影响人格
5.7 理解外表吸引力的刻板印象
5.8 检视社会生物学理论
5.9 分析达尔文的“适者生存”论并解析其真义

詹姆斯·D.沃森（James D. Watson）和弗兰西斯·克里克（Francis Crick）在1953年发现了DNA分子双螺旋结构，并因此荣获诺贝尔奖（图中沃森手持DNA分子结构模型）。2007年，79岁的沃森成为世界首个个人基因组测序图谱的拥有者，他立即将测序结果公之于众，同时声称“与其要求儿童好好表现，不如放弃不切实际的期望”（Begley，2007，p.48）；换句话说，沃森认为基因决定了我们是谁。不久后，他公开宣称非洲黑人天生劣等，这一争议性言论迫使他离开久负盛名的实验室。

大多数父母对人格的生物学观点并不感到奇怪。询问任何父母他们的孩子的行为为什么各不相同，他们都会说孩子们生来如此。然而，儿童心理学往往更关注环境对人格的影响。关于如何培养一个高效率的、令人满意的、适应良好的社会成员的建议充斥于父母的生活，儿童养育书籍这么火爆，也是因为父母非常努力地想要帮助孩子成长为优秀的、有成就的人。

这种对环境的强调，部分源于人们相信自我改善是可能的这一文化信念（参见 Baumestier，1986）。一个人的命运并非天生注定，对于那些具有充分动机和受过良好养育的儿童，我们愿意相信他们能够充分发挥潜力。这种信念可以追溯到 17 和 18 世纪启蒙时代的哲学思想，即自由人有获得杰出成就的潜能。这一思想也影响了 1776 年的美国独立革命。例如，17 世纪英国哲学家约翰·洛克（John Lock，1690/1964）提出，人类的心灵最初就像一块“白板”，任何人只要接受了正确的教养，都可能成为杰出的人。

毫无疑问，在许多情况下，通过正确养育和后天努力来达成自我实现的梦想确能成真。但是，同样肯定的是，源自基因的生物性因素也能影响个体的特征性反应。人生来并不是一块等待环境书写的“白板”，而是具有某些先天的素质和能力的。我们应客观准确地理解生物性因素对人格的作用，这比在遗传论和环境论之间争论不休更有意义。

5.1 直接的遗传效应

5.1 认识查尔斯·达尔文的进化理论

19 世纪中叶，查尔斯·达尔文论证了人类是从原始物种进化而来的观点，就此掀起了一场生物科学的革命。为了证明人类不过是黑猩猩和猿类的近亲这个激进的观点，达尔文花费了大量精力去寻找证据，比如人类和灵长目动物在骨骼、神经和肌肉上的相似性等。尽管对今天的我们而言，这些解剖学特征的相似性非常明显，但在那个时代它们没有得到承认。

5.1.1 自然选择与功能主义

达尔文（1859）指出，每个人都与其他人不同，这些差异性特征利于个体生存、繁殖和传递基因给后代。数代之后，某些具有生存适应性的个体特征就出现了，这个过程被称为自然选择。例如，在一个充满捕食者的危险环境中，最可能活下来的就是那些高大、坚韧、敏捷、聪明或者能够组织防御的个体。因此，在达尔文的分析中，生存特征（例如速度、智商或社交性）的功能值得关注。

历史脉络

生物学取向的人格理论的发展历史

从生物学取向的人格理论间的历史关系以及其与更广泛的社会和科学背景的关系，可以看出它们的主要发展。

19 世纪 50 年代至 80 年代	1859 年查尔斯·达尔文出版《物种起源》，首次正式提出进化论
	社会和科学背景：生物学采纳了进化范式
19 世纪 60 年代至 80 年代	弗朗西斯·高尔顿对家庭和双生子进行研究，开创了个体差异的生物学研究，同时发起优生学运动
	社会和科学背景：遗传学发展，然而社会达尔文主义滥用优生学观点，为法西斯主义提供了伪科学依据
20 世纪 40 年代至 60 年代	关于气质与人格结构的研究开始进行，聚焦于体型和情绪模式
	社会和科学背景：行为主义和非生物学方法主导着心理学；法西斯主义战败，西方国家开始推行民主
20 世纪 60 年代至 70 年代	汉斯·艾森克提出基于大脑的人格模型
	社会和科学背景：激素、气质和大脑神经递质开始受到关注

20 世纪 80 年代	开始研究药物滥用、污染、遗传疾病对大脑的影响
	社会和科学背景： 环境毒理学和精神药理学发展
20 世纪 90 年代	进化人格心理学诞生，开始研究性、爱情、仇恨、嫉妒、攻击的进化倾向
	社会和科学背景： 对生理与行为的复杂交互作用的发现促使遗传和进化发展的观点趋于成熟
21 世纪初	人格心理学开始认真研究个体行为模式的遗传学基础
	社会和科学背景： 人类基因组被解开；新的伦理挑战出现了

哪种特征最为重要？在捕食环境中，是个体的速度、智商、组织能力，还是伪装技巧对生存更为有利？又或许是各种特征的综合作用？达尔文取向在发展过程中遇到的主要困难在于：很难知道到底是什么样的选择压力促成了人类百万年间的进化。这一难点限制了达尔文进化理论在解释个体差异中的应用——这种应用有时被称为进化人格理论（Buss，2003，2015；Simpson & Kenrick，1997）。个体差异与动机既可能是一种替代性适应策略，也可能是随机变异，到底是哪一个难以确定。但有一点很清楚，诸多个体倾向存在于“骨子里”，更准确地说，存在于基因里。

5.1.2 安格曼综合征

你能想象一个极度欢乐，总是充满欢声笑语的孩子吗？其实这是一种罕见的基因缺陷疾病，即安格曼综合征（Angleman syndrome）的症状之一。这些儿童还通常非常迷人和友好，但不幸地，他们同时存在失眠、智力低下、行走笨拙（就像个木偶）等问题。

安格曼综合征是由第 15 号染色体缺陷引起的生理疾病（Williams，2005；Zori，Hendrickson，Woolven，& Whidden，1992）。人类细胞有 23 对染色体，每对从父母处各继承一条。染色体含有控制身体蛋白质产生的基因。基因通过多种途径影响个体发育，包括结构发育（大脑和身体的生长）以及生理发育（激素和新陈代谢的功能）。

另一个例子是威廉姆斯综合征（Williams syndrome），一种以生理和发育缺陷为特征的罕见疾病，可能具有过度社交性人格、空间能力及智力缺陷等表现（Bellugi & St. George，2001；Bellugi，Järvinen-Pasley，& Doyle，2007，Jabbi et al.，2012）。威廉姆斯综合征患者热爱音乐，而且可能是你遇到过的最友好和最擅长社交的人，然而他们的 7 号染色体上缺失了 20 多个基因。类似这些疾病的极端例子说明，遗传因素对人格具有显著的影响。不过，它对正常人格的影响到底有多大以及到底影响了人格的哪些方面仍然未知（DiLalla，1998）。

这个儿童患有安格曼综合征。父母互助团体称患病儿童为“天使”，这既是为了纪念发现此病的安格曼医生（Dr. Angelman），也是在描述患儿甜蜜、阳光的性格。

5.1.3 行为基因组学

人类基因组是位于 23 对染色体上的一整套基因，决定着人的生物性状。2000 年，人类基因组中的大部分基因已经被揭晓，这意味着科学家测定出基因的位置，并在 DNA 链上进行了标记。每个基因的功能和作用或许还远未被理解，但是通过了解每个基因给出的生物指令，我们可以令基因图谱帮助我们更好地理解人格。关于基因如何影响行为的新研究领域被称为行为基因组学（behavioral genomics）(Plomin & Crabbe，2000）。

更早一些的行为遗传学致力于解释个体的生物学差异是如何影响行为的。其中一些研究通过分析出生后被分开抚养的双胞胎来比较遗传与环境的作用（有时被称为“量化遗传学”）。还有一些研究考察特定基因的产物和相关物（有时被称为“分子遗传学”）。当今的行为基因组学则能够进行更为复杂的研究：我们的基因是如何通过变异和自然选择进化而来的？基因之间以及基因与环境间是如何相互作用以影响行为的？这类研究提供了对人之奥义的精辟见解，但也引发了激烈的伦理争议。

我们很容易推测出，强烈的性驱力具有生存价值，因为对两性关系不感兴趣的个体不太可能将基因传递给后代，然而实际上人们的性驱力（力比多）存在显著差异。同样，认为爱、恐惧和愤怒具有遗传基础完全没问题，它们是普遍且永恒的，然而不幸的是，这些知识对解释个体差异并无太多帮助，为此我们必须找到个体生物反应性的稳定差异。

写作练习

你觉得达尔文的“适者生存”观点可以如何解释个体人格的进化？

5.2 气质的遗传效应

5.2 了解气质的四个基本方面

俄国心理学家伊凡·巴甫洛夫在狗的唾液分泌反应中发现了经典条件反射，同时他对个体神经系统的差异很感兴趣（Pavlov，1927），他的调查集中在动物对新异刺激的定向反应。巴甫洛夫知道有机体为了适应环境必须做出正确的反应，例如，有机体必须对食物和危险具有适当的敏感性；但是，对刺激的过度反应则可能使有机体不知所措或者不能正确辨别刺激。当危险临近，我们需要做出反应，但又不是将一切刺激都视作危险。

从儿童对环境的反应可以看出他们的气质差异。有些儿童是害羞的，比如已故的戴安娜王妃（左图），他们在互动时比较退缩；而另一些儿童，例如滑板上的这名勇士，则总想体验新刺激。

刚出生的婴儿就存在明显的气质和敏感性差异。气质指的是个体情绪反应的稳定差异。例如，有些婴儿是可爱、安静的，大部分时间都在熟睡；而另一些婴儿格外活跃，又或者不喜欢拥抱，很容易激怒父母。始于1920年的纵向发展研究说明，随着儿童的成熟，至少有一些情绪反应可以保持稳定。在生理层面上，人们的神经系统对于不愉快的刺激的反应存在差异，而且这种个体反应模式具有跨时间的稳定性（Kagan，Snidman，& Arcus，1995；Conley，1984；Goldsmith，1989；Schwartz et al.，2010；见“自我了解”专栏）。

自我了解

你的生物性气质是什么

尽管了解人格生物性的一面的最好方法是直接的生物学评估（例如激素释放量和心率测量、大脑正电子发射计算机断层扫描等），但也可以通过某些问题来了解气质。

Ⅰ. 内倾性－外倾性

a. 你喜欢参加热闹的聚会还是独处？

b. 你讨厌或恐惧在公众面前演讲吗？那是否会使你心跳加速？

c. 你是否想尝试过山车、跳伞和异国情调的旅行？

Ⅱ. 情绪性

a. 你曾经是个胆小的孩子吗？

b. 你是否容易被激怒（脾气火爆）？

c. 你是否容易情绪波动，比如从非常兴奋一下子变得非常低落？

Ⅲ. 活动性

a. 儿时的你是否好动？

b. 你是否比别人更被动、安静、无精打采？

c. 你是否讨厌闲坐着？

Ⅳ. 攻击性 / 冲动性

a. 儿时的你更喜欢欺负别人还是和平友好？

b. 别人夸你活跃还是冷静？

c. 你倾向于制定并遵守计划，还是随心所欲？

Ⅴ. 其他驱力

a. 你是否有很强的性欲？

b. 你对食物和饮品有好胃口吗？

c. 在先天而非习得的特殊才能方面（例如艺术或音乐天赋、运动能力），你和你父母是否有相似之处？

d. 是否存在某些生理方面的缺陷，促使你发展出其他方面的补偿能力？

请记住，生物因素与其他人格方面以某种极其复杂的方式产生了成人行为模式。

5.2.1　活动性、情绪性、社交性、冲动性

在动物身上也很容易观察到气质。众所周知，狗和公鸡等许多动物既能够被养得凶猛好斗，也可以温驯合作。然而对于人类，儿童咨询师和儿童心理学家经常惊讶地发现：那些所谓的问题儿童，尤其是具有攻击性或者过度活跃的儿童，有时却来自非常稳定和温暖的家庭；他们的父母抱怨孩子天生如此，他们的看法很可能是对的。就这样，环境论的局限性更加凸显，越来越多的研究者开始关注气质理论及其研究。

虽然气质的解释模型多种多样，但在以下四个基本方面得到共识（Buss & Plomin，1984；Fox，Henderson，Marshall，Nichols & Ghera，2005；Rothbart，1981；Thomas，Chess，& Korn，1982）。首先是活动性：一些儿童几乎总是精力旺盛，而另一些相对被动；其次是情绪性：有些儿童的愤怒、恐惧或其他情绪很容易被唤起，而另一些儿童的情绪则比较稳定；再次是社交性：好社交的儿童更容易亲近并喜欢他人；最后是攻击性 / 冲动性：一些儿童真诚友好，另一些儿童冷漠且具有攻击性。

通过观察、计算和编码儿童的特定行为，我们可以得到一系列数据，建立起气质的科学模型和维度。例如，父母可以记录儿童在某一天里哭泣的次数，或者系统观察儿童对陌生人的反应。当然，鉴于被记录的行为本身、编码标准、观察任务、编码者、情境、亚文化等因素的影响，结果可能略有不同。

5.2.2　艾森克的神经系统气质模型

减少此类误差的最好方法是找到可观察的情绪反应模式背后的实际生物基础，也就是说，去追踪伴随着稳定反应模式出现的神经系统和激素的变化，这也许可以帮助我们识别出不同的生理反应模式。

生理气质的人格研究受到已故英国心理学家汉斯·艾森克的启发，尤其是对内外倾的研究。内倾者通常是安静、缄默、若有所思的，外倾者则是活跃、善于社交和随和的，而大部分人介于这两者之间。内外倾结合了气质的活动性和社交性两个维度。尽管许多人格理论都有内外倾的概念，但艾森克把它们直接与中枢神经系统联系了起来。

艾森克认为外倾者的大脑唤醒水平相对较低，因此他们寻求刺激，以保持神经系统的活跃；而内倾者有较高的中枢神经系统唤醒水平，于是他们倾向于避开社会环境中的刺激。他还特别指出，大脑的上行网状激活系统是内外倾的生理基础（Eysenck，1967），然而到目前为止，仍少有实证证据证实大脑与人格直接相关。随后，艾森克等人增加了神经质 – 情绪性这个维度：情绪稳定的个体具有良好的神经系统调节功能，而神经质的个体的神经系统具有很强的反应性，这就意味着情绪的不稳定。这个有趣的模型的效度仍然未知（Gale，1983；Zawadzki & Strelau，2010）。

艾森克承认，验证基于神经系统的气质理论是相当困难的（Eysenck，1990）。首先，神经系统的唤醒难以被定义和测量，它绝不像用客观量具测量单一反应（如用温度计测量发热）一样那么容易。其次，许多难题都源于这样一个事实：人体是一个试图维持平衡的系统，人体对刺激的反应随着刺激强度、持久性和基线水平的变化而变化。

然而各种证据都表明，外倾者的多种生理特征的确与内倾者不同（Corr，DeYoung，& McNaughton，2013；Pickering & Gray，1999；Stelmack & Pivik，1996）。其部分证据来自皮肤电反应测量，即通过电极来测量皮肤的电活动。另有一些支持性证据来自大脑扫描，一些研究表明，内倾者对感觉刺激（如特殊的音调）的适应更慢（Crider & Lunn，1971；Zuckerman，1999）。也就是说，刺激令内倾者心烦意乱。总体而言，外倾者比内倾者表现出更少的脑区激活。但是，尽管此类尝试大有可为，研究者还是需要建立起大脑唤醒与气质之间更加复杂的关系模型，而不是仅仅依赖于神经唤醒水平（Eysenck，1990；Gale，1983；Higgins，1997；Pickering & Gray，1999）。

5.2.3 格雷的强化敏感性人格理论

杰弗里·格雷（Jeffrey Gray）和同事用现代神经科学成果扩展了人格的生理性脑基础模型（Kumari，Ffytche，Williams，& Gray，2004；Leue & Beauducel，2008；Pickering & Gray，1999）。这一研究方向始于巴甫洛夫的经典论断：动物的神经系统已经进化到能引导它们对吸引刺激和危险刺激做出反应，以及对适宜行为的奖励和对不适宜行为的惩罚非常重要。换句话说，观察和学习是生存的关键。

因此，格雷的理论假定存在两种相关的生理系统。一个是行为抑制系统（behavioral inhibition system，BIS)，这个系统提供了对新异环境和惩罚的朝向反应。如果这个系统敏感，那么个体就容易焦虑，总会警惕和担心会发生糟糕的事情。第二种是行为激活系统（behavioral activation system，或称行为趋近系统，behavioral approach system，BAS)，这个系统调节个体对奖励的反应，比如如何体验美食和朋友等奖励性事物。如果这个系统过度活跃，那么个体就容易冲动，总会不停地寻找奖励。研究表明，行为趋近系统活跃的个体更易于药物成瘾和患上贪食症（Davis et al.，2007；Franken，Muris，& Georgieva，2006）。

这一说法符合我们在日常生活中的观察：冲动的人总在被奖励塑造，而焦虑、强迫的个体总在回避未知情境和惩罚。你会在周末的滑雪旅行中与陌生人约会吗？具有活跃生物趋近系统的人将被诸多潜在的奖励所吸引，而行为抑制系统活跃的人则会回避并担心一切可能发生的事情，从感到尴尬到被传播性疾病。

有些个体比其他人更可能从事刺激（并具有潜在危险）的活动，他们可能会通过在环境中寻求唤醒来补偿较低的生理激活水平。

5.2.4 感觉寻求与成瘾倾向

另一个与生理有关的人格方面是感觉寻求（sensation seeking）（Joseph，Liu，Jiang，Lynam，& Kelly，2009；Zuckerman，1999，2007）。想想那些总是在追求新鲜挑战和快感的人，他们具有寻求兴奋和参与冒险活动的稳定倾向，并易受未知事物的吸引，例如极限跳伞运动。需要注意的是，感觉寻求者并不一定喜欢亲近他人，因此不能简单地认为他们是外倾者。但是，这个理论也认为，感觉寻求者的自然（体内生物性）激活水平较低，于是要从环境中寻求唤醒。与巴甫洛夫起初的观点一致，感觉寻求者有着很强的、基于神经系统的朝向反应，他们寻求和从事环境中的刺激性活动。

理解感觉寻求的自然倾向需要掌握有关大脑和神经活动工作原理的知识，这些知识也涉及神经递质（neurotransmitter）——在神经元之间传递信息的化学物质。一种关键性的神经递质是多巴胺，有研究发现，人们在利用和调节多巴胺分泌上存在遗传差异（Klein et al.，2007；Zuckerman & Kuhlman，2000）。与多巴胺有关的基因受损的儿童可能在受虐待的环境中表现更差（相对于不存在基因风险的儿童而言），但与此同时，他们在有利的环境中也收益最大（Bakermans-Kranenburg & van Ijzendoorn，2011）。当环境不可预测或不可控时，这一问题将更为凸显（Barlow et al.，2014）。

以毒品成瘾为例，为什么感觉寻求者更可能被可卡因吸引？研究表明，作为一种使用广泛但危险的精神运动兴奋剂，可卡因通过与多巴胺摄取转运体相结合来抑制多巴胺的再摄取，从而释放更多的多巴胺到突触中（Bloom & Kupfer，1995）。也就是说，可卡因提高了多巴胺浓度（并增强了神经活动性），于是情绪高涨被（人为地）创造了出来。但不幸的是，随后多巴胺含量的骤然降低将破坏大脑的正常功能。

一些人的多巴胺系统可能有先天或者疾病引起的缺陷，他们对可卡因成瘾特别易感。即使对于没有多巴胺系统缺陷的健康群体，可卡因的长期使用也会引起妄想，因为大脑适应了高浓度的多巴胺。图 5-1 描述了药物成瘾易感性差异的神经系统模型。

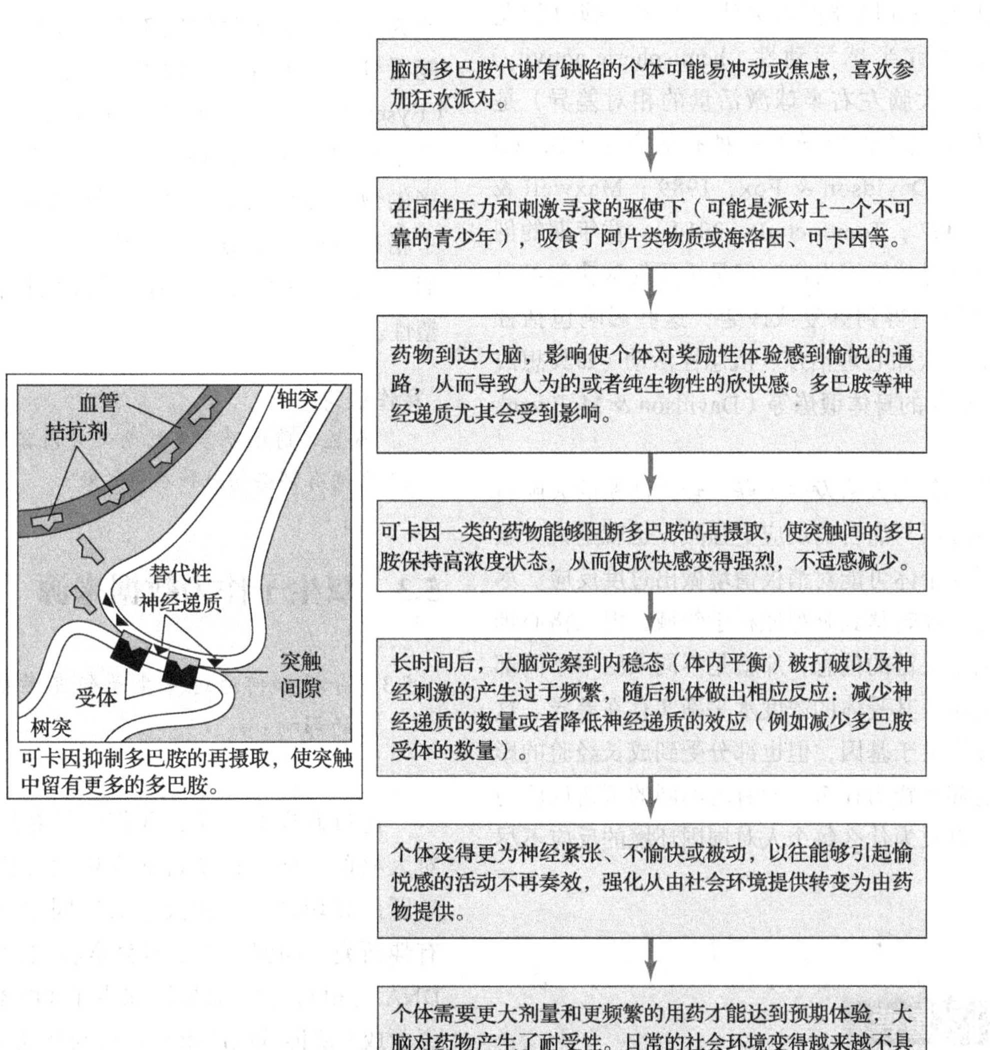

图 5-1　药物成瘾易感性差异的神经系统模型

5-羟色胺递质则似乎与冲动性有关（Carver，Johnson，& Joormann，2008；Cyders & Smith，2008）。例如，长尾黑颚猴的冲动性与5-羟色胺含量呈负相关（Fairbanks，Melega，Jorgensen，& Kaplan，2001），让猴子服用氟西汀（即百忧解，Prozac）可以显著改变它们的冲动性，这种药物将抑制脑内5-羟色胺的再摄取。顺便提一句，你如何辨别一只长尾黑颚猴会不会冲动呢（他们可不会做罗夏墨渍测验）？你可以将一只入侵的猴子置于另一些猴子的领地边缘，然后对领地中猴子的反应进行编码。冲动的猴子会鲁莽地冲向入侵者，去嗅并触摸它（Fairbanks，2001），而谨慎冷静的猴子则会待在原地，观察入侵者。

脑结构的差异同样值得关注，人类大脑分为左右两半球，研究半球活动性（hemispheric activity）的个体差异（大脑左右半球激活量的相对差异）是目前探究人格生物性差异的一种有效方法（Biondi et al.，1993；Davidson & Fox，1989；Maxwell & Davidson，2007；Tomer et al.，2014）。童年期的创伤性经验会使得脑结构失衡，但是重要的脑功能可以借助积极的影响得到修复或改善，这些影响包括社会支持网络、认知心理治疗、沉思性活动（如冥想或祷告）以及规律的身体锻炼等（Davidson & McEwen，2012）。

脑结构如何与人格发生关联？较为活跃的大脑右半球通常对恐惧与痛苦的反应更强烈，也就是说大脑右半球活跃的个体可能对消极情境做出过度反应。尽管这类研究已经转移到脑神经科学领域，但人格心理学同样提供了关键的信息，那就是不同人脑中不同部位的神经递质及其受体的浓度水平确实存在差异。这些差异部分取决于基因，但也部分受到成长经验的影响；它们能够解释为什么人们有着不同的情绪反应与动机水平，以及为什么每个人对周围环境的反应不尽相同。

它为什么重要

个体差异的生物学原理除了有助于我们理解成瘾行为的易感性，还有助于发现抑郁症的最佳治疗方法。

思考一下

例如，脑源性神经营养因子（brain-derived neurotrophic factor，BDNF）是促进神经元发育和健康的重要物质，它也与抑郁症有关，研究产生其的基因的变异（多态性）有助于寻找最佳的药物治疗方案。研究表明，某些遗传变异对氟西汀（百忧解）不敏感，即带有此种变异的抑郁症患者使用百忧解不一定能够产生效果，精神病学家便寄希望于其他的抗抑郁药物。换言之，有了遗传学检验，医生也许将更少依赖试误法来治疗严重的情绪障碍，取而代之的是就特定个体的病症进行靶向治疗（Chen et al.，2006）。

总之，如果人格的某些方面的确以生物性气质为基础，那么我们应该期待在所有文化背景中都能看到这些差异。全世界似乎普遍存在内外倾维度（Eysenck，1990）。还有一点很有趣，脑发育和脑活动的研究表明，在个体3至4岁时，大脑突触连接的数量和代谢活动水平达到高峰。这一结论支持了精神分析的观点，即人格的基础就形成于这一时期。不过，这个时期过后，大脑仍具有一定程度的可塑性。

写作练习

截至目前已经学完的两部分内容（进化论和基因论）之间有哪些相同和不同之处？

5.3 双生子作为数据来源

5.3 分析如何通过双生子研究考察基因对人格的影响

通过研究双生子，我们能够系统检测生物因素对人格的影响。这是目前人格生理机制研究中最为活跃的领域之一，如大量对比同卵及异卵双生子的有趣研究。同卵双生子有完全相同的基因（100%的DNA是相同的），而异卵双生子（由不同的卵细胞发育而成）遗传基因的重合情况与普通的兄弟姐妹相同（50%的DNA相同）。通过对比两者我们发现，在各种重要维度上，包括情绪稳定性、尽责性、智力和外倾性，同卵双生子的确比异卵双生子表现出了更多的相似性（Bouchard & McGue，2003；Heath，Eaves，& Martin，1989；Rose，Koskenvuo，Kaprio，Sarna，& Langinvainio，1988；Loehlin，1992）。

那么这能说明人格具有生理基础吗？不一定。因为相比异卵双生子，人们可能会以更为相似的方式对待同卵双生子，比如让他们的穿着打扮完全一样。另外，同卵双生子自己可能也会有意识地表现出与彼此更为相似的行为举止。因此，对分开抚养的双生子进行比较可能更能说明问题。

5.3.1　弗朗西斯·高尔顿爵士的双生子研究

19 世纪后半叶，英国科学家弗朗西斯·高尔顿爵士开始研究遗传因素对人格的作用（Galton，1869）。受到表弟查尔斯·达尔文工作的启发，他开始考察杰出人物的族谱，继而发现"天才"似乎是遗传的，例如子承父业也成为大学教授；相反，他注意到在 19 世纪的英国，出身于下层阶级的杰出人士几乎不存在。

回顾历史，高尔顿是那个时代里才智超群并充满善意的人之一，然而我们今天要称他为温和的种族主义者。他努力做出科学的研究，但他研究的起点是假定英国的上流社会同时是一个上等的群体。在等级社会中，生活优渥、学识过人的教授的儿子比穷困潦倒、大字不识的文盲的儿子更可能取得成就，这一点都不奇怪。所幸高尔顿也认识到了这种可能性，于是他提出应该研究被收养的儿童，包括被领养的双生子。高尔顿是双生子研究方法的首创者，不过他并不担心研究结果会挑战他的假设，因为他坚信自己（以及他的亲戚朋友）的先天优越性。

也许正是因为父母总是给同卵双生子穿相同的衣服，理相同的发型，对他们使用相同的教养方式，人们才会对他们的相似性十分关注。如果同卵双生子比异卵双生子得到更为相似的对待，那么就不能推论说同卵双生子的人格相似性完全源于遗传，故心理学家开始转向研究被分开抚养的双生子。

奇怪的是，高尔顿的思路中有一个明显的缺陷，但没有令他改变想法，那就是女性个案。杰出的英国教授的女儿并没有继承父亲的事业，那时候的女性甚至无法进入最好的学校学习（在美国，直到 20 世纪 70 年代，女性才有资格进入像耶鲁大学和普林斯顿大学这样的顶尖学府深造）。在高尔顿时期的英国，社会底层的人（包括男人和女人）也同样缺乏这样的资格和资源。

有趣的是，高尔顿也发起过优生学（"优质生育"或"优良基因"）运动，他鼓励精英阶层多多生育以改良人类的素质。然而很不幸，这种生育控制思想的初衷虽然看上去是善意的，却在某种程度上使世界范围的种族主义（甚至种族灭绝）活动得到科学的"认证"，甚至令 20 世纪的人类历史因此而蒙羞（本章后续部分还将讨论这一话题）。就这样，人格的生物学理论似乎不可避免地要与社会和政治环境关联在一起。

5.3.2　明尼苏达大学的双生子研究

来看杰克和奥斯卡的例子。他们是一对同卵双生子，婴儿时就被分开抚养，成人后才重聚。奥斯卡在德国被信奉天主教的外祖母抚养，杰克则在以色列和犹太裔父亲一起生活。后来人们发现，这对双胞胎兄弟有着许多相似的特质和习惯，比如记性都不太好，都喜欢吃辣，更重要的是，都具有专横、易怒的气质。

作为同卵双生子（单卵双生——由同一个受精卵分裂而成），杰克和奥斯卡有着完全相同的基因。而在完全不同的环境下被抚养长大，他们的相似性就很可能是由共同的基因所致。这一点一般不会受到人们的质疑。但比较难以理解的是基因是如何直接控制人格的。

明尼苏达大学开展的双生子研究项目收录了多个被分开抚养的双生子个案（Bouchard，1999；Bouchard，Lykken，McGue，& Segal，1990）。项目发现基因型相同的双生子的人格表现出惊人的相似性。被一起抚养的同卵双生子最相似，这正说明了养育环境对人格的作用。异卵双生子的人格相似性较同卵双生子低，因为他们的基因相似但不完全一致（Pedersen，Plomin，McClearn，& Friberg，1988；McCartney，Harris，& Bernieri，1990）。

被分开抚养的同卵双生子为研究遗传和环境对人格的作用提供了丰富的资源。这对双生子很长一段时间并不知道对方的存在，直到成年后才重遇，继而发现彼此间惊人的相似之处：他们都是消防队长，留着相似的小胡子，戴一样的眼镜，还有许多相同的人格特质。

为什么同卵双生子的人格会那么相似？难道存在吝啬基因和乐观基因吗？也许并非如此。但就像之前所提到的，也许先天的气质和行为会受到某些基因型的影响，例如，某种基因型会使我们更具有攻击性、更敏感或更谨慎。当内在的气质倾向面对相似的环境压力，可能会产生相似的行为模式，换个词说就是相似的人格（Waller，Kojetin，Bouchard，& Lykken，1990）。例如，一个谨慎、温和的男孩对疼痛和刺激很敏感，所以他难以成为一名橄榄球运动员，但这并不意味着存在某个“运动兴趣”基因，而是基因有可能对和运动兴趣有关的反应产生影响。这种区分很重要，因为这意味着如果碰到合适的环境，那些谨慎、敏感、不具攻击性的男孩也有可能成为橄榄球明星。

一项研究对同卵双生子和异卵双生子的多种态度进行比较，发现了某些态度的“基因基础”（Olsen et al.，2001），但这并不是指我们会继承决定特定态度的基因。另一项研究发现，相对于异卵双生子，同卵双生子在选举投票时有着更加相似的行为表现（Fowler，Baker，& Dawes，2008），但这同样不意味着存在一种叫作“投票倾向”的基因。或许直到有一天我们理解了人类社会行为及其发展背后的复杂生物学基础，以及它们如何被特定环境影响，我们才会明白上述联结为什么会出现。

攻击性人格和反社会人格的基因基础一直很受关注。例如，参照高尔顿的做法，荷兰研究者构建了一群好斗者的家谱（Morell，1993），他们发现遗传缺陷阻碍了某种神经递质降解酶（从技术上讲是单胺氧化酶多态性）的生产。由于神经系统得不到正常的调节，当遇到环境挑战时，它们就会被启动，使个体“开火”，即做出过激反应。如果这种联结稳固形成，那么基因就不是本身直接引起攻击行为，而是作用于预置机体反应方式的酶，最后实际做出的反应则由环境、学习以及个体的其他方面来决定。此外，父母养育方式上的差异也有可能受基因影响，不良的教养方式也可能由攻击性儿童引发（Moffitt，2005）。

我们人格的一部分是“可遗传的”，这意味着生理性变异强烈影响着后续的行为模式。例如，一个人愿意花费多少时间看电视，部分取决于当时的社会环境，同时部分取决于复杂的生物性倾向（Plomin et al.，1990）。也就是说，人格是部分可遗传的，但并非遗传而来的：并不存在决定外倾性或其他特质的基因，也不存在决定智商（IQ）或其他能力的基因；不过当某些具有相关生理特征的个体在特定环境中成长时，这种一致性就会显现出来。

从经典到现代

天性与教养并非非此即彼

进化人格理论试图将个体行为模式从人类进化史上移除。例如，如果男性不能使其配偶保持忠诚，就很可能其实养育了另一男性的后代，这样他自己的特征将无法被遗传下去；而那些“善妒”的男性监视自己的配偶，就将有更多后代存活。因此，研究者认为，与嫉妒有关的基因存在自然选择；当然，这一分析假定我们知道很久以前的选择因素是什么（即为了生存）。一些理论家还可能进而做出过度简化的假设，即“善妒”的男人具有“嫉妒”基因，他们可能会嘲笑新精神分析关于嫉妒是童年学习结果的观点。

此类天性－教养之争的一个问题是，基因会随着所处环境的变化而开始发挥作用（Gottlieb，2000）。例如，控制猫视觉皮层发育的基因在没有视觉刺激时就无法激活；没有合适的听觉刺激，老鼠的听觉系统也无法激活；甚至对于果蝇的特定蛋白质表达，昼夜节律必不可少。基因作为环境的一种功能而发挥作用，但我们仍不清楚，控制人类复杂情绪的基因是否只有在环境的影响下才起作用，以及是如何起作用的。

也许更重要的是，许多特质看似由遗传决定，其实并不由基因直接控制。举一个有趣的例子，一般认为人们的态度是在亚文化和文化环境中习得的，而一项特别的研究比较了同卵双生子和异卵双生子的多种态度，发现了某些态度的遗传基础（Olson，Vernon，Harris，& Jang，2001），但这并不意味着人们继承了特定态度的基因。

例如，双生子对比研究发现，爱好运动竞技这种态度似乎有生物基础，它与自我报告的运动能力存在相关性。这说明，天生协调性良好且有力量的个体更有可能在运动比赛中获胜，他们对运动了解得更多，参与得也更多，因此发展出更多爱好运动竞技的态度。相似的是，个体对于某些刺激体验（如听比较吵闹的音乐、参加大派对、坐过山车）的态度也显示出很强的遗传性。但这并不是说我们生来具有与这些态度相关的基因（如“爱坐过山车基因”），而是说，偏好特定体验的生物倾向有时会促使我们形成相应的态度。因此，对于诸多人类行为模式而言，简单粗暴地在天性与教养间划清界限没有多大的意义。

5.3.3　教养及非共享环境差异

生长环境相同的兄弟姐妹受到类似的遗传及环境因素的影响，但他们的人格经常迥然不同（Saudino，1997）。在某种程度上，即便生活在同一家庭里，孩子们也往往有不同的经历并受到不同的对待，但很难确切地知道差异是为何存在并如何产生的（Baker & Daniels，1990；Dunn & Plomin，1990）。从儿童到成人，环境对人格的影响更加明显；不论同卵双生子还是异卵双生子，他们之间的人格相似性与年龄都呈负相关，即随着双生子年龄增长，他们的人格差异也在增大（McCartney et al.，1990）。

在《教养的迷思》（*The Nurture Assumption*，1999）这本引起争议的书中，作者朱迪思·瑞奇·哈里斯（Judith Rich Harris）认为父母对儿童的影响比想象的要小，而同伴（同学和朋友）的影响更巨大。哈里斯的证据如下：被分开抚养的同卵双生子有相似的人格；被一起抚养的非双生子有不同的人格；许多来自幸福家庭的儿童却有吸毒和暴力行为；同一家庭长大而没有血缘关系的儿童存在人格差异……这些证据说明了教养的局限性。

这种分析在某种程度上夸大了事实。例如，在更广泛和复杂的特质方面（如非生物性特质），儿童倾向于采纳父母的宗教信仰、社交风格、政治态度、生活习惯等（Plomin，2001；Segal，1999）。通过指出同伴的重要性，哈里斯阐明了非共享环境差异（nonshared environmental variance）这一概念，它包括被一起抚养的儿童不共同享有的环境特征（Turkheimer & Waldron，2000）。显而易见，对于长子来说，他的某个兄弟姐妹是家里的第二个孩子；而对于第二个孩子来说，他的某个兄弟姐妹是家里的长子。因此，每个孩子所处的家庭环境中的成员实际上是不同的。当然，除此以外也存在着其他差异，比如每个家庭成员都有各自的生活体验，日常活动也不尽相同。随着孩子的成长，他开始选择特定的生活环境，也会接触到更多样的情境，某些遗传特性在此过程中变得越来越重要，而另一些越来越不重要（Bergen，Gardner，& Kendler，2007；Haworth，Dale，& Plomin，2009a）。

让我们再回到被分开抚养的同卵双生子身上，他们通常表现出相似的人格，但依然有许多复杂的问题难以回答（Johnson，Turkheimer，Gottesman，& Bouchard，2009）。他们是否被领养机构安置在了相似的家庭？他们是否知道对方的存在？重聚后他们是否会因为知道自己是双生子而努力表现得相似？他们是否倾向于寻找相似的环境？也许最重要的是，他们相似人格的发展过程是否比简单的遗传模型所假设的要复杂得多？

5.3.4 表观遗传学

我们都知道行为是基因与环境交互作用的结果，而分子生物学的进展让我们对这种观点有了更进一步的理解。尽管我们的遗传物质是继承而来且相对稳定的，但在不同的时间与情境中，它们也会拥有不同的激活模式。表观遗传学（epigenetics）这一术语指基因的表达，即基因组中相关部分的激活或失活。

例如，在食物剥夺、高压或创伤的时期，身体制造蛋白质的方式可能会发生改变，从而使我们产生长期的变化，哪怕我们的基因型（DNA 序列）并未发生改变。换句话说，基因可以被"打开"或"关闭"（Champagne & Mashoodh，2009；Wong et al.，2010）。这就是为什么即便是同卵双生子，其抑郁或其他精神疾病的程度也会有所不同，哪怕这些疾病均被证明具有遗传基础。究其原因，是环境会改变我们的基因表达。用生物学术语来说，表观遗传机制的主要形式被称作 DNA 甲基化（DNA methylation），因为相关的化学变化发生于甲基基团（碳氢化合物的一种形式）。一个在遗传学意义上很容易抑郁或攻击的人，其遗传倾向也可能被适当的教养方式所改变，即便这种改变并没有到达生理层面。随着同卵双生子差异研究的开展，以及测量与分析他们表观遗传机制的技术的发展，我们有望获悉基因与环境互动的准确方式，并以此来进行人格的塑造（Bell & Spector，2011）。

于是，让我们再一次讨论，人格中有多少成分是由遗传决定的？我们预计，答案绝不简单。事实上，过于简化这个问题无助于我们理解个体差异。生物倾向与诱发事件及环境因素发生交互作用（Bouchard，1999，2004；Reiss，1997）。有研究者估计，有 40% ～ 50% 的人格特征差异是由遗传因素决定的，但这个数字很难理解（除非放在同卵双生子的量化研究中），因为生物、社会和环境因素对人格和行为全都至关重要（Borkenau，Riemann，Angleitner，& Spinath，2001）。基因使我们从起点上路，但终点在哪里更多由经历和境遇决定。此外，中枢神经系统具有很强的灵活性，环境（教养）体验可以引起大脑发育的变化。

名人的人格　天生运动员？——威廉姆斯姐妹

当一个家庭的两个成员在同一领域获得巨大成功，相似的遗传基因和共同的家庭环境很有可能都是成功的原因。维纳斯·威廉姆斯和塞雷娜·威廉姆斯这对亲姐妹是世界级网球明星。

从 20 世纪 90 年代中开始，一对姐妹的快速崛起震惊了世界女子网坛。维纳斯·威廉姆斯和塞雷娜·威廉姆斯的生日只差 15 个月。在女子职业网球巡回赛中，她们与大多数竞争对手在很多方面显著不同。网球是传统的贵族运动，而她们只是毫无背景的非裔美国人，还屡屡夺冠。网坛传统要求运动员和球迷行为高雅，举止得体，但她们的穿着相当艳丽。她们甚至没怎么参加过青年锦标赛这项迈入女子职业网球巡回赛的必经赛事，她们早在 14 岁就成为了职业选手。

姐妹俩成就非凡。妹妹塞雷娜在 1999 年美国网球公开赛夺冠，成为 40 年来第一个摘得大满贯的非裔美国女性。姐姐维纳斯则在温布尔登网球公开赛中屡次获胜，2000 年第一次在美国网球公开赛中折桂。她们还多次在大满贯赛事的决赛中相遇，确保冠军归属威廉姆斯家族。她们对决时绝不手软，组队双打时又能同心协力。她们多次夺得双打冠军，其中包括奥运会冠军。姐妹俩多次位列世界第一，共取得过几十个大满贯女单和双打冠军。

她们在许多方面非常相似，考虑到亲姐妹共享的遗传基因，这或许不足为奇。她们长得很像，都高大强壮，都拥有能成就世界级运动员的素质，包括力量、速度、耐力、敏捷性和协调性等。另外，她们花费多年一起接受专业训练和参加巡回赛。你也许从未听说过她们同父异母的姐姐伊莎、林德尔和已故的耶顿德，她们无疑也与维纳斯和塞雷娜具有遗传相似性，但她们从未涉足职业网球或其他任何职业运动。因此，除了基因和环境之外，还有其他因素成就了大小威廉姆斯。当然，也可能仅仅是因为维纳斯和塞雷娜比她们的姐姐继承了更多成功运动员的特质，但可能性更大的原因是特殊的经历对她们的影响。

据新闻报道，她们的父亲理查德·威廉姆斯早就决定让他的小女儿们成为网球明星。作为姐妹俩的经纪人和教练，理查德为了实现他自己的梦想，让她们从小接受正规的训练。当然，如果小女孩们没有必要的运动天赋、才智和毅力，她们父亲的心愿永远也无法达成，但不可否认，他的计划、监督和支持也是她们成功的重要因素，这些因素使两人区别于她们同父异母的姐姐们。后者从未接受过相同的早期训练，也没承受过相同的压力，也许姐姐们也像大小威廉姆斯一样具有运动天赋，但缺乏发展这些天赋的环境刺激。运动明星的能力和素质有遗传的成分，但合适的环境因素同样必不可少。在一定程度上，伟大的运动员是天生的，然而也是养成的。

5.3.5　精神分裂症、双相情感障碍、抑郁症

人们很容易过度概化遗传对人格的重要性，比如精神分裂症（Schizophrenia）。精神分裂症是一种严重的精神疾病，患者常脱离现实，并伴有幻觉、妄想及言语表达和行为异常。有趣的是，直到 20 世纪 60 年代，大部分心理学家和精神病学家还相信精神分裂症是由混乱的养育方式引起的，证据是异常的儿童大多拥有异常的父母。

随着生理异常与行为异常的紧密联结被发现，关于精神分裂症的生物学病因研究逐渐展开。许多研究证实，精神分裂症具有家族遗传性（Schiffman & Walker，1998）。如果父母中有人患有精神分裂症，那么后代的患病概率就会急剧上升。如果异卵双生子中的一个患病，另一个的患病概率也会增高。如果同卵双生子中的一个患病，那么另一个有高达 50% 的概率也会患有这种奇怪的疾病，继而出现歪曲现实和异常情绪反应的症状。即使双生子被不同的家庭抚养，这种相关性依然存在（Gottesman，1991；Gottesman & Moldin，1998）。

基于这种相关性，一些人得出结论说精神分裂症是遗传性疾病的结论。这个推断不够准确，因为也存在不少同卵双生子中的一个是患者但另一个从未患病的情况（但是如果同卵双生子中的一个是蓝眼睛，那另一个的眼睛肯定也是蓝色的）。如果精神分裂症仅仅是基因缺陷的直接结果，那么同卵双生子的同病率应该极高。对双生子大脑的精细分析进一步对这种遗传病因说提出了质疑。一项研究考察了 15 对同卵双生子，每对中都有一个患有精神分裂症，而另一个正常。我们都知道同卵双生子具有完全相同的基因型，但是通过功能性磁共振成像和其他相关技术，研究者发现他们的脑结构存在明显的差异。患精神分裂症的那一个被液体充满的脑室体积更大，这说明他们的一些脑组织有缺损，并伴有脑萎缩和发育迟滞的征象（Suddath，Christison，Torrey，& Casanova，1990）。然而，基因相同的两个人应该有着相同的大脑发育水平，因此一定存在其他因素导致了精神分裂症患者的脑发育障碍（或者就没有发育）。面对这个难题，目前研究者认为可能存在一种“遗传倾向”，即拥有某种基因的人患精神分裂症的可能性更大，但遗传并非唯一和直接的致病因素。这意味着，基因对精神分裂症有一定作用，但我们还不知道这个过程是如何进行的（Shenton et al.，2001；van Erp et al.，2002）。

影响人格的许多其他遗传因素也是如此。例如，同卵双生子同患躁郁症，即双相情感障碍（bipolar disorder）的概率非常高：如果其中一个有规律地在巨大的亢奋和无助的抑郁之间摆动，那么另一个患此病的可能性也很大，即具有很高的一致性（Suinn，1995）。但是，大量研究已经证明，抑郁是一个受环境强烈影响的复杂现象，认为其仅被生物性因素决定是极其错误的。

事实上，当遭遇重大生活压力事件时，携带特定基因型的人很可能患上抑郁症（Caspi et al.，2003）。也就是说，抑郁可以被特定基因模式与生活压力的交互作用所预测，存在基因风险但生活在

健康环境中的个体的患病可能性较小。在一项研究中，研究者分析了不同个体μ-阿片受体基因（mu opioid receptor gene，OPRM1）的差异（吗啡会影响这个受体）。这个基因与痛苦（既包括身体疼痛，也包括社会排斥带来的痛苦）知觉有关。结果发现，μ-阿片受体基因变异的个体对社会排斥（例如被拒绝参与某个游戏）更加敏感；此外，通过功能性磁共振成像可以看到这种社会性痛苦激活了那些与身体疼痛相关联的脑区（Way，Taylor，& Eisenberger，2009）。鉴于此，我们应该谨记在更广阔的背景下考察生物因素对人格的作用，这样才能成熟思考两者的关系。

它为什么重要

简单的人格遗传决定论受到了质疑，但许多人对此无法理解，他们总是希望得到对能力与行为更为简单易懂的解释。

可问题是，假如学业成就、运动技能、声望与成功都被遗传因素预先决定，那我们为何要费尽心思去刻苦练习、全面训练或致力于实现某个目标呢？这时我们也许会放弃对自己或他人的希望，而这大错特错。

思考一下

心理学家卡罗尔·德韦克（Carol Dweck）主张，一些人相信他们的能力是固定不变的，而另一些人有着掌握定向（master-oriented）的成长性思维模式，他们相信自己的能力可以通过努力的工作、正确的方法以及对师长建议的采纳等方式得到提升。在成长性思维模式的框架下，你可以成就更多（Dweck，2012）。也就是说，我们的思维模式非常重要！

5.4 性别认同与性取向

5.4 了解性别认同与性取向的不同方面

纵观历史，世界上几乎所有社会都存在对同性产生性吸引的情况。除了性活动与异性恋者不一样以外，同性恋者的表达行为也可能与异性恋者不同。性取向是人格的重要方面，人格理论应该对此做出解释。

弗洛伊德将同性恋视为疾病，认为其出现源于正常的性心理发展过程被破坏。这一观点已经遭到摈弃。弗洛伊德认为，只有当儿童的性欲最终以一种成熟的方式指向一个恰当的异性客体，性心理成长阶段才算完成，个体方能获得正常的心理发展。在这一过程中，大多数儿童都会经历这样一个阶段：他们以自己的生殖器作为爱的客体，这是一种指向自体的、自恋性质的爱。然而，一些儿童将这种模式一直保留下来，如一些小男孩没能认同父亲的性别，反而试图取悦父亲，并最终爱上同性。这个观点虽然没有获得研究证据的支持，但对精神病治疗的临床实践产生了重要影响。直到1974年，美国精神病学会才评定弗洛伊德的观点不具科学性，并把同性恋从精神疾病手册中删除，千千万万的同性恋者如释重负。事实上，这个群体的大部分痛苦来源于社会对他们的不理解和不接纳（Herschberger，1998）。

许多同性恋者报告说，在有任何性经验之前，他们（她们）就被同性吸引。一些人似乎始终都是同性恋者，于是人们对同性恋可能存在的生理基础产生了兴趣。但因为同性恋受社会歧视，所以相关研究并不充分。直到20世纪90年代，一定程度上受到同性恋解放运动的影响，相关研究才开始多了起来，并发现同性恋倾向至少有部分（但仅是部分）是由遗传因素决定的（Bailey & Pillard，1991，1995；Buhrich，Bailey，& Martin，1991）。同性恋世代相传，同卵双生子比异卵双生子更可能有相同的性取向（Långström，Rahman，Carlström，& Lichtenstein，2010）。有证据表明同性恋与异性恋男性的脑结构及功能存在差异，男同性恋者的下丘脑前部显著更小，而这部分大脑结构与性行为有关（LeVay，1991，2001）；此外，同性恋与异性恋男性的下丘脑对性别气味的反应存在差异（Savic，Berglund，& Lindström，2005），这种差异在女性身上也存在（Berglund，Lindström，& Savic，2006）。虽然这些因素并不能独立证实同性恋源于遗传，但考虑到同性恋具有跨文化和跨时代的普遍性这一事实，这些发现强有力地说明了同性恋倾向至少具有某些生物学基础（Mustanski et al.，2002）。

另一方面，基因遗传和同性恋的相关性并不太高的事实表明，环境因素对人格的性取向方面同样具有重要影响（Bailey，Dunne，& Martin，2000）。如我们知道的其他生物性特质一样，性取向也可能在特定环境中以特定方式发展和成熟。当然，也有些同性恋可能与遗传无关，而是条件作用或其他经历的结果。一些男同性恋者，尤其是提前进入青春期的那些，周围多是同性伙伴（多数 11 岁男孩只会与男孩做朋友），因此他们可能会对同性产生第一次性幻想或者与他们进行第一次性体验（Storms，1981）。之后，他们还会在生活中不断寻求这类愉悦体验。不过，这还只是一种猜想，尚未得到充分证实。相反的情况也可能发生，比如那些之前主要和女孩玩耍的男孩可能到了青春期会对男生感到新奇，从而受到吸引；而那些像男孩一样的女孩刚好相反（Bem，1996）。

性认同与性兴趣的变异性很大。尽管相关研究不多，但似乎确实是这样：日后可能成为同性恋的男孩具有更多的女性气质，例如对攻击性的运动不感兴趣；同样，日后可能成为同性恋的女孩更加坚强，男性气质更浓，也更不喜欢女性化的衣服（LeVay，2011）。人格的不同观点并不互斥，相反，我们需要采用各种视角以充分理解人类行为的多样性。这也许不能满足人们希望对复杂行为模式做出简单明了解释的需要，但这就是目前人格研究的现状。

虽然同性恋似乎有生物学基础，但同性恋者和其他人一样也会受到文化和养育环境的影响。近些年来，许多同性恋团体在争取世俗婚姻的权利，一方面希望获得作为配偶的法定权利和义务，另一方面期待获得社会的认可以及做新郎、新娘的机会。在这张图中，婚姻平等活动家詹妮弗·林（Jennifer Lin）和珍妮·方（Jeanne Fong）正在参加支持同性婚姻的集会，在那里人格科学的社会性一面与社会法律习俗直接碰撞。

它为什么重要

为什么有的人会被同性伴侣吸引，社会应当如何认知长期的同性亲密关系，这些都已成为具有争议性的社会和政治问题。

思考一下

随着对这些问题的科学认识的增加，以及对公众的普及，社会意识也许将更为客观，非理性恐惧也将减少（Herek，2006）。人格心理学不能解决法律和道德的冲突，但可以提供与该争论相关的数据资料。

5.4.1　生殖优势

一般来说同性恋者较少拥有后代，那么同性恋是如何通过进化选择的？既然同性恋倾向本身似乎不大具有生存价值，那么为什么它并没有消失呢？

一个可能的解释是亲缘选择（kin selection）（Burnstein，Crandall，& Kitayama，1994）。如果同性恋者的侄子和侄女有存活的可能，那么同性恋的遗传倾向也将保留下来，因为他们之间共享一些基因型。不过相关研究却无法支持这个假设（Bobrow & Bailey，2001；Rahman & Hull，2005），即便男同性恋者确实可能格外关照侄子、侄女（Vasey & VanderLaan，2010）。

又或者是男同性恋的异性恋姐妹（也可能是母亲或姨妈）的后代很多。这种整体适应度（inclusive

fitness）的观点认为提高亲属的适应性非常重要。苏格兰社会学家霍尔丹（Haldane）无奈地说，他可能会为了两个哥哥和八个侄子牺牲自己的生活。这种分析从对个体生存的关注转移到对整个种群生存（即群体基因）的关注。

还有一种可能的解释是，同性恋遗传倾向之所以能保留下来，是因为携带这种遗传倾向的异性恋者被赋予了直接的生殖优势，不过关于这一点目前尚未得到确切的结论。基因的混合可能特别有助于生存，这种现象被称为杂合优势（heterozygous advantage）。例如，成对的隐性等位基因（recessive alleles）会导致镰刀形红细胞贫血症（sickle-cell anemia），这是一种非常严重的疾病；不过仅仅携带一个致病等位基因的个体并不会因此患病，他们甚至对于疟疾还有着更强的抵抗力！也就是说，他们具有更高的生殖优势（更不可能死于疟疾），故而把基因传递了下去。

最后，人们对于双性恋（bisexuality）知之甚少。男女两性均能对双性恋者产生性吸引。有些人既会与同性发生性行为，也会和异性发生性行为，这或许表明他们的性兴趣未分化的程度较高。一些研究发现，男性双性恋者并不会对来自同性和异性的性刺激产生同等强度的生理唤醒，他们对性唤醒有着更多的主观解释（Rieger，Chivers，& Bailey，2005）。同样，女性双性恋者与男女两性均保持性关系，而不会随时间推移变成同性恋（Diamond，2008）。

人格改变

人格研究的生物学视角认为激素与神经递质对人格的影响非常大，因此改变人格的最直接途径便是使用药物。

思考一下

如果一个男性有着不正常/不合法的性兴趣，例如恋童癖（pedophilia，从儿童身上感到性吸引）或露阴癖（exhibitionism），那么为了改变他的人格，或许需要借助醋酸亮丙瑞林（leuprolide acetate，即利普安（Lupron））等药物。醋酸亮丙瑞林作用于大脑底部的垂体，可显著降低某些关键性激素在血液中的浓度。随着睾酮浓度的下降，性冲动也随之减弱（Guay，2009；Schober et al.，2005）。

然而，尽管事实证明醋酸亮丙瑞林确实可以降低性冲动水平（正如阉割一样），但它本身并不是性欲倒错障碍（paraphilias，会在异常事物上感受到性吸引）的治疗方法。相反，严重的性偏离行为同样取决于个人想法、学习经历、周围环境以及不同寻常的早期经验。鉴于此，多管齐下的治疗方法要比单纯的药物治疗更有效。有些时候，学习与动机的影响太过根深蒂固并使人习以为常，以至于强有力的生物干预也无法对越轨行为产生有效影响。

5.4.2 激素与经验

同性恋的生理机制可能源于早期的激素状况而非遗传，例如，母亲的健康状况和用药情况可能影响胎儿或婴儿（Persky，1987）。一项有趣的研究发现，相对于拥有孪生姐妹的女孩，拥有龙凤胎兄弟的女孩在一项叫作“心理旋转”（mental rotation）的空间认知能力测验上表现得更好（Vuoksimaa et al.，2010）；而这一测验通常都是男性比女性完成得更出色（在任何年龄阶段）。一般认为，发育过程中对睾酮的接触是出现此差异的原因，那些在子宫中挨着孪生兄弟的女性胎儿的大脑很可能受此影响。事实上，人格的许多生物性机制源于早期经验而非基因。大脑与其余神经系统的生长发育本质上是一种生物因素，它不仅会受到基因影响，也会受到包括激素环境在内的环境因素的强烈影响（Berenbaum & Beltz，2011）。

当特定的生物因素和特定的环境因素发生作用时，可能会产生一些独特的结果，是无法为生物或环境因素所单独预测的。例如，在一个苛刻专制的家庭里，父亲使用许多惩罚措施来养育两个儿子，天生好斗且外向的儿子可能会成长为像他父亲一样苛刻专制的人，然而敏感且脆弱的儿子则可能成长为仁爱、慷慨的人，并发誓绝不会像父亲一样残暴和大吼大叫。然而，如果同样的两个儿子由一个非常呵护子女且民主的父亲养育，结果可能相反：敏感的儿子长大后可能会更加果断，而好斗的儿子可能将尽力帮助他人。换句话说，天性与养育存在交互作用；从数学的角度来看，我们可以认为人格是两个因素的乘积而不是加和。实际上，研究发现，童年期的受虐待经验与日后生活中心理问题之间的相关性，在拥有某些特定基因模式的个体身上会更凸显（Kim-Cohen et al.，2006）。因此，在分析性别认同和性别典型行为的起因时，不能简单地用生物因素和环境影响的平均水平来预测人格，而要分析两类因素共同作用后产生的独特结果。

写作练习

弗洛伊德时代以来，从美国最高法院到民意舆论，有关同性关系的法律及态度已经发生了巨大的转变。回顾从过去将同性恋视作异常到当代流行的各种观点的转变，请简要描绘心理学领域对同性恋观点、态度转变的历程。

文森特·凡·高（这张画是他的自画像）在与保罗·高更（Paul Gauguin）争吵后，用剃刀割下了自己的右耳，不久之后便自杀了，他怪诞的行为可能是器质性疾病的心理结果。

5.5 生物因素的调节作用

5.5　通过各种疾病的后效来理解心理

文森特·凡·高（Vincent van Gogh）是杰出的印象派画家，一直以来人们认为这位天才太过富有激情以至于将自己逼疯。凡·高行为古怪，甚至割下了自己的右耳（然后画了一幅自画像），并于 1890 年自杀。如今人们推测，凡·高可能并没有人格障碍，而是患有美尼尔氏综合征（Ménière's disease），即一种内耳疾病，伴有阵发性眩晕、呕吐、听力丧失等（Arenberg，1990）。疾病可以对患者的反应模式产生极大影响，有毒物质也能够引起类似的变化。

5.5.1 环境毒素的作用

在《爱丽丝梦游仙境》（*Alice in Wonderland*）中，爱丽丝遇到了疯帽商。“像疯帽商一样疯狂”（mad as a hatter）这一表达已经被普遍使用了一个世纪之久，它的出现是因为帽商在制作毡帽时由于接触汞而损伤了大脑。如今这一点已经得到充分证实，中毒可能导致人格剧变。

今天，汞在工业和农业中得到了普遍使用，有时生活在污染水源里的鱼体内也含有汞。食用了被污染的鱼可能导致人们行为怪异，因为汞被吸收后将引起人格的显著变化（Fagala & Wigg，1992；O’Carroll，Masterton，Dougall，& Ebmeier，1995）。由于汞是牙科医用汞化物（牙洞填充物）的成分，近几年出现了一些关于汞会对身心健康产生微妙影响的推测，但目前还没有可靠的证据表明牙医会使患者中毒。

尽管严重的汞中毒很罕见，但严重的金属神经毒性（大脑损伤）很普遍。如今有众多儿童由于铅中毒患有渐进性脑损伤。成千上万的儿童暴露于铅含量超标的环境中，而铅含量超标通常由过期油漆、管道、铅气体等导致。铅中毒会危害儿童的神经系统发育，损伤认知功能并引发异常行为（通常是反社会行为）(Marcus，Fulton，& Clarke，2010；Needleman & Bellinger，1991）。通过检测贝多芬的骨头，人们发现铅中毒也许是他易激惹和腹痛的原因。

还有一些其他金属物质（如锰和镉）也可能影响人格，但影响程度未知（Hubbs-Tait，Nation，Krebs，& Bellinger，2005；Kern，Stanwood，& Smith，2010）。挖掘锰矿的工人可能变成冲动的好斗者，之

路易斯·卡罗（Lewis Carroll）和他的搭档插画家约翰·坦尼尔（John Tenniel）爵士创造了疯帽商这个人物，他拥有典型的19世纪精神异常者的形象。汞中毒的精神症状已经被医学文献记载，但仍有许多尚未被认识的有毒化学物质也在改变着人格和行为。

后患上帕金森症（Parkinson's disease）。太平洋岛国的火山土富含锰和其他金属物质，这对当地居民产生了影响。

5.5.2 生理疾病的作用

一个稳定的人格取决于健康和功能良好的大脑。影响大脑功能的疾病和毒素通常也影响人格（Grunberg，Klein，& Brown，1998）。除了各种金属物质，可以作用于人格的有毒物质也可以写成一个长长的名单，但还不清楚问题到底是出在这些毒素，微生物，还是机体自身缺陷上。阿尔茨海默病（Alzheimer's disease）是一种严重的大脑皮层功能障碍性疾病，多为老年期发病，病因不明。患者的早期心理症状是行为改变和记忆缺失，随着病情恶化，患者将产生剧烈的人格改变，最后甚至丧失所有人格。这种症状对于和患者一起生活的成年后代来说是很难接受的，眼看着父亲或母亲丧失了人格而变得好像陌生人是相当悲哀的。人们会如此痛苦，也说明我们爱所爱之人在很大程度上是在爱他们的人格。

中风会损伤部分大脑，并显著影响人格。通常，一个和善的人患中风后会变得具有攻击性和不合作；但也有可能出现相反的情况，这取决于损伤的脑区。其他许多疾病（如颞叶癫痫）和各种手术过程也可能导致人格的生理基础发生改变，但人格心理学家很少对此进行研究。例如，许多人向医生抱怨他们的配偶在冠状动脉搭桥手术后性格有所变化，但这种现象还未被充分理解。可能是手术室里的生命保障和麻醉过程损伤了小范围脑区。事实上有大量疾病可能对人格产生未知或微妙的影响。虽然确切的机理尚不清晰，但毋庸置疑它们都会影响人格。

匹克病（Pick's disease，见图5-2）像阿尔茨海默病一样，会引发脑萎缩，患者的自我感知会发生剧烈变化，进而出现社会活动能力衰退。大脑右额叶（这一脑区与语言无关）萎缩的患者可能发生信念和爱好的剧变（Miller，2001；Perry & Miller，2001）。例如，一位富有的女性可能会扔掉她的名牌服装，从吃法国大餐转变为吃美国快餐。因此，包括这种额颞叶痴呆（frontotemporal lobe dementias）在内的生理疾病均能帮助人们深入理解人格的生理基础（Goodkind et al.，2010），但是不能简单地就此认为额叶就是“自我”。

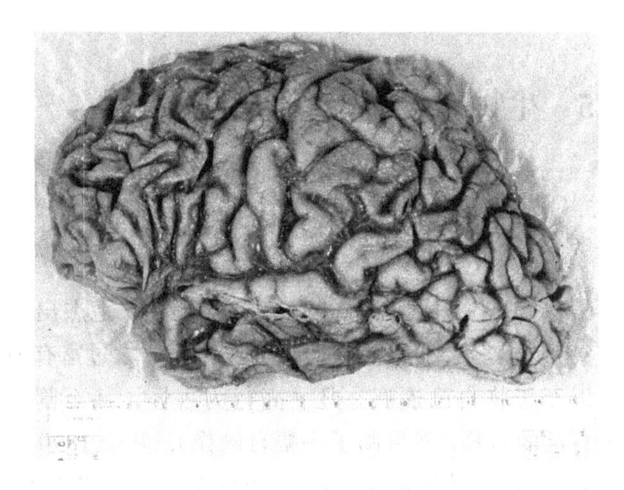

图5-2 匹克病患者的大脑

注：匹克病是一种脑萎缩疾病，可导致自我感知的剧烈改变。这个大脑的新皮质发生了萎缩，在正常情况下这里应该由灰质构成的脑回充满。右额叶严重损伤的患者可能丧失正常的自我感知，例如，一个终生持有保守政治立场的人可能会突然成为激进的动物权利活动家。

理解生物因素对人格的影响对于有关法律和公正的信念有着重要意义。一种极端的说法是，多数从事违法犯罪的人其实很无助，他们无法控制自己，被迫做出不当的行为，因为他们的神经系统存在障碍。有趣的是，这一立场被非常自由和左翼的政治取向所认可，而它与保守的右翼政治家所持的“有些人就是携带着邪恶基因”的观点殊途同归。这一点相当讽刺，两个极端对立的政治立场在人格的生物决定论上达成了一致。

相对复杂的立场则是既承认生物因素对人格的影响，也承认个体具有挑战和克服生物影响的能力。事实上，我们经常将克服了先天缺陷的人视为英雄，例如海伦·凯勒（Helen Keller）和文森特·凡·高。

思维训练 产后人格

抑郁是一种持续而稳定的心理特征，生物、心理和环境因素的交互作用影响了这种情绪障碍的发展和持续（Ingram & Scher，1998），但是产后抑郁症（postpartum depression；抑郁症的某种亚型）有着非常明显的生物基础。处于产后期的女性患抑郁症的风险很高，虽然家境困难和过往心理问题将增加风险，但产后抑郁症在那些计划怀孕并没有个人或家族精神病史的女性中也很常见（Seyfried & Marcus，2003）。

相当多的初为人母者体验过“产后忧郁”（baby blues）这种暂时性情绪失调。产后3～5天，产妇会因为激素水平的剧烈变化而经历为期1～3天的以下症状：沮丧、易怒、混乱、焦虑、情绪波动、失眠和食欲不振（Hamilton，1989；O’Hara，1995）。幸运的是，对大部分女性来说，这种轻微紊乱可以在不接受任何治疗的情况下自然消退。

产后抑郁症则更为严重。据估计，有超过10%的产后女性患上此症。生育后不久，女性就能接受产后抑郁症的诊断，诊断标准与一般的抑郁症类似（9项特定症状中至少满足5项及以上）。虽然大部分女性在接受治疗后都能康复，但产后抑郁症还是会对母亲、新生儿及家庭其他成员产生长期的消极影响。

最严重的产后障碍是产后精神病——一种罕见而严重的疾病。患者会与现实脱节，经历持续的思维混乱、幻觉和妄想，内容主要涉及自杀、婴儿死亡、母子或婴儿被恶魔控制和拥有神力等。甚至有些患者在发病状态中真的杀害了婴儿。这种行为是否应被认定为谋杀？患者的精神状态能否为她的行为辩护？

在幼子出生6个月时，安德里亚·叶慈（Andrea Yates）将5个孩子溺死在浴缸里。她被指控谋杀、绑架并被判处终身监禁。叶慈承认她杀了孩子，但因精神失常的原因拒不认罪，然而她的辩护失败了，陪审团相信她当时确实处于精神病发作期，但认为她知道谋杀是犯罪，所以她不符合精神失常辩护的法律标准（但后来因为控方证人中的专家犯了一个错误，法官撤销了对她的宣判，复审时判定她精神失常成立而无罪，而她被送入精神病院治疗）。许多西方国家，包括英国、加拿大、意大利、澳大利亚等，均允许以产后抑郁症对杀婴指控进行辩护，但美国并非如此。

产后精神病与女性产后的激素水平和神经递质功能变化密切相关。如果精神疾病有很强的生物基础，患者需要承担的法律责任应有所不同吗？母亲杀婴是与其他杀婴行为不同的犯罪吗？这与精神病人其他形式的谋杀有区别吗？如果一个社会的法律把精神失常母亲的杀婴当作“特殊情况”处理，是否也应该将其他生理状态（例如更年期或者经前综合征（PMS））纳入特殊对待的范围？法律实践应该在何种程度上考虑有关的生理状态，以及法律应该随着人们对相关生物因素影响的知识的日渐完备而做出改变吗？

写作练习

回顾以上提到的有关杀婴及其罪责的问题，请针对它们用你目前所掌握的知识进行简要评价。

5.5.3 合法与非法药物的作用

许多化学作用并非偶然，常用处方药，例如镇静剂（如安定）、安眠药（如酣乐欣）和各种抗抑郁药（如百忧解），均可对人格产生短期或长期的影响。单剂量的可卡因或迷幻药甚至可能引起罕见的持久且剧烈的人格变化。这一事实使我们好奇是否还存在更为普遍和微妙的效应（Alessandri，Sullivan，Bendersky，& Lewis，1995；McMahon & Richards，1996）。

可卡因能引起妄想，可卡因长期服用者也许会对光线、噪声和他人过度敏感。他们会感到烦恼，沉迷于细节并觉得自己被迫害，还会紧张和抑郁。有证据显示，可卡因抑制了多巴胺递质的再摄取。多巴胺浓度在服用可卡因后上升，其最初的作用是使情绪兴奋；但随后多巴胺的骤降将使大脑活动变得紊乱。如果个体存在先天性的或由疾病引起的多巴胺系统缺陷，就可能形成妄想型人格，也可能特别容易对可卡因成瘾，这个过程在图5-1中有过描述。相似地，帕金森症患者似乎都很克己隐忍，因为这一疾病与多巴胺系统缺陷有关，生物因素导致了这种人格变化

（Menza，Forman，Goldstein，& Golbe，1990）。而另一方面，多巴胺含量过高的人可能会患上强迫症（Driver Dunckley，Samanta，& Stacy，2003）。

普拉克索（pramipexole），一种治疗帕金森症的药物，有助于恢复脑内多巴胺平衡，但可能引起赌博成瘾和性欲亢奋。

于是，研究者对以神经递质为基础的人格理论的兴趣逐渐提升。例如，精神病学家C. R.克洛宁格（C. R. Cloninger）关注神经递质与人格的关系：多巴胺与感觉寻求，5-羟色胺与冲动性及尽责性，肾上腺素与谨慎性和奖励寻求等。但整体来说，对神经递质异常与人格关联的研究仍处于起步阶段（Bond，2001；Cloninger，1998；Hariri，2009）。在对处方药物的安全性和有效性进行检测时，罕有广泛和深入的追踪研究关注药物对人格的影响。或许，我们听说过杀人犯将其犯罪行为归咎于安眠药，但我们缺乏对各种药物是否会提高社交性、离婚率及虐待儿童行为发生率等的规范监控。倘若大量人群服用强效的合法或非法药物，结果将会怎样？很不幸，我们对药物作用的确知之甚少。

鉴于药物和毒物对人格的强烈影响，很有必要发展人格毒理学（personality toxicology）这个基础研究领域，集中研究环境物质和毒素对人格的各种作用。但遗憾的是，迄今为止人格研究与生物化学研究还距离甚远，两个领域之间少有交叉。（你能想象一节生化课程将人格作为主要内容吗？）一些精神病学家研究了药物和毒素在引起和治疗精神紊乱中的作用，这被称为精神药理学（psychopharmacology），但是这项工作与人格的主流研究关联不大。

许多影响人格的生物因素以环境为基础，这是人格遗传性受到质疑的另一个理由。生理功能与人格的诸多相关性源于常见的环境因素而非遗传因素，例如，如果帽商的孩子有着像父亲一样的疯狂性格，这并不是基因的责任，而是汞的作用；家族共享某种疾病并不意味着这种疾病是遗传性的。类似地，如果容易患心脏病的高度紧张人群被发现具有活跃的神经系统，那也不足以说明这种关联就是遗传所导致的。

最后，我们注意到有人在努力对吸烟、酗酒的干预和治疗提出政策建议，但如果没有充分理解人格的生物化学基础，就难以提出合理的建议。因此，这是理解生而为人到底意味着什么的又一重要途径。

写作练习

回顾你已经学过的毒素、激素及脑化学知识，这些化学物质可以对基本人格做出多大程度的改变？改变又是如何发生的呢？

5.6 环境创设的作用

5.6 考察环境如何影响人格

哭闹的婴儿使父母感到受挫和恼怒，于是婴儿就会生活在这种挫折和恼怒的环境中。生物因素作用于人格的方式之一是影响人们所处的环境，生物因素可以使我们在某种情境中兴奋起来，于是这些情境就影响了人格（Jaffee & Price，2007；Rutter & Silberg，2002；Scarr & McCartney，1990）。

莎士比亚在《朱利叶斯·恺撒》（Julius Caesar）中写道，恺撒大帝有一副消瘦和饥饿的面庞（第二场第一幕）。假设恺撒大帝胖一些，他的威胁性也许会减少。外貌真的能揭示人格吗？对这个问题的系统研究始于德国精神病学家恩斯特·克雷奇默（Ernst Kretschmer，1925，1934），他通过观察患者来推测体型与精神障碍的关系。例如，克雷奇默认为精神分裂症患者更可能具有瘦高的体型。W. H.谢尔顿（W. H. Sheldon）进一步阐释了这个观点，并将它推广至正常人群（Sheldon & Stevens，1924），他测量身体比例以及人格，提出了人格的体型说（somatotypes）。

谢尔顿的体型说区分了三种体型：①中胚层型（mesomorphs），肌肉发达、骨骼健壮的运动员体型；②外胚层型（ectomorphs），瘦高的书呆子体型；③内胚层型（endomorphs）：矮胖的体型。尽管谢尔顿的工作吸引了很多关注，但他的大多数研究并不支持他的观点。我们不能仅仅通过测量腰围来收集有关人格的信息，这个理论无疑过于简单了。因此，谢尔顿的研究工作目前只是作为猎奇而被今天的心理学书籍摘录。不过值得注意的是，这种研究体型的方法是否具有一定的道理？身体特征和人格的关系是否存在某些生理基础？

可能存在特定的生理因素同时影响人格和体型。例如，也许控制害羞和内向的神经系统也是使人消瘦的神经系统（代谢率高或者饥饿机制容易饱足）。社会影响也在起作用，想想神经性厌食症，这种疾病的患者表现出进食障碍并逐渐消瘦（Mussell & Mitchell，1998）。据新闻报道，女演员玛丽 – 凯特 · 奥尔森（Mary-Kate Olsen，奥尔森姐妹之一）接受过进食障碍治疗。神经性厌食症患者甚至可能死于体重减轻的并发症，她们通常是非常敏感害羞的年轻女性，被家庭（或影迷）烦扰并感到失控。也就是说，社会环境对于进食行为有着巨大的影响，甚至对双胞胎也是如此（Elder et al.，2012）。在这种情况下，生理特征（过度消瘦）是人格（害羞和敏感）的有效指标，但这背后的原因并不简单。

女演员玛丽 – 凯特 · 奥尔森（右）曾接受过进食障碍治疗。虽然面对着相似的职业压力，但她的双胞胎姐姐阿什莉 · 奥尔森（Ashley Olsen）没有患上进食障碍。

显著地改变个体的生理特征，例如增肥或者变得特别强壮，可能会改变生理反应模式。个体身体条件的改变的确会影响特定生理状态，例如静息态下的心率、应激时的心率、胆固醇水平、血压、肺活量和肺功能等，它们的变化确实会影响人们的心理反应，人格也因此而被影响。

生理特征还能影响他人的反应（Heatherton & Hebl，1998）。例如，假设老师更亲近长得比较瘦且看起来比较聪明的儿童，并相信他们可能是好学生，那么期望就有可能变为现实。由于生理特征会对人格产生重大影响，人们很有可能共享与特定生理特征相联系的人格刻板印象（Tucker，1983），这是下一节的主题。

向性

有些人经历了一系列生活压力事件，例如失去亲人、朋友、工作等（Plomin & Neiderhiser，1992）。人们通常认为这些压力事件是意料之外的随机事件。我们可以用压力量表来测量个人生活中压力和挑战的量。

有时，这些事件并非完全不可预测，遗传或其他生物特征可能会影响人们经历特定事件的可能性。例如，一个攻击倾向较强的人更有可能经历离婚，外向者和刺激寻求者更可能更换工作。个体的某些特征会使其经历特定的事件，这些经历又会反过来影响他们的反应（Saudino，Pedersen，Lichtenstein，& McClean，1997）。相似的是，那些活跃强壮的人可能会寻找有更多运动机会的环境，然后这些环境反过来会塑造他们的“运动型人格”。环境甚至还会改变我们的基因，就像母亲的关怀将影响婴儿的大脑（Champagne，2009；Champagne & Mashoodh，2009），进而对基因组产生影响。

正如向光的植物朝向光源，有些个体趋向于更能满足需求和促进健康的环境，而有些个体倾向于停留在阴暗的、会威胁到健康的环境。引起这种倾向的力量被称为向性（tropism；Friedman，2000a）。有的向性力量源于个体的气质差异，这种差异是通过遗传、激素和早期经验的共同作用而产生的；而其他的向性更明显是环境的作用，比如惩罚和奖励促使儿童和青少年向某种人生方向发展。然而，气质并非独立于环境；例如，敏感活跃的儿童可能会给父母带来混乱、焦虑和失眠，但如果他们是安静、合作的，那么他们将经历不同的家庭生活。同样地，神经质（有焦虑和抑郁的倾向）的人可能将经历消极的生活事件（Magnus，Diener，Fujita，& Payot，1993）。我们经常错误地认为人格是独立于环境之外的，生活中的压力和非压力事件是随机的（Bolger & Zukerman，

1995；McCartney et al.，1990；Van Heck，1997）。

生物因素也能以更微妙和复杂的方式影响环境创设。例如，多种生物因素会导致儿童先天性失明或者早盲，而人们大多认为盲人会表现出特定的人格特征，比如，有创造力的失明儿童可能会对非视觉的活动产生兴趣，像音乐（听觉）或雕塑（触觉）。失明很容易被识别出来，但也有些人的生物倾向很难被察觉，比如想象两个人天生以相似但独特的方式感知世界，也许是敏锐的嗅觉或视觉，也许是超凡的手眼协调性，又也许他们是依据图像而不是文字来认识世界的（类似路标和指示牌的区别）。此时，生物倾向促使个体被特定的环境或活动所吸引，而这些环境和活动反过来又会系统地影响人格，使得他们出现人格上的相似性（Chipuer，Plomin，Pedersen，McClearn，& Nesselroade，1993；Plomin & Nesselroade，1990）。举个例子，拥有某些特定DNA序列的个体可能会对化合物紫罗兰酮（ionone）的味道（紫罗兰花闻起来的味道）尤其敏感，或者对番茄和某种黑比诺（Pinot Noir）葡萄酒格外感兴趣；他们可能非常喜欢供应比萨的小酒馆，而他们的朋友们却认为那里非常糟糕。还有另一个例子，研究者认为"超级味觉者"的舌头有更多味蕾，并且他们对苦味的敏感性要比味觉敏感性低者高出两倍（Bartoshuk et al.，2001），这类人很可能不吃蔬菜，如图5-3的描述。同样，艺术视觉能力出众的儿童很可能选择有助于塑造艺术人格的活动。不过，这些都还没有得到充分的研究。

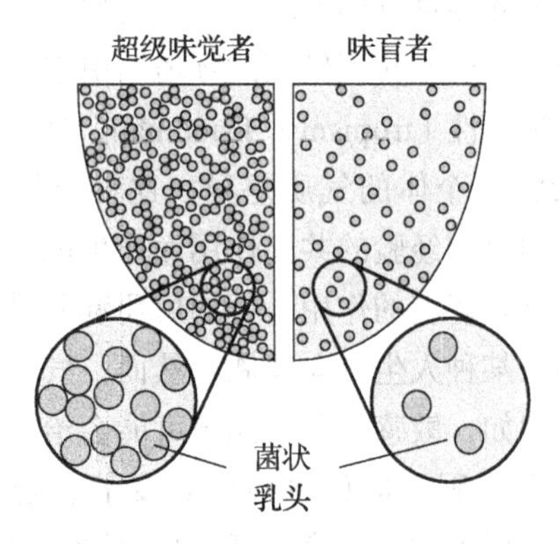

图5-3　超级味觉者和味盲者的舌乳头

注：你可以检测一下自己是否是超级味觉者：将蓝色食物拭在舌尖上，然后在染色区域放置一个金属圈以确定计数的区域。你的舌乳头看上去会像小蘑菇一样。如果区域内只有少许舌乳头，那么你是一个味盲者；如果有20个或以上，你就是超级味觉者。

写作练习

数十年来，玛丽凯特·奥尔森与阿什莉·奥尔森生长在同样的家庭中，并有着同样的职业与工作，尽管如此，她们对环境压力源的反应却并不相同，你会如何解释这种差异呢？

5.7　他人反应的作用

5.7　理解外表吸引力的刻板印象

心理发展过程中最大的环境影响是周围人的反应。我们的认同感很大程度上取决于他人如何看待我们：如果父母、老师、朋友喜欢我们并对我们抱有正面期待，那我们很可能形成积极的自我形象；反过来，不受欢迎的生理特征引起他人的不悦反应，就可能导致个体形成消极的自我形象。

想想人们对身高不同的人的反应，我们倾向于"高看"高个子，而"看低"矮个子，认为个子高的人是高贵、高尚与杰出的，而个子矮的人是卑下、恶劣与矮胖的。对于女性则限制更多，人们不期望女性比男性高。当然，这些反应都是刻板印象，但它们是如此常见和顽固，以至于很可能带来极大的影响。这种效应不仅仅源于环境创设，即人们去寻求某些环境与活动；例如，并非所有矮个男生均不善运动，但同伴们总是会预期他们在运动方面难以取得成功，这些期待会反作用于他们的人格。

外表吸引力的刻板印象

社会心理学的研究表明，人们期望有很强的外表吸引力的人是好人、做好事（Dion，1972，1973；Hatfield & Sprecher，1986），这种外表吸引力的刻板印象被概括为"美即是善"（what is beautiful is good）。成人对漂亮的儿童有更高的期望，我们中的大多数也认为有魅力的人更成功。外表可能对人格存在什么样的作用？尽管随着时间流逝，有着很强的外表吸引力的人会因慢慢失去魅力而感到痛苦，但通常他们是更快乐的。我们再一次看到，人格部分由生物因素决定（外表吸引力），但基因并非直接对人格产生影响，而是通过他人的反馈来起作用的。

相似的过程也适用于某些儿童，他们的肤色、眼睛的形状或其他种族特征不同于大多数儿童（Shelton & Sellers，2000）。人们对具有文化赞许特征的儿童有着更积极的期待，而正如我们之前提到过的，对儿童存在偏见的测验又会强化消极期待。虽然很难评估外表特征对儿童人格的长期影响，但它们无疑是非常重要的。

检验这类问题的一个巧妙办法是研究那些长相相似但并不相关的个体。因为有着同样的基因，同卵双生子长得很像，但如果去研究那些碰巧长得比较像的陌生人，又会发现些什么呢？现存的有限数据表明，外表相似并不会直接导致人格相似。尽管研究发现被分开抚养的同卵双生子的人格要比只是长得较像的两个人的人格更为相似（Segal et al.，2013），但是唤起效应（通过唤起效应，具有类似遗传倾向的个体得以寻找并创造相似的环境）也确实与人格的形成密切相关。

如果将所有这些生物性作用综合起来，会发生什么？我们应该能发现，在许多情境中，人格的生物机制对社会生活有着广泛的影响。例如，有证据表明，同卵双生子的离婚情况的一致性显著高于异卵双生子（McGue & Lykken，1992）。分别假设你有同卵双生子或异卵双生子的兄弟姐妹，如果你已离婚，那么前者比后者更有可能离婚。那么这意味着离婚是由遗传因素决定的吗？这显然非常荒谬，离婚的可能性随着养育、宗教、收入、文化、时代和其他环境因素的变化而发生着显著变化，并不存在什么“离婚基因”。然而，同卵双生子可能拥有相同的气质、能力、性驱力及来自他人的反馈（对外貌、身高等），还有自我营造的婚姻环境和健康状况等，这些涉及本章中讨论的多种因素。因此，最终结论应该是仅存在着与遗传相关的离婚可能性。

20 世纪的历史告诉我们，许多智者对人格的遗传基础做出了过于简单和危险的假设。诚然，将复杂的人格影响因素简化为遗传作用（即便这是无用的）的确极具诱惑，然而这是错误的。

写作练习

关于美貌、丑陋、身高、体重、种族、发型的刻板印象可能影响个体的人格吗？

5.8　社会生物学

5.8　检视社会生物学理论

社会生物学（sociobiology）是指用进化生物学来解释有机体对社会事件的行为反应的研究领域。社会生物学家研究动物社会行为（如性忠诚）的进化原因和功能，例如，作为物种交配、领地防御和社会组织方式的一部分，各种颜色、气味、叫声及舞蹈都发生了进化。在交配季节里，各种雄性物种（从麋鹿到热带鱼）都会为了得到渴望的配偶而进行决斗。

有些物种进化出了单配制（至少在繁殖期是如此），而在另一些物种中，一个处于统治地位的雄性能和大部分的雌性交配。虽然这种模式有时会在特殊情境下被打破，但通常认为此模式是这些物种的天性。此类分析最适用于蚂蚁、鱼、鸟、蜜蜂、蜘蛛等物种，因为它们的行为受本能和固定反应模式的支配（Wilson，1975）。

更为复杂的是，在进化人格理论的探索中，研究者将这类分析应用于对类似人类的智能物种的研究。社会生物学家必须经常行走于与社会达尔文主义和优生学观点相区别的边界（见“达尔文主义与社会达尔文主义一节”）。展示艳丽羽毛是孔雀求偶仪式的核心环节，有些人也会穿奇装异服来吸引配偶，但是假设同样的求偶机制也适用于人类就明显是过于简化了。

社会生物学通常适用于分析人类的攻击性、择偶活动和家庭关系，因为激烈竞争、交配和抚养后代是研究昆虫、鱼、鸟类等有机体的进化生物学家的关注焦点。例如，在所有人类社会中，婴儿和抚养者（一般是母亲）之间的亲密联结或依恋在出生后不久即开始发展，非人类的灵长目动物（甚至许多哺乳动物）也是如此，这说明依恋似乎有生物基础。约翰·鲍比（John Bowlby）和玛丽·安斯沃斯（Mary Ainsworth）从进化生物学的角度解释了婴儿进化出依恋、咯咯笑与微笑等以吸引母亲的关注，而母亲以养育回应婴儿的过程（Ainsworth，1979；Ainsworth & Bowlby，1991；Bowlby，1969）。例如，当母亲看到自己孩子的照片时，功能性磁共振成像显示她们加工奖赏的脑区被激活（Strathearn，Li，Fonagy，& Montague，

2008）。这种强烈的依恋机制利于婴儿存活，因此有助于母亲延续其基因。

灰姑娘效应

进化功能也有负面作用，被残忍的后母虐待的灰姑娘就是一例，灰姑娘和现实中无数的儿童都曾被继父或继母虐待。有证据表明，继子女所受的对待通常差于亲生子女，而且不能简单地用贫穷这类社会因素来解释这种差异。社会生物学家认为，灰姑娘现象由自然选择引起，即父母会给予亲生子女更多的偏爱和保护（Daly & Wilson，1988a，1988b，1998，2005a）。

不过，当这些分析被用于思考人类文化的先天倾向时，既有争议也有启发。例如，乱伦的社会禁忌与杀人、侵略的社会模式在多大程度上根植于远古的生存压力（Daly & Wilson，1988a，1988b）？或许家族有保护自己领地的遗传倾向。很多进化心理学家试图去寻找这些证据，但当忽视了学习和文化对人类行为的巨大作用时，这就显得愚蠢而危险。攻击行为作为文化时代和环境的功能会发生显著的变化；例如，即使由于进化的压力，继父母与继子可能更易发生冲突（这是合理的假设而非科学事实），但这并不意味着他们之间不会产生慈爱与和谐的关系，许多养父母甚至还会为了养子而放弃自己的生命。政治家为了自己的目的而歪曲社会生物学家的推断，可见，想要充分和科学地把握塑造人格的各种力量是一项艰难的任务（Petrinovich，1995）。

写作练习

想一想人类和动物中的家庭纽带，配偶间、亲子间、同胞间、家族间的联系在多大程度上是基于生物因素形成或延续的？

5.9 达尔文主义与社会达尔文主义

5.9 分析达尔文的“适者生存”论并解析其真义

达尔文主义思想在19世纪后半叶开始盛行，“适者生存”的观点经常导致一种错误的假设，即这是一个“弱肉强食”“人人为己”的世界。进化论并不包含这样的假设，达尔文也不曾提出这类假设。对于类似灵长目的复杂物种而言，得到进化的是在特定环境中某种行为的适应能力，但行为是否发生还取决于被文化（社会传播的期望和知识）所塑造的学习行为和学习模式。

黑猩猩和猿类等非人类的灵长目动物能够通过学习其他成员以获得知识和习惯。许多动物可以相互交流，并归属于有组织的社会团体，如黑猩猩会从其他团体成员那里学习到在丛林的小溪里洗香蕉的行为（de Waal，2001a）。我们无法找到直接导致攻击性和合作性的单一基因。个体的能力有多种变化的可能性，至于最终会实现哪一种，取决于各种力量的交互作用。但讽刺的是，在20世纪，人们不仅屡屡错误地认为繁殖力最强的人是最适应生存的个体，还错误地假设能够战胜其他文化的文化是最适应生存的文化。生物学取向的人格理论在被用于公共政策时，必须受到仔细检视。

许多非人类物种的动物，例如图中的长尾黑颚猴，彼此交流广泛并会组成合作性的社会组织。比如，他们之所以能够彼此合作来警戒捕食者、收集食物、彼此照料或者防御敌人，是因为它们可以从群体中的其他成员那里学习到这些行为并将其传递给后代，这代表了文化的初级形式。在人类和其他物种中，生物因素扮演着关键的角色，但只有在该有机体生存的更广阔的生存环境中，它们才会起作用。

“适者生存”是整个科学领域中最为严重的误解之一，这种不恰当的误解使一条生物学原理变成一项道德规范，并且被解释为弱势的生物和文化不应该生存。现实中，它甚至成了杀戮的通行证。

美洲和其他地方从非洲贩卖奴隶的活动开始于达尔文时代之前。在达尔文理论盛行前，美洲土著、亚洲人和其他人种被欧美人视为先天劣势群体。例如，欧美社会相信非裔美国人有先天的阅读障碍，认为让他们摘棉花倒是好事，并且为了以防万一，将教农场的奴隶阅读设定为违犯法律的行为。

进化论为过去发生的压迫行为提供了伪科学依据。19 世纪末，包括一些知识分子和科学家在内的精英人士采纳了“遗传劣势”的观点。而对进化论最糟糕的歪曲是之后的社会达尔文主义（Hofstadter，1959）。社会达尔文主义将进化论粗暴地应用于社会领域，认为不仅个体，社会和文化也在因为适者生存而自然地相互竞争。因此，白人入侵、征服和统治其他群体具有生物和道德上的合理性，甚至被一些人认为是白人必须做的事。毕竟，白人认为自己更“适应”生存。

这些观点助长了人们对其他文化群体的歧视，并以多种途径影响了美国政府的政策。如美国在 20 世纪 20 年代通过的移民法案严格地限制来自东欧、南欧以及亚洲等“劣等”或者“不适应”的地区的移民（不必惊讶，在美国历史上，非洲人是最为“不适应”的人种）。可悲的是，心理学家和那个时代的其他科学家也为歧视提供了不足信的背书，如心理学家曾编制了偏见测验以证明不受欢迎的文化是智力和道德低下的（Gould，1996）。

那个时代的某些心理学家沉湎于这种偏执观念，其思考和研究被扭曲。许多心理学家报告了保存和净化精英阶层基因库的重要性，这种“优生学运动”提倡强制穷人节育。为了避免犯相似的错误，使当今的人格心理学家了解这段历史是非常重要的。2007 年，詹姆斯·沃森（DNA 分子的共同发现者之一）非正式地宣称非洲人天生智力水平不如其他人种，之后他为此言论致道歉，并辞去实验室主任一职。其实沃森只是遗传学专家，而并非智力和行为专家。

5.9.1　文化、纳粹主义和“优越的种族”

对于影响人格的生物因素的误解和误用在某种程度上导致了数百万人被杀害。在 20 世纪的欧洲，对个体差异的误解达到极其恐怖的程度，阿道夫·希特勒（Adolf Hitler）和一群残忍的法西斯主义者控制了德国社会，德国人民愿意相信日耳曼民族是在遗传上优越的“主宰民族”。

当然，不同文化群体间存在系统差异，但并没有证据显示这些差异是遗传来的。当移民者从亚洲、非洲、欧洲或者拉丁美洲进入美国，他们的孩子多半也会成为喜欢篮球、米老鼠、汽车、乡村道路和美国音乐的崇尚自由的“美国人”；很快，移民后代的行为举止或许会更接近美国文化而非他们父辈的文化。因为文化差异，北京人的行为模式与纽约人或是内罗毕人可能有所不同。

然而，人格的生物决定论依然很有诱惑力，甚至有教养的人也会被这个观点吸引，即那些遗传上劣等的种族不值得拥有自由、成功甚至生命。在希特勒和纳粹主义者看来，犹太人、吉卜赛人、同性恋者与生理或心理残障者都是劣等人。许多医生给大屠杀引了路（Lifton，1986）。虽然这是个复杂的问题，但对于研究人格的学生而言，了解有关人格天性的普遍社会误解和偏见是很重要的。

5.9.2　人类基因组与优生学

生物学家致力于人类基因组计划：识别 20 000 个左右基因的功能。人类基因组计划的当前目标是研发遗传性疾病的治疗方法，例如肌营养不良症。科学家正在逐渐识别那些影响人们攻击、抑郁、聪明或害羞等倾向的基因（或基因型）。

这一领域的研究者有可能受到一种微妙的遗传种族主义的影响：因为现代医学能够维持垂死者的生命，所以适者生存已经失效了，人类基因库正在退化，故如果人类想要进化，就必须开展基因工程以修补和保存健康的基因库。那么，应该由谁来负责这项艰难的工程呢？当然是遗传学家。

这种观点蕴含了微妙的错误，这种错误和社会达尔文主义的错误一样险恶。没有证据表明人类的基因库正在退化。事实上，甚至很难说这样的陈述有任何意义。显然，人类的生理特征正在改良而非衰退：与以前相比，人们更高大、更强壮、更长寿了。甚至任何对“我们知道智力或者艺术天赋的遗传基础”的暗示，也都是危险的谎言。音乐、艺术及科学领域的天才经常产生于令人意想不到的环境，他们也常是奴隶或仆人的后代。进一步讲，我们并不了解经过了数千年选择的人类特征到底是哪些，因此凡是声称自己精确地了解进化史中的选择压力的人都应该被挑战。

在这些种族主义错误之外，依然存在其他问题：我们是否应该修补基因以成为更优良的人？没有人具有罪犯的遗传倾向不是很好吗？为什么不消除校园霸凌者的遗传倾向？让那些极其讨人厌的人消失怎么样？回答这些问题需要充分理解生而为人意味着什么，换言之，必须掌握人格心理学的丰富知识。

另外，谴责遗传学研究或者指责所有遗传学家都是种族主义者也是不理智的。人格心理学告诉我们，出于多种原因，个体差异多种多样。随着更多人格差异的生物学原因被解开，我们的社会需要更成熟地理解这些研究发现的意义（Ehrlich & Feldman，2007；Tooby，Cosmides，& Barrett，2003）。

假设你或你的亲属因有遗传疾病或缺陷而生活得极其艰难，如果科学可以解决这些问题，你可能会感到高兴。但如果是你人格中存在缺陷呢？我们都有人格缺陷，你乐意让科学家“修补”你的人格吗？如果你的朋友或爱人突然决定修补自己的基因，你将做何感受？举个例子，也许你的爱人认为自己过于温柔和多愁善感，而想要变得更理性和务实；又或者你孩子的老师或医生建议“修正”其蛮横的行为。那么你会怎么办呢？现在，这些问题正在慢慢浮出水面。

写作练习

“人类基因组与优生学”这一节中提出了通过改变基因结构来“改善”人格或其他方面的问题。那么，你认为应当对基因进行修饰，以使人类变得“更优良”吗？

总结：生物学取向的人格理论

遗传、神经内分泌系统、身体禀赋、生理健康等相对不可改变的生物学特征会影响人格吗？有时确实会，而且这些影响因素应该被学习人格的学生认真研究。高登·奥尔波特（1961）曾写道，虽然心理学是构建人格科学最安全的方法，但“有一天，可能会被生物学模型追赶上”（p. 73）。今天，生物学的确对人的含义提供了许多观点，最重要的是，这些理解考虑了外在指标及人类反应的局限性。

美国人愿意相信，任何具有充分动机和良好养育的儿童都能够完全发挥潜力。成功的确来自努力和适当的养育，但生物因素也会影响一个人的特征性反应。人生来并非一块白板，然后由环境在其上书写；人是带着某些遗传倾向和能力开始他们的人生的。

查尔斯·达尔文论证了人类从原始物种进化而来，此举掀起了一场生命科学的革命。在达尔文的分析里，生存特征（如速度、攻击性或智商）的功能得到关注。达尔文理论的主要难题是，人们难以精确得知什么样的选择压力促成了人类百万年间的进化。这个难点限制了达尔文理论的现代应用，即进化人格理论。

气质是指个体在情绪反应上稳定的差异。气质的四个维度通常是独立的，它们分别是活动性、情绪性、社交性与冲动性。艾森克的内外倾因素结合了气质的活动性和社交性维度，他的基本观点是外倾者的大脑唤醒水平相对较低，因此会寻求刺激；而内倾者有较高的中枢神经系统唤醒水平，于是趋于避开社会环境中的刺激。

另一种证实人格的生物学差异的有效方法是研究半球活动性的个体差异，换言之，就是研究左右大脑半球激活量的相对差异。右半球的高激活水平与压力情境中的恐惧和沮丧情绪有关，也就是说，右半球相对活跃的个体更有可能对消极刺激产生过度反应。

双生子研究发现基因型相同的人具有相似的人格，同卵双生子比异卵双生子表现出更多的相似性；但被分开抚养的双生子的人格相似性要低于被一起抚养的双生子，可见抚养环境可以影响人格的形成。人格中有多少由遗传因素决定这一问题引起了诸多争论，有趣的是，被一起抚养的亲兄弟姐妹（包括双生子）经常具有显著不同的人格，这表明他们经历了非共享环境，例如有不同的朋友。从儿童到成人，环境对人格的影响（以及基因和环境的交互作用）更加明显。同卵双生子和异卵双生子的人格相似性都与年龄之间存在负相关关系：随着双生子年龄增长，他们的人格差异更加明显。

中毒和某些疾病（如中风）可引起人格的剧烈改变。一个稳定的人格取决于健康的、功能良好的大脑，影响脑功能的疾病和毒物通常也会影响人格，对人格产生影响的有毒物质和疾病非常多。鉴于药物和毒物能够对人格产生关键和剧烈的作用，人格毒理学这个基础研究领域很有必要存在。

理解影响人格的生物因素对于法律和公正的相关信念也具有重要意义。一种极端的说法是，多数从事违法犯罪的人是因为神经系统存在障碍而被迫做出了不当的行为。有趣的是，这一立场被非常自由和左翼的政治取向所认可，而它与保守的右翼政治家所持的“有些人就是携带着邪恶基因”的观点不谋而合。

生物因素作用于人格的方式之一是通过影响人们所处的环境来实现的，生物因素可能使我们在某种情境中兴奋起来，于是这些情境就影响了人格。例如，外向者和刺激寻求者更可能更换工作。个体的某些特征会使其经历特定的事件，这些经历又反过来影响他们的反应。人格的很多方面还会受到严格的社会机制的塑造，即来自他人的期待和反馈。

“适者生存”是整个科学领域中最为严重的误用之一，这种不恰当的表达使一条生物学原理变成了一项道德规范，并且被解释为弱势的生物和文化不应该生存。现实中，它甚至成为杀戮的通行证。社会达尔文主义将进化论粗糙地应用于社会领域，认为社会和文化同样在为了适应生存而自然地相互竞争；因此，一些群体侵略、征服和统治另一些群体便有了生物和道德上的合理性，甚至还成了必须做的事情。此外，“优生学运动”鼓吹强制穷人节育的措施。

人格的生物决定论很具诱惑力，甚至有教养的人也会被这个观点吸引，即认为那些在遗传上劣等的种族不值得拥有自由、成功甚至生命。在希特勒和纳粹主义者看来，犹太人、吉卜赛人、同性恋者及生理或心理残障者都是劣等人。除了这些种族主义的错误，还有一些问题仍然存在，例如，我们是否应该修补基因以成为“更优良”的人。

不幸的是，人们很容易接受刻板印象并使不公平的现状合理化。直到不久前，大部分男性（和女性）还认为男性天生更适合管理政府、掌握财产、成为科学家和艺术家以及从事商业活动；而女性作为“弱势”性别，被认为天生就应该待在家里、料理家务和养育儿童。因此，女性不被允许进入最好的大学、参加选举、担任公职以及拥有财产等，允许女性从事这些活动被认为“违背了天性”。如今，这种偏见隐藏了起来（但仍然是偏见）。一些政治领袖夸大了遗传决定论的重要性并忽略了人格的其他方面，我们应该对他们提出质疑吗？“基因净化”（genetic purity）使研究误入歧途，鉴于这段悲惨的历史，我们必须更为深入地理解人格。

观点评价：生物学取向的优点和局限

快速回顾：

- 人格是基因、大脑和激素的产物

优势：

- 强调受遗传、生理健康和身体禀赋等方面影响的人格的倾向与局限
- 承认生物学影响对于他人反应和个体所选环境的作用
- 可以与其他取向相结合

局限：

- 低估人类成长和变化的潜在力量
- 有被政治家过度简化并误用的严重危险
- 生物学概念可能并不完全适用于解释心理现象
- 难以捕捉意识层面的规律

对自由意志的看法：

- 人类行为由生物因素决定

常用的测评技术：

- 神经科学和脑部扫描，遗传研究，生理测验等

对治疗的启示：

- 行为被看作进化着的生物结构、基因、激素、化学物质失衡、环境及这些因素的交互作用的结果，所以治疗也强调生物干预，如使用百忧解或安定一类的精神药物治疗心理疾病，使用激素治疗经前综合征，使用外科整形术（或抽脂术）治疗身体缺陷，通过抗组胺药与清洁环境来治疗过敏症及中毒等
- 体育锻炼等能够促进健康的活动，（在焦虑症和抑郁症治疗方面）具有干预效果
- 基因治疗可能会越来越普遍，同时潜在的伦理风险也很大

写作分享：区分双胞胎

到目前为止，你已经学习了一些关于双生子研究的内容，同时也知道了遗传学视角下的人格研究是什么样子的。那么你认为通过双生子研究来探索人格有什么价值？这些研究的局限又在哪里？

6

CHAPTER

第6章

行为主义与学习取向的人格理论

学习目标

6.1 解析人格的经典条件反射理论

6.2 检视行为主义的起源

6.3 解读斯金纳的行为主义取向

6.4 使用行为主义解释人格差异

6.5 探究20世纪三四十年代其他实验心理学家的工作

6.6 评价在当前的人格研究中，条件反射、奖励和消退的理论是如何关联的

行为主义取向直击多数关注内部特质、倾向、防御机制和动机的人格理论取向的要害。行为主义拒绝这些概念，认为人完全受环境的控制。这一结论必然饱受争议。诗人奥登（W. H. Auden，1970）写道：

> 行为主义当然“有用”，折磨（torture）也很有用。给我一位严肃、实事求是的行为主义学家，一些药物和简单的电器，在6个月内我保证让他当众默写出《亚他拿修信经》(*The Athanasian Creed*)。

你即将看到，奥登的说法并不准确，但是由行为主义引发的关于人性的争议真实存在。这一章将介绍行为主义与学习取向的人格理论的优势和不足。

几年前，我们的一位朋友生意投资成功，发了一笔小财。他非常开心，只需10美元的出租车费，他慷慨地付了100美元。看着司机脸上惊喜的表情，这位朋友说完“不用找了”就下车走了。司机从没收到过如此豪爽的小费，而且相信以后很长时间里也不太可能再有这样的机会了，他一定觉得自己中了头彩！

但我们可以预测，这位司机会期待再遇到与此朋友相似的乘客，并尝试表现出当时的互动方式，

像那天那样开车，希望再次得到这样的小费，而且这种状态会持续一段时间。换句话说，由于得到了一笔可观的奖励，他现在的行为方式具有一致性且相对可预测。在某种程度上，这一行为已成为他人格的新成分。

像出租车司机获得高额小费这样较大且不可预测的奖励被行为主义心理学家称为间歇强化。实验表明，在某种（不是全部，即间歇性的）行为发生后得到的奖励比持续强化对行为的影响更大。

就像老鼠会为了能偶尔得到的一块食物而反复几十次地按下杠杆或按钮一样，人们也会持续性地实施某种行为，以获得偶然但丰厚的回报，包括大奖、小鸟球、性关系、来自教授的 A+ 评分或 100 美元的小费。本章将解释环境中存在的特定奖励结构将如何激发出具有一致性的个人行为，即行为主义与学习取向的人格理论。

6.1 人格的经典条件反射

6.1 解析人格的经典条件反射理论

人格学习理论的哲学基础之一来自英国哲学家约翰·洛克（1632 ～ 1704），他认为婴儿就像一块白板——生活经历会在他们身上写下故事。这一假设并没有排斥其他人格理论，但确实提升了环境作用的地位。然而，正如所有心理学学生都知道的那样，奠定现代学习理论基础的是俄国杰出生物学家伊万·彼得罗维奇·巴甫洛夫（1849 ～ 1936）。

6.1.1 刺激反应的条件化

通过对狗的消化腺的研究，巴甫洛夫发现了重要的经典条件反射（classical conditioning）。他把能引起唾液分泌（无条件反射或自动反射）的食物（无条件刺激）以及正常情况下不能引起唾液分泌的东西（如铃声，即中性刺激）同时呈现给狗，结果发现，当食物和铃声多次一起出现之后，即使只有铃声响起也可以引起狗的唾液分泌，也就是条件刺激（铃声）引起了条件反射（唾液分泌）。同样，人也可以习惯于条件刺激，对农场上召集吃饭的钟声产生条件反射。通常情况下，铃声不会对唾液分泌起作用，但是狗和人都可以习得（即习惯于）这一自动联结。

巴甫洛夫发现与条件刺激相似的刺激也可以引起条件反射，并将其称为条件反射的泛化（generalization）；不过也不是所有潜在的相似刺激都会引起条件反射，动物也可以学习区分不同的刺激，这一现象被称为分化（discrimination）。因此，如果紧跟着食物出现的铃声只有一种音调而再无其他音调，那么狗将能辨别这种音调，条件反射也将只在这一特定的音调出现时才发生。类似地，被蜜蜂蜇过或被蚊子叮咬过的小男孩也许会对所有昆虫的嗡嗡声（泛化）感到害怕（条件反射）；又或者，当他发现苍蝇或其他小昆虫只是围着他嗡嗡叫而没有造成任何伤害，也许他将学会区分叮咬他的昆虫和其他飞虫的嗡嗡声。

按下晚餐铃会导致人类分泌唾液，这是一种典型的条件反射，与巴甫洛夫在他的实验狗身上观察到的反应完全相同。

6.1.2 条件反射的行为模式

许多行为反应模式都可以用经典条件反射解释。伴随积极愉快的事件出现的中性刺激将变得“令人喜爱”，而伴随消极反应出现的事件或结果变得“令人讨厌”（甚至更严重）。比如，一名大学生将在聚会上饮酒和与朋友共度愉快的社交时光联系在一起；而在另一种情况下，一名女性由于在聚会遭遇强奸而发展出这样一种“人格”——害怕大学中一切涉及酒精的社交活动。

巴甫洛夫的构想为解释人格的情绪方面奠定了基础。比如，为什么有的人对某些特定事物存在极端的恐惧反应，而其他人没有呢？许多人即使看到蛇的照片也会产生极度恐惧的情感反应。这可能是因为祖母带着5岁的孙女去动物园的“蛇园”时，当着孙女的面表现出极度的焦虑，而使孙女形成了条件反射。对恐惧的条件反射解释与生物学解释（对蛇的恐惧与生俱来）、精神分析解释（蛇是阴茎威胁的象征）和新精神分析解释（对蛇的恐惧是集体潜意识的一部分）完全不同。

6.1.3 消退过程

如果无条件刺激与条件刺激一起消失会怎样呢？这时候消退（extinction）可能会发生，也就是说，条件反射频率降低，两种刺激的联结变弱，直至最终消失。换句话说，“人格”（反应模式）改变了。强奸案的受害者发展出恐惧的人格（害怕参加聚会、外出约会，甚至害怕去商场购物），但如果他们不断和冷静且支持他们的朋友一同经历这些场合，恐惧人格就将向好的方向转变。但不幸的是，那些对某些事物有习得性恐惧的人往往会选择回避，恐惧便难以消失。

6.1.4 神经质行为的条件化

行为主义如何解释像神经质这样复杂的人格维度呢？事实上巴甫洛夫曾经通过训练，让狗做出类似神经质行为的反应。首先，他在呈现食物的时候使用圆形而不是椭圆形盘子，使狗发展出对圆形的条件反射，同时对椭圆进行分化。之后，他逐渐增加椭圆的圆度，使椭圆近似圆形。当狗不能分辨椭圆和圆形时，就开始出现神经质行为了（Pavlov，1927）。这意味着神经质也许是一种条件反射，它产生于几乎不可能做出区别判断的情况下（Wolpe & Plaud，1997）。比如，一些儿童不能预测父母变化无常的反应，如果儿童不能确定应该期待表扬还是惩罚，他们就会感到失望、焦虑和抑郁。

巴甫洛夫的父亲是一位东正教神父，因此他自己也曾打算做一名神父。但是，年轻时他对达尔文的理论产生了极大的兴趣，于是转向科学事业。他对唾液分泌功能及其控制的研究就深深扎根于达尔文的思想。但是，进化人格理论关注的是基因和遗传性生物倾向，而巴甫洛夫和他的追随者为科学解释这些倾向是如何被环境塑造的奠定了基础。

6.1.5 条件反射原理应用的复杂性

现代研究表明，经典条件反射并不像巴甫洛夫设想的那样简单。比如，巴甫洛夫认为条件反射的原则对一切动物普遍适用，但现在研究者已经证实，不同有机体对特定刺激形成条件反射的难易程度可能不同（Garcia & Koelling，1996）。当铃声和食物一同出现时，饥饿中的狗会形成唾液分泌的条件反射，而这一过程对其他物种可能就不适用，甚至每一个个体都有自己促进或削弱学习的独特倾向。比如，相比气味线索，人类更多地依赖视觉线索，并且不同的人具有不同的知觉和审美倾向。但是，经典条件反射仍然对反应模式极具解释力，特别是当刺激和自动化反应建立起强烈的自然联结的时候。不过，大部分的反应模式是经由对我们行为的结果的经历和期待而形成的。这也是行为主义取向的人格理论的核心所在（见“名人的人格”专栏）。

名人的人格　约翰·特拉沃尔塔：明星身份的强化

明星就像夜空中的烟火，来来去去、明灭不定。他们受到公众关注而一夜成名，成为青少年的偶像，成为人们迷恋和羡慕的对象。他们光芒闪耀，但这些突如其来的成功也常常有如昙花一现。

电影明星约翰·特拉沃尔塔（John Travolta）是一个引人注目的例外，可是这个“例外”又和大家想象的不一样。凭借在20世纪70年代的大片《周末夜狂热》（*Saturday Night Fever*）和《油脂》（*Grease*）中的出色表演，特拉沃尔塔成为公众焦点，事业迅猛发展。那段时间，许多人都相信特拉沃尔塔将成为最大的票房保证。然而在成名后不久，他就没落了。仅仅二十几岁的他沦落为“过气明星”，只能接拍一些平庸电影中的二流角色，直到最后他拒绝再出演电影。

但使他有别于其他过气明星的是，他一而再、再而三地东山再起。在距离最初成名时十几年，淡出观众视线超过10年后，1994年他出现在由昆汀·塔伦蒂诺（Quentin Tarantino）执导，屡获殊荣的流行文化电影《低俗小说》（*Pulp Fiction*）中，自此重出江湖。这也是他的第二次成名。随后他出演的《矮子当道》（*Get Shorty*）、《变脸》（*Face Off*）和《细细的红线》（*The Thin Red Line*）均获得了成功。然而，在2004年和2005年他一口气拍了五部影片，包括《一酷到底》（*Be Cool*），均票房惨淡，历史重演。之后，他再一次在口碑上佳的影片中卷土重来，例如2007年的《荒野大飚客》（*Wild Hogs*）和他男扮女装主演的影片《发胶星梦》（*Hairspray*），2008年的《闪电狗》（*Bolt*；他和麦莉·塞勒斯（Miley Cyrus）在其中合唱），2009年的《老家伙》（*Old Dogs*），2010年的《巴黎谍影》（*From Paris with Love*），2012年的《野蛮人》（*Savages*），2013年的《致命对决》（*Killing Seasons*）等。

行为学家会如何解释特拉沃尔塔的事业轨迹（一夜成名——迅速衰落——再一次成名）呢？他早期的成名路径也许是由强大的积极强化（金钱、成为明星后的额外效益、同事的尊重以及公众的羡慕）塑造而成的。用操作性条件反射的理论来说，他的行为越接近理想明星，他得到的就会越多；是其所处的结构化的环境促使其成为明星。

然后发生了什么？也许是糟糕的角色选择导致那些帮助他成功的行为逐渐消退了。又或者他做出“明星”行为后没有得到及时的强化，也就是说，在他出演了几部失败的作品后，特拉沃尔塔不知不觉地陷入“明星”行为消退的螺旋下降的趋势：由于他出演的几部电影没能强化他，他不愿意再接受新的角色或无法在最佳状态下演出；又由于他的出镜率减少，他也不太可能获得更具吸引力的角色。这一下降的过程就成为螺旋式负性强化的循环；不出演新角色，特拉沃尔塔就可以避免体验参演烂片带来的他人的蔑视和恶评。

那么又要如何通过行为主义理论来解释特拉沃尔塔的回归呢？也许远离聚光灯的经验（他较近的强化历史）对他寻求新电影角色产生了作用。也许他回归的那部电影的导演做出的某些举动激发了他潜伏已久的早期成名时形成的行为模式。一旦这些行为被再次激发和强化，它们便可能在随后的情境中重复出现。在某种意义上，特拉沃尔塔还是原来的特拉沃尔塔，但从另一个角度看，他成了应对生活的不同阶段中不同情境的一个不同的行动者。

写作练习

你能想起你在什么时候形成了什么条件反射吗？你是怎么形成条件反射的，你能停止这一过程吗？

6.2 行为主义取向的起源

6.2　检视行为主义的起源

大约在20世纪初，弗洛伊德和许多实验哲学和心理学家，如威廉·冯特（Wilhelm Wundt），都采用主观分析法研究人类思维，请个体内省或自由联想以揭示潜意识过程。这一途径存在方法论缺陷——无法确认或检验数据和结论，也就是说，我们如何知道个体报告的想法能不能代表他们的内心呢？

6.2.1 拒绝内省法

针对内省法显而易见的局限性，约翰·B.华生创建了行为主义这一心理学领域中十分重要的学习取向。华生希望发展严谨的科学，因此完全拒绝内省法。按照他的说法，通过内省法得到的思维和感觉是不可观察且不科学的。

华生1878年在美国南卡罗来纳州的格林威尔出生。他先是在芝加哥大学学习哲学，但很快就转向心理学，进行神经学、生理学和动物研究。有趣的是，当华生做博士论文时，他发觉自己并不喜欢以人为研究对象，而更偏爱用动物做研究。华生相信通过研究动物同样可以了解人类。

1908—1919 年，华生在约翰斯·霍普金斯大学担任教授。1914 年，他在著作《行为》(*Behavior*) 中提出研究可观察行为、拒绝内省法的基本观点；1919 年，他与罗萨丽·雷纳（Rosalie Rayner）出版了一本有关行为主义的重要著作——《行为主义者眼中的心理学》(*Psychology from the Standpoint of a Behaviorist*)，在其中他全面地批判了研究意识的内省法和关注潜意识的精神分析。

6.2.2 恐惧条件反射和系统脱敏

华生运用巴甫洛夫的理论，对动物以及 11 个月大的小阿尔伯特进行研究，提出情绪反应也可以被条件化（Watson & Rayner，1920）。他们让阿尔伯特对老鼠这个最初不会引起他恐惧反应的中性刺激产生了条件化的恐惧。在预先测试中，研究者发现用铁锤敲打钢筋的声音会使阿尔伯特极度恐惧，于是当老鼠出现或者当阿尔伯特伸手去摸老鼠的时候，就会突然听到这一可怕的声音。很快，阿尔伯特只要一看到老鼠就哭。

阿尔伯特的条件化恐惧形成时，也出现了泛化，他对其他毛茸茸的东西，如兔子、狗和裘皮大衣等也感到恐惧，可怜的阿尔伯特甚至害怕长着白胡子的圣诞老人面具。这一研究认为，对一类刺激的条件化的情绪反应可能导致随后对多种刺激或活动的情绪反应。同时研究指出，任何中性刺激都可能引发情绪。华生相信大多数人格是这样形成的。他认为弗洛伊德人格理论的性驱力概念是荒谬的，并嘲笑弗洛伊德主义者会将阿尔伯特对毛皮的恐惧解释为早期阴毛经验的影响。

华生与雷纳的方法也被用来帮助一名叫皮特的男孩去除对老鼠、兔子、羽毛类物品的条件化恐惧（Jones，1924）。当皮特和三个孩子一起玩耍时，引起恐惧的兔子出现；在兔子逐渐靠近皮特时，保持他高兴的情绪，恐惧就渐渐地消失了。这是第一个应用系统脱敏法（systematic desensitization）的个案记录。随着皮特对兔子脱敏，他人格中的这一部分也发生了变化。

患有恐惧症的个体可以经由系统脱敏法成功治愈，原理是消退原则。系统脱敏法即保持个体平静、不焦虑的体验，逐渐接近恐惧源，以此使恐惧反应去条件化。这种方法已被应用于治疗创伤后应激障碍。图中患有创伤后应激障碍的退伍军人正在接受针对他们个人战斗经历的虚拟现实暴露治疗（虚拟越南战争、伊拉克战争、阿富汗战争等），并取得了一些成功。

使用系统脱敏技术对恐惧症进行去条件化治疗，已经成为一种普遍且有效的治疗方法（Choy，Fyer，& Lipsitz，2007）。这表明，即便激烈的情绪也会随时间消失（被消除）。近年来，帮助个体体验虚拟现实（virtual reality，VR）的技术在提升所创设的体验的质量和降低创设刺激情境的成本（时间和金钱）方面有了很大的发展。目前的研究主要集中在利用虚拟现实技术来治疗恐惧症，通过模拟恐惧情境而不是让患者去想象或亲身经历恐惧情境来进行系统脱敏（Wiederhold & Wiederhold，2005）。一系列恐惧症研究都取得了较积极的结果，如蜘蛛恐惧、高空恐惧和幽闭空间恐惧（如 Emmelkamp et al.，2002；North，North & Coble，1998；Parsons & Rizzo，2008；Riva et al.，2010）。这一技术除了降低成本和提高效率外还有其他潜在的优势，比如患有恐惧症的人如果知道他们不必面对活生生的恐惧源而只需要面对计算机进行模拟，会更愿意参与治疗（Garcia-Palacios et al.，2001；arcia-Palacios，Botella，Hoffman & Fabregat，2007）。

另一类条件反射原理的早期应用是治疗尿床（Mowrer & Mowrer，1938）。当探测到被褥有一点湿，电子设备——声音很大的闹铃就会唤醒孩子。这一治疗方案对很多孩子是有效的。很快，孩子在尿床之前便能做出反应。这一方法反对弗洛伊德主义将尿床解释为固着于某一性心理发展阶段而造成的人格障碍，相反，这一方法认为保持夜里不尿床是一项可以通过外在条件化训练被学习的技巧，尿床并不是什么内在精神压力的症状。

1920 年，华生和妻子离婚，和他的学生助理（即雷纳）结婚。这一丑闻在当时（毫无疑问这和童年时期的道德条件化不足有关）引发了很大的社会压力，迫使华生离开约翰斯·霍普金斯大学，其事业轨迹从此发生重大转折。之后，华生投身商界，将学习理论应用到商业市场，并成为一位成功的业务顾问。1924 年他出版了另一本书《行为主义》，但他作为一名实验心理学家的事业似乎在他离开大学的时候就已经结束了。1958 年，华生去世。小阿尔伯特后来怎么样了，还是害怕皮毛吗？我们并不确定，有许多分开发表的文献对他的真实身份进行了各种各样的猜测（如 Powell et al.，2014）。

人格改变

行为主义者改变人格的方法关注的是改变一种不受欢迎的行为，而不是找出导致这种行为的原因。

思考一下

行为主义取向潜在的基本假设是问题的原因并不重要（尽管原因存在于强化的早期历史），行为本身才是关键。只要应用训练工具将行为改变，问题就可以解决，即可以通过学习改变不良行为。假设你咬指甲，带来了角质层感染或双手不雅观等问题，行为主义者就会展开通过强化实现重塑的计划来训练你停止咬手指。而持其他观点的学派，特别是心理动力学理论学派，则认为修复症状没有最终的价值，因为潜在的问题还会通过其他方式表达出来。传统的精神分析专家认为条件反射也许会帮助个体停止咬手指，但无法帮助咬手指的人了解引起自我破坏行为的内部冲突，所以是治标不治本的。因此，你可以花费数年进行密集的精神分析会谈以了解问题的根源，也可以接受行为治疗，以停止咬手指的行为。

在现代研究中，经典条件反射提供了一种有趣的方式，来解释许多习惯和嗜好的产生——行为模式在获得奖励时被保留了下来。例如，吸烟、饮酒和赌博最初是由无条件的积极反应（如积极的唤醒、愉快的心情和兴奋感）引发的，但长远来看，这些行为的持久性更适合用行为奖励的后果来解释。

华生（1924）坚信孩子是白板一块。他吹嘘："给我一打健康的、没有缺陷的婴儿，在我设定的世界里教养，我保证随机选出其中任何一个，无论他的能力、嗜好、倾向、活动、职业、种族等种种因素如何，我都能够把他训练成为我所选定的任何一种类型的专家——医生、律师、艺术家、企业家等，甚至也可以把他训练成为乞丐或盗贼。"换句话说，华生所宣扬的已远远超出人格理论的范畴，他信奉这样一种世界观：环境是了解一个人的关键。因此，如果孩子被恰当地抚养长大，他们也将行为恰当，因为他们的人格是环境作用的结果。这一视角同书中其他章节描述的理论形成鲜明的对比。华生的观点是 B. F. 斯金纳工作的基础。

写作练习

回忆你在第 2 章中学习到的有关自我报告和他人评定的内容。华生及其他行为主义者反对内省法，认为其不够客观，且不具备科学依据。对此你怎么看？

6.3 斯金纳激进的行为主义

6.3 解读斯金纳的行为主义取向

伯尔赫斯·弗雷德里克·斯金纳（1904—1990）出生在美国宾夕法尼亚州的萨斯奎哈纳。他的母亲和做律师的父亲遵循严格的道德准则教养他，据斯金纳所说，他生活在一个稳定并充满爱的家庭，父母及祖父母教育他遵守清教徒的职业准则、德行和道德。

斯金纳从小双手灵巧，精于手工（他给自己做了滑板车、救生筏、秋千、弹弓、吹枪、蒸汽大炮等玩具)，善于发明（如发明了帮助辨别生浆果和成熟浆果的浮选系统)，童年时期的这些兴趣对他后来制造和使用实验设备和机器产生了重要影响（Hall，1967）。另外，斯金纳从小就对动物和动物行为充满兴趣，比如他会在市集上目不转睛地观察受过训练的鸽子。

斯金纳也许会说他成年后的行为可以追溯到其儿童时期受到的强化，而不是如弗洛伊德和荣格等人所说的“人格发展”。斯金纳强调，他的人格是儿童时期强化历史（即他所经历的奖励和惩罚）的结果。他同时强调，他的生活和人格由环境事件决定和控制。

斯金纳在汉密尔顿学院——一所不大的文科学院学习文学时，将自己的作品寄给诗人罗伯特·弗洛斯特（Robert Frost）评阅，弗洛斯特鼓励他继续写作。毕业后，斯金纳用了整整一年的时间埋头写作，但最终得到的结论是他并没有什么重要的话要说。(我们也许都想知道为什么罗伯特·弗洛斯特的积极强化没有激励斯金纳继续写作。是因为他受到的正强化有限，还是因为没有进一步的奖励，所以他的行为消退了？）之后，斯金纳去格林尼治村待了6个月，在那期间他读到了巴甫洛夫的《条件反射》（*Conditioned Reflects*）和华生的一些著作，也受到实验心理学先驱、提出效果律（Law of Effect，指行为的结果，如效果，会加强或削弱该行为）的爱德华·桑代克（Edward Thorndike）的影响。他认为，学习最初来自试误，我们总会学习做出那些可以给我们带来奖励或者可以帮助我们避免惩罚的行为。

斯金纳决定在哈佛大学修读心理学研究生，因为他认为人们需要像心理学家一样理解行为，而不仅仅是像作家那样描述行为。在研究生期间，他得出环境控制行为的结论：环境事件，特别是行为的结果，是大多数行为的原因。因此，斯金纳推论，要想理解行为，就必须揭示行为周围的环境条件。换句话说，斯金纳致力于不通过生理学或内部人格结构来解释行为。1931年，他在哈佛大学获得博士学位。

斯金纳的行为主义观点明确声称学习规律对所有生物普遍适用。一开始，他训练鸽子和小白鼠做出反应（啄按钮和按压杠杆等)，反应结果可以被机器记录。

这里有一个有趣的问题：当随机强化比反思思维更重要时，鸽子会比人类更“聪明”吗？一项有趣的研究调查了“蒙提·霍尔问题”（Monty Hall dilemma）（该名称源于电视游戏节目《让我们做个交易》（*Let's Make a Deal*）的原主持人蒙提·霍尔，这个问题也叫“三门问题”）。

思考一下

参赛者（或鸽子）试图猜出三扇门中哪一扇后面隐藏着一个理想的奖品。在做出选择之后（如1号门)，另一扇门打开了（如3号门)，但是它后面没有奖品。然后参赛者可以选择维持他们最初的选择，或者转而选择另一扇未被打开的门（2号门)。大多数人会维持他们最初的选择。但是经历过多次这种情况的鸽子很快就会学会转而选择另一扇没有被打开的门。正确的做法是换一扇门——它将使你获胜的概率加倍，但是大多数人都不知道这一点，即使经过多次尝试（Herbranson & Schroeder，2010；Herbranson，2012）。

顺便说一下，换门的好处是：当你选择1号门时，奖品在另外两扇门中的一扇后面的概率是2/3（奖品在你选择的门后面的概率只有1/3）。当你知道奖品不在 3 号门后面之后，它在 2 号门后面的概率就是 2/3（因为你最初选对了的概率仍然只有 1/3）。所以你应该转而选择 2 号门。大多数人都搞不清楚这一点，所以他们的表现比鸽子差得多。鸽子不怎么思考，反而有更聪明的“人格”。

6.3.1　用操作性条件反射来描述人格

从哈佛大学毕业后，斯金纳去了明尼苏达州立大学任教，之后又在印第安纳州立大学待了一段时间，1948 年重回哈佛大学。斯金纳仿佛一位驯兽员，不断用自己发现的操作性条件反射（operant conditioning）原理来训练动物。操作性条件反射观点认为，行为因为结果而发生变化。斯金纳通过操纵环境，可以训练动物（小白鼠、鸽子）做出一些非先天性的行为（如打羽毛球），他是通过逐渐塑造出一系列接近期望的行为实现这一目的的。也就是说，训练有素的海豹跳过钢圈不是因为它们的人格，而是因为它们做出这些被训练员期许的行为后会获得小鱼作为奖励。

斯金纳的操作性条件反射理论强调研究可观察的外显行为、环境条件以及环境事件和条件决定行为的过程。因此，该理论将重点放在行为的功能（做了什么）而不是人格的结构上。该理论属于决定论的范畴，不涉及自由意志。

根据斯金纳的理论，“人格”这一词条是没有意义的，也不存在人格的内部成分、心理结构（本我、自我、超我）、特质、自我实现、需要或本能。强烈反对“唯心论”，支持可直接观察的行为是行为主义和其他多数心理学理论之间持续不断的冲突的焦点（Uttal，2000）。斯金纳理论中所说的人格仅仅是一组对环境的反应。他在巴甫洛夫的观点之上加入并发展了一个重要的理念，那就是有机体做出的反应由环境决定：如果反应获得了奖励，那么它将很有可能再次出现。斯金纳认为人或其他有机体的大部分行为就属于这种类型，这些操作性行为共同组成了我们所说的人格。

斯金纳睿智地分析了人为什么会迷信，其中没有用到任何关于人格内部成分的描述。我们如何理解有的人会穿上幸运鞋去考试，在应聘前只吃花生酱三明治，相亲时总是佩戴银手镯呢？斯金纳解释道，如果一个人曾经在很偶然的情况下做出某种行为（如穿着他闪亮的黑皮鞋），结果刚好在考试中获得了 A，那么他下次考试还会穿这双鞋，因为这一行为受到了考虑成绩的强化，尽管两者根本不存在因果关系。照这么说，就完全没必要提出一个所谓“迷信”人格的概念了。

斯金纳发现单个动物的学习和行为并不都和平均水平相同，因此他强调环境条件和反应的个体差异，我们必须将学习原理个性化地运用到每个生物个体身上。可见，他采取的是具体方法论取向，而非普适方法论取向。不过他也在寻找能应用于所有有机体（包括人类和非人类）的强调学习的共同过程的一般规律。

斯金纳当然不认为自己是一位人格心理学家，相反，他排斥特质等描述人格内部的、不可观察的概念。相比其他将人格发展作为人类独一无二过程的人格心理学家，斯金纳极其依赖动物实验，他相信行为的习得具有普遍法则，它以相同的方式在人类和动物的身上起作用，从而造就了我们所说的人格，只不过这一过程可能在动物身上操作起来更简单。

斯金纳学习过文学并热爱写作，但他也确实认为他的哈佛同事和他实验室里的鸽子都具有行为上的一致性，并且这种一致性背后的原理也是类似的。此外，虽然声名显赫，斯金纳个人一直是一位礼貌友好的绅士，尤其是在他晚年的时候。

6.3.2　强化控制

和华生一样，斯金纳也相信儿童（如同鸽子）是环境的产物，于是他开始着手设计他所认为的抚养儿童乃至构建整个社会的最佳方式。他的研究促生了一项发明，许多人称其为斯金纳箱（Skinner box，尽管斯金纳本人并不这么叫它，也不喜欢其他人使用这项设计）。在这个被称作实验空间或操作空间的围栏里，动物（或者儿童）远离无关的环境影响，只接触那些在实验者控制下的环境。对于动物来说，斯金纳箱里有一个杠杆（老鼠可以按压）或者按钮（鸽子可以用嘴啄），当杠杆或按钮受力，会触动一个机关，继而机关会送上一个食丸（提供正强化（positive reinforcement））；或者停止一个不良刺激，如电击（提供负强化（negative reinforcement））。

斯金纳箱可以准确校准和控制强化的频率，按压的频率也会由装置记录。即使最早版本的斯金纳箱也可以在控制强化频率和进程的同时准确地测量反应频率。随后的研究发现，不定时发放奖励的间歇强化在行为塑造方面是最有效的。这一技术随后被应用于教学机器设计和自定进程的教学制度中，即当学生掌握一定知识后便可获得奖励。当这一装置应用于儿童时，它可以是一种能够呈现世界是如何运作的结构化的游戏围栏；当其应用于公司员工时，它可以是一种工资奖金表，同绩效或者效益的增加相关（Skinner，1938）。

6.3.3 斯金纳行为主义的乌托邦

同弗洛伊德和其他有影响力的理论家一样，斯金纳对未来社会也有一个广阔的设想。在他的小说《瓦尔登湖第二》（*Walden Two*）中，斯金纳（1948）描述了一个以操作性条件反射原理为基础、行为举止既定的乌托邦社区。在那里，慈悲的政府奖励（强化）积极、恰当的社会行为。由于只采用积极强化，“瓦尔登湖第二”是一个远离一切问题的社会：人们总是行为恰当，有责任心，同时极具能力。那里没有关于自由的问题，因为斯金纳相信自由只是一个幻想。

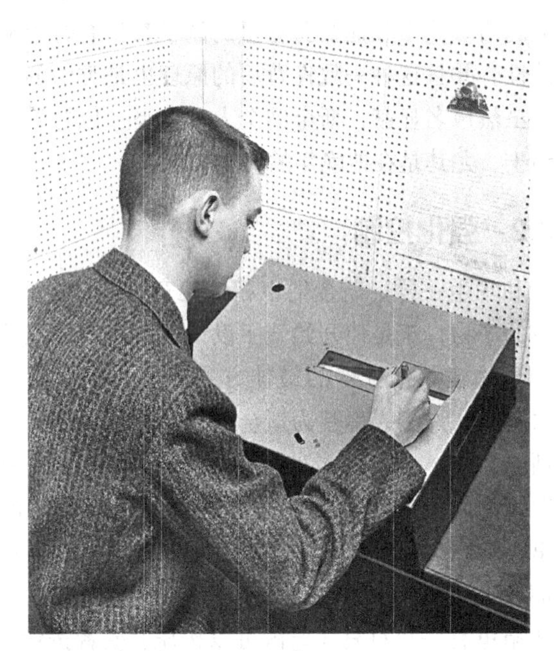

斯金纳为学习者设计了“教学机器”，以控制强化。20世纪50年代，他把它应用于哈佛大学的本科课程教学，同时建立了“程序教学”法。

这本小说的题目是斯金纳从19世纪散文作家亨利·戴维·梭罗（Henry David Thoreau）的作品中认真挑选出的，但这一举动极具讽刺意义。梭罗在马萨诸塞州的瓦尔登湖独自居住了两年，从这段经历中他获得灵感，创作了经典著作《瓦尔登湖》（*Walden*）。梭罗是一位个人主义者，提倡自力更生，反对权威，视个体为自由的来源。而在斯金纳的《瓦尔登湖第二》中没有真正的自由，只有被感知到的自由，因为社会已设定了每个人的行为。

斯金纳的《瓦尔登湖第二》出版后不久，一些以行为主义原则为基础建立的小社区出现了。图为一名社区成员在美国弗吉尼亚州路易莎的双橡园社区工作。这些类似“瓦尔登湖第二”的社区在20世纪60年代兴起，但随后偏离了行为主义。

《时代》杂志称《瓦尔登湖第二》对社区管理而言是一张让人郁闷的处方，认为尽管作者阅读过阿道斯·赫胥黎（Aldous Huxley）的《美丽新世界》（*Brave New World*），但并没有搞清楚其要义（“箱子里养大的婴儿”（Box-Reared Babies），1954）。显然，斯金纳并不是没有搞清楚，他很明白人们对政府控制个人命运的恐惧，但他自己并不害怕。事实上，由于他相信所有行为都是被决定的，他一点都不担心。除此之外，他相信通过控制环境可以设计一个有吸引力的乌托邦社会，而非任其混乱。

斯金纳在他1971年出版的非文学专著《超越自由和尊严》（*Beyond Freedom and Dignity*）中正式明

确了这些想法，倡导建立“瓦尔登湖第二”那样的社会。他提出一个行为既定的社会，通过控制环境来塑造人们的行为——一种通过控制环境条件来塑造人类行为的行为技术。

> **思考一下**
>
> 一个个体行为被设计的社会是解决社会罪恶的方法吗？
>
> 尽管弗洛伊德认为可怕的人类问题应被追溯到本我力量和死亡本能，也尽管许多生理心理学家认为存在衍生出的攻击性驱力，但斯金纳相信这些问题中的大多数——包括战争和犯罪——都只是通过学习塑造的人类的行为。如果社会能够强化好行为，它们就将取代适应不良的行为。斯金纳的想法（1974）同个人自由和自我实现的观点恰好相反。

斯金纳改变行为的方法是建立起给予恰当行为奖励的环境。这一方法已经在许多为患有情感和认知障碍的儿童和成人设立的“特殊”学校和治疗中心得到成功的应用。成人智力障碍治疗可以采用“代币制”（token economy），即用可以换取服务或特权的代币奖励恰当行为，这里的代币是二级强化物。图为一名工作人员（右）在治疗中心的商店中帮助病人（左）挑选可用代币换取的奖励。

适应不良的行为

历史上曾经出现过一些小的“乌托邦”社区，它们的建立通常基于一些关于如何纯粹生活的精神或宗教哲学，有时也基于政治理想（如纯素食主义），当然也存在围绕性、毒品和摇滚乐建立起来的“嬉皮”社区。这些相当小和孤立的社区并不是斯金纳所预想的，他希望改造社会。如今，位于韩国海岸的松岛市（Songdo City）正试图成为韩国的高科技乌托邦，但其发展的重点是技术创新（包括特殊的视频屏幕和超高速 Wi-Fi），而并非旨在通过强化来推动人类行为的根本改变。

斯金纳还将他的理论应用于自己的生活。比如，他每天早上在固定时间醒来，养成了坚持坐在书桌前写作的习惯。在地下室里，他为自己安装了辅助工作和睡觉的设备，以通过结构化的环境强化良好行为。随着年纪增长，他越来越不愿意打乱这种节奏。对于想要改善学习行为的大学生，他给出的建议一定是遵循类似的生活规律，即每天安排固定时间在安静的地方学习，这种条件化可以造就“生产性人格”（productive personality）。当然，许多学生不愿意这么做，他们想要更自主、更自觉和更“自由”。

那么，要如何改变适应不良的行为？斯金纳认为精神错乱（psychopathology）与其他行为一样，是以相同的方式习得的：通过强化习得适应或不适应的人格（行为）。人们学会恰当地反应就不会表现出不当行为，否则就是习得了错误反应。当然，也有个体做出了适应行为却受到惩罚的情况。因此，要治疗“心理疾病”就应该设置能够奖励良好行为的环境。这一方法已在一些治疗认知和情感障碍儿童的学校和教养院中得到部分应用。有趣的是，斯金纳同意卡尔·马克思（Karl Marx）和埃里克·弗洛姆的观点，即现代生活中个体的诸多问题是不协调和压抑的社会导致的。但对斯金纳而言，是紊乱的强化而非意识或精神引发了心理问题（Skinner，1974），而神经症是极端的情感行为受到强化的结果。

> **它为什么重要**
>
> 通过结构化的强化来控制行为的原理常被公共医疗机构用来治疗患有严重心理疾病或发展迟滞的群体。
>
> 在这种环境中，典型家庭环境里会发生的人际交往过程必然是缺失的。

思考一下

发展迟滞的儿童无法经由适合大多数儿童的非正式和非结构化的教学过程来学习日常生活技能。虽然大多数家长并不具备关于训练小孩上厕所或教小孩说话的知识，但实际上，所有发展中的儿童都可以学会上厕所和说话。但是对于那些有严重障碍的儿童来说，他们只能在高度结构化的并由专业人员设计和执行的训练制度下学会这些技能。儿童掌握技能后，专业人员也能获益：儿童变得更独立，照料者的负担也不再那么重了。

写作练习

基于你读到的“三门问题”实验，当强化的偶然性比思考更重要时，鸽子会比人类更聪明吗？关于人类的判断和决策，这个实验告诉了我们什么？

6.4 行为主义的应用

6.4 使用行为主义解释人格差异

斯金纳认可弗洛伊德是一位对人类行为有着深刻见解的观察者，但他不承认任何含糊的心灵概念（因为它们不可能被观察）。所以他不断重新解释其他理论家的观点，其中一些见表 6-1。

如果人格仅仅是后天习得的行为，正如行为主义者所主张的那样，那么它就可以通过与最初习得人格时相同的条件作用过程而被消除。这并不是一个全新的想法，就像你将在“自我了解”专栏中看到的本杰明·富兰克林（Benjamin Franklin）的例子那样。行为主义者的创新在于他们用科学法则将这一理念系统化了。

斯金纳并不否认有机体存在基因差异，比如他说生物因素的作用决定了有机体反应的范围和其行为被环境事件强化的程度。不过他也强调，即使对于遗传特质，环境也是第一重要的，因为环境会选择那些有利于繁殖和生存的行为。也就是说，在相对稳定的环境中，最具有生存和繁殖适应力的个体会留存下来。在斯金纳看来，将每一个行为都归因于本能无疑是错误的，因为这完全忽略了环境状况。

内在过程、外在因果和自由意志

斯金纳承认人们有情绪、思想和内在过程，但他在解释和理解行为时认为这是无关紧要的，因此不予考虑。斯金纳的理论认为，思想和情绪并不引发行为。同有机体的其他特质一样，思想、情绪和其他内在过程是由环境事件引起的。由于我们不能操作内在过程或者测量它们的大小，所以我们不能询问一个人是否感觉累或者有多累，而应该去看环境——他上次睡觉是在什么时候，睡了多久等，这些环境事件是可以被测量和科学研究的。因此，不同于许多人格理论家，斯金纳强调人格并不是人类特有的。人格仅仅是获得环境支持的一组行为，任何有机体都可能有“人格”。

表 6-1 行为主义者对精神分析和新精神分析概念的重新阐释

精神分析或新精神分析的概念	行为主义者的重新阐释
弗洛伊德认为本我是本能力量，构成了无差别的人格核心	斯金纳主张这只是人类对强化天生的敏感性，是进化的结果
人格内部结构中的自我依据现实原则对世界做出反应	对日常生活中实际偶发事件的习得反应；对不同的环境变化做出不同的行为反应
超我将社会准则内化并保护自我免受强大的本我冲动的威胁	行为是通过社会惩罚性规则习得的，以此控制那些不被父母和社会允许的行为；“潜意识”仅意味着人没有被教会去观察或讲述它们
压抑的自我防御机制能将具有威胁性的想法和动机推回潜意识	人们学会回避那些会被惩罚的行为，通过不参与来避免不良的条件刺激
荣格的原型和集体潜意识	斯金纳认为这是人类物种某些普遍特征的进化及有益行为的文化并行进化的结果；因此，给人以强化的事物具有同一性或普遍性，社会需要控制的行为也具有共同性

它为什么重要

行为主义取向坚持认为，只有可观察的行为才能为科学提供恰当的数据。

从这个角度来看，因为词语串和言语的物理性质组成了可观察的行为，所以关于个体记忆、情绪或想法的主观口头报告也是某种程度上的“数据”。

思考一下

事实上，在斯金纳写的《言语行为》（*Verbal Behavior*）一书中，他提出了一种对语言行为进行分析的刺激–反应分析法。随着神经心理学测量技术的进步，一些问题应运而生：大脑中出现的内部事件是否可以被观察？如果它们可以被客观可信地测量，那么现在的行为主义者是否需要扩大他们的研究范围呢？事实上如今我们已经可以用许多方法（脑电图、功能性磁共振成像等）来测量大脑活动了。

行为主义者现在是否需要拓宽其研究的行为的范围？

和弗洛伊德一样，斯金纳也是一位激进的决定论者，他相信人类的所有行为都是由其他事物决定的。他们两人都相信没有任何证据表明人的行为存在“自由意志”。对弗洛伊德而言，决定论是生物决定论；对斯金纳而言则是环境决定论。斯金纳认为内部原因只会混淆焦点，分散我们对行为真正原因——有机体强化历史的关注。他担心关注解释行为的内部过程最终将导致环境事件的关键性影响被忽略。

自我了解

本杰明·富兰克林的习惯表

尽管行为主义的学习和强化理论是在 20 世纪发展起来的，但其核心成分在几个世纪前就已为人所知。200 多年前，本杰明·富兰克林就在他的自传中对行为主义原理发表了深刻见解。你也可以尝试一下富兰克林的方法，而不用花钱去上那些自我提升的课程。

本杰明·富兰克林的习惯表

在行为主义被正式提出的大约两个世纪以前，富兰克林就通过使用负强化（黑星号的减少，表示违反美德的行为减少）这一精巧和有远见的方法来修正自己的行为。

	周一	周二	周三	周四	周五	周六	周日
节制							
慎言							
有序							
果断							
节俭							
勤奋							
真诚							
正义							
适度							
清洁							
平静							
纯洁							
谦虚							

为了提升自己的道德品质，富兰克林列了一张包含13项他认为值得拥有的美德的清单。比如，他想更节制（不要饮酒过度）、更节俭、更勤奋（“始终从事有意义的事情”），并且更谦虚。他注意到美德是由具体行为构成的，行为组成了习惯。为了改变习惯，富兰克林做了一个日历本，行是美德，列是一周七天（见下表）。他在每天结束时进行检查，如果那一天违反了某一美德，就在表上画一个黑星号。他的目标是创造一张空白的卡片。当黑星号数量减少时他就给予自己强化，以此来逐渐减少他的不良习惯。

极具洞察力的富兰克林所做的还不止这些。首先，他一次只关注一个美德，避免因为一次尝试太多而分心或泄气。其次，他安排了习得美德的顺序，使随后习得美德变得更容易（比如，一旦他不再沉迷于过量饮酒，就将在解决接下来的习惯问题时更加轻松）。再次，他逐渐增加强化出现的间隔。久而久之，他越来越少看日历本，但行为都保持了下来。

有趣的是，富兰克林也意识到行为主义理论的一些局限性。他会在笔记本中写下一些鼓励的格言、谚语或诗歌来进一步激励和鼓舞自己。尽管他不信奉正统的教义，但非常了解并反思了宗教基础的重要性。因此，他实际上整合了如今被称为行为改变的认知和动机这两种方法。

最后，富兰克林说，尽管无法达到完美，但他所做的努力使他成为比从前更优秀、更快乐的人。

历史脉络

行为主义与学习取向的人格理论的发展历史

从行为主义与学习取向的人格理论间的历史关系及其与更广泛的社会和科学背景的关系，可以看出它们的主要发展。

古代和中世纪	哲学家和神学家认为个体偏差是上帝的玩笑或魔鬼的附身 **社会和科学背景**：人类是宗教意义的存在，是由神圣的力量所创造的
1700—1809年	洛克的婴儿白板说引导人们逐步领悟个体受社会阶层和工作塑造和设定 **社会和科学背景**：越来越强调理性；哲学家寻求人性本质；本杰明·富兰克林发明了习惯表
1880—1909年	巴甫洛夫研究经典条件反射；其他动物学习研究也逐渐开始 **社会和科学背景**：达尔文的进化论带动了旨在寻找普遍适用于人类的规律的动物实验研究
20世纪初至20世纪20年代	华生创立行为主义 **社会和科学背景**：实验心理学发展；社会日益工业化
20世纪20年代至40年代	斯金纳大力发展了行为主义；赫尔（Hull）发展了更广泛的学习理论 **社会和科学背景**：实验心理学日益被行为主义主导；尝试将行为主义和精神分析结合
20世纪40年代至50年代	社会心理学的影响力提高；育儿方式得到研究 **社会和科学背景**：对于宣传活动、态度形成和社会结构的研究增加，以应对反法西斯战争
20世纪50年代至60年代	存在主义挑战行为主义；人类自由得到关注；认知心理学发展；行为主义衰退 **社会和科学背景**：经济繁荣，新中产阶级规模剧增；婴儿潮一代进入学校上学；新的财富消除了工人们过往的恐惧
20世纪70年代至80年代	学习取向日益和认知及社会取向结合；人们认为人格与社会相互作用 **社会和科学背景**：违法犯罪等社会问题促使人们探索更为复杂的教化与学习模式
20世纪90年代至21世纪初	条件作用和强化的思想与其他人格取向整合 **社会和科学背景**：对特定工作环境下的个体有了更深入的了解

写作练习

斯金纳和其他类似理论家认为所有的行为都是被决定的，且自由意志是不存在的。你认为自由意志在人类人格中扮演怎样的作用？

6.5 其他学习取向的人格理论

6.5 探究 20 世纪三四十年代其他实验心理学家的工作

20 世纪三四十年代，许多实验心理学家对行为完全由环境事件决定的主张感到不满。他们相信将有机体内部的特质纳入考虑同样重要，例如饿或累的感受。但他们仍想坚持研究方法上的完全客观性（通常建立在以老鼠为研究对象的基础上）。克拉克·赫尔就是这些极具影响力的理论家之一。

6.5.1 内驱力的作用

赫尔出生在纽约，在密歇根大学学习。为了成为一名工程师，他学习了数学、物理和化学，但是之后他接触到华生和巴甫洛夫的观点，投身于心理学，不久就成为耶鲁大学的著名教授。1943 年，他出版了《行为原理》（*Principle of Behavior*）一书。赫尔强调实验研究，有条理的学习理论和习惯的本质。赫尔认为习惯是刺激和反应之间的简单联结。

思维训练

政府是否应该鼓励博彩

美国大多数州发行州彩票，其收益用于公立学校运营或其他公共用途。全球有超过 24 个国家出于公益目的发行国家彩票。

根据学习理论，玩彩票（和其他类型的赌博）被视为一种间歇强化：下赌注的行为（买一张彩票）带来强化行为的结果（赢得比赛、获得奖金）。在众多博彩活动中，小型游戏的回报率极高，比如，你玩一种名叫“刮刮乐”的游戏，10 张游戏券里就会有一张中奖。尽管这种被高频率发放的奖品非常微不足道（多数只相当于购买游戏券的成本），但是它们也是强化物。当然，这一强化是间歇性的——大部分时间里个体都是输家。但是，间歇强化可以极大地增加人们重复行为的可能性，并且使行为不易消退。这一本质使赌博引发了更多的赌博。

许多政府要求由彩票官员决定谁可以参与国家博彩活动。为回应彩票加重穷人负担的批评，政府总是说买彩票的人只是少数。这也许是事实，但彩票赌博仍然对低收入者造成了极大的危害。试想每个月花 50 美元甚至更多用于购买彩票的人中有 8% 是极低收入者，而在这个国家中被归入极低收入者行列的同样是 8% 的人口。可见，热衷买彩票的群体的收入分布同这个国家的国民收入分布有可能是一致的。但这是否意味着彩票对低收入人群没有负面影响呢？最穷的 8% 人口支付 8% 的税收这一体系并不比大多数国家所采用的个人所得税体系先进，大多数国家规定税率随收入增加而增加。

政府鼓励群众，包括那些并无过多可随意支配的收入的人，去花钱参与彩票这一容易成瘾的活动是否恰当呢？人格心理学家是否应该就最有效的强化计划和彩票营销手段向彩票委员会提出建议，以鼓励更多的人去赌博？

写作练习

赌博在你所在的州或邻近的州合法吗？想想赌徒的人口特征，以及通过赌博赚到的钱都流向何处。政府是否应该宣传赌博？运营彩票对社会福利真的有益处吗？

对于赫尔来说，有机体（通常是小白鼠）做出反应是为了减少驱力。它们的这些反应成为进一步反应的刺激，以及对刺激（如饥饿）和反应（如进食）的干预。例如，设置小白鼠在找到食物、减少饥饿驱力之前，必须学会如何通过迷宫。当被用于理解人时，该理论解释了诸如“成为有钱人”这类目标是如何被学习的，尽管它们与饥饿这类天生的驱力大相径庭。我们知道金钱和成功可以降低驱力（如我们可以得到更好的食物）。所有这些目标最终都可以回溯到基本的、天生的原始内驱力（primary drives）——饥饿、口渴、性或者避免疼痛上。

理解赫尔的人格学习理论的重要性在于，尽管他依旧强调环境提供的强化，但其注意力已转向有机体学习时的内部状态。这使得不单单关注刺激和反应的更为复杂的学习理论得以发展。

6.5.2 社会学习理论：多拉德和米勒

20世纪30年代，不同背景的研究者在耶鲁大学组成了一支极具创造性和影响力的团队，并深受赫尔的影响。尼尔·米勒（Neal Miller）便是团队的一员，1935年他在耶鲁大学获得博士学位。有趣的是，米勒在维也纳精神分析学会完成了博士后工作，其间接触到当时在欧洲盛行的弗洛伊德思想。此外他还受过生理心理学训练。米勒将这些背景融合在一起，成为一名优秀的实验行为主义者，他和斯金纳一样在实验室里对小白鼠采用环境强化范式进行研究，同时他在生理学（如脑机制）和动机方面则延续了赫尔对内驱力的关注。另外，他还试图理解弗洛伊德等人提出的深层的精神问题。他一直在耶鲁大学工作到1966年，随后去了洛克菲勒大学，并成为健康心理学这一新领域的学术带头人，致力于研究生物反馈以及心率等的自主控制。

在耶鲁大学，米勒遇到约翰·多拉德（John Dollard）。多拉德在芝加哥大学获得社会学博士学位，芝加哥大学是当时社会和人类学取向的社会心理学研究的中心，这一取向强调自我的社会属性。多拉德也在柏林学习过精神分析。所以，当多拉德和米勒成为同事后，他们在学习和行为主义框架的大背景下，一起探究了当时和人格有关的几乎所有重要研究传统——精神分析和自我取向，社会和人类学取向，以及生物和认知取向。综合了这些基本观点后，两人提出了极具吸引力的人格的社会学习理论。

简单地说，社会学习理论认为，人们以确定方式反应的概率——习惯——是通过二级或获得性（acquired）驱力建立起来的。比如，假设你沿着一条暗巷步行时惨遭抢劫并被打晕，你可能不但会学会如何避免这类情况再发生（记住痛苦），而且在相似情境下还会感到紧张。这一被习得的焦虑就是一种获得性驱力，可以激发新的行为。当这一驱力减少时，比如总是和一名自信的同伴一起走夜路，你将得到强化（并因此习得新的人格）。你甚至可能学会在太阳开始西沉时享受和一群幽默的朋友一起喝酒的体验（如果这会降低你的焦虑）。注意，愉快的朋友不会在深夜暗巷中保护你免于被抢劫，但是反应的层级已经在新驱力的学习和减少中得到建立。

6.5.3 习惯层级

换句话说，米勒和多拉德（1941）认为一个人在特定的情况下可能会产生特定的反应，这是一种习得的反应等级。他们将其称为习惯层级（habit hierarchy）。从本质上说，是个体的经历引导个体学习到在特定情况下做出特定反应能够获取回报的可能性。你最有可能做的行为位于层次结构的顶部。通过这一内隐加工过程，最可能带来奖励的反应成为最可能发生的反应。社会学习理论将这种个体排序视为个体差异的原因，而我们通常称后者为个人风格或人格。重要的是，许多决定个体习惯层级的重要强化因素在本质上是社会性的，来自社会环境中的人。

多拉德和米勒还提出了二级驱力的概念，用来表述复杂的（成年）人格均可在婴儿期通过条件化形成，婴儿只是大量未分化的基本生理驱力的集合体（饥饿、口渴、性、舒适以及避免痛苦）。也就是说，二级驱力的概念被用来解释复杂动机的发展，比如爱和权力；以及传统的人格结构，如内外向。例如，在儿童成长时，主动朝向他人的行为（外向的主要特征）可以使其从母亲那获得乳汁，从父亲那获得干净的尿布，这些行为的驱力就会被习得。这些观点可以解释为什么在一些文化（如日本提倡团体凝聚力）中，腼腆的人多于另一些文化（如美国和以色列赞赏个人行动和自信）。儿童通过社会奖励实现社会化——他们习得二级驱力和行为。

这一理论的适用范围有多大？它真的有用吗？喂食这一原始内驱力会产生二级驱力这一理念适用于与母亲的依恋关系，并得到了哈里·哈洛（Harry Harlow）著名的恒河猴实验的检验（Harlow，1986；Harlow & Mears，1979）。在这一实验中，幼猴与母亲分离，其中一些幼猴由挂在光秃秃的铁丝体上的奶瓶喂养。哈洛发现幼猴没有对母猴的铁丝替身发展出依恋的二级驱力；相比之下，它们更喜欢柔软毛布覆盖的母猴替身（哪怕该替身不能喂养它们）。换句话说，依恋不是由同食物的关系发展出来的。尽管这一发现不能完全否定依恋是二级驱力，但它表明舒服的接触本身是灵长类婴儿的一种原始内驱力。这类研究不但说明发展期的儿童所需要的不仅仅是满足饥饿等原始需要，同时表明，仅仅使用原始内驱力等概念来解释社会需要和社会倾向是不充分的。

如前所述，多拉德和米勒都学习过精神分析，对于弗洛伊德对许多概念的见解印象深刻，两人很渴望将这些概念同实验结合起来。确实如此，虽然弗洛伊德（1963b）曾分析过一名被老鼠画面困扰的神经病患者（被弗洛伊德称为瑞特曼（Rattenmann）或鼠男（man of the rats）），但他毕竟从来没有对老鼠进行过精神分析。多拉德和米勒（1950）认同弗洛伊德提出的儿童人格发展关键期理论，但是他们用奖励和惩罚修正了对关键期的解释。比如，他们认为弗洛伊德所谓的发展关键时间（断奶、排便训练、性欲控制）是指父母提供强化的恰当时机。如果饥饿的孩子没有被喂食，他们可能会发展出焦虑或被动感，而不是社会性和爱。如果孩子因为脏乱或随地大小便而受到惩罚，他们可能会学会躲避父母以降低焦虑。如果孩子因为手淫被打，他们可能会学会对与性有关的所有事情都产生焦虑。在 20 世纪 30 年代至 50 年代，多拉德、米勒和许多心理学家对精神分析概念进行了再解释和精炼化，它们在当前儿童社会化理论中依然占据主导地位。现在很多关于如何正确喂养孩子，如何训练孩子上厕所等的畅销书都会讲到这些观点。

从经典到现代

药物滥用的治疗

从巴甫洛夫和华生的条件反射实验室开始，行为主义和学习取向就关注两件事情：环境刺激以及影响有机体持续反应可能性的奖励和惩罚。这类理论有时被称为“刺激－反应”（S-R）理论。尽管这些模型不断被修正完善，但直到今天该取向的理论方法仍然坚持其最初关注的东西。药物滥用的干预治疗就是一个极好的例子。或许我们应该说，改变社会不允许的行为的实践都是极好的例子。

对于药物滥用，精神分析或新精神分析取向关注的是混乱的童年经验和这些经验如何在成人功能紊乱的自我中表现出来。生物学取向则对处于药物滥用状态时个体的神经回路和神经递质感兴趣。而行为主义与学习取向关注的是改变相关刺激，进而改变结果。换句话说，某些刺激与服用非法药物有关，而自我控制带来的回报不足以使个体坚持健康行为。那么，这个取向的观点对治疗有什么帮助呢？

解决刺激的一种方法是解决诱发环境。如果药物滥用者经常在破旧饭店与滥用药物的朋友见面，那么关键可能是使其不再接近这样的环境，比如将药物滥用者送去不同的城市、不同的学校，甚至送去精神病院；或者让警察去这家破旧饭店监督和搜查违法者，使该环境不再与好心情发生联系。

另一种改变刺激的方法是破坏毒品或类似物质，使其诱发恶心。比如，有一种治疗酒精成瘾的方法是服用名为安塔布司（Antabuse，戒酒硫）的药，该药遇到酒精会造成血液中的乙醛累积，引起强烈的不适症状，如脸红、呕吐、心悸和眩晕。又或者，治疗师可以尝试将带有吸毒工具的画面和不愉快的反应（如看到别人呕吐）联系起来。如果一个人一看到毒品就觉得可怕，那么吸食毒品的可能性就必然会下降（Smith，Frawley，& Polissar，1997）。此外，可以改变强化。一项持续 6 个月的有趣的药物滥用治疗研究便是直接关注强化本身的（Silverman，Svikis，Robles，Stitzer，& Bigelow，2001）：参与者（病人）是一些存在药物滥用的孕妇，她们最近服用过安眠药或可卡因；病人被随机分为特殊治疗组和常规护理控制组，特殊治疗组的女性被要求参与训练并每 3 小时轮一班进行有偿（代币）工作；在此过程中收集尿样以持续监控药物滥用的情况。研究安排的强化是不断增加的，个体如果坚持训练且没有吸食毒品，她们将得到更多的奖励（如果一直没有吸毒，那么每日代币的价值将由最初的 7 美元上升至原来的 4 倍）。结果表明，治疗组的女性中尿检结果为阴性的人数是其他组的 2 倍。换句话说，即便在顽固、重瘾的吸毒人群里，对适应行为给予物质奖励（可用于购买很多物品的较高且不断上涨的报酬）可以使人格模式发生实质改变。

这种强化方法现在被称为权变管理（contingency management）。目前，它的一个很有前途的应用是将直接强化系统（对戒除非法药物的奖励）和对服从其他治疗项目安排的奖励（如服药）整合在一起，这样可以增加戒断非法药物的可能性（Carroll & Rounsaville，

2007）。总之，行为主义者认为成瘾是一种行为，和其他所有行为一样可以改变。源于行为主义和学习取向的人格理论的权变管理正越来越多地在法庭和司法系统中得到应用，用以减少药物滥用的犯罪模式，并在卫生保健系统中被用来增加病人坚持服药的行为（Prendergast et al.，2006；Strang et al.，2012）。

6.5.4 驱力冲突

弗洛伊德曾多次提到的心理疾病和压抑的性冲突又该如何解释呢？多拉德和米勒扩展了赫尔的驱力、学习和二级驱力等概念，尝试解释内部冲突的发展如何导致神经症行为，如强迫行为。比如，儿童有性冲动，但有时做出相应行为会受到惩罚。如果惩罚导致儿童对性冲动产生条件化的恐惧反应，原始驱力和二级驱力会发生冲突，这一冲突被称为趋避冲突（approach-avoidance conflict）：个体既受到性对象的吸引又必须远离他们，从而产生焦虑和神经症行为。有时个体也可能出现双趋冲突（approach-approach conflict），即一个人（或老鼠）面对两个具有同等吸引力的选择时产生冲突；以及双避冲突（avoidance-avoidance conflict），即个体面对两个不利选择时产生的冲突。这可能会使老鼠在迷宫中来回奔跑，不知道先减少哪一种冲动——神经质的老鼠！

耶鲁团队另一个重要的工作成果是他们认为攻击是个体为达到目标做出努力但受到限制或遇到挫折的结果。这一理论在极具影响力的书籍《挫折与攻击》（Frustration and Aggression）中被提出（Dollard，Miller，Doob，Mowrer，& Sears，1939）。这里涉及一个重要的心理学概念——攻击，它在精神分析和生物学取向的人格理论中都占有重要地位。但在这里，攻击是由驱力、习惯和学习（包括社会学习）等概念来进行分析的，这进一步说明攻击是一个复杂、多维的概念。

例如，有趣的是，来自环境的挫折会引发个体对其他目标的攻击。如果你的老板阻止你晋升，你回到家可能会冲家人发脾气。这一思想和弗洛伊德提出的替代防御机制很相似，也就是攻击性冲动寻找其他渠道发泄。挫折－攻击假设和弗洛伊德的死本能概念以及攻击性是进化而来的这一进化论命题相似，都考虑了攻击的生物倾向。然而，多拉德和米勒将这些概念更紧密地同环境和儿童习得满足基本驱力的方法（赫尔的思想）联系在一起。攻击可以被习得，也可以不被习得或被阻止。而且很明显，攻击因环境而不同，因家庭而不同，因文化而不同。换句话说，社会学习理论试图从其他理论里整合出关键思想，但仍在学习框架之下。这些思想很重要，因为它们促成了现代人格心理学中社会认知学习和交互作用取向的诞生。这些思想也很乐观，因为它们认为坏行为并非固着在个体身上，而可以在更好的环境中减少。

6.5.5 育儿模式和人格

耶鲁团队中的另一名成员罗伯特·R. 西尔斯（Robert R. Sears）进行了一系列研究，验证了多拉德和米勒（以及赫尔）对人格解释的效力。西尔斯特别想用真实的、可观察的父母与儿童的行为检验精神分析的结构。他将人格描述为“行动潜能”，认为其包括动机、期望、习惯结构、行为教导者的特征以及行为引发的环境事件。比如，西尔斯研究了儿童被抚养过程中的依赖性和攻击性的关系（Sears，Maccoby，& Levin，1957）。儿童的人格通过老师评定、行为观察和洋娃娃游戏进行测量，育儿方式则通过母亲报告获得（母亲的报告有偏差，这是该研究的方法学局限）。西尔斯发现，父母报告的由于孩子的依赖性而惩罚孩子的次数同儿童的依赖性和攻击性都有极高的相关性。尽管该研究结果发现，总体而言，众多育儿方式同儿童人格特质的相关性极小，甚至不存在，但多拉德和米勒理论中提到的弗洛伊德学说所主张的心理紊乱和神经症源于惩罚的教养方式（因为不良行为而惩罚孩子）在某种程度上得到数据的支持（Sears，Rau，& Alpert，1966）。这一实证方法关注弗洛伊德提出的冲突，并试图通过研究父母的反应来验证这些冲突。弗洛伊德从未做过这样的尝试，而人格的学习取向很自然地就把这一切完成了。

20 世纪 40 年代，在耶鲁大学工作的多拉德和米勒（以及其他同事，如 O. 霍巴特·毛尔（O. Hobart Mowrer）和伦纳德·杜布（Leonard Doob））都受到赫尔的巨大影响，而赫尔在 20 世纪 20 年代受到华生的影响，这说明什么？我们正在努力证明，“生而为人意味着什么”并没有一个简单的答案。目前研究者还没有构建出唯一且全面，能被整个人格心理学领域普遍接受的理论。而且，还有从各种思想传统和思想历史运动中衍生出来的思考和见解。通过追溯这些思想的发展过程，并将其作为人格理论的八个基本取向呈现（正如我们在本课程中所做的），我们将对人格产生丰富的、多层面的理解，远远超过普通人的简单设想。

6.5.6　现代的行为主义取向

大多数人格心理学家注意到行为主义取向的一个基本冲突：行为主义只注重外部可观察的存在实体，在探索复杂且不能直接观察的内部人格本质方面极其受限。近年来，一种充满希望的方法已经回归到条件反射研究的生物学根源，即重新回到真正的巴甫洛夫取向。根据这种观点（如 Gray & McNaughton，2000；Pickering，1997），个体神经系统特点的差异造成个体在条件化反应和相应人格上的差异。这一取向有时被称为强化灵敏度理论（reinforcement sensitivity theory，RST），该理论假定潜在的生物行为系统影响个体对奖励和惩罚的反应。行为激发系统（BAS）和行为抑制系统（BIS）调节奖励和惩罚的效果，并与经过可靠测量的人格特质呈显著相关（如 Corr，2002，2008；Jackson，2003）。

它为什么重要

如果个体对奖励和惩罚表现出敏感度不同但各自稳定的模式，那么采用定制化的训练模式就是恰当的，毕竟一种方法不会适用于所有人。

思考一下

尽管传统行为主义普遍认为作为训练技术的奖励要优于惩罚，但是当奖励和惩罚相结合时，个体能更快地学习且更持久地保持一个新行为。

另一种将人格心理学和行为主义联系起来的有趣方法是通过观察个体做出特定行为的频率来评价人格（Buss & Craik，1983）。这一行为频率法（act frequency approach）可用于记录并计算特质表中的典型行为，比如尽责的人能够及时完成工作，在任务中坚持不懈，花钱时精打细算，拒绝任性的行为。这一方法既满足了行为主义的需要——可观察的事件才是合理的，又通过寻找个体稳定的行为差异与更多传统的人格取向联系起来。行为频率模式可被检验以获得证据，证明经传统工具测量的特质可以通过可观察的行为表现出来，且具有跨文化一致性（Church，Katigbak，Miramontes，del Prado，& Cabrera，2007）。

类似地，最近一种行为频率法的变体被用来理解斯金纳的“人格”。首先，收集有关斯金纳的书籍、章节、文章、报告和草图，还包括能够描述其行为的词汇，例如“狂热的”。然后对这些词进行人格维度评分。结果发现，斯金纳在尽责性方面的得分很高——他尽职尽责、努力工作、自主独立（Overskeid et al.，2012）。他在开放性维度上的得分也非常高，具有创造性、好奇心和新颖性。虽然这个分析没有考虑实际的行为（斯金纳本人可能更愿意这么做），但它关注了那些认识斯金纳的人对其日常行为的描述性报告，而不关心潜在的动力或潜意识的冲突。

写作练习

赫尔认为习惯是对基本驱力进行反应的结果。你认为你的习惯是由饥饿、口渴、性和痛苦产生和建立起来的吗？

6.6　评价

6.6　评价在当前的人格研究中，条件反射、奖励和消退的理论是如何关联的

行为主义与学习取向强调使用完全可控制的科学实验，以至于这类研究只关注实验室中的鸽子和老鼠，而不愿研究“心理”或“精神”。这一取向拒绝内省法，其中一些研究者（如斯金纳）甚至拒绝向任

何内部结构、认知、动力或特质让步。此外，行为主义不承认自我实现或自我认识的内部动机，认为不存在真正的英雄主义，只承认强化的历史。

行为主义与学习取向使人格研究比原来更加实验化，概念也更加严谨。条件反射、奖励和消退的概念得以在心理学领域普及，包括人格与临床心理学。此外，这一取向为解释行为为什么不像其他理论暗示的那样具有跨情境一致性提供了实证支持，因为情境本身也是人格的一部分。

"哦，不错。只要一亮灯，我按下按钮，他们就给我写支票。你那里如何啊？"

斯金纳乐于指出在许多社会互动中，下级不只是被上级所塑造，同时塑造着上级。例如，儿童很快就学会了如何训练父母，奖励父母的行为。

资料来源：

另外，由于极端的行为主义者不愿意承认任何形式的心理内部结构，他们未能从认知心理学和脑科学取得的进步中获益。斯金纳直到去世前夕还在猛烈地抨击认知心理学，尽管后者在实验设计和科学方法上也相当严谨。同样，行为主义者也不愿意从人格特质理论的发展中获益。

也许更重要的是，行为主义者拒绝同自由、尊严和自我实现这样"不科学"的概念发生联系。这些概念被视为附带现象（epiphenomena），也就是从个体经验的真实现象中产生的二级现象。比如，斯金纳反复提到尽管人们有时会觉得自由，但现实中他们总是受到环境事件的控制。他认为，当人们意识不到他们被控制时就会感觉自由。对行为的控制经常以教育和宗教的方式被伪装和掩饰起来（Skinner，1974）。许多心理学家不认同这一观点，将其视为对人之意义的贬低和侮辱。人与实验室的老鼠存在本质上的不同，作家亚瑟·科斯特勒（Arthur Koestler，1967）指责行为主义是"将人拟鼠化，取代了以前的将老鼠拟人化"。

写作练习

回想一下，对斯金纳来说，自由是你没有被控制的幻觉。这符合你对人格的理解吗？它符合你可以选择做出改变的说法吗？

总结：行为主义与学习取向的人格理论

许多人格理论努力将人类的复杂行为模式分解为更简单和容易理解的成分；与此不同，行为主义与学习取向由低等动物的简单刺激和反应开始，尝试增进对人类复杂性的了解。

在巴甫洛夫经典条件反射研究的基础上，20世纪早期的行为主义者华生拒绝了内省法和精神分析，证明了小阿尔伯特的情绪"人格"是可以被训练的，他在呈现条件刺激时用铁锤敲打钢筋以惊吓婴儿。学习原理、泛化和消退也适用于儿童，学习理论发现"人格"根植于环境，而不是深层心灵。

斯金纳认为，人格是从系统的环境事件中习得的行为总和。也就是说，人格是个体做出的由学习获得的一组普遍反应。因为受到环境决定，所以行为具有情境特定性。

斯金纳的理论强调行为的功能性，同样属于否定自由意志的决定论观点。他强调必须提出适用于每个有机体的学习原则。在小说《瓦尔登湖第二》中，斯金纳描述了一个以操作化条件反射为基础，行为既定的乌托邦社会，仁慈的政府奖励积极和社会称许的行为，一切令人满意。

斯金纳认为，可以将被弗洛伊德称为本我的驱力理解为环境中的生物性强化；可以将被弗洛伊德称为超我（良心）的那部分精神理解为社会创造的、强加于人以控制个体自私（个人主义）本性的制约条件。斯金纳认为，诸如外倾这样的人格特质只是被强化的行为的集合。行为主义取向促使人格理论更具实证性，它摒除了许多不可检验的弗洛伊德式假设。

米勒和多拉德（1941）以驱力、行为和强化为基础发展出复杂广泛的方法，用于理解学习和人格的关系。他们认为个体为了学习，必须"想知道一些东西，注意到一些东西，做一些事情，然后获得一些东西”（p. 2）。因此，他们考虑到生物和认知的内部动机，以及个体和社会强化。根据米勒和多拉德的理论，刺激和反应之间的联系被称为习惯；因此，我们所说的人格主要是由习惯以及习惯间的关系构成的。二级驱力是习得的——建立在原始驱力的满足的基础上。幸福和地位等抽象概念是以已经习得的驱力为基础的。多拉德、米勒及其同事致力于将精神分析和社会学的观点同行为主义的实验室实验研究结合起来。这也促进了今天在人格和精神病理学研究中极为普遍的社会认知学习理论的发展。

换句话说，多拉德和米勒（1950；Miller & Dollard，1941）试图从条件反射和学习的概念出发，理解并更广义地解释人格多样性和复杂性的发展。他们理论中的条件反射过程跨越了生物学和精神病理学。同斯金纳一样，他们视人格为条件化行为积累的结果，但是与斯金纳不同的是，他们看到了内部结构（如驱力和动机）的价值以及更高级的心理过程。更重要的是，他们意识到人类行为植根于文化。

总之，行为主义与学习取向的人格理论强调环境并重视行为的情境特定性：我们不应该期望个体在每一个情境下做出同样的行为。这些见解为现代思想所采纳，能够帮助我们理解“生而为人意味着什么”。

观点评价：行为主义与学习取向的优势和局限

快速回顾：
- 人类会像聪明的小白鼠那样学习生活迷宫

优点：
- 重点关注环境对行为一致性的影响
- 要求严密的实证研究（通常以实验为基础）
- 强调将条件化原则应用于每一个有机体的重要性
- 寻求适用于所有有机体的一般规律

局限：
- 激进行为主义忽视认知和社会心理学的观点及其发展
- 倾向于将人等同于白鼠和鸽子，将独特的人类潜能去人性化
- 倾向于拒绝承认存在持久的个人特性
- 倾向于视人类为可训练的客体

对自由意志的看法：
- 行为由环境事件决定

常用的测评技术：
- 对动物学习进行实验分析

对治疗的启示：
- 该取向认为人格经由条件反射和学习形成，因此治疗的基础是训练良好的习惯和行为，消除不良的习惯和行为。当调皮捣蛋或具有攻击性的儿童表现得合作或安静时，就要给予奖励。我们可以通过系统脱敏法治疗电梯或飞机恐惧，在治疗过程中，放松状态会缓慢、逐步地和激发恐惧的刺激配对出现，直到恐惧消退。在厌恶治疗中，针对酗酒这类顽固问题，治疗师会开具药物（如安塔布司），一旦病人摄入酒精就会产生呕吐反应

写作分享：条件作用下的儿童

斯金纳、华生等科学家用自己或其他人的孩子来检验他们的理论，这合乎道德吗？用儿童进行实验的行为是否随时间发生了变化？家长和老师是否会在孩子或学生身上检验他们的育儿理论？

CHAPTER 7

第7章

认知与社会认知取向的人格理论

学习目标

7.1 考察人格的各种认知取向

7.2 分析期望、注意及信息加工的机制

7.3 了解乔治·凯利的个人建构理论

7.4 探究如何应用社会智力、情绪智力、多重智能等概念来理解行为

7.5 讨论作为认知性人格变量的解释风格

7.6 分析朱利安·罗特的理论

7.7 了解阿尔伯特·班杜拉的社会认知学习理论

7.8 评价虚拟人格的创造过程

人们看待世界的方式存在很大差异，在认知层面上，这一差异性是人们个体性的重要来源。在上图中，艺术家通过非传统的方式展现出自己的人格特征。

中国古代哲学家孟子曾说："隘与不恭，君子不由也"（1898年被译成英文）现在很多人希望把自己想成一个胸怀宽广、自我形象积极的人。然而，拥有宽广或狭隘的心胸意味着什么呢？个体认识和思考世界的方式有什么不同？

有的人是梦想家，有的人是现实主义者。有的人

是乐观主义者，有的人是悲观主义者。对于同一个玻璃杯，有的人认为它已然半空，有的人认为它依然半满。有的人把燃烧着的灌木看成一种破灭，而有的人能从中看到土地新生的机会；有的人在烟雾中得到神赋予的灵感，另一些人则看到空气污染。

我们该如何理解这种反应差异呢？为什么有的人敢于直面生活的苦难，有的人却会退缩，甚至崩溃？解答这些问题的一个关键途径是理解人们的认知结构，他们拥有的概念，以及他们的知觉过程——他们注意到什么，他们是如何理解这些事物，又是如何对它们进行概念化的。在处理外部环境和内在环境（我们内心的想法和感觉）中的信息时，我们需要聚焦在某个事物上，解释我们所看到的，并将其放入我们原有的知识和信息体系中（Norem，1989）。从这个角度看，我们每个人都既是哲学家，又是科学家。

人们会思考并试图理解他们周围的世界。这个事实非常重要，以至于几乎所有人格理论都非常重视它。但认知取向的人格理论认为，对于一个人来说，知觉和认知才是生而为人的核心。人们对环境的解释方式正是人性的中心，也是一个人不同于另一个人的个体性的中心。本章将介绍认知与社会认知取向的人格观点。我们将从知觉与认知的基本概念出发，逐步过渡到对认知风格和期望等更为复杂的概念。

7.1 认知取向的根源

7.1 考察人格的各种认知取向

尽管哲学家一直非常关注人类心智的本性，但直到达尔文的进化论被传播开来，认知心理学才真正发端。也就是说，直到生物学被用于解读人类心智，科学家才得以探索儿童思维如何发展，如何被不同环境影响，如何被文化塑造等问题（有趣的是，我们在这里给出的也是一个认知性的解释；也就是说，科学家只有遵循特定方式进行思考，才能成为一个实验心理学家）。

7.1.1 格式塔心理学的根源

格式塔心理学（Gestalt psychology）是一场智力运动。20世纪20年代，它已在德国具有相当大的影响力，30年代又随着逃离法西斯的支持者来到美国。格式塔理论有三个核心原则：①人类在环境中寻求意义；②我们把从周围世界得到的感觉组织成有意义的知觉内容；③复杂刺激不等于各部分刺激的简单相加。

历史脉络

认知与社会认知取向的人格理论的发展历史

从认知与社会认知取向的人格理论间的历史关系及其与更广泛的社会和科学背景的关系，可以看出它们的主要发展。

古代和中世纪	哲学家和神学家认为个体偏差是上帝的玩笑或魔鬼的附身 **社会和科学背景**：人们主要从宗教或哲学角度看待观念上的差异
1800—1890年	研究知觉和思维的实验室被建立起来 **社会和科学背景**：越来越强调理性；哲学家寻求人性本质
1900—1930年	格式塔心理学在欧洲风行 **社会和科学背景**：行为主义在美国实验心理学领域居于支配地位；欧洲社会动荡；移民进入美国
20世纪30年代至40年代	勒温的场论和皮亚杰的图式理论进入美国心理学 **社会和科学背景**：受法西斯和第二次世界大战影响，关于宣传活动、态度、偏见以及儿童抚养的研究增加
20世纪40年代至50年代	凯利提出个人建构理论；教育家开始研究儿童如何学习 **社会和科学背景**：认知心理学兴起，行为主义衰落；控制论、计算机技术以及通信

	技术发展；新中产阶层受到更好的教育，流动性增加
20 世纪 60 年代至 70 年代	罗特、班杜拉等人将行为主义观点融入认知框架
	社会和科学背景：社会心理学兴起；社会和艺术变革发生，一些社会迎来动荡时期
20 世纪 70 年代至 80 年代	对解释风格、乐观主义及抑郁的研究兴起；学习障碍、注意缺陷等受到关注
	社会和科学背景：认知心理学不断发展；工作角色增多，新的家庭结构出现，家庭规模减小
20 世纪 90 年代	自我效能和人 - 机交互研究迅猛增加；关于自我调节模式的理论发展
	社会和科学背景：对工作场所中的人的理解得到深化，互联网、计算机和高科技革命展开
21 世纪初	大量认知概念（如智力、技能、评估等）被整合进人格理论
	社会和科学背景：动机、期望和社会因素得到更多的关注

格式塔（德语单词 gestalt）的意思是结构或模式。格式塔理论认为一个复杂刺激的结构即它的本质（Kohler，1947）。从这个意义上说，一个刺激或经验的各个组成要素无法通过简单相加的方式重新构成原样。事物的各个要素存在于它内部复杂的关系以及整体的结构中，事物一旦被拆成各个部分，这种关系及结构就会消失。例如，图 7-1 中的三角形其实并没有被实际地画出来，但观察者能在脑海中构建出它。当我们观察一个三角形的时候，它绝不仅仅是三条线段，就像恋人之间的三角关系也不只是相互独立的三个关系。

图 7-1 一个典型的格式塔知觉图

注：格式塔理论认为，知觉涉及对意义的探求，这种意义可以是在任何单个元素中都找不到的属性。在这幅图中，大多数人感知到的三角形是从相邻的不完整的圆中“显现”出来的，实际上图中并没有这个三角形，它只存在于人们的头脑。

7.1.2 柯特·勒温的场论

柯特·勒温（Kurt Lewin）的观点根植于传统格式塔理论，但和其他格式塔理论家不同，他将关注点放在人格和社会心理学领域，而不是知觉和问题解决上。勒温在 1935 年出版了《场论》（*Field Theory*）一书。“场”这一概念既可以被看作数学里的向量场，也可以被看作游戏场（一种生活的场）。它关注生活空间（life space）——作用于个体的所有内部和外部力量——以及人和环境之间的结构关系。例如，一个人的家庭生活可能是生活空间的一个区域，而宗教可能是另一个区域。对有些人来说，各个生活空间（即生活的不同方面）被区分得很清楚，边界使不同空间的问题和情绪得以相互独立；而另一些人的边界则更为开放，因此其不同生活空间可能相互影响。

勒温对人格的定义聚焦于个体的即时状况，即同期因果（contemporaneous causation）。尽管他也接受深层精神分析力量、进化的生物影响及情境的压力的存在，但他更加认同我们的行为是由当时存在于个人身上的所有影响造成的。鉴于勒温一直密切关注个体的思想，他的理论可被视为认知立场，当然他对情境的关注也使其理论带有交互取向的色彩。不同取向的人格理论有时也会产生重合。

7.1.3 认知风格变量

每个人都有着独特的、一贯的认知风格，会被用于处理日常的知觉、问题解决、决策等任务（Bertini，Pizzamiglio，& Wapner，1986；Porter & Suedfeld，1981；Scott & Bruce，1995）。人与人之间存在着太多方面的差异，比如他们是颜色敏感者还是形状敏感者（也就是说，当很多颜色和形状不同的物体呈现在他们眼前时，他们更看重哪个维度），是细心的还是粗心的，是分析者（关注事物的各个部分）还是整合者（关注模式和整体），是评价性的还是不评价的，是毫不费力的直觉者还是深思熟虑的推理者，其看待世界的方式是复杂老练的还是简单天真的，等等（Epstein，2003；Kahneman，2003）。这些差异或许可以解释为什么在同一个花园派对上，一个人穿着夏威夷运动衫、格子短裤和白色巴克鞋，另一个人则一身黑色棉布，只带一点白色装饰。

其中一种认知风格变量是场依存性（field dependence）。在解决问题的过程中，高场依存的人容易受到情境（或场）中与解决方案没有直接关系但突出（很容易被注意到）的信息的影响。而另一些人是场独立（field independent）的，他们不那么容易被情境因素影响。

"棒 – 框测验"（The Rod-and-Frame Test）可用于检测场依存和场独立。这个测验要求受测者调整一根木棒，以使它完全竖直（见图 7-2）。测验用到的木棒中有一些被安放在一个稍稍偏离竖直方向的矩形框中。那些倾向于将木棒摆放得与周围的框平行（这会使木棒不完全竖直）的人即被认为表现出场依存的特点（左图）。也就是说，他们对木棒位置的知觉受到它所处的环境或场的影响。而那些将木棒完全竖直摆放（右图）而不受旁边的框影响的人则被认为是场独立的，也就是说他们在问题解决过程中跳出了场的影响。

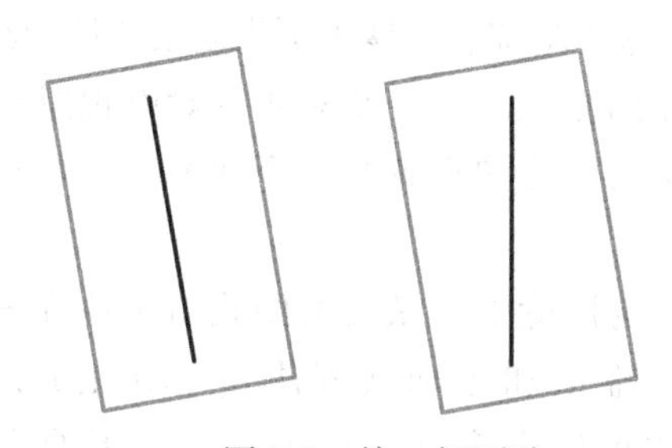

图 7-2　棒 – 框测验

注：你能在多大程度上忽略与任务无关的情境影响？这一测验能衡量一个人排除情境中与问题解决无关的信息的能力。测验要求被试将中央的木棒摆放至完全竖直的位置，场依存的个体常因情境误导而将木棒摆得与边框平行（左图），而场独立的个体能忽略这个框（场）的干扰，将木棒放至正确的位置（右图）。

一个类似的实验是斜屋斜椅实验：在一个结构特别，地面存在一定倾斜度的房间里，被试坐在一个特制的可以控制其倾斜度的椅子上，其任务是调节椅子的角度，以使椅子完全竖直。此时，场独立的人能够忽视那些关于竖直方向的提示线索（在该情境中这些线索存在误导性），通过自己内部关于身体位置的信息来引导任务完成。场依存的人却非常容易受到倾斜房间里相关线索的影响，因此常将椅子调整至与倾斜的地面垂直，而不是真正的竖直状态。在这两个例子中，场独立性更具优势，因为它能使人正确地完成任务；然而在更为日常和广阔的情境中，两种类型都不存在永久的优越性。

场独立风格更具分析性，允许人们在解决问题时使用更复杂的重构方式。场独立的个体的行为更容易受到问题解决情境内在方面的影响。场依存的人则对问题的情境更敏感，在问题解决过程中会表现出更多的整体性和直觉性。场依存的人也对他们的社会和人际关系更为敏感。20 世纪 40 年代，赫尔曼·威特金（Herman Witkin，1949）和所罗门·阿希（Solomon Asch，1952）首次将场依存作为一个人格变量提出，并引发后续的大量研究。表 7-1 列出了场独立和场依存两种风格的差异。

表 7-1　场独立风格的特征

领域	特征
儿童玩耍偏好	场独立儿童更喜欢独自玩而不是和群体一起玩耍
社会化模式	场独立的人更强调独立自主而不是遵守服从
职业选择	场独立的人更倾向从事技术性工作而不是人际性工作
交谈中偏好的人际距离	场独立的人倾向于与他人远距离交谈
目光接触水平	场独立的人在与别人交谈的过程中更少与他人进行目光接触，接触时间也更短

通过对群体进行施测，研究者发现存在不大但稳定的性别差异。相比男性，女性更倾向于场依存风格。这与其他方面的人格与认知的性别差异一致，比如女性有着更高的社会敏感性，且会更多地进行情境性的道德推理。之后我们将谈到这些差异的各种原因，但场依存这种认知风格的差异本质上源于知觉这一认知过程。

对比不同文化下的认知风格，研究者也发现了有趣的文化差异。我们可以根据社会成员的主要认知风格来描述该社会（Witkin & Berry，1975）。威特金发现，相比农耕社会的成员，狩猎社会的成员场独立性更高。他将这种差异归因于每种风格对于不同群体需求的适应价值。狩猎社会的成员更需要分析能力，这样才能找到猎物并清楚自己所处的位置，从而觅得回去的路线。而农耕社会的成员需要拥有更精细的社会互动系统，在那种环境下，保持人际敏感性和遵从社会规范非常重要。

与人格相关的另一个认知风格变量叫作认知复杂性。它描述的是个体对实体或事件的多重特性或各个元素的理解、利用及接纳程度，以及通过分析各元素之间的联系和相互关系而将其整合起来的能力。低认知复杂性的个体会把世界看得更为简单、绝对，他们更加偏好界定明确的问题和简明易懂的解决方法。认知复杂性的一个重要维度是面对不确定的问题或情境时的舒适程度。高认知复杂性的人在处理这种不确定的问题或情境时舒适度更高，而低认知复杂性的人更倾向于将问题明确化（Sorrentino & Roney，2000）。随着成长和生活经验的积累，个体普遍会向更高的认知复杂性发展（Pennebaker & Stone，2003）。

认知风格的差异也体现在学习风格中。学习风格指个体完成任务或学习技能的特有方式（Sternberg & Zhang，2001）。也就是说，人们对学习方式的偏好是多方面的，且这些个人偏好形成了稳定的倾向。例如，有的学生在初次接触到一个陌生领域的课程时，会采用一种整体性的风格来构建其对新信息的理解，并将这些内容与他们在其他课程上学到的东西进行联系；而另一些学生可能采用一种更为分析性的风格，依照课程呈现的顺序进行理解和消化，并把这个新领域的知识建立成一个独立于其他学科知识的体系。再如个体对言语和图像两种不同表征方式的偏好，有的学生喜欢并擅长采用言语进行思考，而另一些人倾向于使用图像。就像场独立和场依存一样，一种风格并不绝对优于另一种风格。但不同的学习任务可能确实存在相对更适宜的学习方式。学习风格也可以看作人格的一个方面，且已被证实和人格、气质等存在关联（如Busato，Prins，Elshout，& Hamaker，1999；Harrison & Lester，2000）。

写作练习

思考勒温的场论和格式塔的概念。场依存和场独立对人格有哪些影响？

7.2 认知与知觉机制

7.2 分析期望、注意及信息加工的机制

通过探索期望、注意和信息加工的机制，我们可以更加深入地了解人格中认知方面的内容。

让·皮亚杰于1896年出生在瑞士。和弗洛伊德一样，他一开始对生物学感兴趣（他研究软体动物），后来跟随卡尔·荣格学习了一段时间。然而，他很快将兴趣转移到智力发展上（包括他自己孩子的智力发展），后来在人格发展领域提出了一系列具有重要影响力的观点。皮亚杰为儿童如何发展出有关周围世界的概念这一问题提供了认知结构层面的解释。

7.2.1 图式理论

皮亚杰（1952）认为，随着生理发展，儿童将经历一系列的认知发育阶段，他们的知识内容和推理特点将越来越成熟。新的认知结构，即图式（schemas），建立在之前获得的认知结构（图式）的基础上。例如，现在我们已经知道，新生儿对人的声音（相比其他声音）有着先天的偏好，并且会更多地注视人的脸（相比其他视觉刺激而言）。在接触到人脸和人声后，婴儿就会在这个基础上发展出更为复杂的认知结构——理解世界的方式。一个9岁儿童对电视剧中与性有关的场景的看法和理解与一个两岁儿童或成人是不同的。

在特定情境中被激活的图式由个体在该情境中的期望、推论和行动共同决定（Abelson，1981）。这些图式可以在多种层面上存在，影响人们的行为。假设帕特与克丽丝第一次约会，准备共进晚餐，然后去看电影。当帕特在餐厅桌子前坐下的时候，一系列相关图式就开始引导他的行为了。其中之一是在餐厅吃饭的图式。（有时候关于一个熟悉事件的图式也叫脚本（script），因为它就像剧本一样，指定了所有参与者的角色和动作，以及道具和场景。）帕特清楚服务员会过来说些什么话，以及他应该如何应答。通常我们并不会过多思考这些图式或剧本，除非它们被破坏，比如我们去到一个陌生的国家。

对帕特来说，另一个相关的图式是第一次约会的脚本，这将影响他对自己及克丽丝未来行为的预期。帕特会用特定的对话和言语图式来确定与特定类别的人（如朋友）或在特定互动情境（如约会）中交谈的方式。如果克丽丝根据商业图式来回应，那么这段关系可能很快就会结束。换句话说，人格可以被看作一系列认知图式的总和。

它为什么重要

皮亚杰的发现以及后来他关于图式和脚本的研究之所以重要，是因为它们显示，我们的理解方式是以一种相当合乎逻辑的顺序展开的，即新的认知建立在旧的认知之上（Rumelhart，1980）。

思考一下

根据这种观点，一个好老师或其他角色榜样不应直接教导学习者，而应引导他们自己去发现。这是对人性的另一种看法。

7.2.2　类别化

我们总是倾向于对所遇到的事件、物体和人进行分类。类别化（categorization）是自发（无须努力或意识参与）且无所不在的。这意味着什么呢？

我们的感官接收到的物理刺激极其复杂。就拿此时你眼前出现的视觉图像来说，即使只取视野中一个微小的区域（计算机可解读的水平），其中也包含了上百万比特的信息。不过这些信息只是到达了你的眼睛，而不是你所“看”到的。你看到的是一些确定的、熟悉的物体——这页纸、你自己的手、一支钢笔、一扇门。人们不可能不将事物归类。我们通过自己的解释来理解这个世界（Bruner，Goodnow，& Austin，1956）。

这种对复杂场景的自动分类，即使在刺激太短暂或太微弱而无法进入意识加工时也会发生。一项研究有力地揭示了人们从简单的面部表情图片中选择与情绪状态相关的信息的能力。有时候我们根本意识不到抽动的面部肌肉、放大的鼻孔或扩大的瞳孔，也意识不到或无法报告这些信号意味着什么，却能辨认出这些简单刺激关联的情绪（Caeney，Colvin，& Hall，2007；Depaulo & Friedman，1998）。无须刻意分析这些信号，我们就能知觉到生气、感兴趣或厌恶的情绪。我们如何处理新的情境或他人，取决于刻板印象、社会类别、高层次的思维过程，以及对面孔、声音和身体线索的即时的低层次加工的集合（Freeman & Ambady，2011）。

在很多情境下，人们对事物的思考是从将它们分类开始的。对大多数人而言，当看到一个新面孔，我们最先将其归类为男性或女性。很多人都有这种感觉，即当一个人最显著的特征——性别难以确认的时候，惯常的交往模式就会被打破。

现在，想象一下你走进一个你从未进去过的教室。正常情况下，你会感知到椅子、窗户、讲台和其他设备的存在。当然，你之前从未见过这些设备，但你能毫不费力地自动将它们成功归类。虽然这些物体各自具有独一无二的特征，而你自动假设它和某类事物具有相同的特征——包括物理特征和功能特性。类别化过程也存在个体差异：一个人使用的分类规则在很大程度上不仅依赖于当前环境唤起的内心预期，也依赖于其之前的相关经验。

它为什么重要

从认知的角度看，对人进行分类引起的刻板印象在表征和使用上与对花进行分类并无差异。

思考一下

有人可以快速对他人和事物进行分类。这就是为什么不同种族的人（如美国白人和非洲裔美国人）对涉及种族或肤色问题的司法程序往往有不同的看法。经历上的不同导致他们对相同的信息有着不同的图式和分类规则。也就是说，他们“看”到了不同的东西。

强大的自动化分类过程也存在消极的一面，高效的分类和有害的刻板印象仅有一步之遥。同样的信息效率会为我们提供有用的期望和解释，也可能导致我们过早地做出判断（可能带有偏见）。关于社会、宗教、道德、种族的消极刻板印象一直存在（并且还将长久存在），这一现象可以用信息加工过程中普遍起作用的几个认知因素来解释。其中最重要的因素是先前已经讨论过的，引导着人们的预期和解释的类别化力量（Taylor & Crocker，1981）。一旦某个类别已经形成，而眼前的事物又恰好有一些特征符合这一类别，我们就会自动“填充”其他特征以使该事物可归入这一类别（Srull & Wyer，1989）。更有甚者，相比与预期不符的信息，人们更倾向于注意那些与预期一致的信息。这种现象被称为证实偏差（confirmation bias）。因此，当看到一个群体新成员时，绝大多数情况下我们都会更注意他符合该群体刻板印象的特征，而忽略那些不符合的特征。我们相信什么，就看到什么（Hamilton & Sherman，1994）。

类别化过程不是固定不变的，类别和类别化过程会随情境的变化而变化（King，2000）。举个例子，一个人与另一个人的互动涉及的分类和解释过程被称为社会认知，即发生在社会互动领域的认知，它可能会因家庭或学校、工作或休闲、友情或爱情等不同情境而有所不同。这种随着情境条件的改变而改变的社会认知过程被称为社会情境认知（socially situated cognition；Smith & Semin，2004，2007）。我们如何理解这个世界，在一定程度上取决于我们当时的目标和感受。

7.2.3 注意控制

我们如何用有意义的方式“看”（听、闻、感觉和品尝）人、物和事呢？这通常需要通过注意控制来实现。人类一直在被威廉·詹姆斯（1890）称为“喧嚣繁芜的混乱”之处做着析取意义的非凡工作，因而大部分人并未意识到这种不断控制注意并解释周围世界的复杂机制的存在。这里有一个小测试，可以用来检测这方面的能力。

请继续阅读这段文字，并在阅读时进行以下行为：聆听你所处环境中的背景噪声，感受你的衣服和皮肤相接触的感觉，感受你的手和书页触摸的感觉，闻你周围空气中的气味，品尝你口腔里的味道，并用你的余光注意这页书的边缘。

当然，同时对这么多事情投入注意是有困难的，也会干扰你专心阅读。但这个测试的有趣之处是，这些你先前并未注意到的直接作用于你感官的刺激本来就在内外部环境中存在着。幸运的是，我们并没有持续不断地意识并注意它们，但又一直对环境各方面的特征进行着某种监测。例如，只要环境中存在着哪怕只有一点点烟味，你就有可能觉察出来（Triesman，1964）。人们会提取当前环境中的一些关键特征，并将其纳入当前的注意目标。但是人们对事物的注意力不同，这是个体差异的一个稳定来源。

7.2.4 注意的个体差异：注意缺陷多动障碍

一个显著的个体差异是，人们的注意力在多大程度上受到他们的有意控制。那些注意力水平不正常的人（尤其是学龄儿童）常常会被诊断为注意缺陷多动障碍/多动症（Attention-Deficit/Hyperactivity Disorder，ADHD）。

根据《精神障碍诊断与统计手册（第4版）》（DSM-Ⅳ，1994），注意缺陷多动障碍可划分为三种亚型：过动/冲动控制障碍型（the Hyperactive/Impulsive type，无注意缺陷），注意缺陷型（the Inattentive type，不伴随过动/冲动控制障碍），混合型（the Combined type，过动/冲动控制障碍和注意缺陷兼有）。

很多研究者认为，很大一部分注意缺陷型个体未被及时诊断出来是因为他们并未表现出多动和冲动行为（Fisher，1998）。这些个体的注意行为在很多方面和其他人不同（Barkley & Edwards, 1998）。他们的症状通常为很难将注意的对象从某个空间位置转移到另一个位置（Carter，Krener，Chaderjian，Northcutt，& Wolfe，1995；Fisher，1998；Swanson et al.，1998）。矛盾的是，带有注意缺陷或注意缺陷多动障碍的人并不是在每一方面都受到注意的消极影响，相反，在有些时候他们甚至可能受到积极影响。例如，有注意缺陷的人在遇到他们喜欢的事情时能达到一种高度集中的注意状态，他们能比条件相近的人（如年龄、教育背景、智力等相似）投入更加持久和深入的注意，有时还难以从这些活动中脱离出来。举例来说，一个有注意缺陷的学龄男孩可能会长时间沉浸在计算机游戏中，而他的同龄人已经厌倦了这项活动，转而投入其他活动了。这个孩子似乎可以完全无视周围环境，全身心地投入游戏——这是对特定任务投入注意的典型表现。然而，他们常常难以将注意力恰当地转移到环境中对他们重要的方面上。他们也许注意不到别的同学拿走了他们的书，或者同伴已经离开游戏厅，也接收不到别人发出的关于其举止不当的社会信号（如 Yuill & Lyon，2007）。

注意运作过程的个体差异与人格直接相关，因为它能强烈影响一个人与社会环境发生互动的方式。它也影响他人对个体的知觉：是警觉的还是散漫的，是投入的还是不在意的，是热情的还是冷淡的等。尽管注意缺陷症状的具体的神经机制依然是个谜，但研究者越来越确定的是，有注意缺陷的儿童的大脑中对外界信息做出反应的系统发展不正常（Collings，2001）。抛开前因不谈，注意缺陷会不断影响他们获得必要的社会和学习技能的过程，对于注意缺陷型个体来说，这种影响还会持续终生。

注意缺陷型和混合型中的多动和冲动症状与格瑞（Gray，1987）提出的行为抑制系统有关，行为抑制系统是对新刺激的学习反应进行抑制的神经系统（Barkley，1997；Quay，1997）。巴克利（Barkley）和夸伊（Quay）认为，由于无法抑制（或至少无法调节）对环境事件的即时反应，这类孩子经常出现破坏性行为（如多动、冲动和情绪爆发）和糟糕的学业成绩。他们中的许多人就像他们那些注意缺陷型的同伴一样，长大后依然无法摆脱问题行为，并终其一生伴有心理社会问题（Biederman et al.，2007；Fisher，1998）。尽管看上去注意缺陷多动障碍对男孩的影响超过对女孩的影响，但两种性别都存在遗传风险（美国国立卫生研究院，1998）。幸运的是，神经科学的发展给这种复杂疾病的早期诊断和干预带来了希望。

注意缺陷多动障碍的常用诊断方法是行为观察，即由家长和老师进行评定，但越来越多证据表明，我们也可以通过特定脑区的活动模式来确定这种病症。带有注意缺陷多动障碍的儿童的大脑活动与正常儿童有区别。例如，带有该障碍的男孩的额叶（尤其是纹状体区域）活动模式与同龄男孩有所不同（Mazaheri et al.，2010；Vaidya et al.，1998）。

注意缺陷多动障碍的儿童的常用治疗方法是服用利他林（Ritalin）或专注达（Concerta）等哌醋甲酯类药物，这些药物的作用机制与安非他命相当类似。药物治疗的目的是提高学业表现，控制学习行为，并促进社会互动和交往。但是，由于注意缺陷多动障碍的成因尚未完全明了，药物治疗的效果争议尚存（Barkley & Edwards，1998；Biederman，Spencer，Wilens，Prince，& Faraone，2006）。某些批评者认为用药物来使儿童适应学校环境是在麻醉他们。他们问道："到底是谁的注意缺陷需要得到治疗？"这真的是孩子的问题吗？还是教育者注意力不集中，没有努力为学生创建良好的学习环境？

尽管争议不断，有个事实却是清楚的，即药物对有注意缺陷多动障碍的儿童的效果与其惯常效果不同。在无该障碍的个体身上，安非他命起一种刺激作用，能够提高唤醒程度；对于有该障碍的个体，利他林却能降低过动、冲动，改善注意力不集中的状况，也就是说它减缓甚至阻碍了个体的活动性，而不是促进活动性。而且，这种矛盾的效果非常稳定（Volkow et al.，2001；Volkow，Wang，Fowler，& Ding，2005）。我们将看到对这种疾病及其治疗的理解的一致性。如果当前那些认为这种疾病由行为抑制能力缺陷造成的观点是正确的（Barkley，1997），那么利他林类药物将会对刺激注意缺陷多动障碍患者的行为抑制系统产生积极影响，人们也将很快对某些类型患者的冲动性背后的大脑特征获得更深人的了解。

7.2.5 认知对人际关系的影响

一个人如何与他人互动，当然会受到诸多因素的影响，包括个体如何看待自身，如何看待对方，如何对双方关系进行归类以及如何预期关系结果等。这些认知因素将对关系发展产生重大影响。其中一个因素叫拒绝敏感性（rejection sensitivity）。这个人格变量可以衡量一个人对他人拒绝他的线索过于敏感的程度。当一个孩子有过不断被父母（或其他重要他人）严厉拒绝的经历之后，就可能发展出一种被排斥的焦虑性预期，并将其带入其他人际关系（Pietrzak，Downey，& Ayduk，2005）。在解释人们的行为时，这种对拒绝线索的极度敏感，将导致人们以一种将带来更大被拒绝可能性的方式行动（McDonald，Bowker，Rubin，Laursen，& Duchene，2010；Romero-Canyas & Downey，2005）。

从经典到现代

移情的社会认知解释

移情（transference）这一概念与弗洛伊德精神分析的联系非常紧密，在精神分析中，病人常将过去关系中的感觉、记忆和恐惧转移到治疗师身上。不过广义上讲，这个术语指以往重要人际关系的某些方面对新的人际关系产生影响的现象。在精神分析过程中，分析师成为病人父母（或其他重要他人）的表征，病人早期经验中未解决的潜意识性心理冲突以他们为对象表达出来。

安德森和贝克（Anderson & Berk，1998）提出了移情现象的社会认知模型。这一模型不关注性心理冲突与防御机制，而主要被应用于日常社会关系。简单地说，它以认知和社会认知中最基本的过程（如类别化、类比、可及性、图式等）来解释旧关系如何影响新的社会互动。安德森及其同事认为移情会发生在日常生活中，而不仅仅是精神分析语境下的现象。他们不满足于这种推断，而是设计了精巧的实验来证明这一点。

由于移情现象是基于重要的人际关系发生的，实验要求每个被试依照标准化模板提供一个重要他人的信息。一个星期后，研究者会向被试呈现一个新的目标人物，这个人可能会被描述得和被试提供的重要他人很相似，也可能完全无关。被试在“学习”完这个新人物之后，需要完成一个关于该人物信息的再认测验，并对这个人进行评价。实验还设置了多种控制条件，以确保实验效应均可归因于新人物和重要他人的相似性上。

实验结果证实了移情的存在。在实验中，被试会错误地再认那些实际上在与重要人物相似的新人物身上并没有出现（而重要他人确实拥有）的信息。他们对新人物的评价也会受到对与其相似的重要他人的感觉的影响，不管积极还是消极。实验还证明了，当一个与重要他人相似的新人物出现时，旧有的人际角色会被激活（Baum & Andersen，1999）。数据表明，被试接近新人物的动机受到对旧有重要他人的情绪基调的影响，对于新人物将如何回应他们的预期也和他们在真实生活中与重要他人的关系一致。此外，实验要求被试在提供重要他人信息和学习完新人物后均进行一个自我描述，结果发现，当新目标与重要他人相似时，两次自我描述也更为相似，这表明他们的自我概念也会受到移情的影响。后续类似研究也发现，对某个重要他人（恋人或父母）的依恋模式会影响对一个与其相似的新目标人物的感情（Brumbaugh & Fraley，2007）。

这些实验表明，类移情现象发生在日常的社会关系中。这种现象可以不在精神分析情境下通过认知和社会认知的原理自然地被引发出来。这些研究还表明，先前的重要关系将对新关系产生广泛且多样的影响，并且这种影响即便在新关系无关紧要的情况下依然强大（如实验中被试接触的只是一个用言语虚构的人物）。尽管没有分析潜意识结构、防御机制和未解决的性冲突，认知和社会认知过程也足以独立解释移情现象。

写作练习

皮亚杰和弗洛伊德一样，把儿童发展阶段作为理论的核心。从认知而不是性心理角度出发，如何影响了他关于儿童成长的观点？

7.3 人人都是科学家：乔治·凯利的个人建构理论

7.3 了解乔治·凯利的个人建构理论

我们每个人都在努力思考着世界，那么我们能不能因此把自己当成一个在不断尝试着解释周围世界的科学家呢？这是乔治·凯利关于人格卓见的出发点，他认为每个人都在以各自的方式理解世界。由于这种理论聚焦于人们积极努力地解释（理解）世界，并构建他们自己版本的现实，因而被形象地称为建构主义，或者个人建构理论（personal construct theory）。

凯利（1955）的基本假设是“一个人的心理过程是由他预测事件的方式引导形成的”（p. 46）。根据这一观点，当人们重新组织其概念系统时，他们就会发生改变。凯利的理论特别关注了人际关系领域。

7.3.1 人人都是业余人格理论家

凯利大胆地运用科学方法模型来描述普通人的行为。凯利（1995）曾说“人人都以他们独特的方式成为科学家”（p. 5）。就像科学家提出假设并设计实验来检验其能否有效预测结果一样，个体也会建立他们自己的“理论”，并用自己的经验作为数据来支持（或推翻）这种理论。

根据乔治·凯利的理论，我们每个人都是人格理论家，发展和使用自己的建构系统去理解人们。

凯利的理论与其他人格理论非常不同。比如，特质取向会以一系列特质作为解释人格的关键，而凯利（1963）的观点大不相同：每个人都在使用自己独特的建构系统理解和预测行为（包括自己的和他人的）。也就是说，凯利认为从某种程度上说，每个人都是人格理论家，有一套解释人类行为的个人系统！

7.3.2 角色建构库测验

凯利开发了一种独一无二的工具来测量一个人的建构系统。传统测验通常会让受测者对一系列测验编制者认为重要的特质或人格维度进行打分或排序，而这个测验的目的是通过比较过程呈现出人们对人格的理解。这个著名的工具就是角色建构库测验（Role Construct Repertory Test），或简称 Rep 测验。（你可以在“自我了解”专栏中进行试测。）

自我了解

使用角色建构方法进行认知人格测验

以乔治·凯利的研究成果为基础

通过下面这个测验，你将初步了解角色建构方法。如果对于深入挖掘自身建构有兴趣，你可以在第 I 部分中增添更多的角色，并在第 II 部分添加更多的组合。

I. 根据每个角色，写出你生活中对应的人物的名字。

________________ 1. 你的父亲或母亲

________________ 2. 你最好的朋友

________________ 3. 与你年龄最接近的姐姐、妹妹（或像姐姐、妹妹那样的人）

_______________ 4. 与你年龄最接近的哥哥、弟弟（或像哥哥、弟弟那样的人）
_______________ 5. 你的伴侣（或男朋友 / 女朋友）
_______________ 6. 一个你喜欢的老师
_______________ 7. 一个你不喜欢的老师
_______________ 8. 你的老板
_______________ 9. 你认识的一位成功人士
_______________ 10. 你认识的一位不成功的人

Ⅱ. 下面列出了由三个人物组成的多个组合（数字代表的是第Ⅰ部分中对应的人）。请思考在哪一方面组合中的两个人相似而与另一个人不同。将相似的两个人对应的数字写下，并用一个词描述他们为什么相似（有什么共同特点）。再将与他们不同的人对应的数字写下，也用一个词描述他与其他两个人哪里不同。

组合	相似的两个人	共同特点	不同的那个人	不同特点
1，4，5	________	________	________	________
2，3，9	________	________	________	________
4，6，10	________	________	________	________
2，4，7	________	________	________	________
6，8，9	________	________	________	________
1，7，8	________	________	________	________
4，7，9	________	________	________	________
5，8，10	________	________	________	________
1，3，8	________	________	________	________
3，5，6	________	________	________	________

Ⅲ. 查看你写下的各个组合中的词。这些词反映了你的个人建构，即你是如何思考人的。

研究者首先让受测者写出 20 ～ 30 个名字，这些人在他们生活中扮演着特定的角色（如父亲、前男友 / 女友、不喜欢的老师等）。然后将这些人中的任意三个组成一组，要求受测者说明其中一个和另两个的不同。差异的维度由受测者自己来建构。例如，假设某个受测者看到的人物组是姐姐安妮塔，老板杰拉尔丁，以及她不喜欢的老师索伦森先生，然后被要求说出其中一个和另两个有什么不同。如果她说姐姐和老板比较容易焦虑而老师很冷静，那么“焦虑 – 冷静”（nervous-calm）这一建构就产生了。这是她用以思考他人的一个维度。像这样使用不同的人物组反复多次进行，最后就能得到一组受测者认为在理解和预测行为时非常重要的建构（维度）。每个人的建构都是独一无二的，它体现了人们对于何种特征最为重要的看法。我们每个人都依赖于自己的一套关键维度，这就是我们作为个体的独特之处。

凯利的主要著作出版于 1955 年，这为更现代的社会认知取向，如归因和社会学习理论铺平了道路。这些理论和凯利的理论一样，试图解释人们知觉社会世界，预期社会事件，看待理解人类行为的核心过程的方式。值得注意的是，每个人的解释都是人际的、文化的、历史的；也就是说，它们会随牵涉的特定的人、历史和情境而变化（Hermans，Kempen，& van Loon，1992）。

写作练习

回顾你对凯利角色建构库测验的回答。你认为这种比较方法能够提供足够的信息来确定一个人如何建构现实吗？如果不够，你觉得你的结果里缺少什么？

7.4 社会智力

7.4 探究如何应用社会智力、情绪智力、多重智能等概念来理解行为

人们的认知能力千差万别，这些信息能帮助我

们理解人格吗？我们讨论过的很多概念都可被合并于社会智力观点之下（Cantor & Kihlstrom，1987）。这一观点其实很简单：既然人们在与生活相关的知识和技能（如数学能力、音乐能力、归纳推理能力等）上存在差异，那么他们在与人际情境相关的知识和技能掌握上也会表现出差异，这就是社会智力（social intelligence）。

这一观点认为人们在理解和影响他人的能力上有所不同。一些人彬彬有礼，另一些人则粗俗不堪。社会智力这一概念即试图捕捉这种人际技能上的个体差异。

这种差异在非人类身上也存在。经过选择性繁殖，友好且对人不具攻击性的狐狸可以根据人指向和注视的线索找到隐藏的食物，而没有经过选择性繁殖的狐狸就无法利用这些线索。也就是说，那些基因上友好且无攻击性的狐狸表现出与人类互动的技能，这可以被看作社会智力的一部分。当然，人类还进化出了一些额外的社会认知技能（Hare et al.，2005；Herrmann，Hernández-Lloreda，Call，Hare，& Tomasello，2010）。

个体具有应对他人的特定情绪能力，叫作情绪智力（emotional intelligence）。例如，有的人善于共情，有的人却麻木无知，有的人充满魅力，有的人却举止粗鲁（Rosenthal，1979）。心理学家丹尼尔·戈尔曼（Daniel Goleman，1995）认为，情绪智力由五个成分组成：自我觉知，控制愤怒和焦虑，在挫折面前坚持不懈、保持乐观，共情，与他人良好互动。另一种观点则将情绪智力分成知觉、使用、理解和管理情绪的能力（Mayer，Salovey，& Caruso，2008；Salovey & Grewal，2005）。也就是说，有些人能够清楚感知自己和他人的情绪，使用情绪来帮助思考，理解情绪信号，并管理好情绪，因此能够实现目标。情绪智力的自我报告测验有很多，但有证据表明自我报告法存在一定局限性，因为它们难以像成就测验一样反映出实时的社会能力（Brackett，Rivers，Shiffman，Lerner，& Salovey，2006；Goldenberg，Matheson & Mantler，2006）。更好的办法是看个人实际展现出怎样的社会技能（Hall，Andrzejewski，& Yopchick，2009）。

霍德华·加德纳（Howard Gardner）是著名的教育心理学家，他对人们在受教育过程中表现出的个体差异感兴趣，提出了在教育领域极负盛名的多元智能（multiple intelligences）理论（Gardner，1983）。该理论认为所有人均拥有用以理解世界的至少七种智力，只不过在每个领域表现出的能力不同。这七种智力包括言语、数理逻辑分析、空间表征、音乐理解、身体运动（像体操运动员一样控制自己的身体）、自我理解，以及对他人的理解。在加德纳的理论中，每个人都可以从这七个方面被描绘，而不是被用单一普适的方法来衡量（如 IQ）。加德纳反对狭隘的传统智力测验，他认为那只能反映人们在一两个知识领域里的能力差异，而无法提供其他方面的信息。多元智能理论关注人格在多个领域的智力水平，而显然之前提到的社会智力只涉及人际关系领域。但无论社会 / 情绪智力还是多元智能的研究者都认为，人们在社会互动领域的能力应该被看成一种智力——它们是内在连续的能力群组，能够像其他方面的认知能力一样被用于个体差异的测量。换句话说，如果你拥有相关的认知技能并能有意识地控制自己表现得共情、敏锐、有影响力、受欢迎、鼓舞人心、富有同情心、兴奋、幽默、有魅力等，那么你就是一个高社会智力的人。

社会 / 情绪智力的关键成分是情绪知识（emotion knowledge），即认识和解释自己与他人情绪的能力。在很多理论家看来，情绪知识对于进行情感交流和建立、维持人际关系而言不可或缺（Bandura，1986；Hobson，1993；Izard，1971）。儿童的情绪知识不仅与其社会技能发展有关，也和学业成功紧密关联（Izard et al.，2001；Trentacosta & Izard，2007）。需要注意的是，社会智力的概念包含了认知技能，而认知技能在某种程度上是可以学习和塑造的。从这个意义上说，人格的某些方面可以通过技能训练来改变和提升。

写作练习

回顾你在本节中学到的这些智力类型。它们在你的整体人格中扮演什么角色？

7.5 作为人格变量的解释风格

7.5 讨论作为认知性人格变量的解释风格

解释风格是一组描述个体解释生活事件的惯有方式的认知性人格变量。围绕这一概念存在不同观点

（Sternberg & Grigorenko，1997）。

7.5.1 乐观主义和悲观主义

一种观点为解释风格设置了乐观主义和悲观主义两极。具有乐观解释风格的人倾向于用积极视角来解释生活中的事件，甚至将中性事件也看作积极的，或者能看到消极事件中可能或潜在的积极结果。相反，具有悲观解释风格的人倾向于关注情境中的消极面。比如，一个具有乐观解释风格的人看到糟糕的考试成绩时，可能会将其视为一个有用的反馈，提醒自己需要改变学习方法或换一种方式记笔记。一旦他做出了这些改变，就可以很自信地期待下一次考出好成绩。

如果这个学生的解释风格更靠近悲观主义那一极，他很可能会将这个糟糕的成绩当作自己无能的体现，这是一种稳定的内部归因。又或者他会抱怨那些自己无法控制的外部因素，如老师过于严苛，这是一种稳定的外部归因。不管他的想法属于哪一种，他对自己未来表现的期望都降低了，甚至还有可能因此变得抑郁（Peterson & Barrett，1987；Peterson & Seligman，1987）。

总的来说，乐观解释风格和积极结果相关联，尤其是在面临挑战的时候（Carver，Scheier，& Segerstrom，2010）。在一项研究中，那些具有乐观解释风格（用标准化测量工具测得）的学生比悲观者更相信可以通过努力、改良学习习惯以及增强自律来提高学习成绩，并且他们事实上也做得更好（Peterson & Barrett，1987）。在另一项研究中，改变对自身表现的悲观解释风格后，低成就学生的学业成绩得到明显的提升（Noel，Forsyth，& Kelley，1987）。那些希望感更高的大学生入校后的学业表现更优、更可能顺利毕业，控制了入学成绩这一变量以后也是如此（Snyder et al.，2002）。

不过也不要忘记，在某些情境下，乐观会使一个人轻视或低估潜在的问题，此时过度乐观反而对成功不利。比如，如果一个节食者乐观地认为冰激凌其实并不含有多少能量和脂肪，这对减肥显然不会有帮助。过度乐观甚至会被认为是适应不良。一个人如果一直挫败却一直乐观，甚至在遭遇悲剧或危机的时候也是如此，就可能被认为“不太正常”。当失败概率高的时候，降低期待是更可取的。朱莉·诺勒姆（Julie Norem）描述了防御性悲观（defensive pessimism）现象，即个体会通过降低风险情境中对结果的期待来减少焦虑，从而获得更好的表现（Norem，2008；Norem & Smith，2006）。

名人的人格　总统和成就

你有自信达到自己的目标吗？阿尔伯特·班杜拉用自我效能感来描述一个人对自己能做成某件事的信念。自我效能感具有领域针对性，对于不同的任务，你的自我效能感也不同。也许你在数学上的自我效能感很低，但在写作上的自我效能感很高。在班杜拉（1982）看来，自我效能感对一个人的成就非常重要，甚至可以说是最重要的激发因素。比起那些被认为难以胜任的工作，人们更倾向于投入他们认为自己能够成功完成的工作。

自我效能感的建立基于四种经历。首先与当前任务所需能力相关的先前成功经验。其次，对别人成功经验的观察也能够增强个体“能成功”的信念。再次，来自他人的言语鼓励会告诉我们我们有能力成功完成某一任务。最后，我们的生理唤醒水平可以提供一些信息，让我们判断自己能否应对特定情境。这些因素综合起来就形成了个体对自己完成任务或实现目标的能力的感知，即个体在特定情境下的自我效能感。

与之相关，伯纳德·维纳（Bernard Weiner）等归因理论家认为，个体成就取决于其对成败的解释方式。人们对生活事件主要有三种因果知觉：①情境是个体内部因素引起的还是外部情境问题引发的；②事件是由可控因素还是不可控因素导致的；③事件发生的原因是稳定的还是可改变的（Weiner，1985）。维纳假设，一个人对成败的常用解释风格将影响其对成功的预期以及其成就导向行为。根据这种理论，高成就者对成功的归因通常是内部、可控和稳定的。上述观点具有跨文化的一致性（Betancourt & Weiner，1982；Schuster，Försterling，& Weiner，1989）。

比尔·克林顿（Bill Clinton）1992年总统竞选的例子显示，一个人对失败的反应对于最终成功与否起决定性作用。当克林顿在新罕布什尔州民主党初选中失利后，很多政治评论家断定他不可能获得提名了，但他相信自己可以“东山再起”，并将自己糟糕的表现归咎于近来困扰他竞选的丑闻——这是一种外部归因。当然，致使他最后成功的因素很多，但对成功的期望以及对失败的外部归因毫无疑问使他处于选战的有利位置。他之前也有过类似的扭转乾坤的经历，即在失去了阿肯色州州长职务后再次当选。在成年后的大部分时间里，克林顿要么在为某一职务的竞选做准备，要么在参加竞选，要么在组织竞选。他的成就动机水平极高（由大卫·温特（David Winter）对历任总统就职演说的分析得出），比所有总统的平均数高出两个标准差（Winter，1987，1994），且远高于他的继任者小布什（Winter，2001）。

心理学家卡罗尔·德韦克（Carol Dweck）等人则用另一种方法来理解任务表现中的认知因素和成功的关系。她发现儿童在成就情境中最有可能表现出两种行为模式：一种是不适应的“无助”反应，另一种是适应的“掌握定向”反应。无助反应包括在困难和挑战面前表现糟糕或者回避。而掌握定向型儿童在任务要求高时表现得更好，在遇到困难时也能坚持努力，从而取得最后的成功（Diener & Dweck，1980；Elliott & Dweck，1988）。即便能力相近的儿童也会表现出这种在困难任务中是否尝试和坚持的个体差异。

无助型儿童倾向于将失败归因于内在特性，比如智力低下、记忆力差、问题解决能力糟糕等。这种归因将导致其未来成功预期降低。这种儿童也会出现焦虑、烦躁等情绪反应。无助型儿童的表现往往会慢慢变差，而且有趣的是，他们甚至会将自己成功的表现解释为某种程度的不足。而掌握定向型儿童面对困难是另一种反应，他们不把障碍看成失败，而是像克林顿那样，把它看成需要面对和战胜的有趣的挑战。他们会更加努力和专注，并表现出乐观积极的情绪状态。

有些人设立的目标能使他们将取得的成就看作学习的机会，一种能够扩展能力、让自己更胜任的机会。维纳认为成就高低是由成败归因的个体差异造成的，而德韦克认为个体设定目标的方式是成败归因方式的根源。德韦克（2006）表示，如果我们不去担心自己的表现及外界的评价，而把更多注意力放在如何实现目标上，就将更容易实现目标（甚至有可能成为总统）。

7.5.2　习得性无助和习得性乐观

如果个体认识到他根本无法控制某些很重要的事，会发生什么呢？马丁·塞利格曼（Martin Seligman）用习得性无助（learned helplessness）这一术语来描述这种情况，在该情境下，有机体不断暴露于不可逃避的惩罚中，以至于最后即便惩罚可以避免，依然会被动接受。在一系列经典实验中，狗不断遭受电击却无法逃脱，久而久之，当束缚解除，它们可以轻易逃离电击时，它们依然待在原地忍受惩罚。此前持续的电击令它们认为自己对惩罚毫无控制力，故而他们放弃了逃离或避免电击的企图（Overmier & Seligman，1967）。

对人进行的类似实验得到了相同的结果：一旦个体意识到自己无法控制事物，寻求控制的动机就会被阻断，甚至当他们能够控制的时候也是如此。在初始阶段，情境条件确实由外界控制，但随着这种丧失控制的经验不断累积，个体便不再尝试进行内部的自主控制了。抑郁、压力、冷漠成为最终结果。这一思路，与另一个认知性观点，即抑郁症患者具有抑郁图式结合，已被广泛应用于抑郁症的研究和治疗中。在这个图式的引导下，他们将产生越来越多的抑郁想法（Abramson，Metalsky，& Alloy，1989；Beck & Freeman，1989）。

幸运的是，已有证据表明，教会儿童挑战自身的悲观想法可以帮他们获得对抑郁的“免疫力”（Seligman，Reivich，Jaycox，& Gillham，1995）。也就是说，认知干预（cognitive intervention）——教人们改变自己的思考过程——能够影响后续行为。需要再次说明的是，解释风格这一人格方面在这里被看作一种认知技能。塞利格曼及其同事不仅证明了具有悲观解释风格的人可能将悲观带来的危害降到最低，还开发了一些方法来帮助人们摆脱悲观，变得乐观。通过训练，人们可以以另一种方式思考自己和生活事件，并发展出更健康的反应方式，获得习得性乐观（learned optimism）（Seligman，2006）。

解释风格的差异有时还体现在记忆上。例如，考察记忆中的情绪威胁性信息时，研究者发现，具有压抑性应对风格的人记住的更少，而具有信息寻求性应对风格的人则倾向于记住并使用更多信息。其他实验也表明，气质性悲观的人有一种泛化期待，即坏事情会发生在自己身上，他们也会更多地记住坏事情，并将好事情解释得更为消极（Carver & Scheier，1981；Scheier & Carver，1985）。认知取向的某些方面可以被看作弗洛伊德某些思想的现代实践。

有趣的是，心理治疗中纯粹的认知和解释性尝试有时会与潜意识过程相悖。例如，你很努力地要以某种方式思考，最后却适得其反——解药变成了毒药（Wegner，1994）。就像你正在节食减肥，非常努力地不去想冰激凌和其他美食，然而可能正因此而启动了一段专注于这些食物的潜意识思维过程，一旦放松警惕，就会大吃特吃。

写作练习

回想一下你从斯金纳和华生的研究中学到的条件反射。你认为乐观的态度更多是对良好环境的条件反射，还是天生的性格特点，又或者是其他因素的产物？

7.6 朱利安·罗特的控制点理论

7.6 分析朱利安·罗特的理论

认知取向的人格理论和社会学习理论相结合，形成一个比较复杂的人格观点。比如，人们努力工作达成目标的原因既涉及结果（如奖励）的影响，也涉及人们对特定结果出现的可能性的认识和思考。人们先做出选择、制定计划，再实施行为。社会学习理论家朱利安·罗特串接起了传统的社会学习理论和现代的社会认知理论（Rotter，Chance，& Phares，1972）。

根据罗特的观点，人们的行为取决于两个因素：人们对行为带来积极结果的期待程度，即结果期望（outcome expectancy）；人们对期待的强化的重视程度，即强化价值（reinforcement value）。罗特的理论主要关注个体为什么做出某个行为，以及在特定情境下个体实际会做出什么行为。

7.6.1 泛化期望和特定期望

在任何环境中，人们都可以做出多种多样的行为。不过在特定情境下，某些行为相比其他行为更有可能发生。罗特把特定行为在特定情境下发生的可能性叫作行为潜能（behavior potential）。某一行为，如大声笑，在一些情境（如看一部喜剧电影）中有着很高的行为潜能，而在另一些情境（如期末考试）中则很低。

在特定情境下做出特定行为将带来特定奖励，这是一种特定期望（specific expectancies），而如果奖励与一组情境有关，就是一种泛化期望（generalized expectancies）。例如，某人对于享受聚会抱有泛化期望，但是对于他父亲的公务聚会不抱期待，这就是一种特定期望。基于此，我们可以把更加稳定和具有情境一致性的人格特征看成泛化期望的结果（致使人们在一系列类似情境中表现出相同行为）；而把那些与人格不符的行为看成特定情境下特定期望的结果（导致反常行为）。对于观察者来说，我们很难获得在特定情境中指导个体行为的内在信息（即特定期望），因此会觉得某些行为（比如上述那个人逃避父亲的公务聚会的行为）与其人格不符。

什么时候泛化期望会比特定期望更能影响我们的行为，什么时候情况相反？罗特认为泛化期望在新环境中作用更大，而特定期望在更熟悉的环境中作用更大（我们更清楚在此情境中该做何期望）。

7.6.2 强化和心理情境的作用

罗特还提出，个体对于不同强化的偏好程度不同。强化对于个体的主观价值越大，与之相关联的行为就越可能出现。强化价值与其他可能的强化物的价值有关。根据罗特的观点，能够带来一切我们想要的东西（可能是金钱、名望等）的强化物价值最高。由于和重要心理需要的满足有关，这些二级强化物（secondary reinforcers）也是有价值的。

罗特描述了六种由生理需要发展而来的心理需要：认可－地位（需要有成就，被认为有能力，有积极的社会名望）；控制感（需要控制他人，有权力和影响力）；独立性（需要自己做决定）；保护－依赖（需要他人给予安全感和协助达成目标）；爱和情感（需要被他人喜欢和照顾）；身体舒适（需要免于痛苦，寻求快乐，享受身体安全和健康）。

行为潜能、结果期望以及强化可能性共同组成了罗特所说的心理情境（psychological situation）。罗特（1982）指出，行为中情境的力量经常被低估，而真正重要的并不是（行为主义者认为的）客观情境，而是心理情境。心理情境代表着每一个个体潜在行为及其价值的独特结合。在心理情境中，个人期望及价值与情境限制产生交互作用，从而影响行为。

7.6.3 控制点

罗特理论中最著名的概念是控制点（locus of control，LOC）。如果存在泛化期望，认为是个体自己的行为带来了期待的结果，就是内控（internal locus of control）；相反，如果认为是个体以外的东西，如机遇或有力量的他人决定着某结果是否出现，就是外控（external locus of control）。罗特还开发了内外控量表来测量个体有关行为决定的信念。

与华生和斯金纳等严格意义上的行为主义者不同，尽管承认客观情境对行为具有很大作用，罗特依然相信个体具有持久的特性。一开始他就将控制点视为一个二维（内控和外控）的稳定个体差异变量，认为它会对不同情境下的诸多行为产生影响。后来研究发现控制点具有三个相互独立的维度——内部控制、机遇控制、有力量的他人控制（Levenson，1981）。也就是说，那些外控的人认为事情不由自己控制，而是由机遇或有力量的他人控制的。

内控者偏向成就导向，因为他们看到自己的行为能够产生积极影响，他们也更可能真的取得高成就（Findley & Cooper，1983）。相反，正如罗特所预期的，外控者独立性更差，更容易抑郁和紧张（Benassi，Sweeney，& Dufour，1988；Rotter，1954）。

在过去半个世纪，美国年轻人越来越外控。和父辈同龄时相比，他们认为行为更多地是由外部力量控制的（Twenge，2014；Twenge，Zhang，& Im，2004）。不幸的是，这种信念与犬儒主义及抑郁症一起与日俱增。他们越来越多地把问题归咎于他人。

写作练习

罗特及其追随者对控制点很感兴趣。你同意罗特所说的内控或外控会对一个人的心理情境产生不同影响吗？你最好的朋友是内控的还是外控的？

7.7 阿尔伯特·班杜拉的社会认知学习理论

7.7 了解阿尔伯特·班杜拉的社会认知学习理论

在第一次开车以前，你已经知道了一些与开车有关的规则。其中很多知识是你作为乘客学到的，这是一个观察学习的过程，即观看别人如何完成某个任务。人类行为的这一基本方面是社会认知理论家阿尔伯特·班杜拉关注的重点，他致力于挖掘观察学习的本质，以及内在个体与外在情境要求如何结合在一起决定个体行为。

与经典行为主义者坚持学习机制仅限于解释可观测变量之间的关系不同，班杜拉采用了克拉克·赫尔的观点——不可观测的变量（中介变量或内在变量）在学习理论中也有一席之地，它们可以调和刺激和反应之间的关系。认知行为学家爱德华·托尔曼（Edward Tolman）的观点也与之类似，即便老鼠都能在走迷宫的时候发展出“认知地图”，这显然能比行为主义者倡导的简单刺激－反应模式更好地帮助它们学习。

7.7.1 自我体系

班杜拉认为，自我体系在人格中扮演着重要的角色，它指的是一个人知觉、评价和调节自身行为，使之符合环境要求并达到个体目标的认知过程（Bandura，1978）。也就是说，个体不仅受到外在环境中强化过程的影响，也受到自身期望、预期强化、想法、计划和目标这些内部的“自我”过程的影响。在学习过程中，个人积极主动的认知天性至关重要：人们可以思考和预测环境的影响，而不是只对直接强化做出反应，然后去调整未来的行为。个体能够预期行为可能导致的结果，依据环境及他人的可能反应来选择自身行为。尽管经典行为主义的学习理论假设个体行为的改变是刺激－反应链中强化（和惩罚）的直接结果，但班杜拉认为先前强化的效应可以被内化，个体行为的改变实际上是由其知识和预期的改变引起的。他的理论将所谓“人的能动性”（human agency）置于中心位置（Bandura，1989），即一个人不仅能控制自己的行为，还能控制自己的内在思维过程和动机。知道过去某一特定行为（由自己或他人做出）在某一特定情境中得到强化，就能让个体预期自己在未来相同（或类似）情境中也会因该行为而得到强化。就这样，这一取向兼具了学习和认知取向之长，并将两者整合起来。

7.7.2 观察学习

班杜拉（1973）的重要贡献之一是解释了在没有强化的条件下人们是如何学习新行为的。他认为人们习得如此多的复杂反应，不可能完全依靠简单的强化操作。因此，他大大拓展了传统行为主义学习理论。他提出人们可以仅通过观察他人而学习某种行为，不需要亲自实践这一行为，也不需要获得直接的奖励或

很多儿童每天花大量时间看电视，会反复看到暴力行为。究竟是接触这种暴力内容的使儿童更暴力，还是具有攻击倾向的儿童更偏好观看暴力节目？还是两者都有？

惩罚。这就叫观察学习（observational learning）或替代学习（vicarious learning，“替代”指通过观察他人经历间接获得），也叫模仿（modeling），意为一个人根据他人形象来塑造自己。

在班杜拉看来，人们并非无意识地复制他人的行为，而是有意识地决定是否要实施习得的行为。也就是说，在习得的行为（只是被添加到个体的行为库中的行为）和个体实际做出的行为之间是存在明显边界的。通过观察别人的行为，人们能够习得很多行为模式，但是是否真的要实施这些行为则由很多因素决定，我们将在后面讨论这一点。

1. 攻击行为的学习

班杜拉及其同事针对儿童对攻击行为的观察学习进行了一系列著名实验。在这些实验中，儿童会观看一段影片，内容是一个成年人对一个塑料充气小丑“波波”进行持续攻击——推撞、敲打、踢蹬、锤击等。那些观看了这些暴力行为的儿童，在后续和小丑自由玩耍的过程中表现出更多的攻击行为。更有甚者，当儿童看到攻击行为被奖励时，比控制组（看到的攻击行为没有受到奖励也没有受到惩罚）儿童表现出更强的攻击倾向。相反，看到攻击行为受到惩罚的儿童的攻击行为更少。但是，看到攻击行为受奖励对于表现出更多攻击行为而言并不是必需的。那些观看了未受到奖励的攻击行为的儿童也比那些观看了中性行为（同样未被奖励）的儿童在后续表现出更高的攻击性。也就是说，观察学习不需要观察奖励，仅仅是看这个行为本身已经足够“教育”儿童了。

一篇关于媒体暴力对儿童影响的研究综述提供了“明确的证据，证明媒体暴力提高了儿童在当下以及一段时间内实施暴力行为的可能性”（Anderson et al., 2003）。观察学习是一种极其强大的力量，考虑到媒体（电视、电影、电子游戏、流行音乐等）中暴力内容所占的比例以及儿童每周花在这些媒体上的时间，他们经历的媒体暴力水平是惊人的。

思维训练　避免孩子受危险电子游戏的危害

研究已经达成共识，儿童的暴力行为和他们所接触的暴力视频内容之间存在强烈关联（Anderson，2004）。

大部分流行的电子游戏都含有暴力、反社会行为、性和种族偏见等相关的内容。考虑到观察学习的强大力量，社会有必要管控儿童接触到的电子游戏中的暴力内容吗？这件事该由政府来做，还是交给父母来决定？

想想另一件事，在很多国家，向未成年人出售香烟是违法的。在这样的法律背后，有很多关于烟草使用的公认事实，比如吸烟对生存和健康存在很大负面影响，而很多人从青少年时期就开始吸烟（以至于尼古丁成瘾）。从社会角度上说，如果要求儿童成年前不接触烟草，那么就能在某种程度上使他们免于被烟草危害，一手和二手烟带来的疾病所造成的社会损失也会减少。

这两种情况有区别吗？两者的一个重要差别是电子游戏经常被卷入对审查制度的讨论，而烟草是一种消费品，不涉及出版自由等争议性话题。在电子游戏的例子中，适用于其他媒体形式的一些解决方案（取得了不同程度的成功）可以参考。例如，商业电影有分级制度，由美国电影协会（MPAA）执行。实际上，电子游戏业也有由娱乐软件分级委员会（ESRB）发展出的等级评定系统。美国电影协会在评定电影时只会确定适宜观众的最低年龄，而娱乐软件分级委员会的评定系统既会给出适宜年龄段，还会提供不适宜内容说明（如“暴力”“涉及毒品”“粗俗幽默”等）。已经有成千上万的游戏经由该系统评定。

从社会角度看，我们允许很多潜在的危害存在，但会限制或影响社会模仿。我们允许成年人购买香烟，却不允许香烟广告出现在电视上。我们允许快餐公司让人食用大量不健康的食物，却只在电视上展示那些苗条健康的时尚模特或体育明星。我们也严格限制了儿童实施某些行为的权利，如吸烟、赌博、观看限制级影片等。

写作练习

政府应在多大程度上确定什么符合儿童的最大利益，以及应允许儿童做什么？儿童可以实施的行为是否应主要由父母来决定，而政府的作用仅限于在父母做选择时向他们提供信息？

2. 谁的行为被模仿

除了结果期望，还有其他很多因素会影响个体模仿他人行为的可能性，其中包括榜样的一些特征：年龄、性别、和观察者之间的相似性、地位、能力，以及权力。行为本身的特点对模仿也有重要的决定作用。比如，相比于复杂行为，简单行为更可能被模仿。此外，某些类型的行为非常显著，也会导致其更多地被模仿。另外，被崇拜和赞赏的行为更有可能被模仿。

观察者（或潜在的模仿者）自身的特点也会起作用：那些低自尊和高依赖性的人，或者过去的模仿行为受到过强化的人更可能模仿。还有一点要考虑的是，观察者的模仿能力受认知和生理发展条件限制。也就是说，想要成功模仿，必须具备正确知觉、编码和复制行为的能力。当然，儿童的这些能力会随着年龄增长不断提高，这也使得年龄大一点的儿童更有能力模仿更小的孩子无法模仿的行为。

有些行为非常危险，人们必须习得但又无法通过亲身经历来习得，这时观察学习就提供了一个便捷的途径。例如，如果没有观察学习，一个走钢丝的表演者很可能会在学成之前就已经死去（或者残废）。跳水、击剑，或者横穿马路等行为同样如此。还有一些行为太过复杂，如操控塔台或抚养婴儿，如果通过直接强化来学习，势必要耗费大量时间。在学习这些行为的初级阶段，就可以且必须进行观察。

根据班杜拉的观点，当人们欣赏或崇拜某种行为或榜样时，观察学习和模仿更容易发生。

这一取向的另一观点是，复杂行为可以突发改变——也许就像某人突然顿悟或皈依一样。任何父母可能都有这样的经验：儿童可以在非常有限的接触中习得某些成年人不认可的行为。

社会认知的观察学习还能为父母和孩子行为的高度相似性提供一部分解释。在班杜拉看来，儿童不仅可以从父母身上习得特定行为，还能将其内化，拓展出更多的行为和情绪反应模式，从而使他们在人格上与父母更相似。观察学习的解释和其他角度的解释非常不同，如我们在其他章节讨论过的生物、文化、精神分析解释等。

3. 与强化导向的学习理论的比较

与斯金纳的理论及其他完全建立在强化概念上的学习理论相比，班杜拉的社会认知学习理论（1977b）解释了在没有任何可观察的强化出现的情况下的新行为的习得。而且这种学习可以发生在榜样和观察者均未被奖励的情况下，这是经典行为主义理论难以解释却经常发生的现象。观察学习理论还能解释一个人如何学会抑制不被社会接受的行为，而不是直接不恰当地做出这些行为。此外，它能让我们理解为什么一个人会突然抑制不住平时可以抑制的行为，因为他被某个榜样的行为激发了。这也解释了一些群体性攻击和暴力行为（如抢劫）的原因，人们可能从未想过自己会一个人这么干，但一看到别人行动就加入了进去。

和简单基于动物实验的行为主义理论家不同，班杜拉使用的是认知取向的模型，并以人为被试进行了严格的实验。事实上，观察学习理论很好地解释了人格特征是如何获得的，以及很难被传统学习理论解释的独特人类行为，如道德行为、延迟满足、自我批判、成就导向等。

4. 观察学习的内在过程

对班杜拉来说，对榜样的观察和对榜样行为的重复并不是一个简单的模仿过程，观察学习同样包含主动的认知过程。这一过程主要包括四个部分：注意、保持、动作再现、动机。注意（attention）主要受榜样和情境特征影响。保持（retention）受观察者的认知能力及其对行为的编码能力（运用言语或图像表征的能力）的影响。动作再现（motor reproduction）受观察者的特征影响，如将心理表征转化为实际动作以及对行为进行心理彩排的能力。动机（motivation）则主要会影响到被观察行为的实际表现。

换句话说，即使一个人已经观察并习得了某种行为，他也会依据行为可能结果的好坏来选择是否实施这种行为。例如，电视中常常会呈现一些我们不可能模仿的非法活动，因为一旦这么做我们就会受到法律制裁。因此，动机将在很大程度上同时受个体期望以及观察到的行为结果的影响。尽管社会认知学习理论有时会被批评过度简化了学习的认知过程，但它提出的基本框架与现已被广泛接受的注意和记忆的认知原则是相一致的。

自我强化概念，即我们会考虑自己行为的潜在后果，使自我调节概念得以建立。也就是说，班杜拉认识到，个体建立目标、制定计划以及自我强化的内在过程最终形成了行为的自我调节。自我惩罚的方式可以是感到羞耻或自我厌恶，也可以是剥夺自己渴望的东西（比如不看自己最爱的电视剧）。另外，自我调节这一概念也阐释了我们用以评价自身成功或失败的内部行为标准。班杜拉相信这些内部标准是通过观察学习（尤其是对家长和老师等重要的榜样）内化来的，但最终可能反映过去的行为，并成为判断未来行为的标准。

7.7.3 自我效能感

如果人们不相信自己的行动可以导致期待中的结果，就不会有足够的动机去行动和坚持。比如，在一个研究中，商学院的研究生被要求在一个虚拟的组织中探索和应用管理准则。其中一些学生被告知完成任务所需要的技能是天生的，如果不具备这些技能就不可能成功。结果这些被试降低了他们的目标，表现得相当一般。而另一些学生被告知这些技能可以通过练习来获得，结果他们为自己设置了有挑战性的目标，且提出一系列成功的组织战略（Wood & Bandura, 1989）。

班杜拉（1977a，1997）由此在其理论中又添加了一个重要的认知元素：自我效能感。自我效能感也是一种人格特征，代表着期望，即在特定情境中能否完成某种行为的信念。积极的自我效能感就是相信自己能够成功完成某种行为的信念。而在自我效能感（这是一种具有情境特殊性的信念）低下时，个体可能连尝试都不会尝试。根据班杜拉的理论，自我效能感决定了我们是否会行动，面对困难挫折时我们能坚持多久，以及成败结果将对我们的未来行为产生何种影响。自我效能感和控制点的不同之处在于，自我效能感是关于自己能否成功完成某种特定行为的信念，而控制点是关于自己的行为能否对最终结果产生影响的信念。

自我效能感源于四类信息：①我们之前尝试完成目标行为或相似行为的经历（过去的成功或失败经历）；②我们观察到的别人完成这一或类似行为的经历（间接经验）；③言语说服（别人和我们交谈，鼓励或劝阻我们）；④我们对行为的感受（情感反应）。在这些因素中，最重要的是自身过去的经历，其次是间接经验，之后是言语说服和情感反应。我们使用这四类信息来判断自己能否顺利完成目标行为。自我效能感是行为的关键性认知决定因素，因此也是一个重要的人格特征。

班杜拉继而将自我效能感应用于健康领域。他发现自我效能感和身体健康有关：那些低自我效能感的人会经历压力，以及随之而来的健康和免疫系统问题。自我效能感也和个体潜在的健康行为有关：不认为自己能够做出有助健康行为的个体，本身也更少实施这些行为（Bandura，1992，1998）。

人格改变

根据阿尔伯特·班杜拉的观点，改变人格的方法简单直接：掌控你的生活。也就是说，社会认知学习取向认为人们能够对自己的行为和发展加以控制。班杜拉强调“人的能动性”，即个体可以塑造自己的生活环境（Bandura，2006）。

人们可以为自己创造机会，然后充分利用这些机会。人的能动性的关键要素有意向性、先见之明、自我反应和自我反思。

首先，我们形成意图，包括在现实环境制约下实现这些意图的方法。

其次，我们可以展望未来，用以指导当下的行为。

再次，在执行计划的过程中，我们可以激励和调节自己的行为。

最后，我们可以检验我们的目标、行动和进步的情况，使行动朝着目标迈进。

由此，你可能会问，有了这些力量，为什么我还是无法实现所有的目标？

思考一下

班杜拉可能会这样解释：相信个人效能对你的成功至关重要。你必须相信你能成功——如果你不相信，就不会有动力真正开始，也没有毅力去克服困难。从人格改变的角度来看，好消息是已经发展出提高自我效能感的有力方法。其中最有效的是重复性的成功体验，包括一些简单的成功、一些需要克服障碍的成功，以及一些对失败做出建设性反应的机会（Bandura，2004）。因为你是你自己生活的能动者，你可以为自己安排适当的挑战，帮助自己一步步地建立自我效能感。当你克服了越来越多的困难和挑战，效能信念越来越强，就越来越有可能实现自己的目标。

虽然自我效能感是一个内在特征，会以相对即时和预测性的方式影响个体行为反应，但它也有情境决定性。以之前的例子来说，个体对自己能够完成特定的健康行为抱有特定的自我效能感。比如，玛丽完全相信自己可以通过有效锻炼来减重，但也完全相信自己绝不可能抵御冰激凌的诱惑。这时班杜拉会说玛丽在锻炼领域有较高的自我效能感，而在饮食习惯上自我效能感较低。另外，班杜拉也认为人们可能拥有一种“更高阶的”、不那么特定的、更泛化的自我效能信念。例如，一个学生对自己能够取得学业成功持有泛化的效能信念，尽管其对自己能否在历史课中取得好成绩没什么把握。自我效能感也可以通过知识结构（一个人对自我和世界的了解）和个体对情境的不断评估之间的相互作用来提高（Cervone，2004）。班杜拉还把自我效能感的概念扩展运用到群体中，提出群体效能感这一术语（Bandura，2000）。作为群体（可以是团队、宗教团体、俱乐部、军队等）一员行动时，人们需要群体效能信念来实现群体目标。

班杜拉的工作极大地影响了社会认知学习理论家沃尔特·米歇尔（Walter Mischel），后者提出了一种关于个人意义的理论，它被称为“策略”。这些策略（一种认知风格）是通过对情境及其奖励的体验而习得的，因此米歇尔补充并强调了情境对社会认知框架的重要性。也就是说，米歇尔将格式塔的有意义的复杂感知、凯利的个人建构，以及社会认知的观察学习结合起来，提出“认知 – 情感人格系统”（cognitive-affective personality system，CAPS）。这一理论在今天的人格研究中仍极具影响力。

7.7.4 自我调节过程

人们通过自我调节过程来控制自己的行动和成就：为自己设定目标，评价是否成功达成目标，在达成后给予自己奖励。自我效能感是这一过程的重要组成部分，影响着人们对目标的选择以及对目标达成的期待程度。人们的图式同样重要，因为只有通过这些图式，人们才能理解和操作外部环境。自我调节关注个体内心对行为的控制（注意，这与行为主义者所说的行为控制不同）。这个认知人格概念已经提出超过 20 年，却在近来人格心理学和社会心理学的融合中越来越受到关注（Boekaerts，Pintrich，& Zeidner，2000；Carver & Scheier，1990）。自我调节也与广泛的应用领域相关，尤其是教育和健康领域。理解人们如何进行自我行为控制，能够促进教育和健康发展，继而推动社会进步。

思考一下

一般来说，一个人的认知图式和信息加工风格在行为上的表现是一致的。一旦这种一致性被打破，会发生什么呢？

以下情形有可能影响一个大一新生。首先，这个学生刚从高中同学、社区和家庭中转到一个拥有全新的期望和信念系统的环境。大学里的新同学也许持有和先前环境中不同的社会和宗教信念，大学课程和哲学教授讲授的新观点也会改变这个学生的世界观。那些旧有的图式陷入暂时的混乱。

其次，生理因素会改变或削弱个体的知觉和认知。比如，总是熬夜学习会使睡眠缺乏。更可能的情况是，这个学生开始喝酒了，大家都知道这一物质将扰乱思维（Knight & Longmore，1994；Parker & Noble，1977）。

最后，这个学生也许会遭遇去个体化（deindividuation）过程活跃的环境。去个体化是一个人丧失自己平常持有的身份感的过程（Reicher，Spears，& Postmes，1995）。这种情形通常发生在匿名或不强调个体身份的情况下。例如，在人群中迷失自我，在光线较暗的情况下不那么自觉，或者身处一个短暂或快速变化的群体中而丢失个体意识。

以上这些情况可能会尽数发生在某大一新生期中考试后的周末聚会上。他过去的观念受到新同学和老师的挑战，他承受着考试带来的疲劳和压力，聚会上的啤酒自取不限，于是他喝了不少。同时，聚会上进行着他不熟悉的活动，整个环境相当新鲜，他感觉自己的身份被隐去了。综合各种条件，这个学生有可能做出“违反常规”，甚至危险或违法的行为。一旦如此，他的家庭、朋友，甚至他自己都会感到震惊，一个拥有“健康”人格的人居然会做出那么“糟糕”的事情。其实这是因为在通常情况下影响个体知觉和自我调节的认知过程被打破了（见图 7-3）。

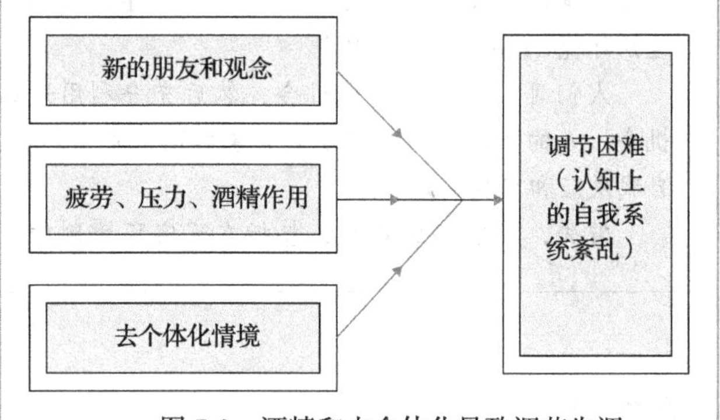

图 7-3 酒精和去个体化导致调节失调

注：干扰正常自我调节的情境和生理因素会阻碍自我系统的功能发挥。

写作练习

班杜拉认为观察并模仿他人行为是心理变化的关键成分。回忆一下你观察和模仿别人行为的经历，结果如何？

7.8 如同计算机一样的人

7.8 评价虚拟人格的创造过程

计算机的核心功能是信息处理——它是信息加工者。人类也一样吗？

我们可以合理地设想能够建造一台具有“人格”的计算机吗？计算机能够模拟一类人甚至某个具体的

人，如马丁·路德·金吗？计算机的开关能够代表人类行为的一致性和动机吗？如果我们成功地利用计算机的功能创建了一个类人程序，这将（在很大程度上）支持人们可以借助信息加工设备来理解人类的观点。

最近已有一些将计算机模拟技术运用于人格研究的有趣尝试。其中，理论架构被计算机模型取代，模型中的“行为”在多种条件下被细致考察。比如，使用神经网络仿真模型（其中大量简单的程序元素结合起来产出结果）来创建“虚拟人格”（Read et al., 2010；Read & Miller，2002）。这些模型可以学习不同情境间的关系以及特定情境下适当的行为。

就算计算机没有被心理学家设定人格程序，人类的特征也可以用计算机进行类比。我们常常将计算机拟人化：“计算机要我重新定义这个文件的格式”“这个程序试图打印这封邮件”，或者“统计软件把我的自变量和因变量搞混了”。我们自己加工信息的方式让我们把目标、信念和心理状态归因于机器。在观察自己或他人的行动时，我们就会这样归因，继而又把这个过程延续到对其他复杂实体的理解上，虽然这并不恰当。

社会化机器人研究（如 Breazeal，2003）旨在探索哪些特征会引导人们将机器人视为具有吸引力的社交伙伴。一项研究（Lee，Peng，Jin，& Yan，2006）改变机器狗的程序，让它在言语和非言语行为中表现得较为外向或者较为内向，结果发现机器狗的“人格”对内、外向的人具有不同的影响。机器狗与自身人格特点的相似或互补将导致不同印象的产生（他们更喜欢与自己互补的机器人格）。

我们现在还知道计算机可以判断你的人格，而不再需要你完成人格测验。只要追踪你的在线行为，比如在推特上的发文、购物记录和在脸书上发出的“赞”。例如，一项研究发现，可以通过分析脸书上的“赞”来认识你的人格，且结果比你线上朋友判断的还要准确（Youyou et al.，2015）。一旦机器人了解了你的人格，它们就能更加有效地与你互动（并卖东西给你）。

第二次世界大战结束后不久，初代计算机还在发展，英国数学家艾伦·图灵（Alan Turing）提出一个可以检测出计算机模拟人类程度的标准化测验。图灵测验设置了一个情境，其中一个人类判断者（通过计算机键盘或电传打字机）与两个隐藏的对象交互。两个对象中一个是人，另一个是计算机。判断者对两者提问，根据他们的回答来判断哪个是人，哪个是机器（Crockett，1994）。如果判断者无法正确分辨，计算机就“通过”了图灵测验。但至今为止，还没有计算机真正通过了这个测验，也就是说计算机程序尚不能完全模拟人类，但这一天很快就会到来。例如，IBM 的超级计算机沃森（Watson）不仅可以检索出事实（像谷歌搜索那样），还可以通过其庞大的数据库回答游戏节目《危险边缘！》(*Jeopardy!*)[㊀]提出的各种微妙好玩的问题（Thompson，2010）。此外，专业的计算机程序可以打败国际象棋大师，甚至世界顶级的人类棋手。如果一台机器可以通过程序获得世界级的象棋能力，那么为什么在对话中不能表现得像一个令人信服的人类呢？答案可能是，下象棋不需要人格，但看起来是个人一定需要。

写作练习

人类的人格与处理环境信息的复杂计算机程序类似吗？我们的人格可以被计算机复制甚至取代吗？你的人格有一天会被“上传”到超级计算机上吗？

总结：认知与社会认知取向的人格理论

本章描述的所有认知取向的人格理论持有一个共同的观点，即应通过了解人们的知觉和思维方式来理解人格本质，也就是说，我们如何理解周围世界发生的事情，如何理解他人行为，如何从社会环境中学习，如何理解和控制自身行为，这一切至关重要。

认知取向的人格理论建立在先前更为狭义的认知理论基础上。柯特·勒温的理论源于一直关注知觉和问题解决的格式塔理论，他将其发展成为人格的场理论。格式塔心理学的另一个发展是作为人格变量的场依存概念。场依存的人更容易受到知觉和问题解决时环境的影

㊀ 一档益智问答游戏节目。——译者注

响，也就是说，对象或问题所在的“场”被视为知觉和问题解决过程中不可分割的一部分。这种对情境的敏感性促使场依存个体的反应更具整体性和直觉性，而场独立个体更具分析性和抽象性。场依存性可以经由不同工具可靠地测量出来，且具有跨时间的稳定性，还能用于预测各方面的行为，特别是人际行为。

预期、注意和信息加工的认知机制是理解人类行为的关键，且已被应用于人格研究。图式是组织起我们对环境的知识和预期的认知结构。图式可以在多个层面上存在，帮助我们理解和预期事件。复杂图式（也叫脚本）会引导我们在社会情境中的行为。由这种观点来看，人格就是指导和限制我们行为的一系列图式的集合。

类别化过程是人类认知的中心（其基础是唤起恰当图式的能力）。我们的知觉过程可以接收由数百万比特信息组成的高度复杂的信息，但我们体验到的这些信息会通过分类过程被过滤成一小部分可识别的、我们熟悉的对象和实体（单词、个人、家具等）。人们对这些信息进行类别化，因为我们通过解释来体验世界。类别化过程会提取事物的某些特征，并自动将其与某个类别对应。这种高效的信息处理方式令我们无须进行深度分析就能理解事物，但也会导致遗漏一些和该类别有所不同的细节。个体经历不同，持有的分类标准也存在差异，因此同一事物可能会被不同的人给出完全不同的解释。

乔治·凯利提出了个人建构理论，其基本假设是“一个人的心理过程会被他预测事件的方式引导”。凯利的理论特别关注人际关系领域。他认为每个人都有独一无二的建构系统，来解释和预测自己和他人的行为。凯利的角色建构库测验可以帮助我们得到一组建构，后者反映的是受测者认为对理解和预测行为非常重要的维度层级。

社会智力理论认为理解和影响他人的相关能力存在个体差异。成功的人际互动对某些人来说很容易，对另一些人却很困难。对与人际情境相关的知识技能的掌握水平就叫作社会智力。

解释风格是指一组描述个体解释生活事件惯有方式的人格认知变量。围绕这一概念存在不同观点。一种观点将解释风格分为乐观主义和悲观主义两极。具有乐观解释风格的人倾向于用积极视角来解释生活中的事件，而具有悲观解释风格的人倾向于注意情境中的消极面。后者更有可能抑郁，前者则更可能获得积极的生活结果。另一种解释风格理论是习得性无助的归因模式。“习得性无助”这一术语描述的是个体发现他无法控制任何重要事情，他们不断暴露于不可逃避的惩罚中，以至于最后即便惩罚可以避免，依然会被动接受。其结果往往是抑郁、紧张和冷漠。但是，也有证据表明，认知干预——教人们改变自己的思维过程——可以影响后续行为。习得性无助可以被战胜，这也说明人格可以被看作一种认知技能。

罗特的社会认知理论认为，人们根据特定情境下行为发生的可能性（行为潜能）、预期的结果（结果期望）以及对结果的评估（强化价值）来选择行为。这些因素共同组成了决定行为的“心理情境”。罗特的理论中最著名的是强化的内控和外控概念，即控制点。如果存在泛化期望，认为自己的行为能带来期待的结果，就是内控；相反，如果认为是自己以外的东西，如机会或有力量的他人决定着某结果是否出现，就是外控。内控者更为成就导向，更有可能获得高成就，而外控者更具依赖性，更有可能抑郁和紧张。

班杜拉的社会认知学习理论可以被看成对曾在20世纪主导心理学的经典学习理论的应用和完善。班杜拉聚焦于传统行为主义难以解释的观察学习（替代学习）现象。他证明，无须外部强化，仅通过观察也可以学习。班杜拉还提到，个体设定目标、制订计划、自我强化的内部过程形成了行为的自我调节。最后，班杜拉在其理论中又添加了一个重要的认知元素：自我效能感，它也是一种人格特征，代表着在特定情境中完成某种行为的信念的程度。

所有这些认知取向的人格理论共同的观点是，知觉和认知是理解人格的核心。人们对环境的解释是他们人性的中心，他们与其他人在这个方面的差异则是他们个体性的中心。

观点评价：认知取向的人格理论的优势和局限

快速回顾：

- 人类是科学家和信息加工者

优势：

- 试图通过研究人类独特的认知过程来解释人格
- 捕捉人类思维的活跃本质
- 将认知技能的差异视为个体性的核心
- 通过实证研究探索知觉、认知和归因

局限：

- 经常忽视人格的潜意识和情感方面
- 有些理论（社会学习理论）倾向于过分简化复杂的思维过程

- 可能低估了情境对行为的影响

对自由意志的看法：

- 自由意志是通过积极的人类思维过程实现的

常用评估技术：

- 决策任务、传记分析、归因分析、认知发展研究、观察法

对治疗的启示：

- 利用对感知、认知和归因的理解来改变思维过程。例如，为了处理婚姻问题，可以向个体展示伴侣说话的工作负担和想法，可以让其扮演对方的角色，可以对其进行认真倾听伴侣说话的培训，也可以展示夫妻合作互动的榜样
- 认知行为疗法通过给予来访者成功完成任务的体验，表明相似他人也能成功完成任务，使用言语鼓励和对过度生理唤醒进行条件性控制等途径来提高自我效能感
- 自助支持小组（如应对严重疾病）经常使用这种取向的理论

写作分享：社交和认知技能障碍

回顾人格的社会认知理论，其中哪一种可能对那些对社交线索不敏感、无法理解人际互动的人有效？

CHAPTER 8

第8章

特质取向的人格理论

学习目标

8.1 评价不同取向特质理论的发展

8.2 分析高登·奥尔波特的特质心理学观点

8.3 考察通用的人格特质五维度模型

8.4 理解人们如何判断他人的人格

8.5 回顾人格类型的理念

8.6 使用动机概念来理解人格

8.7 检视人格与表达风格的关系

2001年9月11日骇人听闻的飞机恐怖袭击事件后，美国曾出现过一次生化武器恐怖袭击——由不明身份者制造的炭疽事件。致命的细菌孢子以邮件和死尸为媒介到处传播，很可怕。这个不明人物到底是谁？在整整几个月时间里，FBI的探员们束手无策，不知该从何下手，直至行为分析专家提供了一份经研究总结出来的人格侧写。在报告中，专家指出，这名袭击者应该具有以下特征：成年男性；难以适应社会关系，一旦卷入某种社会关系（如恋人、同事等）中，自私自利的个性就会完全表现出来；心中充满怨恨；为达目标不择手段。为什么FBI能够在没有一丝线索的情况下做出这些推测？

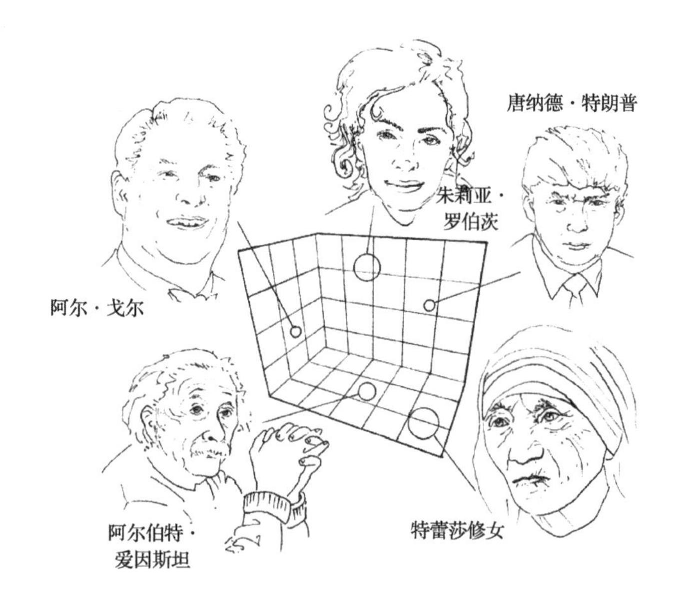

这就不得不提及另一起致命案件的侦破过程。从1978年开始，全美各地的科学家频繁收到不明身份者寄出的邮包炸弹。17年中超过12个炸弹造成23人重伤，3人死亡。经检查，FBI 发现这些炸弹的内部结构和制造方式完全一样，应该是由同一个人制作的。几年后，媒体也开始收到署名“炸弹客”（Unabomber）的信件。FBI 对嫌疑人进行了人格侧写：有强迫 – 冲动倾向的男性，40 岁左右，受过教育，喜欢列清单，穿着整洁，是一个安静的邻居，与女性关系不佳。FBI 并不知道这个人是谁，却能将这个人可能符合的各种特征描述出来。

这种犯罪侧写往往惊人地准确。在很多案件中，个体人格的细节似乎可以从某些独特的行为模式中推断出来。（在炸弹客案中，FBI 推断对了一部分；在炭疽事件中，主要嫌疑人在被指控之前已经死亡，但 FBI 的人格侧写相当准确！）有趣的是这一切有赖于特质取向的人格理论。特质论假设，如果清楚一个人的核心人格特质，就可以推断这个人惯常的行为反应模式。特质取向主张使用有限的、基础的形容或者形容词维度来对个体进行描述和测量。

一共有多少个特质？这已经成为特质取向人格理论的核心问题。弗朗西斯·高尔顿（1884）研究了《罗杰同义词词典》，发现了一千多个表达性格的核心词汇。事实上，从广义上讲，英语包含了成千上万个可以用来描述个人素质的词汇（Allport & Obdert, 1936）：反常的（aberrant）、懒惰的（abeyant）、嫌恶的（abhorrent）、能干的（able）、讨厌的（abominable）、滑稽的（zany）、充满活力的（zingy）、木讷的（zombied）、心不在焉的（zoned-out）……高登·奥尔波特整理出了约 18 000 个这样的形容词。那是否意味着存在成千上万个人格特质？如果是的话，人格心理学可就难学了。

而特质取向的成功秘诀就是，它仅用了相对少的特质就很好地解释了个体行为的一致性。如果相同的特质可以应用在各不相同的所有人身上，也就是说可以用这些特质来评估每一个人，那么这一取向的理论将更加简洁。但没有必要。也许有一些特质适用于每个人，但我们不必局限于对个人品质的简单的形容词描述；人们的动机和能力也各不相同。

特质取向在流行文化中很常见。我们可以轻松地描述一个熟人是外向的、尽责的还是自私的。我们完全理解“那个炸弹客是安静克制的”是什么意思，甚至也能明白他具有强迫 – 冲动倾向以及不擅长处理异性关系指的是什么。但是，这些特质可以被可靠地测量出来吗？它们又能有效地概括和预测行为吗？FBI 真的能推测出罪犯的人格吗？事实证明，成功的特质心理学家可以成为一个优秀的侦探，因为他们具备福尔摩斯的机敏和观察力。本章将介绍特质取向的人格理论。

8.1　特质取向的历史

8.1　评价不同取向特质理论的发展

几千年来，特质一直是人们用来描述个体特征的重要工具。比如，《圣经·旧约·创世纪》中曾提到，诺亚是一个可以与上帝比肩的“正直”的人。我们一般会通过描述这类人所做出的正义行为来说明他们的正直，但这种特质本身被认为是一种稳定的特征。

首次使用系统方法对特质进行分析是在古希腊时期。哲学家希波克拉底（Hippocrates）提出了气质的体液说。他认为，根据人体内体液的混合比例，可以将人的气质分为以下几类：多血质（血液占优势），抑郁质（黑胆汁占优势），胆汁质（黄胆汁占优势）和黏液质（黏液占优势）。占优势的体液决定了每个人的基本反应模式。多血质的人乐观开心，抑郁质的人悲伤郁闷，胆汁质的人暴躁易怒，黏液质的人迟钝冷漠。有趣的是，尽管这种分类没有什么生理基础，却准确地描述出了基本的反应模式。一直到 17 世纪文艺复兴时期，体液说才开始没落。

除了气质，对性格的描述也开始于古希腊时期。你可能还记得亚里士多德的学生泰奥弗拉斯托斯是最早发明人物速写的人之一。这种针对某一类人的简要描述能够让你对他们的辨识不受时空所限——跳梁小丑、狐狸精、守财奴、粗鄙莽汉等（Allport, 1961）。泰奥弗拉斯托斯在 2 000 多年前描述的“吝啬鬼”形象让人印象深刻：在餐馆里根据每个人吃的东西多少来分摊餐费；到处寻找便宜货，对客人很吝啬；为了找一分钱，把家里所有的家具搬开。这样的人现在也很容易识别。2 000 多年后，杂技和电视喜剧演员杰克·本尼（Jack

Benny）因为饰演一个小气鬼而声名大振。（在某一次表演中，一个抢劫犯对他说："抢劫！要钱还是要命？"杰克停顿了一下，观众大笑起来。抢劫犯重复道："到底要钱还是要命？"本尼回答："我正在考虑！"）特质取向的人格理论即尝试通过科学系统的方法可靠并有效地捕捉这样的人格方面（Asendorpf，2006）。

19世纪，查尔斯·达尔文提出了关于人类物种起源的观点，魔鬼和精灵被基因突变和自然选择理论所取代。个体差异成为科学家研究的主要问题，而人的心理生物学特征存在一致性。弗朗西斯·高尔顿（1907）在人类能力测量方面的广泛尝试促进了智力测验和其他能力评价技术的发展。最后一个重要因素是现代统计技术的发展，它为特质研究提供了量化基础。

17世纪荷兰画作《守财奴》（*The Miser*）反映出一种长期存在的观念，即有些人的本质可以用一个显著的特征来描述。这幅《守财奴》与泰奥弗拉斯托斯2 000年前刻画的"吝啬鬼"形象，以及300年后喜剧演员杰克·本尼所饰演的角色惊人地相似。

历史脉络

特质取向的人格理论的发展历史

从特质取向的人格理论间的历史关系及其与更广泛的社会和科学背景的关系，可以看出它们的主要发展。

古代	古希腊体液说的提出开启了性格和气质概念的发展历程
	社会和科学背景：自然被认为由空气、土壤、火和水组成
中世纪	宗教将人视为由善和恶占据的神圣创造物
	社会和科学背景：人类被视为在善良和邪恶间挣扎的主体
19世纪初	开始寻找个体差异的基本特质，但是没有成功
	社会和科学背景：追随启蒙运动，强调理性，哲学家寻求人性本质
20世纪20年代至40年代	荣格及其同事探究深层次的个体差异
	社会和科学背景：行为主义主导实验心理学，精神分析主导临床心理学
20世纪30年代	奥尔波特将特质定义为一种神经心理结构，它能使某些刺激在功能上等同，并引导一致的行为
	社会和科学背景：法西斯的兴起激发了对宣传活动和独裁特质的研究兴趣
20世纪30年代至50年代	统计技术（尤其是因素分析技术）发展，卡特尔（Cattell）等人用它评估智力和其他个体差异；莫瑞发展了以动机为基础的"个性学"
	社会和科学背景：基于统计的测验成为大学入学考试、心理测查和其他应用领域的标配；临床心理学努力向科学方向靠拢；实验心理学考虑开始临床应用
20世纪60年代至70年代	特质很难预测不同情境下的行为，人格心理学陷入"危机"
	社会和科学背景：社会变革的时代，美国人公开争取新的公民权利和女性权利
20世纪90年代	大五人格（Big Five）理论主导特质取向
	社会和科学背景：追踪研究增多，揭示出特定个体差异的长期稳定性
21世纪初	以更复杂的方式研究特质、动机、目标和表达风格；对特质的行为表现更加重视
	社会和科学背景：人格心理学恢复了其作为主要心理学分支的地位；社会对于预测工作成就、健康、寿命等生活结果的兴趣增加

8.1.1 荣格的内外倾理论

卡尔·荣格以新精神分析取向的人格理论闻名，同时也是特质取向的奠基者之一。他首次在人格理论中使用外倾和内倾这两个术语，开始了一系列关于特质的有影响力的研究（Jung，1921/1967）。对荣格来说，外倾指关注个体之外的事物，而内倾指关注个体内在的感受和体验。荣格认为这两种倾向可以在同一个人身上同时存在，但有一种占主导。直到20世纪50年代，汉斯·艾森克的研究才使这两个概念变成现在的含义，具体后续讨论。

依据荣格定义的内外倾概念，迈尔斯－布里格斯类型指标（MBTI）作为一种测量工具被广泛使用。该指标除了内外倾外，还测量其他几个方面：感觉－直觉考察个体更注重现实还是想象；思维－情感考察个体更关注逻辑性和客观性，还是个人性和主观性；判断－知觉考察个体更倾向于评价一个事物还是感知一个事物，有些人的思维更加结构化和更具评判性，另一些人的思维则更为灵活和敏锐。

迈尔斯布里格斯类型指标在职业咨询领域的应用非常成功（Bayne，1995）。例如，有的人将注意力投注在内心（内倾的），依赖感觉和知觉来评判新环境，他们可能成为优秀的临床心理学家或艺术家（Gridley，2006）。而更注重感觉、思维、判断的外倾者，则更可能成为优秀的军官。这一开创性方法的有趣之处在于，它按照心理意涵丰富但又可以理解的标准将个体进行了系统分类。

总体来说，虽然后续研究证实了内倾－外倾这一维度的重要性，但完全按照荣格理论所做的人格分类在有效性上存在争议。从实证角度说，和荣格的分类方式相比，大五人格的人格维度更为清晰，也更加有用（Carlson，1980；Costa & McCrae，2006；McCrae & Costa，1989；Myers & McCaulley，1985）。但是，荣格奠定了内外倾研究的基础，这种二分法描述了一种非常稳定的个体差异，后续实证研究对其进行了完善和发展。

8.1.2 统计学的应用

荣格等精神分析理论学家关注的是激发人格的基本倾向，而量化导向的心理学家则使用统计方法来简化和客观化人格结构。从20世纪40年代开始，R. B. 卡特尔（1905—1998）在这条道路上迈出了一大步。

奥尔波特曾整理出了英文中数千个人格形容词，但他也指出这个词表应通过合并同义词等来进行简化。卡特尔继承了这一词汇学方法，他归类、评估了奥尔波特的词表，并对其进行了因素分析。

因素分析是一种统计技术，和其他统计技术一样，它能够帮助我们修订或提炼已经获得的信息，以使其更容易理解。举个例子，一组数字（分数）可以通过两个统计值来概括——平均数和标准差。类似地，两个变量（两组分数）的关联可以通过相关系数（r）来表述。因素分析则更为深入：它能够对一系列的相关系数进行概括。如果已知多个变量之间两两相关，因素分析就可以帮助我们用少量的维度来总结这些关系。通过考虑重叠（即共享方差），因素分析可以对信息进行数学意义上的整合。那些彼此相关但不与其他变量相关的变量构成了“维度”，或称“因素”。就这样，因素分析能够帮助我们减少甚至消除冗余的人格描述信息。

和奥尔波特一样，卡特尔也假设语言中蕴含着重要的人格信息。他基于奥尔波特的词表，整合了同义词，之后要求人们对这些特征词进行评分，并通过因素分析将其整合成稳定的人格维度。此后多年，卡特尔不断用各种方法和各种样本重复这一基础过程，在提炼基本因素或维度方面表现出了惊人的生产力。

卡特尔研究生时师从查尔斯·斯皮尔曼（Charles Spearman），后者是英国心理学家和统计学家，因智力研究，包括提出智力的一般因素 g 而闻名。和当时多数心理学家一样，卡特尔也受过临床心理学的训练，并从事过相关工作。1973 年，他应 E. L. 桑代克（E. L. Thorndike）之邀从英国到美国工作。桑代克和斯皮尔曼一样对智力测量感兴趣，因此卡特尔的人格取向让人联想起智力的因素分析也就不足为奇了。

8.1.3 Q 数据、T 数据、L 数据和 16 PF

卡特尔将经由自我报告和问卷收集的数据称

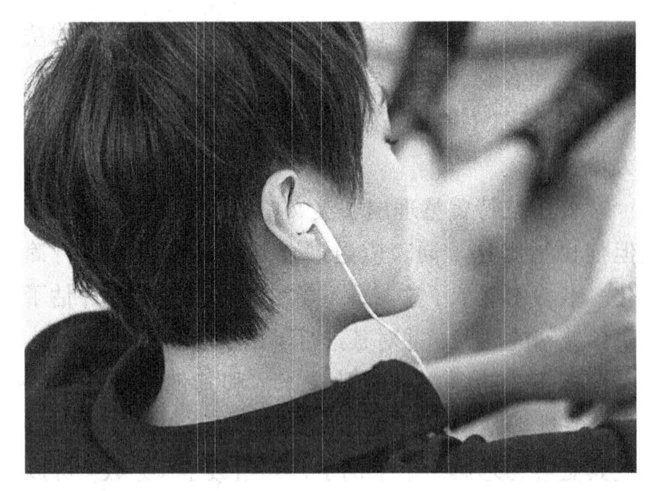

日常生活中的很多活动都可以成为认识人格的窗口。有研究发现，音乐偏好有稳定的类别，且与人格有某种关联（Rentfrow & Gosling，2003，2006）。喜欢古典音乐、爵士、蓝调和民族音乐的人，政治取向上更为自由主义，开放性也更高；喜欢摇滚、另类音乐和重金属的人，开放性也较高且运动能力强；喜欢流行、乡村、宗教音乐和电影原声带的人，外倾性和尽责性比较高，同时更为保守；喜欢说唱、灵魂乐、放克和舞曲的人，外倾性和宜人性较高，也更自由主义。类似地，喜欢悲伤音乐的听众往往比较开放，也比较内向（Ladinig & Schellenberg，2011）。此外，人们也会用音乐和他人交流自己的人格。

为Q数据（Q-data），即问卷数据（questionnaire data）。但是考虑到很多时候人们并不理解自己的人格，卡特尔提出还应收集另外两种数据——T数据（T-data）和L数据（L-data）。T数据指的是记录或评价个体在有控制的测试情境下做出的反应所得到的数据，也就是观察得到的数据（测试数据，test data）。L数据是收集到的个体生活信息，如学校的记录（生活数据，life data）。很显然，一个有效的人格特质会表现在一个人的生命历程中。例如，我们会预期那些外倾而不是内倾的人会去经营俱乐部。可见，卡特尔致力于通过多种不同方法来捕捉同一个特质。后来，这种方法就成了人格特质效度检验的常用方法。

卡特尔对人格理论非常精通，并且依靠理论来选择分析的变量。他很清楚，和生活中的其他方面一样，因素分析不能改变事物的本质，放进去的是垃圾，出来的也只会是垃圾。也就是说，如果一开始信息就有问题，那么即使用最复杂的技术去分析，结果也毫无用处。他非常善于借助理论挖掘数据信息，但他的人格研究取向非常依赖统计。

它为什么重要

卡特尔认为特质可以分为不同的层次。某些倾向更为基础，可以作为其他特质的来源。

思考一下

特质可以通过统计分析加以揭示和提取，比如对从问卷、测试情境和生活轨迹中得到的自我报告、观察和人口学数据进行分析。

卡特尔也指出在应用场景中测量特质的重要性，比如临床治疗、商业组织、学校等，这些测量结果能够帮助人们更好地理解特质。他的研究过程——从理论到测量，再到应用，然后返回到理论和更多的测量——已经成为现代特质取向研究的标准范式。

基于因素分析，卡特尔（1996）提出存在16种基本的人格特质，他用字母而不是特质名来标记获得的因素，以强调结果的客观性。表8-1列出了这16种因素，以连续体两端的标签来表示。这些因素常用16PF（16种人格因素量表）来测量。

表8-1　卡特尔的16种人格因素

乐群－缄默	怀疑－信任
聪慧－浅薄	幻想－实际
稳定－激动	世故－直率
好强－谦逊	忧虑－沉着
轻松－严肃	自由－保守
负责－敷衍	自足－依赖
敢为－退缩	自律－随意
脆弱－坚强	紧张－放松

卡特尔的量化研究取向在20世纪30年代晚期、40年代和50年代的发展，与行为主义、精神分析一起，深深影响了高登·奥尔波特。他发现这三种取向都存在严重的问题。正是奥尔波特对特质心理学产生了巨大的（可能是最大的）影响。

写作练习

早期的人格理论家依靠观察和思考探究人格特质。那么，加入因素分析和其他统计方法后，我们得到了什么，又失去了什么？

8.2 高登·奥尔波特的特质心理学

8.2 分析高登·奥尔波特的特质心理学观点

每一个观察过他人的人都知道，同一个人在不同情境下的行为表现很可能不同。他们在不同时间，面对不同的人，处于不同的年龄，会做出不同的行动。因此，特质稳定不变这一论断显然不够恰当——即使整天乐呵呵、与人为善的人也会有生气和攻击的时候。奥尔波特很好地处理了这种可变性，他提出，尽管行为是多变的，但每个个体都具有一个恒定的核心部分，也就是特质。

特质概念假设人格根植于个体内部。奥尔波特（1961）将人格定义为“个体内在心理生理系统的动力组织，决定着一个人特有的行为和思想”（p. 28）。根据这一观点，每个人都具有独一无二的关键品质。近年来，一些有影响力的人格理论开始扩展关注范围，将情境因素纳入进来。这些交互作用取向的理论会同时研究个人和情境的交互作用。

奥尔波特 1897 年出生于美国印第安纳州，1967 年去世，他的职业生涯大部分是在哈佛大学度过的。他的父亲是一位医生，母亲是一名老师，哥哥弗劳德（Floyd）也是著名的社会心理学家。他受过良好教育，以学术知识著称。他选择了有趣的话题来研究，然后为该领域带来了坚实证据和原创洞见。

如果你 20 世纪 50 年代的时候在哈佛学过人格心理学，你很可能会对奥尔波特留下深刻的印象，那就是严谨。奥尔波特的核心特征就是他的一丝不苟，以及对人格的广泛研究。

奥尔波特 22 岁时到访欧洲，并写信请求和弗洛伊德会面且获得了同意。奥尔波特曾提到过弗洛伊德带着期待的凝视开始了他们的会面。作为非常有经验的临床心理学家，弗洛伊德经常接待一些向他寻求帮助和建议的人。当时奥尔波特不知道该说什么，就说起他在火车上看到的一个小男孩，男孩非常整洁，看起来有严重的洁癖。奥尔波特本身就是一个挑剔古板的人。弗洛伊德看着他，问了一句：“那个小男孩是不是就是你？”（Allport，1968）

奥尔波特震惊于弗洛伊德通过这么一句简单的评论就找出深层次的意义。后来回想这次会面时，奥尔波特提到，这次经验告诉他，在深入探究潜意识之前，应该先去认识更为表层和明显的人格方面。弗洛伊德强调本能驱力，而奥尔波特强调特质。当然，弗洛伊德的支持者会辩称，弗洛伊德并没有说错，不然奥尔波特也不会那么震惊和困扰。精神分析学家会将奥尔波特的事后解释（“合理化”）视为一种防御机制。相反，奥尔波特认为自己很有常识且理性。看到一个来自美国中西部的务实且好学的男孩创造出了一个严谨且合理的人格理论，这十分有趣。

奥尔波特严谨理性到何种程度呢？他仔细研读了所有英语语汇，制作了一个特质形容词库。他从小就迷恋文字。10 岁时，一个嫉妒他的同学曾指着他说：“啊，这人把整本字典都吃了！”（Allport，1968：378）他的人格相当稳定：作为一个教授，他会阅读每年发表在心理学杂志上的所有文章的摘要（通过一本名为《心理学文摘》（*Psychological Abstracts*）的大型简编）（Allport，1968）。同样，他在建构自己的人格定义之前参阅了大量前人的界定。他的人格界定措辞严谨，被大量书籍引用。他认为人格是“个体内在心理生理系统的动力组织，决定着一个人的行为和思想”（Allport，1937：48），这是特质观点的核心，它首先是一个个体的内在组织。

8.2.1 文化的重要性

奥尔波特终其一生都在关注偏见研究。和柯特·勒温一样，奥尔波特相信，理论应该应用于实践，实践反过来也应为理论提供启发。奥尔波特研究过美国的种族偏见（对黑人和犹太人），当时这方面的研究尚未流行。他是第一个认识到纳粹种族灭绝真相的美国知识分子之一，他的著作《偏见的本质》（*Nature of Prejudice*；1954）直到今天对于人格理论的实际应用仍然深具影响。

深知文化对人格的影响，奥尔波特推动建立了哈佛大学社会关系学系，这是一个整合了人格心理学、社会心理学、社会学和人类学的领域（社会关系学系于 1972 年解散，许多心理学家开始回避这个关于人类行为的广阔视角）。奥尔波特强调，没有人会将维也纳人、越南人和威尼斯人搞混，因为他们的文化为每个人提供了现成的生活方式。一个有趣的问题是，当一个人移居到不同的文化，比如从维也纳、越南、威尼斯来到了洛杉矶，并在这里抚养孩子，这些新的美国人将在多大程度上和以什么方式才能在特质上变得更相似？

在所有这些方面，例如在敏感领域进行应用研究、研究文化差异、质疑某个理论过深或过浅，奥尔波特不仅领先于同时代的大多数人，甚至领先于现代的很多人格研究者。奥尔波特整合了自古以来上百位哲学家和学者的思想，融入自己的著作中。但斯金纳的行为主义令其相当恼火。他不能容忍任何简化人的复杂性和削弱人性之高贵的观点。他担心如果用老鼠和鸽子的条件反射来解释人类的行为，人类就会堕落。因此，他全心全意地鼓励人本主义心理学的发展。

8.2.2 机能对等

奥尔波特认为，因素分析无法描述个体的整个生活（Allport，1961：329）。所以，他不是卡特尔的粉丝。因素只是统计学上的概念，它不能对单个个体做出判断。研究一群人得到的信息无法与深入的个体研究得到的相比。此外，奥尔波特指出，因素分析能够得到因素，但没办法为因素命名，命名的任务还是要由研究者来完成。这就引发了一个常见的质疑，即那些名字是否抓住了因素的本质。如此一来，因素分析者可能被自己的统计结果所误导。

奥尔波特明显不能处理上千个人格特质。他是如何简化和建构个体思想、感觉和行为的呢？

思考一下

奥尔波特相信，规律的形成是因为个体用同样的模式对待很多情境和刺激，个体的很多行为在其意义上具有相似性，也就是说，它们是机能对等（functionally equivalent）的。在他的眼里，特质是一个内在结构，它能“使许多刺激机能对等”，并“引导相应形式的适应和表达行为”（1961：347）。机能对等是奥尔波特特质理论的核心内容。

例如，麦卡利（McCarley，奥尔波特虚构出来的一个人）超级爱国，他鄙视和嘲弄社会学家、大学教授、和平组织、犹太人、联合国和民权活动家。在这位极端人士看来，这些人都是对等的。麦卡利也可能发表仇恨言论或成为一个暴民，这些行为也是对等的。这种一致性就是奥尔波特所认为的人格概念的基础。他将这种一致性解析为共同特质和个人禀赋两个部分。

8.2.3 共同特质

鉴于人们具有共享的生物遗产，且同一文化下的人共享文化遗产，这就有理由假设人们拥有共同的组织结构（特质）。奥尔波特将其称为共同特质。共同特质指的是一群人共享的特质，它们是基本的维度。

例如，在美国社会里，有些人努力出人头地，支配他们的环境。另一些人则倾向于与周围人和平相处（包括屈服于或者忽视那些野心勃勃的人）。奥尔波特认为，可以将人们在此维度上进行比较，但是，他觉得这种分析无法提供人格的全貌。

是什么推动人们保持一切事物的整洁有序（就像奥尔波特自己那样）？奥尔波特在这里接受了弗洛伊德的观点，即这种动机来源于本能倾向的童年社会化过程。然而，一旦发展到成年，这种动机或驱力就会自由发展。奥尔波特认为这意味着许多动机都是机能自主（functionally autonomous）的——它们已经独立于童年期根源。因此，追溯到早期没什么意义（除非非常严重的精神疾病）。童年经验也许是成人行为倾向的根源，但并不会一直产生影响。认识到保持整洁有序的渴望主导了自己的生活是有帮助的，但不一定要发掘出这些倾向的根源。

奥尔波特有时使用术语“自我统一体”（proprium）来指代人格的核心（自我统一体可简单地意指“自身”或“一个人的自我”）。他的意思是，人类心理有很多层次，包括一个不可简化的核心，它定义了我们是谁。狭义看来，奥尔波特的观点和弗洛伊德很相似。两个理论家都认为，我们每天不同的行为背后存在着一些核心力量。据推测，这一核心具有生理基础（弗洛伊德和奥尔波特都明确假设过）。但你学习生物学取向时已经知道，这种生理结构尚未被完全确定，至少目前还没有。不过，奥尔波特认为的这些核心动机要比弗洛伊德所说的理性和积极得多。

你的信用卡所属的公司可能知道关于你消费的所有事。那么这些信息可以被用于测量你的特质和预测你未来的行为，比如你欠款的可能性吗？你可以推断出一个买鸟食来帮助冬天挨饿小鸟的人的人格吗？很多企业可能认为可以（Duhigg，2009；Zhao，Zhao，& Song，2009）。

8.2.4 个人禀赋

我们可以通过面孔来辨识不同的人，因为没有两个人长得完全一样（除了某些同卵双胞胎），于是有人说没有两个人拥有完全一样的人格，也并不令人意外。为了充分理解个体，我们需要考察个体的独特性。在第一章中，我们曾经提到过，这种方式被称作“特殊规律研究法”。实用性较强的特殊规律研究法包括文本分析（如对日记的分析）、访谈、行为观察，以及比较灵活的自我报告法（如 Q 分类）。使用这些方法，我们能够对不同的人进行不同的描述，而不是仅使用几个有限的维度。

奥尔波特使用个人目标、动机和风格来描述个人禀赋，这些被称为核心特质（nuclear quality）。贾斯汀·比伯（Justin Bieber）[㊀]和博诺（Bono）[㊁]风格特立独行。而毕加索这样的艺术家则通过画作来表达其独特的人格。这种复杂人格也可以被深入研究，不过不是借助共同特质的概念。奥尔波特（1961）提出个人禀赋概念，它是一种特质，即一种普遍的神经心理结构，对每个个体都不相同（p. 373）。奥尔波特认为只有解释一个完整生命的时候，个体心理学才是真正的人格心理学。

个人禀赋中对行为影响最大的是首要特性（cardinal dispositions）。奥尔波特列举了很多例子来阐述首要特质的内涵。比如，艾伯特·史怀哲（Albert Schweitzer）对生命的敬畏，作为医学传道士的无悔奉献；或者萨德侯爵（Marquis de Sade）性虐，在他强烈的性欲中得以实现。再比如本章开篇提到的炸弹客，其首要特性可能是一种控制自己外表或世界观的冲动，加上巨大的挫败和不安全感，这些导致了精心策划的暴力行为。通常来说，人格是围绕若干中心特性（central dispositions）组织起来的，它们能够简洁描绘个体的基本特征。例如，教授在给学生写推荐信时会提到的那些品质就是中心特性。

每个人的人格都存在一些与其他人不同且唯一的成分。这种观点让一些量化取向的心理学家非常头疼。如果每个人都是独特的，那么就无法通过相同的维度去测量每一个人，于是就有了我们无法揭示基本的人格法则这一论断。如果不能对每个人进行同样的人格测量，而必须针对不同的人量身定制，那么人格

㊀ 加拿大男歌手。——译者注
㊁ 爱尔兰摇滚乐队 U2 的主唱，原名保罗·休森（Paul Hewson）。——译者注

研究将何其艰难！

面对这些批评，奥尔波特并没有全盘否定探索共同特质（寻找适用于所有人的普遍法则）的价值，他只是强调，这类尝试是不完善的。从生物学视角来看，奥尔波特提出了一个非常棒的想法：现代生物学已经认识到了个体的独特变异。毕加索的艺术视野无法为大多数人所理解。从心理学的角度来看，也没有两个人拥有一样的成长经历。因此，奥尔波特看到了对个体进行深入心理学研究的重大价值。

"需要使用特殊规律研究法（即假设存在个人禀赋）来探索人格"，奥尔波特的这一观点是否正确，其实是一个实证问题。如果他是错的，就应该有证据表明共同特质足以描述所有人。但是，不要低估假设可以忽略个人禀赋的危险性。相信只存在共同特质的研究者可能会认为某个单一测验可以适用于所有的文化和亚文化。这已经被反复证明是错误的，比如用主流文化（通常是欧裔白人男性）作为评价其他文化的标准。有趣的是，罗斯·斯塔格纳（Ross Stagner，1937）撰写的早期人格心理学教材其实非常强调人格的社会和文化方面，而这些观点被长期忽视，直至最近。奥尔波特并没有犯种族优越性的错误。如果一种人格取向轻易地抛弃了特殊规律性这一方面，就很可能丧失非常重要的人格的独特信息，比如关于女性的、老人的，以及不同宗教、文化和种族群体的。

带着奥尔波特的告诫，下面让我们将注意力转向当代最成功的特质模型，它旨在发现一般规律，通过因素分析探寻共同特质。

它为什么重要

奥尔波特强调每个个体的复杂性和独特性，认识到行为在不同情境中会有所不同，但他仍然相信个体具有一个稳定的人格，能够被科学地理解和研究。

思考一下

他的理论让研究者们认识到，虽然人格独一无二且在某种程度上可变，但依然可以帮助我们研究和理解人。

写作练习

荣格认为所有人都具有集体潜意识和原型。这与奥尔波特的共同特质概念有何相似与不同？

8.3 当代特质取向：大五人格

8.3 考察通用的人格特质五维度模型

特质取向中最非凡同时也最具争议的理论是一个具有高度一致性的五维度模型。从 20 世纪 60 年代开始，大量研究结果汇聚成一个观点，即人格的共同特质可以由五个基本维度来描述，也就是后来所说的大五人格。

外倾性（又称外向性）：外倾的人有活力、热情、具有支配性，社交能力强且健谈。内倾的人害羞、腼腆、顺从、安静。

宜人性：高宜人性的人友好、合作、信任他人、热心。低宜人性的人冷酷、好斗、不友好。

尽责性（又称缺乏冲动性）：高尽责性的人谨慎、可靠、坚持、有条理、负责。冲动的人粗心、混乱、不可靠。早期人格研究也曾称这个维度为"意志"。

神经质（又称情绪不稳定性）：高神经质的人紧张、敏感、不安、反复无常、情绪化、焦虑。情绪稳定的人平静且满足。

开放性（又称对经验、文化或智能的开放性）：高开放性的人富有想象力、机智、有创新性、有艺术性。低开放性的人肤浅、朴实、简单。

8.3.1 大五人格模型是如何发展的

这一模型产生于对描述人格的形容词的广泛因素分析，以及对各种人格测验和量表的同样广泛的因素分析（Goldberg，1990；John，1990；McCare & Costa，1985；Norman，1963）。值得指出的是，大五人格模型的形成主要是由研究驱动的，而不是基于理论的。这是一个对人格进行归纳的过程，也就是说，理论产生于数据。

自我了解

基于大五人格评估自己

十项目大五人格量表（Ten-Item Personality Inventory，TIPI）：

这里呈现了一些人格特质。请在每种表述后面写一个数字，表示你在多大程度上同意或不同意这一表述。请同时评估这两种特质对你的适合程度，即使其中一种比另一种更适合。

1= 非常不同意，2= 比较不同意，3= 有点不同意，4= 不确定，5= 有点同意，6= 比较同意，7= 非常同意

我觉得我自己：

1. 外向，有活力 ________
2. 挑剔，好争论 ________
3. 可靠，自律 ________
4. 焦虑，容易沮丧 ________
5. 对新经验比较开放，复杂 ________
6. 话不多，安静 ________
7. 有同情心，热心 ________
8. 杂乱，粗心 ________
9. 平和，情绪稳定 ________
10. 传统，缺乏创造性 ________

完成关于自己的评估后之后，再对一个同学做一次评估，同样也让你的同学评估你和他自己。然后计算每一次测试的分数。

十项目大五人格量表计分方式（R 代表反向题，即需要将这些题目的分数进行倒转，然后再进行计算）：

外倾性：1，6R

宜人性：2R，7

尽责性：3，8R

情绪稳定性：4R，9

开放性：5，10R

看一下你的同学是怎么评估自己以及你的。大学生群体的平均分数是：外倾性 4.40，宜人性 5.23，尽责性 5.40，情绪稳定性 4.83，开放性 5.38。

1. 因素分析

请注意，因素分析之所以可行是因为特定的人格特征彼此相关。例如，开朗的人一般会更多地与人交谈，也会更爱交际。因此，通过统计分析，可以分解每个特征的得分，并将共性特征置于一个潜在的（共享的）维度分数中。通过这样的方式，研究者能够将观察到的特征归纳进有限的几个维度（因素）。所以，如果一个人由在统计得到的、被称为“外倾性”的维度上得分很高，我们就知道这个人可能是开朗的、健谈的、爱交际的。不过，将三个特征简化为一个维度也可能使一些信息丧失，导致一些人没有其他人那么符合该维度的行为模式；但是，总体上因素分析可以达到简化人格特征的目的。

大五人格真的存在吗？除了基于词语评定的分析外，还有没有其他方式可以证明这些特质的存在？通过因素分析或其他聚类技术得到的维度不一定能代表真实存在的实体。如果我们对一些男性化和女性化特征（如支配的、好斗的、强壮的、温柔的、有教养的、娇弱的）进行数学分析，将得到两个维度——男子气和女子气。当然，这是“真实”的分类。也就是说，我们可以找到与之对应的生物学分类——男性和女性。那么，当对人格特征进行聚合，是否也能发现相应的生物学特征？奥尔波特指出，原子（元素的最小单元）最开始也是一个假设性的结构，随着理论和测量工具的发展，研究者最终证明了原子是真实存在的实体。因此，可以用一个假设性的结构来表征真实存在的某个东西，即使我们现在还不确切知道这个东西是什么。许多研究者相信，大五人格的生物学基础终究会被发现。

另外，大五人格的五个维度主要是通过对特质进行词汇学取向的分析而得来的。也就是说，人们（专业的心理学家或进行评定的普通人）对他人进行描述、测试和分类的结果，最后被简化为了五个维度。问题在于，这些评定者有可能犯错误。原因主要有两个：第一，他们看到的东西可能并不存在。也许人们就倾向于从这五个维度来看待他人，这种偏差叫作“内隐人格理论”。也就是说，人们可能采取一致的（同时也是有偏的）方式看待事物，特别是他人的人格，于是就可能错误地将特定特质看成是共变的。就像刻板印象会歪曲我们对外群体的认识一样，内隐人

格理论可能会歪曲我们对他人的认识。如果是这样，因素分析捕捉到的就是内隐人格理论，而不是人格的基本维度。

第二，评定者可能忽视那些原本存在的事物。曾经最优秀的科学家都认为世界是三维的，直到爱因斯坦出现，才确认时间为第四个维度。每个人都以为自己活在三维空间里，但每个人都错了。类似地，也许人格观察者们也错了，忽略了他人反应模式中的某个重要方面。

如何解决这些问题？现有已经有理由相信至少存在一些基本的特质维度，也许是3个，也许是16个，但更有可能是5个。行为遗传学及其他生物学的取向研究已经证实，少数人格维度存在生物学证据的说法是有意义的，尽管无法说清楚到底有多少人格维度确实如此（Borkenau，Riemann，Angleitner，& Spinath，2001；Carver & Connor-Smith，2010；Loehlin，1992）。例如，无论外倾性最终被证明是一种神经系统的反应机制，遗传设定的取向，或者成熟的行为模式，又或者其他成分的混合产物，都不妨碍其存在价值，这一结构具有生物学意义毋庸置疑。而且更重要的是，我们确实能够从现实生活中找到对应每个维度的真实个体（见图8-1）。

写作练习

回顾图中的大五人格特质及其例子，还有哪些名人是这五个特质的典型代表？你为什么想到了他们？

2. 跨文化研究

跨文化研究证实了五维度模型的有效性，涉及的人群有年轻人、老人、受过教育和没受过教育的人（McCrae & John，1992）。如果大五人格只是特定刻板印象的结果，就不可能在其他文化下被复制。至少迄今为止，这个模型看上去得到了世界范围的接受（Allik & McCrae，2004；McCrae & Costa，1997b；McCrae et al.，2004）。一些非英语文化下的研究发现了精神性（spirituality）维度或诚实－谦逊（honesty-humility）维度，后者包括真诚、公平、谦虚和免于贪婪等特质（Ashton & Lee，2007）。这并不意味着要增加第六个维度，而是提示需要对人的敌对性和精神病倾向给予更多关注，艾森克提出的第三个因素精神质关注的正是这一倾向。

外倾性
爱交际、热情、自信
电视节目主持人、喜剧演员艾伦·德詹尼丝（Ellen DeGeneres）

宜人性
直率、信任、利他、谦逊
儿童节目主持人罗杰斯先生（Mr. Rogers）

尽责性
胜任、审慎、坚持、追求卓越
天文学家、科学传播者奈尔·德葛拉司·泰森（Neil deGrasse Tyson）

神经质
焦虑、敌对、抑郁、脆弱
喜剧演员、作家莎拉·丝沃曼（Sarah Silverman）

开放性
想象力、审美、包容、好奇
电影制作人、导演斯蒂芬·斯皮尔伯格（Steven Spielberg）

图8-1　NEO-PI及类似测验所构想的大五人格维度

注：每一个人都可以通过大五人格维度来描述；不过，特定个体会在某个维度上表现得尤为突出，比如图中呈现的名人。

如果某种文化与世界主流文化截然不同，其中的人也可能不符合这五个维度。例如，有研究以生活在南美洲玻利维亚中部低地以采集－种植为生的提斯曼（Tsimane）人为对象，在这个多数人是文盲的土著社会里就找不到这五个维度（Gurven et al.，2013）。不过，大五人格对于理解和测量世界绝大多数人而言依然有效。另一项研究分析了来自相互独立且高度多样化的文化的12种语言（比如恩加、斐济、因纽特、霍皮和库纳的语言）中描述人类特质的词语，同样发现在英语和发达国家得到的五因素模型并不完全适用，每个人都会提到道德和能力上的个体差异（Saucier et al.，2014）。因此，无论大五人格的生理基础是否存在，文化可以在一定程度上改变人们在该文化下描述人格差异时所使用的维度。

跨文化研究也警示了不加批判地使用大五人格模型的危险。虽然很多文化认识到人们在这些维度上存在差异，但它们对每个特质的重视程度有所不同。例如，一项研究关注竞争（独立争取成功）和合作（帮助他人）的压力。研究通过比较墨西哥人与美国人，以及墨西哥裔美国人与欧裔美国人，发现了有意思的差异。美国人（和欧裔美国人）渴望竞争、支配和取胜，而墨西哥人（和墨西哥裔美国人）刚好相反，他们珍惜信任、合作，乐于帮助同伴。这种差异非常重要，比如在学校，是应该继续美国传统，鼓励学生争取最高的分数，还是应该创建更具合作性的学习环境，让学生通过帮助他人去学习？这类问题提醒我们，特质的个体差异永远不能脱离特定文化背景来产生影响，文化始终与其紧密相关（Aronson，1978；Kagan & Madsen，1972）。

亚文化的影响可以被观察到吗？比如，在美国的不同地区，人格会有差异吗？一项研究通过网络采集了美国超过 50 万人的人格信息（Rentfrow，Gosling，& Potter，2008），发现与其他州的人相比，北达科他州的人更爱社交、更友好、更少焦虑，也更缺少想象力。纽约人则相较平均水平具有更低的宜人性，同时神经质程度较高，创造性水平也较高。总体而言，大平原、中西部和东南部的人外倾性更高，而东海岸与西北部的人外倾性较低。东北部和西海岸的人有更高的开放性，中西部则相反。占美国 30% 面积的东部地区的人比西部人更加神经质。了解了这些差异，就能对艺术成就、犯罪、宗教、健康等的地理差异进行分析了。图 8-2 标出了大五人格特质中每个特质得分最高和最低的州。

写作练习

大五人格特质在美国各州的分数分布有哪些地方让你感到惊讶，哪些与你的预期相同？你认为这种概括是有道理的吗？为什么？

城市居民的人格也有差异。有些城市的居民更理性，如旧金山、洛杉矶，但不包括拉斯维加斯和俄克拉荷马城。另外一些城市的居民则更“感性”，情绪化且重视人际关系，如埃尔帕索和迈阿密，但绝不会是波士顿和西雅图（Florida，2010；Park & Peterson，2010）。居民理性水平高的城市，其居民往往也更具创新性，如奥斯汀、西雅图、纽约以及加利福尼亚海岸线上的大城市。这是为什么呢？特定的城市会吸引具有特定特质的人，同时城市居民也会相互影响，至少在某种程度上形成相似的看法和行为。

8.3.2　职业生涯和其他重要生活结果

大五人格有助于理解人们的职业轨迹吗？外倾者喜欢和他人在一起，他们大胆、有活力、有雄心壮志，也容易口无遮拦，因此可以成为政治家或其他受人瞩目的领导者。尽责性较高的人会表现良好，尤其是在合作环境中。他们的坚持、负责和强烈的目标感会帮助他们实现目标并获得老板的赞誉。他们的学业表现也更好（Barrick & Mount，1991；Martin，Montgomery & Saphian，2006；O'Connor & Paunonen，2007；Wagerman & Funder，2007）。因为可靠，他们也能建立良好的人际关系。

对比企业家和管理者，企业家更倾向于拥有高尽责性、高开放性与低神经质，也就是说，企业家的成就动机和创新导向很高，压力下的复原力也更强（Zhao & Seibert，2006）。宜人性较高的人更为利他，会帮助别人（Graziano & Eisenberg，1997；Roccas，Sagiv，Schwartz，& Knafo，2002）。他们可能成为非营利组织的领导者、宗教人士或很好的父母。

焦虑、紧张、烦躁的高神经质个体，要么把他们的担忧转化为一种强迫性的成功，要么被焦虑导致鲁莽行事，这两种人你可能都见过。需要注意的是，尽管外倾者也会从事冒险行为，但其目的是获得积极的回报和体验；而神经质的人从事冒险行为，比如酗酒，是为了应对自己的消极情绪（Cooper，Agocha，& Sheldon，2000）。

高开放性的人具有创造性，重视审美和对知识的追求，因为寻求更广博的体验，他们有可能成为艺术家或作家（McCrae & Costa，1997a）（当然，人们在五个维度上都会有所不同，我们给出的仅仅是一个例子）。总之，人格特质能够预测很多重要的生活结果，

图 8-2 美国各州的人格地理差异

包括精神健康、身体健康、寿命、共情、利他，甚至关系质量（Ozer & Benet-Martínez，2006；Roberts，Kuncel，Shiner，Caspi，& Goldberg，2007）。而且重要的是，人格和生活结果之间的关联之强可以与人们熟知的智力和社会经济地位之间的关联相提并论。

很多时候，用人格特质的组合预测生活结果更为有效。比如，低尽责性、高神经质的人更可能抽烟和不健康（Kern，Martin，& Friedman，2010；Terracciano & Costa，2004）。与此相似，低尽责性、高外倾性的人更可能饮酒，特别是当他们进入喝酒的同伴群体中时（Friedman & Martin，2011；Hong & Paunonen，2009）。

名人的人格 麦当娜

性感、另类、直率、骄傲，并富于创造性，男人们视她为尤物，而许多女性欣赏她独一无二的风格，这代表着强大的女性形象。“那个女孩是谁？”她是麦当娜。

这位令人瞩目的娱乐人物无论做什么都会受到媒

体关注。她几乎上过每一本杂志的封面，从《时代》到《阁楼》(*Penthouse*)，内容包括她的唱片、视频、巡回演唱会、电影、情事（包括与男人和女人的)、婚姻、孩子等。作为一个女性主义者，她强调魅力、性感、激情、抱负、进取心和幽默感的重要性。她的音乐录影带因为包含性、种族和宗教内容而饱受争议，她的演唱会也同样充满争议，她的舞蹈中含有摩擦性器官和手淫等动作。她在同性恋平权和艾滋病研究等政治议题上表现活跃。这个固执己见的女人公开批判天主教恶心且虚伪。那么，是否存在一个维度或一些特质可以准确地描述她的人格呢？

荣格可能会看到麦当娜内倾的一面，因为她把感受、直觉和体验看得如此重要。除此之外，她又很现实并善于思考，敢于站出来表达自己的不满，在各种争议议题上直言不讳。从这个意义上来说，荣格也许会认为她也同时具有外倾性。

由于麦当娜经常表现得富有活力和充满激情，体现出她支配性、社会性以及健谈的特点，因此使用大五人格的现代特质心理学家更可能认为她是高外倾性的。的确，在世界各地巡回演出、表演舞蹈、发行专辑、创立唱片公司等，都需要毅力。她的想象力、审美敏感性与强烈的好奇心则体现出了其高开放性。但是外倾性和开放性并不能涵盖她的全部人格。尽管她一直为了成就卓越而不断奋斗，但她的虚荣心和不顾一切的态度表明一开始她的尽责性不高，但和大多数成年人一样，随着年龄增长，她的尽责性也在逐渐增强。

再来看艾森克，他可能也会倾向于将麦当娜看作外倾者，因为她的神经系统不够敏感。麦当娜需要待在人群中并忙于各种能提高其唤醒度和吸引其注意力的活动，她自己也曾说她的神经系统天生不敏感，于是她会寻求外界刺激。

我们可以说她的核心个人禀赋是开发和表达性感吗？就像《阁楼》杂志所说的那样，她对自己的女性身份没有感到任何限制或不安。她穿圆锥形的胸罩、粉红色的束身衣、细条纹的男性西装，甚至将自己打扮成拳击手。她的音乐录影带中也会经常出现她渴求的或者渴求她的男性形象。这些核心品质影响着她的行为，因此可以被视为她的首要特性。不过，这种简单的归纳对她有点不公平，还需要从动机角度进行更丰富的分析。

也许她很害怕独自一人，因此总想被人群包围——强烈的对性、权力和归属的需要。她说过“权力是最强力的春药”。在任何地方她都是注意的焦点，她的话被奉为金科玉律。她可能会在莫瑞的“表现性”测量中得分极高，这代表她具有表演和成为关注焦点的需要。麦当娜的表达风格就是她人格的关键。她在不断重塑自己的公众形象，吸引无数粉丝，并始终保持最畅销摇滚女明星的位置。

歌手及演员麦当娜。特质、维度、动机、需要、类型、个人奋斗、表达风格……这些术语背后是人格心理学家们在寻找能够系统描述独一无二的个体的方式。那些处于测量维度极端点的个体，最能证明或者挑战一种理论。

8.3.3　五个是多还是少

在奥尔波特和其他人看来，当使用特殊规律研究法时，肯定需要多于五个维度来描述某个个体。大五人格主要用于一般规律研究，即将相同的维度应用于不同个体。但是，五个维度足以把握共同特质吗？这个问题还没有答案。原因在于尚无全面且令人信服的理论能够解释，为什么在比较个体与个体时，理解这五个因素就足够了。

这样的理论应该是什么样子？它可能来自大脑生物学的新证据，比如确定了五种不同的生理反应；也可能来自对进化压力的功能分析，比如五种技能——如与别人建立关系或者发现资源——被认为是生而为人的关键。不过，对于人类来说，明确他人在这五个维度上的表现，确实具有进化意义。我们需要知道谁会和我们合作（即宜人性），谁能成为成功的领导（即外倾性），谁更可靠（即尽责性），等等（Buss，1995a）。因此，人们可能进化出了这一能力来分辨和理解这些个体差异。

尽管大五人格模型风生水起，卡特尔却依然坚持16PF才是最为基本的。卡特尔对那些不接受他观点的心理学家感到不耐烦，同时也挫败于那些人不愿意同时记16个特质的名字（Cattell，1990）。后来卡特尔自己将注意力转向了动机和兴趣。他相信心理测量学方法也能用来分析本能驱力（性、恐惧、专断、自我保护等）以及依恋（对家庭、伴侣和工作的爱）。重要的是，卡特尔还推动了跨时间分析的开展。比如，结婚会对尽责性这一人格因素产生系统性影响，如使个体变得更尽责吗？这种变化如何通过统计体现？通过将注意力从个人的固定内在特质转向日常动机、兴趣和行为，如今的人格研究者看到了人类人格的复杂性，并开始考虑更为广泛的人格背景。

有趣的是，即使大五人格模型的支持者也普遍认为，用更多的特质描述来全面刻画人格是有益的（甚至在探寻共同特质时也是如此）。这些特质被称为子因素（subfactors）或切面（facets），仍被纳在大五人格模型之内，作为进一步的阐释（Block，2001）。例如，焦虑与抑郁是神经质两个紧密相关的方面，但临床上的焦虑症和抑郁症是两种不同的疾病，医生也会开具不同的治疗药物，如治疗焦虑症的是安定，治疗抑郁症的是百忧解。这两种药物对大脑的作用完全不同，这说明神经质作为一个特质或因素有点过于宽泛。但是，如果有一天能证明二者是由同样的神经系统障碍导致的，那么神经质作为一个上位分类就完全没问题了。

人格改变

很多人想知道如何才能使人格变得更外倾和不那么神经质，甚至还想知道要怎么把伴侣（或重要他人）变得更诚实、体贴和讨人喜欢。

思考一下

特质取向将人格视为一种情感气质（奥尔波特称为“心理生理系统”），它经由社会化过程整合为稳定且特有的思维和行为模式，也就是特质（Rothbart，2007）。因此，特质取向不会使用内省、释梦、药物、认知治疗或强化程式来改变人格。

相反，随着时间推移，经历推动旧的倾向向新的方向发展，特质也缓慢改变。有什么好办法可以让人经历再一次的社会化吗？

大学生就是一个很好的例子。虽然他们自己可能没有意识到，但上大学的确会改变他们。和没有上大学的高中同学或者上了类型完全不同大学的人相比，他们变得不一样了。在后来的人生中也是如此。你选择的工作、加入的组织、结交的朋友都会使你向新方向发展。

如果你很勤奋，但过于害羞和胆小，成为一名物理学家或者电脑工程师，或者加入一个冥想小组或唱诗班，会改善你的人格吗？如果你的伴侣是外倾的但过于自以为是和自我中心，你认为他怎样才能变得谦逊一点，是搬到盐湖城做一名牧师，还是搬去好莱坞在电视台工作，抑或投身教育行业，或者参加政治竞选？

8.3.4 艾森克的大三理论及其他

人格基本维度的数量还能再进一步减少吗？大五人格的维度中可能存在两个或者三个核心的成分，而其余的三个或两个仅仅是派生出来的。也就是说，生理因素使得一个人只可能偏向三种基本维度中的一种，每种维度又可以再细分为几个子类。例如，外倾性作为基本维度之一，可以进一步分成活动水平、社交性和兴奋性三个方面。这就是艾森克的观点。

艾森克1916年出生在德国，1934年移居英国，他一直是英国心理学界的重要人物，直到1997年去世。让我们回忆一下他的神经系统气质模型。基于生物学取向，艾森克认为人格的基础维度没有五个这么多，所有特质都可以追溯到三个生理系统。

卡特尔认为应该依据人格理论来拣选因素分析所要用到的变量（数据），而许多大五人格研究者则完全采用归纳法。艾森克则更进一步，他认为应该使用各类证据来指导因素的选择（Eysenck，1994；Eysenck

& Eysenck，1985），仅仅采用因素分析无法建构出基本维度。如有证据表明，至少有一些倾向——焦虑水平、友善、自尊和对新经验的开放性——在成年发展过程中是相当稳定的（Costa & McCrae，1987a；Trzesniewski，Donnellan，& Robins，2003）。如果你在 25 岁的时候比较平和开朗，那么到了 60 岁应该也不大可能反复无常、紧张专断。不过，随着年龄增长，人们会倾向于更尽责和更宜人（Helson，Kwan，John，& Jones，2002；Srivastava，John，Gosling，& Potter，2003）。

思维训练　政治候选人是否应公布他们的大五人格测验结果

当某人决定参选时，一般会公布自己最近的缴税情况、资产情况、身体健康状况等信息。这样可以让选民们判断此人经济状况如何，有没有隐瞒什么健康问题等。那么候选人是否有义务公布他们的人格测验结果呢？虽然心理测验不属于公开披露程序的一部分，但如果公布，会有帮助吗？

让候选人公布大五人格测验（或其他人格测验）的结果并没有什么用，原因有几个。首先，一旦候选人知道测验结果将被公之于众，他们就会以偏离真实信念和倾向的方式来作答，即进行积极的自我展示。也就是说，候选人可以通过操控测验结果向公众展示一个虚假的自己。财务报告和体检报告也有同样的问题，积极的自我展示动机也可能歪曲这些信息。但是人们还是希望看到候选人的财务和体检报告，这是因为人格测验的结果更容易进行主观操纵吗？是否应该让相关人士（如同事）来给候选人打分？但我们能找到完全没有偏向的相关人士吗？

其次，大部分选民其实很难解释和评估人格测验结果。这和财务及体检报告的情况一样吗？

公布人格测验结果的意义或许在于在一定程度上给予选民信息，帮助他们决定如何投票。在评判一个候选人的时候，相比于他赚多少钱，人们更希望知道他在为公众谋利方面是否值得信任。这能用尽责性和宜人性这两个因素来捕捉吗？又或者选民们需要一个能找到新方法来解决现有问题的人，那高开放性是不是一个有帮助的因素呢？还是我们更偏好能够全身心投入事业的人，以及能够与持不同观点的人一起展开建设性工作的人？低神经质和高外倾性的人是不是更有可能成为出色的领导者？

目前我们还不期待候选人会公开自己的人格测验结果。不过，也许公众可以对他们实施自己的人格测验。候选人需要陈述他们对公共议题的看法，（在市政厅）澄清自己过去的行为，预测（或承诺）他们未来的行为，在辩论中与他人互动，向大众寻求支持，对苛刻的媒体访问进行回应，甚至让配偶和孩子走到台前。这些都会提供某些与人格有关的信息（Ambady，2010；Leising & Borkenau，2010）。

写作练习

上文最后提到的各种考察方式能否提供与精细的人格测验一样的信息？请说明你的理由。

艾森克提出的第一个人格维度是外倾性，它包括卡特尔的乐群和自信两个因素。第二个维度是神经质，它包括卡特尔的情绪稳定性和忧虑性这两个因素。第三个维度是精神质，它是一种精神病理学倾向，包括冲动和残忍，也包括卡特尔的恃强性和世故性这两个因素。以大五人格模型来说，艾森克的精神质对应的是低宜人性和低尽责性，外倾性和神经质则与大五人格相似。艾森克并没有提出开放性这个因素。的确，不管在理论建构还是在统计结果方面，开放性的定义都最为含混。

艾森克（也包括杰弗瑞·格雷（Jeffrey Gray））的相关研究成果是极少数同时将生理基础（即奥尔波特所说的心理生理方面）、人格理论以及严谨的实证和统计分析一起纳入考量的人格理论家之一。有趣的是，艾森克的父母是演员，而他自己成了极富激情和直言不讳的心理学家及知识分子，经常出入学术争议的中心。所以艾森克会提出“外倾性是否家族遗传”这样的问题就不足为奇了。

8.3.5 艾森克理论的证据

真的存在三个核心特质维度吗？有一项研究同时考察了自我报告的特质和相关的情绪、动机（Zukerman，Joireman，Kraft，& Kuhlman，1999），发现对惩罚信号比较敏感的人在神经质方面的得分较高，而对奖励信号比较敏感的人在外倾性方面得分较高。精神质的人敌对、愤世嫉俗、不开心，他们很难适应工作、家庭、助人等社会规范（Lodi-Smith & Roberts，2007）。

另一些研究试图确定外倾性的核心特征究竟是享受社会情境（社交性）还是寻求奖励以及愉悦的情绪体验（与假定的生理激活系统相一致）（Wilt & Revelle，2009）。有研究让内倾者和外倾者分别评价一系列情境有多具有社交性以及有多令人愉悦（Lucas & Diener，2001），结果发现，外倾者对社交情境的评价更为积极，而内倾者只有在该情境令他们愉悦的情况下才会这样。此外，如果非社交的情境能令他们愉悦，外倾者也会更积极地评价它们，这再次说明了对于外倾者来说，奖励（愉悦）比社交更重要。

它为什么重要

为什么“到底有多少个基本特质维度”这一问题很重要？

思考一下

第一，核心维度对于评价个体并理解他们未来的行为很有帮助。第二，核心维度可以帮助我们更好地理解决定我们是谁以及我们为何不同的生理社会本质。

另一项研究（被试全是女性）使用了功能磁共振成像来研究人们看到积极愉快图片时的脑部活动。结果发现，外倾（而不是内倾）者在看到积极刺激（相比消极刺激）时脑部活动更剧烈（Canli，2006；Canli et al.，2001）。因此，外倾性可能确实和大脑奖赏系统的生理差异有关。另一方面，神经质可能与负责探测不寻常情境（如威胁）的大脑活动有关（Adelstein et al.，2011；Eisenberger，Gable，& Lieberman，2007；Eisenberger，Lieberman，& Satpute，2005）。

近来关于特质的生理方面的证据发现，外倾的人热爱聚会主要是因为能够度过愉快时光以及获得积极奖赏，而并不是因为他们比内倾的人更喜欢他人。

有趣的是，近年来美国大学生的外倾性（经由艾森克人格量表测得）明显提高（Twenge，2001）。这一发现值得注意是因为外倾性一直被认为具有很强的生理基础，然而，既然人类的生理素质并没有发生系统性的剧烈变化，那么就说明外倾性有可能是生理素质、社会化经验和社会期待三者综合作用的复杂产物。请一直牢记，需要从多种视角理解人格。

写作练习

回顾大五人格、艾森克的大三人格以及其他特质理论，你认为人格特质到底有多少个，五个，更多，还是更少，或者根本无法确定？

8.4 人格判断

8.4 理解人们如何判断他人的人格

“一见钟情”仅仅是性吸引，还是说我们确实能在那一瞬间发现些什么？第一次见到陌生人时会发生什么？我们能对陌生人的人格做出可靠有效的判断，还是经常受到刻板印象的误导？这些问题涉及人格特质取向的效度问题。

8.4.1　人格判断的一致性

观察者能够准确判断出他人的人格吗？换句话说，这种判断能否获得佐证？观察者一般能判断一个陌生人是男是女，这就提供了关于个体行为的诸多信息。有时我们也能判断出对方的年龄、种族、身体健康程度等，这些也是重要的信息。但是，判断人格会怎么样呢，比如外倾性和神经质？

试想，让一群陌生人在一系列特质维度上评估一组人，然后进行因素分析，结果得到五个基本维度（大五人格）。我们怎么能确定这种一致性不是由评估者头脑中的认知表征造成的呢？也许评估者认为某些特质会自然地同时出现（Passini & Norman，1966）。也许有时因素分析检测出的是评估者的一些想法，而不是被评估者的人格。

从经典到现代

人类本性、五因素和人格心理学家的人格

科学史家托马斯·库恩（Thomas Kuhn，1962）将范式（paradigm）和范式转移（paradigm shift）广泛地用于理解科学理论的发展和变化。他的基本观点是，科学思维的成长变化并非依靠缓慢渐进的知识积累，而是源自我们认识世界方式的突变。例如，爱因斯坦的相对论一提出，牛顿的物理学观点就立刻过时了。先知亚里士多德和盖伦的体液说也被文艺复兴时期的解剖学和生理学知识所取代。而有趣的是，现有理论往往不会因为有了新证据而被支持者抛弃，而是要等新一代的科学家出现，热情地接受新的观点。这么看，似乎需要一个全新的头脑来拒绝传统智慧，拥抱新发现带来的新范式。不过，不幸的是，新范式有时也会是错误的，此时接受它们就是愚蠢。

类似但较小的范式转移也出现在了心理学。我们相信人格心理学能够用来考察人性基础——生而为人意味着什么。不同的心理学家持有不同的观点。即便在特质取向内部，也存在分歧。当下的主要争议围绕五因素模型的效度和实用性持续进行着。

比如，小保罗·科斯塔（Paul Costa Jr.）、R. R. 麦克雷（R. R. McCrae）和刘易斯·戈德堡（Lewis Goldberg）等人是五因素模型的坚定支持者，而杰克·布洛克（Jack Block）对此表示怀疑。艾森克则认为三因素模型更为优越（Block，1995a，1995b，2001；Costa & McCrae，1995a，1995b；Eysenck，1992；Goldberg，2001；Goldberg & Saucier，1995）。那么我们该如何抉择？

布洛克（以及艾森克）对五因素模型排斥的最主要原因在于它完全建立在因素分析基础上。因素分析只是基于简单的输入，对数据进行简化。如果输入的数据不能充分描述人格的本质，那么大量的分析也无法得到所谓的“基础”特质。而且，五因素模型非常依赖语言，尽管它已在多种语言背景中得到验证，也因此被认为具有“人类普适性”（McCrae & Costa，1997b），但语言可能也有自己的人为建构的结构。此外，尚没有一个强大的先验理论能说明为什么人格基本因素的数目就是 5 个（而不是 3 个、4 个、16 个或其他）。如果发现了五因素对应的脑区，那就完全不同了。

另一种反对声音在于五因素模型能够在多大程度上解释已有的数据。它能否捕捉到并简化我们已经知道的那些人格？对此的担忧部分在于统计——用术语来说就是“无法解释的变异”；部分在于概念——它能否以一种微妙但全面的方式促进对人格的洞察？简而言之，五因素能很好地描述人格，还是仍有一大堆东西没有解释？这一领域很多争议就像在讨论杯子到底是半满还是半空一样。五因素模型到底是一幢优雅的大厦还是一个丑陋的障碍？

五因素模型作为一种范式转移被广泛接受的底线其实相当简单：这一取向必须能够以一种经济有效的方式全面充分地解释人格；必须能够引导新的研究出现，这些研究能帮助人们更为广阔深入地理解人格。许多研究者认为五因素模型已经做到了这些，但反对者仍然不信服。我们只能等待，看未来的人格心理学家能否够接受这一模型，是否相信它能解释大部分数据，是否契合其他证据，并以最经济和优雅的方式做到这些。与此同时，你也可以在对自己和他人的人格研究中探索大五人格的优势和局限。

如果用于因素分析的材料是个体对自己的评估，也会出现类似的问题。换句话说，让一群人对自己的特质进行评估，因素分析得出五个维度，这时我们发现的到底是人们关于自己特质可以被如何归类的想法（即自我形象）还是他们人格的客观维度？

但是，如果找一些人来评估他们的同伴或朋友，因素分析还是得到五个维度，且这些朋友的结果和受测者自我评估的结果相一致，比陌生人的评估更准确，这样五因素模型就有可能是有效的人格判断而不是刻板印象了。类似的研究已经开展了一些（Funder & Colvin，1988，1991；Norman & Goldberg，1966；Watson，1989）。

当我们观察一个从来没有接触过的人，比如新同学，就处在了一个被称为“零熟人”（zero acquaintance）的状态（Kenny et al.，1992）。正如特质取向所预期的那样，观察者们倾向于对“零熟人”的人格达成一致的判断。观察者之间的共识是人格可靠性的另一个证据。但是，有没有可能是观察者们基于某种刻板印象，从而做出了无效且不准确（但相似）的判断呢？哪个特质相对来说更能够被可靠地判断？

针对这个问题，一种聪明的解决办法是同时使用自我评价、同伴评定，甚至配偶评定（配偶应该能够知道更多关于他们人格的信息）。有研究者这么做了，还是得到了五个维度（McCrae & Costa，1987）。这些证据都很好地证明了大五人格模型是有效的，而不是虚构的。此外，Q分类技术也能得出大五因素；使用传统的自我报告测验，如迈尔斯布格里斯类型指标和明尼苏达多项人格测验，结果也是如此（McCrae & Costa，1989）。有时，别人比我们更了解自己，因为他们有时能够获得更准确的信息，且不会被自我保护动机所蒙蔽（Vazire & Carlson，2011）。例如，亲密的朋友可能比你自己更关注或能更准确地判断你的某些方面，比如健康状况和创造力。

我们可以用一个不寻常的例子来说明熟人人格“可见性”的重要性（可能超出人格心理学家的想象），这个例子就是露兹·库瓦斯（Luz Cuevas）和她丢失的女儿德利玛（Delimar）。幼年的德利玛在一次火灾中失踪。费城的权威人士都认为这个孩子已经化为灰烬了，但是她的母亲始终不相信。6年后，库瓦斯在一个孩子的生日会上见到了一个小女孩。她觉得这个小女孩很可能是她的女儿，然后假装不小心把口香糖弄在了这个6岁女孩的头发上，并扯下了几根。DNA检测报告肯定了她的猜测，她终于找回了这个遭遇绑架的女儿。

如上所述，效度的最终确认要求特质评估能够成功地预测个体的未来行为和生活结果，特别是在与自我报告的人格测验相结合时（Friedman，Kern，& Reynolds，2010；Friedman & Martin，2011；Ozer & Benet-Martínez，2006）。如尽责的人婚姻更幸福，工作表现更好，工作效率更高，身体更加健康，寿命也更长；开放的人更具艺术性，更有可能在创造性的活动中取得成功；高宜人性的人好朋友很多，在工作中易受赞赏，因为经常帮助别人而更加健康；神经质的人容易焦虑和抱怨，可能会用酒精来麻痹自己，但面对挑战时也可能变得更现实；外倾的人能爬上领导职位，吸引异性，普遍感到快乐和健康。总而言之，研究不断发现令人鼓舞的证据，证明存在若干稳定而有效的人格维度——尽管不一定是五个。

8.4.2 特质概念的局限性

如果在使用特质概念的时候不够谨慎，就可能带来风险。比如，低估人格中其他方面以及社会情境的作用，或者忽略了个人禀赋，忘记了基本维度更适于描述某一些人。此外，行为主义和社会学习理论完全反对特质概念的存在，他们强调是环境生成了行为模式（Costa & McCrae，1994）。但是，当我们跟随奥尔波特（1968）的脚步，从实证角度将人理解为一个整体（像格式塔）时，确实可以成功地对生而为人的意义产生更深刻的理解。

FBI对罪犯所做的专业侧写是不是比其他人更好？有研究对比了专业侧写者、警探、心理学家及大学生（Pinizzotto & Finkel，1990），发现面对一份真实的性犯罪案件材料时，专业侧写者的评估确实更为准确和全面，但有经验的警探和心理学家也做得不错，只有大学生差一些。最后，这项研究和相关研究的结果都表明，学习人格和动机的经验可以带来显著的进步和成功，但达成这一点的最佳路径仍然未知。

写作练习

并不是只有FBI的分析人员在观察他人的人格类型并对其进行概括，想想你自己对于人格的态度，你会经常评判别人的人格吗？你对哪一类人的评价最为苛刻？

8.5　类型

8.5　回顾人格类型的理念

我们是不是应该将人分成几种特定的类别，而不是用特质维度给他们打分？例如，我们很容易识别一个人是男是女，是小孩还是成年人。当讨论人格时，这种类别或集群被称为类型。类型的概念是在评估一个人是否易患心脏病的研究中被提出的，即A型人格（Type A）和B型人格（Type B）。弗洛伊德提出过肛门期性格类型，即吝啬小气。谢尔顿的体型说也是从类型角度看待人格的。

类型说认为人存在彼此非常不同的集群。但是涉及心理特征时，集群间的边界往往不那么明晰（Costa，Herbst，McCrae，Samuels，& Ozer，2002；McCrae，Terracciano，Costa，& Ozer，2006）。有些类型非常宽泛，例如内外倾，没有哪个人是完全内倾或者完全外倾的，有的只是程度上的差别。对于全面理解人格来说，类型只是第一步。不过，类型理论能够提供关于理想人格的模板，人们可以与之比较（Allport，1961；Asendorpf，2006；Asendorpf & Denissen，2006）。

有没有可能的确存在在某些方面人们截然不同而不属于一个连续体的情况？也就是说，某些人格差异不只是程度不同，还存在质（不仅是量）的差异？与其一以概之，不如谨慎地检验每一种类型理论（Vollrath & Torgersen，2008）。

写作练习

人格类型在书籍、电视和电影中随处可见，比如积极进取的A型人格者和像埃比尼泽·斯克鲁奇（Ebenezer Scrooge，狄更斯小说《圣诞颂歌》里的人物）这样的守财奴。结合你已经学到的人格知识，这些类型对于理解个体差异有什么帮助，又有哪些危害？

8.6　动机

8.6　使用动机概念来理解人格

动机与特质紧密相关又有所不同。动机是一种内在的心理力量，引发朝向目标的特定行为模式。动机概念抓住了这样一种观点，即在人类有机体内部存在着推动人们表达某些需求（如对食物、玩乐和快乐的需求）的力量。从某种意义上说，动机比特质更基础，动机位于特质之下。

举个例子，琳达为什么要参加那么多的朋友聚会？从特质角度来解释，这是因为她是一个高宜人性和高外倾性的人，她友好、合作、热心。这会是个不错的解释，也可以用来预测琳达生活的其他方面。但是，如果把她的行为解释为害怕孤独、性驱力，或者追求快乐，甚至是爱热闹，可不可行？这些都是动机性的解释，即涉及某种目标。需要、动力、情感全都与动机有关。动机概念的优势在于它考虑到了个体情绪的动力性（Schultheiss，Kordik，Kullmann，Rawolle，& Rösch，2009），风险则在于不够精确。

人格动机研究的奠基人亨利·莫瑞使用术语需要意指准备好在一定条件下以某种方式做出反应的状态（Murray，1962）。基本的需要包括成就、亲和、支配、表现等。莫瑞的取向十分看重社会情境，因此我们还会在后续的人–情境交互作用取向部分详细介绍。

一些新近人格取向也使用“动机”这一概念来理解人格，但范围比较局限。例如，分析一系列特定目标或“生活任务”，如在学校表现良好（Cantor，Norem，Niedenthal，Langston，& Brower，1987）。很多大学生将此视为生活的关键动机。但请注意，这种生活任务不是一个像外倾性那样广泛而复杂的特质，它只是帮助我们理解在大学这一情境下的某些行为及其一致性。

8.6.1　动机的测量

个体在动机上的差异可以通过跨时间和跨情境的观察来进行评估。不过这是一个困难且费时的过程。有没有更简单的方法？像人格研究表这样的标准化自我报告测验（部分基于莫瑞的需要理论编制）就不错，它通过人们对一些标准化问题的迫选回答来测量动机（Jackson & Messick，1967）。另一种自我报告方法则让人们写下日常奋斗的焦点事件，以此来评估动机，这样人们可以对自己的目标有所了解。

不过人们经常意识不到到底是什么在激发他们的行为，这时就需要一种更为微妙的方法来进行探测。因此，约翰·阿特金森（John Atkinson，1958）、大卫·麦克利兰（David McClelland，1984）和大卫·温特（David Winter，1973）等动机心理学家尝试使用投射技术来测量动机，如莫瑞的主题统觉测验。其中个体可能会看到一个模糊的场景，如一位迷人的男性和一位有魅力的女性一前一后走过酒店大堂门口。如果个体将这个场景解释为这个男人在约见客户并完成了一个期待已久的大单，那么就可以被归为表现出了高成就动机。我们如何感知周围世界，会受到我们内心状态的影响（见图 8-3）。

图 8-3 动机影响知觉

注：当人们站在很高的山上要下山的时候，他们对到山脚下的距离的感知会受到他们认为自己已经付出了多少努力的影响（Proffitt，2006）。也就是说，深层的动机会影响知觉和行为。同样，人们倾向于把想要的东西（比如炎炎夏日中的一瓶冰水）看得比不想要的东西离自己更近（Balcetis & Dunning，2010）。换句话说，我们看到的并不是周围世界的本来面目，我们的认知被歪曲了。这些发现证实了动力性需求和动机对于理解特质的重要性。

8.6.2 特质的动机取向

1. 成就需要

在美国，人们的身份地位与成就紧密联系在一起，因此人们对成就需要（need for achievement，n Ach）那么感兴趣就不足为奇了。

高成就需要的人坚持不懈，甚至有动力完成社会为他们设定的任务。他们享受个人挑战，可能会拿到多个学位或一大堆荣誉。如果社会对数量的看重超过质量，或者精明或坚持能带来成功，他们往往能在商界攀至顶峰。例如，他们可以成为一流的股票经纪人、销售人员或企业家（Brunstein & Heckhausen，2008；McClelland，1961；Rauch & Frese，2007）。然而，一旦交际或合作能力对工作更重要，他们可能就没那么成功了。

在特质的动机取向中，成就动机一般与另两个同样被大量研究的基本需要一起出现，那就是亲和需要和权力需要。

2. 亲和需要

20 世纪初，现代心理学的奠基者之一威廉·麦独孤（William McDougall，1908）写到过“群居”（gregarious）本能，它促使个体想要成为群体一员。后来他又提出了“情操”（sentiment）概念，指依附于某一客体的社会化本能。寻求他人的本能可能就是交很多朋友背后的动机。亲和动机的概念开启了一个世纪的研究。例如，莫瑞同时提出了亲和需要（need for affiliation，n Aff）和拒绝需要。但是，只有亲和需要——接近并获得他人好感的需要——获得了最多的关注。

流行电视节目《幸存者》（*Survivor*）可否被看作是建立在亲和需要（渴望归属）和权力需要（渴望实现自己的目标）二者张力的基础之上？有人认为，《幸存者》对在心理上努力调和这两种需要的观众具有疗愈功能（Schapiro，2007）。

高亲和需要的人希望和他人共处。它促使人们交朋友并取悦朋友（以维持友谊）。他们可能外倾、宜人、尽责，因为他们需要寻求来自他人的刺激，表现得友好，同时他们很可靠。由此可见，动机取向与五因素特质取向也有交集（Winter，1993）。因为存在需要，目标就决定了行为。例如，如果目标是交朋友，就可以通过特定的特质，如宜人性来实现。这种亲和动机可能是一种具有生物基础的应对压力的方法（Taylor & Gonzaga，2007）。还记得那个孤独的炸弹客吗？他的亲和需要极低，根本不愿接触他人，更不用说交朋友和谈恋爱。当他想要表达自己的观点，但又没有亲密的倾听者时，这一冲突就有可能导致暴力袭击行为。

3. 权力需要

莫瑞也认识到了支配的需求，他将其称为权力需要（need for power，n Power）。高权力动机的人本能地寻求地位，以控制他人。我们可能都认识这样一些人：他们喜欢夺取小团体的领导权、积累财富、控制领地，同时好斗且安全感不高（Hermann，2005）。当然，许多政治家都是权力动机很高的人，尽管他们更多受成就动机驱使；也就是说，一些人更想要声望、地位和成功（成就动机），另一些人则更想要金钱和影响力（权力动机）（Winter，1992）。针对美国总统就职演说进行的研究结果显示，高权力动机的总统更能做出重要决策，从而被后世视为伟大的总统（Winter，1987）。

4. 表现需要

另外一个关键动机涉及情感交流的需求，莫瑞称其为表现需要（need for exhibition，n Exh）。高表现需要的人期待在他人面前表现自己，想要取悦、娱乐、激励甚至震撼他人。他们多姿多彩、引人注目、激动人心、令人着迷。研究者主要通过表达风格来对他们进行研究（Friedman，Prince，Riggio，& DiMatteo，1980）。

> **写作练习**
>
> 莫瑞将人们的动机区分为特定的基本需要。选择一名你感兴趣的名人，你认为莫瑞所说的哪些需要在激发着他？而又是什么需要在激发着你？

理解了拿破仑大帝（Napoleon Bonaparte）强烈的权力需要，才能理解他的人格本质。

8.7　表达风格

> 8.7　检视人格与表达风格的关系

米老鼠和唐老鸭不仅闻名于世，而且深受喜爱。是什么让一个卡通形象如此成功？华特·迪士尼（Walt Disney）肯定最清楚，他说，让一个卡通形象表现出个体的人格是成功的关键。

卡通形象怎么会有人格？当然，它没有真实的、基于生理系统的人格。但一个成功的漫画家和小说家能够运用直觉来捕捉与众不同的行为风格。卡通角色格外有趣的地方就是，它的人格信息多是通过表达风格传递出来的，比如声音特点、面部表情、身体姿态及动作等。只要花几分钟看看唐老鸭的行为（或听他吹牛），你就会知道唐老鸭是一个什么样的角色，而根本不需要给它做人格测验。

它为什么重要

人格特质取向常用的统计技术源于智力研究，但奇怪的是，人格研究中却很少考虑能力。

思考一下

智力是一种从事特定事情的能力，而特质更多地被看作是什么东西而不是做什么事情。我们认为开展人格特质研究的时候，关注风格、动机和非言语社会技能也非常重要。

奥尔波特和其他人格心理学家早就知道，通过观察一个人的表达风格也能收集到重要的人格信息。1933 年，奥尔波特和弗农（Vernon）出版了一本书，名叫《表达性动作的研究》（*Studies in Expressive Movement*），这是世界上第一本讲述人格和表达风格的著作。但作为一个杰出的观察者，奥尔波特也没有忽略对表达性动作的简化理解的局限性。他并没有期待个体总是表现出相同的表达性动作，但他觉得表达风格背后存在一致性，可以通过特定情境中的特征性方式揭示出来。例如，外倾的人也不会在感觉不安的时候滔滔不绝。尽管如此，后来的研究显示，即使与不同的人交流，一个人的手势、身体倾斜度和声音线索等也具有相当程度的一致性（Levesque & Kenny, 1993）。

8.7.1 情感表达

表达风格是如何又为什么和人格产生联系的？有证据表明，表达行为中的情感方面（奥尔波特称之为气质）是其中的关键（Buck，1979，1984；DePaulo & Friedman，1998；Friedman，2001；Friedman，DiMatteo，& Taranta，1980；Friedman，Riggio，& Segall，1980）。也就是说，个体在表达或者抑制开心、愤怒等情感时有自己的代表性方式。这些方式似乎是与生俱来的，比如克制和随性这两种表达方式在婴儿身上就可以看到，而且随时间发展表现得相当稳定（Kagan，Reznick，Snidman，Gibbons，& Johnson，1988）。然而，值得注意的是，成年期的人格特质要比以气质为基础的特质更加稳定（Roberts & DelVecchio，2000）。这可能是因为成年期相对稳定的情境及其他因素（如与配偶的互动）会帮助我们保持行为反应上的一致性。

风格中最重要的个体维度也许是表现力。人们在非言语（及言语）行为的强度、广度、活跃度和动力性上各不相同（如，Friedman，Prince，et al.，1980；Gallaher，1992；Halberstadt，1991；Manstead，1991）。一个人的表现力可以测量，就像通过表达行为推测情绪一样容易，即便他们并没有刻意传达情绪给他人。富于表现力的人无拘无束、充满魅力（Friedman，Riggio，et al.，1980；Friedman，Riggio，& Casella，1988）。

高表现力的人比低表现力的人更具吸引力（DePaulo，Blank，Swain，& Hairfield，1992；Friedman et al.，1988；Larrance & Zuckerman，1981；Riggio，1986；Sabatelli & Rubin，1986），也就是说，表现力会提高一个人的吸引力。事实上，既关注（照片呈现的）固定吸引力（fixed attractive-ness）又关注表现力的个人魅力研究表明，对于形成良好的第一印象而言，表现力至少和身体吸引力一样重要，甚至可能更加重要（Friedman et al.，1988）。许多有着非凡魅力的演员光看照片可能平淡无奇；反过来，对一个美人积极的第一印象很容易在几分钟的谈话后消失殆尽。

外倾性是最容易从表达风格中识别出来的特质，换句话说，外倾性具有某种程度的“行为可见性”。人格测验中外倾性分数较高的个体在他人（朋友或陌生人）眼里比较活泼（Albright，Kenny，& Malloy，1988；Borkenau & Liebler，1993；Cunningham，1977；Funder & Sneed，1993；Kenny et al.，1992；Riggio & Friedman，1986；Scherer，1978，1982；Watson，1989）。实际上，观察者不需要太多信息就能准确判断出一个人是否外倾（见图 8-4）。这个判断未必完美，但就有限的可用信息来看，它是合理的。而其他一些重要的社会性特质，如亲和性、表现性、支配性、养育性和玩乐性等，同样与非言语表达线索关系密切。表现力强的人更外向、更具支配性、更冲动、更爱玩，也更受欢迎。相较而言，更个体导向的特征，如成就动机、自主性、秩序性、理解性等，则与非言语线索关联更小（Gifford，1994）。

图 8-4 表达风格

注：某些人格特质和一些可以不经意观察到的特点有关。例如，身体姿势可以作为一种视觉线索来判断一个人更外倾（如左边这个人）还是更内倾（如右边这个人）。

有时疾病也会影响个体的表达风格。帕金森症患者通常表现力较差，因为他们的肌肉运动减少，尤其是负责做出面部表情的肌肉。由此他们实际的外倾性可能被低估，而神经质则可能被高估，继而引起社会交往中的误解（Tickle-Degnen & Lyons，2004）。

8.7.2 支配性、领导力与影响力

高支配性的人（就像王座上的国王或法庭上的法官）坐的位置更高，站的位置更高，说话的也声音更大。他们喜欢侵占他人的空间，比如把脚放在桌子上，不管这桌子是你的还是他们自己的。高支配性的人动作幅度也较大，他们喜欢走在最前面、坐在第一排。在互动过程中，他们更常打断别人和控制时间（比如让你在等候室等待），如果他们想的话可以一直盯着你，但如果不想的话就根本不看你（Ardrey，1966；Exline，1972；Exline，Ellyson，& Long，1975；Goffman，1967；Henley，1977；Mehrabian，1969；Sommer，1969，1971）。甚至在儿童中，相对于看起来支配性较低的孩子而言，那些紧锁眉头和扬起下巴的小孩更容易在竞争中获胜，同时也更喜欢争夺玩具（Camras，1982；Zivin，1982）。

高表现力的人更容易获取注意（Sullins，1989），他们也可能激发他人做出更多的表达性行为，从而更清楚地表达双方的感受。此外，善于非言语表达的人更可能彰显个性，并成为领导者；也就是说，你知道他们是谁，他们与众不同，继而会对他人产生强大影响力（Riggio & Reichard，2008；Whitney，Sagrestano，& Maslach，1994）。

成功的沟通者能够识别他人的情绪线索，同时回应以恰当的情绪。也就是说，他们具有非言语的敏感性、非言语的表达力、非言语的自我控制力以及向“观众”展示自己的动力。美国前总统罗纳德·里根就是一个卓越的沟通者，他的人格令那些反对他的政策的人也喜欢他这个人。不过也不奇怪，里根在从政之前是个成功的电影演员。

8.7.3 表现力与健康

A 型人格（冠心病易感人格）的研究者发现了一些外倾性和表现力共享的非言语特征（如强调性动作和流畅的声音线索）。有魅力的表达风格包括流利、开放的姿势等，它也是健康人格的标志；相反，不耐烦和敌意的非言语线索（如密集快速的语言和紧握的拳头）则是不健康人格的标志。当然，如果低表现力是因为平静、满足与含蓄，那么就不意味着不健康，但如果是因为疏离、抑郁或焦虑的话，就是不健康的信号了（Friedman，2000b；Friedman & Booth-Kewley，1987a，1987b；Friedman，Hall，& Harris，1985；Hall，Friedman，& Harris，1986；Pennebaker，1990）。

特定情绪表达方式常在出生时或出生后不久就已决定，它是生理性的，但表达性反应与儿童期的社会化密切相关，且会对健康产生影响。简单举个例子，想象一个天生就不愿意表达的孩子，他的家庭期待他成为一名积极进取的销售员；或者一个天生就很爱表达的孩子，她的家庭希望她成长为一个矜持顺从的“乖女孩”。对于这两个孩子来说，环境对他们的适应、应对及健康影响巨大。

就如奥尔波特猜想的那样，进一步的证据表明，表达风格触及了一些人格的基本要素。虽然高表现力的人在表现情绪方面具有天赋，但他们比低表现力的人更难做出中性表情——他们看上去总是带着情绪

（Friedman，Riggio，et al.，1980）。甚至在明知应该弱化表情以免令他人难堪时，他们仍然很难压制自己的情绪表达（Friedman & Miller-Herringer，1991）。有趣的是，那些高表现力的人刻意做出的无表情状态，还不如低表现力的人做出的中性表情来得准确（DePaulo et al.，1992）。另外，文化也会微妙影响非言语的情绪表达。一项研究比较了日本人和日裔美国人对相同情绪的表达，发现观察者能够对他们的国籍做出判断（Marsh，Elfebein，& Ambady，2003）。

聚焦表达风格的特质研究常被称作“非言语社会技能”（non-verbal social skill）研究，或简称为“社会技能”研究（Riggio，1986，1992；Rosenthal，1979）。非言语技能的人格研究与通常的特质研究至少存在三个方面的不同（Friedman，1979）：首先，非言语技能概念将注意力转向情绪，即共情、同情和愤怒传递等人格方面；其次，关注点从内部特质和动机转向可观察的能力，如不再关注外倾性本身，而是关注面部表情、姿势和语言表达；最后，更加关注表现力这一沟通过程中表现出的人格方面，这与当代的人格观点相一致。

写作练习

回想《绿野仙踪》（*The Wizard of Oz.*）这部经典电影，主角们表现出来的人格同他们与世界的实际互动方式相符合吗？根据表现风格和你学过的人格知识，你认为它们之间的联系是什么呢？

总结：特质取向的人格理论

特质取向的人格研究旨在找到有限的几个维度以概括个体一致的反应模式。维度到底有几个，现在还没有定论。借助因素分析方法，卡特尔认为有16种特质；而艾森克则相信所有特质来源于三个生理系统，生成了外倾性、神经质和精神质这三个因素。但是，目前很多研究者认同五个维度最佳，即大五人格——外倾性、宜人性、尽责性、神经质和开放性。

特质取向起源于古希腊的气质概念，在20世纪30年代蓬勃发展，包括荣格的内外倾理念，量化心理学家的统计分析以及奥尔波特描述个体生活全貌的拓展性思想等。现代人格心理学采纳了奥尔波特的观点，即特质是个体恒定不变的部分，但人格同时也有可变的部分。换句话说，生命既独特又一致，即便人格会随时间和情境发生变化。

共同特质是一群人共同拥有的特质，而个人禀赋是个人专属的特质（泛化的神经心理结构）。动机是引发行为和促进表达的内部心理生理驱力，常涉及目标，如食物、朋友、权力。奥尔波特（与弗洛伊德相悖）认为，动机是机能自主的，即独立于其在儿童期起源时的样子。表达风格的新近研究揭示，即使与不同的人交流，一个人的手势、身体倾斜度和声音线索等也具有相当程度的一致性，且表达行为的情感因素是人格的关键方面。例如，人们在非言语（及言语）行为的强度、广度、活跃度和动力性上各不相同。可见，这种表达风格的理论取向是从社交技能的角度理解人格的。

特质取向在预测重要生活结果方面做得相当成功，尤其是尽责性，它能预测广泛的生活结果，包括事业成功、关系成功，以及健康与长寿（Friedman & Kern，2014；Friedman & Martin，2011）。大多数特质心理学家假设人格的一致性具有生理基础，因此他们热烈期盼相关研究的拓展。同样，大多数特质心理学家也认可特质受到认知和心理动力的影响。与其他单个取向一样，特质取向也不足以描画完整的人。它需要依靠其他取向进一步完善，例如，认识到人类高尚精神方面的取向，以及考虑到行为情境要求的取向。

观点评价：特质取向的优势与局限

快速回顾：
- 人类是气质与特质的集群

优势：
- 将人格简化为较少的基本维度
- 寻找表面行为差异背后的深层一致性
- 良好的个体测评技术
- 方便在个体间进行比较
- 实验室研究和现场研究兼用，理论和应用并重

局限：
- 在试图只以几个维度描绘个体方面可能做得太过了
- 容易基于测验分数给个体贴标签
- 有时低估了情境的变异性

- 可能受到内隐人格理论的歪曲
- 很难确定到底有多少个可靠的人格维度
- 可能低估潜意识动机和早期经验的影响
- 对自由意志的看法
- 在考虑到倾向和动机的影响后，允许存在一定程度的自由意志

常用的测评技术：

- 因素分析，自我报告，风格测试，档案分析，行为观察，访谈

对治疗的启示：

- 如果多数人格是围绕少数几个关键倾向、动机和特质建构的话，那么我们可以改变目标、技能和取向，但可能无法改变基础的特征性“本质”
- 例如，如果你是个内倾、尽责、努力工作但孤独的人，那么尝试去成为一个热情周到的班长或者过天天聚会的生活就是不明智的；不过你可以设定一系列有限定的目标，比如找到几个和你一样认真负责的好朋友
- 你也可以将注意力放在提高沟通技巧上

写作分享：特质与阶段

你已经学习了人格的生理与行为基础，也了解了不同的人格理论如何解读个体差异。那么，奥尔波特和其他研究者是如何看待孩子身上出现的特质以及这些特质在一生中的变化的呢？

9

CHAPTER

第9章

人本、存在和积极取向的人格理论

学习目标

- 9.1 分析存在的主观本质
- 9.2 了解人本主义
- 9.3 在弗洛姆的理论中探讨爱的重要性
- 9.4 阐述责任在人本主义人格分析中的作用
- 9.5 阐述焦虑是如何由个人存在价值的威胁引发的
- 9.6 分析亚伯拉罕·马斯洛的自我实现理论
- 9.7 以积极心理学视角检视幸福感
- 9.8 探讨存在－人本主义取向人格研究的优缺点

路易斯·席尔维·“路易”·赞皮里尼（Louis Silvie “Louie” Zamperini，1917—2014）曾是一位战无不胜的田径明星，奥运选手，第二次世界大战中的投弹专家，战争英雄和勇敢的战俘，宗教励志演说家，多项人道主义奖的获得者，以及劳拉·希伦布兰德（Laura Hillenbrand）畅销书《坚不可摧》（*Unbreaken*）的主人公。他于2014年去世，享年97岁，他那令人惊叹的战争经历被安吉丽娜·朱莉（Angelina Jolie）拍成了电影《坚不可摧》。有趣的是，劳拉·希伦布兰德也有一个鼓舞人心的故事，她曾与严重的慢性疲劳综合征做斗争，尽管身患残疾，她还是成了畅销书作家。面对会让大多数人崩溃的挑战，赞皮里尼（面对鲨鱼、饥饿和酷刑）和希伦布兰德（面对使自己无法行动的疾病）都取得了胜利。

被称为“圣雄”或“伟大的灵魂”的莫罕达斯·甘地，坚持过着一种忠于原则的生活。作为有史以来最有影响力的领导者，他倡导非暴力政治抵抗运动，为印度赢得了政治自由。马丁·路德·金无惧警犬和消防水枪，为被种族主义者长期把持的美国社会赢得了人权革命的胜利。昂山素季（Aung San Suu Kyi）被软禁在缅甸家中超过14年之久，为了倡导民主和人权，她拒绝离开祖国以获得自由。她获得了诺贝尔和平奖。

我们该如何理解这种人格，这些代表着人类精神及尊严的现代英雄们？人类精神的本质是什么？我们缘何存在？我们为何出生，又必然死亡？该如何衡量人类的成功？幸福之路何在？这些问题会在特定时间出现在许多普通人的生活中，成为迫切需要回答的难题。青少年挣扎于认同、目标和未来；中年人面对中年的存在危机；老年人苦思生命的价值和意义。爱、责任、焦虑、自我实现等议题弥漫在生命各个阶段的思想中。

这些问题和困惑是人类独有的。狗不会琢磨自己存在的意义，而即使是儿童也会询问关于死亡、痛苦以及对错的问题。对人生意义的任何心理学理解都应该提供一个视角，来解释每个人对这些古老问题的不同回答。这些问题正是人本和存在取向的人格理论的焦点。

路易·赞皮里尼。人格心理学对精神、勇气和高峰体验有怎样的看法？

在过去的半个世纪里，只有大约1/3的美国公民报告说自己很幸福，尽管也有大约2/3的人报告说至少有点幸福（Pew Research Center，2006，2014）。这个比例一直相当稳定。而同一时期，人均收入（考虑了通货膨胀的因素）翻了一番还多。因此，收入的增加并没有带来幸福水平的提升。同一调查还显示，与低收入者相比，高收入者更可能报告他们非常幸福。我们该如何理解这看似矛盾的结果？答案是心理因素起了关键作用。直接影响你的幸福感的不是你拥有多少钱，而是你如何看待你的存在，包括与他人比较你处于什么位置。经济不平等程度也在不断加深，因此尽管普通民众的生活状况良好，他们依然感觉不佳。

在奥斯卡获奖影片《安妮·霍尔》（*Annie Hall*）中，著名导演伍迪·艾伦（Woody Allen）敏锐捕捉到了这种统治个人生活的存在危机。当伍迪·艾伦饰演的角色跟女朋友安妮·霍尔分手时，他们要对共同财产进行分割，安妮提醒他所有关于死亡的书都是他的。他痴迷于死亡，同时也痴迷于生命的意义。他滔滔不绝地与安妮讨论哲学、纳粹集中营、疾病、衰老、爱的意义以及其他有关人类存在的核心问题，所有这些都是为了寻求生命的意义。他震惊于人们为什么能持续过着看似快乐的生活。在他眼里，他们沉溺于自我欺骗，对人类的苦难视而不见，就像片中他在圣诞节参观的“浮华城”好莱坞一样肤浅不堪，连雪都是假的。类似地，喜剧演员斯蒂芬·科尔伯特（Stephen Colbert）也曾讽刺人们所思、所言、所行之间的矛盾，就像他扮演的无知但显赫且狂妄的傻瓜一样。

不仅在影视作品中，现实生活中那些纠结于生命价值和人生方向的人往往极度焦虑，他们变得越来越神经质，甚至会出现各种心理障碍。不过，那些只关心自己，过着自我中心或享乐生活的人们结果往往比神经质的人更不快乐。这一章将解释人本、存在和积极取向的人格理论是如何解决这些有关人类价值、意义和幸福的基本冲突的，而这些主题往往会被其他取向忽略。

9.1　存在主义

> 9.1　分析存在的主观本质

简单来说，存在主义（existentialism）是研究人类存在意义的一个哲学领域。存在主义哲学家有时候也称“存在”为“在世”（being-in-the-world）。这一思想始于20世纪早期德国哲学家马丁·海德格尔（Martin Heidegger，1962）。存在主义解决了挑战心理科学的棘手的哲学问题。传统的实证主义者对世界的看法集中于控制世界上客体行为的法则。例如，迷宫中的老鼠在左转后得到了食物的强化，于是就变成了“左转”老鼠。这是正常合理的行为。但是，如果没有人去思考，这条法则还会存在吗？为了回答这个问题，其他非实证主义的哲学家开始思考存在的主观性，并指出，如果没有人看到，就不会有任何东西存在。

在极端的主观性观点看来，世界随着人们思想的改变而改变。换句话说，世界是人类的建构。但问题在于，实证主义科学是奏效的——它能够有效地做预测，科学家运用实证方法建立了诸多能够出色描述世界的法则和规律。但是，无论是实证主义者还是非实证主义者，无论是客观的观点还是主观的观点，都很重要。因此，存在主义者通过提出“在世”来解决这些问题。简单地讲，没有世界就没有自我的存在，没有人（一种存在）的感知就没有世界的存在。

存在主义哲学对于人格心理学非常重要。一个物理学家（如天文学家）可以对这些问题毫不在意，追踪彗星或分析无线电波与人类存在毫无关系（不过，当涉及宇宙起源等问题时，即使是天文学家也要考虑哲学问题）。而对于人格心理学家来说，存在难题带来的影响直接而持久。人是积极的意识生物，从未停止过思考。真爱是情人意志的产物还是某种神经物理状态短暂且不重要的副产品？也许两者都不是。存在主义理论认为只考察自我概念和认知结构，或者只考察外界刺激，都无法取得成功。相反，我们还必须考察人们努力追求的人生意义是什么。而要做到这一点，需要进入人们自己的世界（Hoeller，1990）。

存在主义所谓的考察不是为了揭露逻辑的不一致之处或合理化过程。例如，对于宗教中的来世信念和死亡焦虑，存在主义不会只考虑为什么我们这么想，而会认为我们就是这么想了。同样，伦理和道德选择，以及不道德的羞耻，都是人类的本质方面，而不是人类生物属性无关紧要的副产品（Vandenberg，1991）。道德和精神问题既不能忽视，也不能随意解释。

现象学观点

第二次世界大战后，法国作家阿尔波特·加缪（Albert Camus）和让-保罗·萨特（Jean-Paul Sartre）大力推行存在主义观点。加缪关注存在的根本荒谬性，但尽管如此，他还是看到了个人的价值，因为人们有勇气去抗争不公。萨特则强调个体应为自己的决定负责，他认为人们需要把自己当作自由的行动者，进而去实现真实的存在。例如，在其极具影响力的戏剧《禁闭》（*No Exit*）中，萨特向我们展示了地狱就是与一个自己痛恨的人被困在同一个房间里。折磨我们的是我们自己的感觉（而不是烈火和硫磺）。有趣的是，当勇气、责任和个人自由至关重要的时候，加缪和萨特都站了出来，积极抵制纳粹。

它为什么重要

存在主义认为把人视为受控于固定的物理法则过于简单，因此这一取向是非决定论的。也就是说，该取向认为将人视为大型机器上的齿轮是不准确的。

思考一下

存在主义取向鼓励理论考虑个体的主动性、创造性和自我实现。这些也均是人本主义心理学家强烈关心的议题。人本主义取向的人格理论聚焦于人格成长及成就中主动积极的方面。

存在主义取向的某些方面有时被称为是现象学的（phenomenological），这意味着该取向认为人们的观念或主观现实可以作为有效数据来进行考察。两个人面对同样的场景，他们的感受可能完全不同，这种现象学差异经常是存在主义取向人格理论关注的焦点。例如，对于一次夫妻争吵，现象学取向关注的是双方的需要和感知，而不是他们的心理历史或情境奖励。不过，环境会影响感知，因此也不能完全忽略环境。

写作练习

俗话说：“如果一棵树倒在森林里，没有人听见，那它是真的倒了吗？”这与存在主义心理学的观点有关。在人格心理学领域里哪一个更适当：是我们对世界的感知还是我们感知之外的世界？

9.2 人本主义

9.2　了解人本主义

人本主义（humanism）是一场强调个人价值以及人类价值中心性的哲学运动。人本主义取向的人格理论同样关注道德和个人价值。许多人格取向采取决定论立场，强调我们的行为在某种程度上受控于潜意识力量或先前的经验。如我们已经学到的，精神分析学家认为人受本我的原始本能驱动，行为主义者则认为人受环境中的偶发事件制约。

与之不同的是，人本主义取向在更复杂的存在主义哲学基础上，坚定地为人类精神背书。亚伯拉罕·马斯洛因此称人本主义为心理学的“第三势力”（另外两个势力是行为主义和精神分析）。

人本主义取向强调人的创造、自发和能动本性。它关注人类克服困难和绝望的崇高能力，因此它是乐观的。不过，当它认为一个人的行为是徒劳的时候，也可能转向悲观。总体来说，这一取向的理论均乐于接纳人性的精神和哲学方面（Rychlak，1997）。

9.2.1 创造力和心流

积极心理学家米哈伊·希斯赞特米哈伊（Mihaly Csikszentmihalyi）是一位延续人本主义传统的现代研究者，他以自我实现研究闻名。希斯赞特米哈伊（1996，2000）列出了高创造性者的一些特征。有趣的是，他发现这些人大多具有一些看上去有点矛盾的特质。这些矛盾的特质似乎产生了一种辩证的张力，继而激发了个体的创造力。（辩证指两种冲突力量或倾向带来了问题的解决，这里即产生了创造性的产品。）这意味着什么？

创造性的个体通常非常聪明，但有时候相当天真，例如，阿尔伯特·爱因斯坦需要妻子帮他管理财务。或者他们在博学的同时可能十分孩子气，W. A. 沃尔夫冈·阿马德乌斯·莫扎特（W. A. Wolfgang Amadeus Mozart）就是典型。此外，他们可能很重视玩乐，然而创造性成就（如艺术领域的）通常需要非常刻苦地训练才能获得。他们还会在必要的时候冒险。

高创造性的个体通常精力充沛。按照弗洛伊德的说法，这是性能量的体现，他们可能拥有强烈的性冲动，并将其用在创造性活动上以避免性卷入。他们还一般被认为是外向的，每天聚会不断，然而他们却常常认为自己内向且腼腆。他们还可以一边非常虚心，一边为成就自鸣得意。

根据希斯赞特米哈伊的观点，高创造性的个体同时具有男性化和女性化的特征。有创造力的男人通常敏感而细腻，有创造力的女性通常自信而强势。他们可能会因为自己的极度敏感而受折磨，但也会因此获得自我实现的高峰体验（peak experience）。

值得注意的是，这种分析有着人本主义和存在主义特有的风格，而不是基于激素和脑结构，条件反射和强化或者本能和社会化的解释。它涉及对人类独特经验的现象学考察，是对创造力、自由、自我实现等概念的理解。

9.2.2 与他人的关系定义我们的人性

以存在主义为基础，人本主义取向强调人的“存在”。换句话说，它强调人类特有的主动性和自觉性。生活作为人们为自己创造的世界不断发展着。这种观点由对“作为（being）一个人”的关注转向对“成为（becoming）一个人”的关注，也就是说，健康人格会朝自我实现的方向积极运动。此外，人本主义取向也借鉴了存在主义的观点，即我们的存在很大程度上来自我们与其他人的关系（Buber，1937），尤其是直接的双向关系，它被哲学家马丁·布伯（Martin Buber）称为“我 – 你对话”（I-Thou dialogue）。在这一对话中，双方证实了彼此的独特价值。这不同于功利主义的关系（被称为“我 – 它独白”（I-It monologue））在这种关系中，一个人利用另外一个人，却不认可其价值。布伯是在宗教背景下提出这种观点的，而人本主义心理学家关注的则是非宗教背景下的人的精神议题。

人类潜能运动始于 20 世纪 60 年代，是存在主义 – 人本主义人格取向的例证。它鼓励人们通过小组会谈、自我表露和内省的方式来发现自己的内在潜力。20 世纪六七十年代，“人类潜能”的环境往往是森林中的嬉皮公社，在那里，会心团体、身体按摩、冥想、意识唤醒、有机健康食品及与自然交流随处可见。而今天，它在环保主义、基层民主、公民自由、工人尊严和无私的自我实现等运动中得到了呼应。

它为什么重要

我们现在还可以在主流社会中看到人类潜能运动的影响。比如，保护人类与纯净、未被污染的自然生态圈的关系的诉求已成为一股世界性的政治力量。

思考一下

在商业领域，促进员工自我发展和关注员工小团体是当前工业心理学和企业文化的核心议题。在心理治疗中，对潜意识冲突的关心已被促进个人成长的技术所取代。人本主义取向关于健康人格发展的观点已被全社会认同。

写作练习

早期的心理学家多是医生或科学家。到了20世纪中叶，哲学家和神学家的思想也融入了人格心理学。包含这些要素的观点将如何影响人们对人格的认识？

9.3 爱是生活的核心：埃里克·弗洛姆

9.3 在弗洛姆的理论中探讨爱的重要性

绝大多数父母都宣称爱是他们能给予孩子最重要的东西。绝大多数成人也宣称生活中最令他们满足的方面就是爱。然而，很少有人格理论关注爱，或者它们只把爱当作人格决定因素的副产品。与之不同的是，存在和人本主义取向直接关注爱本身。

9.3.1 爱的艺术

著名的人本主义精神分析学家埃里克·弗洛姆（1900—1980）认为爱是一门艺术（Fromm，1956）。爱不是人们无意中进入的某种状态，也不是某些没有现实意义的朦胧的偶发症状。爱需要知识、努力和体验。爱的能力只生长于谦逊和自律。根据弗洛姆的观点，爱是人类无法回避的问题——人的存在的问题的答案。爱是唯一既能克服我们的孤立处境，

人本主义理论家弗洛姆相信人类的本质疏离感可以通过爱来克服，但爱需要成熟和努力。他担心现代社会的异化会削弱我们的生活质量。

又能保持我们自身的完整性的良药。但弗洛姆也强调爱只存在于成熟的生产性人格。因此，弗洛姆所说的健康且完整的人格是一种理想化的生产性人格，它能努力超越生物性和社会性，运用大脑以一种人类特有的方式去爱和创造（Fromm & Maccoby，1970）。

弗洛姆关注现代社会。我们与自己、他人和自然疏离，甚至意识不到自己对超越和统一的追求。我们试图用开心玩乐来掩盖这种内在的疏离。当我们不成熟的时候，就会把世界当作一个大乳房，而把自己当作婴儿。为了克服现代社会这种存在性的疏离，弗洛姆建议我们学会耐心、专注，积极活在当下，并克服自恋。奇怪的是，从弗洛姆的年代到现在，人们明明获得了越来越多的自由，却感到越来越焦虑和孤独。如果不能以爱、以帮助他人的方式来克服这种孤独感和疏离感，我们就可能走向相反的极端：逃避自由，如将自由交给独裁者或专制的力量。

弗洛姆及其追随者乐于解决东西方思想中一些基本的哲学和宗教问题，而问题的解决需要借助关于充分实现和发展的人格的心理学思想。犹太教、伊斯兰教和基督教的神秘观点始终强调深入祈祷和灵魂的重要性，东方哲学也早就指出冥想、感受和奇趣思考对心理的益处。例如，禅宗认为通过直觉和对生活的积极体验，人可以认识生命的神秘。弗洛姆及其同事在对人类人格的理解基础上对哲学、冥想和宗教沉思重新进行了系统的阐释。

毫无疑问，面对现在这样一个独自看视频代替了公共活动，传统文化让位于巨无霸汉堡包，人们用慈善事业换取自我放纵的米老鼠之旅的社会，弗洛姆将感到沮丧。他预想此种社会中的个体是异化的、没有爱心的、得不到真正满足的，严重一点讲，这可能会导致独裁政府的出现。不过，他应该会为性别日益平等以及社会对种族多样性和创新更加包容和开放而感到高兴。

9.3.2 辩证的人本主义

与20世纪的许多知识分子一样，弗洛姆也深受马克思主义对工人剥削的关注以及弗洛伊德潜意识动机理论的影响。弗洛姆出生于一个正统的犹太家庭，犹太法典以及希伯来圣经对他影响深远。尽管在柏林接受了精神分析的训练，但他很快就抛弃了其中的很多信条并开始强调社会因素对人格的影响。弗洛姆的取向有时被称为辩证的人本主义（dialectical humanism)，他试图调和人性中生物性驱力与社会性压力两方面的力量，相信人们能够战胜并超越它们，成为具有自发性、创造性和爱的人。

弗洛姆很清楚自由意志和决定论的斗争由来已久。12世纪著名宗教哲学家迈蒙尼德（Maimonides）曾写道："不要认为性格与生俱来……任何人都能像摩西（Moses）一样正直，也能像耶罗波安（Jereboam）一样邪恶。我们自己决定自己是博学的还是愚昧的，是有同情心的还是冷酷无情的，是慷慨的还是吝啬的。"（Mishnah Torah，Hilchot Teshuva，5.1）因此，人们不能把自己的责任推卸到他人或者魔鬼头上。尽管上帝被认为是全知全能的，但要求人们在没有自由意志的情况下去过正义的生活显然是没有意义的。这一两难困境在弗洛伊德对邪恶的灵魂——被称为本我的内在驱力——的科学探索中得到了进一步刻画。而弗洛伊德的人格观是悲观的、决定论的。

与存在主义关于人在世和自由意志的假设相一致，弗洛姆不认为人的行为源于内在驱力或社会压力，而是源于一个生活在社会要求的网中并具有特定需要的有意识的人。成熟的人可以通过创造性努力和人性道德去丰富世界，从而获得生产性导向。

9.3.3 是否有证据支持弗洛姆的观点，如"焦虑的时代"

弗洛姆观点的支持性证据并非来自孤立的个案分析，而是来自对文化或亚文化的分析。当下社会的诸多趋势都支持了弗洛姆的观点。比如，西方社会在越来越崇尚个人主义和消费主义的时候，抑郁症和其他心理疾病的发病率也在稳步升高（Cross-National Collaborative Group，1992；Twenge et al.，2010）。此外，就像弗洛姆预测的那样，疏离的、低公共性的美国社会越来越为暴力、离婚和动荡所折磨（见表9-1）。这种现代文化中普遍的疏离和破坏提示人们，应认真参考存在主义关于积极的爱的重要观点。

表 9-1 存在的疏离？社会指数的变化（1950—2000）

社会指标	1950 年到 2000 年的变化
离婚率	翻番
非婚生育率	增长 7 倍
监狱人口的百分比	增长 5 倍
报告的焦虑和抑郁	增长 5 到 10 倍

注：数字和时间段均为近似值。

资料来源：Data from the *Statistical Abstract of the United States*, www.census.gov/compendia/statab/. See also www.lib.umich.edu/govdocs/stcomp.html.

进一步的证据来自对焦虑的研究。20 世纪末的大学生与一个半世纪前的大学生相比，焦虑程度如何？虽然商业和社会财富急剧膨胀，但大学生的焦虑水平也在大幅度增长（Twenge，2000）。这种增长甚至早于 2001 年的“9·11 恐怖袭击事件”。类似趋势也出现在儿童身上，美国当代儿童的平均焦虑水平高于 20 世纪 50 年代的同龄人。今天的许多学生自恋且自大（Twenge & Campbell，2009）。我们即将看到，虽然无疑还存在很多影响因素，但弗洛姆和其他存在 - 人本主义心理学家早就精准预测到了这一结果，并为 20 世纪的社会敲响了警钟。

人格改变

弗洛姆认为，改善人格的最好方法是用爱的方式帮助他人，以战胜孤独和疏离。生产性人格不依靠激素或内在冲突的解决，而是努力超越生物和社会要求，变得有爱和创造性。

有什么好方法可以做到这一点？

思考一下

存在 - 人本取向的人格改变有赖于与他人建立真诚的关系以及建设性地参与社区。从简单的与人为善，到更大的合作促进社区活动，都是好的例子。具体的行动则包括向他人表达感谢和感恩，开展愉快且有益的纪念和庆祝活动等。换句话说，人格的改变需要行使自己的自由选择去自我实现，去爱。

写作练习

思考弗洛姆对爱的关注。与那些被教育得无视道德并剥削他人的人相比，那些被教育要去爱、去帮助和信任他人的人具有怎样的人格？

9.4 责任：卡尔·罗杰斯

9.4 阐述责任在人本主义人格分析中的作用

存在 - 人本主义取向的一个关键假设是每个个体要为自己的生活和成长负责。著名人本主义心理学家卡尔·罗杰斯的理论就是这一观点最好的代表。罗杰斯相信人具有成长和成熟的内在倾向。但这种成熟并不是必然发生的。尽管人们有潜力自由地控制自己，但他们必须努力承担相应的责任。如果处于支持性的心理环境中，人们更有可能自我实现。和爱一样，责任也是人本主义人格理论中很常见却在其他人格理论中很少出现的术语。

卡尔·罗杰斯出生于 1902 年，他在严格的基督教氛围中长大，家庭关系紧密。他从小受到道德要求的严格约束，以至于第一次喝苏打饮料的时候还有轻微的罪恶感。他在自家的农场中度过了他的青少年时期，学习了不少科学种植的方法。罗杰斯将其后来的成功部分归功于他在这一时期发展出的独立性、科学的观念和观察技巧。

从威斯康星大学毕业后，罗杰斯进入纽约联合神学院，准备成为一名神职人员，但在那期间他逐步转向儿童和临床心理学。这一点很有意思，很多人本主义思想（如罗杰斯、弗洛姆以及其他人的思想）来自宗教或准宗教。与那些从进化生物学、神经损伤患者、动物行为或信息加工等方面了解人格的心理学家不同，人本主义心理学家毕生关注人类精神。罗杰斯于 1987 年在圣迭戈死于髋部骨折手术引起的并发症，直到生命的最后时刻，他仍活跃于对人的研究之中。

9.4.1 成长、内在控制和正在体验着的人

罗杰斯理论中关键的一点是他认为每个人都有

根据罗杰斯的观点，治疗师的角色是共情的、支持的，并能反映出来访者自身的紧张与冲突。

向积极方向发展的趋势，除非受到阻碍，否则人们都能充分实现自己的潜能。这个观点可以追溯到18世纪法国政治哲学家让·雅克·卢梭（Jean Jacques Rousseau），他相信人天性良善，学校应该鼓励自我表现而不是管束所谓“不恰当”的行为。人本主义心理学家站在类似的立场上，根据罗杰斯的观点，心理健康的人具有广阔的自我概念，能够理解和接受各种感受和经验。内在的自我控制要比被迫的外部控制更健康。

近来研究证实，多数成年人会随着年纪增长朝功能更完善、更成熟的人格发展。这种现象被称为“成熟法则”。也就是说，随着年龄增长，大多数成年人会变得更有责任心、更少神经质（情绪更加稳定），也更具宜人性（Bleidorn et al.，2013；Roberts et al.，2006）。（但是，我们也知道这种普遍趋势存在例外。）其中一些人似乎是自然成熟的，但也有一些人依赖于父母的教育，以及所处文化对成熟行为的期望。在这里，我们再次看到了内在心理力量是如何在特定时间和情境中发展及发挥作用的，在学习人－情境交互作用取向的时候，你还会更深入地思考这一点。不过，成熟人格的这种有规律的增长在儿童和青少年时期不存在，这一时期发生的往往是剧烈变化（Van den Akker et al.，2014）。

请注意，罗杰斯采用了现象学视角：重要的问题必须由个体来定义。人本主义心理学的核心在于所谓的“正在体验着的人”（experiencing person）。如果一个人对自己的看法和其经历的事情之间差异很大，就特别值得关注，因为不能接受自己将成为个人成长路上的绊脚石。

9.4.2　罗杰斯治疗和成为你自己

罗杰斯对心理治疗实践产生了巨大影响，而后者反过来又影响了健康人格思想的现代发展。在罗杰斯治疗（Rogerian Therapy）中，治疗师是共情的、支持的和非指导的。在从事儿童辅导和临床心理治疗期间，罗杰斯认识到是来访者而不是治疗师最清楚问题在哪里，以及该从什么方向着手治疗。与存在主义观点相一致，罗杰斯将人视为一个过程——一种不断变化的潜能集合体，而不是一堆数量固定的特质。在来访者导向的、支持性的心理氛围中，个体学习丢掉面具，变得越来越开放和自信。在治疗师的支持下，来访者能够实现改变和成长（见图9-1）。

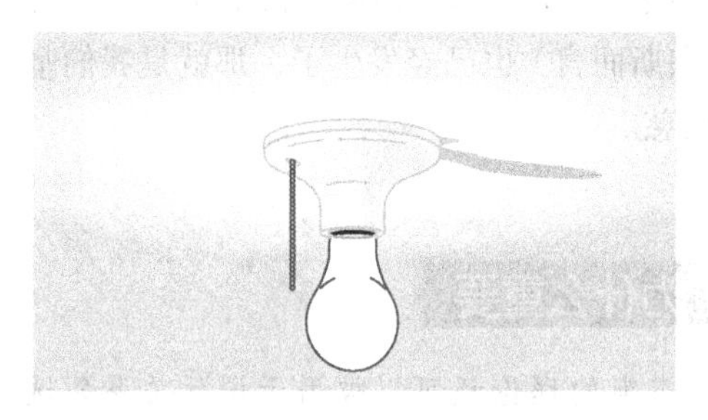

图9-1　“多少个心理学家才能换下一个灯泡？”

注：“多少个心理学家才能换下一个灯泡？”“一个就行，但前提是那个灯泡自己愿意！”这个笑话反映了人本主义心理学的观点：人有自由意志，能够让自己成长和变得更好，但这种改变必须是内部驱动的。

罗杰斯指出，想在心理治疗过程中促成人格的建设性改变，有两个必要条件：第一，治疗师对来访者表现出无条件的积极关注；第二，治疗师对来访者的内心世界产生共情理解，并将这种体验传达给来访者（Rogers，1951）。换句话说，一个真正的治疗师能够感知到来访者矛盾和不一致的感受，然后把它们反馈给来访者，以此来帮助来访者进行自我整合并变得更成熟。这些观点已经被用来指导、培训了数不清的心理治疗师，并很大程度上激发了现代的积极心理学。而且，罗杰斯采用严格的培训方法，他认为每一个治疗师的共情水平都应该被独立评估。他欢迎其他人对其理论进行系统检验，而事实上罗杰斯自己就是最早对心理治疗进行评估的人之一。

在罗杰斯看来，接纳自己的本性至关重要。尽管我们所有人都会思考我们应该如何，但罗杰斯说我们应该“成为自己”。健康人格相信自己的体验，并接受其他人和自己不同的事实。根据罗杰斯的观点，当我们摆出不真实的面孔服从他人期望的时候，存在焦虑和内心冲突就会出现。例如，罗杰斯的一位来访者在其成功的治疗过程的最后写道：“我以前总是觉得自己必须做一些别人希望我做的事情，或者更重要的是让人们喜欢我。见鬼去吧！从现在开始我只想成为我自己。”（Rogers，1961：170）

试想，面对凶恶的校园霸凌者或者总是在抱怨的同事，我们该怎么做？应该以牙还牙，还是归罪于他们的人格问题？罗杰斯告诉我们，这样只会伤害我们自己。一个人格健康的人应乐观而理解性地面对讨厌的人，看到他们良善的一面。有时候这种信念可能会逆转那些不好的行为，但即便没效果，最重要的事情（对罗杰斯而言）也已经发生了，那就是我们坚持了自己的仁慈。

它为什么重要

罗杰斯的理论还可以被用于国际关系领域，事实上人本主义心理学家不仅关注个人和谐，也关心世界和平。例如，罗杰斯晚年开始关注北爱尔兰地区的宗教冲突问题。

思考一下

简单来讲，人本主义心理学关心的国际关系基本议题是：战争机器是不是达成世界和平的最好路径？军事力量的使用是否播下了进一步破坏、攻击和毁灭的种子？在真实情境中需要考虑的事项和政策细节当然要复杂得多，不过对国际关系和政策的争论常常取决于对人类人格的假设。

那我们自己的感受又该如何呢？我们应该否认自己对讨厌的同事的愤怒吗？恰恰相反，罗杰斯强调要体验我们的感受，但与此同时道德也应发挥作用，而不能让愤怒的感受触发攻击行为。一个功能健全的人能够过上精神富足、勇敢无畏的生活。

Q分类法是一种很适合罗杰斯观点的评估技术。例如，个体可以在接受心理治疗或其他干预之前按照真实自我和理想自我对一系列自我描述进行分类，然后在结束后再进行一次。治疗师可以以此来评估心理治疗或干预是否促进了人格的整合（Rogers & Dymond，1954）。

作为一名人本主义心理学家，罗杰斯视责任为积极的、自我解放的、自我提升的曙光。但一些和他一样持存在主义观点的人却不像他那么自信乐观。例如，法国作家萨特（1956）同意应当寻找生命的意义，且这种意义不能由外部世界提供。尽管和罗杰斯一样强调责任，但萨特并不将其视为通往成熟和发展的跳板，而只是抵消存在的焦虑和绝望的方式。

写作练习

弗洛伊德、皮亚杰和其他人将生命视为一系列的阶段。相比之下，弗洛姆和罗杰斯认为生命是一个过程。这些不同的观点将如何影响对人格的看法？

9.5 焦虑和恐惧

9.5 阐述焦虑是如何由个人存在价值的威胁引发的

计算机不会焦虑，所以信息加工取向的人格理论往往不会关注焦虑这样的事情。然而讽刺的是，当置身于一个高科技的环境，被电脑包围时，很多人都会感到焦虑。想想看，如果你打的每一个电话都由电脑生成的电子声音应答，你使用电子取款机，加油站只有由信用卡控制的自助服务泵，你的教授用电脑来评定你的成绩……你会有什么感觉？还有人知道你是活着的人吗？很多人在这种电子化的冲击下感到去人性化、焦虑，甚至心生恐惧，因为他们的精神被忽略了。当然，计算机化引起的异化只是焦虑和恐惧的一个原因。更普遍的原因可能是，我们的大家庭、社区和传统文化在流动、开放的现代社会中被瓦解了。

19世纪的丹麦哲学家索伦·克尔凯郭尔预见了

现代社会的异化性，于是强调人类信仰的重要性；而19世纪的德国哲学家弗里德里希·尼采（Friedrich Nietzsche）则看重激情和创造力的重要性。

《尖叫》(*The Scream*)，爱德华·蒙克（Edward Munch）作。这位挪威艺术家和现代表现主义创始人在他的艺术作品中揭示出了一种情感折磨，暗示着现代人的异化和绝望。

9.5.1　焦虑、威胁和无力

存在主义心理学家乐于把焦虑、恐惧甚至绝望等作为人存在的核心要素。焦虑是存在主义心理学家罗洛·梅（Rollo May，1909—1994）特别关注的问题，他把焦虑视为威胁一个人存在的核心价值的导火索，而无力感常常是其关键。例如，一位年轻女性的焦虑可能因被父母忽视而产生，也可能因找不到信仰而产生，还可能因被同龄人排斥而产生，甚至可能是因为她是虐待或强奸的受害者。为了克服疏离感，她可能会寻求药物、性滥交或暴力。在西方社会，安定一类的精神类药物是最流行的处方药之一，每年都有无数的药片被吃掉。而酒精的使用甚至滥用则更为普遍，其目标也常常是缓解焦虑。

罗洛·梅年轻的时候曾因肺结核而在疗养院待了几年，在那期间他进行了深入的内省。在那样的机构中，疏离和孤立感尤其强烈。成为治疗师后，罗洛·梅发现很多病人都在寻找生命的意义，这种观察确立了他对孤立和焦虑的兴趣。有意思的是，与其他存在－人本取向的奠基者们一样，罗洛·梅也接受过神学和精神分析的训练（包括跟弗洛姆一起学习）。

罗洛·梅（1969，1977）在存在主义和人本主义取向的人格理论之间架起了一座桥梁。他关注的焦点是伴随着个体圆满自身生命的旅程的焦虑，但他仍将人生旅程视为高贵而尊荣的。在这个意义上，他的观点与很多宗教哲学关于人固有价值的观点是一致的：必须为尊严而斗争。当今世界虽然充满了威胁，却也为成就最高远的目标提供了机遇。

名人的人格　昂山素季

有时候，你想象不到的事情可以成为精神力量的最佳例证。昂山素季出生于一个显赫富裕的家庭，她本可以轻松地过上舒适的生活。然而，她却把她的一生奉献给了自由和民主事业，为此做出了巨大的个人牺牲。

第二次世界大战结束不久，昂山素季出生于缅甸。她的父亲在缅甸摆脱英国殖民统治，赢得独立的过程中发挥了关键作用，但在新政府过渡时期遭到了政治暗杀。虽然当时她只有两岁，但父亲成了她为人民奉献和牺牲的榜样。即便对父亲没有直接的记忆，但父亲留下的精神遗产一直激励着她为人民服务。昂山素季的另一个榜样是圣雄甘地，他倡导非暴力不合作。十几岁时，昂山素季跟随被任命为缅甸驻印度大使的母亲，在印度生活了数年，因此对甘地的哲学非常熟悉。除此之外，她还受到自身佛教信仰的激励，珍视真理、正义、非暴力和仁爱，正如她在文章《追求民主》（*In Quest of Democracy*）中所说的那样。

由于公开领导反军事独裁运动，她多次被软禁多年，甚至还多次被监禁。她曾以绝食抗议，为被一同监禁的学生示威者争取更好的待遇。她有十几年不得不待在家里，无法接触媒体和国际访客。她也有很多次机会可以重获自由，但前提是离开自己的国家——她显然不愿意这样做。她的丈夫在英国罹患癌症，政府拒绝批准他的签证，不允许他进入缅甸，却提议可以解除她的软禁，放她去英国。昂山素季明白这是想让她离开这个国家，而一旦离开就再也回不来了。因此，她拒绝了这个提议，在丈夫生命的最后三年里，两人没有见过面。

这种为人民奉献和牺牲的精神力量是她的人生主旋律。她公开反对政府，领导游行和民主运动，并使缅甸政府的镇压行径成为一个重大的国际人权问题。1988年，她领导反政府游行，政府军持枪驱赶，她毫无惧色，当武装士兵命令她停下来时，她坚定地向前走，而命令追随者退后。她当时一定相信这场战斗肯定会赢：要么她被枪杀，而这一殉道会大大激励民主斗争；要么政府军让她安然通过，支持者们也会为这一成功感到鼓舞。

她赢得了国际社会的认可，获得了包括诺贝尔和平奖在内的诸多荣誉。她珍视缅甸人民的民主和人权，这激励着她继续工作。存在、人本和积极心理学家可以帮助我们理解像昂山素季这样的人的人格，她一生都在追求超越个人的目标。

9.5.2 个人选择

存在 - 人本主义理论家维克多·弗兰克尔（Victor Frankl，1962，1984）强调个人选择的益处。如果人们希望成长和发展，未知的挑战将引起焦虑，但这种焦虑可能会带来巨大的胜利和自我实现。弗兰克尔曾被关在纳粹集中营中，他通过追寻苦难的意义和承担掌控所剩无几的生命的责任，最终幸存了下来，他没有顺从和屈服于恐惧。

存在 - 人本主义取向推动了大量帮助人们面对病魔的支持小组的产生。有证据显示，参与这种小组能够帮助适应并促进恢复。

弗兰克尔的父母和怀孕的妻子在集中营遇害，而他最终成为极具影响力的存在主义心理学家，向那些被绝望和空虚压垮的人伸出援助之手。他的理论被称为意义疗法（logotheraphy），即追寻存在的意义。他认为这种对意义的寻求要比弗洛伊德所说的对快乐的寻求强大得多。遵循着他的个人掌控理论，弗兰克尔活到了 92 岁高龄，于 1997 年在维也纳去世。存在的抗争带来人类精神的胜利。事实上，当代英雄也是那些能够抵抗悲观与邪恶压力的人。这些观点已被吸纳进“创伤后成长”这一现代人格研究领域。我们都知道，战争或集中营等极端挑战会导致噩梦、闪回等创伤后应激反应，但一旦寻找到更深层次的意义，就能获得创伤后成长（Calhoun & Tedeschi，2014）。这种成长包括发现对生活的新的欣赏，赋予社会关系新的意义，对生活中的重要事物进行重新评估，以及获得更深层次的灵性和存在的感受（Tedeschi & Calhoun，2009）。

对于罹患绝症的人群，存在 - 人本主义取向帮助巨大。一些患者组成小组，每周进行一次亲密的讨论。这种形式最初兴起于癌症患者，现已扩展到所有的重症群体中（Gottlieb & Wachala，2007；Kelly，1979；Taylor，2006）。人们在小组里表露自己承受痛苦和面对死亡时的恐惧与焦虑。这与存在主义强调的应积极面对挑战的观念很一致。小组成员也会在实际（如信息）和精神层面上互相帮助。小组方法的效果证实了人类的信任、友谊等情感以及内在胜利感的重要性，也说明了存在 - 人本主义预测的正确性。但是，研究者却很少明确承认存在 - 人本主义是此类理念及实践的源头。这又是一个例子，让我们看到我们对人格的假设如何微妙地渗透进我们的生活，不管我们有没有意识到。

多年前，斯金纳和罗洛·梅曾有过一次辩论，焦点是人类是否有自由意志，或行为是否早已注定。这种讨论与对其他基本问题的争论一样，大约 90 分钟后，很多观众越来越清晰地发现斯金纳和罗洛·梅都是对的。两人均对生而为人的意义做出了深刻的洞察和解释，但因为他们的视角和兴趣不同，他们关心的从来就不是同一个问题。想通过一个简单的心理学辩论或研究来证明一个理论是对的而另一个理论是错的，绝无可能。这就是本书为什么再三强调要获得对人格的完全了解，需要学习和理解八个基本但又不同的取向。自由意志至今仍是心理学中一个热门的争议话题（Dennett，2003；Wegner，2003）。

写作练习

对罗洛·梅来说，一个从不焦虑的人不可能获得自由。你对这句话怎么看？你能想出一个让某人既获得自由又永远不会为任何事情焦虑的方法吗？

9.6 自我实现

9.6 分析亚伯拉罕·马斯洛的自我实现理论

人们看重的是智慧、创造力、洞察力、信仰，还是他们喜欢的食品、酒和性？人本主义心理学家无法否认基本欲望的重要性，毕竟人也是动物。但人又不仅仅是动物。于是，该领域的一些理论家提出了人类本性的三个方面——生物性、社会性和自我实现或个人性（Frankl，1962；Maddi，1970）。伙伴或生命意义的剥夺和食物的剥夺一样，令人恐惧甚至死亡。

受训于行为主义者哈里·哈洛的亚伯拉罕·马斯洛因其在自我实现方面的研究成果而闻名。他把自我实现置于人类需要层次的顶端，并将自我实现视为理解生而为人意义的最佳方式。

9.6.1 荣格思想中关于自我实现的早期观点

自我实现是一个人获得精神成长并实现潜能的内在过程。很少有人达到高度的自我实现，但很多人在沿着这条路前进着。有趣的是，自我实现的想法最早是由荣格提出的。与人本主义心理学家不同，荣格（与弗洛伊德类似）坚信潜意识力量的重要性，但他也相信人类倾向于整合各种精神力量，从而成为一个“完整”的人。对荣格而言，潜意识和自私的驱力无可否认，但它们能够被探索并与人类的精神方面进行整合。通过自我探索和对内在暗影（内心的黑暗力量）的处理，一个人可以与自然及全人类和谐共处。

荣格接受的是精神分析的训练，却提出了很多人本主义的观念，这奇怪吗？如果回忆一下他曾经广泛阅读过东方宗教和心理人类学的著作，并对其相当精通这一点，就不奇怪了。这些著作强调自然、精神事物、符号和精神整合的普遍重要性，而荣格吸取这些不同的理念，将其发展成一种乐观的人格取向。他也非常清楚异化的危险。因此，尽管荣格相信潜意识动机的存在，他同样相信目的论，即人生存在一个宏伟的计划或目标（Jung，1933）。他对人的理解无法被简单地归类。对荣格而言，类宗教信仰和精神整合是人性中最关键的部分，他也对折磨人们的内在本能恶魔抱持着欣赏。

9.6.2 高峰体验

了解了人生中的恐惧和焦虑，现在让我们来看另一个极端。自我实现取向如此积极，人类精神在其看来绝非魔鬼，而是神祇。想想看，在我们生活的某些时刻，一切都是那么美好。这种特殊时刻出现时，我们可能正在听一首动人的乐曲，或者刚为一个困扰已久的问题找到了新颖独创的解决方案，又或者正在体验一个极具感官刺激或艺术性的时刻，等等。此时人们似乎超越了自我，感觉与世界同在，体会到全然的自我满足。这种积极且有意义的体验是人格的一个重要方面吗？亚伯拉罕·马斯洛认为是的，并称其为高峰体验。

高峰体验思想的产生可以追溯到19世纪末哲学心理学家威廉·詹姆斯的工作，他提到过一种“神秘体验”，一种无法形容、转瞬即逝、真实的精神事件。后来，现象学治疗师弗里茨·皮尔斯（Fritz Perls）对其进行了扩展，他主张通过将一个人天性中的边缘部分整合成一个健康的整体（或“格式塔”）来提高自我觉知（Perls，Hefferline，& Goodman，1951）。近年来，希斯赞特米哈伊等（2000；Nakamura & Csikszentmihalyi，2009）研究过这种现象，称其为全身心投入有意义的活动中而产生的“心流”（全神贯注）。

马斯洛因自我实现理论而广为人知。他1908年出生于纽约，1970年在加利福尼亚州逝世。儿时的马斯洛非常聪明，但与行为怪异又严厉的母亲关系紧张。用他自己的话来说，童年时的马斯洛羞涩、书呆子气、神经质。但他没有这样一直持续下去或走向自我仇恨，相反，他充分实现了自身的潜能，成为人本主义心理学的领导者之一，激发了诸多积极的社会变革。

有意思的是，马斯洛最初接受的是行为主义的训练。他曾师从行为主义动物学家哈里·哈洛完成了其研究生学业。20世纪三四十年代，马斯洛在布鲁克林学院任教期间接触到了一批从纳粹德国逃往美国的知识分子，包括弗洛姆、阿德勒、霍尼等人，他的专业志向也因此发生了巨大转变。马斯洛曾多次严词批评行为主义和它对创造力、游戏、好奇心和爱的忽略。

高峰体验常见于充分自我实现的人。这种顿悟式的体验可以帮助人们保持成熟的人格。自我实现的人在精神上感到富足，他们与自己和他人均和谐相处，充满爱心和创造性，现实并富有成效，例如爱因斯坦、杰弗逊、罗斯福，当然也包括马斯洛本人（马斯洛认定的自我实现的历史名人范例见表9-2）。有意思的是，很多人格理论来自对癔症、神经症或其他不健康人群的研究，而马斯洛研究的是理想健康的生命。这种思路是乐观且精神性的。和罗杰斯一样，马斯洛也强调所有人都具有与生俱来的积极潜能。也就是说，马斯洛改变了基于病人研究建立人格理论的现状，使人格研究转向关注那些心理最健康的人。因此，他帮助奠定了现代积极心理学的基础。例如，现代研究证实，在看到他人善举后表达感恩和感受道德升华将激发亲社会行为，并极大地改善人际关系（Algoe & Haidt，2009）。

表9-2　马斯洛认定的自我实现的历史名人范例

自我实现的人	自我实现的成就
阿尔伯特·爱因斯坦	天才地重新思考了关于时间和空间的基本假设
埃莉诺·罗斯福	关心全人类，为改善人类生活而工作
威廉·詹姆斯	作为心理学的一位奠基者，带来了创造性的新视角
巴鲁克·斯宾诺莎	蔑视当时的宗教正统，提出了被认为是异端邪说的观点
亚伯拉罕·林肯	付出了巨大的个人代价，为自由的道德理想而战
托马斯·杰弗逊	缔造了建立在民主原则基础上的新型政府，同时也是一位哲学家
帕勃罗·卡萨尔斯	成为世人公认的20世纪最伟大的大提琴手
乔治·华盛顿·卡弗	面对困难和歧视，显示出伟大的创造力和成就

自我实现的人对自己有着清醒的认识，同时也接纳自我。（尚未达到自我实现的人也可能偶尔获得高峰体验，但更可能对此感到吃惊而不是受到启迪。）他们独立、自发、有趣。他们常常具备富有哲学意味的幽默感，你绝不会听到他们开种族歧视的玩笑或说带有性暗示的笑话。他们能够与他人建立深厚而亲密的关系，并抱有对全人类的爱。他们不墨守成规，但拥有高度的职业道德，且经常感受到高峰体验。

性高潮不是高峰体验，但如果它引起了双方精神上的深切爱恋，它就能导致高峰体验。就这一点而言，人本主义心理学与许多宗教教义相当接近，它们将性行为视为神的礼物，是积极的手段。在高峰体验中，时间似乎停止了，对周围环境的感知也不复存在。

高峰体验不一定超凡脱俗或多么神圣。相反，它们可以出现在友谊中、家庭中、工作中，也就是日常生活中。可以看出，马斯洛受到了东方哲学和宗教的影响，认为精神的成长和觉醒根植于对日常世界的充分欣赏。

9.6.3　自我实现的内在驱动力

类似于罗杰斯和荣格，马斯洛认为人有一种朝向自我实现的自然倾向或驱动力，这种促进发展的驱动力来自不断成长着的有机体内部，而不是来自外部环境。故而这些理论有时也被称为机体论（organismic），因为它们假设每一个有机体都存在自然的演变或生命进程（Goldstein，1963）。例如，著名神经精神病学家库尔特·戈尔茨坦（Kurt Goldstein）认为，自然是统一的，大多数人的生活是连贯的。（同在布兰迪斯大学任教期间，马斯洛与戈尔茨坦有过交往。）

尽管如此，成长和自我实现的动机不同于缓解紧张的驱力（如满足饥饿、干渴和性欲的力量），它不是生存所必需的。罗杰斯强调自我概念的成熟与和谐，而马斯洛强调向高层次成长。有机体的演变是由遗传决定还是被更复杂的因素所影响，目前还没有定论，但是人们简单地假设了一种进化而来的成长趋势。这里我们可以看到达尔文影响人本主义取向的方式与现代生物学的思想相去甚远。

达尔文对存在 – 人本主义心理学的影响还有另外一种方式。在 19 世纪，大多数科学家把每一个物种视为一个整体。这一观点吸收了达尔文的天才想法，也就是注意到了每个个体的独特性以及每个个体特征的重要性（Mayr，1991）。个体差异是自然选择的基础。与之类似，人本主义心理学也关注每个个体的独特性，欣赏每个个体与众不同的内在天赋。

思维训练　自我实现是一个有益的人生目标吗

在马斯洛的需要层次中，自我实现居于顶端，有别于其下的世俗需要。当一个人超越了 D – 需要，走上“存在”的自我实现层次时，可能会出现一个悖论。较低层次的需要可以通过聚焦于此来解决——如果你的生存受到威胁，如果你不吃东西就会挨饿，那么花大量注意力和精力去寻找合适的食物是有益的。专注于寻找食物的目标会让你更有可能达成这个目标。然而，当一个人满足了所有的 D – 需要后，直接把自我实现作为目标可能会适得其反。自我实现的特征和标准是否与追求自我实现的重点相一致？

达到精神上的满足，为人类做出创造性的、建设性的甚至是勇敢的贡献，可能与仰望夜空中的星星有一些共同之处——在这两种情况下，直接关注目标可能会使目标更难实现。在观察一颗恒星时，稍微向左或向右对焦会比直接对焦获得更明亮和清晰的图像。自我实现也是一样，过度关注目标可能会阻碍我们获得创造力、和谐、成熟和敏锐。当我们深度沉浸在重要的和能带来成就感的活动中时，自我实现会自然产生。

写作练习

如果你想达到自我实现，你会如何做？以罗杰斯的观点来看，如果你想“成为你自己”，你会怎么做？这会引导你走向自我实现吗？

9.6.4　马斯洛的需要层次

马斯洛把人的需要分为两类，一类是缺失需要（deficiency needs），即 D – 需要（也称 D – 动机），为生存所必须。比如，生理需要（physiological need）是对食物、水、性、住所等生物必需之物的需要；安全需要（safety need）是对可预测的世界的需要；归属和爱的需要（belongingness and love needs）是对与他人建立心理亲密关系的需要；尊重的需要（esteem need）是对自我尊重及来自他人的尊重的需要。这些 D – 需要通过缺失来驱动我们——我们需要一些东西来满足驱力或空虚，从而重建体内平衡。

马斯洛指出，最高层级的自我实现需要适当的社会条件来促发。如果人们不得不把全部心思用在基本需要的满足上，就将达不到“存在”（being）的水平，即“B – 水平”“B – 价值”或“B – 动机”。如果缺乏食物、安全、爱和尊重，就无法完全实现人类潜能，去追寻真与美。

如图 9-2 所示，马斯洛（1987）把这些需要组织在了一个层次结构里。

在精神分析理论中，人类的低级生物性驱力与动物并无二致。而在新精神分析理论中，更高级且独特的人类需要虽然仍具有生物学基础，但超越了它。与荣格类似，马斯洛说最高级的进化状态是与自身和谐相处，这是人类特有而珍贵的品质。讽刺的是，这一假设与现代进化思想是矛盾的。尽管大多数现代生物学家承认人类与其他动物相比在大多数领域都聪明得多，但他们并不相信人类在进化意义上是“出类拔萃”的。换句话说，人类并不处于进化树的最顶端，仅仅是一个分支而已（人类既不是跑得最快的动物，也不是最强壮的动物，既没有最好的听觉，也不是最忠诚的，还不爱好和平，等等）。

超越需要：
发现超越当下自我的精神意义

自我实现需要：
追求自我满足，实现自我潜能

审美需要：
欣赏对称、秩序和美

认知需要：
认识、了解和探索

尊重需要：
达成、胜任、得到认可、被重视

爱和归属需要：
与他人建立关系，被接纳，有归属感

安全需要：
感到安全，远离危险

生理需要：
解决饥饿、渴、疲乏等

图 9-2 马斯洛的需要层次

注：按照马斯洛的观点，最高层次的需要是超越的需要。在这个层次模型中，较高层次的需要得到重视前，较低层次的需要必须得到充分满足。

遵循当下整合人格的趋势，进化人格心理学家对马斯洛的需要层次进行了修正（Kenrick et al., 2010）。新模型首先保留了基本的生理需要是首要需要的观点：在考虑其他事情之前，我们会先去获取食物和住所。接下来，我们会寻求社会关系和归属感（然后是尊重），但这些被重新解释为对获得、保护和维持配偶十分重要的因素。这似乎也合理，且在一定程度上与马斯洛的观点相一致。但随后，进化心理学家用顶层的“养育”取代了自我实现，因为进化的最终目标是繁殖并将自己的基因传递给可存活的后代。尽管你可能会认为养育子女与自我实现有一些重叠，但这似乎不太可能是马斯洛所想的。作为一个关注超越的人本主义学者，马斯洛希望我们关注人类的精神本质以及和平自我实现的潜能。他不可能相信圣雄甘地或林肯的胜利是生育动机的结果。

尽管研究显示，人格成熟的人（如圣雄甘地）更可能按照自我实现的方式行事，但也有一些例子表明，在艰难环境中与极端挑战做斗争的人也可能达成自我实现。这似乎意味着马斯洛需要层次的假设不够准确。例如，一个贫穷的单身母亲关注美和艺术——她喜爱素描，喜欢参观艺术博物馆。也就是说尽管生存需要尚未满足，一个人仍可以拥有自我实现的诸多要素。不过，也请注意，正是马斯洛和人本主义心理学家们最愿意强调美和艺术等问题的重要性。

它为什么重要

马斯洛及其同事将精神病理学的人格研究转向对适应良好、自我实现的人的研究。这一转向对于促进身心健康影响深远。

思考一下

传统的治疗致力于治疗疾病，而人本主义心理学使越来越多的注意力被投入健康上，即为什么一些人能够保持健康。

9.6.5 自我实现的测量

有证据支持马斯洛的人本主义观点吗？自我实现的人身体和心理都更健康吗？马斯洛本人几乎穷尽了所有他能想到的评估技术——访谈、观察、自陈式问卷、投射测验、传记研究等。使用多种方式的必要性是由研究对象决定的。自我实现的人通常很独立，不在乎社会压力，崇尚自由，有着很高的隐私需求，他们的人格也更为复杂。也就是说，找到这些人就很不容易，遑论测量和评估他们。

这种松散的评估方法对整个理论而言一直是一个问题，直到最近积极心理学领域得到发展才有所突破（见下文）。换言之，马斯洛的观点提供了洞察和视角，但很难得出科学可检验的结论。（据说，著名的实验社会心理学家利昂·费斯廷格（Leon Festinger）曾评论说，马斯洛的想法非常糟糕，甚至都谈不上是错（Aronson，2010）。）有一个试图严格测量自我实现的量表叫个人取向量表（Personal Orientation Inventory，POI）（Shostrom，1974）。这是一个自陈式问卷，要求人们在很多维度上对自己进行归类，比如他们能否与他人建立亲密关系，是否具有自发性和无拘无束等自我实现的特征。它也可以评估个体是否乐观并现实地活在当下，而不是为过去或未来而烦扰。

这个量表能够识别出那些具有符合马斯洛预期的人生方向和行为的人。然而，这并不令人惊讶，因为这些问题就是量表首先要问的。但想用它进行更为复杂和全面的研究就可能受限了，坚持马斯洛观点的人格理论家不愿意将崇高的人本主义概念转换成千篇一律的问卷调查。曾经用过个人取向量表的研究发现，该量表的信效度不太稳定，但至少能抓住健康人格的某些方面（Burwick & Knapp，1991；Campbell，Amerikaner，Swank，& Vincent，1989；Taylor，2001；Weiss，1991；Whitson & Olczak，1991）。换句话说，自我实现似乎的确是心理健康的成分之一。现在，心理健康，而非没有精神疾病，越来越被视作人类优势的体现（Vaillant，2012）。例如，对感恩的研究发现，那些在精神超越维度（普遍性、连通性）上得分高的人（见图9-3），平时也倾向于报告较高的感恩水平（Herringer，Miller-Herringer，& Lewis，2006；McCullough，Tsang，& Emmons，2004；Sheldon，Elliot，Kim，& Kasser，2001）。

写作练习

我们该如何理解这些领袖展现出的精神性、崇高和勇气？

秉持着存在主义传统，马斯洛指出，科学不能离开创造它的人而存在。因此，科学从来就不是价值中立的。科学界也越来越认同这一观点，很多科学家开始质问自己是否应该制造核弹、化学武器或转基因胚胎。在人格心理学中，这个问题尤其重要，因为人格心理学家声称他们握有关于人性的科学证据。马斯洛有理由担心，由于人们精神性和崇高的一面越来越不受重视，那种认为人类是受一系列基本生物驱力或环境因素控制的机器人的悲观看法，将很快成为一种自我实现的预言。

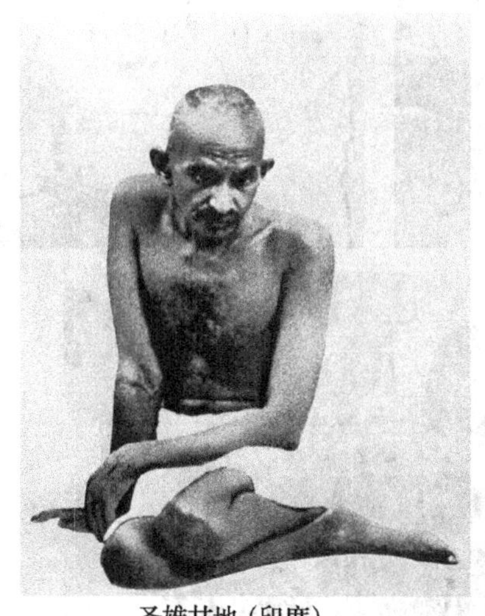

圣雄甘地（印度）

马丁·路德·金（美国）

昂山素季（缅甸）

图9-3 自我实现的领袖

注：正如马斯洛所预测的那样，最伟大、最受尊敬的领袖们拥有一种自我实现的、关怀和欣赏全人类的精神意识。他们鼓舞人心，但也并非没有缺点。

在生命最后的日子里，马斯洛思考中的哲学意味越来越浓，而他的见解却越来越现实。他承认每个人固有的缺点和社会中固有的冲突。例如，马斯洛（1982）在谈到他达成了自我实现的朋友时写道，“都在顶端，但都在设限……最顶端的未必最完美”（p. 328）。悲哀的是，如此多知识分子以自我为中心，无法协同工作——马斯洛说他们自命不凡。马斯洛设计了一个体系，让每个“山之王”都能控制自己的“帝国”（事实上多数大学就是以这种方式运作的）。换句话说，马斯洛努力想要相信人类潜能的美好，但就像荣格和其他很多心理学家一样，最终他必须承认，人类阴暗、虚弱的一面是不能消除的。

最近的研究证实了古老的智慧：金钱买不到幸福。就像人本主义心理学家所预测的那样，即使有着超凡财富的人也会寻求有意义的活动和实现社会价值。沃伦·巴菲特（Warren Buffett）是世界上最富有的人之一，他捐赠了超过300亿美元（他的大部分资产，这也是有史以来最高的慈善捐款额）给比尔及梅琳达·盖茨基金会（Bill and Melinda Gates Foundation）。如图所示，巴菲特（右）与比尔·盖茨夫妇在一起，宣布他的捐赠。该基金会致力于与全球贫困和疾病做斗争，提高教育和技术普及程度。

9.7 幸福和积极心理学

9.7 以积极心理学视角检视幸福感

在1776年的《独立宣言》中，托马斯·杰弗逊和他的同僚们宣布“生命权、自由权和追求幸福的权利”不可剥夺，这种关于生命尊严和个人自由的观点超越了当时的哲学观念。而现如今，很多人都在追求幸福，但谁是幸福的呢？

从旁观者的角度来看，那些有好吃的食物、安全的住所、亲密的朋友、健康的身体和充满爱意的家庭的人有着很高的生活质量。这些因素在进行大群体比较时的确有用。但我们更想知道个体自己是怎么想的。这种取向被称为主观幸福感（subjective well-being）（Diener，2000）。人们希望感到自我满足，但很多人达不到这个目标。

研究证实，幸福的人在多数时间里感到有点或比较快乐，他们并不执迷于追求豪宅、名车、时尚的衣着和耀眼的珠宝。相反，挫折和艰辛的环境也不一定使人不幸福。事实上，大多数人能够很快适应周围环境的变化（Diener，2000；Myers，2000；Wortman & Silver，1991）。中彩票（或失业）只会带来暂时的兴奋（或沮丧）。这种享乐适应（hedonic adaption）意味着大多数人能稳定应对生活的变化，不会陷入长期剧烈的情绪波动。当然，完全适应也不是不可避免。永久性残疾等重大变故会使一个人无法从事有意义的社会活动，从而导致幸福感显著下降（Lucas，2007）。

物质主义的终极空虚可以追溯到几千年前西方宗教的起源：“得智慧，得聪明的，这人便为有福。因为得智慧胜过得银子，其利益强如精。”（《圣经·箴言书》3:13）然而很少会有大学生放弃未来的财富去研究人格心理学问题。

现代富裕国家由此出现的生存困境反映在社区吸引力（和支持）与财富允许的个人自由之间的冲突上。现在，孩子们（有时甚至是父母）不再共用卧室，而

追求幸福的三种常见方式是追求物质占有，在爱与学习中寻求乐趣，以及沉浸在精神和社区里。讽刺的是，单凭这三种方式中的任何一种都无法直接实现幸福，正如存在主义者多年前就提醒过的那样。

是单独睡在私人卧室里。如今，一家人不再挤在一个家庭房间里，许多大房子都有足够的空间。许多富裕的人不再住在拥挤的市区，而是搬到郊区，到偏远、安静的地方度假。这一切的结果往往是孤独和道德失范。

思考一下

如果不是财富，不是空间，也不是不受约束的自由，那么什么才是幸福的人的特点？

幸福的人的特点不是年龄、性别、收入，也不是传统的特质。它与外倾性（可能因为外倾者对奖励较为敏感）和宜人性（可能因为宜人者倾向于信任并利他）只有轻至中度的相关性。它与神经质呈负相关，因为神经质的人容易焦虑、愤世嫉俗和悲观（DeNeve & Cooper，1998；Mroczek & Spiro，2005；Watson，2000）。但这些特质依然代表不了“幸福”的人的含义。人们会寻求令自己幸福的环境，这让这个问题变得更为复杂。就整体的幸福感和生活满意度而言，人格是诸如工作和婚姻满意度等相关生活成就的预测器（Heller，Watson，& Ilies，2004）。人格因素和情境因素都很重要，在学习人－情境交互作用取向的人格理论时，你会了解到更多。

有意思的是，心理学家研究主观幸福感时经常发现，合理化能力最强的人过得最满意，总是把事情往好处想的人最幸福。进一步而言，主观感知到的财务状况和生活控制感会影响幸福感，而这些体验与个体的客观状况并不直接相关。有些人似乎就是比较幸福，这可能与其内部的心理过程有关（Diener，2000；Johnson & Krueger，2006；Lyubomirsky，2001；Myers，2000）。

幸福的人不会因为周遭的人做得比他们好而烦恼，而不幸福的人会因为身边的人的成功而沮丧，为他们的失败而开心。幸福的人总在寻找“好消息”，很少担心与他人比较会怎么样。幸福的人倾向于思考和回忆生活中快乐的事，通过从个人成长的人本价值、有意义的社会关系和回馈社会的角度诠释事件，来创造生命的意义。而不幸福的人常纠结于消极的事情，沉浸于不幸和困境中（Bauer，McAdams，& Sakaeda，2005；Lyubomirsky，2001；Lyubomirsky & Ross，1999；Lyubomirsky，Sousa，& Dickerhoof，2006）。

幸福的人与亲密他人保持着良好的关系，有目标感、希望感，以及喜欢的工作和爱好。他们经常帮助他人，对他人充满信任和信心。但是目前还不清楚，结婚、做志愿者或者去教堂到底能在多大程度上让人感到幸福（Diener，Lucas，& Scollon，2006；McCullough，Bono，& Root，2005）。这也是如今积极心理学研究的焦点。

9.7.1 积极心理学

正如马斯洛和罗杰斯在半个世纪前强烈主张的那样，现代人格心理学的一个重要部分转向了对生活积极力量的探索，这一运动被称为积极心理学（positive psychology）。积极心理学更关注创造力、希望、智慧和精神，较少关注攻击、缺陷和病理学（Seligman & Csikszentmihalyi，2000）。

在健康领域，这意味着对积极幻觉（能帮助人们应对不幸）和自我修复（能促进情绪稳定或平衡）过程的关注（Friedman，2000b；Friedman et al.，1995；Taylor，Kemeny，Reed，Bower，& Grunewald，2000）。换句话说，那些热情、信任、有控制感、有资源去应对挑战，以及与环境相匹配的人格更健康，也更长寿。

当然，存在主义心理学家罗洛·梅认为，尽管许多表面的东西（比如开心时光）可以让我们暂时感到快乐，但真正的快乐是更深层次的东西。真正的快乐和成就感来自运用你的天赋——实际上是你存在的全部——去实现重要成就的过程。罗洛·梅预见了积极心理学对智慧、奋斗和卓越表现的强调。人们越来越关注如何预防不健康人格的发展，关注一些人如何以及为何能在危机和压力下保持复原力（Peterson & Park，2009）。然而，顽固的困境依然存在，比如“美国悖论”（American paradox）。

9.7.2 美国悖论和享乐适应

西方发达国家的人们带着其他时代或其他地方难以想象的财富进入了21世纪。我们的房子很大，电脑和手机无处不在，游轮也不罕见，但是，现在的我们比以前状况更好吗？心理学家大卫·迈尔斯（David Myers，2000）的回答是：物质上是，而道德上不是。他将这种现象称为美国悖论：一方面物质极度丰富，另一方面社会衰退，人们的心理抑郁。

高离婚率、自杀、抑郁、冲突，伴随着大量的未婚生育、青少年犯罪、精神贫乏等问题出现。社群联结减弱，幸福没有增长。人们有了更多的性伴侣和更高的性病患病率，更多的自由和更多的觉醒，更多的小玩意和更多的治疗师。那么人们幸福吗？为解决美国悖论，迈尔斯等人提倡利他、忠诚、家庭、社区和精神性，他们认为这些能引导人们走向自足。

在个体层面上，注意力被集中在所谓的享乐适应上，即个体习惯了一种情绪刺激，随着时间的推移，这种情绪会逐渐消退（Lyubomirsky，2011）。比如，你刚买了一部漂亮的新手机，当然会兴奋不已，但当你习惯了之后，这种感觉很快会消失。同样的道理也适用于消极经历，比如，成绩不好或被拒绝带来的消极感觉也会逐渐减弱。换句话说，获得或失去某样东西的简单行为不会产生长期的快乐（或悲伤）。我们需要从跨越时间和情境的过程和抗争的角度来思考，就像存在和人本主义人格心理学家所认为的那样。

9.7.3 心盛与 PERMA 模型

何为良好生活和健康人格？我们应该如何看待赞佩里尼、希伦布兰德、昂山素季等人的生活？他们不但坚不可摧，而且繁盛发展。是什么让生命变得有价值？心理学家马丁·塞利格曼（2012）提出了心盛（flourishing）的五要素理论，即 PERMA 模型，明确了我们一直在讨论的观点。这五个要素分别是积极情绪（Positive Emotion）、投入（Engagement）、关系（Relationships）、意义（Meaning）和成就（Accomplishment）。积极情绪包括能够激励人们的良好的心情和感受（抑郁则正相反）。投入类似于希斯赞特米哈伊提出的心流概念。关系指我们与家人、朋友和社区之间的纽带。意义包括献身于或致力于比我们自身更伟大的事物。成就意味着设定目标并有效地达成，马斯洛的自我实现概念可以归属在这里。各个要素彼此相关。请注意，心盛的含义远远超过幸福和感觉良好。

随着时间推移，走在心盛的人生道路上的个体将发展出相互促进的活动，这些活动服务于一个有价值的目标。例如，一些跨越数十年的研究发现，根据童年期的尽责性人格，以及成长于一个稳定家庭的经历，能够预测个体中年期的心盛（持续的责任心、积极的关系、工作成功和健康的行为），后者又与晚年的成熟、丰盛内心、智慧，甚至更长的寿命相关（Friedman & Martin，2011；Kern et al.，2014；Moffitt et al.，2011；Vaillant，2012）。此外，那些自控且宽容的个体建立美好关系的能力更强，尤其能够避免报复（Burnette et al.，2014）。

从经典到现在

思考、行动、自我实现和幸福

经典存在－人本主义人格理论家在关注内部自我概念和外部环境偶然性之间挣扎。没有人完全生活在自己创造的世界里，但人也不只是机械世界中的一个齿轮。人们必须努力理解他们的世界，与焦虑和恐惧做斗争，在具有挑战性的环境中为自我实现而奋斗。

一个类似的矛盾也出现在当下的幸福研究中。尽管研究者同意物质财富本身不能带来幸福，但对基于内心的合理化和基于环境的互动哪个重要存在分歧。一些研究者更强调外部，认为追求幸福的人应该多关注那些以环境为基础的社会行为，比如利他、忠诚、宽恕和社群。其他研究者则认为应该多关注内在的合理化过程，如记住积极的事件，不为他人的成功而烦恼，以及适应自己的处境等。例如，在一项研究中，研究者让自我报告幸福和不幸福的高中生在发出大学申请以及做出最终的选择后分别评估相关的大学。幸福感强的学生对他们的选择更满意，对拒绝了他们的大学表现出了更强烈的贬低，以此来维持他们的幸福感（Lyubomirsky & Ross，1999）。在这里，幸福更多是内部合理化的功能，而不是对外部刺激的反应。尽管如此，也有很多其他研究发现了利他行为的好处，比如对陌生人的善意行为能够增强幸福感。更重要的是，有时外部行为有助于塑造一个人积极的自我形象。

基于大卫·迈尔斯（2000）、埃德·迪纳（2000；Diener，Lucas，& Scollon，2006）和索尼娅·柳博米尔斯基（Sonja Lyubomirsky，2001）等幸福研究专

家的工作，我们得出了以下幸福建议。

（1）帮助他人。少关注自己的问题，多与他人建立积极而亲密的关系，幸福感会增强。

（2）监控自己对财富的追求。人们会很快适应新得到的财富，物质财富本身并不能保证幸福。不过，如果这一资源能够帮助人们从事生产性的或吸引人的活动，就可能促进幸福。

（3）远离电视。不活动、不与他人交往、消极被动或宅在家里，均将导致不幸福。

（4）把你的成就和其他值得感激的事情列成清单或写入日记，提醒自己生活中美好的事情。每周和每月都这样做。

（5）在生活中寻找灵性或能激发敬畏的体验，尤其是适合你气质的体验。它可以是宗教的、自然的、艺术的、科学的或创造性的。

（6）设置长远的目标，在暂时的失败后迅速继续前进。认识并享受一个事实：生活中处处是挑战。

（7）认识到很多人会因为生理、早期经历、过去的学习、想法、能力以及当前处境等原因而倾向于感到不幸福。如果你是这样的一个人，不必为此纠结。和人格一样，幸福水平也可以提升，但可能需要一段时间来慢慢改变。

积极心理学家在社区组织、青年志愿者和共产主义信仰中看到了希望。其实这并不是一个新观点。2 500 多年前，先知耶利米（Jeremiah）就曾谴责虚假的崇拜和社会不公，敦促人们远离自私和物质主义。类似地，弗洛姆（1956）认为资本主义社会通过创造消费文化来维系自己；他预测异化、爱的缺失，以及每个人只是“拥有”而不是自由地“存在”，都将导致大量的抑郁和不满。的确有证据表明，金钱会导致自给自足的倾向，有钱的人更喜欢独立于他人，也不愿他人依赖他们；进一步的实验发现，当人们被鼓励考虑金钱的时候，他们更少帮助他人，并感到更缺少人生意义（Kushlev，Dunn，& Ashton-James，2012；Vohs，Mead，& Goode，2006）。

正如马斯洛预测的那样，当一个国家从普遍贫困发展到拥有足够的食物、住房，而且足够安全时，人们的幸福感会增强。而一旦基本需求得到满足，物质就变得不那么重要了，自由等更抽象的东西将变得更能影响幸福感。但在一个特定的社会中，幸福往往受一个人相对于他人的地位的影响。正如人本主义心理学家所警告的那样，你与那些似乎比你拥有更多的人比较得越多，你的感觉就越糟糕。

资本主义、教育和对科学的投入已经创造出了真正的信息和通信革命，我们有创纪录的大学毕业生人数和即时获取大量信息的渠道。然而，奇怪的是，这种物质上的“进步”，如果不被用于看色情片或体育比赛的话，就常被用来在古老的文本和预言中寻找智慧，那些预言甚至是用鹅毛笔写在羊皮纸上的。这些现存的困境被存在 - 人本主义的人格取向提了出来。或许国家领导人们除了经济智囊团外，还需要一个“幸福智囊团”（Diener & Seligman，2004）。

富有想象力的天文学家卡尔·萨根（Carl Sagan，1996）提示了另一个重点。在最后一部作品中，萨根把科学视为“黑暗中的蜡烛”和反对迷信的灯塔。和人本主义者一样，萨根对这个充斥着谋杀、强奸和消费主义的社会感到惋惜。不同的是，萨根认为严谨的科学才是防止世界改变和社群瓦解的黄金之路。科学要求思想、逻辑价值和批判性评价的自由交流，被视为真正理解人性的方法。他惧怕迷信宗教中魔鬼出没的世界。

写作练习

塞利格曼用“积极情绪”“投入”“关系”“意义”和“成就”的首字母缩写来描述那些不仅能让一个人生存，而且能让他实现心盛的因素。想一想这些因素在你生活中的例子。

9.8 对存在 - 人本主义取向的进一步评估

9.8 探讨存在 - 人本主义取向人格研究的优缺点

存在、人本和积极取向的人格理论在某些方面与精神分析相似：它们都关注复杂而动态的内部动机。这与致力于寻找个体内部心理结构和外部强化物的理论完全对立。但与精神分析不同的是，存在、人本和积极取向的人格理论看重自由意志、真正的创造力、英雄主义和自我实现。存在主义取向必然会使用特殊规律研究法，它认为每个个体的体验都是独一无二的。

存在主义哲学家将人格的责任完全放在个体肩上。我如何处理爱情、道德、焦虑、自由和死亡？是任凭异化过程将我置于绝望的深渊，还是用我的自由意志去争取胜利和自我实现？人们存在困境的本质为人类精神的胜利提供了可能性。

人本主义取向的人格理论有利于跨文化和民族研究。很多存在和人本心理学家都对20世纪三四十年代的法西斯主义感到震惊，无论是个人的还是智识上的。弗洛姆曾一再提出警告：试图逃离现代自由产生的生存焦虑将导致可怕的后果。人本主义理论家也乐于探索各种观点（如东方的观点或宗教的观点）是如何看待生而为人的意义的。

人本主义取向的人格理论对社会产生了巨大而持续的影响。比如，今天我们不会认为一个努力工作的成人（或者一个员工团队）离开家去度假有什么问题。这种“逃避”与传统的去运动或旅游的假期有所不同。在个人休养期间，我们可能会躲到一处景色优美的地方，去体味自己的感觉，与伴侣重温旧梦，感受音乐或创造力，锻炼、冥想或祈祷。这些活动均来源于人本主义的假设：如果适当培养，人人都能实现其独一无二的潜能。

人本主义人格心理学与其他取向的不同之处不仅在于它的主题和哲学基础，还在于它的思想体系。人本主义理论明确谴责还原论心理学，不同意将人类“还原”为驱力、神经元或条件反射。虽然这些取向对于科学实践是有启示的（比如对于被试权利的严格保护），但也不能否认在一定程度上它也只是一套带有个人偏好的对于人性本质的看法。罗杰斯、马斯洛和其他人本主义心理学家特别厌恶斯金纳的人格观，不仅因为斯金纳宣称可以通过观察鸽子和小白鼠来研究人类心理，更因为他大胆地描述了一个乌托邦社会（在《瓦尔登湖第二》一书中）。斯金纳旨在超越自由和尊严，倡导以强化为原则的社会，这样人们就能学会负责任地行动。这对罗杰斯和马斯洛来说简直是诅咒，因为他们的理论取向就是由自由、尊严和个人责任这些概念所组成的。

历史脉络

人本、存在和积极心理学取向的人格理论的发展历史

从人本、存在和积极心理学取向的人格理论间的历史关系及其与更广泛的社会和科学背景的关系，可以看出它们的主要发展。

古代和中世纪	哲学家和神学家讨论人性的善恶
	社会和科学背景：人类是宗教意义的存在，是由神圣的力量创造的
18世纪至19世纪	越来越多的人认为个体具有独特的本性，有追求幸福的权利
	社会和科学背景：越来越强调理性；哲学家寻求人性本质
20世纪20年代至40年代	针对实证主义和实证科学的主导地位，激进的另类世界观被讨论
	社会和科学背景：行为主义主导了实验心理学，精神分析主导了临床心理学；法西斯主义崛起
20世纪40年代至50年代	存在主义的影响力增加，哲学家和作家强调个人选择、承诺和责任
	社会和科学背景：知识分子反法西斯；战后美国成为领导力量
20世纪60年代至70年代	会心小组、支持小组和人类潜能运动的其他形式出现
	社会和科学背景：女性获得新角色，家庭结构变化；（性、性别、社会的）文化变革和新生活实验展开
20世纪60年代	罗杰斯和马斯洛强调自我信任和自我实现，人本主义心理学兴盛起来
	社会和科学背景：临床心理学努力向科学方向靠拢；实验心理学考虑临床应用
20世纪90年代至21世纪初	对幸福、心流和虔诚的研究增加，积极心理学建立起来
	社会和科学背景：在日益科技化和威胁重重的世界中，个人尊严受到了更多关注；医疗方面的突破伴随着道德方面的考量

写作练习

基于存在主义但拒绝悲观主义的人本主义取向乐观地对待个性，以积极的眼光看待人类及其精神问题，这一点为什么重要？

总结：人本、存在和积极取向的人格理论

人类精神的本质是什么？爱是什么？如何测量成功？对生而为人的意义的任何完整的心理学理解都应为解决这些古老的问题提供视角。存在 – 人本主义取向的人格理论正面阐释了这些问题。

存在主义是关注人类存在意义的哲学领域。存在主义者谈论世界的起源，简单来说，没有世界，自我不可能存在；没有人的感知，世界也不可能存在。人是具有主动性的意识生命，始终在思考。类似地，对伦理和道德的选择，对内疚和焦虑的感受，都是人性的本质方面，而不是人生物本性的副产品。

存在主义取向的一些方面有时候被称为“现象学”，意思是人们的观念或主观现实可以作为有效数据来进行考察。存在主义取向也是非决定论的，因为它反对人类受控于固定的物理法则的观点。

人本主义是一项强调价值和个人意义的哲学运动。人本主义取向的人格理论同样关注道德和个人价值。马斯洛将人本主义心理学称为心理学的“第三势力”，因为仅有人本主义取向强调创造力、自发性和人本性中的能动性。生命在人们为自己创造世界的过程中发展。这种观点将人们由“存在”转向“成为”，也就是说健康人格中存在着主动朝自我实现方向运动的趋势。始于 20 世纪 60 年代的人类潜能运动就是存在 – 人本人格取向的一个例子，全社会都能感受到该取向对健康人格发展的影响。

人本主义精神分析学家弗洛姆坚信爱是一门艺术，它不是人们无意中进入的某种状态，也不是某些没有现实意义的朦胧的偶发症状。爱需要知识、努力和体验。弗洛姆关心现代社会中人们疏离于自己、他人和自然的境况。我们试图用开心玩乐来掩盖这种内在的疏离。如果不能以爱、以帮助他人的方式来克服这种孤独感和疏离感，人们就可能选择走向相反的极端：逃避自由，如将自由交给独裁者。对弗洛姆而言，最成熟的人格会超越日常生活的要求，创造积极的认同，包括生产性和与他人相互尊重的爱。他预测，一个疏离的、低公共性的社会会被日渐走高的暴力、离婚和动荡所折磨。

著名人本主义心理学家罗杰斯同样相信人具有成长和成熟的内在倾向。但这种成熟并不是必然会发生的。如果处于支持性的心理环境中，人们更有可能达到自我实现。根据罗杰斯的观点，心理健康的人具有广阔的自我概念，能够理解和接受各种感受和经验。内在的自我控制要比强迫性的外部控制更健康。如果一个人对自己的看法和其经历的事情之间差异很大，就特别值得关注，因为不能接受自己将成为个人成长路上的绊脚石。罗杰斯说一个人应该成为他自己。

某些存在主义观点并不那么积极乐观，他们关注个体在自由创造自己的意义时感受到的焦虑和恐惧。两位 19 世纪的哲学家预料到了现代社会的异化：克尔凯郭尔强调人类信仰的重要性，尼采则看重激情和创造力的重要性。在这一传统的影响下，通过着眼于伴随着将生命发挥到极致的愿望而产生的焦虑，罗洛·梅为存在主义和人本主义的人格理论取向架起了一座桥梁。对于罹患绝症的人群，存在 – 人本主义取向帮助巨大。

自我实现是一个人获得精神成长并实现潜能的内在过程。尽管只有极少数人达到了完全的自我实现，但马斯洛认为积极乐观和高峰体验也是人格的重要方面。在高峰体验中，时间似乎停止了，对周围环境的感知也不复存在。在马斯洛看来，自我实现的人能够现实地认识自己并接纳自己，独立且具有自发性。人本主义心理学的这些方面与许多东西方宗教教义很接近。马斯洛将精神病理学的人格研究转向对适应良好、自我实现的人的研究。他指出，科学不能离开创造它的人而存在，因此科学从来不是价值中立的。存在 – 人本主义取向允许真正的创造性和英雄主义。

幸福不是存在于有利环境中的简单功能。幸福的人不会因为周遭的人做得比他们好而烦恼，他们总在搜寻“好消息”。幸福的人认为事情总是在向好的方向发展，他们不断思考和回味生活中快乐的事；而不幸福的人沉浸于不幸，反复咀嚼自己的问题和痛苦。幸福的人与亲密他人保持着良好的关系，有目标感、希望感，以及喜欢的工作和爱好。他们经常帮助他人，对他人充满信任和信心。一些人比另一些人更幸福，也许部分源于其内在的心理过程。心盛的核心方面包括积极情绪，投入和

心流，与家庭、朋友和社区的关系，献身或投入比自己更伟大的事物的意义感，以及成就，即设定目标并有效达成。

存在－人本取向必定会采用特殊规律研究法，因为它认为个体经验是独一无二的，并明确谴责致力于将人类“还原”为驱力、神经元或条件反射的还原论心理学。批评者指责人本主义取向的人格理论在逻辑上不够严谨，事实上，人本主义心理学的思想先驱让－雅克·卢梭也同样因为宣称感觉胜于理性而受到了质疑。

观点评价：存在－人本主义取向的优势与局限

快速回顾：

- 人类是自由的、有感情的存在，寻求精神的满足

优势：

- 强调为自我实现和尊严而努力的勇气
- 欣赏人类的精神本质
- 以对健康、适应良好的个体的研究为基础
- 认为每个人的体验都是独一无二的

局限：

- 回避人格科学需要的量化和科学方法
- 有时对理性或逻辑的关注不够
- 理论有时模棱两可或前后矛盾

对自由意志的看法：

- 自由意志对于人类至关重要

常用的测评技术：

- 访谈、自我探索、艺术、文学、对创造力和特殊成就的传记分析、自我报告测验、观察

对治疗的启示：

- 通过恰当的个人体验（包括精神体验）来鼓励自我认知。重视撤退（逃避）、自我表露和公共信任。通过艺术、写作、舞蹈或旅行来促进创造力和自我表达。罗杰斯的来访者中心疗法要求治疗师真诚、共情，他们可以给予来访者无条件的积极关注。通过（朋友或治疗师）对自己进步的支持性反思来鼓励自己实现目标。鼓励奉献和服务，以对抗焦虑和疏离。

写作分享：自由意志还是决定论

如果你参加了斯金纳和罗洛·梅的辩论，你会赞成哪一方？为什么？或者你能否看到两种取向各自的优点？这样的辩论将如何帮助我们避免过度简化人格的本质？

10

CHAPTER

第10章

人 - 情境交互作用取向的人格理论

学习目标

10.1 使用密友关系观点理解认同的形成
10.2 考察心理筛查的目的和适用性
10.3 分析沃尔特·米歇尔“个人行为由情境驱动”的观点
10.4 考察情境对行为的影响
10.5 考察人格随时间的变化
10.6 检视社会互动的两个独立的基本维度

投资顾问伯尼·麦道夫（Bernie Madoff）凭借其良好的声誉，通过一场惊天的庞氏骗局从慈善机构和养老基金里窃取了数十亿美元，从而一夜暴富，却令其他人一贫如洗，深陷痛苦。

近年来，还有其他许多著名的、富有的、非常成功的企业管理者因串谋、欺诈、妨碍司法公正、做假账等罪行锒铛入狱，包括安然（Enron）公司的杰弗里·斯基林（Jeffrey Skilling）、世通（WorldCom）公司的伯纳德·埃博斯（Bernard Ebbers）、艾德尔菲（Adelphia）公司的约翰·里加斯（John Rigas）、泰科（Tyco）公司的丹尼斯·科兹洛夫斯基（Dennis Kozlowski）、英克隆（ImClone）公司的塞缪尔·瓦克萨（Samuel Waksal）、《玛莎·斯图尔特生活》（*Martha Stewart Living*）杂志的玛莎·斯图尔特（Martha Stewart）等。他们中的一些人是被公开抓捕的，警方有意将其作为对公众的警示：即使受过高等教育、有头脑、负责任、值得信任和受过考验的人，也可能铸成大错，甚至犯罪。因为他们的罪行，很多无辜的员工、投资者和合作伙伴失去了工作、养老金，甚至婚姻、家庭。我们应该如何理解他们的行为？

在1927年的一次实验中，一组学生被安排有机会在考试中抄写正确答案。研究者们想测试学生们的诚实程度——他们是否会作弊？你很容易猜到结果：其中一些学生作弊了，另一些没有。之后他们又得到机会“发现”研究者放置在迷箱中的钱，结果还是一些学生拿了（换句话说，偷了）那些钱，而另一些没有。那么，作弊者和偷钱者有着怎样的人格呢？这项研究最有趣的结果是，在其中一项任务中表现诚实的学生却可能在另一项任务中表现得不诚实（Harshorne & May，1928）。

也就是说，这项研究没有找到所谓的“欺骗型人格”。

奇怪吗？一方面，大部分人觉得自己绝不是骗子，真正的骗子必须被关进监狱。（当然，一旦他们自己被抓，他们一定会坚称“我才不是骗子”！）另一方面，许多人觉得自己基本上是诚实的，但也承认自己做不到在所有情况下都百分百诚实。他们可能会找别人帮自己做作业，也可能会要求在纳税申报单上增加被抚养人。很少有人能始终诚实，也鲜有人一直不诚实。

1927年的这项作弊研究通过观察人的行为来测量人格，其优势是能获得明确而意涵丰富的数据，但这类研究也有一个问题，那就是人们的行为经常前后不一致。这种不一致导致了20世纪30年代研究者对于人格是否具有普遍重要性的疑问，同样的疑问在60年代又一次出现（Mischel，1968）。如果人的行为随情境改变，那么我们应该如何看待人格？

现代人格心理学的奠基者们也碰到过相同的问题。对于柯特・勒温（1935）来说，行为是个人特征与当下情境的函数，他将其总结为$B = f(P, E)$，即行为（B）是个体（P）与环境（E）的函数。而高登・奥尔波特（1961）认为，每种行为模式都有一部分代表着一种稳定的潜在倾向，但是其导向的行为却会在不同情况下以不同方式表现出来。亨利・莫瑞（1938）则认为，需要从内部激发个体，与此同时某种环境“压力”（如家庭冲突）从外部影响个体。

由此可见，人格与情境相互作用继而影响行为这一观点并不新颖。人们在不同情境中以不同方式展现他们的人格，而人－情境交互作用取向的创新之处在于研究者们尝试更为详细地考察社会情境。本章将梳理交互作用取向的人格理论的发展脉络，并介绍一些最新发现。这些都将帮助我们理解谁是骗子。

10.1 人际精神病学

10.1 使用密友关系观点理解认同的形成

想象一个小男孩，他正需要妈妈的爱和关怀却得不到满足。他的妈妈行为难以捉摸，心情总是郁郁寡欢，又常常不在他身边。而他的父亲又懊丧又冷漠，只会退缩在自己的世界里。继续想象，这个小男孩是天主教徒，却在一个带有偏见的新教农业社区中长大。而且，这个男孩生长于异性恋主导的文化之中，深受自己的同性恋身份给自己带来的困扰和压力。以上是著名精神病学家哈里・斯塔克・沙利文（Harry Stack Sullivan）的早年经历（Chapman，1976；Pearce，1985；Perry，1982）。虽然他的理论早在20世纪40年代就已被提出，但至今仍不落伍，与当今的人格理论依然关系紧密。

沙利文对人格理论的关键贡献就是密友关系（chumship）。所谓密友关系，是指同伴在认同形成过程中扮演的重要角色。想象一下，像小沙利文这样的10岁男孩会受到怎样的社会环境影响（沙利文的关注点在男孩身上，但同样的问题也会发生在女孩身上）。青春期前的儿童会疏远父母，急切渴望得到同龄人的接纳。孤独、孤立和排斥是幸福感主要的社会心理威胁。注意，这些威胁全都是社会性的：离开群体谈排斥是没有意义的。对沙利文来说，最重要的是理解人际排斥发生时人们产生的焦虑感（Berndt，2007）。于是他将心理发展健康与否归因于同伴的反应。现代研究已证实，社会接纳或排斥确实是影响个体行为的核心因素之一（Baumeister，Brewer，Tice，& Twenge，2007）。

同伴以及个人与亲密社会环境的互动的重要性有时会以不同寻常的方式展现出来。有研究关注了“金属党”（metalheads）——20世纪80年代一些重金属音乐组合（如枪炮和玫瑰、金属乐队、AC/DC和克鲁小丑乐队等）的狂热粉丝。这些粉丝对音乐的热情异常高涨，其中一些甚至与乐队成员建立了极亲密的关系。但他们往往处于社会边缘，很难适应学校生活，面临着很多挑战。在当时，这些重金属乐队和他们的音乐被看作离经叛道。所以这些青少年粉丝的父母非常担心，担心孩子由于过于叛逆而陷入“危险”，担心他们与此种前卫的亚文化产生共鸣。那么多年之后，这些粉丝怎么样了呢？尽管的确有一小部分人由于嗑药成瘾而早逝，但令人惊喜的是，大多数孩子都成长为非常快乐且适应良好的成人。也就是说，参与边缘文化为许多问题少年提供了更强的认同感，他们找到了契合的环境，不再感到被排斥（Howe et al.，2015）。

10.1.1 人际精神病学与精神分析理论的对比

弗洛伊德时代之后，新精神分析学家凯伦·霍尼和埃里克·弗洛姆开始由内驱力及其冲突转向对社会环境的强调。而转变得最剧烈的要数沙利文。在他看来，人格无可避免地与社会情境相联系；人格是“反复出现的人际关系中相对持久的模式”，是一个人生活的特征（Sullivan，1953：111）。因此，沙利文的理论有时被称为精神病学的人际理论（interpersonal theory of psychiatry）。它关注我们所面对的反复出现的社会情境，跳出了精神分析和自我理论的传统。

根据沙利文关于密友关系的观点，在青春期前的孩子形成认同的过程中，好朋友可以起到社会镜像的作用。就如对着镜子整理衣装，我们也能从朋友这面镜子中找到自己的价值、优点和缺点。这一观点源于社会学中社会自我的概念。

和勒温一样，沙利文的理论也与社会心理学关系紧密。沙利文（和勒温一样，他在 20 世纪 30 年代发展出了自己的主要观点）受社会学和哲学的芝加哥学派的影响颇深，尤其是乔治·赫伯特·米德（George Herbert Mead，1968）和爱德华·萨皮尔（Edward Sapir）。

米德因有关社会自我（Social Self）的精妙著作而闻名。社会自我指我们在与身边人的互动中发展出的关于我是谁及我怎么样的观念。不同于弗洛伊德的追随者们对儿童内在的俄狄浦斯冲突的关注，米德更关注儿童与重要他人正在发生的社会互动。如果一个 4 岁的孩子说“我是个很聪明、很好看的小男孩”，那么这样的自我概念是从哪儿来的？在米德看来，其来源显然是孩子对自己与父母的互动和讨论的理解。

10.1.2 人格是一种人际交往模式

人类学家爱德华·萨皮尔是另一位对沙利文产生了关键影响的人物。对不同社会的研究让萨皮尔（1956）意识到，行为深受文化影响。沙利文综合了米德和萨皮尔的观点，提出由家庭和社会塑造的持久的人际关系模式才是人格的核心。在他看来，要理解人格，就必须了解在真实社会情境中不断出现的社会互动模式。如果一个 10 岁的乡村男孩无法与同伴发展出亲密互惠的互动模式，他就很可能孤独一生并感到绝望。

1892 年，沙利文出生于纽约北部。他的第一份工作是在精神病院，一些迹象表明，那一时期的沙利文在非常努力地维持情绪平衡。（正所谓“如人饮水，冷暖自知”，理论家的理论构建严重依赖他们对自己个人生活的洞察。）但随着他迷人的个性和反传统的思想越来越为人所接受，他的事业蒸蒸日上。虽然沙利文和霍尼有很多相似之处，但前者的理论不属于新精神分析（Pearce，1985）。根据沙利文的观点，人格发展并不围绕本我的潜意识冲动展开，也不局限于童年早期。相反，人格会随着与他人的关系而持续变化。讽刺但也许并不令人惊讶的是，1949 年，在巴黎参加完一个会议后，沙利文孤独地死去了。

这个学生正在听课，在这个情境中她非常认真勤奋。我们可以在多大程度上根据这一信息预测她在其他情境中的行为呢？还有什么信息会对预测有帮助呢？

对于沙利文这样相信存在社会自我的人格心理学家来说，我们在不同的情境中就是“不同”的人。在每个社会情境中，我们都会想象他人会怎么看自己，然后做出相应的反应。有时候人们会搬去一个新的地方“重新开始”——他们想在新朋友、新邻居和新同事面前呈现新形象。只要他们足够小心，不再回到旧模式中去，就很可能达到目的。类似地，大学生放假回家和高中的老朋友相处时，其行为可能会有所不同，因为高中的朋友和大学的朋友对他们有着不同的预期，于是他们也要相应地改变自己的反应模式。情境影响（引出）人格，人格是个体倾向与社会情境的综合体。人并不存在单一、固定的人格，沙利文认为，这种人格只是人们的个性错觉（illusion of individuality）。你可以这样理解：有多少人际情境，我们就有多少人格。

既然人格是社会期望的一个功能，沙利文认为社会（而不是内在的神经症）应该为大部分的个体问题负责，是社会扼杀了个体的创造性成长需要，焦虑源于外而不是内。因此，把心理“不正常”的人关进精神病院往往弊大于利。确实，社会政策已逐步发生转变，许多精神病院关闭，这是人格理论有时也能对社会政策产生重大影响的一个案例。作为一名精神科医生，沙利文经常成功地让自己或同事成为病人的“密友”。他克服了诸多个人挑战，他相信健康积极的人际关系有助于病人解决问题。

带着这份对社会情境的强调，即人格研究应该关注人际情境而不是个人，沙利文和认同社会心理学的学者们一起为现代交互作用取向的人格理论打下了基础。这一运动中最具影响力的先驱是亨利·莫瑞。

写作练习

在儿童和青少年时期认同某个亚文化，可能会帮助个体在未来更好地适应。根据沙利文关于密友关系的观点，这对我们理解人格有什么帮助？

10.2 动机和目标

10.2 考察心理筛查的目的和适用性

1933年，亨利·莫瑞在他女儿的生日派对上给孩子们讲了一个恐怖故事，然后发现孩子们会将恐惧投射到别人身上——他们会把看到的男人图片说得更加阴险和具有威胁性。第二次世界大战期间，莫瑞不得不搁置教师的工作，带着他的理论和方法投身于爱国事业：美国军方请他识别哪些人适合当间谍，能去完成危险的任务。莫瑞（1948）的团队运用了访谈和投射测验，同时还设置了许多有挑战的高压力情境让候选人去应对。例如，谁会爬到危险的高处？为什么？借此，莫瑞将他对人类动机的知识和对社会情境需要的敏锐觉察结合起来，提出了有关人格的一套观点，刺激了许多相关研究的出现，并吸引了大量追随他的人。顺便提一句，间谍和反间谍机构如美国中央情报局（CIA）和FBI现在仍会对应聘者进行类似的心理筛查。

莫瑞（1938）将人格心理学定义为“主要研究人类生活及其过程的影响因素和个体差异的心理学分支”（p.4）。正因为莫瑞将人格研究看作对人的生命过程的研究，他必然会观察和分析人与人之间的互动以及他们一生中遇到的各种情境。莫瑞借鉴了弗洛伊德、荣格、阿德勒的潜意识动机概念，借鉴了勒温的环境压力概念，还借鉴了奥尔波特的特质概念，将它们综合成了一个兼收并蓄的人格心理学理论。莫瑞因此被认为是交互作用取向人格理论的主要奠基人之一。

莫瑞生于纽约，起初是一个从事生物化学研究的医生（他获得了剑桥大学的博士学位），到苏黎世拜访荣格后，他转向了心理学。荣格和弗朗茨·亚历山大（Franz Alexander）——药物精神治疗领域的领军人物，先后对他进行了精神分析。莫瑞说这些巨匠让他领略到了潜意识动机的力量。后来他成为哈佛心理诊所（专门为存在心理问题的人提供治疗）的负责人，但他始终认为研究健康的人才能了解更多信息。他糅合了精神分析和新精神分析的观点，以此作为他实证研究的基础。

10.2.1 人学系统

莫瑞强调应研究每个人生命的丰富性，他喜欢人学（personology）这一术语甚于人格，甚至到今天，传承莫瑞传统的心理学家都称自己为人学家（personologists）。此外，莫瑞深受20世纪哲学家阿尔弗雷德·诺斯·怀特海德（Alfred North Whitehead）的影响，认为应关注人格的过程而不是静止的概念，如个体稳定的内部结构。最关键的应该是系统（systems）——带有反馈的动态影响。因此，他将自己的理论称为人学系统（personological system）。

莫瑞认为个体的本质是整合的、动态的，是对特定环境做出反应的复杂机体。因此，一方面，莫瑞强调需求和动机的重要性，这一点影响很广（表 10-1 是莫瑞提出的一些需求示例）；另一方面，莫瑞也强调情境的推力，即环境压力（environmental press）。环境中的他人和事物是施加在个体上的定向力量。例如，“看见朋友取得好成绩”很可能成为一种压力，刺激自己努力学习、寻求突破。回到那个谁会作弊的问题中，我们可能要先识别出那些成就需求更为迫切的学生，然后再看情境，如果作弊的风险或代价很低，而回报率高，那么作弊就很可能发生。

表 10-1 莫瑞提出的需求示例

需求	描述
亲和（Affiliation）	需要接近他人并进行愉快互动
自主（Autonomy）	需要自由和独立于他人
支配（Domination）	需要控制和影响他人
表现（Exhibition）	需要被人注意和聆听，需要招待他人和施展魅力
避免伤害（Harm-avoidance）	需要避免受伤，做好预防
关怀（Nurturance）	需要帮助、安慰、抚慰、照顾弱者
秩序（Order）	需要有序整洁
享乐（Play）	需要享受和乐趣
性（Sex）	需要性关系
求助（Succorance）	需要被照顾、关爱和控制
理解（Understanding）	需要思考、分析、归纳

资料来源：莫瑞（1938）。

注：需求是内在的（但可以被环境压力激活），它们需要在社会环境中采取行动。可见莫瑞的观点属于交互作用取向。环境压力可以是生活中简单的紧急状况，如下雨、饥饿，也可以是复杂的社会心理需求，如应对排斥和竞争。

与斯金纳等行为主义者不同，莫瑞承认（且研究）潜意识幻想与本能冲动；与关注内部结构和自我一致性的奥尔波特等特质理论者也不同，莫瑞强调社会角色和情境的决定作用。他也是一位人本主义者，认同并赞许人的创造力，但他认为其中某些能量来自潜意识冲动。而最重要的是，他看重内部动机和外部要求的结合。

10.2.2 主题

莫瑞将个体的需求和压力的典型组合称为主题（thema），通过主题统觉测验对其进行测量。主题统觉测验是一种投射测验，一般呈现给被试一系列意义模糊的图片（例如可能是母女的两个女人），要求他们讲一个故事。这之所以是一个“统觉”（apperception）测验，是因为被试报告的并不是他们看到的东西（“知觉”），而是一种叙事性的或想象性的理解。人的需求会反映在（投射到）那些模糊刺激上，正如莫瑞女儿的朋友们将他们的恐惧投射到图中“有威胁的”男人身上一样。于是自我认同的主题就产生了。例如，如果被试认为图片里其中一个女人充满爱心、乐于奉献、单纯圣洁，但被两个麻木不仁的男友抛弃了，那么我们可以推测这样的冲突是她自己生活中一个有组织的主题或模式。她渴望在精神上亲近他人，而和她约会的男性只想和她发生性关系，这样一个主题就是她的内在需求与环境压力交互作用的体现。

你觉得图中描绘了一个什么故事？在莫瑞的主题统觉测验中，测试对象需要针对意义模糊的图片说出自己叙事性或想象性的理解，研究者认为他们的回答反映了其重要的生活主题。

虽然针对主题统觉测验效度的争议依旧存在，但当与其他挖掘自我认同主题的方法联合使用时，它会是一个很有价值的工具。莫瑞关于内在需求和环境压力交互作用的清晰论述，为交互作用取向提供了基础。

10.2.3 叙事取向

心理学家丹·P. 麦克亚当斯及其同事的工作可以为莫瑞的人格思想提供当代的证明。麦克亚当斯致力于研究整个个体的全部生活背景（McAdams & Olson，2010），为此，他们通过传记（即生命故事）来研究动机。他们的观点是，一个人的生命故事就是他们的自我认同。因此，他们的观点被称为人格的叙事取向（narrative approach）。例如，麦克亚当斯（1991，2009）研究道德和亲密动机（intimacy motive）——与他人亲密地分享自我的需要。要如何在一个广泛的背景下研究这个问题呢？让我们来看一个虚构的案例。

受益于婴儿期和童年期积极稳定的互动（苏珊和她慈爱的母亲相当亲密），苏珊打心底里信任别人。在童年后期和青春期，苏珊喜欢阅读故事和参加与爱、合作、交流有关的小组（比如女童军和唱诗班）。读大学时，苏珊自认是个理想主义者，非常关心社会正义。而现在苏珊的自我认同是一个助人者（如老师、医生、儿童心理学家等）——她是一个儿科医生。她的病人及病人家属都很喜欢这位真诚奉献的医生，而她也喜欢和别人分享自己心灵深处的故事。再过些年，苏珊可能会成为一位“创造性的”长者（如艾里克森所说），作为师长给下一代指导，也作为他们亲密的朋友给予他们积极影响。

在生命的每个阶段，内在的倾向都引导着我们寻求和响应某些情境，这些情境又反过来进一步塑造着我们的倾向和认同（Duncan & Stewart，2007）。如在一个研究中，研究者对一些优秀的获奖教师进行了访谈，让他们讲自己的故事（重要回忆），然后由经过训练的评分者编码了他们的回答。如麦克亚当斯预期的那样，这些回答中充满了爱、照顾、共享等主题（Mansfield & McAdams，1996；McAdams et al.，1997）。而与此相反，当石油从一口破败不堪的深海油井流入墨西哥湾时，英国石油公司（BP）的首席执行官托尼·海沃德（Tony Hayward）正在英国某海岸参加游艇比赛；当纽约投资银行在2008年、2009年崩溃，导致经济陷入严重衰退和数百万人失业时，许多银行高管仍然能从银行拿出数百万美元的工资和奖金，享受奢侈的生活。他们的生活方式与其他人完全不同，他们全然不为同胞的困境所动，也不觉得自己应该负有某种责任。我们给自己讲的故事——我们赖以生存的脚本对我们将成为什么样的人至关重要（Adler，2012；Dunlop & Tracy，2013）。

莫瑞深受勒温场论的影响，后者关于行为是个体与环境的函数的观点非常著名。然而勒温只承认即时的行为原因，也就是说，行为是由当下的多种因素引起的。换句话说，有些因素可能是过去行为的残留或者之前发生的事，但勒温（1947）和其他场理论家不认为这类早期事件（如童年的冲突或者压抑的冲动等）会直接引发成年行为。莫瑞的需求概念还与新精神分析的动力性动机观点紧密相关。例如，荣格认为潜意识动机是人格的主要元素，莫瑞在此基础上又增加了环境压力和跨时间行为的重要性。

它为什么重要

从20世纪30年代到50年代，人格理论家们从最初的只关注人格的内部和个人方面转向综合考虑情境以及人与情境交互作用对人格的影响。

思考一下

哈里·斯塔克·沙利文关注重复出现的社会情境，他认为人格离开社会联系将不复存在。而亨利·莫瑞认为，个体会带着他们的需求和动机进入重复出现的社会情境。这些洞察深刻的理论家及其同事一起为现代的交互作用取向打下了基础。

另外，斯金纳等行为主义者也影响了莫瑞，使他转向交互作用取向。让我们回忆一下：斯金纳认为人格存在于环境而不是个体中，从某种意义上说，强化可以让我们成为任何人。对斯金纳来说，类似的情境会诱发类似的反应。这些观点为交互作用理论家们铺平了道路，使他们很自然地对情境作用给予了更多关注。当然，莫瑞的观点与斯金纳有所不同（他们在哈佛大学相识），但他的确将情境的作用整合到了自己的理论之中。此外，莫瑞和他的学生还受人本主义观点影响，看到了朝向创造性和自我完善的内部动机。

写作练习

莫瑞将生命看作一个关于人的“需求”和“压力”的故事。请解释莫瑞“人学”的概念及其与“人格”的区别。

10.3 现代交互作用取向的开端

10.3 分析沃尔特·米歇尔“个人行为由情境驱动”的观点

沃尔特·米歇尔（Walter Mischel）1930 年生于维也纳，小时候移民到美国。他在纽约市立学院读了本科，然后到俄亥俄州立大学读临床心理学的研究生，和一群持认知和学习取向的人格心理学家一起工作。在斯坦福大学当教授时，他还受过班杜拉社会学习理论的影响。

20 世纪 60 年代，米歇尔对 30 年代交互作用思想这一重大观念突破的回应，再一次激起了人们对交互作用取向的关注，他指出，人在不同情境中的行为差异巨大，以一般性的特质来思考人格很难令人信服。

人们普遍认同情境会影响行为，米歇尔（1968）考察了各种跨情境行为与情境多样性之间的联系程度（size）。他宣称，基于此前任何一种特质测量都无法有效预测个体将如何行为。例如，一个人可能会在当众说话时感到害怕、焦虑，另一个人则会在山顶说话时有类似的感觉，第三个人则在外出约会时有这种感觉……没有哪一种关于害怕和焦虑的普遍性特质能够囊括这些不同的情境。那么，我们应该放弃理解和测量人格，转而考察影响行为的情境吗？米歇尔在他的交互取向人格理论中探讨了这个问题，以及与其相关的其他问题。

历史脉络

人 – 情境交互作用取向的人格理论的发展历史

从人 – 情境交互作用取向的人格理论间的历史关系及其与更广泛的社会和科学背景的关系，可以看出它们的主要发展。

古代和中世纪	哲学家和神学家将个人偏差视为上帝的游戏或邪魔入体
	社会和科学背景：人类是宗教意义的存在，是由神圣的力量创造的
18 世纪至 19 世纪	越来越多的人认为个体具有独特的本性，但主要受到社会阶层、工作或核心动机的塑造
	社会和科学背景：越来越强调理性；哲学家寻求人性本质
1927—1945 年	价值观和道德行为研究显示了个体的不一致性
	社会和科学背景：行为主义主导了实验心理学，精神分析主导了临床心理学；经济萧条，法西斯主义崛起
20 世纪 40 年代至 50 年代	社会心理学的影响力增加，弗洛姆、沙利文、莫瑞等人试图将关注焦点从人格转向人际情境
	社会和科学背景：作为对法西斯和世界大战的反应，对宣传活动、态度、偏见和社会结构的研究大增；许多家庭搬到郊区，摈弃了旧的生活方式
20 世纪 50 年代至 60 年代	存在主义的影响力增加，学者们强调个体选择和行为的复杂性
	社会和科学背景：知识分子反法西斯；经济繁荣，大量新兴中产阶级出现；新的富裕生活使工人免于过去的恐惧
20 世纪 60 年代	米歇尔提出对特质的批评，因为情境的影响，特质常常无法预测行为
	社会和科学背景：社会心理学兴旺起来；性解放和人权运动带来剧烈的社会变革
20 世纪 70 年代至 80 年代	罗杰斯和马斯洛强调自我信任和自我实现，人本主义心理学兴盛起来
	社会和科学背景：女性有了新的角色，雇佣结构和社会关系发生变革，新的家庭结构出现，均体现了社会影响对于行为的重要性

20 世纪 90 年代	人格研究复兴，更多人－情境交互作用取向的理论发展起来
	社会和科学背景：工作场所中的个体以及文化对个体行为的影响得到了更好的理解
21 世纪初	跨时间的变化性及稳定性得到了更多关注，与社会互动有关的神经心理学机制也得到了更多研究
	社会和科学背景：关注在全球化和以技术为媒介的世界中如何理解社会互动

10.3.1 米歇尔的批评

基于人格与行为的相关程度以及行为的跨情境相关程度，米歇尔提出了一系列观点。他想搞清楚，根据一个人的特质能有效预测他的行为吗？以人格为基础的行为在不同情境中会有多大程度的一致性？

米歇尔借助相关系数 r 来进行论证，这个统计量告诉我们某个变量能够在多大程度上预测另一个变量，或者在多大程度上与之相关。如果完全相关，则 $r = 1.0$（相关系数 r 表示，如果知道一个女人性格外向，我们就总能预测出她外向的行为，且不会出错）。可是，米歇尔发现，大部分特质与行为的相关系数只有约 0.30 或者稍高。因此，讨论人格特质并没有多大意义。

米歇尔的批评刺激到了许多人格心理学家，他们开始深思人格的本质（Roberts et al.，2007）。但是，米歇尔的论断也存在两个问题：首先，他假设了一个固定且简单的人格模型，即特质直接导致行为；其次，怎么理解大部分人格与行为的相关系数“仅有”0.30 呢？

正如我们在这本书中反复提到的，没有理由认为特质或者人格的其他方面能够直接预测行为。人格是复杂的，行为部分依赖于环境。我们已经发现人格有时也会包含一些矛盾（新精神分析的观点），例如，自卑感会促使个体追求卓越。如果某人有着阿德勒所说的自卑情结而通过追求卓越来补偿，又或者某人想压抑自己拥有强烈性冲动的灵魂，因而过着清教徒式的生活，他的行为就会显得不可预测，除非我们弄明白深藏其下的人格动力机制。

另外，我们已经看到，特质心理学家奥尔波特其实也意识到了行为的多样性，但他认为即使行为很多样，每个人依然有着不变的部分（Allport，1966）。换句话说，行为中不变的方面与变化的部分始终相互伴随。奥尔波特相信规律的存在，因为：①个体以同样的方式看待许多情境和刺激；②个体的许多行为有着类似的深层意义，即它们机能对等。种族主义者可能在不同情境中做不同的事，但这些行为可能都来自其种族主义的人格结构。即使生物学取向也并没有假定在天性和行为间存在某种不变的联系，每一种生物意义上的先天倾向都只在特定的环境中发展和实现。

米歇尔观点中的第二个局限是，认为人格和行为的相关系数（从人格研究中得到）不高，“仅有”0.30 到 0.40。从统计角度来说，如果我们希望人格能百分之百地预测行为，这样的相关程度或许确实有点低。但在实际生活中，这种相关程度的效应已经很有意义了（Ozer & Benet-Martínez，2006）。例如，胆固醇摄入对死亡风险的影响，安全气囊对车祸死亡率的影响，以及温室气体对全球变暖的影响，都比人格对行为的影响小，但没有人会认为它们是无关的。从这一角度来看，人格特质实际上很好地预测了行为。另外，如果我们能够认识到，一些特质只对理解某种人或某种情境有效，预测将会更准确。

因为人格特质与不同情境下的行为相关程度不高，故而认为人格不是一个有意义的概念，这种观点存在一个内在的前提，即认为理解情境比理解人更为重要。如果特质不能很好预测行为，那么就关注情境吧。然而，当考察情境对行为的影响时，我们会发现情境也不是更好的预测变量。大部分控制情境的社会心理学研究发现，情境与行为之间的相关系数同样只有大约 0.30（Funder & Ozer，1983）。没错，一个害羞的人有时候会在派对上主动交际甚至吵闹，但通过他在这个派对上的行为当然不能完全预测他在其他派对上的表现。不过，尽管如此，米歇尔的观点让人们更多地关注到了人与情境的交互作用，这也是他一直以来最重要的目标，在这一点上他功不可没。

自我了解

某个时间里的某些人

尽管有大量证据说明人在不同情境、不同时间会做出不同的行为，尽管人也会随着长大和成熟而发生变化，但我们在了解自身人格的时候没必要过于死板或要求太高。我们完全可以大胆尝试各种可能的说法，建立起我们自己的多样性人格理论。

例如，我们可以给定某种特质，按照人们表现的一致性程度将他们分类（Ben & Allen，1974）。我们可以探寻人们是否一致地友好或者一致地诚实。某些诚实的人（比如牧师）缘于很多原因，在不同情境下都表现得诚实的可能性更大。事实上，有证据表明个体的一致性是不一样的，特质在预测那些在该特质上有一致性的人的行为时，效果会好很多。

我们可能也需要关注一下人的自我认同的稳定性。有些人的自我认同仍在发展，如年轻人或来自不稳定家庭的人，他们与那些自我认同已经很稳固的人相比，行为表现会更不一致。类似地，某些人面临着自我认同的重大考验，例如离婚、大搬家、失去工作等，他们在情况不稳定的时期里的行为表现可能会不一致，但事情过后行为就会变得一致起来。

最后，我们还可以通过人们的生命历程来分析他们。如果单独考虑行为的某种变化，可能很费解，但如果理解了整个生命历程，可能就能明白其中的意义。反对派领袖对自己的盟友可能很热心和照顾，但对反对他的人却极其敌对和狡猾，当然这些只发生在冲突期间。

你可以自己分析，可以和亲近的朋友聊天，也可以研究某位著名人物的传记。你可以研究你的目标人物在一系列行为的哪些方面表现一致（如为某个目标诚挚地奉献），或者不一致。你可以检验一下在情况不稳定，自我认同尚未完成或职业生涯发生改变的时期，他们行为变化的程度。最后，你还可以思考，当我们考虑一个人的长远目标和思想时，这种行为的不一致是否变得可以理解了。

10.3.2　米歇尔的理论

如果你在一个生日派对上拿到了一块巧克力蛋糕（或者一块棉花糖），你会快速吃完它然后要第二块，还是会为了保持身材以便能穿上性感的衣服而把它放到一边？米歇尔早期的工作主要是研究影响行为的认知和情境（即社会学习的）因素，如什么影响儿童的延迟满足（delay of gratification）。延迟满足是自我控制（在诱惑面前调控自身情绪和行为的能力）的一个特定方面，它发生于个体放弃即时强化物以等待稍后但更好的强化物的时候。米歇尔研究了延迟满足能力的影响因素：模仿（即看到别人延迟），渴望的目标的可见性（眼不见则为净），认知策略如想别的事情（分散注意力）。

延迟满足和其他自我控制概念对于成就和成功的作用得到了广泛的认可（Duckworth，2011；Duckworth & Gross，2014）。其实，自我否定、意志、低冲动和自我调节等概念，心理学早已有之，甚至外行人都对它们很熟悉。但现在，自我控制在学校、工作、人际关系、健康等场景中对长期成就起到的令人惊叹的重要作用，也逐渐被人格研究所认可。事实上，由于一个具有强责任心和良好自我控制的人格特点的人几乎一定能对社会做出贡献（以社会经济地位和智力以外的方式），政府越来越关注如何通过设立公共政策来强化人格的这些方面，也就是强化自我控制能力（Heckman & Kautz，2014）。例如，政策越来越鼓励儿童上学前班，并提升学前班的性格教育质量，就部分受了这种思路的影响。

后来，米歇尔转而研究人们赋予刺激和强化物的意义的差异，他将这些个人意义称为策略或者风格。米歇尔说这些“认知性的人格特征”是从情境经验及其回报中习得的。因此，尽管一再强调情境（受认知心理学和学习理论启发），他也提到过个体特点的作用，个体特点有点类似于人格。因此，在米歇尔的理论中，特质被重新界定为认知策略。米歇尔特别讨论了四种人格变量：素质（competencies）——个体的能力和知识；编码策略（encoding strategies）——加工和编码信息的图式和机制；期望——包括行为的结果期望和自我效能感期望；计划。他的研究表明，人格不单单是一种内在的状态，可以不受情境影响地推动个体的行为，但个体在环境面前也并非毫无作为。事实是，个体的行为（如延迟满足）是环境限制（比如渴望的目标的可见性以及先前与之相关的经历）和内部认知特点（如自我调节的策略）共同作用的结果。总体而言，这些研究都支持一个基本原则，即个体、行为、环境一直发生着交互影响。我们有人格，但它不稳定。

简而言之，米歇尔和他的同事在许多研究中运用了社会认知取向的观点（如，Mischel，1973，1977，1990；Mischel & Shoda，1995），发现人格的一致性部分缘于个体知觉到的情境特征的相似性。也就是说，人会识别情境－行为关系，而这些关系将成为他们人格的行为识别标志（behavioral signatures）（Holmes & Cavallo，2010；Lord，1982；Mischel，2007；Shoda，Mischel，& Wright，1994）。从某种意义上说，人格是“个人”的认知特点和环境交互作用的结果（Krahe，1990）。相似地，人格有时候也可被看作一个人独特的个人策略和风格与另一些人的特定风格发生交互作用时的一种“处理”（transaction）（Thorne，1987）。这是沙利文所主张的人格的社会本质的现代描述，经常出现于现代的人格心理学理论中（Ozer，1986）。

它为什么重要

在现代生活中，对于减肥、成为成功的专业运动员、发展一段幸福婚姻等方面，个人和情境协同作用的观点均能够给出有效建议，而其基础就是交互作用取向的人格理论。

思考一下

我们不应该只关注人，也不应该只关注最理想情境下的策略。我们最好考虑特定的个人（有特定的先天特质）如何回应特定的情境（如，Kober，Kross，Mischel，Hart，& Ochsner，2010；Morf & Horvath，2010）。

10.3.3 特质的效度

特质只存在于观察者的脑海中吗？归因理论（attribution theories）是社会心理学中讨论我们如何推断别人行为的原因的理论。这类理论认为，我们在判断他人时常常带着偏差和错误（Jones & Nisbett，1987）。例如，我们倾向于将观察到的朋友的行为说成是他性格中的怪癖，然而朋友自己却会将同样的行为说成是环境决定的。我们可能会因山姆拒绝在流动捐血车上捐血而认为他自私或胆小，但山姆知道自己不是个合适的捐血者，因为他患有肝炎。也就是说，观察者关注山姆特定的行为并以此推断他的人格，而山姆自己清楚是其他原因驱使他这样做。由于无从知晓那些影响他的原因，我们太过倾向于用人格来进行解释——其实那是不正确的。

如果你总是在正式场合（报告厅或办公室）看见你的教授，你可能会认为他很刻板、严肃。然而，如果你看见你的教授在夏威夷度假，或者在一个派对上嬉戏，甚至在夜店里跳舞，你可能会得出完全不同的结论。这是否意味着人格特质是不存在的？并不是。我们的确常常过分归纳人们的人格，但这并不意味着我们无法通过更全面的测量来做出更好的推断（Funder，2001，2012；Funder & Fast，2010；Funder，Kolar，& Blackman，1995）。虽然我们有时会做出带有偏差的错误推断，但总的来说推断的效度还是不错的。例如，由不同的人来评判同一个人的人格（比如你父母、朋友和同学评判你的人格），结果是基本一致的。也就是说，在同一情境中了解某个人会提升评判的一致性信度，但这并非必要因素。因此，跨情境的一致性是很常见的。另外，比起陌生人，熟人对我们人格判断的一致性更高（和我们对自己人格的评判也一致）。简而言之，不同观察者在评判人格时具有一致性，而这种一致性至少部分地源于相互熟悉。但就像我们即将看到的那样，当情境因素也被考虑进来时，对人格的理解和预测准确性都会大大提升。

写作练习

许多政治家和世界领袖的政治动机会随时间发生变化。我们能否用米歇尔的分析来理解他们的人格是如何适应这些不断变化的动机的？

10.4　情境的力量

10.4　考察情境对行为的影响

人格有时不能很好地预测行为，还有一个可能的原因是，情境的作用太强以至于压倒了我们的倾向性。说一个极端一点的例子，如果剧院里突然发生火灾，人们都很惊慌地冲向出口，任何一个冷静理性的人这时都会变得激动和不理性，但这并不能作为人格无法预测行为的例证。

又如 20 世纪 60 年代后期参与反战游行和嬉皮士对当局的反抗变革的大学生。即使是一些耿直守法的学生也会服用非法药物，会焚烧征兵的卡片，会参加非法游行等。第二次世界大战期间，无数正派和虔诚的德国人与纳粹政权合作，甚至参与了凶残的种族灭绝和侵略。只从内在人格结构去解释这种行为是很不恰当的。有时情境的作用几乎压倒一切，这被称为“强情境”（Snyder & Ickes，1985）。不过，只从情境角度解释为何德国人如此服从希特勒，又过分简单了（Blass，1991）。有些人更热衷于跟随当权者的动向，但其他人会更迟疑一点，还有一些人会积极地反抗（见图 10-1）。通常，情境对我们行为的作用取决于我们在该情境中自我认同的来源（Milgram，1974；Yang，Read，& Miller，2009）。例如，许多神职人员从更高的道德准则中获得了认同，就会积极反对纳粹，虽然德国和意大利大部分教堂的神职人员并没有这么做。

10.4.1　特质相关性及情境的“人格”

现代的人格研究有时会直接关注特质相关性。正如奥尔波特所说，似乎不是所有特质与所有人都同等地相关。另外，某些情境提供了某些特质表达的机会（Britt & Shepperd，1999；Tett & Guterman，2000）。例如，你在冒险的特质上得分很高，此特质是你人格的核心，那么在某些情境中，如到某个特别的地方旅行或者换了一份新的工作，这种特质就会看起来与你的行为很相关。但在另外一些情境中，如要去给一个朋友帮忙或修理漏气的车胎时，此特质就不大相关了。而对另一些人来说，在任何情境中冒险性都不能很好地预测他们的行为。

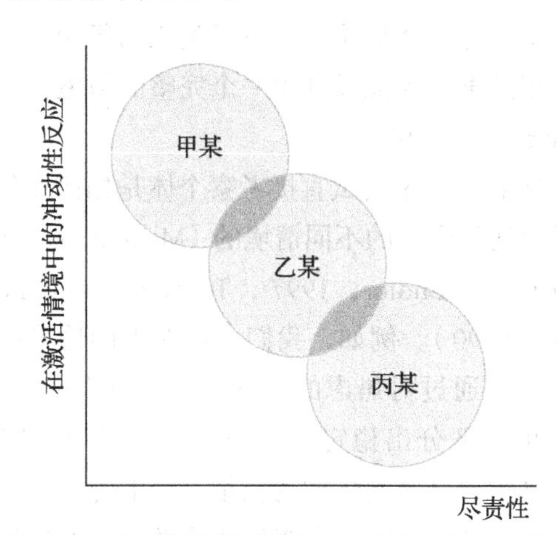

图 10-1　由于情境的作用，很难预测某个给定时间点个体的行为

注：然而，长期来看，特质能很好预测行为（Fleeson，2004）。这幅图说明这一点，甲某不太谨慎，行为常常变化（在圆中各处），较冲动；而丙某很谨慎，没那么冲动，虽然他的行为也时常变化。

依据交互作用取向对情境的强调，一个关键的问题是怎样将情境分类（Funder，2006）。例如，迈克尔说自己很害羞，被迫在一群同学面前说话时，他会紧张得发抖出汗，但在家庭聚会时，他却是一位活跃的发言者。那么，迈克尔在饭局中会表现得怎样呢？在校园活动中又会如何呢？在和梦中情人约会时呢？这些情境都会与他害羞的特质具有同等的相关性吗？

我们该如何系统地将情境分类？一种方法是让人们进入一个控制好的情境中，观察谁会如预期一样表现。例如，我们可以创设一个能激发攻击行为或者奖励延迟满足的情境，然后记录谁会“适当地”表现（Bem & Funder，1978）。如果我们将在被认为是“挑衅”的情境中确实表现出了攻击行为的人们认定为“攻击性的”，就可以接着考察同一群人是否会在另一个被认为是“挑衅”的情境中同样表现出攻击性。如果第二个情境也诱发了其攻击行为，那么就能推论第二个情境是与第一个类似的挑衅情境。但如果在第二个情境中实施攻击行为的人有着不一样的特质，我们就能断定这两种情境是不同的。

虽然这是一个聪明的办法，但可以想象测量可能遇到的所有情境是如何困难，可能永远无法完成。一种简单一点的方法是先由心理学家评估不同的情境，将情境分类，然后观察在相关人格测试得分相近的人之中，这些情境是否诱发了类似的行为。也许我们在未来的某一天能设计出一个完整的情境分类图集（Kelley et al.，2003）。

有些心理学家尝试直接考察个体是如何评估、理解和反应他所遇到的不同情境的（Magnusson，1990；Magnusson & Endler，1997；Torestad，Magnusson，& Olah，1990）。例如，我们可以在不同情境中用自我报告法或通过对焦虑的生理测量去对人们做测量，继而就可以区分出稳定性焦虑（人格）产生的行为，情境（被认为会激发焦虑的情境）产生的行为，以及交互作用（只有一些人会在某些诱发焦虑的情境中变得焦虑）产生的行为。

在衡量别人对自己的态度和情绪时，我们常利用瞳孔大小这一信息（既会有意识利用，也会无意识利用）。一项对瞳孔传染的重要研究显示，观察到别人的瞳孔大小后，观察者的瞳孔大小也会相应产生镜像变化。因为我们不能有意识地控制瞳孔大小（它是自动控制的），所以这个发现意味着我们的判断和接下来对别人的反应部分取决于当时直接的社会生物因素，这是人与情境交互作用一个让人震惊的例证（Harrison，Singer，Rotshtein，Dolan，& Critchley，2006）。

另一个复杂事实是，其实并没有两个情境是完全相同的，世界随时间流逝而变化（Elder & Caspi，1988）。想象一个在郊区生活的由双亲和两个孩子组成的美国家庭。如果他们生活在1956年或者60年之后的2016年，显然许多重要的情况将非常不同，比如母亲的教育和工作、娱乐的选择、与亲戚的来往和与其他种族群体的往来等。虽然人格理论家一般会关注基因和家庭环境，但一个人出生的年代的影响也非常重要（Twenge，2002；Twenge，Gentile，& Campbell，2015）。一个人是在X世代（20世纪70年代）美国婴儿潮时期出生，还是在Y世代（80到90年代）婴儿潮“回声”时期出生，会对他们的人格产生影响。

> **思考一下**
>
> 这是否意味着不可能将人格和情境泛化？
>
> 1956年的和2016年的这两个家庭毫无疑问有着诸多共同元素：孩子间的竞争；孩子依恋着父母又同时要求独立的情况；为食物、清洁、交通而合作的需要；等等。好的人格理论能把握住看得到的模式和规律，也能考虑到时间带来的变化。这也是希腊神话或者圣经故事今天依然为我们所理解和欣赏的原因。
>
> 事实上，我们能通过记录几十年间出生的人的人格变化来深入了解情境和文化如何影响人格。例如，近年出生的孩子会更外向（也许是由于很多亚群体都得到了更大的“解放”，比如女性），也更自恋，还有点神经质（Twenge，Gentile，& Campbell，2015）。因此，当我们说人格源于内部特质、动机以及情境压力的集合体时，我们需要记住，随着代际变化，情境本身就既有一致性，也会发生变化。

10.4.2 跨情境的平均一致性

想象一个非常外向的女士在参加一个热闹的派对，但却独坐一角，很少和别人说话。为什么会这样？人格测验对特定情境的行为的失败预测，可能缘于两个问题。第一，信度问题。可能是概率因素影响到了对特定情境中的行为的预测，即这个行为恰好不是她人格的可信指标。第二，情境适当性问题，即该情境是否与特定人格特质相关联（Murtha，Kanfer，& Ackerman，1996）。可能这个派对不是那种能诱发外向行为的情境。解决这两个问题的一个方法是收集不同情境中的信息（观察行为）。我们可以观察这位女士在其他派对或者其他聚会中的表现。她的行为可以被看作“平均的”行为，即不同情境中的平均行为。这种平均的方法有时被称为聚合（aggregation）（Epstein，1983）。

大五人格理论就大致地使用了这种方法。该理论认为只存在少数几个人格维度和情境种类。一个外向的人在派对上沉默并不会使理论家们困惑，他们认为当综合考虑此人的各种行为时（聚合），外向的特点就会显现出来。事实上这种方法也的确提供了对行为的相对准确的描述。比如，这种方法在判断一个人是否具备适合当销售员的气质时应该挺有用。然而，这种

“平均”的解释并不能让勒温、奥尔波特、莫瑞或米歇尔满意。这些理论家们更想理解为何即便内在驱力促使该女士成为一个外向的人，但她依然在这个派对中独自坐着。

10.4.3 镜像神经元

个人行为要在社会情境中才能被更好地理解，这一论断在镜像神经元被发现后得到了更加有力的证明。镜像神经元（mirror neurons）是一种大脑细胞，当个体 / 动物做出某种行为或者看到另一个体 / 动物做出某种行为时，这种细胞会以同样的方式做出反应（发射信号）（Iacoboni，2009；Rizzolatti & Craighero，2004）。也就是说，有一个内置的大脑系统将我们的行为和别人的行为与情绪连接起来。如果看到一个人转过头来挥拳攻击，我们一定能深刻地理解，因为大脑细胞发出的电信号会使我们感觉好像我们也在挥拳攻击一样（Borroni & Baldissera，2008；Cook et al.，2014；Keysers & Fadiga，2008）。大脑中镜像神经元的活动性存在个体差异，这使得一些人对社会环境更敏感，另外一些人更为独立。例如，共情能力的差异就和镜像神经元的不同活动性有关（Kaplan & Iacoboni，2006）。一个极端一点的例子是，孤独症的特征——对社会线索和别人态度的理解存在缺陷，也可能缘于镜像神经元系统的异常（Dapretto，Davies，& Pfeifer，2006；Oberman & Ramachandran，2008）。

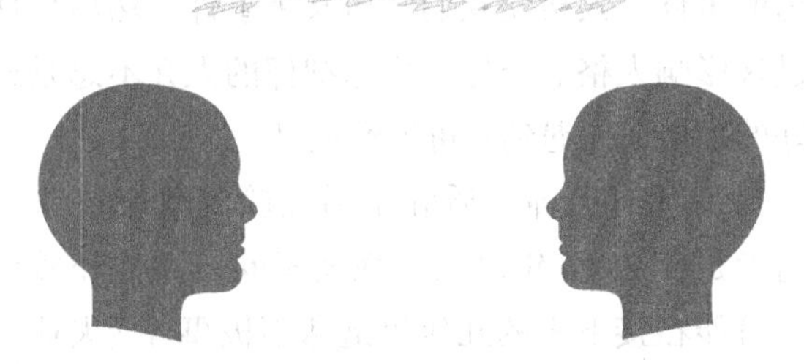

心灵感应？有时两个非常亲密的老朋友，或者两个一模一样的双胞胎似乎能够读取彼此的思维。一个刚开始想“去打网球”，另一个就脱口而出“我们去打网球吧”。他们的人格是“同步”的吗？镜像神经元也许能为这种现象提供解释。

当一个人开始想网球时，他会做出非常细微的肢体或者手部动作，这是他对这项运动的一种准备状态，于是他的伙伴会无意识地感受到，并复制（模仿）这些细微的动作，继而他的脑子里也会开始想“网球”。这并不是真正的心灵感应，严格来说心灵感应应该是一种五感之外的超自然力量。但这又确实是我们常说的心灵感应。当有相似倾向和经验的人面对相同的情境时，就能深刻地影响彼此，尽管他们无法意识到这一点（Manusov & Patterson，2006）。

10.4.4 个人与社会情境

小孩最先学会的事情之一是区分自我和他人，也就是说，婴儿的任务之一是要认识到嘴巴是自己的嘴巴，但乳房是属于别人（母亲）的。到了两三岁，孩子将进一步了解到在公众场合什么行为是禁止的（一开始，这些行为包括从触摸生殖器到挖鼻孔等一系列行为），并学会社会交往的细节（要说“请”和“谢谢”，有序排队，帮助他人）。有些孩子更是学着增强自己的吸引力、操控性和号召力。

换句话说，虽然我们都发展出了社会自我，但一些人的社会自我会更突出，或者在某些时候更突出，又或者在一些情境中更突出。关于心理社会性差异，最初的理论之一是所谓“场依存－场独立”（Witkin & Goodenough，1977）。回忆一下认知取向的人格理论，在知觉任务中，场依存性的人会花费更多的时间才能将目标形象和背景分离开；而场独立性的人更容易识别出目标，忽略很明显的背景的影响。因此，在社会之中，场独立的人倾向于更独立地行动，场依存性的人则更依赖他人，行为倾向于与社会情境的要求一致。

害羞、自我意识、表演焦虑、自我调节等问题可能与此也有关联（Scheier & Carver，1988；Snyder，1987）。有些人是如此受社会角色束缚，以至于像变色龙一样，跟随着社会情境变换自己的行为。例如，有些演员似乎没有自我——他们成了正在饰演的角色。相反，另一些人饰演不好社会角色，甚至觉得社会情境很难处理，他们常被叫作“书呆子”。在他们身上可能会表现出人格的一致性，例如，他们一个人时会表现得小心谨慎，在热闹的派对中还是会小心谨慎。

我们有可能在学校中认识这样的人，他似乎不知道不应该总是抠鼻子，似乎也不在乎别人怎么看他。较少受社会情境影响的人有着更加一致的人格。他们知觉事物的过程更独立，不能很好地理解社会线索，没什么动力去遵循社会要求，甚至更特立独行、不受拘束。这样的人格中“社会性的”部分更少而“个人性的”部分更多。想要完整而详细地了解人格就必须考虑到这方面。这种宽广的视角也是交互作用取向的优势之一。

名人的人格　哪一个才是真正的他——波拉特、布鲁诺、还是科恩

想象一个杰出的英国男人，他来自一个奉公守法的宗教家庭，遵从犹太教义和传统习俗。他在一间学费昂贵的私立中学读书，之后进入了剑桥大学。他获得了历史学学位，他的论文主题是美国公民权利的变迁，其中非常关注公平问题。他不喜欢透露个人和家庭生活。依据这些描述，当我们形容他的人格时，很可能会关注严肃、勤奋、内向、受尊重和庄严这些特质。

相比之下，一个著名的喜剧演员曾演过几个很丰满的喜剧角色，每一个都有着厚颜无耻、不受拘束、庸俗的形象。在这些形象的伪装下，他与毫无戒心的公众交往，揭露他们的轻信、种族主义、偏见和心胸狭窄。他在镜头前与那些在社区或更大公共舞台上颇具名望和良好声誉的人正面交锋，展示出他们的愚蠢和偏执。他把性话题，包括乱伦、强奸和兽奸说得直白露骨，他的表演充斥着荤段子。于是，对这个人的人格描述可能会用到这些词：开朗的、好表现的、粗野的、外向的、率直的、勇敢的、有创造力的、寻求刺激的和下流的。

这两个人看起来没有任何共同点，然而他们居然是同一个人——萨沙·拜伦·科恩（Sacha Baron Cohen），一个演员、作家、丑角。论聚光灯下的生活，他比许多娱乐人物成功得多，但论个人生活，人们对他几乎一无所知。他在公众前和私底下显而易见的反差说明了人和环境的交互作用。

他曾接受过一次采访——他极少见地没有以他扮演的角色的形象出镜——他说："我想，我从根本上是很看重隐私的人，要接受出名的现实，其实是件困难的事。"（Strauss，2006）这种态度并不少见，很多明星都有被窥看和暴露的感觉。科恩处理这种冲突的方法是创造性的，他会以他某个角色的形象出现在公众视线之中。这成为一种习惯。当电影《波拉特》（*Borat*）上演时，宣传采访中出现的是波拉特而不是科恩。在电影《阿里·G个人秀》（*Da Ali G Show*）的相关采访中，受访者是剧中人阿里·G。而当科恩受邀出席哈佛大学毕业典礼时，发表演讲的还是阿里·G。对于科恩来说，这般巧妙的解决办法可以使他的私人生活不受干扰，又不用担心曝光率不足。

那么他是谁？是萨沙·拜伦·科恩、阿里·G、波拉特、布鲁诺（Brüno，同名电影中的人物），还是下一部作品中的角色呢？从人-情境交互作用的观点看来，这些可能都是他。

10.4.5　寻找和创造情境

想象两个高中高年级的学生。其中一个非常优秀，即将成为预科生，来自外交官家庭。另一个是三个运动队的成员，很受欢迎，他朴实的气质来自他的农民家庭背景。那么，请你预测一下，谁更可能申请普林斯顿大学，谁更可能申请印第安纳大学呢？具有某种性格的人会申请某些学校，而某些学校也会接受某种性格的人。于是通过这种选择和被选择，具有某种特定人格特质的人进入了不同的组织，而这些组织又会进一步强化他们的倾向性。换句话说，我们会寻找对应的情境来强化我们的自我概念。

在一项关于人格和生活事件的有趣研究中，研究者追踪了伊利诺伊大学的130个学生长达4年（Magnus，Dienner，Fujita，& Payot，1993）。一开始，这些学生会完成一份NEO人格问卷——大五人格的常用测试。4年之后再次对他们进行测试，内容主要包括他们经历的生活事件（如婚姻）。结果发现，外向的学生在这4年里经历了更多的积极生活事件，而高神经质（焦虑、情绪不稳定）的人经历了更多的消极生活事件。也就是说，焦虑的人会经历更多诱发焦虑的事件。人格使我们经历某种事件，然后事件又倒过来影响人格。当然，焦虑抑郁的人并不总是遇到不好的事情，但遇到的可能性更高。

另一项有关神经质和生活经验的研究追踪了一群荷兰成年人16年之久。毫无疑问，高神经质个体更有可能在接下来的几年里遭遇消极事件（失业、离婚、患病）。这形成了恶性循环，人格与情境彼此强化——更高的神经质水平带来更具压力性的情境，反之亦然。不过二者相比，还是神经质对消极生活经验的预测作用更强一些（Jeronimus et al.，2014）。

设想一个高攻击性的小孩进入运动场会发生什么？运动场可能会变成械斗场，因为这个小孩的性格会激发别人的某些行为（Rausch，1977）。攻击者最终会不断以一种长期的自我伤害的攻击方式折磨自己。除了和同伴相处的问题外，他们还会遭遇学习和工作问题（Huesmann，Eron，& Yarmel，1987）。

总之，我们总是有意选择进入某些情境而避免其他和我们的倾向、自我概念或情绪不匹配的情境。这种情境选择是交互作用取向的关键原则（Ickes，Snyder，& Garcia，1997；Kendler & Baker，2006）。

另外，有证据显示，人格一致性部分缘于我们主动的、有意识的努力。一个有趣的系列研究测量了社会交往中自我概念对其诱发的反馈类型的影响（Swann & Read，1981）。其中一个实验发现，大学生偏好那些与他们知觉到的自身情绪水平一致的反馈。另一个实验发现被试会认为自我证实（与自我形象一致）的反馈特别有用。也就是说，人们觉得那些确认其自我观念的信息比与其自我观念不一致的信息更容易接受——这是更一般化的认知偏好的例子，即偏好寻找和关注证实性的反馈而不是非证实性的反馈（Wason & Johnson-Laird，1972）。例如，乐观的人比悲观的人更少注视让人不快的照片（Isaacowitz，2006）。又如，我们交某些朋友或者听某些演讲，是因为他们会说一些我们想听到的关于我们自己的话。再比如，随着年龄的增长，人们的烦恼渐少，变得平和而幸福，这至少有一部分原因是他们越来越想远离被冒犯的情境，忽视让他们感到困扰的人（Charles & Carstensen，2008）。通过从他人那里寻找证实性的反馈，我们能让周围的社会环境和自我概念看起来比真实情况更稳定。

思维训练　青少年犯罪是情境性的吗

青少年的父母总是很担心自己的孩子，他们阻止自己的孩子和所谓的坏孩子交往，以避免自己的孩子被带坏。从交互作用取向的观点来看，这些担心有道理吗？如果你认为一个人的行为会随情境而改变，就像交互作用理论家认为的那样，那么，青少年和那些生活方式及价值观与自己家人迥异的同伴在一起真的有危险吗？

青春期时，被同伴接纳似乎非常重要。青少年的品味、行为、活动和偏好都深受同伴影响。在高中生的小圈子或者同伴之中，青少年会听同样的音乐，穿相似的衣服，留相似的发型，看同样的电视节目，用同样的俚语。但这种一致性程度有多深？这种一致性会延伸到他们的价值观、信念和生命的抱负吗？它会延伸到他们的人格吗？

青少年会完全接受同伴群体的价值观吗？还是说，他们加入某个群体就是因为该群体成员的价值观和自己原有的价值观相似？这些年轻人由环境养成和塑造，这种观点准确吗？还是说是他们选择了某些情境来建立他们希望的自我认同？如果一个帮派成员转而每个星期花很多时间和象棋小组的成员在一起，他会改变吗？

写作练习

同伴会在多大程度上影响一个人的价值观？

10.5　纵向研究的重要性

10.5　考察人格随时间的变化

人类不是由固定属性组合起来的人偶，而是处于不断变化的过程中。随着成长和发展，我们将发生怎样的改变？虽然精神分析和新精神分析理论提出过人格发展的阶段说，但现代科学中的人格理论往往忽略了人格随时间的变化，因为人们很难对其进行研究。研究长时间内人格变化的最好方法是真实地观察不断长大的人，换句话说就是在真实世界真正地研究人们的反应、成长和变化，因此纵向研究是必须的。心理学家杰克·布洛克（Jack Block，1993）将纵向研究（longitudinal study）定义为“对个体人生过程重要阶段的近距离、综合、系统、客观、持续的研究”（p.7）。简单地说，纵向研究指对人的长时间追踪。

其实我们所有人都在做这件事，只不过是业余的。我们都在持续观察着我们的孩子、父母、伴侣，还有密友。但科学地进行这项工作很困难。谁能长时间地做一项研究？如何保证研究的资金和发表（如果遇到了不可抗力该怎么办呢）？如果研究对象搬家了，研究者该如何与他们保持联系？如果其中一些研究对象对研究失去兴趣了怎么办？如何处理流逝着的时间和变化着的测试方式？这些困难看起来难以克服。然而，正如布洛克（1993）指出的那样，“除了纵向研究，没有其他科学方法可以识别和解析这些在个体走向生活、融入环境、塑造性格的过程中相互交织、相互影响、相互作用的因素”(p.7)。

从经典到现代

跨越时间的人格

人格话题中最古老也最重要的问题之一是人格是否具有跨时间的稳定性。人格什么时候形成，如何随着年龄增长发生变化？什么人格变化最大，为什么？有多少将来的行为能被预测到？在过去的100年里，这些问题被许多人格理论家讨论过，但他们通常只能依赖对儿童非正式的观察或者成年人的回溯报告（成年人回顾他们的生活）。众所周知，这些证据都很薄弱。

关于人格的稳定性和变化性最有力的证据必然来自长期的纵向研究，从儿童起追踪到成年，再到老年。纵向人格研究是当前的热点，很受关注，例如人格心理学家艾夫夏罗姆·卡斯比（Avshalom Caspi）的主要工作就是进行人格的纵向研究（Caspi，2000；Caspi & Roberts，2001；Caspi，Roberts，& Shiner，2005；Moffitt et al.，2011；Roberts & Caspi 2001，2003）。

一个关键问题是确定人格成型的年龄。弗洛伊德等精神分析理论家认为这发生在5岁左右，但新精神分析理论家如艾里克森认为发展将持续终身。生物学取向的心理学家倾向于认为人格在怀孕和出生之前就已开始形成，成年（性成熟）时基本成形（在青少年期）。奥尔波特大致同意基本的人格特质在青春晚期形成，虽然某些个体在这个年龄段依然很幼稚（不成熟）。一项研究对1 000个孩子进行了追踪，从3岁追踪到了18岁（Caspi & Silva，1995），发现人格连续性的确存在，但并不是证据确凿。例如，冲动、焦躁的孩子倾向于成长为轻率的、追求刺激的成人。不过，值得注意的是，我们只说了“倾向”，人格的连续性还远称不上完美。

人格稳定和连续的不确定性部分源于对其的测量。例如，如果一个人童年时经常转换环境（比如，假设他父母是军人），而另一个孩子童年时一直待在同一个社区中，该如何考虑这种情境差异呢？另外，因为人格测量工具总存在着不准确的地方，那有多少变异源于这种不准确呢？此外，如果一个人的尽责性相比同伴一直较高，但到了中年，整个群体的平均尽责性水平都提高了，这样他的尽责性水平算稳定还是变化呢？

正如我们讨论过的，人们会寻找与自身人格对应的情境。例如，外向的人会寻找刺激性的情境和工作。反过来，这些情境也培养、呈现着人格的各个方面。另外，即使面对类似的环境，不同的人看待它的方式也不尽相同。不过，尽管存在这些复杂的因素，至少我们还是能从很多人身上观察到人格一致性的，尤其是中年及以后的人。不同理论家意见各异的是，这种基于多种因素的中等程度的一致性，究竟意味着水杯装了一半（即存在有意义的稳定性），还是空了一半（即我们应该讨论比“人格”还要复杂的内容）呢？

我们的看法是，如果将生命历程中的情境全都考虑在内，人格存在着中等程度的跨时间稳定性，这一说法是有道理的。例如，一个男孩审慎而有责任心，交了同样审慎有责任心的朋友，远离酒精和香烟，在大学勤奋地学习和工作，成为一个科学家，和一个科学家同事结婚了，且十分长寿。但值得注意的是，如果就此下结论说是他童年的谨慎特点使他长寿，就过于简单化了。但我们相信以人格作为一个指导性的概念去看待人的一生是很有价值的。

加州大学伯克利分校教授杰克·布洛克和珍妮·布洛克（Jeanne Block）在1968年开展了一项针对儿童的纵向研究，这项研究至今仍在继续。他们收集了各方面的数据——生活数据（如学校的信息）、观察数据（如父母的评价）、测试数据（按正式程序测试后得到的信息）以及自我报告数据。过了30多年，他们发现了什么？其中一个有趣的发现是，大学时抑郁的女孩在7岁的时候是害羞、保守、过度社会化和过度受控制的，而抑郁的男孩早年则很具攻击性、不够社会化，并且会自我夸大（Block，Gjerde，&

Block，1991）。另外，犹豫不决、过度受控制和易受伤害的孩子长大后在政治上很可能更保守，更偏好生活的稳定性（Block & Block，2006）。政治观点具有童年基础的类似观点得到了很多成人研究的证实（Jost，2009）。更保守还是更自由并非完全由理性决定。

年幼时有着弹性自我（ego-resilient）的男孩冷静、从容社交、足智多谋、富有洞察力、不焦虑，20 年之后，其自我依旧很具弹性。但女孩年幼时在这方面的得分与其青春期的得分不相关。你可能会想到，攻击性强、不够社会化的男孩之后会遇到严厉的纪律处分和学业失败，这可能会导致抑郁倾向。年幼时具有弹性自我的女孩，到了青春期会遇到美国文化中的严苛压力，比如她们可能会在不知不觉间被迫放弃对数学和科学的爱好。纵向研究的吸引人之处就在于，以上假设均能够被它检验：我们能比较这些男孩女孩的学校记录。

这些生活结果上的差异也许与这些同龄儿童所处的特定时代背景有关（在这里是 20 世纪六七十年代）。正如我们曾经提到的，这是纵向研究的一个核心局限，也就是同辈效应。这意味着如果以现代的儿童为样本，可能无法重现之前的结果。因此，对于研究者来说，一个有趣又重要的问题是：如果我们现在重复这项研究，女孩们幼时的弹性自我和其长大后的生活结果之间还会没有关系吗？当然，这种不确定性并不意味着纵向研究是无用的，否则我们就永远无法得知有关人格基础的任何事情了！同辈效应的存在意味着当思考哪些事情是基础性的，哪些事情是被时代影响的时候，我们应该非常谨慎。例如，儿童虐待会影响儿童之后的心理健康，这对于任何时代的儿童来说都是一样的。但社会化、自负、弹性自我等特质，也许在不同的时代和不同的地点会有不同的表现。

它为什么重要

了解这些问题能够帮助孩子更健康地成长。

思考一下

例如，孩子自主神经系统反应性很高，又生活在高风险的家庭里（如收入低），他们很可能发展出低自我控制的人格特点，之后的社会行为也可能出现问题（Hart，Eisenberg，& Valiente，2007）。他们适合进行早期干预，例如相应的学校计划。

10.5.1 生命历程取向

心理学家艾夫夏罗姆·卡斯比更喜欢把对生命全程的人格研究称为生命历程取向（life-course approach）。这一取向强调行为模式的变化是年龄、文化、社会群体、生活事件以及内在的动力、动机、能力和特质的函数。也就是说，内在方面在特定情境下以特定方式展现和发展。这很吻合交互作用取向的观点。一个弱自我、低自我控制、高亲密动机、高性驱力和高表达动机的女孩，在一个沙特阿拉伯的穆斯林家庭中生活并在本地的女子学校读书，还是生活在加利福尼亚一个崇尚不可知论的家庭并在贝弗利山高中（Beverly Hills High School）上学，她后续的发展和表现显然会非常不同。

与其他人相比，卡斯比及其同事大大推动了生命历程理论的进展，认为人能够持续通过改变他们理解情境的方式，通过激发别人的反应，通过寻找某些情境，在某种程度上创造自己的人－情境交互作用（Caspi & Bem，1990）。想象一下，你小区里那个攻击性最强的男孩在成长过程中会经历什么？在特定的情境中，攻击性会带来特定的结果。但如果我们不理解人与情境的交互作用，就不可能知道什么行为会带来什么结果。

我认识一个男孩，他小学时很聪明、很惹人喜爱，但有注意缺陷障碍症，是班上小丑般的人物。即使只是行为稍稍有点怪异，他的老师也越来越多地因为他打乱课堂而惩罚他，于是他开始以各种方式制造麻烦，追求更多离经叛道的情境和行为。最终他从大学退学了，因吸食海洛因被捕。

它为什么重要

为什么生命历程取向是重要的？一个例子是抑郁的复杂性。

> **思考一下**
>
> 抑郁的产生很可能缘于基因的先天易感性和不幸的童年，这些导致了成年时的社交技能贫乏和对情境压力的敏感。这继而会使别人疏远自己，进一步减少自己的社会支持，损害自尊，增加抑郁的严重程度（Caspi et al.，2003；Coyne & Whiffen，1995）。

累积连续性（cumulative continuity）模型（Roberts & Caspi，2003）总结了人格即便有可能改变，但仍然保持稳定的各种方式。通过将情境理解为相似的，通过激发别人相似的反应，通过寻找相似的情境，也通过回应稳定的基因影响和稳定的（社会的和经济的）环境，一般成年人得以保持相对稳定的人格。然而，值得注意的是，不寻常的环境将导致人格发生戏剧性改变，例如战争或自然灾害，它们打破了家庭结构、朋友、职业的原有状态以及正常状态下的自我态度。

有一项研究关注了人格及其在人一生中的作用（Friedman & Martin，2011）。1921 年，斯坦福大学的心理学家推孟开展了心理学领域一项广为人知的研究。为了考察他的智力理论，推孟挑选了 1 528 名聪明的加利福尼亚男孩和女孩，仔细地研究了他们的心理社会和智力发展，并追踪他们直到成年。现在，当年的大部分被试已经去世，我们（霍华德・弗里德曼及其同事）收集了他们的死亡证明并对他们的死亡日期和原因进行了编码（Friedman et al.，1995；Friedman & Martin，2007，2011）。这些跨越一生的数据为探讨一些让人好奇的问题提供了难得的机会，即人格对身体健康和寿命有什么影响。研究运用了前瞻性设计（prospective design），也就是用早期的测量预测之后的结果。

关于童年期人格对人生起到的作用，这项研究获得了一些很有趣的发现。我们都以为我们至少能通过观察孩子预测一下他们之后的人生，但我们能通过童年期人格预测成年之后的过早死亡吗？我们能很确凿地说一个人是“好孩子”吗？这项研究最让人惊讶的发现是童年时的尽责性（或者“社会可靠性”）对寿命有预测作用。小孩，尤其是男孩，如果被评价为谨慎、有责任心、可靠的，并且不自大（由他们的父母和老师完成四个独立的评价，然后将之平均），那么他的寿命将会更长。他们死于给定年份的概率要小约 30%（Friedman et al.，1993；Martin，Friedman，& Schwartz，2007）。

童年的人格能预测寿命，这一发现引起了许多关于因果机制的讨论。为什么谨慎可靠的孩子比起不那么谨慎的同伴，在成年之后有可能活得更久呢？一种叫生存分析（survival analyses）的统计分析显示，尽责性的保护作用部分且非主要与受伤风险的降低相关：低尽责性的男孩长大后确实更可能死于暴力事件，除此之外，尽责性也能避免早卒于心血管疾病和癌症。对不健康行为的研究显示，低尽责性的人健康习惯更少，在控制了酗酒和抽烟之类的因素后，尽责性的作用依然显著。因此，事情也许是这样的，童年的人格（低尽责性）设定了一整套成人行为的趋向，这些行为趋向将导致寿命缩短。也就是说，人生早期的人格有时会造成长期的影响，甚至会影响我们的寿命。

一篇对人格跨时间一致性的研究综述认为，成年人格稳定性较高，但并不是完全地稳定（Roberts & DelVecchio，2000；Terracciano，Costa，& McCrae，2006）。有趣的是，如图 10-2 所示，直到 50 岁左右，特质一致性（特质初测与重测结果之间的相关性）都大致呈线性增加，即整体来说，人格在 50 岁时最稳定。然而，人格变化的纵向研究常能呈现出个体和特质的变化。例如，一项研究发现，神经质的变化比外向性的变化更快（呈二次方递减），而且人生的轨迹会受到社会因素如婚姻的影响（Mroczek & Spiro，2003）。

从青年到中年，人们整体上变得更尽责、神经质水平更低，稍微更外倾（更具支配性），不过他们的这些特质在人群中的相对位置是比较稳定的（Friedman & Martin，2007；Hampson & Goldberg，2006；Roberts，Walton，& Viechtbauer，2006）。到了生命的后期，大多数人的冲动性持续降低，变得更可靠，也更平和。当然，这个过程会因个人的关系状况和生命历程而产生显著的个体差异（Charles & Piazza，2009；Jackson et al.，2009；Lüdtke，Trautwein，& Husemann，2009；Lucas & Donnellan，2011；Roberts & Mroczek，2008）。

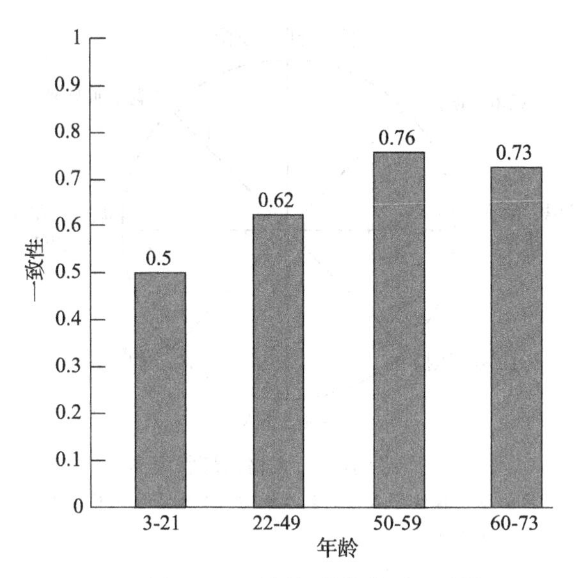

图 10-2 不同年龄的特质一致性

注：50 岁左右时，人们的人格最为稳定。但是，由于这个结论是从对各种小研究做的综合回顾中得出的，而不是对一群人的一生进行完整研究后得到的（Roberts & DelVecchio，2000），因此我们在参考这些发现时一定要谨慎。纵向研究显示，一些特质如尽责性在一生中都相对稳定和重要（Friedman & Martin，2007；Hampson & Goldberg，2006；Roberts，Walton，& Viechtbauer，2006；Shiner，Masten，& Roberts，2003）。

10.5.2 准备状态

俗话说："老狗学不了新把戏。"当然，这话不一定对，有些人（和狗）在任何年龄都会学习。然而，这句话却说到了交互作用取向中时间因素的两个重要方面。一个方面是，每种新经验都是在旧有经验的背景下起作用的。例如，一个害羞的年轻人可能会因被一个咄咄逼人的推销员推销一种不需要的商品（或者进行一次很不愿意的约会）而吓得够呛，这是她第一次这么窘迫。然而，到了第 50 次，她已经很少会屈从了（她会直接说"滚开吧，老兄"），虽然她依然觉得遇上这事真倒霉。注意，这个环境描述（这是第 50 次遇到这种压力）只对经历着这件事的人来说有意义。所以我们不能总是预期人格在相同的情境中导致相同的行为，毕竟人是可以从经验中学习和做出反应的！

关于时间的另一个方面是我们在人生的某段时间内会更受到某种特定情境的影响（Hampson & Friedman，2008）。谁更可能受到一个性感同伴的影响——是 8 岁、18 岁还是 80 岁的人？谁学一门新语言更快？是 40 岁的移民夫妇，还是他们 9 岁的孩子？在青春期的某个阶段，孩子们会丧失某部分学习新语言的能力。讽刺的是，这正是我们的中学开始外国语言教育的年龄。

这就引出了所谓准备状态（readiness）的主题。著名的行为研究者（动物行为学家）康拉德·洛伦茨（Konrad Lorenz）对鸭、鹅非常熟悉，他能诱使鸭、鹅跟在他身后走，以为他就是它们的母亲（Lorenz，1937）。被孵化之后不久，鸭子会经历一个关键期，这时小鸭子会印刻（imprint）出它们的母亲，或者一个聪明的替代者。如果洛伦茨在恰当的时间路过鸭巢（并且假设母鸭被移走了），想一想它们会将谁当作它们的妈妈？类似地，我们的大脑和知觉系统需要在与环境的交互作用中正常地发展，这一点很好理解。例如，如果一只小动物从出生开始就处在完全的黑暗中，并这样度过了他的幼年期，那么它的视觉系统永远不会正常发展，即使它之后的经历都正常。

有证据显示，小时候经受过巨大压力事件（如性骚扰或者父母离婚的纷争）的人之后出现异常，如患抑郁症的风险很高。这种机能失调有很多原因。例如，如果他们在成长过程中害怕他人，就会缺少社会接触，从而减少社会支持的来源。还有证据显示，在生命早期会形成生理上的易感性（Shonkoff，Boyce，& McEwen，2009）。例如，一项研究对幼鼠施以某种刺激，之后让它们正常成长。这些老鼠长大后在遇到应激源（轻微的脚步刺激）时，血液中应激激素的水平就会升高（Heim et al.，2000；Ladd，Owens，& Nemeroff，1996）。有严重抑郁的成年人应激反应这么强烈，可能是因为他们的神经系统在早年经历中受损了。另外，事实也可能是，这样的生物因素在生命的前 10 年作用更强，但在后期，情境因素的作用更强（Specht et al.，2014）。

再想象一种短暂一点的、不一定具有生物基础的准备状态。例如，经历死亡或离婚后，个体会在一段时间内无法做好开始另一段关系的心理准备。虽然这一现象尚无充分的证据，但如果立刻开始另一段关系的确会产生问题。不考虑以时间为基础的情境变量，将很难理解人格的作用。

我们还能更进一步地讨论准备状态以小时为单

位的波动。例如，我们都知道，大部分人在早晨起来后的一段时间里思维很敏捷，但到午饭之后就开始昏昏欲睡了。这种生理节律的波动会因人而异。一个轻浮的手势或一个挑衅的手势，在什么时候出现对某个特定的人冲击最大呢？为了得到答案，我们需要知道关于那个人和其重要时间节点的信息。简单来说，对人－环境的交互作用效应的完整理解需要我们考虑到短期和长期的各种变化（Robins，Fraley，Roberts，& Trzesniewski，2001）。

注意，交互作用取向承认人格存在生物基础，但并不认为人格会自动以预先设置好的顺序呈现。正如不关注生物有机体就不能更好地理解人格，不考虑社会环境也不能更好地理解人格。

写作练习

请回想一下纵向研究和生命历程取向是如何理解人格和人类本质的。二者都把人放在一段较长的时间内进行研究，它们的区别在哪里？

10.6 交互作用和发展

10.6 检视社会互动的两个独立的基本维度

社会互动有两个独立的基本维度：①亲和维度（affiliation dimension），温情、和谐对排斥、敌意；②自信维度（assertiveness dimension），支配、任务导向对屈服、顺从。人格研究者发现将这些维度画成一个圆非常有用，也就是环状模型（circumplex model）（Bales，1958；Freedman，Ossorio，& Coffey，1951；Plutchik & Conte，1997），如图 10-3 所示。

举个例子，你朋友圈子里的某个人可能会很自然地成为任务领导者并主导讨论，而另一个人则旨在促进群体成员间的和谐，处理制造事端者带来的不和谐感（Helgeson，1994）。某个体贴的人可能同时是自信和追求和谐的，或者处在这两种特点的中间。换句话说，在持续的互动中观察一个人在亲和和自信维度上的位置，以及他为什么实施这样的行为，是一个简单而有用的做法。

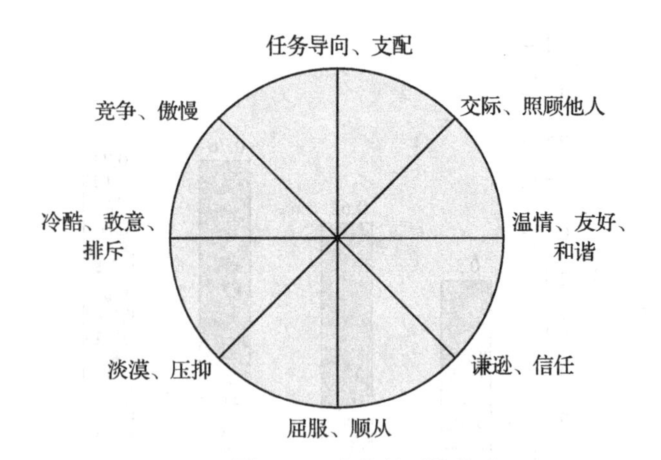

图 10-3 人格的环状模型

注：本图描绘了人格的环状模型，其重点在人格的人际、情绪方面。

另一个更常见的人际和纵向的人格取向关注心理社会成熟过程，即自我发展（ego development）（Loevinger，1966，1997）。没有得到充分发展的自我是冲动、自我保护或者墨守成规的，它们倾向专注于自己，要么总是操纵外界，要么盲目地忠诚。但高度发展的自我是个性化的（思维开阔）、自主的（自我完善和尊重他人），或者说“整合的”（Loevinger et al.，1985）。

它为什么重要

综合考量人格特质和情境能让我们理解那些令人迷惑的事情。

思考一下

在反复接触暴力电子游戏之后，一些儿童变得暴躁、具有攻击性，但大部分儿童和游戏玩家并没有受到太大影响。为什么会这样呢？研究表明，高神经质、低宜人性、低尽责性的儿童接触到暴力性电子游戏后更容易受到消极影响（Markey & Markey，2010）。

这里的整合阶段对应了马斯洛对自我实现的人的描述。自我的发展意味着走向更高阶段的成熟。华盛顿大学句子补全测验（Washington University Sentence Completion Test）是测量自我发展水平的投射测验，旨在触及那些目标性的、多选项的问卷不容易触及的深层动机。在测验中，被试会看到可能激起情感反应的句子，如“说到我的家庭，……”然后他们需要补全该句子。一个自我保护式的中规中矩的回答可能是“我觉得我的家庭是街坊四邻里最棒的”，这是不那么成熟的表现；而一个更为复杂和精细的回答则可能是“我知道我的父母有他们的弱点，也已经认识到我害怕自己拥有同样的弱点，这样一来我能更好地处理我们之间的冲突”，这显示了一个更为成熟的自我。

正如莫瑞和沙利文所认为的，研究者证明了在合适的环境里，随着年龄的增长，一个人在与他人交往时将发展出深刻的个人智慧和较高的心理成熟度（Staudinger，2008；Vaillant，2007）。这种成熟的标志是适应性的处事风格和作为积极的领导者的能力——不论是体贴的父母、生产性的公民，还是睿智的政治家或宗教领袖（Friedman & Martin，2011；Vaillant，2002）。

难以预测的人类行为

20 世纪 40 年代，一个叫米勒德·赖特（Millard Wright）的男人不顾一切地越狱。他是个不老实的人，一直都是个小偷。为了抑制自己偷窃的欲望，赖特尝试过前脑叶白质切除手术。然而不幸的是，5 年后他再次被捕，被捕时他正在一间满是赃物的屋子里。有报道称，警察和他的脑外科医生都不知道是什么让这个小偷如此不可救药（《这没用》，1952）。可能到了今天，他们会用复杂的人 – 情境交互作用取向来帮助可怜的赖特和其他想改变行为的人。正如古希腊哲学家第欧根尼试图在古雅典街头寻觅一个诚实的人一样，我们也在寻找，但我们已经知道了该往哪里走。

人 – 情境交互作用取向努力思考着人格“在情境中实现”“展现”或“与情境互动”的多种方式。安然公司、世通公司或者《玛莎·斯图尔特生活》杂志社里那些聪明成功的管理者会犯让人震惊的错误，以致锒铛入狱，如今他们道德的罗盘已失，曾经带给他们成功的方式现在只带来了犯罪，他们高歌猛进的事业在这样的情境中戛然而止。交互作用取向能够帮助我们理解类似的事情，但我们也需要意识到这一取向与其他七种基本取向紧密相连。

当然，人的行为从某种程度上说是不可预知的。在 J.D. 塞林格（1951）的小说《麦田里的守望者》（*Catcher in the Rye*）中，故事的讲述者看不起那种“总是问我 9 月返校后会否专心致志接受精神分析的家伙。这是多么愚蠢的问题。我的意思是，你怎么能知道自己将要做什么呢，除非你正在做”（p.213）。

写作练习

回顾一下人格的环状模型，模型中的概念彼此之间有什么关系？

总结：人 – 情境交互作用取向的人格理论

如果人的行为在不同情境下有所不同，讨论人格还有什么意义呢？人格的交互作用取向就是要明确地将人们所处的或者创造出的社会情境纳入考量。这一取向吸收了其他人格理论的独到见解，阐发了关于人行为模式的更为敏锐和复杂的观点。

从 20 世纪 30 年代末到 50 年代中，各种影响彻底改变了人们对人格的看法，变得更关注情境以及交互作用。基于正统的精神分析训练，艾里克森和沙利文推动了人格心理学的转变。对于沙利文（1953）来说，人格是“反复出现的人际关系中相对持久的模式”，是一个人生活的特征（p.111）。在沙利文等持社会自我观点的人格心理学家看来，我们在不同社会情境中就是不同的人。某种意义上，有多少“人际情境”，我们就有多少“人格”。

亨利·莫瑞将人格研究看作对人生命过程的研究，所以他观察和分析人与其遇到的情境的交互作用。对于莫瑞来说，需求和压力的特定组合就是一个人的“主题”，可以通过主题统觉测验来测量。

作为对 20 世纪 30 年代的呼应，心理学家沃尔特·米歇尔在 60 年代再一次激起大家对交互作用取向的兴趣。他认为人的行为在情境与情境间差异太大，以至于以宽泛的人格特质来理解人没什么意义。我们没有理由期待特质或其他人格方面能够完全、直接地预测行为。人格是复杂的，米歇尔的观点使人格理论家们得以更为细致地思考人格。米歇尔还批评人格和行为的简单相关程度太低，但事实上情境并不比特质更好地预测人格。另外，人格领域 0.30 的相关系数其实非常重要且有意义。

研究发现，虽然有时偏差会使我们容易过度归因于和看重人格，但也有来自多方面的证据表明，我们的人格推断的某些方面非常准确。有时情境的作用很强，会掩盖我们本身的倾向。此外，我们也可以将情境分类，直接考察个体是怎样评估、理解和对遇到的不同情境做出反应的。或者，我们可以观察社会自我是否在某些人身上、某些时候或某些情境中更突出。

有些人没有遵从社会要求的强烈动机，更愿意保持独特和不受拘束。这些人“社会的”人格更少而“个人的”人格更多。完整细致的人格理解应该考虑到这种动机和偏好。

有时候人格会激起和诱发他人的某种行为，在某些情况下，反应的一致性部分来自我们自己主动、有意识的努力。我们会寻找和激发别人做出肯定我们想法的反馈。我们在生命的特定时间里更容易受到特定环境的影响。不过，不幸的是，从某种程度上说人的行为依然是难以预测的。

虽然从未发现一直诚实的“诚实”人格或一直不诚实的“欺骗”人格，但如今心理学家更清晰地理解了人们生活中的一致性（和不一致性），以及令它们发生的力量。当综合考虑所有相关知识时，如果你发现一个外向的人安静地坐着不参与派对，或者一个很神经质的人沉着、镇定、安静地安抚一个小孩，或者难以找到一直很诚实的人，也就不会感到失望甚至惊讶了。人格心理学提供了，也在持续提供着关于生而为人意义的复杂性的重要洞见。

观点评价：交互作用取向的优势与局限

快速回顾：

- 人类是自我与环境的持续对话

优点：

- 强调人际影响
- 吸收了其他取向的最优观点
- 理解我们在不同情境下为什么会成为不同的自己
- 经常研究跨时间的人格状况

局限：

- 难以定义情境，难以研究许多复杂的交互作用
- 某些极端立场可能没有考虑到人格、行为和情境之间关系的复杂性
- 忽视生物学因素的影响

对自由意志的看法：

- 人有自由意志，但程度有限

常用的测评方法：

- 对跨情境一致性的观察和实证检验，情境分类，自我报告测试，投射测验，传记研究，纵向研究

对治疗的启示：

- 人格会随着时间慢慢改变，你会寻求并影响情境，情境也反过来作用于你。例如，你与人交往的热忱很高，很喜欢帮助别人，如果你希望从生物方面疗愈生命，你会选择医科；如果你愿意从神学、哲学上探讨生命，你会选择当教士；如果你喜欢科学，希望成为像你的人格心理学教授那样的人，你就会选择临床或者人格心理学

写作分享：看待人格的八种方式

回顾一下第3～10章的“观点评估”模块，交互取向与其他取向的观点区别大吗？它与其他同样关注关系的理论有什么共性或差异？

第11章

性别差异

CHAPTER

学习目标

11.1 考察男性和女性在生理和心理上的差异
11.2 解析性别差异的历史
11.3 描述生物学意义上的性别分化和发展
11.4 阐述八种基本取向的性别差异观点
11.5 对比不同文化感知性别差异的方式
11.6 比较爱和性行为的性别差异

在非洲传统文化背景下长大的阿杨·贺西·阿里（Ayaan Hirsi Ali）现在在西方女权主义文化中生活。虽然她从小就是一名伊斯兰教徒，却强烈批判伊斯兰社会对女性的不公平对待。虽然她不断遭受死亡的威胁，却仍以异乎寻常的勇气大声疾呼。《时代》杂志称她为世界最有影响力的100人之一。她勇敢担当了政治领导人的角色，而这一角色在传统上一直由男性扮演。

男性化（masculinity）是什么？女性化（femininity）又是什么？从弗洛伊德开始，性别就在人格理论中扮演着重要角色。为什么性别对人格有如此重要的影响？

大众观点与性别刻板印象都认为男孩是乐于冒险的，女孩是依赖的；男人具有攻击性，女人养育子女。人们总是根据性别对一个人的人格进行描述。这些描述是合理且准确的吗？人格会受到性别的影响吗？换句话说，性别是否改变了两性中某些相似的特质，甚至严格限定了个体的人格？

在这一章中，我们将运用前几章的内容，即人格研究中八个基本取向的理论，在性别这一特定应用领域深入探讨人格的个体差异。存在以性别为基础的心理差异吗？这些人格性别差异出现的原因是什么？如何运用不同的人格理论来解释人格性别差异的出现和保持？通过这些内容，我们不仅希望获得对人格性别差异的更深入的理解，也希望获得对人格心理学基础的更深入的理解。

生殖器的生理差异（染色体的差异）决定了一个人的性别——男性和女性。对两性差异的传统研究都是在生理性别差异研究的框架下展开的。然而，现在心理学家清楚地认识到社会因素的重要性，它决定了人们对什么是男性和女性的理解，因此许多人倾向于使用社会性别（gender）而不是生理性别（sex）来描述性别差异。

男性化是与男性相关的特质，女性化是与女性相关的特质，这两个词要比男性（maleness）和女性（femaleness）更容易引起人们的兴趣，因为它们隐含了心理特征（如勇敢、养育等）。我们将看到，男性和女性都同时具有男性化和女性化的特征，尽管表现方式及原因不同。

11.1 男性和女性存在差异吗

11.1 考察男性和女性在生理和心理上的差异

在生理发育方面，男人和女人表现出明显的差异，如平均身高、外生殖器、胸部、面部的毛发、头发的生长和脱落模式等。此外，两性还存在实质性的内在生理差异，例如性激素水平不同，这会影响个体各种生理特征的发育，如能否生育。

尽管男人的身体比女人更强壮，但女孩 / 女人比男孩 / 男人体质更强。相比女孩，男孩更容易患各种疾病或残疾。从出生一直到青春期，女孩的神经系统都比男孩更成熟（Nicholson，1993；Parsons，1980）。此外，女性比男性更长寿，但其原因还没有被完全了解（见图 11-1）。

弗洛伊德曾断言："构造决定命运。"男性与女性的生理差异是否是其心理差异的原因？这是一个重要的问题，因为两性生理差异的事实经常导致将人格性别差异归结为生理差异的简单论断。确实，男性与女性在外表上如此不同，性器官和激素水平也大相径庭，因此人们假设，男女在思维、行为和情感方面也存在差异，且这些差异主要是生物学因素造成的。回忆一下弗洛伊德的观点：一个男孩需要超我来解决他的俄狄浦斯情结，从而改变他希望与母亲结婚的想法；而女孩由于没有阴茎，本我的冲动较少，因此良心的发展也不太充分。这一解释与男性统治下充满偏见的时代相契合，在那个年代，弗洛伊德和大多数人都认为，与男性相比，女性的公正和理性意识更少。然而，这种简单的生物学解释是危险的。生物差异存在并形成于复杂的社会系统中。探索社会性别的人格差异是一种挑战，也是一种乐趣。

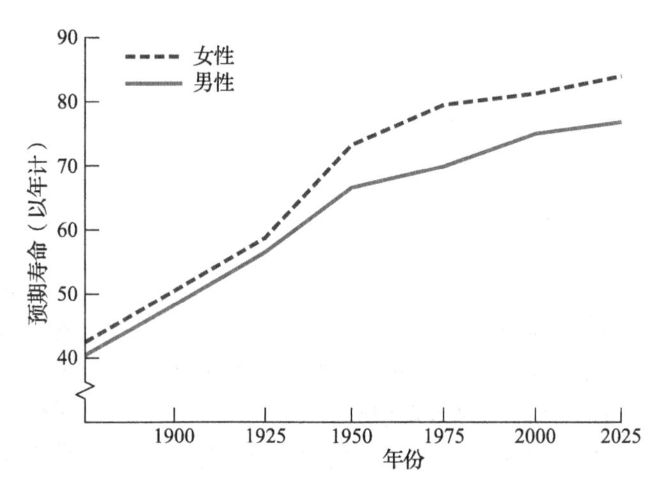

图 11-1 美国人的预期寿命

注：总体来看，美国人的预期寿命在逐年上升，且女性一直高于男性。这一差异的原因仍在进一步研究中。除了生理因素外，男性化 – 女性化的差异似乎更为相关。

资料来源：美国人口普查局。

在非正式、非科学的语境中，女性常被描述成（或自我描述为）情绪化的、抚育的、服从的、善于交流的、爱好交际的、数学和理科不好的、主观的、被动的、易受暗示的、性欲较低的；而男性常被描述成（或自我描述为）更理性的、独立的、有攻击性的、支配的、客观的、成就导向的、性欲高涨的。在 20 世纪 70 年代一项大样本的经典研究中，不同年龄段的男女被试被要求列出两性不同的特征和行为（Broverman，Vogel，Broverman，Clarkson，& Rosekrantz，1972）。有两个结果很有意思：第一，大部分被试认为存在男女差异的人格特征超过 40 项；第二，男女被试都认为男性化特征比女性化特征更为理想。这一现象过了几十年依然没有消失，尽管程度有所下降（Eagly，2013；Seem & Clark，2006）。无论人格的性别差异是否真的存在，许多人都会知觉到两性之间显著的人格差异，这继而影响了他们对他人的态度和行为，并最终可能影响人格。然而，无论是从实证效度上还是范围上，已有的对人们知觉到的以社会性别为基础的人格差异研究，都无法证明这些与社会性别有关的人格特质是确实存在的。对性别差异的系统探讨开始于 1974 年（Maccoby & Jacklin，1974）。研究者发现，在许多方面，男人和女人的特质其实十分相似（Carothers & Reis，2013；Halpern，2006；Haworth，Dale，& Plomin，2009b；Hyde，1991，2007）。也就是说，两性在特质和行为特点上存在诸多重合。

20 世纪 70 年代，女权运动使得女性在社会中扮演的角色发生了巨大转变。招聘广告专门区分男女两个版块的时代已经过去很久了。有趣的是，有关性别和女性能力的人格研究也是从 20 世纪 70 年代开始发生转变的。

十分有趣的是，在 20 世纪 70 年代，性别差异认识的改变与女权主义运动同时出现。在那 10 年里，女性被允许进入知名大学读书，获得了财产和婚姻的平等权利，得以进入社会地位高的行业，如医学、法律、商业等领域中。随着关于女性劣势的观念越来越少，人们发现关于女性劣势的证据也在减少。同时，观念上的改变促发了社会的改变。这再次说明了我们对人格的理解部分受到文化和时代的影响，同理，理解人格本质的新视角同样可以对文化和时代产生影响。

性别差异的证据

研究发现，人格的一些方面确实存在着心理能力上的性别差异，特别是那些与思维、知觉和记忆相关的领域。一般来说，男孩和男人的空间能力更强，而女孩和女人的语言能力更强。与男孩相比，女孩开始说话的时间通常更早，而且会说更多的词语，在学校中获得的成绩也更好。至少在小学阶段，女孩在阅读和写作方面优于男孩。她们考入大学的人数也明显多于男孩（见图 11-2）。

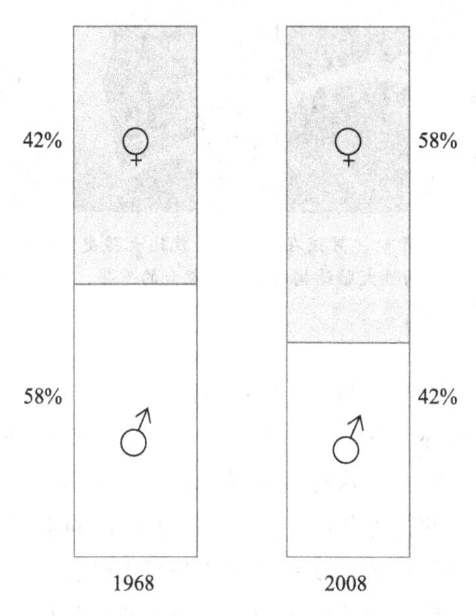

图 11-2　美国大学生的性别分布

注：近几十年来，尽管女生的智力并没有显著提高，但美国大学中女生的比例显著上升。

从小学开始，男孩就更擅长需要空间能力的任务和测量，对地理和政治了解得更多，数学成绩更好，不过这些差异很小，无法被用于科学地解释职业生涯的模式（Else-Quest，Hyde & Linn，2010；Halpern，1992，2004；Halpern et al.，2007）。而男孩在数学上的优势也可能会不复存在（Hyde et al.，2008）。

另有一些证据表明，攻击性和人际沟通这两个社会性特征也表现出了性别差异。与女性相比，男性表现出了更多言语和身体攻击性（Eagly，1987；Hyde，1986a），更可能成为暴力罪犯；女性则在语言交流方面表现出优势，她们对非言语线索更敏感，也更善于非言语表达（Hall，1990）。不过，其他一些被广泛宣称的人格和行为上的性别差异，如依赖性、易受暗示性和助人倾向，并没有或者说很难得到证实

从青春期开始，男孩在数学方面就比女孩更有优势。我们如何判断这是由两性大脑结构的差异、激素的差异，还是成就期望的差异导致的呢？

（Eagly，1995；Wood & Eagly，2010）。男人更喜欢管理小团体，女人更关心孩子，并会在抚养孩子方面投入更多精力，这种观念很大程度上掩盖了许多男性抚养孩子的行为和许多女性具有独立性的事实。

与使用传统自我报告方法测量男性化－女性化不同，有一项研究使用人们对不同职业的偏好和兴趣来进行测量。比如说，机械工程师和化学家是“男性职业”，研究中男性更偏好这些职业；室内设计师、花匠和图书管理员是“女性职业”，研究中女性更偏好这些职业。随后，职业偏好被用于测量男性化－女性化。存在更男性化的男人和更女性化的男人，也存在着更男性化的女人和更女性化的女人。通过对这些个体进行长时间的追踪（直至他们去世），研究者发现了一个惊人的结果：虽然女性总体上比男性更为长寿，但更男性化的男人和更男性化的女人去世更早，而更女性化的女人和更女性化的男人相对来说更长寿（Friedman & Martin，2011；Lippa，Martin，& Friedman，2000）。为什么会这样？生理、社会化、习得行为、活动、思维和情感都可能与此相关。

写作练习

回顾上文探讨的男女差异，两性之间是否存在非常显著的人格差异呢？

11.2 人格性别差异简史

11.2 解析性别差异的历史

考古发掘可以证明，在4 000到6 000年之前，人们以打猎为生。在这些原始人的石刻、象形文字和墓葬品中，女性的主要职责是生育和养育后代，男性则从事史前艺术或打猎、打仗。中国古代的《易经》将人类二分为女人和男人，即阴和阳。阴代表女性，具有被动、阴暗、寒冷等特点；阳代表男性，具有主动、阳光、热等特点。这种划分略显僵化，男性因此被认为更有可能成为领导者。

随着时代发展，男女之间存在差异的观念慢慢形成，它不仅认为男女有别，而且对于女性的认同度更低。例如，柏拉图将女性描绘成虚弱和低等的人；亚里士多德认为，女性没有精液，因此是不完善和低能的。将这些古代思想家的观念汇集在一起，就会发现早期对女性的认识是：女性与男性相比是有缺陷的，女性具有意志薄弱、情绪易变、无原则、易受暗示、犹豫不决等人格特点。在希伯来和基督教《圣经》中，尽管女性偶尔也会扮演重要角色，但男性不仅拥有权力，而且具有高尚的道德权威。与男性相比，女性是不完善和不完美的。这种观点持续了许多个世纪，具有影响力的神学家托马斯·阿奎纳（Thomas Aquinas，1225—1274）让人永远都无法忘记这一观点，他为女性是低等的提供了宗教的理由。

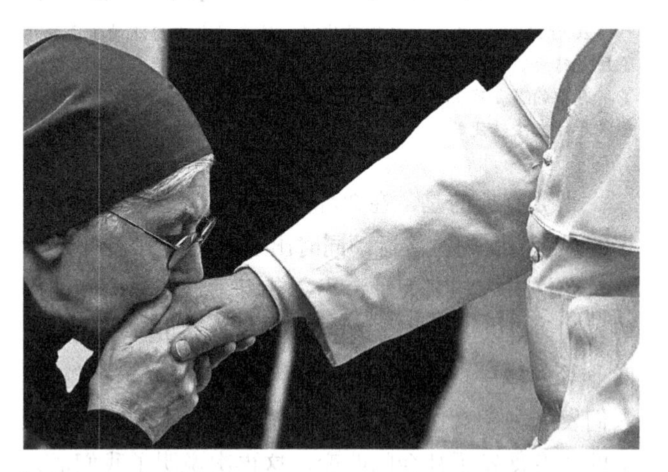

许多宗教（罗马天主教、伊斯兰教和正统的犹太教）将女性排除在精神领袖的角色之外。这是因为女性被认为天生就不适合在有男性的团体中担任道德和实践的领导者吗？

19 世纪的观点

在达尔文思想的影响下，到了 19 世纪末 20 世纪初，机能主义心理学宣称，行为和思想的进化源于人类机能的进化。例如，母性本能（maternal instinct）的提出者强调，女性具有一种与生俱来的情感倾向——希望养育孩子，当她们见到无助的孩子时，这种本能就会被激活（Lips & Colwill，1978：29）。根据男性机能主义心理学家的观点，女性的大部分能量都消耗在怀孕、生产、哺乳等事情上，因此没有剩余的能量去发展其他能力。这些理论家也用母性本能来解释其他方面，如女性善于照顾他人，这体现在她们与孩子和朋友的关系中。这些观点可以用来解释和支持为什么现代社会里男性拥有统治地位，女性处于服从地位。正如你已经看到的那样，许多人格观点不可避免地与社会偏见有关。

写作练习

思考古希腊和中世纪对女性天性的观点。达尔文和他的理论是否在看待女性的方式方面做出了巨大改变？

11.3 性别差异的生物学影响

11.3 描述生物学意义上的性别分化和发展

基因性别（genetic sex）取决于女性卵子中的 X 染色体与男性精子中的 X 或 Y 染色体结合的那一刻，女孩（XX）或男孩（XY）由此产生。有趣的是，尽管每个胚胎都具备可以发展成男性或女性两种生殖器的生理结构，但是大约从母亲怀孕第六周开始，只有拥有 XY 染色体的胚胎会发育睾丸。研究已经证明，在这一时期，睾丸开始分泌性激素：一些黄体酮，雌性激素（estrogen，通常被认为是“女性”激素），以及大量的雄性激素（androgen，通常被认为是“男性”激素）。基因为男性的胎儿于是开始发育内外男性性器官。当胚胎中有 XX 染色体，性腺的胚芽大约在怀孕期的第十二周发育成卵巢。在缺少可分泌大量雄性激素的睾丸的情况下，女性的内外生殖器得以发育。

因此，以男性为例，雄性激素会促进胚胎期男性生殖器的发育，并且对大脑组织产生某些影响。此外，证据表明，来自母体、胎盘以及女性胎儿的卵巢的性激素一同影响着女性的发育。因此，在孕期性激素的影响下，生理方面的性别差异得以形成（Knickmeyer & Baron-Cohen，2006）。性激素对大脑的影响虽然还没有被完全搞清楚，但已知孕期激素可能通过影响青春期后下丘脑控制性腺激素分泌时调节脑垂体的方式来影响大脑（比如月经的调节）。

11.3.1 孕期性激素对性别行为的影响

雄性激素影响胎儿身体发育的事实表明，孕期的雄性激素可能会影响性别相关的特定行为中表现出的人格特质。两类证据支持了孕期性激素可能对性别行为产生影响这一观点：①来自动物研究的实验数据；②来自对孕期基因异常或性激素异常者的研究结果。

研究者发现，给在怀孕早期发育着的动物胎儿注射雄性激素，会使这些动物出生后表现出更多粗暴的、冲撞的、攻击性的行为，它们的活动水平也更高。并且，这一实验结果既发生在雄性（XY）动物身上，也发生在雌性（XX）动物身上（Parsons，1980；Ramirez，2003）。

类似结果也出现在孕期性别发展异常的人身上。基因异常包括胚胎细胞中性染色体数量突变，胚胎和胎儿无法分泌与之相适应的性激素，或者过多分泌不相适应的性激素。例如，个体出生时有太多的性染色体，其中最可能发生的情况是性染色体为 XXX、XXY 或 XYY。性染色体为 XXX 的人，解剖结构是女性，而且可以怀孕；而性染色体是 XXY、XYY 的人，解剖结构为男性（Stockard & Johnson，1992）。研究者并没有发现性染色体为 XYY 的人多余的 Y 染色体对行为有显著影响。此前有一些研究者推测，有多余 Y 染色体的人会因为体内的雄性激素更高而表现出更高的攻击性，但研究结果没有支持这一假设。不过，这些有多余 Y 染色体的研究对象都是监狱人口，在非监狱人口中是否有与之相当的（具有攻击性的）性染色体为 XYY 的男性比例，还没有得到充分的检验。虽然性染色体为 XY 的男性的确与更高的暴力犯罪（如谋杀、性侵犯）有关，但由于缺少证据，无法下结论说具有 XYY 性染色体的男性同样具有高攻击性（Hargreaves & Colley，1987；Lips & Colwill，1978）。

有时，孩子出生时只有一个 X 染色体，一个 X0。这种异常叫特纳氏综合征（Turner's syndrome）。患有特纳氏综合征的个体具有女性的外生殖器，但没有卵巢。她们不分泌雌性激素，有女性特征，但不能生育。在青春期，由于缺乏分泌雌性激素的卵巢，如果希望正常发育第二性征，就必须补充雌性激素（Nicholson，1993；Parsons，1980）。一些研究发现，表现出羞怯以及女性化行为的女孩，数学能力和空间知觉能力可能较差（Saenger，1996）。这些发现说明，至少部分女性化行为具有直接的基因基础（Boman，Hanson，Hjelmquist，& Möller，2006；Gatewood et al.，2006）。

胎儿在发育过程中会受到孕期母体性激素不规律变化的影响。例如，对于基因是女性的胚胎，母体成长环境中有过量的雄性激素，或者孕期母亲服用（或注射）了雄性激素，可能会导致胎儿肾上腺受损。如果影响到了一定程度，这些女性胎儿出生时可能会有男性的外生殖器，或者模棱两可的外生殖器。在大多数情况下，后者可以通过手术重新恢复成正常的女性生理结构。根据父母的报告，这些雄性激素化女性（androgenized females）与其他女性相比，会表现出更多男性化的行为和更活跃的特点（Auyeung et al.，2009）。出现这些所谓男性化人格特质或行为特点的原因可能有以下三方面：①胎儿在雄性激素的环境中发育；②由于她们在男性激素环境中发育并有类似男性的外生殖器，因此父母对她们有男性化的期望；③女孩对自己性激素和身体男性化有所意识。尽管知道以上三种原因，但我们无法确定究竟是哪一种原因导致了这些女孩男性化的特点。

一些雄性激素化女性的外部生殖器像男性，在儿童早期无法被分辨出是女孩，于是被当作男孩抚养，直到青春期第二件征没有正常发育时才被发现。但是到了这个时期，这些孩子已经度过了对男性产生性别认同的关键时期。因此，她们可能会去注射男性激素，促进她们男性第二性征的发育，有时她们可以作为一个“男性”成人去生活并获得成功（尽管她们不能生育，并且性染色体是XX）。

再说一个令人悲伤的案例。一个名叫大卫·布鲁斯·赖默尔（David Bruce Reimer）的人，他出生时是个男孩，但是由于重伤失去了外生殖器。著名医生约翰·玛尼（John Money）向大卫的妈妈保证，将大卫的睾丸切除，给他注射雌性激素，并给他重新起个名字布伦达，大卫就可以像女孩那样生活。玛尼医生试图用布伦达的例子来证明一个孩子不是一出生就具有男性化或女性化的气质的，这种气质是社会化的结果。但是当大卫经历了不幸的童年，到十几岁的时候，他希望用回大卫的名字并宣称他的男性性别。他因此痛苦不堪，在38岁的时候以自杀的方式结束了生命。这一实例证明，性别的基础难以被清晰地划分成是生理的或是社会的。

总之，尽管孕期性激素会对胎儿日后男性化和女性化行为的形成产生某种程度的影响，但性别也受父母期望和性别社会化的强烈影响。例如，在20世纪五六十年代，许多怀孕的妇女为了防止流产服用性激素己烯雌酚（diethylstilbestrol，DES），己烯雌酚和睾丸激素一样，会使胎儿更加男性化。实际上，服用了己烯雌酚的母亲所生的女儿中，有许多存在生殖方面的困难。不过，目前发现的其对行为的影响（例如双性恋倾向）较小（Hines & Sandberg，1996；Jacklin，Wilcox，& Maccoby，1988；Meyer-Bahlburg，Ehrhardt，Rosen，& Gruen，1995）。假设基因是人格任何一方面的基础都显得过于简单，生物学因素只是搭建了平台，让其他因素有机会对人格产生重要影响。

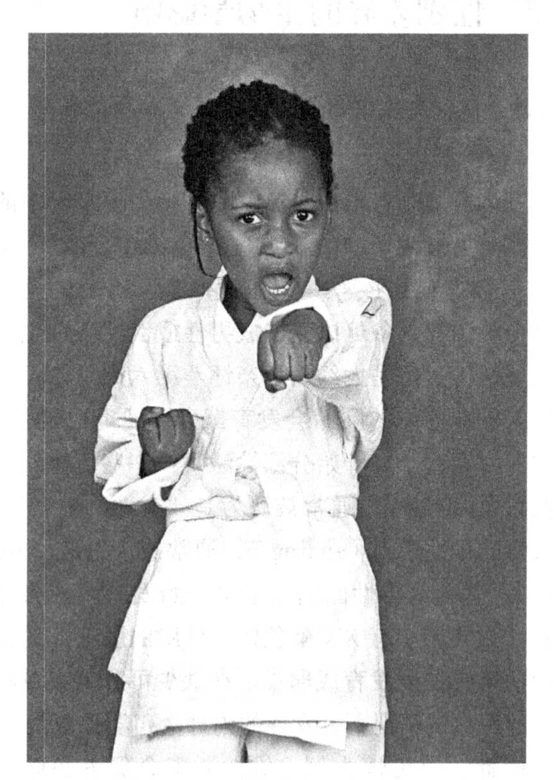

一些小女孩喜欢同龄小男孩常玩的运动，而不喜欢女孩常玩的运动。是她们的性激素水平和大脑结构使得她们比一般的女孩更加“男性化”，还是她们的社会化经历有所不同？

11.3.2 性激素在青春期及之后的影响

生物和激素因素对性别差异的影响并不局限于孕期，从青春期开始，两性性激素的分泌水平及变化情况完全不同。例如，男性睾丸激素分泌增加，攻击行为也会增加（Archer，2006），睾丸激素水平还与支配性、成就有关（Dabbs，Karpas，Dyomina，Juechter，& Roberts，2002）。

虽然男性和女性在一生中都会产生雄性激素和雌性激素，但 3 者体内两种激素的比例在青春期时有很大差异，男性的雄性激素分泌增长而女性的雌性激素分泌增长。同时，激素比例也有很大的个体差异。近些年来，许多国家和国际运动员组织（包括国际奥林匹克委员会）都制定了限制女性运动员睾酮水平的规定（这一限制表明人们认为睾酮有利于增强力量和肌肉）。当发现女性运动员产生高水平的睾酮，也就是患有高雄激素血症（hyperandrogenism，雄性激素过多）时，除非通过手术或者服用激素抑制药降低睾酮水平，否则她们将被禁止参赛。她们在基因和解剖学上为女性，但其自然睾酮水平远高于女性平均值。这些杰出的女性运动员如果想要继续她们的竞技体育生涯，就会被强迫接受医学干预（这有可能对她们当前的健康和未来的生育带来隐患）。更糟的是，这些问题往往是在这些女运动员第一次参加国际比赛时发现的，常常是在她们的青少年晚期。这正是她们成年性别认同建立的关键时期，她们的性别也因此成为一个问题。

青春期和月经期使得女性的性激素释放呈现周期性，在一个月的周期中，女性的情绪和行为会发生变化。在周期开始阶段，脑下垂体指令卵巢释放大量的雌性激素，促使子宫内膜生长。在这个周期的中期，脑下垂体释放的性激素引起排卵，雌性激素水平下降，并在周期的第 20 天增加；接下来一直下降，直到周期结束（见图 11-3）。

女性激素的周期性波动据说与女性的人格特征有关，例如情绪波动、暴力、犹豫不决、心理疾病、合作性的下降等（如，Lip & Colwill，1978；Moir & Jessel，1991；Nicholson，1993）。与女性激素周期变化关系最紧密的人格方面是情绪波动。事实上，女性在月经期会出现情绪波动是一个十分古老的发现，古希腊的哲学家早就对此进行了报告。歇斯底里（hysteria，指无法控制的情绪爆发）这个词就来源于古希腊语的“子宫”。古希腊人认为女性的情绪是由子宫在身体里游走造成的，直到现在，子宫切除术仍然被当作治疗精神疾病的手段之一。这是一个十分令人心痛的例子，古代对妇女的偏见变成了现代的伪科学理论。性激素波动对情绪的影响被社会夸大成神秘的刻板印象——女性是羸弱的和精神不稳定的。

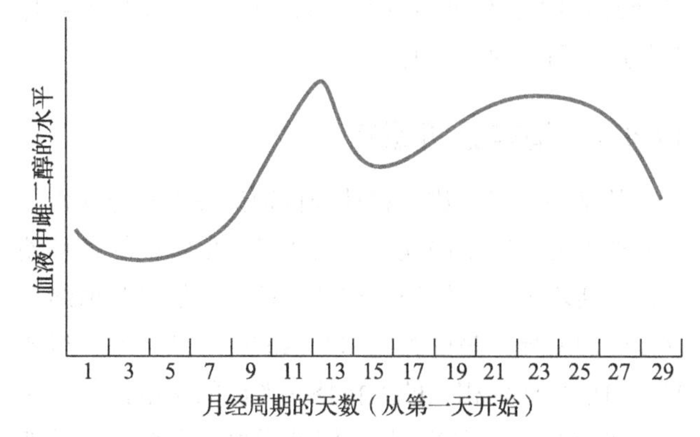

图 11-3 女性血液中雌二醇的周期性变化

注：雌二醇（estradiol）是女性激素的一种，对于尚未绝经的女性来说，雌二醇的水平会随着月经周期的过程呈现出明显的周期性变化，并与情绪和行为产生关联。这些性激素的变化可以用来解释情绪的变化。

尽管月经周期确实会造成人格的变化，但性激素的周期性变化对人格表现的影响对于大多数女性来说非常微弱（Dreher et al.，2007）。然而，这些说法却限制了女性在政治、军事及航天领域的发展。

写作练习

弗洛伊德的老师沙可曾经用催眠来治疗女性癔症，即一种会导致暂时性瘫痪的综合征。综合弗洛伊德时代对女性的观点和你学到的性别差异知识来看，社会制约因素是否会对这种神秘的疾病造成影响？

11.4 从八种理论视角看人格的性别差异

11.4 阐述八种基本取向的性别差异观点

人们对于男女之间是否存在差异以及差异从何而来的各种假设，可能会导致各种各样具有重大影响的后果。例如，如果认为性别差异主要是由身体和生理因素决定的，那么就会认为性别差异是永恒的、无法改变的，甚至认为这是一种道德标准（如一些宗教将女性描述成低等的）。如果把这些性别差异看作强化学习的结果，就会认为这些差异是可以改变的。如果把这些性别差异看作根本性的、巨大的，而不是变化的、相互重合的差异，那么它们就不容易被改变或掩盖，而是会进一步演化出社会性别角色分工的差异。这就是本书为什么要聚焦于深入理解八种人格取向，并分析它们是如何影响我们对“生而为人意味着什么”这个问题的思考的。

11.4.1 精神分析取向

从某种意义上讲，精神分析理论关于心理性别差异的观点是生物学的观点。它假设人格特征的各种差异，包括攻击性、嫉妒、被动、理性、依赖等情绪反应方面的差异，是由男孩和女孩的生理结构差异造成的。如果与性别相关的人格特质形成的基本机制是对同性父母的认同（在 5 岁，即处于第三个性心理发展阶段时，孩子希望获得异性父母的爱，与同性父母进行竞争），那么为什么弗洛伊德要声称构造决定命运，也就不难理解了。

回顾一下，在生殖器期，男孩发展出对母亲的强烈爱恋，于是想要取代父亲。然而，父亲高大而有力量，男孩害怕父亲惩罚自己，即割掉他的阴茎。这种被弗洛伊德称作阉割焦虑的情绪，会因为以下原因而加剧：①阴茎对获得快乐十分重要；②父母对他手淫行为的威胁；③他意识到这个有价值的附属物（阴茎）是女孩所没有的，也就是说她们已经被阉割过了。为了应对这一巨大的压力，男孩开始认同父亲，模仿父亲的人格特质，同时他们认为可以通过认同父亲这种间接的方式来拥有母亲。俄狄浦斯情结的成功解决可以使男孩将“男性”的人格特征内化到人格中，包括父亲的道德规范及准则，从而促进了超我的发展。

根据弗洛伊德的理论，在生殖器期一开始的时候，女孩把母亲当作自己最强烈的爱恋对象。但不久女孩发现她们没有阴茎，这会导致阴茎妒羡（这一观念与对女性的传统观念相似，即认为女性是不完整的男性）。于是女孩变得十分善妒、自卑、猜疑。为了解决这一危机，女孩抛弃了对同样是劣等存在的母亲的爱，转而爱恋父亲，潜意识地用获得孩子的渴望取代了拥有阴茎的渴望。这样，女性就将猜疑、嫉妒、自卑、助人、依赖等“女性”人格特征内化到人格中。女性不像男性那样在极端焦虑和恐惧的驱使下解决了俄狄浦斯危机，这意味着女性承受的危机给她们施加的压力较弱，于是她们的超我也较弱。

名人的人格　乔纳森 / 琼教授的人格

很少有人能够站在如此独特的视角审视自己经历中性别对于人格的影响——既作为男性，又作为女性。斯坦福大学的生物学和地理学教授琼·拉夫加登（Joan Roughgarden）博士，前 52 年的人生一直用乔纳森·拉夫加登（Joanathan Roughgarden）的名字生活，但始终把自己认同为女性，尽管外在的证据与她的内心认同相反——她出生时具有男性的外生殖器，被当作男孩抚养，有着男性的外貌、服饰和行为，扮演着男性的社会角色。像其他希望通过变性手术把自己变成女性的男性一样，她是一个出生是男性，但一直认为自己是女性的人。

某年夏天，乔纳森·拉夫加登离开校园开始度假，当假期结束，他重新开始教学科研工作的时候，与他一起工作了多年的同事震惊了。彻头彻尾的改变！他改变了身体，改变了衣着，改变了发型，改变了名字，同时也改变了社会认同。这一切不全是在这一年里发生的，不过从这时候开始，琼这位与众不同的科学家成为众所周知的公众人物。

从以前的乔纳森到现在的琼，在她身上发生了什么？据《纽约时报》报道，乔纳森的人格是典型的男性人格：攻击性、粗犷、竞争（Yoon，2000）。但据琼所说，那些不是她的真实人格，那只是她为了获得成功而戴上的人格面具。她说：“我清晰地意识到，我从未真正领会到如何像男人一样行事。”对她来说，以男人的方式做事是不自然的，因为在她自己的意识中，她从来不是一个真正的男性。琼说，有一天她意识到，像男人一样去竞争，去表达敌意，去为了获得地位而奋斗，并不匹配她的价值观，也让她感到不舒服，尽管这些方式已经为她的人生带来了巨大的成功。琼的人格与乔纳森的人格截然相反，表现为一种更为女性化的风格。她变性之后，有一次主持学术会议，同事们惊讶地发现琼完全没有了以前的强势，她鼓励大家发言，给予他们积极反馈，努力使大家达成共识。她现在被描述为温暖的、照顾人的、友善的，这些都反映了她女性化的自己。

性别角色的重要性在于它能影响人际交往。琼发现她获得的尊重减少了，尽管她所教的课程没有改变，但作为一名女性，她开始更频繁地被男性打断、忽视或看轻。性别角色对认同和接纳如此重要，以至于当她以琼的身份重新出现在斯坦福大学时，她感到自己需要付出努力向自己所在的院系重新介绍自己，尽管同事们很熟悉乔纳森，但一点也不了解琼。

作为一名生物学教授，琼从生物学的视角来思考性别，她认为生理性别是复杂的，社会性别则与个体经验有关。她指出，从生物进化论的视角评估动物王国的性行为太狭隘了，低估了社会性别和生理性别的多样性。她强调进化论中多样性的重要。她的观点引起了大量的科学争议（Jolly，2004；“Letters”，2006）。乔纳森的生理性别是男性，她的社会性别是女性，这一事实使人们对生理和社会性别有了更深层的理解。不断加深对这二者的理解不仅是个体的事情，同样也是科学研究的任务之一。

11.4.2 新精神分析取向

艾里克森提供了另外一种解释，他保留了精神分析的概念，仍是以外生殖器这种生理结构作为基础，但更为强调在男性化、女性化特质发展过程中社会影响的作用。艾里克森将男性特质描述为活跃的、探索的、征战的、务实的，某种意义上与他们外显、突出的阴茎是一致的。小男孩喜欢用积木搭建塔尖的形象，很像阴茎的形状。艾里克森将女性特征描述为照顾人的、温柔的、和平的，就像女性内敛的生殖器一样。小女孩更喜欢用积木搭建庇护的、封闭的、安全的空间。尽管艾里克森非常重视自我，但在这里他同样强调生理对男女人格特征的影响。当然，我们的社会很注意不在公共场合或媒体上出现外生殖器官，即使勃起是很普通而自然的反应。

霍尼坚决反对弗洛伊德的观点，她认为阴茎妒羡对人格的影响很小，实际上，男性也同样嫉妒女性有生育孩子的能力。她反过来推论，男性努力去获得控制感，追求更多的成就，原因就在于子宫妒羡带来的自卑感。另外，女性也会潜意识地对男性插入感到恐惧。霍尼还指出，社会认为女性是低等的，会严重限制女性发展的机会，于是她提倡社会力量与生物因素的交互作用论。尽管霍尼为精神分析引入了一种新的、女性的视角，但她仍然强调生物因素对人格有重要影响（如女性具有生育能力）。

荣格将中国古代阴阳的概念融入了精神分析的性别差异理论。阴阳理论认为男性和女性都是完整个体的一部分。荣格用两个原型来代表人类长期进化过程中形成的男性特质和女性特质：阿尼玛是女性原型，是内在的女性人格成分，也代表男性潜意识当中的“关系”成分；阿尼姆斯是男性原型，是人格中抽象的、分析的、逻辑的成分。与弗洛伊德相反，荣格没有对两性特质进行价值评判，他认为阿尼玛和阿尼姆斯在每个人身上同时存在，并强调认识它们，将它们和潜意识中的其他成分整合在一起，是健康人格发展的关键。这是对双性化（androgyny）概念的第一次讨论，这种同时具有男性化和女性化特质的人是适应性最强和最健康的。

女性主义新精神分析学家南西·乔多罗（Nancy Chodorow）提出用客体关系的视角来看待性别差异和自我的问题，她认为，自我不是完全自动发展的，而是在与他人关系的基础上发展的（这是客体关系理论的核心原则）（Chodorow，1999b）。在她看来，儿童性别认同的发展是以与母亲的关系为基础的，这对男孩和女孩都有重要的影响。乔多罗接受传统精神分析关于男孩和女孩的第一次认同都是在与母亲的关系的基础上完成的。尽管女儿个人的自我认同会与母亲有所不同，但她们的性别认同却与母亲相一致。儿子则不然，他们必须在与母亲关系的基础上发展男性的性别认同，个人自我认同的发展也是如此。随着时间过去，男孩必须打破与母亲的初始关系，以获得健康的男性认同。因为客体关系理论认为，自我是在与母亲关系的基础上进行的社会建构，男孩和女孩为了发展恰当的自我性别认同，就必须脱离原有的关系。尽管男孩和女孩在性别认同发展过程中的差异是普遍存在的，但乔多罗认为认同发展的方式会受到特定环境和文化（例如当代的西方文化）中特定的父母教养方式影响。新精神分析学者的这种深刻反思很好地切中了大众的兴趣，《男人来自火星，女人来自金星》（*Men Are from Mars*，*Women Are from Venus*；Gray，1992）这本书的畅销就是很好的例子，它关注的是导致男人和女人在不知不觉中无法沟通的情况。

11.4.3 生物 / 进化取向

进化理论对性别差异的解释主要基于成功的繁殖需要两性在性行为方面的不同表现这一观点（Archer，2009）。在进化论观点看来，男女面临的适应性挑战是不一样的，性别差异的存在是自然选择的结果。根据这一理论，由于进化的需要，男性尽可能多地与女性发生性关系，以把自己的基因传递下去。在繁殖过程中，男性总是不知疲倦地提供精子，不需要耗费多少精力及思考。但是，男性不能百分之百地确定这个孩子就是自己的，这种想法使得男性尽可能地让更多的女性怀孕，这样他们就会有更多的将自己基因遗传下去的机会（Buss & Schmitt，2011；Ehrlichman & Eichenstein，1992）。

你是否会因为伴侣（或未来伴侣）感受到了他人的性吸引或者爱上了他人而烦恼？这一点是否存在男女差异？

不同的是，女性生育孩子的最佳年龄是有限的，她们必须精心选择交配对象，以避免把有限的生殖机会浪费给不适合的精子。此外，女性必须投入 9 个月的时间用来怀孕，同时还要损耗大量的身体资源（特别是以前储备的能量），之后还要花很多年抚养孩子。如果选择一个适合的伴侣，就可以帮助自己养育孩子（Kenrick，Neuberg，Zierk，& Krones，1994）。因

机能主义者认为，女性将所谓的母性本能作为她们生活的重心，而减少了对其他方面的追求。但是怀孕、生产和哺乳仅是女性生活的一部分。

此，进化论比较合理地解释了为什么男性比女性有着更为活跃和混乱的性关系，以及为什么女性更倾向于照顾他人，同时对男性特质更为敏感（这样就不会把卵子浪费在偶然的性关系中），尽管她们已经预料到对方选择她们是为了让她们怀孕。

很多对美国人的调查结果表明，男性平均拥有的性伙伴数高于女性。当然，进化心理学家早就知道这一结果。在各个年龄段，男性的性活动水平都高于女性，如手淫、异性或同性性行为、随意性接触等（Buss，2007；Nicholson，1993）。不过，这些差异不能仅从生物学或进化论角度来解释，还有其他一些因素，如文化规则和期待、社会学习、同伴影响等，也会对性行为产生广泛的影响。我们无法精确获知祖先们承受的自然选择压力有多大，因而也就很难知道哪一种行为能够带来所谓的生物适应（Shibley-Hyde & Durik，2000）。

动物研究为低等物种的母性本能和其他非人类物种的亲社会行为提供了强有力的生物学证据

（MacDonald & MacDonald，2010；Nicholson，1993）。例如，当给母鼠注射即将生产的母鼠的血液时，它会表现出各种母性行为，如筑巢、援助幼小等。而当公鼠被注射雌性激素，也会对小鼠表现出母性行为。孩子出生后，雌性灵长类动物（包括人类）照顾后代的行为可以引起泌乳素（prolactin）的大量分泌，从而开始哺乳。不过，尽管性激素显著影响母性行为，但如果母猴被剥夺了模仿和实践母性行为的机会，它们就无法成功地抚养后代。对人类而言，生物因素仅仅是一个相当复杂的认知－动机系统中的核心部分，母性本能同样包含着重要的学习成分。进一步说，这种激素影响会激发出哺育婴儿的行为，但哺育行为不能被泛化到带孩子去上钢琴课或者看足球比赛等行为上。

根据进化论关于母性本能的观点，我们需要认识到，婴儿的生存环境并不安全。母亲会避免将自己的资源投向由于自身或出生环境等因素而生存困难的婴儿，因为无私奉献给一个不健康、不受欢迎的婴儿会降低母亲繁殖的成功率。人类学家、灵长类行为学家莎拉·布莱弗·赫迪（Sarah Blaffer Hrdy，1999）认为，许多物种的女性（包括人类）都可能在特定的情境下抛弃、饿死甚至杀死自己的婴儿，这是很常见的现象。一个女性要想在有限的生命中实现成功的生育，就必须在某些情况下放弃养育一些婴儿，从而提高成功的可能性。以赫迪的观点来看，我们遗传、进化的严酷现实表明，自婴儿一出生起就建立起母婴之间的深厚情感联结可能对于适应是不利的。因此，在赫迪看来，母性本能并不是一种保护、抚养需要照顾的婴儿的本能，而是女性尽量减少损失的本能。

从经典到现代

嫉妒的性别差异

查尔斯·达尔文震惊世界的著作对人格心理学的先行者们——包括巴甫洛夫、弗洛伊德、华生和艾森克——产生了巨大的影响。从一开始，进化论的观点对理解性别差异和两性关系就有明显的、生动的暗示，因为成功的交配是繁殖成功（传递基因）的关键。尽管进化的概念早在 20 世纪就被引入人格心理学，但近些年人们才对这些主题重新燃起了巨大的兴趣。

大卫·巴斯（David Buss）和他的同事着重探讨两性嫉妒性的差异（Buss，Larsen，Westen，& Semmelroth，1992）。男性（和其他哺乳动物的雄性）面临着一个进化的难题，即对于父亲身份的不确定，男性无法百分之百确认交配产生的孩子是他自己的。一个戴绿帽子的男性虽然尽心尽力投入资源——时间、金钱和保护，但是如果他的妻子不忠诚，他的基因就无法遗传。因此，正如下面所讨论的，男性在性方面的嫉妒水平更高，对于交配对象与其他男人发生性关系的可能线索更为关注。女性则相反，她们完全确信自己的母亲身份，但也面临着另一种风险，即如果配偶抛弃她或者被其他女性抢走，她们的后代就会面临生存威胁。因此，女性的情感嫉妒水平更高，她们对于丈夫对自己的情感依恋更为担心。

巴斯和他的同事收集了大量的数据，证实了以下观点：当男性想到自己的伴侣与另外一个男性发生了性关系，会比女性体验到更多的悲痛。而更令女性感到痛苦的是想象自己的伴侣深深爱上了另一个女性。不过，也有相关研究不支持这一说法。

其实，我们绝大多数人在看到这些数据之前就已经相信，男性和女性对于爱和性的取向是显著不同的。20 多岁的男性想要性而 20 多岁的女性想要婚姻，这不是什么新闻。问题在于如何解释这一现象。有些研究并没有证实这一说法，仅发现男性对性幻想的反应要高于对情感想象的反应，甚至在没有不忠行为发生的情况下也是这样（Harris，2000）。另有研究指出，可能是男性和女性在对伴侣的调情行为进行理解和解释时存在差异，而并非进化和生物因素造成了嫉妒水平的差异（DeSteno & Salovey，1996；Penke & Asendorpf，2008）。还有研究发现，男性化和女性化可以中和生物意义上的性别差异对嫉妒性的性别差异的作用（Bohner & Wänke，2004）。

换句话说，许多持社会文化观点的心理学家为解释两性在嫉妒（以及其他方面）上表现出来的差异提供了进化心理学以外的视角（Wood & Eagly，2000，2010）。那么，两性的人格差异到底是不是从伴侣不忠－交配资源损失的问题进化而来的？正如本书贯穿始终的看法所说，大多数人类行为（包括性嫉妒在内）都是复杂的，需要从多维视角来进行全面的解读。即使存在进化的生理基础，行为模式也会被文化、社会化和学习所塑造。

11.4.4 行为主义取向

根据社会学习理论，典型的性别人格特征都是通过向他人学习获得的，学习机制包括强化（操作性学习）、榜样模仿、条件作用、泛化、替代学习等（Bandura & Bussey，2004）。根据这一观点，父母作为最早的榜样和强化来源，对儿童早期性别特质的形成起着重要作用。例如，詹妮的妈妈喜欢干净，看见她裙子上有污点就立刻洗掉，表扬她安静地一个人玩，鼓励她被动服从；甚至詹妮的裙子也限制了她的活动，她必须注意将两腿并在一起，也不能翻跟头（Henley，1997）。而彼得的父亲老跟他一起玩摔跤、骑自行车，周末，彼得和爸爸会去看足球赛，为本队球员绊倒对方球员而欢呼，这会促进更多活跃和攻击性的行为形成。

在榜样与学习者类似时，观察学习更容易发生。一个孩子更有可能像父母中同性的那方而不是异性的那方。在家庭中，父母任何一种具有性别特点的行为都可能被孩子学习并保持。

此外，一些强大的榜样，如同伴、教师、大众媒体，也会对性别典型行为起到替代强化的作用。电影明星阿诺德·施瓦辛格（Arnold Schwarzenegger）塑造了一个超男性化的英雄形象，这使他获得了极具吸引力的回报。同样，电视情景喜剧中娇小可爱的高度女性化的女孩凭着她们迷人的魅力和女性的计谋获得了成功。在榜样的各种特性中，对儿童模仿影响最大的是榜样与儿童的相似性（Bandura，1969）。性别是一个非常突显的特征，于是男孩会去模仿他们看到的男性的特质和行为，而女孩倾向观察周围女性的行为并去模仿。

学习理论倾向于将性别差异看作由社会引发，也随着社会改变的事物。现代西方的许多理念，如要为女孩提供适当的性别角色榜样，就是受到了社会学习理论的启发。这再次说明了为什么全面理解人格心理学可以帮助我们更好地应对生活与社会。

11.4.5 认知取向

性别图式理论（gender schema theory）认为文化和性别角色的社会化为我们提供了性别图式——一种有组织的心理结构，可以为我们描绘男人和女人（男孩与女孩）各自的能力如何，适合的行为是怎样的，以及恰当的位置在哪里（Bem，1981；Martin et al.，2002；Ostrov & Godleski，2010），如图 11-4 所示。

写作练习

看看你父母和祖父母小时候的照片，再看看你和兄弟姐妹小时候的照片。从你家人小时候的那个时代到现在，你觉得人们对婴儿的性别刻板印象有改变吗？

性别图式就像一个认知过滤器，通过它我们可以加工与性别有关的信息。例如，图式决定了情境中哪些东西会吸引我们的注意，哪些东西会被我们加工。它们因此影响了我们对情境的反应，也就是说，图式会影响我们对他人（以及我们自己）的知觉，并协助我们对下一步行为做出决策。例如，在医生办公室里遇到不认识的工作人员时，女性常被猜测是护士，而男性则是医生。当人群中既有男人又有女人时，人们倾向于向男性请教医学上的问题。当我们初次会见某人（或与某人通电话）时，我们首先想知道的问题是这个人是男是女。这种分类以及相应的对男性化、女性化的推测将对我们后续的知觉和行为产生重要影响。

高性别定型（gender-typed）的个体（非常男性化或非常女性化的人）更倾向于围绕性别图式来形

一个女孩甜甜的、漂漂亮亮的就是有价值。

对于男孩来说，竞争和运动才是重要的活动。

图 11-4 性别差异

注：当孩子呱呱坠地，父母就会大声宣布“瞧！是个小子”或者“太好了！是个女孩”。大多数父母把孩子装扮得具有明显的性别特征。从出生开始，男孩和女孩就受到不同的对待。

成对自我和他人的概念（Bem，1974；Hargreaves，1987）。因此，高度女性化的女性（认为自己是抚育的、依赖的）更倾向于支持那些持推崇传统性别角色的候选人。

在一些特定的地方，如精美的商场和汽车维修店，性别刻板印象更容易被激活（Deaux & Major，1987）。一个男性汽车销售员与一个穿着前卫的 19 岁女大学生拉拉队长之间的互动，和他与一个 30 岁男性足球运动员之间的互动显然是不一样的。总之，人格的认知取向关注思维、知觉和解释方面的性别差异。

11.4.6 特质取向

男性化和女性化常被认为是持久而内在的人格特质。尽管许多人格心理学家认同男性化、女性化是重要的人格特质，但很少有人尝试定义它们。大多数相关文献不厌其烦地强调男性化和女性化特质是分别由男性和女性表现出的特性所组成的。但是这一说法却会与另一个事实混淆，即在不同的文化背景下，社会角色认同中的男性化和女性化特征可能是不同的。

男性化、女性化特质过去曾被认为是一个特质对立的两极，但这会给它们的界定带来难题。把男性化和女性化看作一个连续体上的两极，无法解释为什么有的人既表现得男性化又表现得女性化，还有些人两种特性都没有。实际上，统计分析的结果显示，男性化 - 女性化特质很可能是个双维结构（Stockard & Johnson，1992），一个人可以同时具备男性化和女性化特质。当前，使用最广泛的男性化 - 女性化测量工具就把二者看作相分离的两个维度。

桑德拉·贝姆（Sandra Bem）设计了贝姆性别角色问卷（Bem Sex Role Inventory），将个体划分为四种人：①女性化的人，即高女性化特质者；②男性化的人，即高男性化特质者；③双性化（androgynous）的人，即男性化和女性化特质都高的人；④未分化（undifferentiated）的人，即男性化和女性化特质都低的人。个体在生活中遭遇的各种情境要求他们做出适当的反应和行为，贝姆认为双性化的人最具适应性，因为他们既能照顾他人，又能表现出自信和适宜的情感，在需要的时候还可以是独立理性的（Bem，1974）。不过，关于性别定型和行为灵活性之间关系的实证研究还没有得到完全一致的结论。在许多情况下，具有男性化特质，如独立、事业心强、高自尊等的人比那些男性化 - 女性化特质均衡的人更健康，也更适应。

1. 攻击和支配

不管在实验研究还是观察研究中，只要出现了攻击性的性别差异，一般是男性的攻击性比女性强，包括言语攻击。确实如此，一项对 143 项攻击与性别关系的研究的元分析显示，男性比女性更具攻击性，特别是在身体攻击方面（Hyde，1986b）。此外，研究还发现研究所用的方法会影响结果，通过自然观察法得到的性别差异比实验研究更大。年轻男孩的攻击性更强，这可以有力地解释为什么 18 ～ 24 岁的年轻男性更容易死亡，因为车祸、杀人或自杀在这一阶段都更为频繁（见图 11-5）。

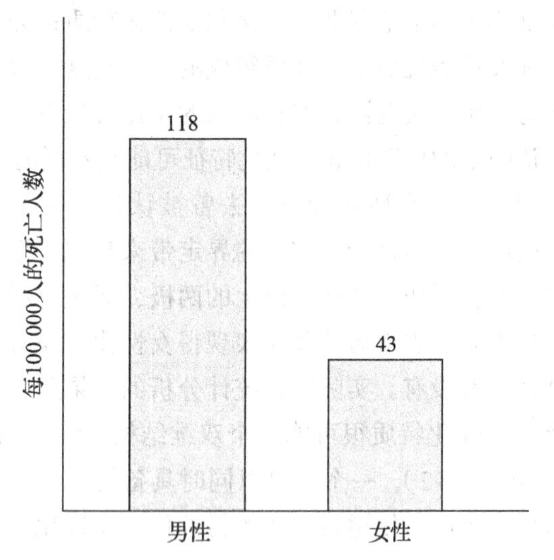

图 11-5　美国 15 ～ 24 岁男性和女性的死亡率

注：在美国，15 ～ 24 岁的男性死亡数是同年龄段女性的 2.5 倍，这体现出年轻男女在行为和活动方面的巨大差异。

资料来源：U. S. CDC[http://wonder.cdc.gov/mortSQL.html]。

男性的支配性比女性更高吗？如果用支配性来定义攻击行为，那么答案当然是肯定的。不过，支配性还包括领导素质、控制行为、对抗控制的行为等（Stockard & Johnson，1992；Wood & Eagly，2010）。由于儿童倾向于和同性的同伴玩，因此关于儿童支配性的研究主要是在同性群体内进行的。这些研究发现，男孩会做出更多试图建立权威的行为，如打断别人说话、命令和威胁别人，或反抗别人的要求等；而女孩则更多地进行对话，更礼貌地提出要求，更容易附和别人。一些跨文化研究也发现了同样的结果（Whiting & Edwards，1988）。简单将这一特质限定于攻击行为可能会产生误导（Hammock，2007）。

尽管美国军队里已有不少女性，但她们的形象依然不被广泛接受。一些人格心理学家认为女性可能缺乏成为一名好士兵必须具备的攻击本能。

2. 情绪性

女性比男性更多地在公开场合哭泣，其原因是她们的性激素还是社会化？跨文化研究表明，仅用性激素的差异来解释男女哭泣行为的差异是不充分的。男性在公开场合不怎么哭泣，并不能表明他们的悲伤情绪少，只能说明他们与女性在情感控制方面存在差异。这张照片显示的是印尼巴厘岛自杀式爆炸袭击之后，一男一女在失去亲人时的反应。

歌曲和故事可以反映出大众的信念，其中女性经常是情感丰富的，时而激动时而低落。这种信念进一步把女性描绘成（或期待为）主观的、敏感的、非逻辑的。而男性则相反，他们被认为是自控的、理性的、逻辑的、非情绪化的。

这些描述准确吗？男性和女性真实体验到的情感总量有差异吗？还是男性只是比女性更少或更难于公开表达自己的情感？又或者两性之间的情绪性差异仅仅是由类似性别图式的文化迷思所造成的，是它们影响了我们对男女行为的知觉？

思考一下

一项对于婴儿和学前儿童的观察研究发现，

在婴儿期、学步期以及学前期，更爱哭的都是男孩。而对于年龄更大的女性，自我报告和观察研究的结果就变成了女性比同龄男性哭得更频繁（Nicholson，1993）。在儿童社会化的过程中（至少在现代中产阶级的文化背景下），小男孩是不被鼓励哭泣的，而小女孩用眼泪来表达负面情绪则是可以接受的。尽管人们普遍认为女性比男性更加情绪化（Schmitt，Realo，Voracek，& Allik，2008），但观察到的外在情绪表达不一定完全反映真实情绪感受，也就是说，与其说男女在情绪上存在性别差异，不如说两性在情绪表达上存在差异（Fischer，1993）。但是，使用复杂的新统计方法对卡特尔16PF修订版量表的大样本测量结果进行重新分析，研究者发现，男性和女性在情绪相关因素上表现出了显著的差异。女性在敏感性、乐群性、忧虑性因素上的得分更高，男性在支配性、规则意识、情绪稳定性和审慎性上的分数更高（Del Giudice，Booth，& Irwing，2012）。

女孩和男孩一样乐于冒险和勇敢。事实上，儿童期的女孩比男孩更能持之以恒，较少受到干扰的影响，且不比男孩胆小（Else-Quest，Hyde，Goldsmith，& Van Hulle，2006）。然而，儿童在社会化过程中慢慢改变了想法，认为女孩更容易表现出恐惧，而男孩承认害怕是不够“有男子气概的”。同样，成年后，男性比女性更少承认自己的焦虑情绪（他们较少使用镇静剂，但会喝更多的酒）。

在情感敏感性方面，女性通常更容易受到其他人情绪的影响。例如，当其他婴儿哭的时候，婴儿期的女孩更有可能跟着哭泣。女性能更好地解释照片上人物的表情，更好地表达自己的情感，因此也更容易被他人理解。研究表明，女性更容易理解自己和他人的情感状态（Hall & Matsumoto，2004）。

3. 成就动机

野心、才能、对成功的渴望和获得成功的能力存在性别差异吗？测量成就动机的常用方法遵循的是麦克里兰（McClelland）对成就动机的定义——一种追求成功的倾向（McClelland，Atkinson，Clark，& Lowell，1953）。根据主题统觉测验的结果，麦克里兰及其同事认为，女性不具有和男性等同的成就动机。毕竟，女性在政府、军队、公司或学术机构中不能像男性那样担任主要的职务。有人解释说这可能是因为女性获得他人认可的需要更强烈，从而阻碍了她们对成就的追求。现在你会发现，特质理论家和其他取向的心理学家一样，也可能对数据结果进行过度泛化和过度解释。

另有观点认为，女性从他人那里获取酬赏，而男性从工作成就中获得酬赏。不过，麦克比和杰克林（Maccoby & Jacklin，1974）的研究并没有发现男女在人际取向和任务取向上存在差异，一些研究甚至发现男孩对同伴更加敏感。另外一个经常被提及的观点是女性存在所谓的“成功恐惧”（fear of success），但是实证研究的结果并没有支持这一说法。总之，工作和职业成功的性别差异似乎并不是由人格的性别差异导致的。或者正如小说家乔治·艾略特（George Eliot，1859）——一位有着男性笔名的女性作家所说的那样：“我不否认女性的愚蠢：因为万能的上帝创造女性是为了与男性相配。”（p. 569）

11.4.7　人本主义取向

马斯洛的人格理论弱化了男性化－女性化人格特质的重要性，强调自我实现的重要性。他认为男性和女性都能够成功成为他们所能成为的最好的人，获得一系列的品质，包括共情、开放（常被认为是女性特征）、创造性、自主性（常被认为是男性特征）。因此，根据马斯洛的观点，自我实现的人既具有传统的男性人格，又具有传统的女性人格。

马斯洛指出，人们的支配感的差异与自我评价有关。低支配感的人自卑、内向、易受暗示，这些在我们的文化中被归为女性化的特征。与精神分析和生物学取向不同，马斯洛假设社会规范、教育水平、地位和期望等社会文化因素影响了女性的低支配性。在1942年进行的一项研究中，马斯洛发现那些具有强烈自我价值感的女性是独立的、成功的、决断的、健康的，并拥有健康的性关系。

人本主义取向人格心理学家最期望男女在心理上平等，期望每个人都能追求自我实现。他们希望随着社会给予女性更多平等权利和机会，人格的性别差异会越来越小。

思维训练 单性别班级是一种歧视吗

半个多世纪之前，美国最高法院裁决的一个案例对公共教育产生了巨大的影响。这就是著名的“布朗诉教育局案”，涉案的实施种族隔离的公立学校被认定为违反了美国宪法。美国宪法的第十四条保护每位公民享有平等的受教育权利，最高法院认定该校种族隔离的做法违背了对这一权利的保护。在这之前，人们普遍接受的信条是“隔离但平等”，认为种族隔离是保护平等的适当方式，就像“普莱西诉弗格森案”提出的那样，这种观念持续了半个世纪。而布朗案中，学校或班级的隔离之所以被裁定为对宪法的违反，至少部分是因为隔离暗示着低等，可能造成心理伤害。20世纪后半叶，公立学校被禁止将种族作为官方录取标准。之前合法的隔离不再合法了，尽管居住地的分离仍然使绝大多数学校存在着事实上的隔离。

我们能把公立学校中的种族隔离与性别隔离等而视之吗？在很长一段时间里，单一性别的公立学校（特别是高中）是非常常见的。直到19世纪60年代，大部分学校才开始同时招收两性学生（尽管一些课程如家庭经济、汽车销售只开设给某一性别的学生）。近年来，女校或女班又开始复兴。其性别隔离的目的是让女孩在科学、数学等方面表现得更出色，因为和男孩相比，女孩在这些方面看起来较差。相关的法律条文允许这种性别隔离，但只有在其能充分确保公正性的情况下才被允许。这些女孩可以在法律的认可下发展自己感兴趣的方面。

数百年来，少数族群和女性遭受着压迫和歧视，无法接受平等的教育，且社会地位低下。

写作练习

公立学校中的性别隔离与种族隔离有不同之处吗？性别的分类和种族的分类有本质区别吗？哪一种隔离更不那么令人讨厌？

11.4.8 交互作用取向

大量研究表明，很多与性别有关的行为都不单纯取决于个体的特质，而与个体所处社会情境的要求密切相关。因此，利用人格的交互作用取向理论来理解这些现象常常最为有效。

1. 抚育、照顾、社交性与非言语敏感度

一些民间说法以及许多实证研究结果都表明存在着这样一种社会刻板印象，即女性比男性更加慈爱和关心他人（Deaux & Lewis，1984），且这一差异是可以测量的（Feingold，1994；Taylor et al.，2002）。跨文化研究（Whiting & Edwards，1988）发现，在大多数社会中，年轻的女孩与同龄的男孩相比更具抚育性。也有大量文献资料表明，年长一些的女孩和女性成人比同龄男性表现出了更多的抚育行为（Stockard & Johnson，1992）。不过，女性具有比男性更强的社交性这一点则似乎缺少甚至没有坚实的实证基础。尽管女孩常被描述为更依恋父母，但几乎没有研究能证明男孩和女孩在依恋行为方面存在显著差异（Lewis，1987）。当人们致力于培养女孩的抚育能力并期待女孩扮演善于抚育的社会角色时，她们更有可能实施抚育和照顾的行为。

女性在表达和解码非言语信息方面有独特的优势。女性更擅长理解（解玛）他人的非言语行为，包括脸部和肢体的线索，她们也更擅长识不同的脸。而且，女性更善于表达精准、可译解的非言语信息，尤其是脸部线索（Eagly，1987；Hall，1990；Hall，Bernieri，& Carney，2005）。

女性比男性更常做出特定的社会性非言语行为，如微笑和注视（Hall，2006；Hall & Hallberstadt，1986）。不过，这些差异主要源于社会化的压力、不同的经验和情境的要求，以及一些生物上的先天倾向。此时我们需要同时考虑人格和即时的社会情境。

有时候，男性和女性在共情准确性方面的差异是由于动机的差异，而不是能力的差异。大量研究发现，当个体意识到自己的共情特质正在被评估，或当他们清楚地认识到性别和共情知觉之间的关系时，性别差异就会非常明显（Ickes，Gesn，& Graham，2000）。在这一点上，马斯洛的人本主义观点与交互作用取向是一致的，即自我实现的人可以超越在一般情况下他人对自己的期待。

2. 易受影响性

女性容易受到影响和暗示，这也是一个普遍的信念，那么它成立吗？女性确实更容易受影响，更容易服从，更容易被说服吗？麦克比和杰克林（1974）对相关文献进行了回顾，发现在非面对面交流的情境中，女性并不比男性更容易被说服，而在面对面情境中，女性稍微比男性更倾向于服从。其他关于说服和从众的研究发现，女性的从众性稍高于男性（Becker，1986；Eagly，1978；Eagly & Carli，1981；Hyde & Frost，1993）。我们该如何理解这些差异？

3. 工具性与表达性

工具性行为指以任务为核心，脱离人际关系系统的目标导向的行为。而表达性行为包括个体在社会和家庭中的情感舒适。尽管所有人都不同程度地具有这两种行为，但大部分人认为，女性的表达性行为更多，而男性的工具性行为更多（Hyde & Linn，1986；Wood & Eagly，2010）。我们需要认识到，工具性和表达性行为都是需要技巧的，对个体都是有用且有益的。表达性并不意味着感情用事或能力不足，工具性也并不意味着缺少人际技能。

社会心理学家爱丽丝·伊格利（Alice Eagly）并不满意传统的社会化理论和特质理论。她指出，现有的性别差异研究总是关注生物学因素或儿童期的发展与社会化，而没有考察有哪些差异一直保持到了成年阶段。另外，伊格利认为，少量关于成人的研究局限于有限的情境，只针对与陌生人的短期互动，这显然会限制对男性和女性行为类型的探究（Eagly，1987）。因此，不能将它们狭窄的研究结果进行简单的推广。她提出了自己的理论，认为性别差异取决于社会角色的功能。根据她的社会角色理论（social roles theory），“两性社会行为的差异镶嵌在社会角色——性别角色（gender roles）及在工作和家庭生活中扮演的其他角色之中”（Eagly，1987）。这是一个建构性的交互作用式的解释，强调个体属于不同群体（如男性和女性），为了满足社会需要，就要扮演不同的社会角色。这意味着两性的社会角色是不同的，包括不同的性别、职业、家庭角色从而会引发不同的社会行为。伊格利据此提出，男性和女性从不同的角色中找到了自己该做出的行为。女性更多地扮演的是家庭中的妻子、母亲，职场上的护士、教师、秘书等角色，倾向于维持关系、照顾他人。男性扮演的角色则大多是家庭中的顶梁柱、父亲，职场上的医生或管理者，倾向于独立和自我依靠（Eagly，1987）。

性别角色（以性别为基础的社会角色）会抑制个体对自身及他人期待做出反应时的一般性的、广泛的行为。例如，我们强烈地期待我们社会中的男性不当众哭泣。几乎每个人都认可这种行为是受到期待的，因此我们会认为每个人都这样认可。这种期待导致男性遵从性别角色的束缚（不在公共场合哭泣），继而塑造出自控的、坚强的所谓男性特质。这些社会行为从表面上看像是稳定、内在的性别特质。总而言之，伊格利提供了在生理和进化、学习和模仿以外的另一种解释。她认为差异主要来源于男性和女性履行的不同社会角色和特别情境中的特定的性别角色（Eagly & Carli，2007）。

社会期待和社会比较对性别相关行为的深刻影响已经被社会心理学家布兰达·梅杰（Brenda Major）及其同事证实。她们发现，个体在评估自身行为时，会倾向于进行内群体（同性）比较。这种内群体比较

比利·提普顿（Billy Tipton，上图中）是著名的爵士乐钢琴家。生为女性，为了成为爵士乐演奏者，比利把自己假扮成男性。很多年来，甚至连“他”三重奏的伙伴都不知道她是女的。比利结了婚（“他”说自己因为交通事故损伤了阴茎），和妻子收养了三个孩子。至今，比利的行为仍不能被清楚地解释：她是一名异装癖者，一名女同性恋者，一名跨性别者，还是一个仅仅希望成为男性以逃避性别歧视的人？

可以部分解释个体为什么会对其社会角色感到满意，即使其角色地位低下。比如，毕尔斯玛和梅杰（Bylsma & Major，1994）发现，女性总是与同性而非异性比较资质、成就和收入，因而更容易对她们的状况表示满意。尽管她们处于明显的劣势，但是她们的满意感是真实的。也就是说，女性倾向于同其他女性进行比较，这就导致地位和待遇方面的性别不平等容易受到忽视。

写作练习

认知心理学关于性别差异的观点之一是性别图式，即描述男性、女性恰当行为的有组织的心理结构。性别定型则认为性别很难改变。这与人格有什么关系？

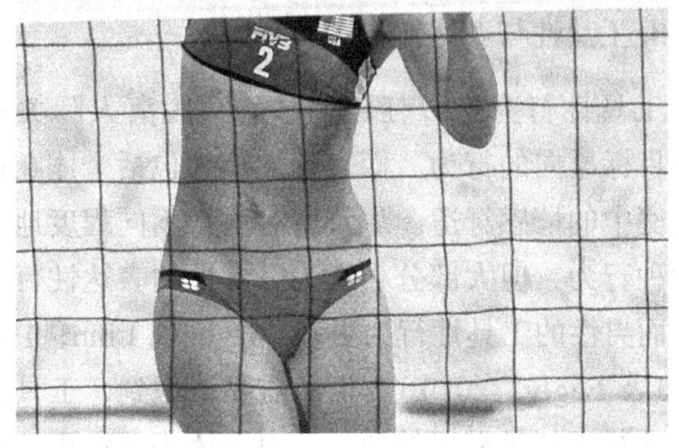

沙滩排球运动员米丝蒂·梅－特雷纳（Misty May-Treanor）两次获得了奥运会金牌（第一次在雅典，第二次在北京）。一百年以前，女士们总是玩文雅的网球和高尔夫球，穿长裙，戴大帽子。近年来，女运动员在许多存在激烈身体对抗的项目上成绩突出。这一变化也许也反映出了社会角色和社会期望的转换。

11.5 性别差异的跨文化研究

11.5 对比不同文化感知性别差异的方式

对不同文化背景下男性和女性角色的研究提供了海量证据，证明性别特征是由文化的社会化和社会期待决定的。

玛格丽特·米德在对两个新几内亚族群——阿拉佩什族（Arapesh）和曼德哥马族（Mundugamor）进行研究时发现，阿拉佩什族的男性和女性都表现出了我们认为的女性特征，如抚育后代；而曼德哥马族的男性和女性都表现出了我们认为的男性特征，如攻击性（Mead，1935）。安·奥克利（Ann Oakley，1972）在描述喀麦隆的巴门达族（Bamenda）时说，那里的女性被认为是更强壮的人，她们承担了大部分繁重的农业体力劳动。

另外，一些性别差异具有跨文化一致性。例如，怀汀和爱德华兹（Whiting & Edwards，1988）研究了来自13个不同文化背景的儿童，结果发现了一致的性别差异：女孩的抚育行为多于男孩，而男孩的自私性支配（egoistic dominance）行为（即为了满足自己的需要而试图控制他人的行为）多于女孩。当然，这些行为的社会化过程可能具有跨文化一致性。不过，研究者也发现，在依赖性、亲社会支配、社交性等方面并没有跨文化一致的性别差异。到这里，我们已经清楚地知道，性别差异不是简单的生物学、学习或者文化效应。在各种理论视角下整合各种观点，才能获得深入的理解。

写作练习

回顾本节中叙述女性和运动的材料，再看看2015年美国女足赢得世界杯时的报道。将这些报道与男性赢得国际冠军时的报道进行比较。人们是否对女性运动员区别对待？

11.6 爱和性行为

11.6 比较爱和性行为的性别差异

在美国社会，性别差异的刻板印象主要表现在爱、性取向和性行为等方面。在性关系中，男性被描述为支配女性的，并能比女性获得更多性快感，而女性被认为用性来交换能满足她们其他方面需要的东西；女性对爱感兴趣，而男性对性感兴趣。但这些说法并没有完全得到证实。其实，在历史上，人们曾经不是这么认为的，以前的女性被描述为性欲过强、欲求不满的，因此她们更有可能被魔鬼占有。在非洲的许多地区，为了避免女性在性驱力的作用下做出羞耻的行为，人们会对女孩实行割礼。世界卫生组织估计，即使联合国将割礼列为对人权的侵犯，直到2014年仍有超过1.25亿女性接受过割礼。事实上，女性性欲不足的观点直到维多利亚时代才被提出。尽管历史观点存在不一致，但男性比女性具有更强烈的性需要的观念已经形成（生物学和进化论都对此进行了解释），在考虑相关现象的时候，我们要小心提防伪科学和曲解。

文化为人们学习性行为提供了背景。男孩和女孩在不同的社会化过程中形成了性行为方面的差异。榜样不同、强化模式不同，男人和女人的性行为自然也不同。性行为的性别差异也可以经由经典性条件反射形成，同样地，不被社会认可的性行为则会消退。例如，美国社会长期存在双重标准，已婚的男性可以调情（欺骗他人而不用受惩罚），而如果女性调情，就会被指责为娼妓。通过这样的过程，男性习得了看重性的身体的、肤浅的方面，而女性习得了看重性的关系的、爱的方面（Lip & Colwill，1978）。进一步说，认知过程（如电影等大众媒体引发的期待和幻想）也调节着许多与性有关的反应，可能在性的性别差异的形成中扮演着重要角色。

尽管青春期以前的两性性行为十分相似，但到了青春期就大不相同了。女性身体会发生变化（如出现月经），但是她们的性快感并没有被注意到。男孩开始勃起和做性梦，这使他们注意到阴茎可以带来性快感。十几岁的男孩会发现自己开始将阴茎当作快乐来源。在很多文化中，男孩都比女孩更经常和同伴讨论生殖器官和手淫（Nicholson，1993）。女孩对于异性日益增长的兴趣则集中在浪漫和爱上，她们的手淫行为比男孩少。但是，从20岁到30岁，女性对性关系的兴趣将逐步提高。

对女性性行为的文化理解的变迁，会使存在于两性性活动间的鸿沟得以消弭。在某些亚文化中，女性依据男性初次性行为的年龄和性伙伴的个数来决定是否与其交往，且无论其性行为是发生在婚前还是婚外。历史上出轨的普遍是男性，有证据表明出轨与男性和女性拥有的权力正相关。这也许能够解释为什么男性有着更高的出轨率，因为男性在工作场合中一向拥有更高的权力地位（Lammers，Stoker，Jordan，Pollmann，& Stapel，2011）。还有两个方面以前被认为存在性别差异，但现在差异已经越来越小，即女性对色情作品的兴趣及唤起程度。在这里，我们又一次发现，当从多种视角进行评估时，就会意识到对两性本性的简单假设是错误的。

一项对波士顿地区大学生的追踪研究得到了一些有趣的结果。与刻板印象正好相反，研究者发现男生比女生拥有更多浪漫的信念，更期待能够开始一段浪漫爱情。在亲密关系中，男性比女性更倾向于去爱。关系结束更可能的原因是女性对这段关系的疑虑，而不是男性，并且男性更会因此而受伤（Rubin，1973）。

写作练习

思考你刚学到的关于爱与性行为的一些刻板观念。在社会中，这些刻板印象是被强化了还是被驳斥了？

总结：性别差异

男人和女人的本质是什么？这是一个古老的哲学问题。人格心理学家运用心理学理论，通过观察和研究对这一问题进行了回答。围绕这一主题持续了一个世纪的研究，推翻了许多旧有的刻板印象和偏见，也对一些相关概念进行了重新定义。例如，从多方面探讨男性化、女性化的影响因素，不再像以前那样对性别差异进行笼统的归类和概括。两性之间固然存在明显差异，但男性、女性内部的差异有可能还大于男性、女性之间的差异，这两种差异总是交叠在一起。事实上，两性人格的相似性大于差异性（Eagley & Wood，2013）。

由于先天的生物素质和身体上的差异，且受到他人期望和社会化压力的影响，男性倾向于发展出男性化的特质、行为和能力，而女性倾向于发展出女性化的特质、行为和能力。成人之后的社会角色又会将它们予以维持和巩固。在认知能力领域，男性更擅长视觉和空间任务，而女性在语言能力上具有优势。女性更倾向于表达，并对非言语信息更敏感，她们更愿意照顾他人，而男性则更具攻击性。男性的性关系更为随意，但女性有和男性一样强烈的性需要。除了这些中等程度的性别差异以外，男性和女性能发展出何种水平的男性化和女性化倾向，取决于他们所处的环境和当前的情境。例如，很多时候男性比女性更具运动性，但当女性被允许参加运动会并接受了适当的训练后，这一差异迅速缩小了。性别是我们知觉他人人格的重要方面，如果我们不能分辨一个人是男是女，是男性化还是女性化，就会感到很挫败。但是，我们的知觉和预期常常是不正确的。

总之，人格的性别差异并不全是天生和不可改变的，而是生物倾向、动机和能力、社会期望、学习和条件化、努力和环境压力等因素综合影响的结果。因此，在这个意义上，性别差异与其他方面的人格差异并无不同。只有理解各种力量对一个人的影响，我们才能理解造成男性化和女性化的各种力量。运用这些知识，我们就更不容易被刻板印象和错误假设所欺骗和蒙蔽了。

写作分享：看待性别的八种方式

根据人格的八种取向思考两性的相似和差异点。列出它们看待性别的共同与不同观点。

12

CHAPTER

第12章

压力、调适和健康差异

学习目标

12.1 分析人格是否会成为致病风险因素

12.2 评估人格类型与心脏病易感性之间的关系

12.3 评价路易斯·推孟的白蚁智力研究

12.4 检视疾病领域的责备受害者倾向

12.5 考察建设性挑战人格为何更健康

12.6 介绍能帮助和治疗病人的罗杰斯疗法

杰克·拉兰内（Jack Lalanne）是最早的健身领袖之一，他于1936年开创了最早的健康和锻炼俱乐部。他主张进行力量训练（包括女性），而医生却认为这样会使人“肌肉僵硬”；他主张食用蔬菜和维生素，而医生却推崇牛奶、奶酪以及蛋白质丰富的肉类；他主张保持快乐和热情，而医生却关心血压。杰克去世时已经97岁高龄，而那时那些医生都早就不在了。

杰克的座右铭一直是“激励人们以帮助他们在身体、心理和道德方面都生活得更好”（www.jacklalanne.com）。身体健康、心理健康与道德健康之间真的有显著联系吗？

忧虑会导致头痛，受压抑的妇女易得乳腺癌，A型人格者容易患心脏疾病，这些都是真的吗？真的存在癌症倾向和冠心病倾向的人格吗？有可以使人生活得更久、更健康的自愈型人格（self-healing perconality）吗？以上都是人格心理学中令人着迷却很复杂的问题。

有些人似乎更容易受到各种健康问题的困扰，而另一些人则很少生病。人各不相同。甚至在患上威胁生命的疾病时，不同的人在相同的医疗条件下，面对相同的治疗措施，也会有不同的反应。例如，一些糖尿病患者在压力大时血糖会显著上升，而其他患者则不会这样（Stabler et al.，1987）。这与人格有关系吗？

20世纪40年代，心身医学（psychosomatic medicine）的主要倡导者之一——弗朗士·亚历山大（Franz Alexander）描述了两个罹患乳腺癌的中年女性的案例。在她们切除乳房两年后，金妮生命垂危而西莉亚回归工作并担任了新的职务。亚历山大医生无法为她们的不同结果找到生物学的解释，因为二人的病史和病因都是相似的。于是他开始寻找她们的人格差异。他发现金妮总是很夸张地表现出勇敢，并断言自己会康复，但是她好像无法面对自己的疾病和失去乳房的感受。而西莉亚既不会过分乐观也不会完全绝望，她承认失去乳房很痛苦，但努力尝试寻求自我调节的方法（Alexander，1950）。

我们都听说过努力工作的高管在他们40或50岁时英年早逝的故事。也有很多杰出人士已经年逾七旬，仍过着有追求、有贡献的生活。例如，埃莉诺·罗斯福（Eleanor Roosevelt）与本杰明·富兰克林（Benjamin Franklin）就在晚年为世界做出了重要贡献。这种致力于建立一个更美好的世界的信念是否与他们的健康存在关联？凯瑟琳·赫本（Katharine Hepburn）、弗拉基米尔·霍洛维茨（Vladimir Horowitz）、巴勃罗·毕加索（Pablo Picasso）等艺术家晚年的时候仍在很好地表演、弹奏或绘画，毕加索甚至在90岁时画出过杰作。这些人不仅晚年时继续工作，还保持了旺盛的愉悦感和热情。当然，凯瑟琳·赫本和本杰明·富兰克林这类非常长寿的个体本身并不是什么科学的证据。但是无论如何，这些人格的案例有助于我们更好地理解科学研究的发现。

数十年来，杰克·拉兰内由于主张锻炼以及补充蔬菜和维生素而受到人们的嘲笑，直到这些主张成为主流健康建议的一部分。他的理论具有时代革命性，即宣称健康、快乐和长寿可以由饮食及锻炼来提升。

本章将考察人格、压力、调节和健康之间的关系。我们既以批判的眼光看待它们，也被其中有趣的发现深深吸引。通过在应用领域（如健康）对人格进行探讨，我们听取了勒温、奥尔波特、弗洛伊德、罗杰斯和其他伟大理论家的建议，即只有在真实世界的社会情境中加以研究，个体才能被最好地理解。由此，我们不仅可以通过研究人格更好地理解健康，也可以通过研究健康更好地理解人格。

12.1 疾病倾向人格

12.1 分析人格是否会成为致病风险因素

当精神分析医生弗朗茨·亚历山大（19世纪20年代曾在柏林精神分析学院学习）尝试理解金妮为何死于乳腺癌时，他想到了潜意识的内心冲突和挣扎的可能性。这些想法推动了关于压力和疾病的现代研究的开展，但也引发了许多错误和分歧，以及将可怕的疾病不公平地归咎于受害者的行为。

心身医学以精神（心理）影响躯体（身体）这一理念为基础。在19世纪二三十年代，许多关于心身医学的有趣想法都源于弗洛伊德的心理动力学理论。例如艾格尼丝的经典案例，她是一个患有严重心脏问题，不快乐且没有吸引力的50岁女性，医生对其的诊断结论是“病因不明”（Dunbar，1947）。艾格尼丝一直在医院进进出出，直至在生日那天死去。为什么她会在生日当天死去呢？因为艾格尼丝总想表现出自己对出生的愤恨。

艾格尼丝在一个残酷的环境中长大，她的母亲一直提醒她她的出生是个错误，即她从来没想过要孩子。邓巴（Dunbar）用经典精神分析理论对艾格尼丝的案例进行了解释，他认为艾格尼丝与父母间的深刻冲突导致了其在生日象征性的死亡。那么，我们可以用当前已有的人格和健康的知识来理解这一案例吗？

我们能够左右自己什么时候死亡吗？事实上，流行病学研究的证据表明，人们可以暂时延长生命，直至到达一个象征性的意义时刻（Phillips，Van Voorhees，& Ruth,1992；Shimizu & Pelham，2008），也就是说，死亡日期并不是随机的。

比观察这一现象更难的是运用现代科学来解释它们。为什么人格会与疾病和健康相联系，它们又是怎样联系的？在这里，精神分析和新精神分析的解释已经不再可信，取而代之的是各种更科学的观点。人格与疾病、健康相关的途径有很多，如图 12-1 所示。

12.1.1 健康行为与健康的环境

人格与健康之间的第一个主要联系涉及健康行为，即人们做出的与健康有关的行为。例如，某种人格的人会拿健康冒险，以至于有可能早逝。不过，这个联系并不像听起来的那么简单。

任何人都可能被一辆汽车撞到而被冲出马路。有些时候这一悲剧的发生仅仅是因为运气不好，但是谁更有可能漫无目的地穿越繁忙的街道？是一个快乐、满足的人还是一个孤独、沮丧、专注于自己的人？谁更有可能在深更半夜独自开车外出且不系安全带？谁更有可能将非法药物注入自己的血管？似乎沮丧、孤独、愤怒或有其他心理困扰的人更容易将自己置于此种不健康的情境之中。换言之，人格影响健康的一个非常重要的途径就是导致更多（或更少）的健康习惯和健康环境的存在。

研究普遍认为抽烟、喝酒与一系列人格特征有关，例如叛逆、攻击性、人际疏远、低自尊和冲动（Conrad，Flay，& Hill，1992；Hawkins，Catalano，& Miller，1992；Tuck et al.，1995）。通常是人格及童年期的社会问题导致了青少年时的饮酒、抽烟和药物滥用（Chassin，Presson，Sherman，& Edwards，1991；Chassin，Rogosch，& Barrera，1991；Friedman & Kern，2010；Maddahian，Newcomb，& Bentler，1986；Webb et al.，1991）。这些不健康行为继而会显著增加疾病和早逝的风险。

为什么这些特殊的人格特点会伴随此类不健康的行为？有两方面的原因。一方面，存在情绪调节困难的人可能会从烟草、酒精、违禁药物甚至垃圾食物中寻求刺激或镇静，以尝试改变他们的生理情绪（Wood，Cochran，Pfefferbaum，& Arneklev，

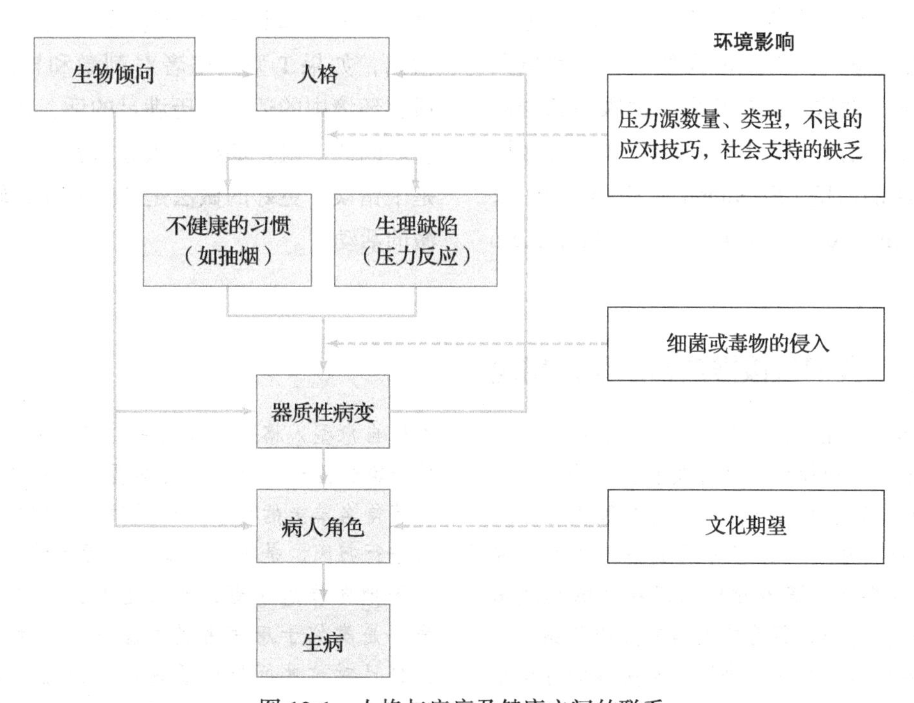

图 12-1 人格与疾病及健康之间的联系

注：人格与疾病及健康之间的关系很复杂。上图呈现了影响患病的主要路径。

1995）。例如，如果你的先天体质或早期经验常使身体感到疲惫，你就可能会寻求一些刺激性的物质或活动，如烟草或跳伞。另一方面，如果你常常感到紧张不安，就可能去寻求一些镇静性药物。

寻求刺激的T型人格者或许可以从不会对他们的安全造成威胁的活动中获得想要的刺激。例如，过山车就是那些吸引T型人格者的危险活动的很好替代者。真正危险的活动对T型人格者来说也很有吸引力。

另外，某些社会因素可能会鼓励不健康行为。例如，一个孤立、叛逆的少年可能会想加入一个滥用药物或飙车的同龄人组织（Clapper，Martin，& Clifford，1994）。如果这个孤立的少年热衷于加入一个宗教性的同龄人团体或参与绿色政治运动，他的行为举止就可能更像一个真正的天使而非“地狱天使”。简言之，尽责性这一人格特质是健康与长寿的一个强有力的预测指标，这是因为它可以预测更健康的行为以及更健康的情境（Friedman & Kern，2010；Friedman & Martin，2011；Hill et al.，2011；Kern & Friedman，2008；Turiano，Hill，et al.，2012；Turiano，Whiteman，et al.，2012）。

此外，许多将人们置于健康高风险中的行为是由压力引起的，这在情绪不稳定的人身上尤其常见。例如，高压力的人倾向于暴饮暴食，以致体重超标，并且，这一效应会受下丘脑－垂体－肾上腺皮质轴（HPA，意味着压力激素）的慢性刺激影响（Adam & Epel，2007）。肥胖、慢性压力和慢性炎症涉及多种疾病。

冒险、追求刺激、寻求感觉，这些均与稳定的人格特点有关。朱克曼（Zuckerman，1979，1983a，1983b）的感觉寻求量表（测量对旅行和刺激运动等的热爱程度）包含以下几个分量表：刺激性和冒险性寻求，经验寻求，去抑制，以及对单调的敏感性。这种倾向与健康有关吗？有一项研究考察了因违反交通规则（如超速）而被起诉的司机的人格（Furnham & Saipe，1993）。相比良好驾驶者，被起诉的司机确实在感觉寻求方面得分更高，在艾森克的神经质量表上得分也很高。

另一个相关的理论是弗兰克·H. 法利（Frank H. Farley）提出的T型人格理论（Type T theory）。T型人格代表的是“刺激寻求”（Morehouse，Farley，& Youngquist，1990）。这个理论源于艾森克关于内外倾生理基础的思想。T型人格理论认为，对刺激的生理心理需要起源于内部唤醒的不足。不过，该理论也指出，如果T型人格者对刺激和冒险的需求能够被适宜环境中的适宜经历满足的话，他们就会较少惹麻烦。因此，阻止那些刺激寻求者参与令人心跳的活动是个错误，更好的做法是使这些动机转向既安全又刺激的活动中。

思维训练　我们应该推广自愈型人格吗

疾病倾向人格是存在的，即具有某些特点的人更可能做出不健康的行为（如抽烟、过量饮酒、药物滥用和不安全驾驶）。那么反过来也可能存在自愈型人格，具有该人格的人坚持健康行为，努力达成情绪平衡，并能融入所在的社会群体。随着健康保健花销的迅速增长，有必要区分那些与个体行为或人格有关的花销和不可控意外导致的花销吗？如果一个没有戴头盔的青少年摩托车手由于他自己鲁莽的醉酒驾驶而致终身瘫痪，他余生的赡养费用要全部由健康保险来承担吗？社会应该推广自愈型人格吗？如果一个犯谋杀罪而被判无期徒刑的长期饮酒者因为肝硬化需要进行肝移植，他在移植手术等待名单上的排位应该反映出这些信息吗？如果对疾病进行归因，是不是可能犯下责备受害者的错误，即不公平地怪罪患病者，要求他们为自己的处境负责？这是不是类似于患病者是邪魔附体的古老说法？当你审视自己对这些问题的看法时，请考虑忽略这些变量可能造成的伦理和实际后果，以及对它们进行评估的复杂性。

写作练习

整个社会应在多大程度上承担由鲁莽行为和生活方式引起的疾病或伤害的医疗费用？人们可以自由选择令自己不健康的行为吗？

12.1.2 病人角色

人格和健康之间的第二个主要联系在于社会对于病人角色的看法。有很多人会通过进入所谓的病人角色来应对压力性的生活事件（Mechanic，1968），即使自己符合当人们不健康时该如何表现的一系列社会期望：应该去看医生，留在家里不去上班，保存体力，感到不舒服、愤怒和情绪化等。而事实上，我们如何看待自己的身体，如何解释症状，都会影响我们的行为。

有时候，人们会扮演病人角色，尽管他们的这些行为并没有可察的器质性（医学）原因。例如，因寻求新工作而压力过大的人，可能会以逃避责任、没胃口、嗜睡、无精打采或请“病假”作为应对。这些反应或“生病行为”会引导别人将其视为生病的人。这不完全是疑病症（“生病”的人格原因多于疾病原因），很多神经质的人在遭遇生活挑战时也会退回到病人角色的安全地带中。一个人去医生那里寻求医学治疗并且接受病人角色，要比因为情绪问题寻求心理援助来得更容易，也更能被社会接受。

症状感知会被一些因素影响，例如个体对身体感觉的注意以及他怎样看待这些感觉（Pennebaker，1982；Pennebaker，Burnam，Schaeffer，& Harper，1997）。比如说，如果人们认为持续疲劳是生病的症状，那么当他们体验到疲劳时就更可能认为自己生病了；而在其他人看来，疲劳仅仅是日常生活的一部分。此外，将身体感觉解释为生病症状还会受到个体情绪和长期心境的影响。处于消极情绪（如沮丧）中的人更可能把这些症状视为生病的指标。事实上，很多案例表明，与客观的器质性病变指标相比，主观的症状报告更容易被视为神经质的表现（焦虑、敌对和沮丧）（Costa & McCrae，1987b）。许多人感到疼痛时会去进行器质性疾病的检测（如心脏检查），而事实上这种疼痛是对压力的一种生理心理反应。疼痛是真实存在的，但并不是由医生可以发现的器质性病变引起的。

行为主义和学习因素也很重要。正如斯金纳等行为主义者所预测的，通过“生病”来逃离压力情境是值得的，你可以得到病假工资、休息日、朋友的同情、亲戚的关心等。因此，病人角色很好地例证了行为主义者关于人格可以“置于”环境中的论断。

12.1.3 疾病引起的人格改变

人格与健康之间的第三个主要联系是疾病对人格的影响。这有时被称为身心影响，即身体影响了心理。例如，严重疾病导致的身体虚弱或缺氧会引起慢性抑郁。阿尔茨海默病则是一种缓慢地既会影响人格也会影响健康的脑部疾病。

有时候，基因条件会导致器质性疾病，也会作用于人格。例如，唐氏综合征会影响人格和健康，冲动性和心脏病也可能存在生理倾向。在这些情况中，人格与健康之间的直接关联是真实存在的，这提醒我

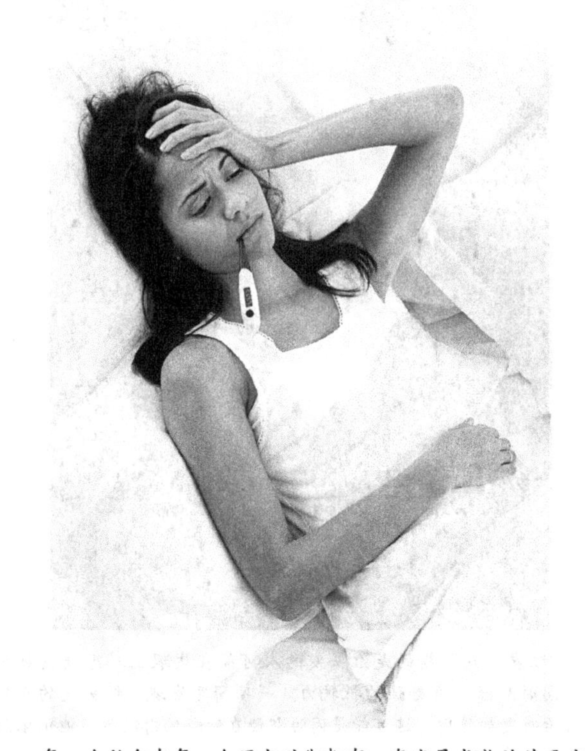

每一个社会在每一个历史时期都有一套发展成熟的关于疾病的行为模式，即病人角色。我们总是共享着关于生病时该如何表现，以及应该被他人如何对待的某种期望，这些期望可能会鼓励某些神经质或有压力的人将自己视为病人。

们，健康不能仅靠心理学的干预来提升，因为它们都受到第三个潜在变量（如遗传结构或感染）的影响。健康和幸福的人格差异可能在出生前就产生了（由于遗传或子宫内激素的影响），并受到整个生命中遗传－环境交互作用的影响（Hampson & Friedman，2008；Shanahan et al.，2012）。

12.1.4 素质－应激

对不同的人而言，会令其感到有压力的事物也是不同的。有些人讨厌面对很多人，有些人坐在书桌前一整天会发疯，而有些人则恐惧旅行、狗、考试甚至是性。有趣的是，大多数人对这些事物心知肚明。对此，弗朗西斯·培根（Francis Bacon）爵士在1625年曾说："一个人通过自我观察，发现对其有利或有害的事物，是保持健康最好的医术。"

"红发之痛"指的是红头发的人可能在生理上对疼痛更加敏感，同时对麻醉有更强的抵抗力。一项研究发现，红头发的人对牙科治疗更加焦虑，这可能是因为即使在麻醉的情况下，他们依然会感到疼痛（Liem，Joiner，Tsueda，& Sessler，2005；Binkley et al.，2009）。这是一个很好的例子，表明在产生一致性行为模式的过程中，遗传倾向和环境之间存在着微妙的交互作用。这种不寻常的效应可能很难被探测到。

20世纪40年代，研究者对一群约翰斯·霍普金斯大学医学专业学生的生理和心理特点进行了研究。他们被分为慢且稳定（谨慎、独立），迅速且灵活（冷静、聪明），以及无规律且不稳定（情绪化、高要求）三种类型。这些人被追踪了30年。在这期间，大约一半人出现了严重的健康问题。在"无规律且不稳定"类型的人中，大多数（77%）在30年间出现了严重的病症，而其他类型的人中仅有1/4遭遇了健康问题。后来，一项对该校学生进行的随访研究再次发现，"无规律且不稳定"类型的人更可能患病或死亡（Betz & Thomas，1979）。他们似乎天生就有不健康的倾向。当然，这也与他们成长的环境有关。

在不同地方、不同文化中，人格具有不同的含义。在日本，对于该如何与团队合作，如何待人方为礼貌，有着明确的社会期望。一个吵闹、挑衅、唐突无礼的日本人会受到社会的指责，因而倍感痛苦。他很可能被贴上"有病"或"疯子"的标签，继而真的变成有病的人。而在美国、意大利或以色列，情况则刚好相反——一个害羞、保守、唯唯诺诺的人更可能感到失败和被孤立。因此，个体和其所在社会的不协调会成为一个重要的压力来源，也是导致疾病的一个重要因素。

健康心理学家有时会提及疾病的素质－应激模型（diathesis-stress model）。素质是身体产生疾病或发生失调的倾向性。这一倾向主要源于基因遗传，也与后天教养有关。不过，与素质相关的疾病（如慢性背部疼痛）有可能一直不出现，直到适合的环境将其激发，例如从事建筑等会拉伤背部的行业，继而出现背部肌肉的慢性疼痛；又比如，具有精神疾病倾向的个体在环境条件成熟前也不会发作（见图12-2）。这一模型同人－情境交互作用的思想有许多一致之处（Caspi，Roberts，& Shiner，2005）。因此，研究人格和健康也可以帮助我们更好地理解交互作用取向的人格理论。

著名心脏病学家伯纳德·罗恩（Bernard Lown）的某些深刻见解涉及了心理学——他的关注点是个体的情绪反应。罗恩发现，最强大的压力与对情感体验的回忆有关。这类压力具有很强的个体性。例如，当一个女性被告知她患有晚期恶性肿瘤时，并没有出现心律不齐（学名为室性早搏（ventricular premature beat，VPB））的症状，但当被要求谈一谈她的同性恋儿子时，却出现了心律不齐（Lown，1987，1988）。

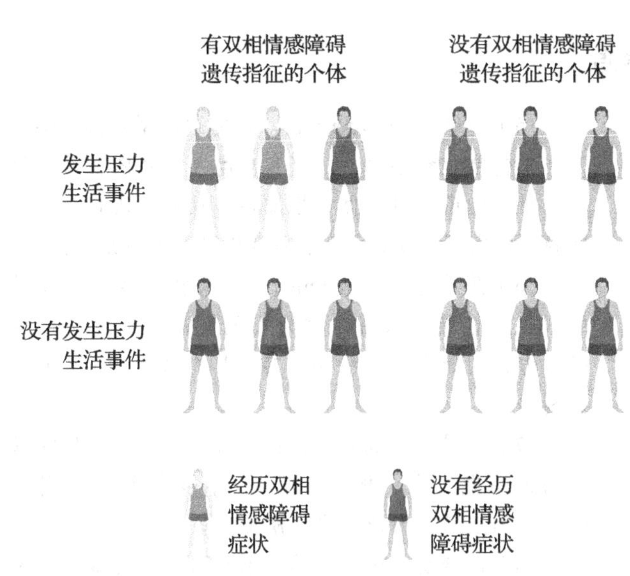

图 12-2　素质－应激模型

注：对于双相情感障碍（躁狂抑郁症），素质－应激模型预测，当那些基因结构上易患双相情感障碍的人体验到高度压力的生活事件时，疾病就会显现（下图反映的不是实际比例）。

我们都知道压力会导致心脏病发作（Kamarck & Jennings，1991）。但是为什么仅有一部分人会因为情感冲击而猝死？罗恩提出了一个三部分模型来解释压力后突发心脏病死亡的变异性。压力后突发心脏病死亡的人通常符合以下三个条件：第一，心脏肌肉已经出现了电力不稳的现象，这通常是部分动脉阻塞的结果（这是医学层面上的素质或倾向）；第二，个体体验到弥散性的情绪状态，如抑郁（这是心理层面上的素质）；第三，发生了个体无法应对的诱发性事件，如失去工作或爱人过世。换言之，正如奥尔波特所说，我们不应该指望人格与健康之间存在简单而直接的联系。人格是复杂的，它并非存在于真空中。

研究结果并不能简单地推论出人格会引起癌症。首先，二者的联系很弱。许多有情绪困扰的人不会得癌症，而很多得癌症的人也没有不寻常的人格。其次，人格与许多行为模式、躯体反应模式及社会情境有关，其中任何一个都可能是癌症产生和发展的渠道。对于许多威胁生命的疾病而言，风险因素既不是必要条件也不是充分条件。当然，这种混乱使我们难以做出精确的预测，但这并不意味着这种联系是错误的或没有价值的。正如我们将看到的，人格和健康已经成为一个重要的研究领域（Friedman，2007）。我们能够做一些事情来改变自身的人格，从而提高健康水平（Friedman & Martin，2011）。

12.1.5　人格障碍

几乎所有人格理论都强调从健康稳定的童年到身心健康的老年的重要性。在发达的现代社会，孩子们面对的最普遍且严重的压力是性或身体虐待。这种压力无疑会使个体出现心理或身体健康问题的风险变得更高，尤其是形成边缘型人格障碍的风险。

边缘型人格障碍（borderline personality disorder）通常被用来描述具有冲动性、自我破坏行为、脆弱的自我认同、暴躁且情绪化的关系等问题的个体（Herman，1992；Kroll，2001；Linehan，2000）。这些不稳定的个体在感到空虚和可能被抛弃时，会瞬间情绪突变、大发脾气，甚至做出自杀的威胁和尝试。心理咨询师或精神科医生经常碰到这类人，但他们很难被理解和治疗。为什么？因为这种障碍的原因非常多样，很难从某个单一方面进行治疗。

根据精神分析的观点，一个在性心理发展阶段遭遇严重困扰的孩子无法形成正常的人格。新精神分析则认为受虐儿童的认同常常出现问题：他们不能发展出基本的信任和情感，而这些正是日后亲密关系形成的基础。生物学因素也与这种障碍有关，患有边缘型人格障碍的人很可能来自情感障碍多发的家族，这表明该障碍存在生理和气质风险基础。也就是说，如果不具备这种基础，受虐儿童日后未必会出现这种症状。此外，认知方面也应纳入考量，边缘型人格障碍患者的父母很可能常给他们灌输歪曲的世界观，而他们无法理解父母。例如，他们可能有一个施虐的父亲和一个对虐待视而不见的母亲。因此，边缘型人格障碍是一系列有害影响共同作用的结果。

总的来说，边缘型人格障碍是根深蒂固且持续的行为模式的一个例子，这种行为模式会损害人的功能和幸福。类似的行为模式被统称为人格障碍。人格障碍通常于成年早期稳定形成，并会持续多年。人格障碍患者无法很好地融入家庭和工作，甚至当遭遇严重的困扰时，他们会过度怀疑，异常情绪化和极其焦虑。本章的“从经典到现代”专栏呈现了 10 种常见的人格障碍。

从经典到现代

人格障碍

有些人会持续表现出有问题或适应不良的行为模式，这些模式会破坏他们的社会功能和健康，被称为“人格障碍”。人格障碍一般于成年早期稳定形成，并会持续多年。这类人会过度怀疑、异常情绪化和极其焦虑。他们是日常生活中常见的有困扰的人，但并不会妄想或抑郁。下面列出了10种人格障碍。根据怀疑、情绪化、焦虑是否为其主要问题，这些障碍可被分为三类。也许你会发现这些障碍的一些特点在自己身上也有轻微表现，但这并不意味着你有人格障碍。人格障碍者身上的这些特点都是极端的，并且会持续地制造问题。深入理解了本书介绍的解释人格的八个基本取向后，你可以仔细想一想造成这些情况的不同原因有哪些。

（1）偏执型（paranoid）。患有偏执型人格障碍的人过分多疑、敏感，总认为别人与自己对立。他们很容易生气，在工作中也常常遭遇困难。他们会怀疑和妒忌自己的配偶和同事。

（2）分裂型（schizoid）。患有分裂型人格障碍的人会主动选择独处，且一般不表达自己的感受。来自他人的表扬或批评对他们来说无关痛痒（注意，这类人并没有精神分裂症——一种具有妄想倾向的疾病）。他们几乎没有亲密的朋友，性接触也极少。

（3）分裂样型（schizotypal）。患有分裂样型人格障碍的人极端不合群，常常奇装异服或行为古怪，例如不合时宜地大笑，或者穿反季节的衣服。他们也可能相信魔术和巫术。

（4）反社会型（antisocial）。患有反社会型人格障碍的人极其不负责任、冷血，经常违法乱纪。他们在青少年时期旷课、说谎或偷窃。他们好斗、吸毒，残忍地对待动物。

（5）边缘型（borderline）。患有边缘型人格障碍的人非常情绪化和不稳定，经常威胁甚至企图自杀。他们早年可能遭受过身体或性虐待，且存在认同和自尊问题。他们可能暴饮暴食、危险驾驶或性关系混乱。

（6）癔病型（histrionic）。患有癔病型人格障碍的人极度情绪化及寻求注意。他们需要确定自己的吸引力，因此常常打扮浮夸甚至具有诱惑性（并可能被利用）。

（7）自恋型（narcissistic）。患有自恋型人格障碍的人高傲自大，总想利用别人，又持续需要别人的认可和注意，为此不惜曲解他人。

（8）回避型（avoidant）。患有回避型人格障碍的人非常害羞且很容易困窘。他们避免与人亲密接触，常自我批判且害怕他人的轻视。这类人总是认为自己低人一等。

（9）依赖型（dependent）。患有依赖型人格障碍的人愿意为获得他人认可做任何事。他们在关系中绝对顺从并害怕被抛弃。他们会自愿承担并不想做的任务以获得别人的认同。

（10）强迫－冲动型（obsessive-compulsive）。患有强迫－冲动型人格障碍的人是严格的完美主义者。他们工作过于努力，专注于细节，总是担心事情是否严格按照他们的方式进行。

注意，多数人都在某种程度上具有以上某些特征。不过，进行这样的分类对于理解和帮助那些行为极端并已造成持续问题和困扰的人是有价值的。由于这些特征的基础既有生物学因素，也有导致认知和行为模式问题的早年发育因素，还有社会因素，因此只有彻底理解人格理论的八个基本取向才能更好地认识它们。

我们已经知道人格可能在整个成年期里逐渐改变，人格障碍也不例外（Clark，2009；Crowell，Beauchaine，& Linehan，2009）。具有认同障碍、情绪不稳定、严重缺乏信任等问题的个体有时会慢慢变得更稳定、更安全，也更能适应人际关系。尽管你所在街区的反社会小流氓或者你宿舍里那些装腔作势的心机女王可能会拥有令人难以置信的破坏力，但通过多方面的努力来修复内外部的压力源，以取得最终的成效仍然是有希望的。当然，首先需要处理直接威胁和犯罪行为模式。

根据本书的观点，人格障碍不能仅通过人格的一两个方面来加以理解。生物遗传、困扰的童年、受损的社会学习以及持续且适应不良的人际互动，均可能导致长期的生活困难。因此，各种类型的人格障碍之间也存在一些重叠。

12.1.6 压力、调适和健康研究的新近发展

人格与健康已成为一个重要的研究领域（Friedman，2007；Hampson & Friedman，2008）。毫无疑问，比起经常不稳定、冲动、孤立、疏离和痛苦的人来说，那些调适良好并融入社区的人患病和早死的风险都要低得多（Friedman，2000a；Smith & Gallo，2001）。在疾病治疗过程中，医学研究人员常问的问题是“为什么人们会生病”；但在研究过程中，问题变成了“谁更可能生病”。不过，这一领域的研究还很不成熟，单变量模型和误导性的因果假设相当常见，而现实情况显然要复杂得多。

近来关于疾病易感性人格的最佳证据来自对冠心病的研究（Suls & Bunde，2005），这也是接下来将讨论的话题。

写作练习

一些人总在抱怨他们的健康状况。他们似乎已习惯于病人角色。哪些认知因素会与一个人认可这种角色有关？什么时候我们更有可能感到疼痛或者认为自己的身体功能不正常？

12.2 人格、冠心病倾向和其他疾病

12.2 评估人格类型与心脏病易感性之间的关系

一个世纪前，医学教育家威廉·奥斯勒（William Osler）爵士指出，在压力事件中表现出的人格与冠心病的发展之间存在关联。20 世纪 30 年代，著名的精神病专家卡尔·门宁格（Karl Menninger）与威廉·门宁格（William Menninger）（1936）认为，心脏疾病是压抑的攻击者的特点之一。但这些观点在 20 世纪 50 年代以前一直没有被系统严格地探讨，直到两位心脏病专家——雷·罗森曼（Ray Rosenman）与迈耶·弗里德曼（Meyer Friedman）提出了 A 型行为模式（Type A behavior pattern）的思想。据说他们受到了一件事情的启发：家具商来修理候诊室的座椅时，发现坏损的总是椅垫的前部，而他们的病人确实总是坐在椅子的边缘上。

12.2.1 A 型行为模式和易怒的挣扎

A 型行为者总是力争在尽量少的时间里做完尽量多的工作，他们的交感神经系统会过度唤醒，有损心脏。A 型行为者的特点包括匆忙、缺乏耐心、冲动、过度警觉、具有潜在敌意以及异常紧张，这些特点有时可被概括为“工作狂”人格。这一思想启发了后续几十年对冠心病倾向人格的研究。

A 型行为者的挣扎最可能是“胆汁质”式的，他们痛恨自己的工作或生活被任意操纵，他们的人际关系通常也很糟糕。有证据表明，与生活轻松悠闲的人相比，生活在激烈对抗、竞争和压迫之中的人更可能患上心脏疾病。但是，辛苦的工作、活动或具有挑战性的任务并不是问题的关键。敌意对抗才是问题所在。许多人都被告知要慢下来、放轻松、休假甚至退休，但并没有证据表明经常辛苦工作会增加健康人患心脏病的可能性（当然，对于心脏衰弱且医生建议限制活动的病人而言就要另当别论了）。

人人都希望获得掌控感和胜任感。控制感一般而言是健康的。但是容易患上心血管类疾病（及其他疾病）的人往往要求自己取得超凡成功并完全掌控自己的世界。这一论断是由大卫·格拉斯（David Glass）提出的，他是对冠心病倾向中的心理因素进行研究的先驱者。格拉斯在各项研究中发现，A 型行为者总是不知疲倦地工作，且受挫时特别容易产生敌意。换言之，他们过度的好胜心和竞争性源于维持控制的渴望（Glass et al.，1980）。这种渴望不一定不好，对大多数人来说它是健康的。但当这种渴望过度发展时（见图 12-3），就会成为问题。有充分证据表明，高神经质和低宜人性（长期抑郁、焦虑和愤怒）是预测高冠心病风险的可靠因素（Denollet，2000；Smith & Gallo，2001；Suls & Bunde，2005）。这类个体可能会抽烟、喝酒、暴食，慢慢地，他们的身体会失去活性，失眠，释放高水平的压力激素，而且他们会孤立、疏离于社会，这都会导致糟糕的健康状况（Kern & Friedman，2011）。

图 12-3　A 型行为者

资料来源：© Howard S. Friedman；drawing by Robin Jensen.

有些人总是很沮丧、很痛苦——他们通常非常神经质，同时具有低宜人性和外倾性，有时被称为“D型（痛苦型）人格者”。不过，将一系列特征，包括不良的应对、受损的社会关系、不健康的行为、自我设限的特征模式以及有害的环境等，简单总结成某个“类型”，可能会产生误导（Friedman & Kern，2014；Smith，2011）。有很多方法可以用来更好、更具体地了解这些过程，而不用把重点放在 A 型、D 型等不太精确的概念上。

喜剧演员乔治·伯恩斯（George Burns，1976）80 岁时说他永远不会退休：“我认为你退休的唯一理由应该是你找到了比现在更喜欢做的事。我不明白年龄与退休有什么关系。”（p.11）伯恩斯是对的（他一生都在工作）。社会学家和健康心理学家已经发现，退休对某些人来说是健康的，但并非对所有人都如此。如果退休意味着放弃有趣的日常生活、失去经济地位、远离朋友，那么就很可能不健康（Antonovsky，1979）。换句话说，认为退休后人们的健康状况一定会改善，并放松下来，这是一个不幸的错误。乔治·伯恩斯活到了 100 岁。著名大提琴家巴勃罗·卡萨尔斯（Pablo Casals）的观点则是“停下来，甚至只是休息一会儿，都是死亡的开始”（Kirk，1974：504）。简而言之，辛苦工作和挑战不总是不健康的（除了极端情况），但过度的敌意或抑郁对身体和心理健康确实非常不利。

12.2.2　放弃

当一个人失去所有的控制，进而最终“放弃”的时候，会发生什么？许多在朝鲜战争中被俘并在绝望中被囚禁的美国士兵正是如此。士兵们将这一现象称为“放弃症”（give-up-itis）。这些战俘在囚禁中可能会很快死亡。“放弃症”听起来很不专业：如果你想为这一现象赋予科学含量并激发他人进行研究，就必须提出一种思想，将其放入更加理论化的框架中，并给予它一个专业的名称。马丁·塞利格曼（1975）在他富有影响力的习得性无助理论中做到了这一点。

习得性无助的基本思想很简单。试想一个人无论做什么都无法控制结果：他可能是一个被父母完全忽视的孩子，一个无论多么勤奋工作都得不到上司赞赏的成人，或一个不得不在实验室面对难忍噪声的学生。这些人很可能习得性无助。即使之后被置于可控的环境中，他们也不会做出任何努力来控制自己的周遭环境。

20 世纪 40 年代初，一群年轻健康的哈佛大学学生参与了一项研究，他们接受了身体检查并完成了一系列人格测试。其中的很多人在接下来的 40 年里被持续追踪调查。多年后，研究者拿出尘封已久的问卷，根据当前的理论进展对人们在 1946 年做出的回答再次进行了分析。研究者将被试的解释风格分为消极悲观的解释风格和积极乐观的解释风格。例如，一个具有消极解释风格的人可能会写道：“我有恐惧和紧张的症状……这与我母亲的症状很相似。”这些会与其随后的健康状况有关系吗？追踪发现，大约从 45 岁开始，这两类人在健康和寿命上的差异就开始清晰显现出来。有着消极解释风格的个体更不容易健康长寿（Peterson，Seligman，& Vaillant，1988）。这一点也得到了其他研究的佐证，如过度夸大不良事件程度和意义的抱有灾难化思维的悲观主义者更有可能早亡（Peterson et al.，1998），但死因主要是事故或暴力（凶杀、自杀、车祸等）。正如我们将看到的，健康人格的关键因素是坚持而不是无助。

12.2.3 其他疾病

人格和其他疾病倾向的关系如何呢？为了对这一领域的观点进行组织整理并将不同研究放进一个理论框架中加以比较，研究者进行了元分析（Friedman & Booth-Kewley，1987a）。元分析是一种将不同研究结果进行综合以考察其意义的统计分析技术。

对心理与健康最普遍的推测之一是情绪状态会影响关节炎、哮喘、头痛和溃疡。一项元分析研究了人格与这些疾病以及心脏病的关系。它分析了涉及数千人的超过100项研究的结果，几乎包括了关于“为什么某些人更容易生病”这一问题的已发表的所有科学成果。

结果揭示了各种心理困扰（如长期的愤怒、焦虑或抑郁）与不同疾病之间的联系。它不仅仅发现了焦虑与溃疡、抑郁与哮喘的相关性，更重要的是，它为弗里德曼提出的疾病倾向人格提供了证据（Friedman & Booth-Kewley，1987a；Friedman & VandenBos，1992）。

我们要重申，疾病不一定或不完全是由非健康的情绪模式引起的。一些情绪不稳定的人也可以活得很久、很健康，而一些情绪稳定的人反而容易生病。为了进一步说明这个问题，并明确时间是如何与环境发生交互作用，进而共同影响健康的，有必要对大量人口进行毕生的追踪研究，如下面所说的“人类白蚁”研究。

写作练习

心脏病与人格之间有何关联？真的存在A型人格吗？

12.3 人类白蚁

12.3　评价路易斯·推孟的白蚁智力研究

心理学家路易斯·推孟是20世纪最主要的智力研究者之一。他的贡献之一是发展了著名的斯坦福－比奈智力测验（Stanford-Binet IQ test）。1921年，推孟开始了一项在心理学历史上极具影响力的研究。推孟在加利福尼亚州招募了一批聪明伶俐的学生——856个男孩和672个女孩，深入研究他们的心理和智力发展，并追踪他们直至成年。这些聪明的被试将自己戏称为推孟的“白蚁”。

在人的一生中，人格的方方面面是如何与长寿、心脏疾病或癌症相联系的？为了明确回答这个问题，我们需要追踪人的一生。显然，这一任务对于单个研究者来说非常艰难，但是基于推孟留下的档案，我们得以进一步分析这项终身研究得到的结果。2010年，推孟当时的被试几乎都已不在人世，我们（霍华德·弗里德曼和同事）收集了他们的死亡证明，并对他们的死亡日期和原因进行了编码（Friedman et al.，1995；Friedman & Martin，2011）。

时间倒回1921年，推孟的目标是获得一个由加利福尼亚州高智商儿童组成的有意义且随机的样本，因此他搜寻了旧金山和洛杉矶地区的大多数公立学校，先由教师举荐，然后进行智商测试，分数不低于135的学生才能够入选（Terman & Oden，1947）。之后每隔5至10年，他们都会进行一次跟踪调查。在这项卓越的研究中，仅有很小比例（少于10%）的被试流失。如此低的流失比例在纵向研究中是非常罕见的。推孟的分析以及我们后来所做的比较都表明，流失的个体与留下的被试间并不存在系统差异，因此因中途退出而导致的偏差可以排除。就这样，被试们构成了一个智商超群、教育良好的群体，他们完全融入美国社会，与20世纪大多数聪明且受过良好教育的美国中产阶层的健康状况类似。

在被试平均年龄只有11岁的时候，推孟从他们的父母和老师那里搜集到了他们的特质评估资料。他使用的量表很先进，比当时可用的其他人格量表更能提供准确的评估（样例见第2章图2-1）。父母和老师完全可以对一个11岁小孩是否随和、受欢迎、有责任心、有自信等做出恰当评判。后来，弗里德曼及其同事从推孟的量表中构建出了六个人格维度，并运用一种被称为生存分析（survival analysis，它能够计算出经过特定时间后仍将生存的人数所占的比例）的统计方法来预测被试的寿命及死亡的原因（Friedman et al.，1993，1995；Martin et al.，2007）。

1921年，还是孩子的“白蚁”们在加州接受了推孟的首次研究，而弗里德曼及其同事至今仍在对此进行深入研究（见 *The longevity Project*，Friedman & Martin，2011）。这些被试中的一些人允许公开自己的身份。上图是谢莉·史密斯·迈登斯（Shelly Smith Mydans）（左），《生活》杂志的记者；以及杰斯·奥本海默（Jess Oppenheimer），《我爱露西》秀（*I Love Lucy* show）的制作人（右，与主持人露西尔·鲍尔在一起）。推孟研究中的很多孩子后来为社会做出了突出贡献（正如推孟所希望的那样），但也有不少人历尽艰辛英年早逝。这些差异与他们的人格存在关联。

12.3.1 尽责性

孩童的人格能否预测其数十年后的早亡？一个震撼性的发现是，童年时的社会可靠性或尽责性能够用于预测长寿。那些被评价为审慎、负责、诚实和不虚荣（四项分开评价，然后得出平均值）的孩子，尤其是男孩，寿命明显会更长。并且，在任何给定年份里，他们的死亡可能性都比其他孩子小约30%。人格确实可以预测寿命。

这一发现引发了关于二者因果机制的讨论。为什么那些有责任心、可信赖的孩子要比尽责性较低的同龄人活得更久？进一步的生存分析表明，尽责性的保护作用部分（但不是主要）体现在伤害风险的降低上。这是如何发生的？一方面，低尽责性的人更可能死于暴力，另一方面，高尽责性还能抵抗心血管疾病或癌症带来的早亡。尽管抽烟喝酒等不健康行为与早亡有关联，但在控制了它们以及其他人格方面的因素后，尽责性的影响依然显著。换言之，小时候尽责性就高的人较不可能因为受伤而早亡，也较不可能养成不健康的习惯，同时还会因为其他原因活得更加健康和持久。进一步的分析发现，在童年和成年分别测得的尽责性均可预测生命全程中的死亡风险，且当成年时的尽责性被控制后，童年时的尽责性与死亡风险的相关关系依然显著（Friedman & Martin，2007；Martin et al.，2007）。

后续研究证实，尽责性对健康和长寿确实非常重要（Bogg & Roberts，2004；Hagger-Johnson et al.，2012；Hampson et al.，2013；Kern & Friedman，2008；Weiss & Costa，2005；Wilson et al.，2004）。一项基于有代表性的美国成人样本的研究发现，尽责性与许多精神和身体疾病的发病可能性存在负相关关系（Goodwin & Friedman，2006）。高尽责性的人不仅拥有更好的健康习惯，更少从事危险活动，而且在生理上也更加健康，尽责性这一人格特质会使他们更可能接触到更为健康的环境和关系（Carver，Johnson，& Joormann，2009；Friedman & Martin，2011）。

在推孟的研究中（Terman & Oden，1947），那些被父母和老师评为高尽责性的孩子比低尽责性的同龄人活得更久。

12.3.2 社交性

推孟的研究并未发现社交性人格特质（外倾性的一方面）与健康长寿显著相关。其他研究也证明外倾性与幸福感之间的关系很复杂。拥有好的社会关系是健康的，但是那些社交性强的人不一定就是拥有最佳社会关系的人。影响健康的人格特质主要集中于冲动性、自我中心、不可靠性等方面。而童年时的受欢迎程度及对与他人一起玩耍的偏好并不能预测长寿。外向的人更容易被酒精、烟草、危险性行为和危险驾驶所吸引。因此，人格以及个体遇到和创建的情境都需要被纳入考量。

为了进一步探究社交性的终身影响，弗里德曼延续了推孟（1954）的研究。推孟发现那些成长为科学家的被试与其他人相比，童年时的社交性较低（推孟仅仅研究了男性科学家）。事实上，推孟认为社交性的差异非常重要。我们对推孟的被试进行了重新分类，并比较了他们的寿命。生存分析显示，科学家活得更久（Friedman et al.，1994）。这是一个间接证据，说明高社交性人格本身并不意味着更长的寿命。就像前面提到的，这可能部分是因为美国社会中的高社交性者抽烟酗酒的风险更大。

12.3.3 愉悦

另一个有趣的发现是关于童年期愉悦程度的，即对乐观和幽默感的评价。出乎意料的是，我们发现童年期愉悦程度与寿命呈负相关。也就是说，高愉悦性的孩子长大成人后，死亡时间会稍稍提前。

为什么会这样呢？高愉悦性的孩子就如高外倾性的人一样，长大后更可能抽烟、喝酒及冒险，虽然这些习惯并不能完全解释他们的早逝风险（Martin et al.，2002）。真实情况或许是这样的：当面对诸如外科手术等压力事件时，愉悦是有益的，但如果它让人总是这么无忧无虑、随心所欲的话，就可能有害了（Tennen & Affleck，1987；Weinstein，1984）。例如，高愉悦性的人可能会对自己说："抽烟没什么好担心的，它不会影响我。"换言之，那些乐观行事的人不一定是态度和行为最健康的人，但是一旦面临健康威胁，他们可能又会很愿意遵循医嘱、配合治疗，这也体现出人与环境的交互作用。还有一种可能是更快乐的人普遍更健康（Pressman & Cohen，2005），但并不一定是快乐导致了健康，还有其他因素在起作用，它们共同影响了个体的身心健康。

通常来说，对未来抱有积极期望和自信的乐观情绪可用于预测健康，但它并不是健康的一个简单直接的原因（Carver & Connor-Smith，2010；Carver & Vargas，2011）。这里需要非常谨慎。乐观的思维不会缩小肿瘤，但乐观的个体会设定目标，进行自我调节，尽管面临挑战和挫折，仍能坚持下去。

12.3.4 压力下的"白蚁"

该研究也关注了相关的社会因素，如父母离异。众所周知，父母离异会给孩子未来的心理健康造成不良影响。例如，离异家庭的孩子，尤其是男孩，更可能表现出行为及自我调节上的问题（Amato & Keith，1991；Block，Block，& Gjerde，1986，1988；Hetherington，1991；Jellinek & Slovik，1981；Shaw，Emery，& Tuer，1993；Zill，Morrison，& Coiro，1993）。对这一结果的一般解释是社会信任感和自我控制的缺乏，也就是冲动和不服从，此外，神经质也经常牵涉其中。不过，虽然我们已经发现家庭压力（尤其是父母离异）可以预测青少年抽烟、喝酒等不健康行为以及心理调适不良，但至今尚无将家庭压力作为死亡及其原因预测源的终生研究（Amato & Keith，1991；Block，Block，& Keyes，1988；Chassin，Presson，Sherman，Corty，& Olshavsky，1984；Conrad et al.，1992；Hawkins et al.，1992）。父母离异导致的不利影响是否会贯穿终生，并影响寿命长短及死亡原因？

弗里德曼及其同事对比了在 21 岁前父母离异及没有离异的孩子，发现前者的死亡风险高出 1/3。对于男性来说，那些小时候父母离异的人的死亡年龄中位数为 76 岁，而父母没有离异的人的死亡年龄中位数为 80 岁。对女性来说，这两个数字分别为 82 岁和 86 岁（Schwartz et al.，1995）。

在推孟的被试中仅有很少的人在童年时经历了父母离异，这与现在孩子们面临的情形大有不同。不过，鉴于其他研究也为父母离异的破坏性心理影响提供了压倒性的证据，这一发现确实引起了极大关注。相比之下，父母死亡造成的影响却很小，这一点与其他研究的发现是一致的，即父母争吵和离异要比父母死亡对子女心理健康的影响更大（Tennant，1988）。

运用从死亡证明搜集到并加以编码的信息，我们还探讨了父母离异与死亡原因之间是否存在联系。结果发现，父母离异与个体死于癌症、心脏病或其他疾病的可能性之间并无关联。同时，虽然不能排除受伤导致死亡风险增加的可能性，但在这里较高的死亡风险并不能用较高的受伤率来解释。此外，人格和父母离异是寿命的两个独立预测源。图 12-4 显示了尽责性和父母离异对男性寿命的影响，对女性的影响效应与之类似。有趣的是，尽责性和父母离异的综合影响与性别对寿命的影响程度相当，而性别是已知对寿命影响最大的因素之一。

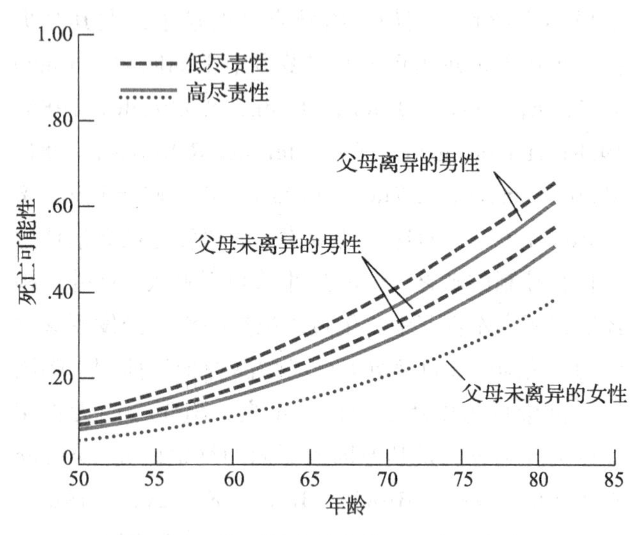

图 12-4 推孟样本的人格、压力和寿命

注：对高风险男性而言，70 岁及以前死亡的可能性大于 0.40（超过 40%），低风险男性则不足 0.30，低风险女性仅为 0.20。

资料来源：© Howard S. Friedman & Joseph Schwartz.

思考一下

离异家庭孩子的高死亡风险是否还有可能源于他们自己的离异？

父母离异的人确实更可能与自己的伴侣离婚。此外，离异或再婚的人报告说，与有着良好婚姻的人相比，他们的童年更具压力。

换言之，推孟研究的那些经历过婚姻破裂的被试更有可能见证过自己父母的离异，并更可能报告在孩提时代体验到了有压力的家庭环境（如“家庭成员间明显的摩擦”）。假设父母离异与之后个体自身的离异有关，并且个体的离异能预测增加的死亡风险，那么情况就变成了个体不稳定的成人关系“解释”了父母离异的某些破坏性影响。

然而，在控制了个体自己离异的效应后，童年时父母离异的经历仍然是早亡的重要预测源，表明其对成年期还具有一些额外的不利影响。这一分析揭示了人格、压力与社会关系在人生历程中是如何交织在一起的。

12.3.5 心理健康

人格与成年期心理状况的关系如何？1950 年（被试约 40 岁的时候），研究者针对紧张、焦虑、神经衰弱倾向对被试进行了询问。基于他们的回答，对被试及其家庭成员的访谈以及过去十年记录的相关信息，推孟的团队按照心理困扰的三个等级将被试分类：适应良好、轻微失调或严重失调。在此阶段，约 1/3 的人至少经历过某种心理困扰，对男性而言，1950 年的心理困扰显著预测了 1991 年的死亡风险，情绪不稳定的男性处于较高的早亡风险中（Martin et al.，1995）。

总的说来，不可靠、冲动和家庭不稳定（父母和自身的离异）对早亡有预测性。这可能是因为社会心理因素影响了许多与健康有关的行为，如喝酒、抽烟、锻炼、饮食、药物使用等，综合考虑这些因素，就可以解释心理与寿命之间的关系。加之记录压力与心血管疾病机制及免疫系统相关性的文献日益增多（“精神神经免疫学”，Friedman，2008；Kemeny，2007；Temoshok，1998），我们可以看到，人格与寿命相关联的途径可能是多种多样的。

总的来说，在身体健康领域，以可靠、信任、不冲动为主要特征的心理稳定性或自我力量（ego strength）的重要性得到了证实。那么它们的影响有多大？整体来说，其影响小于性别或抽烟对寿命的影响，但与一般的生物风险因素（如血压、血清胆固醇）和行为风险因素（如锻炼、饮食）的效应差不多，也就是说也相当可观。

路易斯·推孟于 1956 年去世，享年近 80 岁。在 1921 年开始研究智力和成功的关系时，他绝对没想到，他收集的大量数据会提供给我们如此多的信息，用来揭示人格与终身健康及长寿之间的关系。

写作练习

推孟的“白蚁”在他们的人生历程中显示出了怎样的一致性？推孟从他们的经历中了解到了什么？

12.4 责备受害者

12.4 检视疾病领域的责备受害者倾向

社会批评家苏珊·桑塔格（Susan Sontag，1978）指出，结核病（tuberculosis，TB）一度被认为是软弱或浪漫主义气质的结果；也就是说，结核病过去常被视为由受难性格所引起。直到导致结核病的结核杆菌（tubercle bacillus）被发现时，这一观点才有了戏剧性的转变。桑塔格指责道，同样的错误观点还存在于重症病人身上，如身患癌症的人：他们受到了不公平的责备，人们认为是他们自己导致了疾病。

因受害者患病而指责他们的这种（不合逻辑的）倾向之所以如此强烈，有两个原因。第一个原因是，我们大多数人对自己的健康和死亡都特别在意。如果我们的好朋友罹患乳腺癌，那我们是不是也容易患病？在心理上我们更趋向于做出否定回答——推断我们与她是不同的，并且不管怎样，我们的朋友都要为她的疾病负责。这样一来，我们就能使自己远离威胁感。第二个原因与我们渴望世界是可预测的有关。我们愿意相信，如果我们努力工作并照顾好自己，事情就能迎刃而解。但是疾病有时会突然产生并不可预测地发展。责备受害者可以重新建立起一个因果逻辑，我们的世界观也可以因此恢复安全。

但是，这样做的风险在于，一个没有辨别力的人会因此推断疾病是病人自己引起的。这种观点不仅缺乏人性及对受害者的同情，还可能为受害者带来进一步的问题和折磨，因为他人会因此收回对病人经济和情感的支持。但是，相反的观点，也就是认为自己对疾病无能为力，对健康者和病人而言都是一种伤害。近半数的美国人同意“一个人无法做些什么来阻止癌症发生”的说法，这显然是一个问题。当然，病人之前做的某些事情确实可以引发疾病和早亡。因此，我们必须在责备病人和认定他们无责间把握好平衡。

写作练习

从把各种疾病和感知到的弱点归咎于人们自身这一社会态度中，你认识到了什么？

12.5 自愈型人格

12.5 考察建设性挑战人格为何更健康

甘地是有史以来最伟大的工作狂之一。即使在监狱中度过了超过2 300个日夜并经历了无数次的自我斋戒，他依旧无病无痛。相反，他成为20世纪最有影响力的领导者之一。他发起了非暴力的政治抵抗运动（非暴力不合作运动（satyagraha）），开创了许多社会改革，并最终为印度赢得了政治自由，直至78岁时被刺杀。甘地的生活就是对原则的坚定承诺。晚年时，他对自己的生活越来越满意，且仍然谦逊。他当然不是盲目乐观。时常遭遇到建设性挑战的人更容易保持健康。

维克多·弗兰克尔（Viktor Frankl）曾是纳粹集中营中的一名囚犯，他的经历证明，一个人的尊严感不仅具有伦理道德方面的意义，也是健康的一个重要方面。

每年都有数千页的文章发表，争论“为什么X女士会生病，她应该如何被对待”的问题，但很少有人问“为什么Y女士能够保持健康”。所幸的是，健康人格研究者从人本和存在取向中获得了许多灵感，开始考虑积极方面的作用（Friedman，2000b）。

12.5.1 控制、投入和挑战

萨尔瓦多·马迪（Salvatore Maddi）与苏珊娜·C. 欧莱特·科巴萨（Suzanne C. Ouellette Kobasa）（1984）对美国中西部一家大公司的管理人员进行了研究，分析了易生病和不易生病的个体间的心理差异。经过8年的时间，一些关键因素显现出来。第一，对于健康而言，控制感是一个重要因素。那些更加健康的人在面对外部挑战时不会产生无力感，反而很有力量感。他们倾向于相信个人努力可以改变压力环境。例如，一个叫作安迪的管理人员明显缺乏控制感。他总是彬彬有礼并渴望取悦他人，而顾不上工作责任给自己带来的越来越大的压力。他小心翼翼地向上司和下属传达工作信息，但是自己却不行使任何权力。他担心自己的工作负荷会超出他能够承受的范围。而回到家，妻子和孩子又会给他带来新的烦恼。后来安迪得了溃疡，被限制饮食。他开始失眠、没胃口和心悸。虽然才40岁，他已经有了高血压倾向。显然，他缺乏应对工作压力的人格力量。

第二，那些健康的管理人员对自认为重要且有意义的事情非常投入。投入工作、团体和家庭的个体较不易生病。例如，比尔的妻子在7年前被人谋杀，但他看起来依然成功而健康。他的眼睛有神，工作也很有热情。他很享受从工作中学习的经历，愿意体会工作的重要性，也很欢迎公司的变革，并把其当作有趣和有价值的事情。

第三，健康的管理人员总是以激情和动力应对生活。他们很欢迎改变和革新，同时也忠于已经设立的基本生活目标。例如，查克是一个成功、健康的主管，他从事的是很辛苦的客户关系工作。在公司重组的时候，他虽然感到挑战很大，但也认为这能使他的工作变得更加有趣和令人振奋，他并没有被巨大的挑战威胁到。查克是个很好的主管，他将所有问题都视为改善现状的机会。此外，与某些流行的心理学主张不同，研究发现，逍遥自在、懒散的人并没有特别健康。随后有关人格和坚韧性的研究强调，压力可以被转化为成长和发展；社会关系和工作环境往往具有挑战性，但心理上的蓬勃发展会使个人沉浸在这些挑战中（Maddi，2013）。

12.5.2 信任和奉献

以下关于自愈的思想已经被各种各样的研究证实了，虽然常常是间接的。人格心理学家朱利安·罗特以其在控制点的思想和测量方面的成就而闻名。一些人觉得自己被外部力量控制着，而另一些人则觉得控制生活的是自己。这与个体的健康和应对方式有关。罗特（1980）断言并证明了信任他人的人不太容易沮丧、发生冲突或失调。他们更加可靠且有更多的朋友。他们不一定更易受骗，只是不多疑。简言之就是他们更加健康。注意，这不是一个道德判断，而是对实证证据的概括。信任是一个与自愈型人格直接相关的动力因素。

每个人都会遭受来自环境的压力。努力工作的人更可能身体健壮，即使是在艰苦紧张的环境中。与之前所说的工作狂和A型人格不同，敬业乐业似乎可以使人们免于疾病的困扰。不管怎样，这种实现健康的方式的一个关键元素是对理想的投入多于对自我的投入。

1991年，这些不同的思想被进一步发展并整合到自愈型人格概念中。自愈型人格是一组促进健康的特质和情感风格，它们能促进人与环境的良好适应，增强应对压力源的灵活性，并在面临挑战时促进自我平衡，使个体保持良好的心理和身体健康。自愈型人格者主要有两类。第一类更加积极、热心，包括那些忙碌但自信的律师，以及那些努力工作且生产力高的管理者。这类人喜欢寻求刺激，高度外倾，具有自发性，且爱好玩乐。第二类更加冷静、放松，他们活跃、警觉、投入且反应灵敏，同时冷静、明达、好沉思。虽然这类人也享受与他人共处，但会更偏爱有亲密朋友在的环境。

这两类人需要的最佳压力水平不同。对第二类，也就是更加保守和自足的人而言，最好的挑战是可解决的冲突及可控的刺激。而对第一类，也就是更愿意寻求兴奋的人而言，较高水平的挑战更健康，难以解决的困境不会给他们造成困扰。本着这一思想，研究表明，在相似的情境中，这两类人的消极情绪表现和压力激素分泌情况有所不同。当挑战未被解决时，低调、目标定向的个体会更苦恼并释放更多的压力激素；相反，更加自发和寻求唤醒的个体则可能因缺乏刺激而苦恼，且只有当挑战变得势不可当时才会感到受威胁。这里，我们再一次看到，那些针对所有人的普遍性健康建议可能会导致严重的问题。也就是说，必须考虑个体差异。

名人的人格 自愈还是易感

作为思考自愈型人格与疾病易感性人格的练习，请将下列公众人物划分到自愈或易感的人格－健康类别中，并根据本章的信息解释你为何这样选择。

查尔斯王子（Prince Charles）	汤姆·汉克斯（Tom Hanks）	威利·纳尔逊（Willie Nelson）	玛莎·斯图尔特（Martha Stewart）
希拉里·克林顿（Hillary Clinton）	帕丽斯·希尔顿（Paris Hilton）	巴拉克·奥巴马（Barack Obama）	唐纳德·特朗普（Donald Trump）
汤姆·克鲁斯（Tom Cruise）	杰西·杰克逊（Jesse Jackson）	罗西·奥唐奈（Rosie O'Donnell）	迈克·泰森（Mike Tyson）
莱昂纳多·迪卡普里奥（Leonardo DiCaprio）	碧昂丝·诺斯（Beyoncé Knowles）	西恩·潘（Sean Penn）	丹泽尔·华盛顿（Denzel Washington）
史努比狗狗（Snoop Dogg）	大卫·莱特曼（David Letterman）	朱莉娅·罗伯茨（Julia Roberts）	肖恩·怀特（Shaun White）
朱迪·福斯特（Jodi Foster）	比尔·马哈尔（Bill Maher）	克里斯·洛克（Chris Rock）	奥普拉·温弗莉（Oprah Winfrey）
比尔·盖茨（Bill Gates）	纳尔逊·曼德拉（Nelson Mandela）	杰里·宋飞（Jerry Seinfeld）	老虎伍兹（Tiger Woods）
乌比·戈德堡（Whoopi Goldberg）	丹尼斯·米勒（Dennis Miller）	布兰妮·斯皮尔斯（Britney Spears）	

写作练习

思考哪些行为类型与更好的健康状况有关。人格的哪一方面与这些健康行为存在密切联系？

12.6 自愈型人格的人本和存在主义观点

12.6 介绍能帮助和治疗病人的罗杰斯疗法

著名人本主义心理学家卡尔·罗杰斯是呼吁心理学关注个体成长和满足的第一人。罗杰斯认为每个人都有与生俱来的成长和提升倾向（发现被隐藏的真实自我），可以产生更多积极的内在感受。功能完备的个体会实现他的潜能，并全面开发、利用一切才能。

罗杰斯关注的只是心理健康，但是现在他的理念已被广泛运用到了一般健康领域。这一点并不令人惊讶。罗杰斯的病人的主要症状为情绪失调，而这些通常是伴随着心理困扰产生的。罗杰斯疗法会帮助病人澄清感受，将他们独一无二的生活体验整合到自我概念中去。

在我们的研究中有这样一个例子，一位患心脏病的男性工作时非常努力，回到家则什么也不干，只是躺在沙发上。他不满意自己取得的工作成绩，如果可以，他更愿意在轻松的环境中生活和工作。就这个案例而言，要想恢复健康，他首先要认识到他的工作方式是错误的，他应该发展一些户外活动的兴趣。一旦形成了这一认识，其他问题就迎刃而解了。这一思路支持了“自愈型人格也存在个体差异”的观点。

12.6.1 成长导向

同罗杰斯一样，人本主义心理学家亚伯拉罕·马斯洛也将其伟大的职业生涯聚焦于研究人类的积极和成长方面。马斯洛认为，健康的人首先要实现的是基本生理需要的平衡，然后是获得情感和自尊，最后，他强调自我实现。这种成长导向的人自主且具有创造性，他们是很好的问题解决者，与他人有着亲密的关系，并且有卓越的幽默感。

当人们追求自我实现时，也会更加关注美、正义、理解这类抽象问题。他们会产生一种明达而非敌意的幽默感。他们会更加独立，并可能另辟蹊径。他们的道德感可能会更强烈，且更关注人类成员之间的和谐。自愈型人格的这些特点不仅不同于疾病倾向人格，如多疑、愤世嫉俗、失望、沮丧、压抑、冲突，而且它们本身包含着积极且有意义的动机、行为和目标。

自我了解

通过非言语表达方式评估自愈型人格

评估自愈型人格的一个简单方法是：与你的朋友互相观察，每天一小时，共持续两周，简单计算一下代表健康心理情绪状态的表达行为共出现了几次，并将之与那些可能代表问题的表达行为的出现次数相比较。下列行为供你参考，它们有些粗略，但是有经验的医生常用它们来辅助判断（Chesney，Eagleston，& Rosenman，1980；Friedman，2000b；Hall，Friedman，& Harris，1986）。

通常伴随自愈型人格出现的非言语线索有：

- 冷静、调适良好的状态，在说话的时候也是这样。
- 幅度较大且对称的手势。
- 自然的微笑，适度的热情。
- 舒展、放松的身体姿势（坐着时）。
- 与他人自然的对视。
- 流畅的身体动作。
- 有魅力且乐观的形象。

通常伴随疾病倾向人格出现的非言语线索有：

- 说话节奏多变或越说越快，打断他人。
- 以暴躁的言辞大声说话，过快地回答。
- 叹气、结巴、说话不流畅。
- 攥紧拳头，牙关紧咬。
- 触碰、抓挠、拉扯身体。
- 使用闭合性的姿势（坐着时）。
- 烦躁且多变，用手指拍打或轻敲。
- 眼神游离或向下看。
- 面色焦虑或愤怒。
- 言语或身体姿势表现出不耐烦或无法容忍的情绪。
- 过度控制自己不去表达，看起来压抑或过于冷静。

积极情绪甚至会自我增强。积极情绪拓延－建构（broaden-and-build）理论指出，积极的情绪体验，如快乐、兴趣、自豪、满足和爱，可以拓展人们的思考和反应模式；也就是说，它们为人们的思想提供了更多可能性（Cohn，Fredrickson，Brown，Mikels，& Conway，2009）。而且，它能帮助人们构建社会资源，因为一个人的积极情绪和创造性会感染周围的人。根据这一思路，开发积极情绪以应对压力，并构建一定的心理弹性，将非常有益（Fredrickson，2001；Lyubomirsky，King，& Diener，2005）。

12.6.2 认同、道德和目标

如果与身患重病的人交谈，你可能会发现很多人在与死亡交锋后改变了自己的人生哲学（Taylor，2010）。我们也许会认为，对生命脆弱性的认知将导致他们变得冷漠和热衷享乐——“人生苦短，我应该及时行乐”。然而事实上这种反应很少发生。那些因为死亡威胁而做出了改变的人（当然也有很多人并未改变），大多转向了更大的自我实现，例如“我要花更多时间与家人在一起”“我要停下来闻一闻玫瑰的芬芳”“我要试着站在他人的角度看问题”“我要在医院做义工”等。在这里，我们必须感谢存在主义人格心理学，否则这一切很难被理解。

是存在主义哲学家、治疗师，曾经的纳粹集中营囚犯维克多·弗兰克尔提出了自愈型人格理论。虽然大多数被囚者死去了，但最快死去的是那些失去了认同感和目标的人。相反，生存下来的人更可能是那些即使身处绝境，仍尝试以有意义的方式生活的人。一个人的尊严感不仅仅有心理上和道德上的意义，它也是健康的重要方面。在医学治疗过程中缺少对这一关键因素的关注似乎是最让癌症病人生气的事。比癌症本身更令人难受的是自己被当作“癌症”“肿瘤”“疾病”。数千名患有癌症的作家代表罹患癌症的万千病患恳求道，“不要在我不在场的时候和我的配偶谈起我”“不要假装一切都很好”“不要害怕看着我或与我接触”“把我当作一个人而不是一种病”。一旦尊严感和意义感丧失了，生存的意愿也就随之消失了。越来越多的证据表明，拥有自愈型人格的个体会在生活中寻求意义或目的，并充分地参与生活，因此具有更好的身心健康状况（Friedman & Martin，2011；Hill & Turiano，2014；Steger，2012；Vaillant，2012）。

12.6.3 连续感

医学社会学家阿隆·安东诺维斯基（Aaron

Antonovsky，1979，1987）认为健康的核心是连续感（sense of coherence）—— 一个人对世界可理解、可控制和有意义的信心。他提出了一个关于人们怎样保持健康的通用理论，该理论被称为健康机理（salutogenesis）。根据这个理论，世界不一定是可控的，但是对事情的宏观规划还是可管理且有序的。例如，某人若持有强烈的信念，认为他正贯彻着上帝的旨意，那么他就可能具有较高的连续感。安东诺维斯基描述了纳粹大屠杀中一位男性幸存者的故事（Antonovsky，1987）。这是一个生活在纳粹统治下的欧洲的犹太青年，他非常悲观，对自己能否生存下来表示怀疑。但他并没有感到受辱，也没有感觉痛苦。后来，他目睹了一起犹太人的沉船事件，从此他尽己所能地开始新生活，并参与了反纳粹的活动。战争结束后，他去以色列开始了新生活。这样一个健康的人并不是一个乐观的人，但他具有卓越的能力来从容应对非一般的挑战。

这种对意义和尊严的理解，在人类学家和欧洲思想家中比在美国心理学家（更具种族中心倾向）中更普遍，它为我们理解健康增加了一个重要的新视角。对自愈型人格者而言，生活对健康有着很大影响。他们按照自己的方式形成了这样一种观点，即生活是有序、清晰的，而非混乱、神秘的。他们按照自己的方式成为人格健全、富有活力的人生主角，而非孤立疏离的漂泊者。一项大规模的研究追踪了20 000多名欧洲成年人6年，发现那些连续感强的人死亡可能性要小30%，并且这是在控制了抽烟、血压、胆固醇和神经质等风险因素的影响之后得到的结果（Surtees et al.，2003）。

每一种人格取向对于我们理解健康都是有贡献的（见表12-1）。正如我们在本书中反复强调的，每一种基本人格取向都为充分认识人类人格提供了有用的见解。

写作练习

罗杰斯推崇的快乐的力量如何体现在人们的健康质量上？你能概括一下人们要感到健康都需要什么吗？

表12-1 健康与八种人格理论取向

理论取向	对健康的启示
精神分析	潜意识中被压抑的冲突可以通过临床症状表现出来，这一思想是心身医学发展的基础。如今，这一过程常被称为躯体化（somatization）
新精神分析 / 自我	育儿方法及其导致的依恋类型和安全感（或不安全感）会把孩子引向健康模式（责任心、自我效能、信任、社会融合）或不健康模式（药物滥用、滥交、暴力）
生物学	承受压力或有不健康习惯（如酗酒）的个体被视为患有疾病的人；常用手段为药物治疗，以影响激素或神经递质分泌，也会使用自我调节技术
行为主义	健康或不健康的习惯是通过条件强化习得的，健康提升需要根据条件来改变奖赏
认知	通过信息加工和病人角色，人们能够认识到行为如何影响健康以及如何保持健康。控制感使人们得以应对生活中的变化
特质	某些特质，如尽责性，被视为健康的；而其他特质，如冲动、愤世嫉俗和感觉寻求，则被视为不健康的
存在 - 人本主义	自我实现、个人成长和连续感与自愈有关，良好且利他的社会关系是健康所不可或缺的
交互作用	当个体使自我与环境实现良好匹配时，就可以达到最佳的健康状态，因此要使体内平衡最大化，并选择和创造更健康的社会和工作环境

总结：压力、调适和健康差异

对于人格复杂性的见解可以通过应用领域的研究来获得，如压力、疾病和健康。我们追随了勒温、奥尔波特和其他伟大理论家的建议，即只有在真实世界的社会背景下加以研究，才能最好地理解个体。我们思考了健康领域中的人格，不仅通过人格研究更好地理解了健康，也通过健康研究更好地理解了人格。

人格与健康的关联途径很多。第一个是健康行为。某种类型的人由于其生理特点或社会化过程，更可能投身危险行为（从抽烟到跳伞的一系列活动）。人格和健康的第二个关联来自病人角色的思想以及它隐含的回报。

人格和健康间的第三个关联是疾病对人格的影响，这是身体影响心理的一种身心效应。人格和健康的第四个有趣的关联是素质－应激模型。

素质是身体出现疾病或紊乱的倾向（通常是遗传的）。疾病并不一定会出现，除非它被环境诱发。例如，某些人有精神疾病倾向，之前也可能发作过，但是在环境条件成熟前是不会再一次发作的。这种疾病模型同人－情境交互作用的思想有很多共同点。

如今，有充分证据证明，与生活轻松悠闲的人相比，生活在激烈对抗、竞争和压迫之中的人更可能患上心脏疾病。但是，辛苦的工作、活动或挑战性的任务并不是问题的关键，敌意对抗才是问题所在。另外，如果你处于无论做什么都无法控制结果的情境中，就有可能出现习得性无助，它是一种会导致抑郁和身体不健康的心理状态。各种心理困扰（如长期愤怒、焦虑或抑郁）和多种疾病之间存在联系。换言之，并不只是焦虑与溃疡相关或沮丧与哮喘相关而已，疾病倾向人格是存在的。

推孟于1921—1922年开始的生命全程研究，提供了一种考察人格对健康的终身影响的方法。童年时期的社会可靠性和尽责性是寿命的预测指标，成年时期的尽责性也是如此。小时候高尽责性的人较不易因受伤而早亡，也不易染上一些不健康的习惯，同时还会因其他的心理社会原因保持健康且活得更久。尽责性对健康和幸福的影响现在是人格心理学研究的一个主要领域。

在对自愈的研究中，人格研究者从人本和存在主义理论中获得了许多灵感，考虑了人类机能的积极方面。自愈型人格是一组促进健康的特质和情感风格，它们能帮助人与环境良好适应。这些特质能增强个体应对压力源的灵活性，并在面临挑战时促进自我平衡，使个体保持良好的心理和身体健康。自愈型人格者主要有以下两种。第一种是更加积极的雄心壮志型，如忙碌但自信的律师以及努力工作的管理者。此类人喜欢寻求刺激，高度外倾，且具有自发性，爱好玩乐。第二种自愈型人格者是更加冷静、放松的类型。两类人都找到了适合自己的平衡状态。越来越多的证据表明，有意义的成就感、对他人的关怀、有趣的创造力以及对生活努力、积极的参与是自愈型人格的主要特点。

写作分享：再看追踪研究

回顾一下你学到的关于纵向研究知识。学习推孟和弗里德曼这项长达数十年的研究，使我们对人格和健康有了怎样的新认识？

13

CHAPTER

第13章

文化、宗教与族群

学习目标

13.1　考察群体、同伴和家庭对人格发展的影响
13.2　考察文化对人格发展的影响
13.3　对比自主性个体与集体性个体
13.4　评估基于多来源数据判断人格的重要性
13.5　分析宗教对反应模式的影响
13.6　描述社会经济因素如何影响人格
13.7　评估语言对人格的影响
13.8　考察人格测验中假设的重要性
13.9　考察文化如何决定人格和行为
13.10　评估当前研究中人格与文化的相关性

有人讽刺说，美国心理学是白人大二学生和小白鼠的心理学。3/4以上的心理学研究被试来自西方（western）教育水平较好的（educated）、工业化的（industrialized）、富裕的（rich）、民主的（democratic）社会，研究者用“WEIRD”（怪异的）来代指这些人（Henrich，Heine，& Norenzayan，2010）。但这种对一些心理学家未能深入研究其他文化和亚文化的指责，并不直接适用于人格心理学。许多颇具影响力的人格理论家来自欧洲，因而

在很大程度上受到欧洲社会历史的影响。由于欧洲人和不同民族及文化的接触比较密切（外加一些种族战争），他们较为关注文化对人格的影响。例如，弗洛伊德曾对文化、宗教和文学的心理基础进行过深入的思考；荣格研究过远东哲学和神秘主义；勒温开展过群际关系的研究；艾里克森考察过美国土著居民；弗洛姆比较了世界范围内的社会结构。因此，尽管有时会被现代人格研究忽视，但在人格心理学的历史上，对于文化的关注丰富而悠久。

不过，对于主流文化以外的族群，如亚裔、非裔、西班牙裔和美国土著居民等（他们往往是社会和经济歧视的对象），宗教、文化和族群对他们人格的影响却很少为人格心理学家所关注。一个重要的例外是奥尔波特，他写了大量关于反犹主义、美国种族偏见和非裔美国人遭遇歧视的文章。奥尔波特认为，要对美国人的行为进行分析，就必须考虑到美国社会中黑人和白人的关系。从20世纪50年代起，奥尔波特便在该领域开展了意义深远的工作，但这些工作只被极少数人格心理学家继承了下来，且这些人中还有不少事实上继承的是奥尔波特的其他理论观点。这种疏漏一度成为阻碍人格心理学发展的因素。

为何有关人格的族群文化因素的知识会有这么大的空白？一个原因是美国心理学的经验和传统，即大多数年轻学者会延续其导师的研究主题，而一些非主流的研究方向，如跨文化研究，则需要经过相当长的时间才能强有力地进入学术争鸣的主战场。此外，现在许多人具有多重文化背景（Hong，Benet-Martínez，Chiu，& Morris，2003），有些研究者觉得这过于复杂，难以进行理论检验，故而会回避从事文化心理学方面的工作。然而，文化对个体的意义之深远是无法回避的。正如奥尔波特所言，系统研究这些文化影响是人格心理学的必要工作。现代人格心理学应传承其丰富的文化意识传统，这正是本章的主题。

13.1 群体影响

13.1 考察群体、同伴和家庭对人格发展的影响

诗人约翰·邓恩（John Donne）告诉我们，“没有人是一座孤岛”。他的意思是每个人的生活历程都与他人息息相关。每个人都被镶嵌在一个复杂的社会系统中——家庭、朋友、邻居、社区和社会。

群体对人格发展最直接、即时的影响当然来自家庭，这也是人格心理学家对父母的作用如此关注的原因。然而，我们也会在很大程度上受到同龄人的影响。哈利·斯塔克·沙利文强调“密友”的重要性，尤其是在青少年阶段，他发现这一阶段是族群认同的形成时期（Phinney，1993，2003）。即使成年了，我们对自己的评价也取决于朋友和伙伴。例如，试想一下一个鸡尾酒会邀请了10位律师、10位外科医生和10位心理学教授。很显然，我们能轻而易举地通过他们的言谈举止、政治观点，甚至鞋子的式样、衣着的格调和某些外貌特征辨认出每个人的身份（也许都不用等到他们聚集到一起）。换言之，每一种社会分类（这里指职业分类）都会影响它的成员。

这是一个古代奥尔梅克（Olmec）人的雕塑，来自墨西哥。文化会影响我们对一个事物是美还是丑的评价，也会影响我们对什么是公共场所的适宜行为的看法。露骨地描述裸体在一些文化中是可以接受的，但在其他文化里不行。例如，在美国的文化背景下，许多男人会买色情杂志，在平时这没有什么，但如果让色情杂志出现在咖啡厅或者办公桌上，就会不合时宜。不过，如果一座断臂的维纳斯或者米开朗基罗的《大卫》的复制品出现在起居室里，却不会引人侧目。

文化效应

除了这些直接的社会影响外，社会组织也会对个体施加压力。对大多数人来说，人们对自身的界定会受到宗教、教育、政府和国籍的影响。一个在波士顿私立天主教会学校长大的人和一个在北京的学校长大的人在反应模式上会有不小的差别。这些差别与基因或家庭关系的差异无关，我们把它称为文化效应（cultural effects）——从社会组织中习得的共享的行为和习俗。

即便在同一种文化内，不同族群和阶层间的差异也可能非常巨大。在同一城市的同一所高中里，不同的个体会因为所属的族群的历史（家庭习惯和亚文化传统）和阶层（经济和教育地位）不同而发展出迥异的反应模式。例如，在波士顿的同一间教室里，一个中产阶级非裔美国人、一个拉丁裔美国移民和一个富有的德裔美国人可能有着完全不同的经历。这并不是要忽视他们都是人类或都是美国人的事实，而是试图表明，和生物及社会影响一样，文化对人格的塑造同样深刻。

写作练习

在做出职业选择或婚姻决策时，文化的影响有多重要？文化的重要性也会因不同的文化而有所不同吗？

裙子究竟应该是保守的还是开放的在很大程度上受到文化的影响，并不一定体现人格。

有趣的是，有关裙子的争论总是聚焦于年轻女性，这再次体现出人类对于性及性权力的关注。

端庄是人格还是文化，抑或二者兼有？为什么对端庄的讨论总是聚焦于女性？

所有人都具有生理性欲。然而，文化和宗教可以令人们禁绝婚前性行为，避免通奸，甚至彻底禁欲，如僧侣、教士和尼姑。性交方式的选择也有着跨文化的差异，如手淫、性暴露癖、兽奸（和动物发生性关系）(Kluckhohn，1953)。对于不太了解某文化的“局外人”来说，文化习俗，包括一些禁忌和规定，可能相当诡异甚至令人生厌。如在殖民时期，欧洲人常将其他人视为不正常、未开化的野蛮人。这种从自己的观点出发评估他人的现象被称为种族中心主义。

13.2　人格与文化研究的历史

13.2　考察文化对人格发展的影响

对于鱼来说，水就是全世界，就是它所了解的全部。我们对文化的认识也受到类似问题的挑战：如果不从外部视角看，就很难看到我们文化的独特性。一旦和别的文化进行对比，一些稀松平常的事情就可能成为特异的了。例如，对很多美国人来说，吃昆虫是奇怪且恶心的；但对许多非洲人来说，昆虫很美味，食用猪肉（火腿、培根）才是奇怪和恶心的。甚至一些复杂行为也可能是文化特异的，如欧洲人习惯将历史记录在册，而非洲人更倾向于口头传承，他们都会觉得对方的方式是怪异的。

13.2.1　文化人类学的贡献

20 世纪早期，随着文化人类学的逐渐发展，许多有着远见卓识的学者（如玛格丽特·米德）曾前往一些偏僻地区观察原始的习俗、家族和社会。20 世纪 20 年代，玛格丽特违背了当时美国社会对受过教育的年轻女性的期待，只身前往萨摩亚（南太平洋中的一条岛链）观察当地的儿童和青少年。米德的研究焦点之一是儿童的养育问题。她发现，不同文化中的青少年面临的困难不尽相同。美国社会中的青春期是一个叛逆期，但在某些文化中，青春期只是成年期前的一个平稳的过渡期。当然，所有青少年都会经历青春期的激素变化。然而，作为一种社会反应的功能，生物性（激素）变化的效应是迥然不同的。

在某些文化中，例如墨西哥和菲律宾，儿童必须负责照顾他们年幼的弟弟妹妹并帮忙做家务（Whiting & Whiting，1975）。这种儿童会成长为乐于助人的亲社会成人。相反，在主流的美国文化（现在还包括亚裔美国亚文化）中，绝大多数孩子受到的教育是要成功，要通过体育活动、艺术表演、学术研究等去实现潜能，总之凡事都要争第一。于是他们会表现出较少的利他行为和更强的竞争性。这些跨文化研究发现对解释儿童在学校中的成败表现至关重要（Cook-Gumperz & Szymanski，2001）。例如，一个拉丁裔学生可能无法在竞争激烈的课堂中取得学业上的成功，但依然被认为是成熟的，因为他的家庭强调尊重（respeto）和温暖（simpatía）这两个拉丁文化中最重要的价值观（Greenfiled et al.，2006；Marín & Marín，1991）。

不同文化对同一行为或特质的理解可能大相径庭。和美国人相比，日本人更习惯在商务谈判中采用委婉的沟通方式（在内容及非言语表达风格上）。在美国人看来勇敢、坦率、直接的交谈风格在日本人看来却是激进、粗鲁和无理的。

一些人类学研究探讨了儿童接触和了解性行为对其人格的影响，他们想要检验弗洛伊德的观点。例如，有些文化并不避讳让儿童了解和性有关的信息，儿童可能亲眼看到过父母的性行为（在有些家庭里，父母和孩子睡在同一个房间），或者在很小的时候就接受了详尽的性教育（Ford & Beach，1951）。然而，在弗洛伊德所处的维多利亚时期的欧洲，儿童会被灌输性行为是肮脏、隐秘的观点，他们对于性的好奇还会招致严重的惩罚和羞辱，这些负面的经历导致了压抑。因此，人类学研究认为，弗洛伊德理论的核心内容需要进行大幅度修正甚至彻底推翻。弗洛伊德有关性压抑的观点至少不能直接应用于那些鼓励公开谈论性的社会之中。

在著名的《人格的文化背景》(*The Cultural Background of Personality*) 一书中，人类学家拉尔夫·林顿（Ralph Linton，1945）指出，任何一个来自狩猎部落的男孩一旦发现自己孤身一人身处丛林且天色已晚，都能自行搭好避难所并度过漫漫长夜，即使他从未有过类似的经历。林顿认为一个人会带着从文化中获得的大量知识来到一个环境中。我们和同处一个文化（如当代的美国文化、加拿大文化或澳大利亚文化）或亚文化中的人（如有西班牙背景的美国青少年，或者魁北克省的加拿大籍法国人）具有一些共同的行为模式。例如，大学生的日常行为具有很多共同点——起床后播放流行音乐，洗漱，穿上牛仔裤，吃百吉饼、麦片、鸡蛋松饼，和朋友打招呼，去上课，参加校园俱乐部等。用个体人格来解释这些行为显然不太合适，这些共同的行为模式应该被理解为“人由他们的文化和亚文化所塑造”，因此，在很多方面，他们和同一文化或亚文化中的人相似，同时区别于其他文化中的人。

简而言之，当我们遇到来自其他文化的人时，他们行为的文化一致性往往非常明显，以致会令我们忽略他们的个体差异。人类学家布拉德·肖尔（Bradd Shore，1996）在萨摩亚的研究发现，只有熟悉了某个社会的文化之后，才能识别这个文化下个体的人格差异。他一开始就是被萨摩亚人人格中的共性（由文化决定的）震惊了，以至于忽略了人格个体差异的存在，和他自己所在文化中的人们一样（Shore，1996）。

思考一下

当代研究者对于青少年的潜在“问题”——药物滥用、滥交、暴力等十分关注。这是个人发展的必然结果吗？

不是。谨记米德的先锋观点：完整的故事不可能只承载于个体内心，社会的巨大影响同样重要（Mead，1929，1939）。

和奥尔波特一样，米德也认为在某种已知的文化背景下，个体的反应倾向（如人格）是相对稳定的。例如，1928 年，她对位于波利尼西亚阿德默勒尔蒂（Admiralty）群岛上的马努斯（Manus）部落进行了研究。25 年后，马努斯社会经历了一场深刻的现代生活变革。米德回到了这里，发现她依然可以辨识出个体稳定的行为模式，即使实际的行为作为一种文化功能已经发生了变化（Mead，1954）。与之相似，当一个人进入新文化时，是很难区分文化规范性的行为（如在西班牙的潘普洛纳（Pamplona）奔跑在公牛的前面）和个体特异性的行为（如跳入公园的喷泉）的。不过，一旦你了解了文化情境（如潘普洛纳的奔牛节），个体的行为模式就清晰可见了。

13.2.2 主位研究法与客位研究法

跨文化人格心理学家通常会区分主位研究法（emic approach）和客位研究法（etic approach）。主位研究法关注文化特异性，通过某单一文化内的术语来理解该文化，例如美国人训练儿童上厕所的方式，拉丁文化中表达焦虑的方式（antaque de nervios）等。客位研究法则是跨文化的，寻找的是不同文化间的共性，例如所有文化中都有表达“你好”和“再见”的方式。顺便说一句，“客位”和“主位”这两个术语正是源于语言学中对言语声音的两种描述方式——语言特异性和普适性。

当从一种文化中发展出的人格概念、测量和研究方法被草率地迁移到另一种文化时，问题便出现了。问题不仅在于被翻译过来的量表无法精确捕捉可能存在文化差异的概念，还在于人们总是基于自己的文化群体对量表做出反应，从而掩盖了真正的群体差异（Heine，Lehman，Peng，& Greenholtz，2002）。例如，一个人的人格在所在文化中属于很外向的，但放到一个多数人都热情奔放的文化里，他就变成了一个内向的人。此外，同一个人格构念在不同的文化环境中可能有不同表现。以 F- 量表（F-scale）为例，这份量表由加州大学伯克利分校开发，用于测量个体在顽固和权威这两个特质上的倾向性。该量表可以很好地检测出有偏见的美国人，但却不能被直接有效地用在其他文化中，如它无法预测南非白人中反黑人的偏见行为（Pettigrew，1958）。这是否意味着其他文化里不存在权威性人格？并不是。探讨这个问题时还需要同时考虑其他各种文化特异性变量。主位研究法提倡本土化的研究方法（如访谈本地人、开展焦点小组等），它们对研究主题中涉及的文化特异因素更加敏感。客位研究法则可以作为补充，通过被翻译和引进的工具（如被翻译过来的人格测验）来实现跨文化的量化比较（如 Benet-Martínez，2007）。将二者结合可以同时发挥出两种方法的优势（Cheung，van de Vijver，& Leong，2011）。结合的形式可以多种多样，既可以使用产生于当地文化背景的方法（主位研究法），又可以使用从其他文化背景中借鉴过来的方法（客位研究法），从而对特定文化环境中的人格做出有效且准确的整体性描述。

瑞士精神分析学家卡尔·荣格在神秘事物、宗教、古代仪式和梦中探寻人格的根源。回忆一下他提出的集体潜意识概念，这是人类进化的记忆库，即人们在进化过程中会共享一些指导性的思想和动机。以母亲为例。所有人都有母亲。荣格（1959）认为正如婴儿会吮吸母亲的奶水一样，所有的儿童在和母亲的互动中都有天生的反应倾向。因此，所有文化中都有关于母亲的神话和意象就并不奇怪了。荣格把集体潜意识中的普遍性结构称为原型——所有人都与生俱来地怀有对母亲的期待。但母亲角色的很多方面在不同的文化中不尽相同。就这样，荣格非常明确地指出了，人格心理学必须在寻找普遍性的同时允许重要的文化变异性的存在。

写作练习

想一想我们是如何测量人格的，然后思考人格是否会因所处的文化不同而产生变化，为什么？

13.3 集体主义与个体主义

13.3 对比自主性个体与集体性个体

文化影响人格的效应中一个关键性的维度是自主性个体和集体性个体的集中度。个体主义的主题多出现在西方文化中，而集体主义的主题则主要出现在东方文化中（Church，2009；Kitayama & Markus，1999；Markus & Kitayama，1991；Triandis & Trafimow，2001）。个体主义者强调自主性和独立性，集体主义者则强调相互依赖和重视群体。美国文化崇拜孤独的牛仔和运动明星，亚洲文化则崇拜团队领导和取胜的队伍。许多亚洲文化强调个体之间的关联；而美国人则相反，鼓励个体各行其是。欧裔美国人和日本人对于未来生活的期待完全不同。一项研究显示，日本人认为积极事件发生在他人身上的可能性要比发生在自己身上大，美国人则没有表现出这种消极的偏差（Chang，Asakawa，& Sanna，2001）。美国人的个体主义观点认为个体是独一无二的、有价值的，这一点在很多研究中得到了证实。这些研究发现身处个体主义文化的个体认为自己比同龄人更具竞争力、更聪明、更有吸引力（Heine，Lehman，Markus，& Kitayama，1999）。可笑的是，绝大多数美国人都认为自己处于平均水平之上（Ariely，2008）。电台主持人加里森·凯勒（Garrison Keillor）曾用虚构的“乌比冈湖”（Lake Wobegon）小镇来嘲笑这样的现象：“在那里，所有的孩子都高于平均水平。”(后称“乌比冈湖效应”。)

在一座类似印度加尔各答的集体主义城市中，你会感受到那里的热情好客，而在纽约，你能感受到的可能是强势的个体主义。纽约成为世界资本主义的中心绝非偶然。因此，如果不考虑所处的文化环境，就很可能错误地解读个体的行为差异。

集体主义 - 个体主义的文化差异也会影响人们的认知方式和总体世界观（Nisbett，2003）。在知觉和思维方面，东西方文化存在广度和深度上的系统差异：关系性、相互联系、情境敏感的东方取向对去情境化、逻辑驱动的西方取向。例如，对于竞争和冲突，集体主义文化中的个体会更多地考虑到环境因素，也更能容忍模棱两可的情况；个体主义文化中的个体则更想知道究竟孰是孰非、谁赢谁输。从人格的认知观点来看，个体在知觉、理解、记忆和思考自身及周围环境时表现出的这些文化差别是人格的重要组成部分。此外，有证据显示，亚洲人和亚裔美国人较少从其他个体身上获取建议和情感安慰，但会从所在的社会群体中受益；欧洲人和欧裔的美国人则相反，他们在压力情境下会从他人身上获得可靠的社会支持（Kim，Sherman，& Taylor，2008）。

13.4 科学推断的偏差

13.4 评估基于多来源数据判断人格的重要性

本章关于族群、宗教和文化如何影响人格的内容非常重要，它可以帮助我们更准确、科学和严谨地思考。纵观本书我们会发现，如果忽视了社会及文化影响，即使是那些最杰出的科学家，在进行推论时也可能出现偏差。例如，弗洛伊德认为一个健康的女性就是一个好妻子和好母亲，且和丈夫在性生活上十分协调。高尔顿及许多才智超群的研究者都坚信白人男子的智商最高，因此他们在大学、商界和政府担任领导再合适不过。事实上，在相当长的时间里，和许多其他领域的专家一样，心理学家很少质疑“总统、议员、外科医生、总裁、法官和教授应该是富有的男性白人”这一观点。

重要的是，我们要认识到这些观点并非有意的忽视或蓄意的偏见。它们曾是很多有思想的、受过良好教育的人的想法。在一本名为《加入俱乐部：犹太人和耶鲁的历史》(*Join the Club: A History of Jews and Yale*）的有趣的书中，作者记录了当20世纪20年代犹太移民就读顶尖学府的人数激增时，耶鲁大学领导者们的反应（Oren，1985）。例如，一位同时担任新生主任的心理学家这么评价：尽管犹太学生在学术上的表现不错，但因为存在个人“缺陷”，他们仍然应该被逐出耶鲁，“我觉得他们是课堂这个有机体中的异类，他们对班级生活的贡献微乎其微”(Oren，1985：43)。换句话说，他们来自异类的文化。

这种偏见导致在20世纪60年代以前，美国的大学或多或少存在排他性，即只允许极少数的非主流学生（还不包括女性）进入耶鲁这样的顶级大学。这种微妙的文化偏见和影响甚至扭曲了那些受过最好教育的美国人的判断。

写作练习

IQ测验和其他智力测验会由于被试来自不同族群、社会经济地位或文化而产生偏差吗？

思维训练　钟形曲线

1994年，理查德·J. 赫恩斯坦（Richard J. Herrnstein）和查尔斯·莫瑞出版了一本颇具争议的著作，名为《钟形曲线》（*The Bell Curve*）。他们声称已经收集到了一些证据，可以证明遗传的一般智力因素是大多数成功和失败的原因，且可以通过IQ测验准确地得到这个因素的信息。他们断言IQ，也就是"天生的智力"，和成功呈高度正相关，包括收入水平（贫穷或富有）、受教育程度、雇佣状况（在职或失业）、职业成就（在公司里的职位高低）、懒惰、接受的公共帮助（福利）、婚外生育情况、离婚、抚养质量、犯罪、政治参与、投票行为等（Herrnstein & Murray，1994）。

如此广泛而全面地将人格归因于遗传因素，立刻让我们产生了怀疑（因为我们知道人格有多么复杂）。接下来作者的断言更加证实了我们的怀疑：他们还认为，由基因决定的智力是导致不同族群成功与否的主因。换言之，作者没有从社会、文化特点及传统中寻找族群成功差异的原因，而是将其归结于IQ的群体差异。

这一观点被一些不了解的人不加鉴别地接受了。我们曾听某主流报纸的主编声称，社会不必为能否提供高质量的教育而担心了，因为"科学家已经证明了"能力和成功都是由基因决定的。作为一名人格心理学的学生，你能接受这种说法吗？

最基本的是，当有人想基于族群做出政策结论时，我们应该保持怀疑甚至警惕，即使这种群体差异存在生物学基础也不能例外。在每个群体内部，总是存在相当程度的变异。当考虑是否要录取一名学生或员工时，如果他可能是下一个毕加索、爱因斯坦或者居里夫人，族群和性别又能说明什么呢？

那么，成就和失败确实取决于以族群为基础的天生能力吗？许多心理学家通过指出证据的不精确性和推导成就遗传成分过程中的矛盾性来反驳这些观点。例如，众所周知，在考虑遗传的效果时，通常不能排除环境改变带来的影响，有时候遗传甚至很难限制环境改变对人格的影响程度（Wahlsten，1995）。这意味着即使在某种程度上智力主要由遗传因素决定，一个环境的细微变化（例如是否有受过良好教育的父母）也会显著改变具有某个智力分数的个体的成就水平。《钟形曲线》作者的统计学错误也是备受争议的一个方面（Bateson，1995；Fancher，1995；Fraser，1995；Krishnan，1995)。随着人类基因图谱被不断地描绘出来，我们可以越来越清楚地看到，族群在美国社会是一种社会学分类标准，而不是一种基于基因的分类方式（如，Bonham，Warshauer-Baker，& Collins，2005；Smedley & Smedley，2005）。由于族群缺少明确、一致的有关基因标记的证据，基于基因的族群－智力关系假说逐渐被抛弃。

出于文化影响，错误使用IQ测验将得出不准确的结果（Nisbett，2009）。尽管IQ测验能对具有同样背景的人在某些方面的技能做出相对准确的评估，但也不是不会犯错（Barrow，1995；Siegel，1995）。正如我们在整本书中所强调的那样，我们应该看到各个人格理论提出的关于人类本性的不同假设，并从中得到启示。

13.4.1　以族群来区分群体的缺陷

人类依据许多不同的标准来区分群体。一些群体的形成基于公开的信仰，例如政治信仰或宗教信仰。政党就是一个例子。一旦个体改变了信仰或采纳了新的信仰，就可能从一个政党转向另一个政党。

另有一些群体是基于文化习惯和风俗来划分的，例如是吃意大利面还是墨西哥玉米卷，是穿短裙、戴珠子项链，还是包阿拉伯头巾（kaffiyehs）。这些往往和宗教信仰无关。这样被划分出来的群体被统称为族群。

还有一些较大的群体是基于一些和地理有关的外貌特征来划分的，例如皮肤的颜色、眼睛的形状或者身高。这种群体通常被称为种族。种族带来了许多混淆和科学误解，因为文化传统和身体外貌混杂在一起，令人错误地认为身体特征与文化习俗存在内在的联系。然而，人们可以改变他们的饮食习惯或者宗教信仰，却不可能改变肤色。我们可以很容易地判断出一个人是黑种人、白种人还是黄种人，却很难从表面信息中判断出他们是天主教徒还是佛教徒。

由于外貌特征非常突显，我们经常将其泛化，甚至将人格特性过度归因于其上。一个居住在沙特阿拉伯的阿拉伯男人可能会有一个大鼻子和一头深色头发，说阿拉伯语，戴阿拉伯头巾，持保守的政治观念，遵循传统的阿拉伯习俗，如果他还是一个穆斯林，那就还不吃猪肉。但这个阿拉伯人的孙子呢？他

演员及前州长阿诺德·施瓦辛格称一位拉丁裔的加州女议员“很性感”，然后惹上了麻烦。他说到加勒比岛民：“我的意思是，他们都很性感……你知道，他们身上有一部分黑人血统和一部分拉丁血统，这两种血统共同造就了他们的性感。”这种过度概括说明，即使是受过良好教育的人也经常犯两个错误。第一，他们会把血统（生物学上的概念）和文化混淆，尽管有明确的证据显示，是文化而非任何形式的血统深深影响着群体成员的共同反应。第二，一旦对某个群体产生了刻板印象，个体就很容易犯过度概括的错误，从而忽略了无论在拉丁人种还是其他的群体中，人们的热情、情绪化、甚至“性感”程度都存在巨大的个体差异。

也许出生和成长在洛杉矶，是一个演员，他可能也有大鼻子和深色头发，但其他地方可能和他的祖父完全不像。如果仅仅依据外貌上的特点就推断两个人会具有相似的行为，未免过于草率。然而，这种混淆和过度概括十分常见，尤其是基于肤色来做判断。

13.4.2 美国困境

在美国，由于历史原因，白人和黑人的差异是最为显著的群体划分依据。美国的建国理念乃“人人生而平等”，然而美国宪法却允许奴隶制的存在（甚至在征税和投票时将奴隶作为3/5个人来计算）。经济学家纲纳·缪达尔（Gunnar Myrdal，1944）将这个问题称为美国困境。怎么会有一个国家主张人人生而平等，却仍有许多人是奴隶？

1933年，研究者对普林斯顿大学的本科男生开展了关于种族刻板印象的研究（Katz & Braly，1933）。研究者要求被试选择一些最能够体现出给定的10个族群成员（例如美国人、中国人、爱尔兰人等）的特征的词语。被试认为“美国人”（与这些学生属于同一族群）是勤劳的、智慧的、上进的，然而对其他群体的偏见则无处不在。例如，“黑鬼”被看作迷信的、懒惰的、逍遥自在的、有音乐天赋的。这种毫无逻辑的歪曲认知是相当令人震惊的。再如，加利福尼亚州曾引入大量亚洲工人从事劳动，他们被强迫住在种族隔离区，被认为愚昧无知且排外。有趣的是，现代研究在采用了可靠的测量手段后发现：不同文化中并不存在常见的刻板印象所描述的所谓民族“性格”，如英国人是保守的，加拿大人是冷漠的，这都是毫无事实根据的刻板印象（McCrae & Terracciano，2006）。虽然这些刻板印象常常能得到人们的共识，但它们与文化群体间的实际人格差异并不相符。

巴拉克·奥巴马的例子可以体现出“族群与文化”关系的复杂性。奥巴马的父母分别是来自肯尼亚（非洲）的黑人和美国堪萨斯州的白人，奥巴马的童年是在夏威夷（有时和他妈妈住在一起，有时和他的白人外祖母住在一起）、印度尼西亚和美国东北部的常青藤学府度过的。随后他娶了一位非裔美国女人为妻，并在芝加哥的非洲－美国部担任社区组织者。如果要分析奥巴马，除了需要考虑认知、生物、特质、驱力和能力的因素外，还必须考虑那些促进其发展的文化、社会和族群的力量。为了理解他为何能够成功（登顶最高选举台），我们需要考虑他是如何与多样但有时彼此冲突的族群环境相处，甚至从中吸取养分的。

很显然，基因结构对人格有重要的影响，但影响方式十分复杂。肤色不过是一种可观察的基因表现形式，就像眼睛的颜色、身高、体形、眼形、鼻形等。相对于复杂的生物学、社会学、认知、存在及文化的分析，外貌特征的解释力显然微不足道。然而，对于肤色的关注导致了一场毫无必要且弊大于利的政治冲突（Klineberg，1935；Rushton，1995；Spearman，1925；Yee，Fairchild，Weizmann，& Wyatt，1993）。以德国纳粹为例，对外貌特征和所谓的种族差异的过多关注导致了大规模的群体屠杀——从摇篮中的孩子到犹太人和吉卜赛人。讽刺的是，这些都是以"科学进步"为名进行的。

至于族群与人格的相关性，一方面，我们的人格确实会受到他人反应方式的影响，而他人的反应经常是基于我们的外貌特征（在美国通常是肤色）做出的。在一些亚群体里研究特定的生物相似性（如某种疾病的易感性）也具有一定意义。但另一方面，将美国人这样高度异质性的群体简单划分为几个族群并不存在科学依据（Dole，1995；Graves，2001；Phinney，1996）。相反，研究族群认同、历史、家族、亚文化、宗教和社会阶层等的效应可能会带来更丰硕的成果，因为它们往往会和气质相互作用，进而影响人格。它们更容易被定义，且较少受到科学及社会的歪曲。

写作练习

回忆一下你学过的八种人格研究的理论取向，它们哪一个曾在什么时候研究过"族群"，以及为什么研究？

13.5　宗教

13.5　分析宗教对反应模式的影响

如果一个虔诚的基督徒成为足球队里其他人的笑料，他会像他的教义中要求的那样"转过另一边脸给人打"，还是出言反驳（甚至身体报复）那些挑衅者以维持他的男子气概？有时候文化期望和宗教期望会截然相反，人们在某些情境下不得不遵循两套甚至更多的行为准则。如果你是一个小众宗教的教徒，你就更容易遇到类似状况，因为文化惯例通常对主流宗教有利。尽管有时可把宗教视为文化的一部分，但二者对人性和人应该如何行动的理解可能不同。在一个多元的社会中，一个文化框架下常常存在多个不同宗教，通过宗教信仰和惯例可以清楚区分个体的反应模式，宗教也成为个体身份认同的重要方面。

然而，宗教及与之相关又有所不同的灵性概念（Zinnbauer et al.，1997）在人格心理学研究中始终处于边缘化的地位，因为研究者对人格的探索通常建立在坚实的实证基础之上。事实上，弗洛伊德和许多精神分析学家一度声称反对宗教，因为他们试图把自己主张的新科学从当时宗教氛围下的非科学信念中抽离出来。但是荣格对宗教象征、神秘学和神话十分感兴趣（Browning，1987）。如今，随着大学生对宗教的兴趣日益浓厚，宗教极端主义者引发的全球性冲突日趋严重，宗教开始成为人格研究的一个重要方面（Cohen，2009；McCullough，Friedman，Enders，& Martin，2009；McCullough & Willoughby，2009）。宗教与自我控制、健康和社会交往关系紧密。例如，信仰宗教的女性会更健康，且寿命更长。这不仅是因为她们的行为更健康，也因为她们的社会联系更健康（Friedman & Martin，2011）。另外，相比非基督教徒，基督教徒更有可能将小概率事件归因为命运（"本该如此"）而非运气（"这就是个巧合"）（Norenzayan & Lee，2010），且无论他们是亚裔还是欧裔，都是如此。

新教反对天主教强调的等级，认为个体可以直接与上帝相连，而美国殖民者和美国政府中的大多数人都是新教徒。因此，这一点经常被用于解释美国人的个体主义倾向。的确，所谓的新教伦理——每一个人都应该努力工作以使自己和社会受益——常被用于解释美国和（信仰新教的）北欧的经济繁荣（Bellah，Sullivan，Tipton，Madsen，& Swidle，1985；Weber，1930/2001）。有证据显示，美国的新教徒在宗教哲学和信念（包括和上帝的交流）上更为个人化，而美国的犹太教徒和天主教徒则更关注社会、仪式和社区事务（Cohen & Hill，2007）。当然，群体内部也存在很大的个体差异。

人本 - 存在主义取向将精神性视为人性的核心。事实上，对精神性的关注正是罗杰斯这类基督教取向

基督教、犹太教和伊斯兰教都是坚持一神论的宗教，共享某些古老的闪米特（Semitic）传统，涉及的基本历史事件都发生于耶路撒冷。然而它们每一个都只坚信自己是纯正可靠的，并把这一认同传递给孩子和信徒。对于许多人而言，宗教认同及相应的习俗传统是人格的重要组成部分。奥尔波特认为宗教信念主要受文化影响，与根植于个体性格的基本信念有所不同。任何一种信仰都可能带来积极的价值观，也可能导致偏见。

的人本主义者和斯金纳这类行为主义者的重要区别。斯金纳认为，宗教不过是一系列使用自身术语（如“虔诚的”或“罪孽的”）的相倚关系的集合。如今，我们经常可以在个体身上看到犹太－基督教的“人观”，如他们把人类看作上帝的地球管家，因此必须把自己的生命奉献给拯救地球，保护人类和动物的生命，以及养育家庭的任务。一个无神论者可能也会有同样的奉献精神，但其根本动机和行为表现（如是否所有行动都伴随着祷告）完全不同。同时，一个没有宗教信仰的人也可能（在不知情的情况下）遵循宗教的指示而努力，因为宗教理念早已以非宗教的方式深深地渗透到了世俗文化之中（Cohen & Rankin，2004）。

荣格呼吁进行宗教研究，但担忧西方人会转向东方宗教。现如今，越来越多的西方人开始对佛教感兴趣。佛教僧侣身上简单、平和、沉稳的气场体现出了健康的精神，这在某种程度上和马斯洛及弗兰克尔提出的自我实现的高峰体验十分类似。现在，冥想被用于训练个体遏制某些神经活动，某些熟练人士甚至真的可以在冥想过程中提高左脑前额叶的活动性，减少情绪性（Davidson，2004；Goleman，2004）。和犹太－基督教的传统相比，佛教更强调人格的认知元素，因为它更关注个体意识及其发展，而不是社会化进程或人际关系。此外，佛教还强调用正念（mindfulness，指对此时此刻的觉知）抵抗焦虑，包括远离现实世界的各种困扰；这和精神分析学家寻找的童年期压抑或人本心理学家追寻的高峰体验迥然不同。

写作练习

宗教会影响人格吗？美国的新教徒比其他更关注社区和社会宗教仪式的宗教徒更个体主义吗？那么其他信仰呢？

13.6 社会经济对人格的影响

13.6 描述社会经济因素如何影响人格

在公共健康领域存在一个有趣的现象，被称为社会经济地位梯度（SES gradient），即个体的社会经济地位越高，他生病和罹患绝症的可能性就越低（社会经济地位是反映个体受教育程度和收入状况的一个指标）。两者之间的关系在不同时期、不同地区以及不同收入水平上都得到了验证（Adler，Boyce，Chesney，

& Cohen，1994）。例如，那些极其富有的老年女性要比那些仅仅是小康的老年女性活得更久。关于这个梯度存在各种各样的解释，但迄今为止尚没有一个解释被证实是完全正确的（Saegert et al.，2007）。

对于人格心理学家而言，这个现象中有趣的地方在于社会阶层居然能对个人产生如此广泛的影响（Stephens & Markus，2014）。如果社会阶层能影响一个人生病的可能性和预期寿命，那么它也会对日常的心理反应模式产生显著影响（如 Pearson，Lankshear，& Francis，1989）。甚至在中产阶级内部，富裕的、中等的和工薪阶层（蓝领或者低一点的中产阶级）之间都会存在差异。这种现象在印度这样的国家更为凸显，因为种姓制度的存在，印度的社会阶层划分极其鲜明（如 Dubey，1987）。但在美国的学术制度下，对社会结构与人格关系的研究主要集中在社会学领域（House，1990），人格心理学家的话语权很弱。

马克思认为，个人的某些心理特征（比如异化），可以直接追溯到资本主义社会的经济结构中，而非个人的生物特征或生活历史。

卡尔・马克思和异化

与之类似，还有一些学者强调经济系统对个体行为的影响。这一观点的雏形来自德国社会哲学家卡尔・马克思（Karl Marx，1818—1883）。马克思关注历史和经济压迫，他认为许多社会组织（包括宗教）的存在旨在维持精英集团的经济实力（1872）。他的这一观点催生了现代的社会主义和共产主义。社会主义者信仰一种结构化的社会，其中，人们的工作直接对社会而非自己产生增益。共产主义者信仰的是由工人阶级发动的，铲除私有制的变革，因为他们认为私有制是社会变得自私和去人性化的源头。

马克思认为某些个人特征，如人的异化，可以直接追溯到资本主义社会的经济结构。由此他看到了社会经济对个体的重要影响。马克思及其追随者的根本观念——社会经济及其相关的其他社会结构因素是理解人类行为的重要方面——被广泛应用于社会学、社会心理学和政治科学的研究中（Kohn，1999）。例如，在现代社会中，美国人的苦恼和不满源自他们社会参与的锐减，他们不认识他们的邻居，甚至不常与朋友见面（Putnam，2000）。并不是他们自己想要架起藩篱、脱离社区，只通过电脑进行社交，而是整个社会结构崩塌了。

在人格心理学中，马克思最大的贡献莫过于对弗洛姆及其同僚的启发，他们深入思考了现代社会的存在性异化。和马克思一样，弗洛姆也致力于研究人类的基本天性以及何种文化能最好地促进个体的自我实现。有趣的是，弗洛姆接受并进一步扩展了社会经济基础塑造社会文化的观点，但他既不是一个决定论者，也不是一个悲观主义者。弗洛姆坚信资本主义社会制造的必然是一种消耗的文化，这是由其本质所决定的。如果人们对新生事物没有好奇心，也不去消耗它们，那么资本主义社会就不能发挥其功能（例如，如果人们沉浸于冥想和社区体育运动，满足于简朴的服装、食物及交通方式，那么商业极可能崩溃）。弗洛姆坚信，通过强调社群、爱和相互依存，人们能够创造出促进个体自我实现的社会。

写作练习

刻板印象阻碍了人们对不同阶层的人格特征形成合理的看法，它们具有实质意义吗？马克思主义思想与人格有关吗？资本主义思想呢？穷人和富人的人格有差异吗？

13.7 语言——一种文化影响

13.7 评估语言对人格的影响

语言是任何一个文化中最为核心和最具影响力的特征之一。在加拿大，说法语的魁北克人想要独立，与其他说英语的加拿大人发生过多次文化冲突。在美国，来自西班牙语文化圈的人，例如墨西哥裔美国人、古巴裔美国人、波多黎各人，继续使用原有的语言，从而很好地保留了他们所属亚文化的核心特征。还有其他很多亚文化也在力图保留其源文化的语言。语言的口头形式，即说和听，是所有人类社会中最普遍的人际互动模式，也是“我们是谁”这个问题的答案的核心。特定语言的特定特征将我们塑造成了特定的人。

13.7.1 语言和认同

在某种程度上，你的语言造就了你。用心理咨询师弗朗兹·法农（Frantz Fanon，1952，1967）的话来说就是，“能说意味着有能力使用某种语法，并掌握了这门语言的形态，但更重要的是呈现一种文化，以及承载某种文明的重量”（pp.17 ～ 18）。对于社会认同，语言是一把双刃剑，一方面将不精通这门语言的个体排除在外，另一方面加强了使用这门语言的个体之间的联系。

由于自身经历的不同，每个人都在使用某种特定版本的母语，这被称为习语（idiolect）。习语是自我表达的特定形式，因而也是人格的一部分（Johnstone & Bean，1997）。基于此，历史学家和文学评论家才会一度质疑莎士比亚戏剧是否全都出自同一人之手，以及争论《圣经》中哪几卷源自同一个写作者。当然，两个人之间的相似性越强，如住在同一个地区，接受相同的教育，处于相同的社会阶层，信仰相同的宗教，有着共同的兴趣，他们使用的习语之间的相似性也就越高。来自相同地域，具有相似文化特点的个体的共有语言被称为方言（dialect）。当两个不同的群体使用彼此联系但又不同的方言时，方言就成了身份认同的关键性因素。例如，在一些非洲裔美国人群体中，身份认同是由使用黑人英语来建构的，那些使用白人英语的成员则被视为忘本的。童年时期，对陌生人的喜爱程度与此人口音和该儿童所处社区常用口音的相似程度强烈相关，而非这个陌生人的种族，这表明方言是认同感的一个重要方面（Kinzler，Shutts，DeJesus，& Spelke，2009）。

相比于我们日常说的“口音”（accent，关注发音），方言的概念要复杂得多，包括词汇、句法形式上的变化等。例如，俚语存在许多亚文化差异。一些和亨利·希金斯（Henry Higgins）教授（《窈窕淑女 / 卖花女》（*My Fair Lady/Pygmalion*）中的虚构人物）一样具有极高方言技巧的人，可以根据他人的声音辨别对方是哪里人，甚至可以定位到某一社区或小村庄，由此他也就了解到了关于其个人认同的重要信息。

语言使人保持强烈的群体认同。一套亚文化群体方言的社会作用，就像黑话之于一个街头帮派，技术术语之于某个科学分支。在这两个例子中，个体只使用本群体成员才能听懂或在群体中存在特殊含义的词语和表达方式。可见，语言既能被用来确认说话者的群体成员身份，又能将外来者排斥于群体成员的交流之外。

13.7.2 通过共享语言创造文化

聋人的例子可以说明共享语言对于创造文化的重要性。在某种程度上，“聋人文化”或许比失明者的文化更适合被称为一种文化，因为失聪会影响相当一部分聋人和外部世界（不会使用手语的人）的交流。失明的人在日常生活中也会遇到许多额外的麻烦，但总的来说他们可以与外界交流。但聋人就不一样，尽管他们也有自己内部通用的语言，但他们的群体和依照族群、地域和语言划分的群体还是有所不同，比如他们听力正常的家人就不属于这个群体。当然，聋人文化也是更大的文化的一部分，失聪的儿童也可以学习到更大的文化（Van Deusen-Philips，Goldin-Meadow，& Miller，2001）。不过，上述差异确实能够帮助我们跳脱惯常的认知视角，就像一条鱼发现世界并不全是水一样。

13.7.3 语言作为政治

大多数人会赋予自己的母语一种心理上的重要

性，将其视为自我的一部分，美国的“英语至上”运动很好地证明了这一点。想一想那些赞成将所有官方语言（包括政府文件、电子资料等）限定为英语的人。对此立场的一种解释是他们坚信移民及其子女只有在娴熟地掌握了大多数人的语言后才能全身心地奉献社会。另一种解释则是美国的建国者都说英语，因此英语在一定程度上体现了大众生活的精华，出于对这种传统的尊重，他们坚信英语必须是唯一的“官方”语言。

而持另一派观点的人则希望政府能够继续根据大众的需求提供不同种类的语言服务。他们当中的许多人认为“英语至上”运动具有种族主义、排外主义和狭隘偏执的企图，其目的是削弱少数语言群体的文化，即剥夺那些非英语者使用母语生活和从事公共事务的权利。从这两种立场中我们可以清晰地看到，人们越在意语言在公共场域中的使用，就越认为语言对于定义个体和国家身份非常重要。

尽管所有合法公民都反对非法移民，但一些美国人甚至也反对合法移民，因为担心美国的精神会被外来者破坏。讽刺的是，对于移民者人格的研究表明，他们热爱冒险，工作导向，追求卓越和自由，愿意从事有挑战性的事业，并愿意拥抱变化。换句话说，就像美国历史所阐释的，移民者恰恰会帮助美国维持其价值内核，特别是当他们受到欢迎和感激时（Berry et al.，2016；Boneva & Frieze，2001；Deaux，2006）。

13.7.4 语言和思想

既然大家都能理解和表达自身的观点，为什么使用哪种语言还是很重要呢？我们提到过，认同是核心议题，而语言能起到表达文化团结的功能。此外，语言还能影响人们交流的方式，并在某种程度上反映出该文化的世界观。在一段话语中如何轻松表达某个内容及需要涵盖哪些信息，会因语言的不同而不同。例如，瑞典语中用于表达感情的词语很少（和英语相比）。人们在使用希伯来语这种最古老的语言时不得不进行大量具体的描述，因为它的抽象表达很少。在印第安语中，动词的形式会随着作用对象的改变而改变。在以上例子中，语言本身的要求已经成为说话者将预期的交流转换成词语以及听者解释这些词语的过程的一部分。任何一个尝试过将散文（甚至是诗歌）从一种语言翻译成另一种语言的人都深有体会，保留原有的语义是一件多么困难的事。

来自加纳的科菲·安南（Kofi Annan）是联合国第七任秘书长，以在人权、人类发展、人类尊严、和平等方面的贡献而闻名。他在加纳、美国、瑞士接受过教育，能流利使用英语、法语及多种非洲语言，他娶了一位瑞典太太娜内（Nane）。他具有不可思议的能力，既能欣赏不同的文化，又能毫不费力地在不同的文化间穿梭。安南获得了诺贝尔和平奖。

语言还有一个更重要的角色：我们所用的语言不仅影响我们说话的内容，还会影响我们理解和知觉世界的方式。换言之，你使用的语言不但决定了你如何把思维转化为文字，还会塑造你思维的本质。与之有关的就是著名的沃夫假设（Whorfian hypothesis）或者萨皮尔－沃夫假设（Sapir-Whorf hypothesis，以1950年首次提出它的人类学家本杰明·李·沃夫（Benjamin Lee Whorf）和10年后传播它的爱德华·萨皮尔（Edward Sapir）命名），他们的观点被称为语言相对论（linguistic relativity），即认为我们对世界的解读在很大程度上依赖于我们用于定义它的语言系统。例如，如果你的语言中没有通用的“云”这个词，而是用许多近似但不同的词来表述各种云（如雨云、积云等），语言相对论就会认为你对“云”的理解很可能与英语母语者（有“云”这种通用表述）大不相同。

由于语言相对论假设难以操作化，相关的实证证据其实相当混乱。不过，的确存在一些零散的证据表明语言可以影响思维过程，并和人格有一定的相关性。例如，一项研究发现，那些喜欢使用主动语态的个体更可能属于场独立性人格（Dobb，1958），意即他们的知觉方式很少是被动的。毋庸置疑，我们用于理解和交流思想观点的字字句句塑造了部分的我们。正如捷克谚语所说，“学习一门新语言，获得一个新灵魂”。

13.7.5 双语者

既然语言是人格的一个关键方面，那么使用两种语言的人是否具有两种人格？研究结果支持这一观点，并提出人们的行为和当下使用的语言相符，尤其是当他们认为自己的两种文化认同可以相容的时候。例如，具有中美双文化背景并全然认同双文化的个体会在中国人身份认同被激活时表现出人格中中国化的一面，反之亦然（Benet-Martínez，Leu，Lee，& Morris，2002；Benet-Martínez & Oishi，2008；Hong et al.，2003；另见 Fivush & Nelson，2004）。在另一项研究中，在被要求报告自传体事件时，中国香港的双语儿童受到了采访语言的极大影响：相比中文，当采访语言为英语时，他们报告的内容反映出的自我认同更独立、更自我中心（与多数西方文化中的个体类似）（Wang，Shao，& Li，2010）。换言之，如果一个人在成长过程中同时使用两种语言，那么在一定的语言－文化情境下，对应的行为和思维模式就会被习得和激活。

对英语－西班牙语双语者的一系列研究表明，当人格测验分别以英语和西班牙语呈现时，双语者会有截然不同的反应（Ramírez-Esparza，Gosling，Benet-Martínez，Potter，& Pennebaker，2006）。怪不得那些西班牙裔美国大学生会在家族聚会中使用西班牙语，而在和同伴交流科学问题时则使用英语。这些发现证实了文化之于人格及语言之于文化影响的重要性。总而言之，双重文化下的个体并不是在两个文化中选择了一个，而是一并适应了两种文化（Nguyen & Benet-Martínez，2012）。

13.7.6 语言和社会互动

试想一下，在某个世界中，你需要在和对方交流之前先判断对方相较于你的社会阶层。如果你认为自己处于社会等级中相对较低的位置，就会表现出和身居高位或与对方处于同一等级时截然不同的姿态。如果这样一个系统运行良好的话，社会阶层势必很清晰——你可以清楚辨认你所处的位置。不同社会对高等级的定义不同，但判断标准基本上包括财富、年龄、性别、职业、家庭或宗族、种族、受教育程度等因素。在许多传统社会中，社会阶层可以通过显见的外在标志加以识别（例如文身、发型和衣着）。一个例子是人称代词（Brown，1970），在由拉丁语演化而成的语言（法语、西班牙语、意大利语）以及德语中，并没有一种普适的表达“你”的说法，而是分为两种形式，一种用于密友和下属，另一种用于尊敬的人，如法语中的“tu”和“vous”，西班牙语中的“tu”和“usted”，德语中的“du”和“Sie”。尽管在不同的语言中需要使用尊称的对象不同（也视具体情况而定），但做出正确的区分始终十分重要。英语使用普适的“你”（you），且没有其他备择的形式。因此，对于很多仅使用英语的人来说，在学习其他语言时需要付出很大的努力去适应这种区别。假如不幸使用了错误的人称代词来称呼一个等级高于你的人，你就得当心了，例如称呼你的西班牙岳父为“tu”（通常用于等级低于自己的人身上）。此外，在称呼你的日本籍老板时最好不要使用他的姓。总之，每一种语言都有各自的礼貌用语规范，反映出该社会认为什么才是恰当的言语互动（Brown & Levinson，1987）。

13.7.7 性别和语言

性别是一个非常重要的领域，其中许多关于地位、权力和认同的问题都与语言有关。在很多语言中，女性和男性使用的词语形式存在区别（关于女性和男性的词语形式也有区别）。不过英语几乎没有这种纯粹的语言学上的差异。英语在第三人称单数及其相关形式上使用了不同的词（he 和 she，his 和 her）来区别男女，但所有人都只能称呼自己为“I”，无论男女，你（你们）也只能被称作“you”，无论性别、地位和人数。而其他许多语言会使用不同的代词来描述第一人称、第二人称和第三人称，且用不同的尾缀来区分性别。例如，法语中形容堂（表）亲时，使用的是 un cousin（男）和 un cousine（女）；你的西班牙教授要么是 un professor（男）要么是 un profesora（女）。无论我的性别是男是女，我都可以说“我是一个美国人”（I am an American），不管对于说话者还是倾听者，这句话都是性别中立的。但法国人在表达“我是一个法国人”时，他们会说“Je suis Francais”（男）或“Je suis Francaise”（女），这是两个不同的词语，在发音上也有差别，它们可能代表了不同的潜在概念，即不同类型的人格。

绝大多数关于英语使用的官方指南（例如《〈纽约时报〉格式手册》《美国心理学会格式手册》）都要求使用者做出性别中立的说明，除非其指代的内容中仅包含一种性别，即我们不能说“每一个议员都要遵从他的良心投票”“科学家和他们的夫人”等。此外，几个世纪以来，这些官方指南都在提倡在描述全男性和男女混合群体时使用 he/him/his。这种用男性人称代词作为缺省或普适的人称代词的方式有时候会引起笑话，例如一本生物学教科书曾写道“和所有的哺乳动物一样，人类生下他的孩子”（Like all mammals, the human bears his young alive）。

基于心理学对语言的理解，很显然，通常用于指代大一新生（包括男生和女生）的单词“freshman”并不是真正的性别中立。

从心理学的观点来看，阳性人称代词和男性紧密相关（这并不令人惊讶）。实验已经通过多种方式证实了，当人们听到“他”或“他的”时不太会想到女性（如，Gastil，1990；McConell & Fazio，1996）。数百年来，语言（尤其是书面语）使用规则的制定者绝大多数是男性，这些规则其实反映的正是男性的经验。回到语言相对论假设，值得注意的是，即使对于那些致力于推行语言公平的作家和演说家来说，如何不尴尬地保持性别中立也是一个很大的挑战。在英语中，性别中立的第三人称单数代词的缺失使得某些事物难以被优雅地表达。女权主义批评家安德里亚·德沃金（Andrea Dworkin，1981）曾说道：“男性至上的观点被融进了语言中，每一句话都在预示和证实这种观点。”（p.17）虽然这一观点略显极端，但确实体现出了英语对性别中立的拒斥。我们使用的语言影响了我们的思维和行动。

写作练习

语言真的能够影响人格吗？试想一种你学习过的语言，你认为使用主动还是被动语态，使用专业术语还是轻松活泼甚至粗俗的俚语，能够反映出一个人的人格吗？

13.8 文化和测验

13.8 评估人格测验中假设的重要性

测验的文化问题中存在一个超越测验内容的额外因素，即测验的情境：施测者和受测者之间的关系也会对测验结果产生影响。

与其他研究一样，心理测验建立在一系列假设之上。在假设得到满足的条件下，测验可以提供有价值的信息。但是，一旦假设未被满足而施测者也未意识到问题所在时，测验不仅毫无帮助，甚至可能带来伤害。

当测验的假设带有文化偏向性的时候，问题就不可避免。最为显见的可能是，测验条目的内容没有恰当捕捉到特定的文化体验。例如，出生在乡村的人和出生在城市的人的经历截然不同，一些一般性知识问题和心理反应问题可能适用于一个群体，却不适用于另一个群体。同样地，“听到天使的声音”在某些文化中代表着一种宝贵的宗教体验，而在另一些文化中则是心理疾病（精神分裂症）的信号。在一个文化中开发出的测验也许会将另一个文化中的某些特质视作病态，即便这些特质在该文化中是受到赞许的。例如，被广泛使用的明尼苏达多相人格测验第二版中的某些条目如果由印第安人来答，可能会得到不同的答案。在这一测验里，印第安人的世界观、知识、信念和行为被认为是病态的表现（Hill，Pace，& Robbins，2010）。此外，测验分数还会受动机、之前的测验经历、施测者的特征、社会经济地位等因素影响。

13.8.1 文化无关和文化公平测验

为了解决这一问题，测量学家做了大量尝试。其中一个取向叫文化无关测验（culture-free tests）。例如，瑞文推理测验（Raven，1938）让人们观察一些几何图形，然后辨识图形中反复出现的模式。因为所有的儿童都具备认知能力，因而这一测验被认为不存在文化偏差。然而，更深入的分析发现，某些文化假设已悄悄存在于这些测验中。例如，某些文化中的儿童有更丰富的接受（某类）测验的经历。因此，研究者转而尝试开发一些文化公平的测验。

文化公平测验（culture-fair tests）试图控制或排除由文化产生而非个体差异引起的效应。例如，一个智力测验考察个体对声音或图片刺激的反应速度，即认为反应时更多由生理因素而非环境决定。但是，我们已经知道生理过程同样受文化影响。一些文化鼓励迅捷的反应，而另一些文化则鼓励较为缓慢和谨慎的反应。而且，某些文化中的个体参与测验的动机更强。

另一个解决办法是在测验中同时安排一些有文化偏向性的分量表和一些文化公平的分量表（卡特尔的文化公平智力测验采用的就是这一方法）。如果个体在两种测验上的表现差别较大，那么标准化的测验对其是不适用的。这也符合一些教师发现的情况：一个非主流文化背景的学生在某些任务上表现良好，却在另一些任务上表现糟糕。

目前，一些测验正不遗余力地把文化因素纳入考量（Frisby，2013）。例如，多元文化评定系统（System of Multicultural Pluralistic Assessment，SOMPA）（Mercer，1979）认为测验的结果离不开文化。因此，只有身处同一个文化群体的个体才能进行比较，来自不同文化群体的个体不能进行比较。为了避免把一些少数群体错误地划入智能劣势的范畴，这一观点被运用到了能力和智力测验中。但人格测验尚未重视这一问题，如果不慎重考虑文化因素，一定会犯同样的错误。

在建构测验时，一个棘手的问题是要搞清楚究竟哪些条目带有文化偏见，而哪些体现的是文化差异。例如，群体 A 在某个考察抑郁倾向的条目上比群体 B 得分更高，这个条目应该被纳入测验中吗？如果群体 A 确实有着更高的抑郁倾向，那么它就应该被纳入。而如果不是这样，这个条目就带有某种文化偏见，应该被剔除。解决这一问题的唯一办法是关注效度标准——有关两个群体的其他信息。一旦离开了被创造的情境，测验就毫无价值，而充分理解了那个情境后，测验就会非常有效。

接下来思考一个更为实际的问题：试想要用一个有关问题解决的笔试测验来遴选消防员。这个测验肯定无法测试一个人的勇气、体力和从救援梯上搬下一个 150 磅的人的能力，但它可以测出一个人的救援策略以及做出瞬时决定的能力。简言之，并不存在一套单一规则可以保证所有测验的效度。

还有一个重要问题是测验的误用。例如，如果一个日本心理学家设计的量表发现美国人“过于外向”，这一结果本身没什么，重要的是将这一结果作何用途。日本心理学家会因为美国人的这一“缺陷”而尝试改变他们吗？会因此就不让美国人去日本旅游，购买日本的商品或阅读日本的杂志吗？

13.8.2　刻板印象威胁

即便是测验时的情境，也会和相应的社会期望有关。心理学家克劳德·斯蒂尔（Claude Steele）发现，在面临有挑战性的测验（如大学入学考试）时，当人们认同自己属于某个群体，而这个群体又被认为会表现不佳的时候，人们就真的会表现不佳。例如，如果一个女生相信“女生的高等数学能力比不上男生”，或一个黑人学生相信“在研究生阶段黑人的表现不如白人”，他们就真的会考不好高等数学或在研究生入学考试中发挥欠佳。这一现象被称为“刻板印象威胁”（stereotype threat）——他人的判断或自己的行为给他们带来负面的刻板印象（并在无意中证实这种刻板印象）的威胁。相反，如果相信这些测验或评价与性别及种族无关，他们的表现就会提升。总之，这一理论融合了自我、认知和交互作用取向，即个体在某一具体情境下的认同取决于他如何理解挑战以及如何以预期方式影响行为。

“刻板印象威胁”这一概念捕捉到了族群或性别认同凸显的消极影响，但事情仍然有积极的一面，即关注正面的刻板印象也可以提升表现。例如，一项研究请亚裔美国女性参加数学测验，强化其中一组的族群认同（强调“亚裔美国人都很擅长数学”的刻板印象），强化另一组的性别认同（强调“女性都不擅长数学”），相较没有受到任何认同强化的控制组，这两组被试都朝刻板印象期待的方向发展了。在另一个性别和族群刻板印象指向了与数学测验不同的方向的词汇测验中，研究者得到了相反的效果（Shih，Pittinsky，& Trahan，2006）。这又是一个极佳的例证，可以证明交互作用取向所说的，人们会在不同情境中“成为”不同的人。

刻板印象威胁还会导致相应的生理反应。例如，一项研究考察了非裔美国人和欧裔美国人在面临刻板印象威胁时的血压变化。这些大学生被随机分配到了两个实验情境中。在高刻板印象威胁的实验情境中，被试看到了一个欧裔美国男教授，他告知被试他们将要参加一个由普林斯顿大学和斯坦福大学研发的最新智力测验，以了解该测验是否具有文化偏向性。在低刻板印象威胁的实验情境中，被试见到的是一位非裔美国心理学教授，并被告知图兰大学和霍华德大学正在尝试开发一个公平的、不带有文化偏见的测验，在这个测验中黑人和白人的表现是一样的。然后，他们都接受了一个有一定挑战性的标准化测验。结果显示，在测验中，受到高刻板印象威胁的非裔美国被试比没有受此威胁的同伴以及所有欧裔美国被试的血压都要高（Blascovich，Spencer，Quinn，& Steele，2001）。此时我们再次发现无法用特质、生理、情境和文化中的任意一个单独因素来解释个体差异，而应综合考虑这些因素对人格的影响。

此外，对刻板印象威胁的易感性也存在个体差异，对群体污名更敏感的个体受影响更大（Brown & Pinel，2003），而高自尊者更有能力将对污名的关注（如作为一个女性参加数学测验）转换为对自我认同中积极方面的关注（如作为一名大学生参加数学测验），从而降低刻板印象威胁的易感性（Rydell & Boucher，2010）。近来的研究还发现刻板印象威胁是一个多维概念，除了学校，工作和其他情境也存在这种现象。因此，克服这种威胁还需要对其本质进行更精确的理解（Roberson & Kulik，2007；Shapiro & Neuberg，2007）。

小和田雅子（Masako Owada）毕业于哈佛大学和牛津大学，曾是一名成功的日本外交官。然而在她29岁嫁给皇太子德仁亲王（Crown Prince Naruhito）后，一切都不同了。雅子“改变”了她的人格，她成日待在家中，变得十分保守，服从她的亲王丈夫。有媒体报道称此种改变十分艰难，你也这么认为吗？雅子生活在集体主义和相互依赖的社会中，这会让她的改变轻松一些吗？如果一位美国职业女性因嫁给一位议员或总统，也要做出类似的改变，是否将更为吃力？（左边的照片是婚前，右边的照片是婚后。）

刻板印象威胁还有更普遍的启示吗？文化帝国主义（cultural imperialism）将自身文化取向拓展到其他文化或亚文化中去。例如，在许多美国历史书中，印第安文化已经消失或被忽略。最近也出现了反对的声音，被称为多元文化主义（multiculturalism，如坚持非西方文学和哲学课程），但该观点在攻击西方学术传统的过程中走向了另一个极端。

作为社会科学，心理学在这场争论中扮演了一个有趣的角色。化学等自然科学不存在实质上的文化争议：分子结构的定律在所有文化中都一致。而在人文科学中，没有单一的科学标准可用：文学和哲学在不同的语言范畴中截然不同。然而，心理学等社会科学一方面受到文化的影响和歪曲，另一方面又要遵循科学的标准。完全有效的人格心理学观点既要将文化变异纳入考量，又要建构一些可以通过科学方法及数据来检验的理论。这将是未来人格心理学面临的重大挑战。

写作练习

回忆一下被视为文化无关测验的罗夏墨渍测验，以及荣格关于普遍性“原型”的观点。如果你要构建一个文化无关测验，你觉得这个测验中应该包含怎样的条目呢？至少写出一个条目。

13.9 人格与文化的通用模型

13.9 考察文化如何决定人格和行为

想象一下，一个旧金山警察在公园里发现了一个四处游荡的5岁男孩。警察上前询问男孩，但他拒绝做出任何回答；向他提供食物，他拒绝食用且继续啃着手指；警察领着他往外走，他却停下来躲在一棵树后小便。对于一个生长在旧金山的儿童来说，这些举动反映出一种很异常的人格。但设想一下，如果这名儿童是和他的难民母亲一起刚从一个极度贫穷、连年征战的地区移民到美国的，那我们对其人格的评估恐怕就要发生改变了，甚至是巨大的改变。关键在于，人格和可预测的行为在一定的框架（用于理解它们的文化情境）之外是毫无意义的（Betancourt & Lopez，1993；Heine & Buchtel，2009；Ojalehto & Medin，2015）。

无法理解文化对人格的作用会造成一系列后果，其中最悲哀的例子是美国政府和原住民之间的关系。经过多年的战争、冲突和误解，即便到了近100年，二者的关系仍然脆弱不堪，因为印第安文化对世界的基本看法是如此不同。艾里克森（1950）曾经研究过南达科他州的印第安人，一度激发了人们对这一问题的兴趣。他发现白人老师认为印第安人的人格存在本质“缺陷”，言下之意是印第安人在传统的美国人课堂里无法与他人合作，也无法表现良好。

艾里克森将这一问题追溯到了具有长久历史且备受争议的政府政策上：建立独立的印第安保留区，然而居民需要依赖政府生存。政府一方面不断宣扬信任与合作，另一方面又不断打破协议。政府认为印第安文化过于特别，于是不断把主流文化的一些规则强制性地植入保护区中。保护区中的儿童和白人儿童的行为当然有差异，然而，直到近些年，有关文化冲突和人格的研究才开展起来。要想全面理解人格的稳定性和其伴随年龄增长产生的变化，就势必要了解其早期倾向、发展阶段及所处的文化（Whitbourne，Zuschlag，Elliot，& Waterman，1992）。在世界上一些族群和宗教冲突严重的地区，类似问题仍在发生。

自我了解

文化及其认可的行为

为了理解文化差异并激发相关的讨论，你可以尝试以下练习。首先，召集一个异质性的群体，例如选了某门公共课（如生物学导论）的同学，或来自不同宿舍的同学。然后，请他们判断以下行为是否合适，据此选择同意或不同意。

再然后，讨论在哪些情境下个体在以下行为上会表现出差异：气质、家庭、宗教信仰、性激素、性别角色、独特的个人经历、进化选择、早期的社会化经历、存在性思维、逻辑推理等。

陈述	同意	不同意
恋人中任何一方进行正式的求婚都是合适的。		
女儿不应违背父亲的意愿而结婚。		
计划生育能有效控制人口过剩和艾滋病的传播，因此应被推行。		
可以吃猪肉。		
因为狗太多了，所以可以吃狗肉。		
可以偶尔吃牛肉汉堡。		
那些炫耀自己脐环的女大学生很迷人。		
水貂皮和狐狸皮的外套很漂亮，水貂和狐狸是合理的衣料来源。		
陷入热恋的大学生情侣可以在公开场合激吻。		
陷入热恋的年纪大些的情侣（出生于 20 世纪 70 年代）可以在公开场合激吻。		
陷入热恋的同性恋情侣可以在公开场合激吻。		
一个人如果不遵循穆罕默德的教诲，就不能进天堂。		
一个人如果不遵循耶稣的教诲，就不能进天堂。		
如果妻子不能生育孩子，丈夫可以和她离婚。		
如果你在运动或学术上取得了某个奖项，可以把它陈列在卧室里。		
说唱音乐可以采用猥亵性的语言，因为它是艺术和惯例的一部分。		
如果一个寡妇只有 20 多岁且没有孩子，那么她可以立即恢复单身并约会。		
如果年幼的女儿做错了事，父亲可以打她的屁股以告诫她要行为得当，因为打孩子没有什么危害，反而是对孩子进行道德教育的法宝。		

13.9.1 将文化融入人格理论

对于人格研究常常忽视文化因素这一问题，解决之道不是消除或控制文化因素的影响，而是要将文化视为一种构成人格基础的关键性因素纳入考虑范围。每个人都在某种文化中长大。毫无疑问，文化是理解生而为人意义的关键部分——没有人能够离开文化。因此，将文化融入人格理论和人格研究理所应当。

奥尔波特（1954）在偏见研究中提出，不能把偏见完全放在人格的范畴之内。怎样的社会文化条件会滋生偏见？奥尔波特提出要综合社会、经济、历史和沟通因素作为内在人格动力的补充。例如，当社会发生变化时，当经济活动中存在劲敌（如为工作竞争）时，当政府当局允许找替罪羊时，当社会传统支持敌对行为时，当社会反对同化和多元化时，偏见更容易滋生。20 世纪发生的第一次世界大战打破了 19 世纪后半叶许多社会经济和地理的划分，同样，大萧条（开始于 1929 年）制造了经济上的困境和混乱。然后，从 20 世纪 30 年代开始，种族主义逐渐兴盛起来，尤其是在那些民主和自由历史尚不悠久的国家里。

13.9.2 文化和人性

文化为个体理解生而为人的意义提供了基本信息，但其具体内容因文化而异（Schweder，1990）。

的确，人类似乎特别适合（适应）文化（Tomasello，2000）。儿童出生时对一切茫然无知，是文化教给他们以下基本问题的答案：社会看重什么，对我有什么期待？家里谁和我最像？男人该做什么、女人该做什么？什么是成熟、理智的行为，什么是幼稚、冲动的行为？有趣的是，在一个世纪以前弗洛伊德已经问过这些问题了。对于理解文化的重要性，人格心理学兜兜转转又回到了原点。表13-1列出了人格研究的八种理论取向对文化的看法。

一些现代理论关注人格与文化中的角色和认知因素。文化通过影响我们扮演的角色来影响我们的行为。例如，现代美国文化对在竞技运动中取得成功的男孩子有极高的评价，因此，大家都想获得成功运动员的特质。此外，文化会帮助那些处于成长期的儿童确定自己该从哪些途径和角度来看待这个世界。例如，如果一个处于青春期的女孩被教育她应首要考虑家庭、孩子和家务，那么她很有可能早早离开学校然后结婚（Capsi，Bem，& Elder，1989）。可见，文化帮助我们确立目标。了解了这些文化影响人格的知识后，我们再面对关于人性的普适性论断时会有所怀疑，且更愿意寻求社会环境的解释（Shweder & Sullivan，1990）。

表 13-1　人格研究的八种理论取向对文化的看法

理论取向	关于文化与人格的主要观点
精神分析	长期的进化驱力塑造了本我的原始冲动，而每一个社会都发展出了各自控制本我的方法
新精神分析 / 自我	不同文化下迥异的儿童教养方式和依恋模式塑造了儿童不同的倾向，例如是更沉稳和信任他人还是更焦虑和带有攻击性
生物学	进化塑造了基因倾向后，文化便出现了
行为主义	文化是出现在特定地理位置或共享环境中的一系列强化相倚性
认知	作为人们处理信息的机能之一，文化提供了人们对世界是如何构建的以及如何在其中恰当行动的共享或特异性理解
特质	文化在特定群体或文明内部传递共享知识，但人格并不只是文化的主观方面，每种文化都具有独特的个体特质，而每一个个体又各不相同
人本 - 存在主义	文化是人类在生活中创造持久意义和价值的努力的结果
交互作用	文化是一系列共同情境的集合，行为只有在具体环境中的具体个体身上才能够被理解，因此，被文化影响的行为会随着文化的不同而发生变化

从经典到现代

从同性恋视角看文化与人格

绝大多数大学生都知道同性恋的特定行为模式是特定亚文化的反映，而非来自所谓的同性恋“人格”。但是可能会有许多人惊讶于这种亚文化在不同地方的巨大差异。

如今，很多人对于喜欢同性个体的人已经生成了刻板印象。男同性恋者常被认为具有一些“反性别”特征，这看上去可以解释同性吸引，但过于简单了。例如，人们觉得会被男性吸引的男性具有一些所谓的女性特征——轻浮、情绪化，甚至怯懦、虚伪。而那些能吸引同性的女性则被认为具有一些夸张的男性特点——挑衅、侵略性、爱运动、吵闹甚至危险（Halberstam，1998；Rottnek，1999）。有一些实证证据支持这种性别与兴趣和职业有关的观点，特别是，女同性恋者会认可自己的男性气概（Lippa，2005）。

然而，存在文化变异。民族志研究发现，当前各种男同性恋亚文化都强烈反对将男同性恋和刻板化的女性特质联系在一起。事实上，某些亚文化甚至将男同性恋对同性的渴望视为极度男子气的体现（Connell，1992；Murray，1996）。一项关于个人广告的比较研究表明，尽管西方文化中的男同性恋者对自己的男性气概表现出共同的关切，但不同的同性恋文化对男性气概作为一种人格特征的定义仍然存在很大区别（Allison，2000）。例如，美国的男同性恋者倾向于将男同性恋的身份特征定义为天生的男子气，而法国的男同性恋者却反对这一点，他们将男同亚文化等同于女性化。荷兰的男同性恋者则认为，反对大城市灯红酒绿的生活，崇尚与异性恋类似的伴侣关系，才是他们男子气的表现。

还有一些关于同性恋者人格的问题与男性化、女性化无关，但与主流社会对同性欲望的接受度和容忍度有关。例如，当同性恋的角色开始频繁出现在美国的电视节目上，他们的形象通常是滑稽的同性恋邻居。这尽管在一定程度上缓解了社会对同性恋的不安，但这些公式性的重复也给了观众一种印象，即男同性恋者都是诙谐的人。尽管这的确是一种非对抗性地抵御社会排斥的手段，但幽默应对只在特定的时间和地点管用，来自社会甚至家庭的排斥已经导致许多同性恋者发展出了一系列不健康的应对行为，包括酗酒。

值得注意的是，先驱研究者艾弗伦·胡克（Evelyn Hooker，1956，1993）从 20 世纪 50 年代开始的研究发现，同性恋者和非同性恋者在人格上的差异相当小，除了职业兴趣和自我知觉到的男子气外，二者并不存在根本的人格差异。尽管有些相似，但并不能说男同性恋者的人格“和女性一样”，或者女同性恋者的人格“和男性一样”（Lippa，2008）。尽管偶有观察者认为自己发现了巨大的人格差异，但最后往往会被证明那其实主要是亚文化之间的差异。

虽然各个文化均会塑造出同性恋者的“典型”人格形象，但身处其中的同性恋个体既有可能拥抱，也有可能拒斥其中的一些方面。同性恋者与所处社会的其他成员共享同样的人格特质范围。当受到其他文化影响时，对同性恋者人格的理解要考虑自我、主导文化和性亚文化的互动。

鉴于历史和社会经济对人格的影响，将来自某一主导或主流文化的概念进行过度推广是不明智的（DuBois，1969；Gaines & Reed，1995）。正如前文所说的那样，一个成长于郊区天主教学校的意大利裔美国白人儿童和一个在中心平民区强调非裔文化的学校上学的黑人儿童有着截然不同的经历。如果不考虑文化因素，恐怕很难直接对比他们的行为。这并不是说不存在普适的人格理论，而是说这些理论不能忽略文化、历史和社会经济因素。

有哪些来自非欧美地区的人格概念呢？在日本，“amae”这个词指当儿童理解到“父母会永远爱自己”这件事时出现的依恋性情感（表现为撒娇）。在日本这样的集体主义社会中，每个人都想得到其他社会成员的善待，因此“amae”对于成人而言也是一种正常且普遍的行为。然而在西方，由于美国人认为每个孩子都应尽可能早地发展成独立自足的个体，这一概念不可能出现（Berry et al.，2003；Doi，1981）。同样，在非洲，人们往往把人格与社区利益联系起来理解（Nsamenang，2004）。

在理解人格对身体健康等应用领域的作用时，文化也很重要。例如，基督复临安息日会（The Seventh-day Adventist church）的信徒坚守着第七日安息日（星期六而不是星期日）和耶稣复临的信仰。有趣的是，在美国，他们也是身体最健康的群体之一。从创建初始，他们的“健康信条”就至关重要。这一信条引导他们不抽烟、不喝酒、不吃肉（尽管近年来越来越多的成员开始吃肉）。成员们坚信他们的血液是神圣的，是要献给上帝的，因此被鼓励以各种方式追求身体健康，例如坚持锻炼和健康饮食。他们支持性的社会结构也促进了他们的健康。此外，他们还反对婚前性行为，尽管这主要是和道德而非身体健康有关。总而言之，这些强烈的文化信念塑造了他们的人格，并让他们成为美国社会最健康、最长寿的群体之一（Fraser，Beeson，& Phillips，1991；Orlich & Fraser，2014）。如果忽视了其宗教和文化背景，对他们人格和健康行为的解释就将是肤浅甚至全然错误的。

13.9.3　文化和理论

对文化的理解同样影响理论建构的方式。当 19 世纪 20 年代勒温从一个学生成长为研究者和教师时，他很自然地采纳了一起共事的格式塔心理学家的观点。与行为主义者关注具体的刺激、反应不同，勒温尝试理解更为复杂的应用情境，如餐馆中的行为、群体中的领导力、个体的动机和抱负等（Ash，1992）。他认为人格不仅存在于个体内部，也依赖于社会和文化环境。1933 年纳粹开始统治德国，勒温逃往美国。

从独裁和服从的德国文化来到相对民主和自由的美国文化，勒温开始思考存在于儿童教养、教育、领导力以及社会期望中的文化差异。勒温关注环境本身，极大地影响了美国的社会和人格心理学发展。也就是说，由研究者发展出的人格理论会在一定程度上受到研究者所在文化的影响，这即是文化影响理论（Bond & Smith，1996；Gergen，2001）。

那么，这是否意味着这些理论并不科学呢？未必。人类行为如此复杂，出现诸多彼此不同又有所重叠的理论来对其进行解释再自然不过。正如我们在整本书中强调的那样，必须把每一种解释置于逻辑和实证之下进行严格的评估，才能评断孰优孰劣。我们始终坚信，应在不同的背景下理解每一种理论，并对不同的观点抱持开放的态度。

写作练习

请思考以下问题：我们在社会中的角色是什么？什么是成熟的行为？考虑到这些问题存在文化差异，你能提出一些更具普适性的问题吗？

13.10 近来的研究方向

13.10 评估当前研究中人格与文化的相关性

在文化与人格领域，当前的一个研究焦点是东西方文化看待自我的差异。在美国，基本假设是每个人都具有神赋予的无限潜能，因此美国人认为每个人都应该追求独立自主和自力更生。这一观点聚焦于个体而非社会情境，不太重视文化因素。相比之下，在类似日本的社会中，社会的成功（而非个人的成功）最为重要。无私甚至牺牲自己的生命在日本社会享有极高的赞誉，但在美国社会则会被嗤之以鼻。对于美国人而言，那些反抗和违逆社会期望的人才是英雄，例如女权主义者苏珊·B.安东尼（Susan B. Antony）、民权运动领袖马丁·路德·金、苹果创始人斯蒂文·乔布斯（Steven Jobs）等。

让我们思考一下不同文化背景下人们的情绪反应（Benet-Martínez & Oishi，2008；Kitayama，Markus，& Matsumoto，1995）。在什么情况下人们会感到尴尬和羞愧？在日本社会中，工作出了差池，在打招呼或向对方表示敬意时违反了应有的礼节等，会被视为令人极端尴尬的情境。相反，在美国，商业谈判（或美式足球）中不计一切地和对手抗衡并取得胜利不但不尴尬，还会被视为值得庆祝的个人成就。也就是说，我们不能忽略文化而简单将这些反应归结为个体人格。

13.10.1 情境诱发文化差异

有时候族群认同必须来源于社会情境。在一项实验研究中，实验者让欧裔美国学生和西班牙裔美国学生进入同性小群体（6人）中，其中一些被给予了合作反馈，另一些被给予了竞争反馈。当处于竞争情境时，欧裔被试和西班牙裔被试的反应是相同的。然而，当处于合作情境时，群体的族群组成状况对西班牙裔被试的影响比对欧裔被试的影响更大。当西班牙裔被试是少数派时，他们表现得更具竞争性，当他们是多数派时，则表现得更为合作。相比之下，欧裔被试的行为更不容易受群体内部族群组成状况的影响。

换言之，只要没有激活文化中的合作规范，西班牙裔被试和欧裔被试的反应模式完全相同，否则，受族群影响的那部分人格就会表现出来（Garza & Santos，1991）。这种文化认同受到情境影响的现象尤其常见于集体主义文化及一些亚文化中（Kanagawa，Cross & Markus，2001）。如今，随着全球化的发展和移民的增多，大学课堂里充满着来自不同地方的学生，因而也时常出现由情境激发的基于文化的行为模式。但是，我们还需要对文化少数群体面临的情境进行更多的研究，例如墨西哥裔美国工人阶层女性的经历，她们的文化适应更依赖于族群，她们还经常面临性骚扰（Cortina，2001）。

正如特质研究越来越关注行为的结果（如成功和成就），文化人格心理学家也越来越关注文化的产物。一个研究综述（Morling & Lamoreaux，2008）考察了大量文化产物——杂志广告、书、新闻报道、网络内容、电视广告、歌词，甚至美术作品，探讨了这些文化产物更关注个人（个体主义）还是周围的环境（集体主义）等问题。结果并不令人惊讶，相较东亚和墨西哥文化，西方世界的文化产物体现出更强烈的个体主义倾向和更微弱的集体主义倾向。

13.10.2 族群社会化

各种社会中的父母都面临着一些难题，就是如何在鼓励孩子为自己骄傲的同时不让他们自我膨胀甚至产生优越感，又如何在帮助孩子做好应对偏见的准备的同时不引发他们的焦虑（Greenfield & Cocking，2014）。例如，非裔美国儿童的父母必须让孩子在社会化过程中了解到他们可能面临的歧视（Allen & Boykin，1992；Bowman & Howard，1985；DuBois，1969）。父母是否应该公开谈论族群问题？他们应该强调非裔美国文化的独特方面，还是应该最小化叙述这种差别，以使他们的孩子可以轻松地应对或融入主流社会？这是许多族群的父母都会面临的问题——如何既保持自身的自豪感和传统，又全面融入社会。

当人们的刻板印象被挑战，即他们发现有人表现得一点也不像他所属的族群时，会有怎样的反应？一些研究表明，人们接触到那些与其刻板印象相悖的信息时做出的反应与他们持有的内隐特质理论有关。那些认为特质是固化且不可改变的人更愿意接触与其刻板印象一致而非不一致的信息（Plaks，Stroessner，Dweck，& Sherman，2001），以此维持原有的刻板印象。而那些对人格的复杂本质有着更深刻理解的人则倾向于灵活改变自己的观点。这种知觉上的差异反过来会影响少数群体成员交往和认可其他群体成员的意愿。例如，心理学家威廉·克罗斯（William Cross）在其提出的理论中分析了非裔美国人相较于黑人、白人、双文化者和多文化者的族群认同和族群社会化情　况（Cross & Vandiver，2001；Vandiver，Cross，Worrell，& Fhagen-Smith，2002）。结果错综复杂：有些个体只认同少数群体，有些个体只认同多数群体，还有些个体建立了双文化或多文化认同（转引自 Benet-Martínez & Haritatos，2005）。能与多元文化和谐共处的人，在政治上也更具包容性（van der Noll，Poppe，& Verkuyten，2010）。

如何看待人们证实他人消极期待的倾向？应该让儿童知道有时候他们失败并不是他们的错，而是出于偏见和歧视吗？冒着儿童形成不了坚定的族群认同的风险去最小化这种潜在的障碍，会是比较好的处理方式吗？这些复杂的问题并没有一个简单的答案，然而对于美国和其他一些一直面临着多族群社会冲突的国家而言，它们开启了一个重要的研究方向。要在这些问题上取得重大进展，就必须广泛和深入地了解人格，包括人格的文化方面。

名人的人格　喜剧演员和他们的族群

韩裔美国喜剧演员玛格丽特·周（Margaret Cho）用她别具一格的喜剧表演方式展现了种族主义、性别平等、同性恋权利等内容。许多人觉得她的表演风格非常搞笑，但也有不同观点认为她的表演太过粗鲁，且表演她所属族群的笑料加剧了人们对该族群的刻板印象（这与她的意图相悖）。周的表演之所以会引发许多人的愤怒，或许是因为她的搞怪与人们对亚洲人（尤其是亚洲女性）的期待不符。但周说她并非在拿族群开玩笑，只是在拿饮食习惯开玩笑。

非裔美国喜剧演员克里斯·洛克的表演中也有大量有关族群的内容，涉及只有非裔美国人才具备的典型特征和经历。当他说“我才不怕基地组织呢，我来自布鲁克林的贝德福－斯都维森（Bedford-Stuyvesant，纽约布鲁克林区的贫民窟）”时，有人觉得幽默，有人觉得庸俗。

西班牙裔美国喜剧演员卡洛斯·曼西亚（Carlos Mencia）常拿拉丁美洲人的经历开玩笑，他的喜剧表演涉及许多关于该族群和社会阶层的内容。他使用的语言在有些人看来是政治不正确的（他某部 DVD 的名字就叫《易被冒犯者勿看》(*Not for the Easily Offended*)）。

事实上，这些喜剧演员，以及其他许多以自己作为少数族群成员的痛苦经历为笑料的人，都在小心地拿捏着一条微妙的边界，即通过喜剧赞颂和推广他们的文化还是加剧对文化的利用和刻板化。对他们的批评也不在于他们的表演是否好笑，而是他们是以尊重和恰当的态度对待少数族群面临的严肃社会问题（如毒品滥用、福利依赖、非法移民和帮派问题）的，还是仅将其作为娱乐手段。

另一个观点（也是很多喜剧演员的观点）则是喜剧可以强调文化的积极方面，展现它独有和丰富的习俗和世界观，让外群体成员有机会通过幽默来了解这个文化，从而增进他们对世界多样性的理解。这些喜剧爱好者都是社会中的一员，强调这个文化群体遭遇的困境和挑战会增强这些观众的认同感。任何一个文化群体都存在一些痛苦的经历，这些经历由内群体成员来讲述，会比由外群体成员来讲述更容易让人接受。

写作练习

每个人都在无意识地反映他所处的文化。父母应该有意培养孩子对某一族群或文化群体的认同吗？这一认同应该在什么时候开始培养呢？还是说，父母应该最小化甚至完全抹除孩子对文化差异的感知？

总结：文化、宗教与族群

理解文化影响对于理解人格研究的八个理论取向具有重要意义。文化差异涉及我们从社会中习得的共享行为及习俗，它们是我们存在的一个本质方面。

许多有影响力的人格理论家来自欧洲，深受欧洲文化的影响。因此，尽管有时会被现代人格研究忽视，但在人格心理学的历史上，对于文化的关注丰富而悠久。文化是个体的决定性因素之一，正如奥尔波特所言，系统研究文化影响是人格心理学的必要组成部分。

西方文化中多见个体主义思想，而东方文化中则多见集体主义思想（Triandis，1994）。在美国，由于历史的原因，黑人－白人的差异是最为显见的文化群体划分标准。美国既强调平等又强调阶层，这一悖论被纲纳·缪达尔称为"美国困境"。与研究"种族"这一模糊的概念相比，研究族群认同、历史、家族、亚文化、宗教和社会阶层等的效应可能会带来更丰硕的成果，因为它们往往会和气质相互作用，进而影响人格。这些也更容易被定义，较少受到科学及社会歪曲。

社会阶层——社会及经济地位对人格的影响相当巨大。这种现象在像印度等国家更为凸显，因为种姓制度的存在，印度的社会阶层划分极其鲜明。而在美国，人格心理学家几乎不探讨社会结构和人格之间的关系。卡尔·马克思认为类似"异化"的社会心理特点可以直接追溯到资本主义社会的经济结构中，且他的著作在很大程度上影响了弗洛姆及其同事对现代社会中的存在性异化的深入思考。

语言也是定义个体认同特点的重要因素。由于个体经历的差异，每个人都在使用自己独特版本的语言，即习语。大多数人会给自己的母语赋予一种心理上的重要性，将之视为自我的一部分，美国的"英语至上"运动很好地说明了这一点。语言不仅影响我们说话的内容，还会影响我们理解和知觉世界的方式。性别是一个非常重要的领域，其中许多关于地位、权力和认同的问题都与语言有关。

心理测验的问题不仅在于它可能带有文化偏见，还包括测验结果可能被误用。完全有效的人格心理学既要将文化变异纳入考量，又要建构一些可以通过科学方法及数据进行检验的理论。对于人格研究常常忽视文化因素这一问题，解决之道不是消除或控制文化因素的影响，而是要将文化视为一种构成人格基础的关键性因素纳入考虑范围。

写作分享：看待文化和人格的八种方式

请思考文中列出的影响人们形成稳定人格及人格随时间发展的过程的三个因素：先天素质、发展阶段、文化环境。八种取向会如何看待这三个元素？

14

CHAPTER

第14章 爱与恨

学习目标

14.1 探讨仇恨的不同动机

14.2 概述仇恨的原因及对策

14.3 探讨爱的不同动机

14.4 检视人格与性行为的关系

希腊传说中宙斯的女儿——美丽的海伦被帕里斯劫走后，引发了可怕的特洛伊之战（Trojan War）。爱与美带来了死亡与毁灭。年轻的恋人罗密欧与朱丽叶（出自莎士比亚戏剧）的家族是世仇，双方父母相互憎恨，势不两立。当朱丽叶的父亲坚持要她嫁给别人时，她服下了假死的药剂，好让罗密欧有机会将她救走。然而匆匆赶来的罗密欧以为朱丽叶真的死了，在绝望下服毒自尽。醒来的朱丽叶看到爱人死去，也毫不犹豫地结束了自己的生命。这场爱情悲剧带来的唯一积极结果是他们的家庭在这一切了结之后终于回归和平。

毫无疑问，人存在的许多关键方面都围绕着爱与吸引展开。对它们最透彻的阐述莫过于荷马史诗和莎士比亚戏剧，而人格心理学致力于将其科学化。现代人格心理学试图通过系统、可测量的方法评估那些古老的见解与直觉。爱真的是绝大多数人类行为的潜在动机，不管这些行为积极还是消极吗？

又或者恨才是人类不懈奋斗的最大动力？为什么阿道夫·希特勒会下令屠杀上百万无辜的人？为什么有那么多人愿意服从命令去杀害自己的同胞？为什么恐怖分子穆罕默德·阿塔（Mohammed Atta）要驾驶着载满乘客的飞机撞向世贸中心，造成数千名正在工作的平民死亡？

生于1889年4月的阿道夫·希特勒，在德意志第三帝国覆灭之际，于1945年4月自杀。他在有生之年宣泄出的恨意有效地激起了德国民间令人震惊的仇恨。在这种恨意的驱使下，他颁布的法令致使1 100万他所憎恶的人死于非命，数百万儿童遭到屠杀，被饿死、枪杀，甚至被烧死。希特勒说：“人类之所以能够生存，能够将自己凌驾于动物世界之上，靠的不是人性，而是最残酷的斗

争。”（Bullock，1962：36）

一个人怎么会有如此强烈的恨意？希特勒幼年丧父，而他的母亲对他过分溺爱。早年的希特勒是一个贫困的学生和失败的艺术家。他年轻的时候具有一种气质，使他充满激情但极不宽容，无法建立起正常的社会关系（这些情况并没有多么不同寻常，因此并不能充分解释他后来的行为，这只是他人格拼图的一部分）。希特勒庆幸自己参加了第一次世界大战，尽管期间他多次面临死亡威胁（*Davidson*，1977）。此外，希特勒是这个世界上最狡诈的政客之一，他的谋略没有哪个国家领袖可以比肩。尽管性情怪异，但他非常了解他人及人性。

演员奥利维亚·赫西（Olivia Hussey）和莱昂纳多·怀汀（Leonard Whiting）在浪漫电影《罗密欧与朱丽叶》中的一个场景。1968年意大利。

那些所谓的连环杀手也引起了我们的注意，例如“山姆之子”大卫·伯科维茨（*David Berkowitz*），他会偷偷逼近停着的轿车，射杀车中的年轻男女。连环杀手杰弗瑞·达莫（*Jeffrey Dahmer*）外表英俊，才智过人，他将自己的男性爱人掐死之后，与他们的尸体发生性关系（恋尸癖），还吃了尸体。为什么一个年轻人会做出如此极端的行为？人格心理学能够解释这种看上去无缘无故的恨意吗？

本章讨论的是人格心理学中个体差异的具体应用。尽管我们认为人格心理学应该科学严谨，但它也必须直面人性的基本问题。

14.1 仇恨人格

14.1 探讨仇恨的不同动机

纵观历史，爱与恨被视为神的授意。举个例子，古罗马神话中的爱神丘比特是一个带着弓箭，长着翅膀的小婴儿，当他的弓箭射中你的时候，爱就会降临。而仇恨则被看作邪魔附体。例如基督教会几个世纪以来对女巫的迫害，1692年马萨诸塞州的塞伦（Salem）发生了一场著名的女巫审判，处死了20名所谓女巫，目的是要驱除魔鬼。当达尔文将人们的注意力转移到人类的“动物”天性后，心理学和生理心理学理论对若干世纪以来流传的“天使与魔鬼”的说法重新进行了阐释。我们为什么心生仇恨？人格理论对其动机提供了多种解释。

希特勒和达莫为什么伤害他人？还有连环杀手泰德·邦迪（Ted Bundy），一个富有魅力的普通男人，为什么要对年轻女性进行身体与性的双重折磨？他通过假装受伤来博取女性的好感与信任，之后将她们残忍杀死，被害女性超过20人。

这些杀手身上可恨的攻击性人格是如何形成的？是什么使一个人如此可恶，是人天性的一部分吗？仇恨是某种生物性缺陷的产物，还是来自人们的观察学习？仇恨是个体认知解释的结果，还是一个情境中的某些方面触动人们做出了仇恨行为？

14.1.1 仇恨的生物学解释

一些人格观点认为，攻击性及其内在表现——仇恨，是天生的，具有生物学基础，也就是说，我们的仇恨是被基因预先安排好的。精神分析和新精神分析部分认同此种观点，但现在它们已被现代生物学理论所取代。当今最有影响力的或许是行为学（ethology）观点，我们就从这里开始。

1. 行为学解释

行为学研究自然环境中的动物行为模式，推断每种行为对于生存的作用。行为学家康拉德·洛伦茨

（1967）和伊雷诺斯·埃贝尔－艾贝斯菲尔德（Irenäus Eibl-Eibesfeldt，1971，1979）认为攻击行为是适应性进化过程的结果。根据这一论断，仇恨应该是天生的，因为它是物种进化的产物。就像生活在热带水域中的雄性鱼会为了保护领土和交配权去袭击并杀死它们的伙伴，很多人类也会誓死保卫自己的“领域”所有权。

行为学家认为动物（包括人类）的攻击行为是天生的，而且是适应性的。野马为了支配权而进行的斗争凶猛而残酷。但是天性论观点不能解释为什么文化差异（不同时间和场合的差异）和个体差异（同一个文化群体内部的差异）如此巨大。

“山姆之子”杀害年轻情侣的原因之一可能是他自己没有约会的机会。谋杀者中男性比女性多，处在交配期的男性比年老的男性多，这与进化理论的叙述一致。而希特勒这样的暴君以及他的追随者都是扩张主义者——为了自己的王国不断寻求新的领地。

行为学理论还指出，这种自然的攻击倾向可能会被扭曲，有时还会被不恰当地表达出来。例如，由于现代社会限制人们的攻击行为，而这种天生的攻击性受挫会导致攻击冲动的累积，于是人们会寻找另外一些途径进行表达和宣泄。这一观点可以解释为什么连环杀手往往有过于严厉的父母，正是他们造成了连环杀手攻击性的累积。

或者再拓展一些讲，希特勒之所以一直表现出强烈的领土侵略欲，可能是因为多年的经济萧条，而一战战败令德国丢失了领土，进一步强化了这种攻击性。于是他下令消灭那些他认为不能逗留在其领土上的外族人，尤其是吉卜赛人和犹太人。根据进化的观点，那些伤残的人、外貌受损的人，以及同性恋者也都“自然”会被希特勒排斥，因为他对生理异常性极其厌恶，认为这些人必须被消灭。行为学家指出，一个物种中的高变异成员往往会被消灭（行为学家知道对人们来说这一理念在感性上难以接受，然而自然是残酷的）。

思维训练 什么人会成为自杀式炸弹袭击者

自杀式炸弹袭击者是些什么人？他们违背了人类的自我保护本能，将自己作为炸弹，在无辜的平民中引爆。一种普遍的刻板印象认为这些人都是贫穷且没有受过教育的，因此要想解决这一问题就要在全世界普及教育并减少贫穷。但是，有证据表明，这一问题远比想象中复杂，需要考虑影响人格的多方面因素。

让我们来仔细分析一下对这种行为的一些误解。首先，我们经常假定自杀式炸弹袭击者的智商并不是很高，心理不稳定且狂热。可事实上遗留的信息和录像带显示，他们对自己任务的解释详尽且明确。其次，人们常常认为自杀式炸弹袭击者的自尊很低，会认为自己已经没什么好失去的了。事实却刚好相反，这些恐怖主义者往往具有非常高的自尊，甚至会有一个夸张的自我。再次，自杀式炸弹袭击经常被作为一种理性行为来进行分析，如关注如何劝阻一个潜在的自杀式炸弹袭击者（如给予他们“一些活下去的理由”）。事实上自杀式炸弹袭击者多为年轻人，他们正被自我同一性问题困扰着，他们成长在孤立的社会群体中，其极端的意识形态限制了他们对现实的把握。此外，他们被复仇的动机驱使（他们的国家或家庭曾经遭受攻击），故而反应具有较高的情绪性。最后，即时社会情境的重要性经常被高估。其实大部分袭击都需要经过周密的计划，如接受训练、准备和运送危险品，以及和其他人合作等。自杀式炸弹袭击者并不是手无寸铁的卒子。

但是，当利用行为学理论解释小规模的个人仇恨行为时，就会出现严重的问题。这一视角可以解释人们根深蒂固的攻击性，但是难以解释这种攻击性的个体及文化差异。很多人都在父母严厉的管束下成长，为什么他们没有做出恶劣的攻击行为，不会去谋杀邻居或者无辜的孩子呢？在一些文化和亚文化（如日本，以及美国威斯康星州的麦迪逊，西宾夕法尼亚州等）中，个体攻击行为的发生率较低，但在另一些中则非常高（如整个美国，或迈阿密和新奥尔良州）。与之类似，尽管进化心理学家不会对侵略者想要强奸当地女性并使她们怀孕的想法感到意外，但是为什么有些士兵会这么做而另一些不会呢？

行为学也无法解释某些攻击行为。例如，洛伦茨指出，有组织的运动是释放人们内心压抑的攻击倾向的安全途径。但是体育比赛（如足球和曲棍球）却总会引起球员之间和观众之间的斗殴，有的时候还会导致整个球场的暴动。军队进行军事演习，为的是鼓励士兵展现出韧性和攻击性。也就是说，竞争似乎促使攻击倾向显现了出来，而不是驱散了它们。行为学的解释总是令人认为攻击行为是不可避免的：如果我们有这样的基因，那么攻击就不可能停止（Silverberg & Gray，1992；Stoff & Cairns，1996）。这种宿命论观点在整本书中都有讨论。

写作练习

你认为为什么有些人会选择自杀任务作为传播恐怖主义的手段？人格理论可以让我们更清楚地理解这个问题吗？

2. 脑功能紊乱

对极端攻击行为和仇恨人格的另一个生物学解释是器质性或者药物引起的脑功能紊乱。例如，很多杀人犯承认自己杀人前喝了酒或者吸食了毒品（Brain，1986）。动物实验发现，刺激特定脑区可以引起持续的强烈愤怒（Adams，Boudreau，Cowan，& Kokonowski，1993）。的确，有证据表明，一些人的愤怒和仇恨源于不正常的脑结构，一般是视丘下部和杏仁核附近的脑区（颞叶）受到了损伤。希特勒是脑部病变的受害者吗？确实有传闻说希特勒曾经在暴力事件中受过伤，但我们无法检查希特勒的中枢神经系统，故而不能得到确切的证据。不过，有记录显示希特勒和他的同盟者在复杂的德国社会里行事老道、游刃有余。脑功能紊乱的表现一般是突如其来、无法控制的愤怒，而不是这种冷静且缜密的对数百万人的屠杀。

这是狙击手查尔斯·惠特曼（Charles Whitman，后排右一）早期与家人的合照，后来他被发现患有恶性脑肿瘤。这能不能解释（或者令人原谅）其谋杀行为？

生物化学、脑成像和基因研究发现血清素和多巴胺在过度冲动和攻击行为中起关键作用（Seo，Patrick，& Kennealy，2008）。这两种神经递质的分泌过剩或不足部分由基因决定（Hendricks et al.，2003）。精神病态行为常和药物成瘾有关，但对于这些反社会行为，基因和环境因素同样重要（Tsuang，Bar，Harley，& Lyons，2001）。

1966年，查尔斯·惠特曼爬上得克萨斯州立大学的塔楼，开枪打死和打伤了数十人。对惠特曼的尸检发现，他大脑邻近杏仁核的区域长了一个恶性肿瘤。这一生理损伤是不是他突如其来的狂暴行为的原因？或者它只是推动了其他因素起作用？如果是这样，应不应该因为其“疾病”而原谅惠特曼这样的杀手？通过这些问题我们可以看出，人格心理学研究与社会问题密切相关。

3. 基因–环境交互作用

仇恨行为经常表现出家族聚集性，这可以被解释为基因的影响，家庭或亚文化的影响，或者二者的共同影响。众所周知，不当的教养方式，如各种形式的忽视或虐待，都与儿童的仇恨和攻击行为相关（Lahey，Moffitt，& Caspi，2003）。然而，改变了不当的教养方式就能降低暴力行为发生的可能性吗？首先，双生子研究、收养研究和家族研究发现基因和环境因素共同作用于攻击和反社会行为（Moffitt，2005；Odgers et al.，2008）。其次，有证据表明，一些儿童天生性情暴躁，失望的父母可能唤起这些儿童的“消极”行为。这些均说明基因与环境交互影响着儿童的攻击行为（Jaffee et al.，2005；Jaffee，Caspi，Moffitt，Polo-Tomás，& Taylor，2007；Moffitt，2005）。也就是说，一些儿童具有生物易感性，他们更容易受到糟糕或不正常的家庭和环境状况的影响。

14.1.2 仇恨的精神分析观点

在看到第一次世界大战带来的毁灭性后果后，弗洛伊德更为完整地发展了关于本我攻击性和破坏性的观点，并将其视为与性欲相抗衡的驱力。弗洛伊德假定存在攻击本能或驱力，即所有人都具有死本能——塔纳托斯（Thanatos），这个名字来自希腊神话中的死神，代表指向死亡和自我毁灭的驱力。然而，自我毁灭行为在现代社会常被认为是精神错乱的表现（Weininger，1996；Yates，2004），于是和不被社会接受的性冲动一样，这一能量必须通过社会认可的方式释放或处理。与弗洛伊德对防御机制（特别是反向形成）的分析一致，连环杀手丹尼斯·雷德（Dennis Rader）一边将年轻的女孩吊死，对着她们的尸体手淫，一边担任着教会会众的领袖和童子军的领袖。

另一个被普遍运用的防御机制是将不被接受的死亡驱力投射到厌恶的对象上，即将仇恨转移到其他人身上。一个人可能会认为别人具有攻击性、危险且令人厌恶，这就导致了对所投射对象的仇恨和偏执。或者，如果个体仇恨的对象是危险且不合适的，如自己的父亲，他就可能将其替换为一个更加合适且不具威胁性的对象，如社会弱势群体。因此，根据弗洛伊德的理论可以推测，独裁者因为自身的问题而使用防御机制，结果使外群体成员变成了替罪羊（将其所处社会的所有问题都归咎于这些人）。确实有研究表明，高攻击性的个体更可能采用投射和替代这两个防御机制（Apter et al.，1989）。

按照现代心理治疗的术语，那些充满仇恨的人（包括连环杀手）都可以被诊断为反社会人格障碍患者（Meyer，Wolverton，& Deitsch，1998）。他们有时也被称为精神变态者（psychopaths）或反社会者（sociopaths）。他们甚至从小就不断做出违规行为，例如，一个13岁的男孩拔掉昆虫的翅膀，拿小刀恐吓同学，毁坏财物，习惯性撒谎……这些人在成年后往往性情冷酷，剥削他人，且没有责任感。连环杀手泰德·邦迪就曾在十几岁时虐待动物。

14.1.3 仇恨的新精神分析观点

弗洛伊德以内在的死本能来解释攻击行为，新精神分析者则超越了这一观点。荣格假设所有人都具有共同的人格要素——原型，其中一个原型被称为暗影，意指原始的动物本能。依据荣格的理论，如果不恰当或者失控地表达了暗影，就可能导致原始的仇恨与攻击行为，希特勒就是例证。此外，荣格在描述心理类型时将个体按照以下维度进行了划分：内倾－外倾、思维－情感、感觉－直觉。外倾－思维型个体的人格特点被描述为顽固、不容忍、固执己见、追求坚韧且不易屈服——不能不说，这种类型与独裁者有相似之处。

阿德勒和霍尼（与弗洛伊德及荣格一样）也相信敌意与仇恨人格在童年期即已发展，但他们并不认为生物本能是其来源（与新精神分析重视社会角色的观点一致）。在解释个体敌意的产生原因时，阿德勒强调早期的社会经验，尤其是对拒绝的处理。被父母拒绝的儿童可能会将这个世界视为不友好且充满敌意的。这些儿童成年后更可能成为罪犯。阿德勒强调，尽管自卑感是童年期很自然的一部分，但是我们中的大多数人还是会做出各种努力，用取得的成功来补偿这些自卑感。然而，有时对自卑情结（包括无助和无能的感受）的过度补偿（优越情结的发展）会引发个体攻击及诋毁他人的行为，即使用这种方式来增加自己的重要性。希特勒就属于阿德勒提到的支配或统治型个体——这种人只要能达到自己的目的可以完全不顾他人的感受。

思考一下

霍尼认为攻击性人格源自童年期遭受的虐待，这一观点正确吗？

霍尼也认为童年期是仇恨形成的重要阶段，她指出儿童只有在童年期获得充分的安全感才能健康地成长。长时间的惶恐（如再三受到不合理的惩罚，或者父母总是令他们感到羞辱和尴尬）会破坏他们的安全感。压抑的焦虑成为基本焦虑，继而会发展为神经症。

霍尼提出了受虐儿童可能会使用的一些自我保护方法。其中一种是追求权力与相对于他人的优越性，它可以消除无能感和受虐之后的不良感受。具有攻击性人格的人认为他人都不友好，相信只有最有能力和最狡猾的人才能够生存，因此他们的行为充满敌意，诋毁和辱骂他人能够使他们获得控制感和权力感。具有攻击性人格的人使用的是霍尼所说的“对抗”他人的神经症性应对策略。

现代研究证实，自视过高或遭遇社会拒绝都可能增加个体的攻击性（DeWall，Twenge，Gitter，& Baumeister，2009）。例如，一项研究发现，自恋的大学生在被群体拒绝时更可能表现出愤怒（Twenge & Campbell，2003）。

艾里克森的理论提到，在人生的每个阶段里，个体都需要克服一定的心理冲突，而攻击性形成于儿童早期的社会互动中。根据该理论，个体的易怒、敌意和仇恨源于三个没有得到成功解决的心理冲突：①在婴儿时期没有发展出充分的信任，而这种不信任在后来的生活中成了一种固定模式；②儿童对自主性的追求遭到粗暴对待，使其变得易怒且具有破坏性；③如果儿童的主动性没有被正确地引导，而是遭到了阻挠和惩罚，那么超我就得不到充分发展。如果父母在儿童心理社会发展的这三个重要方面全都有所欠缺的话，那么非常不幸，这个孩子很可能成为一个充满仇恨且极具攻击性的成人。

从经典到现代

恐怖主义：交互作用的观点

2001年9月11日上午，数名恐怖分子劫持了两架商务客机飞向纽约世贸中心，并彻底撞毁了它。同时，他们还毁坏了位于华盛顿的五角大楼的一部分，夺去了许多在那里工作的平民的生命。犯下这种罪行的到底是些什么样的人？单一的解释并不充分，将人格与环境联系起来才能得出一些重要的线索。

总统乔治·W. 布什（George W. Bush）称这些恐怖分子为“恶魔”。一个年轻人以自己的生命为代价无差别地杀害了数千名无辜平民，仅仅是为了施加恐惧，确实称得上邪恶。然而，邪恶暗含着道德甚至宗教的解释。对立的双方都会声称“上帝站在我们这边，会帮助我们摧毁对面的恶魔”。我们已经知道，对于人类行为的这种解释虽然由来已久，但并不科学。

在最基础的生物学层面上，“恶魔”的能力源于进化史，正是进化给予了人们可怕的暴力与攻击性。袭击者全都是年轻的男人而不是中年女性，这不是一个巧合。我们已经看到，年轻男性的潜在攻击性更大。不过，多数年轻男性并没有表现出暴力倾向，因此我们还需要深入了解这些人以及他们的处境。

这场袭击并不是真的“盲目”或“疯狂”。恐怖分子的领导者受过良好教育且才智出众，他们的目标非常明确。但他们很可能不是受欢迎的、宜人的、勤勉的外向者。他们往往在某些方面没有得到满足，冷漠而愤世嫉俗，甚至有一点抑郁。然而这依然不足以解释他们的行为。我们需要了解到底是什么样的处境使这些人变成了残忍无情的杀手。

首先，存在一种支持性的情感上的意识形态。就像希特勒强烈的种族优越感，9·11事件中的恐怖分子也持有一种复杂的宗教与文化意识形态，在这种意识形态下，他们将美国视为敌人。其次，这种意识形态使恐怖分子不将受害者看作一个个活生生的人，他们不认为自己杀害的是无辜的员工与游客，而是魔鬼，是敌人，是毫无价值的寄生虫。最后，这种意识形态以及在恐怖训练营中建立起来的团结感使恐怖分子感受到了彼此之间的同志情谊与责任。他们被一个共同的理想所淹没，“失去”了自我。

从某种程度上说，恐怖分子也被训练得服从权威（Milgram，1974）。他们并不是某天忽然醒来决定离开学校去杀害数千名平民的。事实上，他们将自己视为士兵，只是服从他们的上级领导，他们自己不会做出进行恐怖袭击的决定。在个体放弃了自我的时候，最邪恶的事情就会发生。他们的人生目标不再是自己的将来、自我实现，他们将自己视为一个庞大体系或军队中的一部分，必须遵守指挥官的命令。

一些人试图将恐怖主义归咎于贫穷。但是在世界与历史中有许多生活在贫穷之中的人并没有做出邪恶的事情。另一些人则试图将恐怖主义归结为缺少教育。然而这些恐怖袭击都是计划周详、执行严密的。教育本身并不能阻止邪恶。只有当社会令更少的人走向邪恶，令更多的社会机构与环境对抗邪恶时，邪恶事件发生的可能性才会减小。

尽管某些特定个体更可能成为恐怖分子，但是真正的恐怖分子源自人格与诱发环境的交互作用。

想象两个在不同环境下长大的男孩。其中一个成长于一个稳定的家庭，与父母有很好的依恋关系，也发展出了成就感与未来目标，与朋友、同事关系良好，在他人需要时会提供帮助并获得回报，能够为自己的行为负责且在必要的时候质疑权威，所在社会重视生命、尊重他人、言论自由，且树立的英雄形象和平并乐于助人。而另一个孩子成长在难以预测的家庭氛围里，父母稍有不快就会责打他出气，在学校被工作压力很大的老师奚落或忽视，被主流团体排斥，只能去小团体寻找一些古怪的朋友，生活在一个封闭的社会里，那里没有言论自由，被认为有罪的人会被迅速地逮捕、殴打或制裁，人们（尤其是女人）被视为财产与仆人。这个孩子会被教育得盲目相信所有的宗教教义，并把它当作救赎的途径，他所处的文化宣扬独裁强势的男人通过恐吓进行统治，于是他会通过接纳独裁者的观念或者加入强大的武装力量来寻求认同。在你看来，这两个孩子中的哪一个更可能做出邪恶的事情？

简而言之，尽管某些特定个体更可能成为恐怖分子，但是真正的恐怖分子源自人格与诱发环境的交互作用。仇恨绝不会从人类中消失，但是将人与环境恰当地结合在一起，可以大大减少邪恶行为。

总的来说，新精神分析的视角整合了仇恨的生物及非生物因素。新精神分析学家认为仇恨来自内在动机的不合理宣泄，以及对童年时期心理冲突的失败处理。也就是说，尽管存在强大的内在动机，但攻击行为并不是不可避免的，它是不良的家庭教养和不稳定的社会环境交互作用的结果。如今这一观点常被用来解释年轻的单亲母亲抚养的孩子的暴力犯罪问题。

14.1.4 仇恨和威权主义

和许多社会学家一样，弗洛姆一直致力于理解为什么那么多德国人愿意接受纳粹的极权主义。他强调文化环境和个人经历是敌意和仇恨的来源。弗洛姆提出，随着文明的进步以及越来越多的自由，个体日渐感觉孤独，为了消除这种疏离感，一些人宁愿牺牲自己的自由、个性和原则，不惜一切代价，也要属于某个群体。

与霍尼提出的神经症倾向类似，弗洛姆也认为个体间存在心理差异。威权主义人格类型（authoritarian personality type）的人具有一种残忍的倾向，他们总是用权力去压迫他人、侮辱他人，甚至夺取他人的财产。根据弗洛姆的理论，这种人格特点源于与双亲极其消极的关系，然而，这并不是不可避免的。因此，关于仇恨的决定因素，弗洛姆总是在生物性因素与非生物性因素之间徘徊。他既接受生物遗传使人们具有暴力倾向，也认为童年时期对驱力的不当发泄会造成持续一生的问题。但是，他认为问题更多地来自我们在这个空虚的社会中无法找到生命的意义。可以说，他关于仇恨的观点是存在主义与人本主义观点的结合。

有趣的是，英国演员安东尼·霍普金斯（Anthony Hopkins）成功克服了儿童时期的孤僻与成年后的酒精成瘾，最后凭借在惊悚电影《沉默的羔羊》（*The Silence of the Lambs*）中对心理变态者汉尼拔·莱克特（Hannibal Lecter）的精彩演绎一举成名。汉尼拔看上去是一位聪明而又迷人的绅士，但实际上他随时准备咬下靠近他的人的鼻子。作为演员，霍普金斯能够将人格黑暗面驱动的卑劣行径完美演绎；作为他自己，他则完美地克服了曾经给他带来痛苦的邪恶力量。

自我了解

威权主义人格

纵观历史，总有一些强硬的军国主义领导人公然与公认的伦理道德相悖，给这个世界带来麻烦。20世纪三四十年代的那些法西斯领导人就是臭名昭著的例子。关于这个问题，人格心理学有什么看法？我们如何评估一个人是否具有法西斯倾向？

第二次世界大战之后，很多社会科学家试图搞清楚是什么造成了数百万人的死亡。来自加州大学伯克利分校的研究小组做了一项被称为“威权主义人格”的大型研究（Adorno，Frenkel-Brunswik，Levinson，& Sanford，1950）。他们基于弗洛伊德的理论（同时也考虑了自我及社会学习）描绘出了一类具有反民主倾向的人。

具有威权主义人格的人本我的力量要比自我强大，性与攻击的欲望使他们不能以理性的方式处理问题。然而，他们的超我也非常强大，这一点可以从这些人持有非常传统的价值观并无条件地接受和崇拜权力看出。威权主义人格的人将性驱力投射到外部世界，让他人成为自己对权力及性欲的焦虑和不满的牺牲品。受到威胁的白人在心理较为脆弱的情况下会产生各种刻板印象，如黑人都是控制不住过剩性欲的，犹太人总在密谋统治世界，残疾人都是不道德的，亚洲人都是不值得信赖的等。没有权力的外群体成员往往被描绘成不道德的、危险的、渴望权力以及卑鄙的，只有这样威权主义人格的人才能感觉良好。

威权主义者通常成长在非常严厉的家庭，常被无法容忍模糊和变化的专横父亲体罚，又或者他们根本就没有父亲。威权主义者相信人们常常疯狂和放纵，尤其是那些他们抱有刻板印象的外群体成员，他们以此来应对自己在处理人际关系时所面临的问题和迷惑。他们崇尚权力且相信应该对犯法者进行严厉的惩罚，如强奸犯就应该被实施阉割。他们希望自己看上去是坚韧而冷酷的，总是拒绝面对内心深处的情感。这些性格特点可以通过F量表（F指法西斯）进行测量。

尽管威权主义人格的概念并非没有问题，但其主要观点还是得到了时间的检验。威权主义人格可能不是大多数偏见的来源，但毫无疑问，它可以有效解释特定个体的行为。此外，具有威权主义人格的人总会被充满男子气概的形象所吸引，如穿着威严制服或荷枪实弹的人。

这种人格也可以帮助我们理解很多人的偏见、小心眼和防备。更值得注意的是，威权主义者的行为受整个社会以及具体社会情境的强烈影响。

14.1.5 仇恨的人本主义观点

人本主义心理学家关于仇恨的观点与生物学观点截然相反。和行为学家不同，人本主义者认为人与动物存在很多差异。他们强调道德、正义与承诺，这其中包含了复杂的思考与自我意识。与精神分析和新精神分析相比，人本主义更关注自我实现的个体，而不是过度仇恨者。他们更想知道在教养过程中什么因素会促使个体朝正确的方向发展，而不是那些会导致不良结果的因素。不过，我们还是可以找到一些关于个体仇恨的人本主义解释。

罗杰斯认为消极情绪源于个体生活中积极关注的缺乏，尤其是童年时期来自父母的积极关注。罗杰斯强调人们存在对无条件的积极关注、接纳，以及来自他人（尤其是母亲）的爱的需要。父母如果表现出对孩子有条件的积极关注（如母亲在孩子做错事情时收回自己的爱），就可能导致孩子焦虑。这样的孩子长大之后往往不愿发挥自己的全部潜力，害怕挑战自我。随着个体自我认识和实际经验之间的矛盾逐渐增加，人们会倾向于歪曲现实，甚至有可能患上精神疾病。例如，如果某人希望自己成为一名友好的、受人爱戴和尊敬的领导，就必须否认或歪曲来自他人的消极反应，因为内心的怯懦和不安全感无法令他看起来自信、成熟而富有能力。实际上这个人可能是迟钝、残忍甚至反社会的。不过，罗杰斯（1961）相当乐观，他认为所有人不论在何种环境下都可以跟随自己内在的倾向朝积极的方向发展。

马斯洛（1968）也指出人们对自己的担心与怀疑是仇恨与不成熟的根源。他认为未满足的安全需要会令人感到痛苦。与罗杰斯的观点一致，马斯洛也相信邪恶与仇恨不是人格的基本部分，而是由不良的环境造成的。如果这个世界上没有儿童虐待、贫穷、离异和歧视，那么儿童成长为充满仇恨的成人的可能性应该会大幅下降。但与罗杰斯不同的是，马斯洛并不追求他人的无条件接纳，他强调儿童（和成人）在爱与安全感需要之外也需要组织与规则。此外，考虑到希特勒的暴行，马斯洛不认同罗杰斯关于每个人都能够被救赎的乐观看法。

14.1.6 仇恨特质

在相当数量的女性在旧金山湾被伏击并谋杀后，大卫·卡朋特（David Carpenter）终于被抓获。卡朋特有一个对他施加精神虐待的爸爸和一个对他进行身体虐待的妈妈，童年时期的伙伴也总是嘲笑他的口吃。他对待动物很残忍，脾气粗暴，同时性欲强烈（Douglas，1995）。特质理论家奥尔波特提出过首要特质的概念，认为其是人格特征中普遍存在的部分，高度影响个体人格，并对日常行为起支配作用。对于卡朋特以及和他相似的人（如泰德·邦迪），仇恨和攻击性似乎正是首要特质，界定了他们的人格特征。

对于特质理论家来说，攻击性这样的特质是人格系统的动力部分，促使个体采用某种特定的方式行动。卡特尔（1966）用因素分析方法提取出了通用的人格特质，如果在某些特质上得分极端，个体就有可能被认为具有杀手特征。例如，在 A 因素上得分低的个体冷淡且挑剔；在 C 因素上得分低的人情绪不稳定；在 E 因素上得分高的人具有攻击性和支配欲；在 I 因素上得分低表明个体意志坚强；而在 L 因素上得分高的个体则相当多疑。在各个维度上均出现极端得分往往意味着该个体符合冷血杀手的形象。这些特质是描述性的（因素分析的结果），它们与其他理论体系并不冲突，只是看待同一现象的不同视角。

艾森克认为与仇恨最相关的人格维度是精神质。在这一维度上得分较高的人冲动、残忍、强硬且反社会。艾森克认为其背后具有神经生理学基础。在大五人格中，高攻击性的个体宜人性和尽责性极低，同时神经质极高（Bartlett & Anderson，2012；Tani et al.，2003；Wu & Clark，2003）。

心理学家西摩·费什巴赫（Seymour Feshbach，1971）在关于攻击行为的应用研究中发现，愤怒是仇恨行为达到顶点时的情绪反应。费什巴赫发现，某些情绪反应，比如共情和利他，可以阻止攻击行为的产生。也就是说，共情可以抑制个人在特定社会情境中的攻击冲动及行为。共情能力高的孩子攻击性较弱，共情能力低的孩子攻击性较强（Feshbach & Feshbach，1969）。有趣的是，不管孩子初始的攻击性是强是弱，他们在接受共情训练后攻击行为都会显著降低（Feshbach & Feshbach，1982）。事实上，较少做出攻击行为的人往往是那些不常回忆令自己生气的事情，能够理解他人，善于和别人相处的人（Miller，Pedersen，Earleywine，& Pollock，2003）。

在对希特勒的人格进行分析之后，亨利·莫瑞认为他的侵犯行为中夹杂着为克服早期软弱和耻辱所做的巨大努力，以及强烈的复仇欲望（Murray，1943）。这有助于从一个更加现代的视角理解这种复仇特质吗？一项研究将复仇特质定义为受到他人冒犯时寻求报复的行为倾向，并采用一个自我报告式的宽恕量表对其进行测量。结果发现，复仇心切的人总是难以原谅别人，具有更多的消极感受，对生活不满意，且总是不断回想被冒犯时的情形。以大五人格来看，他们的神经质较高，宜人性较低（McCullough，Bellah，Kilpatrick，& Johnson，2001；Lecci & Johnson，2008；Sibley & Duckitt，2008）。

14.1.7 仇恨的认知观点

人格的认知取向很少关注生物性因素以及童年经历，该取向的理论认为决定一个人行为的不是其实际经历，而是其对所处关系和经历的解释（建构）方式。根据这一观点，仇恨和攻击行为都是基于我们以一种什么样的方式来解释世界而做出的。

乔治·凯利对个体对他人的建构感兴趣。他发现一些人很难区分他人——他们总是觉得一个人和另一个人很像。许多威权主义者正是如此，他们会将整个群体的人当作“敌人”加以拒绝，这就是凯利（1963）所说的认知简单性（cognitive simplicity）。

此外，凯利认为当个体经验无法支持对他人的建构时，敌意就会产生。适应良好的人能够客观地对他人做出评价，如果有证据显示这一评价是不正确的，他们会及时地进行调整；适应不良的人则不会这么做。充满敌意的人总是将他人限定在自己固有的评价之中，而不是去改变自己的看法，使其与现实相符。希特勒试图改变国家的构成以适应自己对国家的认识，伯科维茨似乎也在“消除”那些不符合他的观点的人。事实上，高攻击性的人对威胁的感知与其他人有所不同。暴力罪犯更可能将某个事件感知为威胁，且认为他人怀有敌意。也有证据表明，精神病态者在加工社会和认知任务时存在缺陷（Kirsch & Becker，2007；Serin & Kuriychuk，1994）。

这种对社会互动的扭曲理解在个体早年就会显现出来。那些攻击性较强的青春期男孩更可能在各种社交活动中错误理解敌意（Lochman & Dodge，1994）。根据这些认知模型，极端的敌意和仇恨来源于个人对情境的错误解释，这些人经常将良性的人或事错认为具有恶意（Harmon-Jones & Harmon-Jones，2007）。虽然每个人都可以做出敌意归因，但那些没有学会用更善意的解释来缓和这些归因的人更有可能成为仇恨和有攻击性的人（Dodge，2006；Yeager et al.，2013）。

14.1.8 仇恨的学习理论

斯金纳认为争论一个人是不是具有仇恨特质、攻击倾向或攻击动机毫无意义。我们只需要关注一个人（或一只鸽子）什么时候会真正实施攻击行为就足够了。通过对行为的直接观察，我们可以发现到底哪些环境因素可能导致攻击行为的发生。学习理论认为攻击的习得机制和其他所有行为一样。

经典学习理论认为仇恨情绪是一种条件反射，而操作学习理论则强调强化与惩罚在攻击行为形成中的作用。社会学习理论综合了它们的观点，认为仇恨行为是通过榜样、观察、模仿以及替代强化形成的（Morgan，2006）。

如何解释只针对女性的连环杀手？根据条件学习理论的观点，童年期经历过被母亲暴力虐待等事件，可能会导致指向女性的条件反射式的仇恨和攻击行为。这些人仇恨的对象往往与初始的无条件刺激——母亲具有某些共同点。这种仇恨还可能泛化到更大的群体，如所有中年女性。也就是说，看到条件刺激（女性）就会引发他们的仇恨感受，从而激发攻击行为。对连环杀手童年和人生经历的研究反复发现，他们中的许多人确实受过伤害，而伤害他们的人往往与被害人比较相似，这就使以上假设更为可信，至少在某些案例中，仇恨是一种条件反射。

有一点非常确定，即一旦仇恨行为得到强化，比如引起了别人的关注，得到了他人的称赞，或者可以带来物质利益（战利品），那么个体就会继续敌意行为，甚至使行为逐渐升级。

多拉德和米勒进一步扩展了条件反射范式，他们

上图是距今3 000多年前青铜器时代的饰画（出土于圣托里尼爱琴海岛），图中的男孩正在作战。每个男孩的右手都带着拳击手套，他们正在参加所在社会群体组织和认可的活动。关于拳击，或许数千年来最大的改变就是现在的拳击手套厚了一点点。

提出投射等防御机制以及一个人的想法（包括愤怒和敌意）都可以被条件化，其中有些还可能成为个体行为的次级动机。因此，仇恨可以被习得，并成为攻击和敌意行为的驱动力。

在充满仇恨的家庭中（父母经常冲突）成长起来的孩子，长大后也会仇视自己，父母就是他们敌意的榜样。此外，受过虐待的儿童更可能成为虐待孩子的父母。这些社会学习过程（替代学习和模仿）的作用非常强大，尤其对于具有反社会倾向的儿童来说更是如此（Biederman，Mick，Faraone，& Burback，2001；Kazdin，2005，2015）。

14.1.9 仇恨的文化差异

不同社会的平均敌意水平和文化接受性存在巨大差异。人类学家在这方面提供了明确的数据支持（Goldstein & Segall，1983）。一些社会存在极其明显的攻击特征，而另一些则很少出现人际仇恨和冲突。很明显，仇恨与社会结构中的某些东西有关。

即使在美国国内，文化差异也可以预测不同的敌意水平。有研究比较了美国南北方，发现南部地区谋杀率较高，原因可能是对荣誉文化的崇尚，即提倡用暴力回应侮辱（Nisbett & Cohen，1996）。这些强调捍卫声誉（“没有人能摆布我”）的州也有更高的男性冒险率（如不戴头盔骑大功率摩托车），导致事故和伤害也更多（Barnes et al.，2012）。

在美国国内，与北部相比，南部白人的谋杀率更高。区域内特定的文化信念和行为方式导致了这一结果。

有趣的是，非裔美国人并不存在谋杀率上的南北差异，这就说明引起暴力行为的是南部的白人文化，而不是因为生活在南北分界线以南（Nisbett & Cohen，1996）。此外，枪支的普及也容易使暴力行为从争执升级为致命的报复。鉴于巨大的文化和亚文化差异，人格理论若只关注个体人格，显然不够充分，因此需要考虑人–情境交互作用取向。

写作练习

回顾人格研究的八个理论取向对仇恨的看法，它们之间有重叠吗？相互矛盾吗？你认为其中哪些是有道理的？

14.2 仇恨的评估

14.2　概述仇恨的原因及对策

总之，仇恨与攻击行为很难一言以蔽之。在整本书中我们不断看到不同的观点提出不同的假设，然后提供不同的证据说明生而为人的意义。

有时仇恨可以简单解释为脑瘤或激烈挑衅的结果，但这些情况极少发生。多数情况下，仇恨的原因相当复杂。从最基本的角度来看，仇恨和攻击行为是一种先天能力。许多动物通过恶意攻击行为来保护后代、领地以及伴侣，愤怒也被发现具有大脑中枢神经基础。这些证据表明人类天性中存在仇恨和攻击本能，但它们并非不可避免。

有些观点认为，如果一个人童年饱受虐待，在不稳定的环境中度过，就很可能做出攻击行为。这一取向从关注生物性因素转向关注亲子关系塑造的认同和行为模式。遭受过父母虐待和侮辱的儿童，成人后往往也倾向于虐待和侮辱他人。此外，我们学到的对事物的解释方式，以及观察和接受过的奖励，都能显著影响攻击行为的发生。不同社会仇恨和攻击行为的发生量也存在显著差异。具体情境同样在起作用，特定的人在特定的情境中更可能产生仇恨和做出攻击行为。

通过复杂的分析我们有理由相信：对于仇恨和攻击，单一的对策不可能奏效。比如，仅对暴力罪犯进行药物治疗或脑部手术，仅进行学校教育，仅施用惩罚，仅通过组织高强度的运动竞赛，或者仅寄希望于善良的人类本性总有一天会在人们身上表露出来。政客们经常建议采用这些单一的解决方案，事实上它们全都过于狭隘，无法广泛地产生效果。实际上，我们应该创造这么一个社会，社会中的每个人都身体健康（不会物质滥用），与父母关系良好；这个社会将合作行为视为榜样，并进行奖励；这个社会鼓励公平，引导公民走向遵纪守法、建设性的人生道路。这些可以减少仇恨和攻击行为的发生。不过，即使在这样一个稳定和谐的社会里，仍然需要加强对某些特定个体的行为干预。

写作练习

思考仇恨及其可能的原因，你能想到在什么情况下，仇恨可能是有用的，甚至是可取的吗？

14.3 爱的人格

14.3 探讨爱的不同动机

爱恨总相随吗？还是说爱是恨的反面？爱是不是行为的强大动机？人格理论家如何解释爱？

英国记者伍德罗·怀亚特（Woodrow Wyatt，1981）说："男人是视觉动物，女人是听觉动物。"（p.107）他的意思是男人会被女人的美丽吸引，而女人会被男人的地位吸引。进化心理学认为连绵不绝的爱的存在源于它具有适应性结果。如果我们想繁殖，对异性的吸引就必不可少。此外，我们的基因要延续，必须同时具备两个基本要素：①出生的后代是健康的；②无助的儿童能够存活（到繁殖年龄）。

这样的观点也存在于进化心理学家大卫·巴斯的研究中，他结合了生物学家罗伯特·特里弗斯（Robert Trivers）、心理学家马丁·达利（Martin Daly）和马戈·威尔森（Margo Wilson）的研究（Daly & Wilson，2005；Daly，Wilson，& Weghorst，1982）。巴斯假设，男人和女人在选择伴侣时之所以存在差异，是因为他们在繁衍过程中具有不同的生物角色。根据他的观点，男性容易被那些外表看上去适合怀孕，能够成功生育健康后代的女性吸引。因此，吸引男性的女性应该是年轻、苗条、健康的——这些都是可以在某种程度上通过外表吸引力表现出来的特征。从这一理论也可以推断出年纪大的男性会被更年轻的女性吸引。研究确实发现，不管多大年纪的男性都渴望与处于生育年龄的女性发生关系（Buunk，Dijkstra，Kenrick，& Warntjes，2001）。

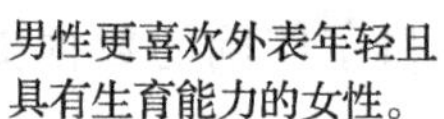

男性更喜欢外表年轻且具有生育能力的女性。

女性更喜欢有能力为她的后代提供资源的男性。

进化观点声称，两性认为的最佳伴侣的特征有所不同。

写作练习

你同意"出于进化需要，我们习惯于在配偶身上寻找某些特质"这个观点吗？为什么？

女性也或多或少会被男人的外表吸引，因为身体魅力意味着潜在的生育能力以及健康的基因（Kenrick，2006），患病和虚弱的男性不太可能成为优质的基因携带者。不过，更重要的是，女性必须投入9个月的时间用于怀孕，且孩子出生后相当长一段时间内需要照顾，因此她们要求在此期间男性能提供给她们生活必需品，如食物和住所。于是，女性更偏爱有能力满足这些需要的男性，那些能够成功获取资源的男性更吸引女性（Buss，2009；Buss，Haselton，Shackelford，Bleske，& Wakefield，1998）。这样的现象似乎从古至今都没有改变。在一项研究中，来自德国和美国的被试验证了吸引的性别差异：在伴侣选择中，男人看重外表吸引力，而女性将注意力放在了男人的挣钱能力上（Buss，1989）。

思考一下

这种差异的存在只是因为性别角色期待吗？爱在其中起什么作用？

跨文化研究结果倾向于支持这一差异具备内

在的基因基础。女人倾向于选择有能力获取资源的男性，这与文化无关。不同文化的女性都认为有抱负的、努力工作的男人更有价值（Buss，1989，2009）。而所有文化中的男性都偏爱年轻漂亮的女性。

从男性视角来看，确认与后代的父子关系极为重要（女人非常明确孩子是自己的，但男人则不那么肯定）。于是性伴侣之间的情感承诺具有适应价值，它是一夫一妻制的基础，能保证女性不会与其他人结为伴侣。而从女性视角来看，爱以及相关承诺可以使她们确信男人会坚定地在其身边提供资源，直到孩子长大成人（Buss & Schmitt，1993）。

证实这些观点的最大障碍是我们无法确定我们的祖先到底面对了怎样的进化压力。此外，我们都知道男人总是被健康性感的年轻女人吸引，而女人偏爱可靠且具有才干和资源的男人。因此，每个人都可以很容易地做出或证实进化的"预测"。可是女人也会被具有幽默感的男人吸引啊，这是什么进化压力带来的呢？也就是说，进化观点前途远大，但其细节还远未得到证实。

精神分析和新精神分析理论强调，母亲是孩子最初的爱慕对象，能对孩子的发展产生深远影响。

上图中的小男孩长大后变成了下图中的年轻男人，他选择的结婚对象几乎是他母亲年轻时候的翻版，这只是一个巧合吗？

14.3.1 爱的精神分析解释

弗洛伊德认为爱源于性本能。在口唇期，母亲提供了一个人感受到的最初的性快感——口唇的满足，于是母亲就成了孩子最初的爱慕对象。直到后来的生殖期，个体才开始了解性满足可以由性伴侣提供。弗洛伊德认为伴随着成熟的性吸引而来的强烈感觉就是爱，也就是说爱是由性伴侣带来的性满足的结果。对伴侣的爱源自成熟的性欲，就像对母亲的爱最初来自口唇的满足。这一观点暗示了一个人为爱所做的一切其实都是为了性，这是一个有些局限和悲观的见解（Miller & Siegel，1972）。此外，有生物学证据显示，性的动机和浪漫爱情的动机分别与不同的神经系统有关（Fisher，2006）。但社会神经科学（对大脑和社会情绪的研究）也开始有证据表明，欲望和爱确实会相互激励，就像弗洛伊德所假设的那样（Cacioppo et al.，2012；Cacioppo & Cacioppo，2013）。

写作练习

你赞同男人会娶和他们母亲相似的女人这一观点吗？你认为他们只会寻找长得像母亲的女性，还是也会寻找与自己的"初恋"性格相似的人？

梅兰妮·克莱恩及其他客体关系理论家指出，几乎所有孩童的养育者都是母亲，因此母亲是最初也是最凸显的爱的客体。他们与弗洛伊德理论的分歧在于他们没有用俄狄浦斯阶段解释对同性父母的情感转移，而是强调最初的母婴关系的重要性，认为儿童会将这一关系内化，作为未来爱情的原型或模板。成人爱情建立在对母亲的爱的基础上，可能与之相似，也可能相反。如果小时候母亲用乳房戏弄我们，我们可能会寻找一个挑逗性的爱人（或者避免被挑逗）。一些理论家关注喂养和早期关系中导致内驱力减退的因素，另一些则更加重视依恋——由母亲提供的舒适触感和安全感。

14.3.2 爱的新精神分析解释

艾里克森（1963）非常关注心理社会发展的第六个阶段，这一时期的个体20岁出头（已经建立了自我认同），成熟的爱情已开始发展。艾里克森指出，在这一阶段，人们需要处理亲密对孤独的冲突，年轻的成人开始准备给另一个人承诺，形成亲密关系并经历爱情。只有那些找到了认同的人才能够经历真正的亲密感和爱情，而尚未完成自我认同的个体则可能继续孤独，或陷入混乱和浅薄的错误关系之中。据此，艾里克森认为爱是健康正常发展的结果。

心理学家菲利普·谢弗（Phillip Shaver）及其同事采用现代方法研究儿童发展，他们用儿童依恋模式解释成人关系的质量差异。他们的主要观点是，成人浪漫关系在某种程度上是儿童依恋关系的反映（Brennan & Shaver，1995；Hazan & Shaver，1987；Shaver & Mikulincer，2005；Simpson et al.，2014）。这一思路直接脱胎于霍尼（1945）的新精神分析理论，包括未解决的基本焦虑，并与对婴儿依恋的生物基础研究有关（Ainsworth，1979；Ainsworth & Bowlby，1991；Bowlby，1969）。

根据谢弗等人的观点，存在三种类型的浪漫依恋风格（romantic attachment styles）：①安全型爱人（secure lovers）容易与他人形成亲密关系，并愿意让他人与自己亲近；②回避型爱人（avoidant lovers）每当接近他人或他人接近自己时，就会感到不舒服，他们存在信任和被信任方面的麻烦（酒精成瘾者的成年子女常属于这种类型）；③焦虑－矛盾型爱人（anxious-ambivalent lovers）期待获得亲密感，又对这种关系感到不安，他们对关系表现出的急切态度可能会吓走伴侣。研究发现，大约半数的人属于安全型爱人，而不幸的是，其余的人都是回避型和焦虑－矛盾型。研究还发现个体与父母的关系质量可以预测成人依恋模式，这进一步支持了"早期关系模式可以影响后期依恋"这一观点。你对父母的感觉，尤其是对母亲的感觉，会影响你与当前恋人的关系质量（Zayas & Hazan，2015；Zayas et al.，2011）。但也有一些证据表明，依恋的差异部分来自血清素和多巴胺系统的个体差异（Gillath，Shaver，Baek，& Chun，2008；Stein & Vythilingum，2009），即是神经递质系统与早期社会经验交互作用的结果。

14.3.3 爱的认知观点

我们能够数得清爱的方式吗？爱的认知观点试图将不同类型的爱进行归类，区分激情和思考。很明显，总有一些好朋友，我们非常喜欢他们，但却不想和他们发生亲密关系；一些人我们可以对他们毫无保留，却无法受到他们的生理吸引；还有一些人能点燃我们疯狂的激情，但我们对他们算不上真正的喜欢；等等。

不幸的是，爱没法被简单地分类。多数观点认为喜欢不是爱，尊敬不是激情，另一些则区分了尊敬友爱之爱与情感投入之爱。还有一些人试图同时利用这些维度来比较迷恋、性剥削和真爱。通过这些分析我们可以清楚地看到，思维和情感不可分割。各式各样的爱其实反映出我们思考和解释驱力、动机和人际关系的方式多种多样（Beall & Sternberg，1995；Berscheid，1994；Fehr & Russell，1991；Rubin，1973；Sternberg & Barnes，1988）。现有超过24种量表可用来测量爱和激情（Hatffield et al.，2012）。

14.3.4 爱的人本－存在主义观点

人本主义人格心理学家致力于解释爱的原因。他们鄙视将爱视为强化的结果的简单行为主义观点，强调只有实现潜能，成为最好的自己，才能获得最真的爱。他们认为一个人在爱别人之前必须先接受（和爱）自己。例如，罗杰斯认为，只有那些学会了接纳自己的儿童才能发展成功能健全的个体，从而真正地爱他人。

1. 马斯洛的爱的需要理论

马斯洛将爱的需要放在需要金字塔的第三层。也就是说，只有当一个人满足了生理需要（如食物）和安全需要（如秩序）之后，才会去满足对爱和归属的需要。当一个人成功到达需要金字塔的顶端，满足了归属需要和自尊需要，就能充分地享受爱和自我实现。

马斯洛（1968）描述了两种类型的爱：存在

爱（being love，B-love）和缺失爱（deficiency love，D-love）。缺失爱者自私且惯于索取，存在爱者则无私且乐于满足他人。存在爱者更易自我实现，也会帮助伴侣自我实现。这一观点意味着，人们会将不同的人格倾向带入爱中——自我实现的人的爱是无私的存在爱，但惯于索取的不成熟的人的爱是缺失爱。我们都知道一些不成熟的人总是在寻求自私的缺失爱。事实上，对成功婚姻的研究表明，拥有长期幸福婚姻的伴侣们大都认为对方喜欢关心人且有责任感，就像是一个真正的朋友（Huston，Niehuis，& Smith，2001）。

2. 弗洛姆的爱的理论

弗洛姆的爱的理论结合了人本 – 存在主义和精神分析的观点。弗洛姆认为现代社会导致人们产生孤独和疏离感。不同于弗洛伊德，弗洛姆不认为爱与性是人类天生动物性的表现，他将爱视为一种令男人女人更加人性化的特殊特性。为了缓解孤独感，人们会寻求与周围世界，尤其是其他个体的联系。也就是说，爱是人们努力与他人联系的积极结果。

弗洛姆还描述了不同性质和类型的爱的特征。弗洛姆提出，母爱是完全单方面和不平等的——母亲给予了无条件的爱，不要求回报。从这份爱中，孩子可以获得稳定与安全感。博爱（brotherly love）是指爱所有的人，即全人类。这种爱使疏离的个体重获与他人的联结。与之相反，情欲之爱（erotic love）指向某个单独个体，它是一种暂时的、短期的亲密关系。如果这种爱占据统治地位，个体会经常更换爱人。陷入情欲之爱的人体验不到真正的成熟的爱，只能满足性欲、控制或被控制欲，以及缓解焦虑。获得的爱大大多于给予的爱，就是不成熟的爱，这种爱发生在不成熟的成人之间，也会发生在成人与孩子之间。一个人只有具有成熟的人格，才有能力真正地给予，也才会收获真挚成熟的爱。

弗洛姆认为成熟的爱是博爱和自爱的结合。在成熟的爱中，双方相互关怀。成熟的爱人抱有对彼此的责任感，这种责任感不是出于义务，只是无偿的给予（Miller & Siegel，1972）。成熟的爱也包含对对方发展的尊重。另外，为了成熟地去爱，每个人都必须了解对方。一个人首先能爱自己，然后具有与博爱有关的奉献精神，才能成功并成熟地爱另一个人。

因此，弗洛姆认为爱十分复杂，并不是简单的减少性冲动的手段。弗洛姆关于成熟之爱的观点被现代大部分婚姻咨询师采纳。有趣的是，与弗洛伊德相比，弗洛姆相信即时的性满足并不会促进爱情的发展，它应该出现在真爱之后，最好的性出现在最好的爱情关系中。如果一个女人想要一段她没有从父亲那里得到过的关系，或者一个男人幼稚地寻求母爱，他们都不会得到充分的满足，因为这些都是神经症性的爱。与之相似的是，如果一个人放弃了他自己的认同，而去崇拜伴侣，只会导致虚伪的爱。

3. 罗洛 · 梅：爱的类型

由于弗洛姆认为爱是引出存在和意义问题的关键因素，他的观点也被认为是存在主义的。存在主义心理治疗师和作家罗洛 · 梅进一步发展了弗洛姆的观点，并出版了一本极具影响力的书，书中指出，现代文化和技术使现代人去个体化，人们失去了爱的能力，导致暴力和非人化（May，1972）。

罗洛 · 梅还特别描述了各种类型的爱，包括：性——情欲、驱力释放；爱欲（eros）——有生殖力的爱，尽情享受和体验；友爱（philia）——亲如兄弟的爱；灵性之爱（agape）——致力于他人幸福的无私的爱；真实之爱（authentic love），这种爱是其他类型的爱的结合。罗洛 · 梅认为现代社会非常不幸地使各种不同的爱彼此分离了。他也认为爱情应从不同角度加以理解。

根据罗洛 · 梅的观点，嬉皮士的“自由的爱”不是爱的理想类型。这种爱缺乏有意义和永恒的爱应该包含的约束和意志。

罗洛 · 梅在性解放运动展开的 20 世纪 70 年代，

也就是嬉皮文化的高峰时期，进一步发展了这些观点。他提出科技高度发达的时代会给爱带来消极后果，使人们眼中只有性，而看不到爱的其他方面，最终导致性的结合失去温柔和亲密（毫不意外，20 世纪 70 年代的离婚率急剧上升）。

此外，作为一名存在主义者，罗洛·梅强调意志的重要性。他指出爱和意志不可分割：爱情需要意志（或者努力）使之持久并有意义。他认为嬉皮士的困境在于，尽管他们能够自由地得到爱，但缺少意志导致这种爱没有约束力和责任感（May，1969）。嬉皮文化虽然打破了性压抑带来的性障碍，但同时消解了约束和承诺，导致矫枉过正。显然，罗洛·梅对意志的理解类似于弗洛姆提出的成熟爱情应包含了解、实现和发展的观点。

14.3.5 爱的文化差异

正如文化情境影响攻击倾向一样，爱的体验和期待也会受到文化差异的影响。这再次说明爱不能被简单地看作一个生物学或者由本能（本我）主导的现象，同时它也不是一个简单的与家庭有关的概念。

在很多历史时期和很多文化中，婚姻由双方父母安排，经济、宗教以及社会因素在婚姻中扮演着重要的角色，甚至还有媒人在起作用。然而在现代，几乎没有大学生愿意让父母替自己寻找伴侣。我们经常设想存在一个理想的伴侣，我们需要从茫茫人海中找到他们，然后深深地陷入爱情之中。可是，在某种程度上，新精神分析和人本－存在主义的观点是正确的，应该允许某些传统的配对形式回归。一个有经验的人选择对象不会只基于性吸引或不成熟的需要，而会更多地考虑尊重、成熟、相似的价值观，以及完整且深刻地爱的能力，当然也有外表的匹配。这样才能获得更好的婚姻和爱情。

事实上，一位最近从阿富汗移民到美国的研究人格的学生证实，她自己、她的父母、叔叔和阿姨被安排的婚姻都很成功，整个家族中只有一个人离婚，正是那个“为爱结婚”的人。这个例子再一次说明了从多角度看待人格才能深入理解生活中的许多重要问题。

大多数美国大学生不希望父母为自己选择伴侣。但在许多社会中，即使在今天，相亲仍然是文化的重要组成部分。在保加利亚斯塔扎戈拉市一年一度的“新娘市场”上，父母们正在观察他们的子女未来的新娘和新郎。如果年轻人觉得对方可以接受，他们的父母就会开始协商聘礼。年轻人选择伴侣时使用的标准可能与父母或媒人看重的标准不同。

一项对 80 对已婚的墨西哥裔美国人和欧洲裔美国人的研究发现，墨西哥裔美国人对待爱情更加实际，对性的理想化态度更少，这与文化有关。不过，对两个群体来说，激情都与婚姻满意度有关（Contreras，Hendrick，& Hendrick，1996）。因此，我们并不想走向极端，声称激情和吸引是不重要的，二者平衡才更切合实际。还有一些研究发现个体主义文化中的人比集体主义社会中的人更看重浪漫与个人价值的实现，但他们不一定比后者更加相爱（Dion & Dion，1993；Levine，Sato，Hashimoto，& Verma，1995）。此外，还有研究发现东西方人在爱情风格上的差异与人格有一定关系（Wan，Luk，& Lai，2000）。然而，随着世界范围内人们接触和同质化的增加，这种文化差异可能正在减弱（Tang et al.，2012）。

弗洛姆深为现代资本主义社会中人们生活的最高目标就是消费和“寻欢作乐”而感到忧虑。这种生活方式往往会导致孤独。

14.3.6 特质与交互作用的观点

乔是个 20 岁的大学生，有些孤僻。他十分自我，难以与他人建立关系，不善于和别人分享自己的想法和感受。尽管乔也为自己缺乏社会互动而感到苦恼，但他很少谈到孤独。

有相当数量的人在寻找爱情和建立有意义的关系方面存在困难。他们感到孤独和疏离。那么人格和孤独之间是否存在联系？研究为描述孤独个体的典型人格提供了详细的资料。

孤独的人在形成人际关系、信任他人以及和他人亲近方面存在麻烦。他们很难谈论自己，不想将自己的感受暴露在他人面前，不愿形成社会关系，在社会互动中感到不舒服（Berg & Peplau，1982；Peplau & Caldwell，1978；Peplau & Perlman，1982），也很少交际（Perlman & Joshi，1987）。在特质方面，他们的外倾性得分非常低，宜人性和情绪稳定性得分也偏低。换句话说，孤独是一个普遍存在且相对稳定的状态（Hawkley & Cacioppo，2007）。认知人格心理学家指出，孤独的人通常具有消极的解释风格——他们会用消极的态度看待不受他们控制的事物和他人（Snodgrass，1987）。

其他一些不能直接观察到的特点也与孤独有关。那些在男性化和女性化特质上得分均较高的个体（双性化者）普遍不孤独，这可能是因为他们在各种社会情境中都能应付自如，也能与各种各样有着不同兴趣和看法的人成为朋友（Berg & Peplau，1982）。这些人往往有着较好的社会技能和较高的自尊。

孤独与社会心理问题有关，如社交缺陷，也与工具性问题有关，如疾病和低收入（Cacioppo & Patrick，2008；Perlman，Gerson，& Spinner，1978）。正如艾里克森预期的那样，在不同的年龄引起孤独的问题是不同的。这意味着环境特点可能也是一个非常重要的因素。事实上，类似斯金纳的行为主义者会认为，大学时代的孤独源自个体来到了一个新环境，在这里他不能通过做出以前的反应来获得回报。

按照这个思路，通过发展技能和改变环境是可以克服孤独的。这就是为什么许多咨询师会建议孤独的人逐渐融入社会群体或者与他们的兴趣、知识和技能有关的俱乐部，尽管最初他们可能会感到尴尬。孤独不应仅仅被视为一种人格特质，交互作用取向的理论家认为将其纳入情境中考虑非常必要（Rook，1988，1991）。当一个人的现实关系与他需要的关系不匹配时，孤独就会出现（Perlman & Peplau，1998）。

写作练习

罗洛·梅和弗洛姆区分了不同类型的爱情。他们有没有遗漏其他类型的爱？或者你觉得哪些类型可以去掉？有没有可能只存在一种爱，它比恨更纯粹？

14.4 爱的歧途

14.4　检视人格与性行为的关系

正如诗人们所说的那样，爱与恨以一种矛盾的方式相伴相生。亲密关系在多数时候是深深的爱，但有时也会变成危险的恨。什么样的人格特质会使一个人实施危险的性行为？随着艾滋病（获得性免疫缺陷综合征）的扩散，这个问题逐渐得到了更多的关注。

许多研究者对确定人格与性行为（尤其是不安全的性行为）的关系感兴趣。外倾者更倾向于进行性冒险，因为他们喜欢寻求外在刺激。研究发现，外倾者更愿意尝试“法式热吻”，以及各式各样的性活动（Barnes，Malamuth，& Check，1984；Fontaine，1994）。性格冲动和控制力较弱的人在性接触中也更容易冲动行事。例如，一项针对大学生的研究发现，那些在日常生活中更容易做出冲动性决定并倾向于冒险的人，在性行为中同样更愿意冒险，且这与他们对性安全的理解没有关系，说明冒险不是一个认知因素（Seal & Agostinelli，1994）。这些学生对环境线索更敏感，这意味着不带安全套的感受更容易让他们无法自制。总的来说，冲动、情绪化和感觉寻求与性冒险有很强的关联，但人、情境和关系背景也很重要（Cooper，2010；Donohew et al.，2000）。

这样的人一般而言更加外倾和无拘无束，更可能在交往的早期就发生性关系，他们可能在同一时期拥有不止一个性伴侣，关系承诺也更低（Simpson & Gangestad，1991）。按照行为学的解释，与那些更在意伴侣投资的人相比，这类人更在意外表吸引力，在性方面也更活跃，而前者在性方面则更有选择性（更克制）。然而，拥有更多不加选择的性活动并不一定意味着强大的性驱力或者更多的性满足。

精神质与性冒险也存在联系。按照艾森克的构想，性冒险是精神质的核心成分之一。有研究使用艾森克人格问卷调查了18到35岁男人的人格和性活动，发现高精神质与性冒险行为（包括无保护的性交、双性交、静脉注射药物以及同时与多人性交）存在正相关关系（Fontaine，1994）。

一项对个体生命全程的关系的研究调查了青少年时期的性活动和之后死亡风险的关系，所用的数据来自路易斯·推孟在20世纪20年代开始的研究。研究发现，在青少年时期有更多性活动的人，之后的死亡风险更高。结果印证了艾森克有关精神质的观点，这些性活跃的青少年更加没有责任心，在成年后更容易成为酒精成瘾者，也更不愿意接受教育（Seldin，Friedman，& Martin，2002）。

我们经常将性与爱视为一体，那么性怎么变成一个愤怒与暴力的集合体了呢？尼尔·马拉姆斯（Neil Malamuth）和他的同事研究了与对女性的性侵犯、强奸等性暴力行为有关的人格特点，发现男人的支配水平、对女性的敌意、对暴力对待女性的赞成态度，以及较高的精神质水平都可以预测性侵犯（Barnes et al.，1984；Hunter，Figueredo，& Malamuth，2010；Malamuth，1986）。换句话说，性侵犯者冷酷、冲动、凶恶且残忍，同时他们也可能古怪但迷人，就像泰德·邦迪。连环杀手经常沉迷于色情作品：当然，大部分看色情作品的人并不是强奸犯或杀手，但是对色情作品的爱好往往是性侵犯者的显著标志（Vega & Malamuth，2007）。

性侵犯吸引力量表（Attraction to Sexual Aggression）可以在某种程度上鉴别出意图性侵犯女性的男人（Malamuth，1989；Malamuth，Huppin，& Paul，2005）。这些男人相信强奸神话（如女人很享受强奸），并有着强烈的支配欲。根据弗洛伊德的观点，很显然这些男人没能解决好他们的俄狄浦斯情结，超我也没有得到足够的发展；从新精神分析的角度看，这些男人缺少父母的爱；认知观点认为这些男人缺少对他人也是人的认识；而特质观点认为他们缺少共情能力，不遵守社会规则；人本主义者认为他们显然是不道德的。这些观点都认为要改变一个性侵犯者是非常困难的，社会的看法也如此。

总之，大部分观点都认为爱具有生物基础，并推测该生物基础可能有助于人们成功繁衍。可这个解释还远不能证明爱就是生物性的，生物规律对爱的明确影响仍然没有被发现。

在西方个体主义社会里，浪漫就是要和那个热烈相恋的人结婚。然而也有许多证据表明，爱可能来源于一段友情。许多最具智慧的人格心理学家强调，当真正而持久的爱与对另一个人无私体贴的关心融为一体时，会得到更好的发展。

写作练习

在弗洛伊德的时代和他之后的几十年里，人们认为某些类型的爱在道德上是正确的，而其他类型的爱则有违道德。今天的人们普遍对不同的性取向和性行为更加宽容。你认为是否还存在某些不恰当的、需要作为社会禁忌的爱或性？

总结：爱与恨

本章试图用人格心理学的八个理论取向理解爱与恨。连环杀手一个接一个地杀害受害者，残忍的独裁者杀害了成千上万的平民，这些案例让我们感到震惊的同时觉得很不可思议。他们向我们展示了人性中最邪恶的一面。与此同时，我们也被人类表现出来的爱和奉献精神感动。我们发现我们无法简单解释这些复杂的动机和行为。

进化（行为学）观点认为攻击行为是适应性的进化过程的产物，也就是说，仇恨是天生的，因为在种族进化过程中攻击行为具有适应性。生物病变、药物滥用或不恰当的环境因素可能会使这些自然的攻击倾向被扭曲，表现为古怪的、不正常的行为。不过，为什么攻击性存在这么多个体和跨文化差异呢？所有人都具有仇恨的能力，但多数情况下不会凸显。

弗洛伊德认为攻击行为可以追溯到对抗死本能（塔纳托斯）的防御机制。它可能被转移并投射到了他人身上，或者遭受了压抑，只能通过激烈的方式爆发出来。新精神分析则认为仇恨来源于不安全感、焦虑，以及童年时期的创伤，尤其是亲子关系中的创伤。如果提供给孩子稳定可靠、情感健康的养育，其攻击行为一定会大幅减少。特质理论家认为攻击行为模式是个体与世界互动的风格，它与低宜人性、低尽责性和高神经质有关。

人本－存在主义的观点认为攻击行为来自天然的实现倾向受到的阻碍，它是个体在家庭生活、社会生活和个人选择方面一连串失败的结果。学习理论则关注鼓励和维持暴力行为的强化结构和榜样。

认知观点认为内心充满仇恨的人认知简单，他们将群体中的所有人都看作“敌人”。暴力罪犯总是倾向于认为事物具有威胁性，他人充满敌意；精神病态者在社会和认知任务加工方面存在缺陷。这些观点暗示着，教导人们以更加准确和温和的观点看待世界，可以减少攻击行为。考虑到攻击行为的巨大文化差异，可知非生物学因素的影响也很重要。人格与情境的交互作用为解释恐怖主义的来源提供了一个很好的视角。

爱才是行为最强有力的动机吗？进化心理学家认为男人和女人在选择伴侣时之所以存在差异，是因为他们在繁衍过程中扮演着不同的生物角色。男性容易被那些外表看上去适合怀孕，能够成功生育健康后代的女性吸引。而女性的精力需要集中在照顾孩子上，所以要求男性能在她抚养孩子期间为她提供生活必需品，如食物和住所。由于具有能够促进生存的适应性价值，爱才产生并保留了下来。

弗洛伊德认为一个人为爱所做的一切都是为了性。弗洛伊德的继承者，如客体关系理论家，则强调最初的母婴关系的重要性，认为儿童会将这一关系内化，作为未来爱情的原型或模板。而艾里克森等自我心理学家认为，只有那些找到了认同的人才能够经历真正的亲密感和爱情，尚未完成自我认同的个体则可能继续孤独，或陷入混乱和浅薄的错误关系之中。

人本主义心理学家致力于对爱的原因进行解释，他们鄙视将爱视为强化的结果的简单行为主义观点。他们认为，在成熟的爱中，每个人都会满足对方。成熟的爱人抱有对彼此的责任感，爱是无偿的给予，不带有自私的条件。马斯洛认为存在爱者（而非缺失爱者）会帮助伴侣自我实现。存在主义者罗洛·梅强调意志的重要性：爱需要意志（或努力）使之持久而有意义。

关于爱和婚姻的习俗与感受存在显著的时代和文化差异，这提醒我们不能简单地接受对于爱的一般看法。孤独、性滥交以及性侵犯是交织着爱与恨的复杂问题，这些问题应从不同角度进行理解。

总之，基于人格理论的八个基本取向，我们探讨了有关个体差异的几个重要话题：性别差异、健康差异、文化差异、爱恨差异。我们已经看到，对人格的研究绝不仅是一个枯燥的学术活动或对由来已久的好奇心的满足而已。实际上，它深刻触及了生而为人的本质。

分享写作：爱与恨的象征

从现代或历史中选出两个分别代表爱与恨的人。这个人的什么人格特征促使你选择了他？他又缺少什么特质？

15

CHAPTER

第15章

人格何处寻

学习目标

15.1 分析通过社会工程学控制个体行为的可能性

15.2 评价人格研究的八种理论取向

人格心理学的未来会怎样？综合运用基因疗法、精神药物、计算机增强大脑、精良的调节技术以及对环境的严格控制，是否意味着在未来，人类将变成半机械人甚至机器人？我们能消除仇恨和战争，营造充满爱的家园，发挥人类的潜能吗？

为什么每个人都想学习人格心理学？学生们明明可以花时间学习更实用的计算机和工程技术，或者通过学习文学、音乐和艺术来提高自己的文化素养，可他们为什么偏偏选择了人格心理学课程呢？哪些人会对“是什么让人类成为人类”感兴趣？尽管少有研究直接与此相关，但通过加州心理测验（California Psychological Inventory，CPI），研究者们已经获得了一些发现（Gough，1987）。加州心理测验有一个被称为“心理成熟度”的分量表，它能够测量个体对他人的需要、动机以及经验感兴趣的程度。在这个分量表上得分高的人能够很好地判断别人的感受。有证据表明：心理成熟度可以通过学习来提高（如学习人格心理学课程），并且对于预测个体成年后的成熟和智慧程度而言，是一个重要的指标（Donohue，1995；Gough，Fox，& Hall，1972；Helson & Roberts，1994；Staudinger，Lopez，& Batles，1997）。

在本书中，我们一直秉持着全面包容的立场来看待人格。人格心理学蕴含了许多关于人性本质的哲学观点。我们对人性本质方面的一些古老问题进行了探讨，只不过我们是通过21世纪初以来心理学观念和实证研究上的发展来进行这项工作的。当前因此对人格心理学做出了最大贡献的学者们已经不满足于把自己的研究局限于个体差异、发展过程及心理治疗应用了，他们致力于将社会重建、乌托邦及新世界的愿景结合起来。这一过程还在持续进行中。

15.1　人格的美丽新世界

15.1　分析通过社会工程学控制个体行为的可能性

三项重大的科学进展可能会改变心理学家对人性本质的看法。首先，随着对大脑生物化学特性了解的深入，利用化学药物设计人格的可能性大增。其次，随着对环境中偶发因素的控制越来越精确，通过社会工程学（social engineering）来控制个体行为的能力也在提高。最后，人类基因密码的逐渐破解将显著改变人们对人格基因基础的理解和控制（Plomin & McGuffin，2003）。

15.1.1　药物与人格设计

从起源以来，人类就没有停止过使用精神刺激性物质，如酒精和鸦片，来影响大脑，进而影响行为。例如，阿兹特克人（Aztecs）和其他一些早期的美洲原住民会服用佩奥特掌（peyote）——一种矮小无刺且能引起幻觉的仙人掌，原产于得克萨斯州和墨西哥。他们没有考虑此类物质是如何以及为什么能影响人格的，他们只是把食用此类物质作为一种宗教体验或者单纯的消遣。但是，随着科学在脑化学方面的突破，即认识到脑细胞之间通过神经递质传递信息，利用药物改变人类本性成为可能。

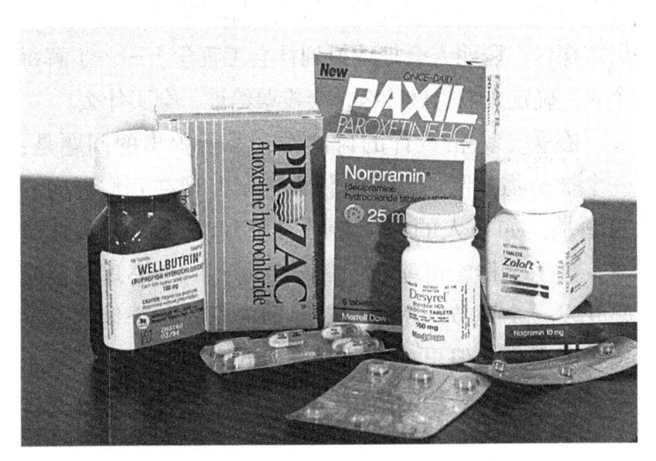

药品被用于改变行为。

该领域的研究被称作社会神经科学（social neuroscience），最初主要是为了帮助那些患有抑郁症、慢性焦虑和精神分裂症等精神疾病的人。一个世纪之后，弗洛伊德极力推荐使用可卡因（cocaine），而且他自己也会服用（可口可乐还曾将它作为原料），直到人们认识到可卡因会使人成瘾。用安非他命（Amphetamines）治疗抑郁，用镇静剂（如安定）治疗焦虑的做法则延续了半个世纪。后来，法律严格限制了这些药物的使用。许多注意缺陷障碍患者在服用利他林（Ritalin）和阿得拉（Adderall）等药物。但如果有人只是为了变得更"亢奋""兴奋"或更有活力而服用这些药物会怎样呢？

现如今，合成药物可以用来创造和设计人格，其中最典型的例子可能就是百忧解（含氟西汀，fluoxetine）。百忧解能够抑制大脑神经元对 5- 羟色胺的再吸收，从而使服用者情绪高涨，改变其情绪反应模式。研发百忧解最初是为了治疗严重抑郁。它现在被用于克服从羞怯、易怒到强迫倾向的多种认知问题。由于百忧解似乎能干预强迫倾向，它甚至被用来治疗强迫性赌博和注意力集中困难。尝试服用百忧解来"改善"人格的人到底有多少仍没有确证，但每年有数以百万计的处方被开出，这个数字很可观（Kramer，1993）。我们应该把药物作为脾气暴躁者的情绪改良剂来设计我们自己或社会更喜欢的人格吗？

许多年前，哈佛大学的知名教授蒂莫西·利瑞（Timothy Leary）曾为理解人格的人际性做出了重要贡献。后来，利瑞在一位人类学家的影响下转而研究所谓的"致幻蘑菇"（magic mushrooms），并成了致幻剂（lysergic acid diethylamide，LSD）使用的倡导者。他认为致幻剂具有开发心智、提高创造力和改善健康的潜在功效。作为一种真菌提取物，致幻剂能够激起感知和思维梦幻般的改变。好莱坞影片中的精神科医生们推动了这一时尚的发展，其中一个在治疗期间使用致幻剂的著名患者是加里·格兰特（Cary Grant，电影《3D 心灵》的主人公）。然而不幸的是，很多致幻剂使用者最后以自杀告终。随着对致幻剂的效应——包括错觉和怪异行为——的深入了解，哈佛大学开除了利瑞，致幻剂也被列为禁药。

人们普遍认同应该把精神干预类药物用于临床治疗，如慢性抑郁症。慢性抑郁症患者会坐在房间里痛苦地哭泣，丧失行为能力，无法工作和正常生活。但是，不开心、注意力不集中或者羞怯的人是否也可以使用此类药物呢？有证据表明，10% ～ 30% 的人天生就比较害羞。

那么用药物让他们变得喜好社交是否合理呢？我们应该用药物增强他们的社交能力吗？还有各种所谓的“益智药”（nootropic，这个词源于希腊语，意为“令人费解的”），号称可以帮助你提高学习能力和记忆力，尽管副作用未知。我们应该投票给服用这些药物的领导者吗？

用药物影响人格的方法无疑是幼稚无知的——药物的效力不会持久。尽管生物因素非常重要，但人格绝不仅仅是脑中化学物质的释放。人格是大脑多个系统的综合功能，并且涉及认知和特质。人格在很大程度上取决于学习、社会化过程以及社会情境。而且“我们是谁”这一命题里包含了自由、意识、尊严等重要的精神元素，忽视这些元素将异常危险。

假如我们使用药物调节大脑的化学过程，有一天将不再有人对你大吼大叫，不再有人冲到你的前面，不再有人哭泣，不再有人担心自己是否关了炉子或锁了门，世界将会变成怎样？在未来，每种心理问题都可以使用药物进行治疗，所有的艺术家都可以使用创造力药物来增强表现力，学者们则可以服用聪明药来使思维更加清晰。能够改变人们思维和感受的药物将不断被研发出来，我们必须决定是否使用、什么时候使用，以及如何使用它们。

15.1.2 乌托邦世界与奖惩的滥用

亨利·大卫·梭罗（Henry David Thoreau，1854）强调个人自由和尊严的重要性，他认为应跟随本心的指引去追求简单、真诚和独立。而斯金纳所勾勒的乌托邦是完美的社会，在那里，习俗和强迫性的社会管制不再存在，取而代之的是一种奖励系统，它能够使人类的欲望与社会的需要相一致。斯金纳认为，自由和尊严只是一种假象，社会可以超越它们，使人们乐于接受正强化的操纵。所有任务都能被心甘情愿地完成，因为清理下水道比照看社区花园得到的奖赏更多。

斯金纳的观点在现代工厂中经常被使用，对优秀业绩的积极鼓励（如高销售额员工的奖金、度假会议、健身俱乐部特权，甚至老板写的表扬便签）取代了业绩不好就会被解雇的惩罚。城市里那些面临学业失败风险的学生可能会因为读书而获得报酬。当学龄前儿童的行为符合老师的期望时，他们可以得到奶糖和其他小玩意。甚至广告也会基于社会学习理论来设计。（讽刺的是，就连梭罗的《瓦尔登湖》也经常被用于俗气的广告宣传。）

在了解了一个人的早期倾向和过往经历后，奖励会尤其有效。计算机网络能够迅速得到民众的此类信息，电脑里的历史记录能够显示你访问过的网站，各种各样的应用程序能让你有意无意地透露你宝贵的个人信息，从而使各种影响你的事物（如销售或政治信息）能够更有效地针对你的人格发挥作用。

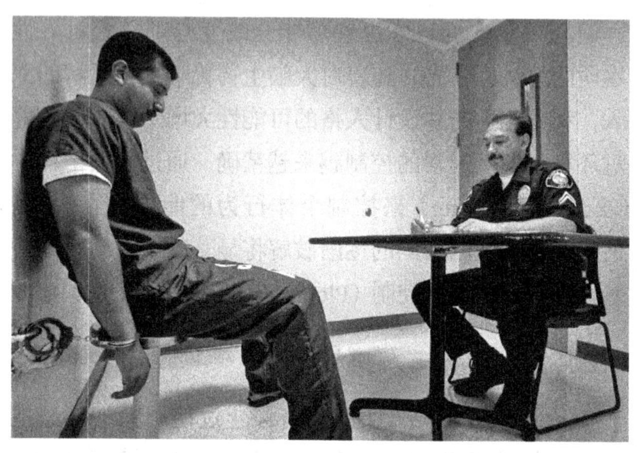

审讯专家们通常反对进行刑讯逼供。他们认为，利用对人格和动机的深入理解，可以揭露隐藏的信息。随着以人格理论为基础的审讯技术越来越起效，它会不会带来局限和疏漏？广告商和推销员也应该使用这些方法吗？

另外，相反的控制方法——强迫、恐吓、惩罚，虽然效果不佳，却仍是主流的行为改变方法。监狱中的苦役和漫长的刑期，对不守规矩的学生的体罚，各种罚金和赋税，以及枪支和其他自我防卫武器的普及——惩罚仍然大有市场。尽管我们已经知道人格很大程度上是通过学习和奖励塑造而成的，但到底哪种方式占支配地位仍需探讨。聪明人会把钱投到社会工程学上——了解每个人，确定人们想做什么，会投票给谁，会买什么。

在关于人格设计的讨论中，我们提出的问题是：一个被药物控制的世界是什么样子？现在我们要问的问题是：如果人的行为持续被环境中的偶然事件塑造，会怎么样？可能我们需要针对每一个心理社会问题开发一个调节疗法来应对。即使这样一个世界似乎没有吸引力，但出现的问题仍然必须面对。我们需要持续学习人格的相关知识。

15.1.3 基因超人

躁狂－抑郁性人格有着很强的遗传基础，其他很多疾病也被证明具有遗传基础（Online Mendelian

Inheritance in Man [www.ncbi.nlm.nih.gov/omim] ; McBride et al., 2010)。人们对人类基因组的研究越来越深入，这无疑为理解人格的遗传基础提供了许多指引。基因如何影响行为，即行为基因组（behavioral genomics）研究的核心问题（Plomin & Crabbe, 2000 ; Plomin, Haworth, & Davis, 2009），可能会成为人格“美丽新世界”里的最大挑战。对于某些研究者来说，研究的终极目标是人类基因治疗（human genetic therapy）。到时候，操纵基因就像控制农作物那样寻常。

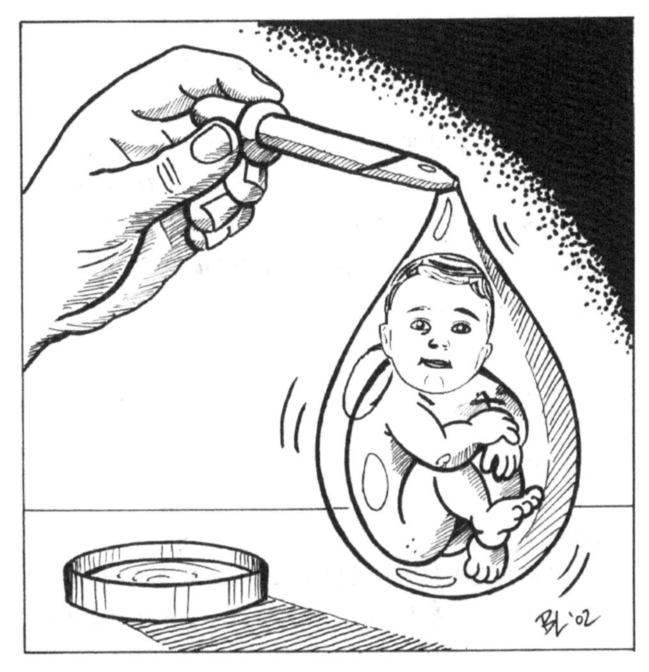

父母想为他们的后代选择他们喜欢的特征吗？一项调查表明（Clifford, 2001），大约 60% 的父母想为后代选择善良的人格，30% 想要智慧，还有不到 15% 选择了良好的相貌和运动能力。你想改变胎儿的基因吗？如果下一代变得更友善、更聪明，我们的世界会变得更好吗？

生物学取向的人格研究经常被误解。这种误解可以追溯到 17 世纪早期勒内·笛卡尔（René Descartes）提出的著名的笛卡尔二元论（Cartesian Dualism），即把心理和身体分开分析。这种分离源于人的灵魂来自上帝，与现实世界的身体运动不同这一观念。但是，自达尔文时代以来，我们已经知道，心智必定有其物质基础。不过，正如我们看到的那样，这并不意味着人格可以被“简化”为一个生理概念。例如，拥有遗传基础的情绪起伏必然与大脑的生理特征存在相关性，但这并不代表人的情绪就不受感知、人际互动、童年经验、宗教信仰、学习经验以及我们讨论过的其他因素的影响。

遗传密码影响着大脑及其他神经中枢、激素和神经递质的发展。换句话说，遗传密码是影响行为一致性的生物基础。神经系统活动水平的差异则会导致婴儿和儿童气质上的区别。不过，这并不意味着人格完全由遗传因素决定。人类基因组在 2000 年被“破解”，揭示了更多人类行为的生物学特性。据推测，在不久的将来，某些特性将可以通过基因工程来加以改变，但谁可以决定改变哪些基因和改变谁的基因呢？

如果在未来，所有胎儿的行为都被基因工程预先编辑好，世界将会变成什么样？对于每种心理问题，我们都会设计出一种新的基因干预措施，就像现在我们通过基因工程使玉米种子更健康、更高产一样。即使基因工程的世界听起来并不比人格设计或者条件控制的社会更加吸引人，但这种可能性的确存在。我们必须被教导生而为人的意义。

在飞速发展的世界中，崭新的人格概念也必然被提出。例如，模拟大脑功能和行为的电脑模型越来越多，当然，电脑科技也在改变着我们的日常行为。但是，要想对这些改变进行全面的评估和理解，就需要对人格的基本方面有更好的理解。

15.1.4 我可以改变自己的人格吗

学生们刚开始学习人格心理学的时候，一般会对人格改变很感兴趣。他们想要变得更外向或更有魅力，想让男朋友或女朋友变得更专一，或者不想变得像父母一样。目前来看，改变成年人的人格并不容易，但实现某种程度的改变还是可能的，而且事实上改变不可避免。

如前所述，药物、条件作用和基因组学可能带来显著的人格变化，但这些手段尚未被大规模应用于人格领域。人们往往不想让此类激烈的干预发生在自己身上。不过，人格的逐步改变是可能发生的，虽然并不容易。人们可以学习改变自己的思维方式，改变日常生活的习惯，改变深层的观念，改变周围的人与情境。例如，一个中学生感到自己孤独、不被欣赏、没有吸引力，他可以在大学重塑自己的人格：他可以以全新的眼光看待世界，加强营养和体育锻炼，加入社团或志愿者团体，学习和练习新的技能（如演讲），如果有需要，还可以找心理咨询师谈论自己与父母、朋友等之间的问题。人格是多面的，因此有效的人格改变所需的努力也是多方面的。

现在比以往任何时候都更明显的是，我们不断变化的人格在很大程度上取决于与我们交往的人——我们的社交网络。我们的态度、我们的健康、我们的幸福，甚至在某种程度上我们的体重也取决于我们的朋友和同事，以及他们的朋友和同事（Burt et al., 2013；Cristakis & Fowler，2013）。这意味着寻求改变的个体，希望理解改变的研究者和试图实施改变的政策制定者，都应该在社会背景下考察个体的人格，就像最好的人格心理学家们一直在做的那样。

人格改变

如何才能持久有效地改变人格

人－情境交互作用取向的观点认为，那些走上与自己人格相匹配道路的人更容易成功。慢慢地，特质会引导你进入情境，情境也会帮你深化特质。唯一一项关于这类问题（人－情境交互作用）的详尽的终生研究跟踪了超过 1 500 名加利福尼亚儿童长达 80 年，也就是跟踪了他们一生。在通往兴旺、幸福和长寿的道路上，他们培养出来的特质和生活方式是：对重要目标的认真态度和持续追求；稳定和深入的关系；有价值和成就感的职业；日益成熟和对生活的满足。这些人没有沉迷于令人晕眩的快乐或自我放纵。事实上，一般性的高兴与健康和幸福无关。事实上，这些谨慎的人发展出了一个庞大的社交网络，他们保持身体活跃，参与并回馈他们的社区，在职业生涯中茁壮成长，并培育了健康的婚姻或亲密的友谊，这些人成了许多人渴望成为的自我实现的人。

你可以在弗里德曼和马丁（2011）的著作《长寿研究：80 年健康和长寿研究的惊人发现》（*The Longevity Project: Surprising Discovery for Health and Long Life from The Landmark Eight-Decade Study*）中读到这项有关人格、情境与健康的研究。

15.1.5 人格心理学的一些应用

在本书中，我们多次看到了人格心理学在生活和社会中的应用。我们对人性的假设塑造了我们构建法律制度、抚养子女、组织工作以及追求健康和幸福的方式。除此之外，人格心理学还有一些更具体和实际的应用。

雇主如何评估应聘者并决定雇用谁？一般来说，他们会先根据必要的技能进行筛选，接下来就会根据人格进行评估，方式可能是结构化面试、推荐信或标准化人格测试。在线约会和相亲网站拥有数千万用户，如何帮助用户找到最佳匹配对象？通过对用户人格的了解。执法机构如何寻找潜在的恐怖分子？一定程度上是通过人格侧写。临床和咨询心理学家如何决定适当的干预措施，帮助来访者选择和坚持合适和满意的生活道路？通过对人格的了解。政治候选人和各行各业的销售人员如何决定对谁进行游说，以及传达什么样的信息？通过对人格的了解。

因此，在许多领域，理解经典理论和现代人格研究成果都可以产生直接和巨大的效益。然而，对于出现在本书中的大多数学者和研究者来说，他们的主要动机是理解是什么使我们成为与众不同的个体，我们为什么成为我们。

写作练习

具有不同人格的人对完美人格的看法可能不同。你眼中的理想人格是怎样的？什么特质决定了你的看法？

15.2 再次审视人格研究的八种理论取向

15.2 评价人格研究的八种理论取向

我们相信，要充分理解人格，必须从该领域丰富的思想史中寻求滋养。精神分析取向关注心灵的复杂内部过程；自我取向关注自我；生物学取向在理解进化和神经科学方面很有优势；行为主义取向带给我们基于学习理论的洞察；认知取向借助现代实验心理学深入人类的思维过程；特质取向探求个体的内在一致性；人本－存在主义取向借鉴了丰富的人文科学传统来理解人类的存在和成长；人－环境交互作用取向则重视情境中的人。表 15-1 回顾了这些观点。

表 15-1 人格研究的八种基本取向

取向	认为是否存在自由意志	结构	核心概念	核心方法	理想愿景	代表理论家	核心优势	主要缺陷
精神分析	否	本我 自我 超我	性心理发展阶段 俄狄浦斯情结 防御机制	自由联想 释梦	和谐的性心理发展 本我本能的成熟社会化	弗洛伊德	关注潜意识影响 认识到性驱力的重要性（即使在性以外的领域）	很多观点已被近代脑科学研究推翻 假设往往未经检验或无法检验 受到当时性别偏见的影响
新精神分析 / 自我	通常否	潜意识 意识自我 社会自我 原型	自我认同 社会文化对自尊的影响 生活目标	从自由联想到强调自我概念的情境和自传分析	能够适应面临的情境的成熟自我	荣格 阿德勒 霍尼 艾里克森	强调自我在应对内在情绪、驱力和他人要求中的作用	有时成了来自不同传统的观点的大杂烩 难以使用严谨的方法检验
生物学	否	基因 本能 脑结构	进化 激素 神经递质	神经科学 遗传研究	通过大脑药物治疗、基因操纵及选择来改善个体行为 理解生物遗传如何影响社会	巴甫洛夫 普洛明 艾森克 巴斯 达利	关注生物遗传的倾向和限制 可以与其他取向相结合	低估了人类成长和改变的潜能 存在被政治家简化、误用的风险
行为主义	否	奖赏的外部规则	强化 条件作用 学习 消退	对动物学习的实验分析	通过条件作用和强化来塑造对社会有益的个体行为	斯金纳 多拉德 米勒	对塑造人格的学习经验进行了科学分析	把人与白鼠、鸽子类比，可能否定了独特的人类潜能 可能忽略认知和社会心理学的新进展
认知	有时有	建构 期望 认知 图示	感知 观察 作为科学家 / 决策者的人	决策任务 归因实验 计算机模拟人格	通过理解思考过程来促进理性决策 计算机模拟人格	凯利 班杜拉	抓住了人类思维的积极特征 利用了认知心理学的新知识	经常忽略人格的潜意识和情感方面
特质	有时有	特质 动机 技能	人格的基本维度 独特的个人风格与素质	因素分析 自我报告 风格和技能测验	理解每个个体的整体性 准确评估能力	奥尔波特 卡特尔 艾森克 科斯塔 麦克克雷	采用优良的个人评估技术 仅用五个左右的基本维度来描述人格	可能过于执着于通过有限特质描述人格 测验分数可能会给人贴标签
存在－人本主义	有	精神 在世	自我实现 异化 幸福	访谈 自我探索 艺术 对创造性的传记分析	自我实现 克服存在危机 爱和尊严	马斯洛 罗杰斯 弗洛姆 迪纳	肯定人的精神本质 强调为自我实现和尊严而奋斗	回避人格科学必需的定量研究和科学方法
人－情境交互作用	通常有	倾向 情境	情境中的人	对跨情境一致性的观察和测量 对情境进行分类	理解个体如何创造和维系恰当或不恰当的角色及身份	莫瑞 沙利文 米歇尔 卡斯比	认识到我们在不同情境中会表现出不同的自我	难以定义情境，难以研究纷繁复杂的交互作用

15.2.1 哪种观点是正确的

哪种观点是最正确的？这个问题不容易回答。理论可以引出可验证的假设，继而通过收集数据而得到评估。这八种基本取向并非严格意义上的科学理论，但是值得注意的是，由它们衍生而来的某些理论是可以验证的，对于人格的某个具体方面，其中一些理论尤为可取。就像本书讲到的那样，实证数据可以告诉我们哪些人格预测和假设是错误的，哪些是正确的，而更多的还有待未来检验。

我们是否需要选择一种最喜欢的观点，就像选择宗教信仰或政治主张一样？答案是没有必要。以开放的态度看待人性的不同假设，可以扩展理论，并帮助我们避免拘泥于某种假设（Gergen，2001）。理解每种观点的缺陷和危险之处非常重要，这样当我们听到一种新的人格理论时，就能全面评估它的优势与不足，预测其成功或失败的可能性。例如，我们会怀疑一种宣称可以治疗儿童问题行为的神奇药物，也会怀疑号称能够解决夫妻冲突的神奇行为疗法。我们应该对声称能够评估“金钱性格”并建议我们该如何投资的量表表示质疑，并对承诺能够消除神经机能障碍和治疗疾病的“梦与知觉”研讨班感到奇怪。诚然，我们不应该鄙视这些方法的价值，但作为一个已经对人具有深入复杂理解的个体，我们要从更专业的角度评估它们。

15.2.2 只有这八种取向吗

八种基本取向是多还是少？这是一个个人偏好问题。与其争论有多少取向是正确的，其中哪些理论可以整合起来归入同一取向，不如去理解每种取向究竟能给我们带来什么，它的优缺点有哪些。这也是本书的指导原则。

既然所有取向都试图解释人们的生活方式，它们就必然有所重合。有趣的是，早前一些评论家只看了本书的一小部分便写下了这样的评论：“我知道他们（作者）是弗洛伊德的忠实信徒”“本书赞同人本主义的观点”或者“生物学基础深厚并受其影响较大”等。我们相信读者会发现我们从不同取向中发掘了许多有价值的东西。同时，你们也能够清楚地看出，我们并不认为某一取向是理解人格的最佳选择。

15.2.3 这些取向可以合并吗

我们要不要尝试将八个不同的取向融合成一个宏大的理论？有多种方式可以一试。例如，可以寻找精神分析取向中防御机制（如压抑）的进化和生物学基础（Nesse，1990）。事实上，弗洛伊德自己就有生物学背景，以现代生物学或进化论的视角看问题可能会让他感觉很自然。此外，我们也看到了潜意识与当代认知理论的诸多相似之处。

或者我们也可以寻找大五人格特质的认知和生物学基础，因为特质被假设建立在感知和气质差异的基础之上。社会学习理论也有可能与认知理论相结合，因为它们都强调对思维和学习进行实证研究。

学习和行为主义视角与认为人格在不同情境中会有不同表现的现代观点非常契合。自我取向与交互作用取向也有相同之处，即自我随情境而变化。人本和存在主义有关自由和自我实现的概念可以与动机概念相呼应，它们都推崇人格尊严和人的自由意志，强烈反对斯金纳的行为主义观点。存在主义同样关注自我概念。总而言之，各种观点之间有很多交叉的地方。

但是，这些观点不能也不应该被合并，因为人格是一个非常复杂的概念，难以从某个单一角度去理解。就像生物学需要从不同层面进行分析一样——生物化学、细胞、器官、组织，以及人口层面，人格心理学也需要通过不同类型的分析来理解不同的问题。早期的概念可以通过研究加以修改，而不是完全抛弃。

人格研究中也不存在对于自我的简单理解。我们有太多方面不为自己所知，但有意识的自我概念依然是自我的重要元素。此外，尽管外向的人可以以内向的方式行事，反之亦然，但人们确实长时间地维持着自我的一致性。尽管存在显著的文化差异，但一个人的本质还是可以在一个相对广阔的时空范围内被认识。当然，我们也知道，在一定程度上说，我们在不同的情境中是不同的人，我们的社会自我会随着新的角色和新的社会身份不断被修正和重塑。

自由意志和决定论的争议由来已久。在许多情况下，超出我们控制和知识范畴的外力——我们的基因，早期社会化和奖励，我们的想法和倾向，以及情境的要求——左右着我们是谁和我们的行为。但我们也有充足的理由相信，人们具有创造性和精神性，我们可以做出朝向自我实现和高尚行为的有意识选择。

对人格的研究必须同时考虑个体和群体。例如，女性共享某些特质，同时也有各自独特的地方。正如奥尔波特（1955）所说，大部分心理学研究探索的是一般的行为过程和规律，而人格心理学关注个体差异——个体是研究的中心。正如奥尔波特反复追问的："人生历史该如何书写？"

写作练习

花一些时间对上文中提出的问题发表自己的看法。八个取向可以合并吗？它们应该被合并吗？还是说它们都应该拥有自己的一席之地？

总结：人格何处寻

为什么要学习人格？正如我们看到的那样，关于人性的认识会影响个体或社会做出的众多重大决策。而且，人格问题起源于极富吸引力的古老智慧谜题。哲学家运用神学、观察和逻辑分析寻求答案，而人格心理学家诉诸对个体差异的关联和起因进行的系统的实证考察。

许多对人格感兴趣的人会考虑如何用它来促进社会发展甚至构建乌托邦。他们的目标可能是人格设计或一个美丽新世界。对此我们已经进行了推测，即如果每个人都使用药物调节大脑的化学过程，如果行为一直受政府或企业运营的环境条件控制，如果人们使用基因工程来编辑胎儿的未来行为，世界将会变成什么样子。这些想法并不遥远。一些政客甚至已经开始玩弄这些概念。其他全新的人格概念也将被不断提出，例如使用计算机模拟大脑的功能和行为来"促进"社会发展。如果我们对人格的基本点有了很好的了解，就可以对这一切进行评估和理解。

除了对人性的启示外，人格心理学也可以被广泛地应用于现实，从就业决定和销售活动，到咨询和临床实践。人格心理学家拥有理解和评估个体差异（即每个人与其他人之间的差异）的概念和科学方法。

我们从八个基本取向学习了人格。我们发现不能简单地评判谁是对的——每种视角都有其优势和不足。在一定程度上，这八个取向有重叠之处，因为它们在尝试解释同一个对象——人格。

有的读者可能乐于将不同观点和研究发现进行整合，生成自己的理论。对此我们想提醒：不要忽视每种取向的缺陷和危险性，如果不能充分阐明每种取向的应用范围，就可能带来不良后果。

人格还没有显露出它所有的秘密。它等待着最优秀的人格心理学学生去整合复杂的理论，收集坚实的实证数据。人格心理学是最具挑战性，同时回报最丰厚的研究领域之一。

写作分享：人格改变

你一定将自己的人格与本书提及的各种案例进行了比较。你可能对自己人格的某方面很有信心，却希望改变另一方面。根据你所学到的，你认为一个人的人格能从根本上改变吗？

术 语 表

成就动机（achievement motivation）：根据麦克利兰的观点，是一种追求成功的驱力。

默认反应定势（acquiescence response set）：在测验中对任何问题都给以肯定回答的倾向。

行为频率法（act frequency approach）：通过考察个体做出特定可观察行为的频率来评估人格。

灵性之爱（agape）：罗洛·梅认为这种爱是无私的，以致力于他人福祉为特征。

聚合（aggregation）：根据西摩·爱泼斯坦的说法，指将不同情境（或不同时间）的行为进行平均，以提高行为测量的信度。

攻击驱力（aggression drive）：阿德勒提出的概念，指反抗无力和失控感的驱动力，是对感知到的无助的反应。

攻击性人格（aggressive personality）：霍尼认为这是一种神经症性倾向，即认为绝大多数人都不友善，相信只有最有能力和最狡猾的人才能够生存，于是仇恨他人，行为充满敌意，以维持掌控感和权力感。

攻击风格（aggressive style）：霍尼提出的一种适应方式，使用这种方式的个体认为只有斗争才能生存。

宜人性（Agreeableness）：大五人格维度之一，包括友好、合作和热心。低宜人性者冷漠、好斗、不友好。

阿尔茨海默病（Alzheimer's disease）：严重的大脑皮层功能障碍性疾病，患者多为老年人，症状包括行为改变和记忆障碍。

美国困境（American Dilemma）：纲纳·缪达尔提出的一个术语，用于描述在以人生而平等为建国原则的美国居然还在争论奴隶制度该不该废除的状况。

美国悖论（American paradox）：在当代物质财富极度丰富的同时，却存在着社会衰退、抑郁高发的现状。

肛门期（anal stage）：在弗洛伊德理论中指两岁左右所处的性心理发展阶段，这一时期孩子正在接受排便训练。

雄性激素（androgen）：性激素中典型的男性激素。

雄性激素化女性（androgenized females）：基因是女性的胚胎受到母体内过量雄性激素的影响，出生时具有男性的或模棱两可的外生殖器。

双性化（androgyny）：同时具有男性和女性特质。

阿尼玛（anima）：荣格提出的原型之一，代表男性具有的女性成分。

阿尼姆斯（animus）：荣格提出的原型之一，代表女性具有的男性成分。

顺行性遗忘（anterograde amnesia）：无法形成新的有意识记忆。

反社会人格障碍（antisocial personality disorder）：具有这种人格障碍的个体极易冲动，倾向于违反社会规则，并对自己的行为缺乏焦虑与负罪感。

焦虑（anxiety）：强烈的恐惧或不确定状态，源于对内部或外部威胁事件或挑战的预期。自我的任务是保护自己免于焦虑，一旦失败可能带来心理问题。

焦虑－矛盾型爱人（anxious-ambivalent lovers）：菲利普·谢弗认为具有这种依恋模式的个体想获得亲密感，同时又对关系感到不安。

双趋冲突（approach-approach conflict）：多拉德和米勒用这一概念形容个体面对两个具有同等吸引力的选择时产生的冲突。

趋避冲突（approach-avoidance conflict）：多拉德和米勒用这一概念形容当惩罚导致个体对驱力产生条件化恐惧反应时，发生于原始驱力和二级驱力之间的冲突。

原型（archetypes）：在荣格的理论中，原型指全人类共有的情感象征，自人类诞生起即形成。

依恋（attachment）：婴儿出生后不久与母亲或其他抚养者形成的紧密的情感联结。

注意缺陷多动障碍（attention-deficit/hyperactivity disorder，ADHD）：一种非典型注意加工障碍。

归因理论（attribution theories）：讨论个体推断他人行为原因的方式的理论。

真实之爱（authentic love）：罗洛·梅认为这种爱是其他所有类型的爱的结合。

威权主义人格（authoritarian personality）：具有反民主倾向，思想狭隘、僵化、防备，持有对少数群体的偏见的人的人格。

威权主义人格类型（authoritarian personality type）：根据弗洛姆的理论，这种类型的人具有一种残忍的倾向，他们总是用权力压迫他人、侮辱他人，甚至夺取他人的财产。这种人格特点源于极其消极的亲子关系。

双避冲突（avoidance-avoidance conflict）：多拉德和米勒用这一概念形容个体面对两个不利选择时产生的冲突。

回避型爱人（avoidant lovers）：谢弗认为具有这种依恋模式的个体接近他人或被他人接近时会感到不舒服，他们在信任和被信任方面存在麻烦。

存在爱（being love，B-love）：马斯洛认为这种爱是无私和关心他人需要的；存在爱者更易自我实现，并会帮助伴侣自我实现。

巴纳姆效应（Barnum effect）：一种认为笼统概括的人格描述十分准确地揭示了自己特点的心理倾向。

基本焦虑（basic anxiety）：根据霍尼的理论，指儿童对独处、无助和不安全的恐惧，源自有问题的亲子关系。

行为潜能（behavior potential）：朱利安·罗特使用的一个术语，用来描述某种特定行为在特定情境中发生的可能性。

行为基因组学（behavioral genomics）：关于基因如何影响行为的研究领域。

行为识别标志（behavioral signatures）：在米歇尔的理论中指个体独特的情境 – 行为关系，这种关系使个体人格呈现出一致性。

行为主义（behaviorism）：由华生提出的心理学的学习取向，强调对可观察到的行为进行研究。

在世（being-in-the-world）：存在主义认为，没有世界就没有自我的存在，没有人的感知也没有世界的存在。

贝姆性别角色问卷（Bem Sex Role Inventory）：桑德拉·贝姆设计的测量工具，将个体分为男性化、女性化、双性化和未分化（男性化和女性化特质得分都低的人）四种。

大五人格（Big Five）：特质取向的人格理论，有大量的研究结果作支撑，认为人格能够通过五个维度来进行阐释，包括外倾性、宜人性、尽责性、神经质和开放性。

生物决定论（biological determinism）：认为人格完全由生物因素（特别是遗传因素）决定。

双相障碍（bipolar disorder）：也称躁郁症（manic-depression），是一种情绪障碍，抑郁和躁狂症状交替出现，即在极度亢奋和无助绝望间摆动。

双性恋（bisexuality）：对两种性别都产生性吸引。

边缘型人格障碍（borderline personality disorder）：冲动、自我破坏行为、脆弱的自我认同以及情绪化且不稳定的人际关系的结合。

拓延 – 建构模型（broaden-and-build model）：认为积极的情绪体验，如快乐、兴趣、自豪、满足和爱，可以拓展人们的思考和反应模式，为人们的思想提供更多可能性。

博爱（brotherly love）：弗洛姆认为这种类型的爱是爱全人类，可以使疏离的个体重获与他人的联结。

首要特性（cardinal dispositions）：奥尔波特用这一概念描述对行为影响最大的个人特性。

笛卡尔二元论（Cartesian dualism）：由勒内·笛卡尔提出的概念，指身心是分离的。

个案研究设计（case study design）：对某一个体进行深入分析的研究方法。

阉割焦虑（castration anxiety）：由弗洛伊德提出，指男孩在应对对母亲的爱恋时因认识到无法战胜父亲而产生的对阉割的潜意识恐惧。

类别化（categorization）：人们将高度复杂的信息体过滤到一小群可被视为类似的、熟悉的物体或命题中的知觉加工过程。

中心特性（central dispositions）：奥尔波特用这一概念描述人格围绕其组织起来的若干个人特性。

胆汁质（choleric）：基于希波克拉底和盖伦的古希腊体液说提出的一种人格类型，胆汁质的人易被生活中的控制激怒，人际关系较差。

密友关系（chumship）：沙利文提出的概念，源于社会学中的社会我概念，他认为在青春期前认同形成的过程中，密友起到社会镜子的作用。

环状模型（circumplex model）：将社会互动的两个基本维度编排成圆形，以表示相结合的人格特质的环状模式。

经典条件反射（classical conditioning）：能引起无条件反射的无条件刺激和中性刺激一起重复出现，随后中性刺激将可以引起和无条件刺激一样的反应。

认知复杂性（cognitive complexity）：个体在分析一个实体或事件时，对大量差异或独立元素的理解、利用和适应的程度，以及通过在这些元素之间建立起联系来整合它们的程度。

认知干预（cognitive intervention）：教导人们改变认知方式的过程。

认知简单性（cognitive simplicity）：根据凯利的观点，高认知简单性的人很难区分他人，总是认为一个人和其他人很相似。

认知风格（cognitive style）：个体处理日常生活中知觉和问题解决任务时持有的独特且一贯的方式。

集体潜意识（collective unconscious）：由荣格提出，是心灵深层的潜意识层面，由全人类共有的原型组成。

共同特质（common traits）：奥尔波特用这一概念描述许多人共有的组织结构。

素质（competencies）：在米歇尔的理论中指一个人的能力和知识。

情结（complex）：与某一特定主题相关的，由情感力量支配的一组情绪、想法和观点。

证实偏差（Confirmation bias）：倾向于寻找和注意与先前的期待一致的信息。

尽责性（Conscientiousness）：大五人格维度之一，包括可信赖、有责任感、有组织性和可靠。低尽责性的人比较冲动、粗心，没有秩序、不可靠。

结构效度（construct validity）：一个测验真正测到理论架构的程度。

同期因果（contemporaneous causation）：勒温提出的概念，认为行为是在它发生的那一刻由当时存在于个人身上的所有影响引起的。

内容效度（content validity）：测验测到期望测量的内容范围的程度。

控制组（control group）：为评价某一理论或技术而设置的比较组，以提供比较的标准和基线。

因果的可控性（controllability of causality）：维纳提出的概念，对事件由个人可控或不可控的因素引发的知觉。

会聚效度（convergent validation）：测验实际测量的内容和其理论上要测量的内容之间的关联程度。

胼胝体（corpus callosum）：连接左右大脑半球的纤维。

相关系数（correlation coefficient）：代表两个变量之间相关度的数学指标。

相关研究（correlational studies）：考察两个或多个变量之间关联程度的研究。

效标关联效度（criterion-related validation）：测试分数与作为效标的另一独立测试结果之间的一致性程度。

关键期（critical period）：有机体在发展过程中学习某种特定反应模式的最佳时期。

文化效应（cultural effects）：从社会组织中习得的共享行为和习俗。

文化帝国主义（cultural imperialism）：将本文化扩展到其他文化或者亚文化。

累积连续性（cumulative continuity）：通过解释、环境和反应上的一致性保持跨时间稳定性的人格倾向。

缺失爱（deficiency love，D-love）：马斯洛认为这种爱是自私且惯于索取的。

演绎取向（deductive approach）：在逻辑上先有假设而后得出结论的心理学取向。

防御机制（defense mechanism）：精神分析理论中指歪曲现实以保护自我的过程。

防御性悲观（defensive pessimism）：一种在风险性情境中通过降低对结果的期待来减少焦虑并提高实际表现水平的应对策略。

缺失性需要（deficiency needs）：根据马斯洛的理论，这是生存必须的需要，包括生理需要、安全需要、归属和爱的需要、尊重需要。

延迟满足（delay of gratification）：自我控制的表现，指个体放弃即时强化物以等待之后获得更好的强化物的倾向。

人口统计学信息（demographic information）：年龄、文化族群、出生地、宗教信仰等与人口统计学相关的信息。

恶魔原型（demon archetype）：由荣格提出，指代表残忍和邪恶的原型。

否认（denial）：一种个体拒绝承认引发焦虑的刺激的防御机制。

被轻视的自我（Despised Self）：由霍尼提出，包含对自卑和缺点的感知，源于他人的消极评价和自身的无能感。

方言（dialect）：语言在音韵、词汇和句法形式上的区域性变种。

辩证的人本主义（dialectical humanism）：弗洛姆的人格理论取向，他试图调和人性中的生物性驱力与社会结构的压力，相信人们能够战胜并超越它们，成为具有自发性、创造性和爱的人。

辩证的张力（dialectical tension）：希斯赞特米哈伊用这一概念描述创造力高的人具有的看似相互冲突实则激发创造力的特质。

素质（diathesis）：身体产生疾病或发生失调的倾向性，多源于遗传。

素质-应激模型（diathesis-stress model）：一种疾病模型，认为遗传或后天教养会使人具有某种疾病倾向，但这一倾向可能一直不表现出来，直至被环境诱发。

区分效度（discriminant validation）：测验测量的和不测量的信息之间的无关程度。

分化（discrimination）：动物并不是对所有相似刺激都做出条件反应，这说明动物可以区分不同的刺激。

疾病倾向人格（disease-prone personality）：导致患病可能性增加的人格特点。

替代（displacement）：一种防御机制，指个体潜意识恐惧或欲望的目标从真实目标转移到别处。

文献分析（document analysis）：一种将人格理论应用于日记、信件和其他个人记录的分析的人格测量方法。

外胚层型（ectomorph）：根据谢尔顿的说法，这种体型是瘦长的书呆子类型。

效应量（effect size）：测量效果大小的统计指标，用于表示变量的变异大小。

自我（ego）：在精神分析理论中指本我分化出的应对真实世界的人格结构；在新精神分析理论中指人的个体性，即人格的核心。需要特别注意的是，在荣格的理论中，这个术语指人格的意识方面，代表着对自我的感受。

自我危机（ego crises）：在艾里克森的认同理论中，八个“危机”（冲突或选择）必须依次得到妥善解决，才能实现个体理想的心理发展。

自我发展（ego development）：个体心理成熟的水平。

自我弹性（ego-resilient）：用于描述冷静、从容社交、富有洞察力和不焦虑的人。

自私性支配（egoistic dominance）：根据怀廷和爱德华兹的观点，指为了满足自己的需要而试图控制他人的行为。

皮肤电测量（electrodermal measures）：用电极对皮肤电活动进行监测的方法。

脑电图（electroencephalogram，EEG）：用电极测量脑电波活动的方法。

成年初显期（emerging adulthood）：介于青春期和成年早期之间的一个发展阶段，是青春期危机与相对稳定的成人角色之间的一段较长的认同形成时期。

主位研究法（emic approach）：关注文化特异性的研究方法，通过某单一文化内的术语来理解该文化。

情绪知识（emotion knowledge）：认识和解释自我和他人情绪的能力。

情绪智力（emotional intelligence）：用于应对他人的一系列情绪能力。

编码策略（encoding strategies）：在米歇尔的理论中指加工和编码信息的图式和机制。

内胚层型（endomorph）：根据谢尔顿的观点，这种体型的人超重且性情和蔼。

环境压力（environmental press）：莫瑞人格理论中强调的情境推力，环境中的他人和事物是施加在个体上的定向力量。

表观遗传学（epigenetics）：受环境经验影响的基因组相关部分的激活或失活。

爱欲（eros）：罗洛·梅认为的一种有生殖能力的爱，强调享受和体验。

情欲之爱（erotic love）：弗洛姆认为这种爱指向某个单独个体，是一种短期的亲密关系，可以满足性欲，减轻焦虑。

随机误差（error variance）：一种由随机的、互不相关的变异引起的测量误差。

雌性激素（estrogen）：性激素中典型的女性激素。

族群偏差（ethnic bias）：由于没有考虑到相关的文化和亚文化因素，导致测验失效的情况。

族群（ethnic group）：一种群体划分方式，群体成员具有共同的文化习惯和习俗。

族群中心主义（ethnocentrism）：从自己的文化观点出发评估他人。

行为学（ethology）：在自然环境下对动物行为的研究。

客位研究法（etic approach）：一种跨文化的研究方法，寻找不同文化间的共性。

优生学（eugenics）：高尔顿曾发起优生学运动，提倡并鼓励保存和净化人类优良基因，以此改良人类素质。

进化论（evolution）：该理论认为那些使有机体可以将基因传递给后代的特性将在几代后变得越发显著。

进化人格理论（evolutionary personality theory）：该理论将生物进化论应用到人格研究中。

存在主义（existentialism）：关注人的存在意义的哲学领域。

期望（expectancies）：在米歇尔的理论中指个体对结果和对自我效能的预期。

经验取样测量法（experience sampling method of assessment）：一种测量方法，被试在主试要求的一天的不同时段记录下他们当时的活动和思维过程。

正在体验着的人（experiencing person）：以罗杰斯的现象学观点来看，重要的问题须由个人以其体验为背景来定义。

解释风格（explanatory style）：一组描述个体解释生活事件的惯有方式的认知变量。

外显记忆（explicit memory）：能够被有意识地回忆或再认的记忆。

表达性行为（expressive behavior）：与工具性行为相对，指与个体在社会或家庭群体中的情感舒适度有关的行为。

表达风格（expressive style）：描述非言语社会技能的术语，包括声音特点、面部表情、身体姿势和动作。

外控点（external locus of control）：根据罗特的理论，指由外部因素决定预期结果是否发生的信念。

消退（extinction）：当反应行为不再被强化时，个体反应行为频率减少的过程。

外倾性（Extroversion）：大五人格维度之一，包含热情、支配和强大的社交能力，在该维度上低分的人被认为是内倾的。在艾森克基于生物学的理论中，外倾性指好交际、活跃、友好等特征。外倾者的大脑更难被激活，因此会去寻求刺激。在荣格的理论中，外倾性指力比多或心理能量指向外部世界。

F 量表（F-scale）：加州大学伯克利分校开发的量表，用于测量个体在强硬和威权这两个特质上的倾向性。

切面（facet）：大五人格相关术语，指五个因素下的特征成分，也叫子因素。

因素分析（factor analysis）：根据一些简单量表之间的相关性，抽取出基本维度或因素的统计方法。

女性化（femininity）：与女性相关的特质。

虚构目标（fictional goals）：由阿德勒提出，他认为自我促进的行动因人而异，这反映了不同的人对完美的不同理解。

场依存性（field dependence）：指个体在解决问题时受情境中易被注意但与问题解决无关的信息影响的程度。

场独立性（field independence）：指个体在解决问题时不受情境中易被注意但与问题解决无关的信息影响的程度。

场论（field theory）：勒温的人格理论，认为人的行为由个体内在心理结构、外部环境力量以及人与环境的复杂交互作用所决定。

定时距强化（fixed interval reinforcement schedule）：经过给定的时间间隔给予强化的模式。

定比率强化（fixed ratio reinforcement schedule）：有机体每做出一定次数的行为就给予强化的模式。

迫选再认（forced-choice recognition）：一种研究程序，要求个体先学习词表，然后从成对出现的单词中选出哪个词在词表中出现过。

自由联想（free association）：精神分析治疗时使用的一种方法，个体需要报告进入自己意识的一切内容。

自由回忆（free recall）：一种研究程序，要求个体先学习词表，然后尽量多地报告自己能够回忆起来的在词表中出现过的单词。

弗洛伊德口误（Freudian slip）：在言语或书写中出现的心理失误，能够揭示人的潜意识内容。

挫折－攻击假设（frustration-aggression hypothesis）：认为攻击是由个体目标的实现受到的阻碍或挫败引发的。

功能性磁共振成像（functional magnetic resonance imaging，fMRI）：使用大磁场探测分子运动。该技术利用氧合血红蛋白和脱氧血红蛋白的不同性质，获取与大脑活动有关的信号（神经活动会使用氧气并促进血液流动）。

实用主义（functionalism）：一种心理学理论取向，认为行为和思维之所以能够进化，是因为它们具备生存功能。

机能自主（functionally autonomous）：奥尔波特提出的概念，指许多动机和倾向在成人之后会逐渐独立于他们儿童期的经验而存在，其根源将变得没那么重要。

机能对等（functionally equivalent）：奥尔波特提出的概念，个体的很多行为具有相似的意义，因为个体倾向于使用同样的方式知觉环境和刺激。对于奥尔波特来说，特质是一种内在结构，会导致有规律的行为。

社群感（Gemeinschaftsgefuhl）：阿德勒提出的概念，指个体的社会兴趣水平。

性别角色（gender roles）：以性别为基础的社会角色。

性别图示理论（gender schema theory）：认为文化和性别角色社会化给人们提供了性别图示。

性别图示（gender schemas）：有组织的心理结构，描述了人们对男性和女性的能力、适当行为和适当情境的理解。

性别定型（gender typed）：用于描述围绕性别图式来对自我和他人形成概念的个体。

泛化（generali-zation）：相似刺激引起同一反应的倾向。

泛化期望（generalized expectancy）：罗特提出的概念，指与一组情境有关的期望。

基因性别（genetic sex）：个体的性染色体是XX（女性）还是XY（男性）。

生殖期（genital stage）：在弗洛伊德的理论中指始于青春期的性心理发展阶段，在这一阶段，个体的注意力会转移到两性关系上。

格式塔（gestalt）：一个用来说明模式或结构的德语单词。

格式塔心理学（Gestalt psychology）：一种强调知觉和思维主动性和整合性的心理学取向，主要观点是整体大于部分之和。

习惯层级（habit hierarchy）：社会学习理论中讲到的一种习得的层级，代表在特定情境下做出特定行为的可能性。

习惯（habits）：在学习理论中指刺激和反应之间的联结。

享乐适应（Hedonic Adaptation）：逐渐适应积极或消极刺激的过程，愉悦感或不愉悦感随时间渐渐消失。

半球活动性（hemispheric activity）：左右大脑半球各自的活动水平。

英雄原型（hero archetype）：由荣格提出，指代表为拯救众生与恶势力作斗争的强健力量的原型。

人类基因组计划（human genome project）：一项致力于识别人类染色体中成千上万个基因的功能的研究。

人类潜能运动（human potential movement）：一场人本－存在主义运动，鼓励人们通过会心小组、自我表露和内省实现内在潜能。

人本主义（humanism）：一场强调个人价值以及人类价值重要性的哲学运动。

液压替代模型（hydraulic displacement model）：弗洛伊德提出的概念，不被接受的冲动就像锅炉中的蒸汽一样逐渐堆积，必须得到释放。

记忆增强（hypermnesia）：个体在后来回忆时记起了之前回忆时没有想起来的内容。

催眠术（hypnosis）：个体被引导进入一种特殊的意识状态的过程，其行为部分处于另一个人的控制之下，好像在恍惚间与外部现实分离。

癔症（hysteria）：可以表现为各种形式却找不到器质性病变

根源的心理疾病，有时可通过心理和社会影响治愈。症状包括麻痹、失声、失明等。现在，癔症多被称为“转换性障碍”。

我 – 它独白（I-It monologue）：哲学家马丁·布伯用以描述功利主义关系的术语，在这种关系中，每个人都在利用别人，但不认可别人的价值。

我 – 你对话（I-Thou dialogue）：哲学家马丁·布伯用以描述直接双向关系的术语，在这种关系中，每个人为证明他人的独特价值而存在。

本我（id）：在精神分析理论中指未分化和未经社会化的人格内核，包括基本的心理能量和动机。

理想自我（ideal self）：霍尼将其定义为人们认为完美和希望实现的自我，它为人们感知到的不足所塑造。

认同危机（identity crisis）：由艾里克森提出，指个体对自身能力、关系和未来目标的不确定感。

认同形成（identity formation）：个体人格和自我概念的发展过程。

特殊规律研究法（idiographic）：对个案进行细致研究。

习语（idiolect）：个体自己使用的特定版本的母语。

个性错觉（illusion of individuality）：沙利文提出的概念，指人并不存在单一、固定的人格，这只是一种错觉。

不成熟的爱（immature love）：弗洛姆认为这种类型的爱索取远大于给予。

内隐联想测验（Implicit Association Test）：一种由计算机控制的反应时测验，通过比较更容易的配对（反应更快）和更困难的配对（反应更慢），揭示无意识倾向或内隐认知。

内隐记忆（implicit memory）：不能被有意识地回忆却能影响行为或思维的记忆。

印刻（imprint/imprinting）：行为研究者用这一概念描述一种学习过程，该过程发生于有机体生命非常早的时期，习得的行为过后不能被改变。

个体心理学（Individual Psychology）：阿德勒的人格理论，强调个体的独特动机和感知到的社会地位的重要性。

归纳取向（inductive approach）：系统收集观察结果，在数据信息的基础上提出概念的心理学取向。

幼事遗忘（infantile amnesia）：成人不能记起他们三四岁之前发生的事情的现象。

自卑情结（inferiority complex）：由阿德勒提出，指个体被放大的无能感，源自个体的无助感或导致他们无力的事件及经历。

工具性行为（instrumental behavior）：与表达性行为相对，是一种以任务为中心，脱离人际系统的目标定向行为。

内部一致性信度（internal consistency reliability）：一个测验中各部分分数的一致性程度。

内控点（internal locus of control）：根据罗特的理论，指个体对自身行为导向理想结果的一种惯有期待。

精神病学的人际关系理论（interpersonal theory of psychiatry）：沙利文的人格理论，强调个体面对的重复出现的社会情境。

亲密动机（intimacy motive）：麦克亚当斯的研究内容，指亲密地与他人分享自我的需要。

内倾性（Introversion）：在大五人格理论中指外倾性水平较低，比较害羞、顺从、退缩、安静。在艾森克基于生物学的理论中，指安静、保守和深思熟虑，内倾者的大脑较易被激活，于是他们倾向于避开刺激性的社会环境。在荣格的理论中，它指力比多或心理能量指向内部世界。

项目相关性（item intercorrelation）：测验中项目之间的关联程度。

项目反应理论（Item Response Theory，IRT）：一种题目甄选和测验编制的数学方法。该方法假设被试有一种潜在特质，认为被试在这种特质上的大概位置，以及测验题目的特点，决定了其对特定题目做出积极反应的可能性。

判断 – 知觉分量表（Judgment-Perception scale）：迈尔斯 – 布里格斯类型指标的分量表，反映个体更倾向去评价一个事物还是感知一个事物。

亲缘选择（kin selection）：即使个体自身不进行繁殖，增大个体家族成员存活的可能性也是在增大个体基因传递的可能性。

L 数据（L-data）：由卡特尔提出，指通过学校记录或其他相似来源收集的个体数据，现在还包括社交媒体数据。

潜伏期（latency period）：在弗洛伊德的理论中指 5 ～ 11 岁这一时期，在这个阶段，性心理没有重要的发展，性欲望不能直接宣泄，将转化为其他形式的活动。

隐性内容（latent content）：梦或心理经验中位于意识之下，可以揭示隐藏意义的部分。

效果律（Law of Effect）：由桑代克提出，认为行为的结果会加强或削弱该行为。如果对刺激的反应能带来让有机体满意的结果，刺激和反应间的联结就会被加强；如果反应带来的是不适或痛苦，联结将被削弱。这一规律是操作性条件反射概念的前身。

习得性无助（learned helplessness）：马丁·塞利格曼使用的术语，被用来描述有机体由于持续暴露在不可避免的惩罚中，最终在可逃离的条件下依然被动接受惩罚的现象。

习得性乐观（learned optimism）：马丁·塞利格曼用这一术语描述人们可以通过训练达到的一种乐观的风格。

学习风格（learning style）：个体完成任务或掌握技能的特定方式。

力比多（libido）：在弗洛伊德的精神分析理论中指潜藏于心理张力之下的性能量。在荣格的分析心理学理论中是一种普遍的心理能量，在本质上不一定与性有关。

生活空间（life space）：在勒温的理论中指所有作用于个体的内部和外部力量。

人生任务（life tasks）：由南茜·坎托提出，指人们最近关注的、由年龄决定的事件。

生命历程取向（life-course approach）：艾夫夏罗姆·卡斯比的人格理论，强调行为模式的变化是年龄、文化、社会群体、生活事件以及内在驱力、动机、能力和特质的函数。

语言相对论（linguistic relativity）：由本杰明·李·沃夫和爱德华·萨皮尔提出，认为人们对世界的解读在很大程度上依赖于用以定义世界的语言系统。

因果的定位（locus of causality）：由维纳提出，指将特定情境知觉为由个体内部因素导致还是外界因素导致。

控制点（locus of control）：在罗特的理论中被用以衡量个体对事件结果进行外部归因或内部归因的程度。

纵向研究（longitudinal study）：根据杰克·布洛克的观点，指对个体人生过程重要阶段的近距离、综合、系统、客观、持续的研究。

爱情任务（love tasks）：阿德勒认为，爱情任务是个体寻找合适人生伴侣的基本社会问题。

麦角酸二乙基酰胺（lysergic acid diethylamide，LSD）：一种提取自菌类，会使知觉和思维产生梦幻变化的致幻剂。

显性内容（manifest content）：梦或心理经验中能被记起和进行有意识思考的部分。

男性反抗（masculine protest）：阿德勒认为男性反抗指个体试图变得有能力且独立，而不仅仅是父母的附庸。

男性化（masculinity）：与男性相关的特质。

母性本能（maternal instinct）：根据机能主义心理学的观点，当女性与无助的婴儿接触时，她与生俱来的养育婴儿的情感倾向就会被激发出来。

成熟的爱（mature love）：弗洛姆认为处在这种类型的爱中的双方都会满足对方，感到对对方负有责任，无条件地给予爱。

成熟原则（maturity principle）：大部分成年人随着年龄增长变得更具责任感和更低神经质（情绪更稳定）的现象。

抑郁质（melancholic）：基于希波克拉底和盖伦的古希腊体液说提出的一种人格类型，特点是忧郁、悲伤、抑郁。

美尼尔氏综合征（Ménière's disease）：一种内耳疾病，伴有阵发性眩晕、呕吐和听力丧失。

中胚层型（mesomorph）：根据谢尔顿的说法，这是一种肌肉发达、骨骼健壮的运动员体型。

元分析（meta-analysis）：将不同研究的结果进行综合分析的统计技术。

明尼苏达多相人格测验（Minnesota Multiphasic Personality Inventory，MMPI）：一种综合性的自我报告人格测验，主要被用于精神病理学的测量。

镜像神经元（mirror neurons）：一种大脑细胞，当个体（人和动物）做出某种行为或者看到另一个体做出某种行为时，这种细胞会以同样的方式反应（发射信号）。

母亲原型（mother archetype）：由荣格提出，一种象征传承和养育的原型。

母爱（motherly love）：弗洛姆说这是一种单方面且不对等的爱，母亲给予无条件的爱而不要求回报，从这份爱中孩子能得到安全感与稳定感。

动机（motives）：内部的心理生理力量，能够促使行为产生或推动表现。

多元智力（multiple intelligences）：霍德华·加德纳的理论，认为每个人至少拥有七种认识世界的方式，应用这些方式的强度存在个体差异。

多特质－多方法测量（multitrait-multimethod perspective）：使用多种测量方法来测量多种特质，以保证测量效度。

迈尔斯－布里格斯类型指标（Myers-Briggs Type Indicator，MBTI）：一个应用非常广泛的工具，主要用来测量内外倾以及其他一些荣格定义的亚类型。感觉－直觉分量表（Sensation-Intuition Scale）主要考察个体更注重现实还是想象；思维－情感分量表（Thinking-Feeling Scale）主要考察个体更关注逻辑（客观）还是个人（主观）；判断－知觉分量表（Judgment-Perception Scale）主要考察个体更倾向于对事物进行评价还是感知，一些人更有条理，另一些人则更为灵活。因此，一个人可能是“外倾－感觉－思维－知觉型”，即倾向于成为一个以人为本、细心、有逻辑和自发性的领导者。

自恋型人格障碍（narcissistic personality disorder）：一种人格障碍，具有该障碍的个体感到无能和依赖，但却表现得不可一世。

叙事取向（narrative approach）：麦克亚当斯的人格理论，通过传记来研究动机，从而理解完整个体的所有生活背景。

自然选择（natural selection）：物种的某些适应性特征经过

数代繁殖显现出来的过程。

需要（need）：莫瑞用这一术语表示在给定情境下以某种特定方式进行反应的准备状态。

成就需要（need for achievement，nAch）：莫瑞用这一术语表示成功应对社会给定任务的需要。

归属需要（need for affiliation，n Aff）：莫瑞用这一术语表示和他人亲近并获得友情的需要。

表现需要（need for exhibition，n Exh）：莫瑞用这一术语表示在他人面前表现自己，以让别人高兴、愉快、震惊或兴奋的需要。

权力需要（need for power，n Power）：莫瑞用这一术语表示寻求地位，竭力控制他人的需要。

负强化（negative reinforcement）：由于做出某种行为可以终止厌恶事件，此类行为今后出现的可能性会增加，这样的厌恶事件就构成一种负强化。

新精神分析理论（neo-analytic approach）：一种人格理论取向，将自我视为人格的核心。

神经症性需要（neurotic need）：在霍尼的理论中指神经症患者应对焦虑的主导方式。

神经症性倾向（neurotic trend）：在霍尼的理论中指一种交互策略或模式，是神经症个体防御焦虑的主要模式。

神经质（Neuroticism）：大五人格维度之一，包括紧张、喜怒无常和焦虑等特质，低神经质的人情绪较稳定、平静和满足；也是艾森克生物学取向的大三人格维度之一，表现为情绪不稳定及畏惧胆怯。

神经递质（neurotransmitter）：神经元间进行信息传递的化学物质。

一般规律研究法（nomothetic）：寻找人格的通用规则和普遍规律的研究方法。

非决定论（nondeterministic）：该观点认为人类不由固定法则控制，而是具有自由意志。

非共享环境差异（nonshared environmental variance）：儿童被抚养在一起但不共享的那些环境特征。

正常共生性（normal symbiotic）：根据玛格丽特·马勒的观点，指那些发展出了同理心和独立、友爱的感觉的孩子与母亲建立起的关系。

核心品质（nuclear quality）：奥尔波特用这一术语表示一种个人倾向，其中包括个体独特的目标、动机和风格。

客体关系理论（object relations theories）：一种人格理论取向，关注心理驱力指向的客体及与他人关系的重要性。

客观测评（objective assessment）：不依赖于个人主观评定的测量。

观察学习（observational learning）：个体通过观察别人的行为表现而进行的学习，不需要亲自实践或直接强化。

职业任务（occupational tasks）：阿德勒认为职业任务是基本的社会议题之一，个体必须选择职业并为之奋斗，进而感到自己是有价值的。

俄狄浦斯情结（Oedipus complex）：弗洛伊德用这一概念描述男孩对母亲的性冲动以及与父亲的竞争。

开放性（Openness）：大五人格维度之一，包括想象力、风趣性、创新性、艺术感，低开放性的人相对肤浅和简单。

操作性条件反射（operant conditioning）：通过操纵结果改变行为。

口唇期（oral stage）：在弗洛伊德的理论中指一岁之前的性心理发展阶段，此时婴儿的行为被缓解饥渴的驱力驱动。

器官自卑感（organ inferiority）：阿德勒认为人生而存在一些生理缺陷，这种缺陷容易使人产生无能感和疾病，但是身体会试图在其他方面寻求补偿。

机体论（organismic）：这类理论关注来源于不断成长的有机体内部的发展，并且假定这种发展是每个有机体自然的生命进程。

结果期望（outcome expectancy）：依照班杜拉的观点，指对某种行为结果的预期，也指个体对行为可能导致的积极结果的期待，它对个体是否会复制其观察到的行为具有显著影响。

间歇强化（partial reinforcement）：在某种行为发生后偶尔给予奖励，而不是每次都给奖励。

顺从风格（passive style）：由霍尼提出，是个体适应社会的方式之一，采取该种方式的个体认为顺从是最佳的应对方式。

模式（patterns）：动态引导行动并保持相对稳定的基本人格机制。

高峰体验（peak experiences）：根据马斯洛的观点，这是一种强有力的、充满意义感的经历，处于这种经历的个体似乎超越了自我，感觉与世界同在，能感知到完全的自我实现。希斯赞特米哈伊将其描述为伴随全身心投入有意义活动的过程的“心流”。

阴茎妒羡（penis envy）：弗洛伊德提出的术语，用来描述女孩因缺少阴茎而发展出自卑和忌妒的现象。

追求完美（perfection striving）：阿德勒认为追求完美指个体通过克服感知到的缺陷，努力达成虚构目标的过程。

心盛（PERMA）：塞利格曼的积极心理学理论，认为心盛的人格由五个部分组成，分别为积极情绪、投入、关系、意义和成就。

人格面具原型（persona archetype）：荣格提出的原型之一，指向他人呈现社会可接受形象的原型。

个人建构理论（personal construct theory）：凯利的人格理论

取向，假设人们会努力建构和理解世界，并创建自己关于人类行为的理论。

个人禀赋（personal disposition）：奥尔波特用这一术语表示每个人具有的不同特质。

个人取向问卷（Personal Orientation Inventory，POI）：一个自陈式问卷，要求人们对关于自我实现和心理健康的一系列特征进行评分。

个人计划（personal projects）：由布赖恩·利特尔提出，指个体目前正在进行的任务，它激励个体每天为之奋斗。

个人奋斗（personal strivings）：由罗伯特·埃蒙斯提出，指个体通过一系列不同行为想要达成的抽象的总体性目标。

个体潜意识（personal unconscious）：由荣格提出，是心灵的组成部分，由当前不在意识层面的思想和情绪组成。

人格障碍（personality disorder）：破坏个体功能和健康的稳固且持续的行为模式。

人格心理学（personality psychology）：对致使人们与众不同的心理力量的科学研究。

人格调查表（Personality Research Form，PRF）：一种自我报告测验，通过简短的迫选式标准化题目来测量需要。

人格测验（personality test）：一种标准化刺激，可以激发不同个体的不同反应，并对这些差异进行评估。

人学系统（personological system）：莫瑞的人格理论，强调个体作为对特定环境做出反应的复杂有机体，其生命具有丰富性及其动态本质。

生殖器期（phallic stage）：在弗洛伊德的理论中指 4 岁左右时所处的性心理发展阶段，此时个体的性能量集中于生殖器。

现象学（phenomenological）：认为人们的知觉和主观现实是有效的调查数据。

友爱（philia）：罗洛·梅认为这是一种亲如兄弟的爱或喜欢。

黏液质（phlegmatic）：基于希波克拉底和盖伦的古希腊体液说提出的一种人格类型，表现为外在顺从而冷静，内在紧张和烦恼。

恐怖症（phobia）：一种过度的、无法忍受的恐惧。

计划（plans）：在米歇尔的理论中是一种人格变量，指人们行动的意图。

快乐原则（pleasure principal）：本我的运作原则，即满足愉悦，减少内在紧张。

积极心理学（positive psychology）：强调关注积极品质而非病理学的现代心理学运动。

实证主义（positivism）：关注支配世界上的客体行为的法则的哲学世界观。

正电子发射断层扫描（positron emission tomography，PET）：使用具有放射性标记的分子来探测大脑功能，例如放射性葡萄糖，以检查与脑活动相关的能量代谢变化。其他化合物也能进行放射性标记并用于检查脑过程，但代谢变化可能相对缓慢且有延迟。

创伤后应激（posttraumatic stress）：当意识不能应对不可抵抗且令人不安的记忆时出现的焦虑、噩梦和记忆闪回。

原始驱力（primary drive）：基本、天生的行为激发因素，特别是饿、渴、性或痛。

初级强化（primary reinforcement）：根据多拉德和米勒的说法，是一种可以减少原始驱力的事件。

强化原则（principle of reinforcement）：认为行为频率取决于行为结果的理论。

投射（projection）：一种将唤起焦虑的冲动外化并置于他人身上的防御机制。

投射测验（projective test）：使用一些相对无结构的刺激、任务或情境来研究人格的测量技术。

泌乳素（prolactin）：一种促使哺乳期开始的激素。

自我统一体（proprium）：也称统我，根据奥尔波特的观点，它是人格的核心内容，能够界定一个人区别于其他人的关键所在。奥尔波特相信自我统一体具有生理结构基础。

前瞻性研究设计（prospective design）：用早期的测量预测之后的结果。

百忧解（Prozac）：5- 羟色胺再摄取抑制剂，可以提高情绪和改变情绪反应模式。

心灵（psyche）：人类思维、精神、灵魂最本质的部分。在荣格理论中，心灵各部分的动态综合就是人格。

精神分析（psychoanalysis）：弗洛伊德理解人类行为的方法，也指弗洛伊德的精神治疗技术。

心理情境（psychological situation）：根据朱利安·罗特的理论，指个体潜在行为及其价值的独特结合。

精神药理学（psychopharmacology）：研究药物和有毒物质在引起和治疗精神紊乱中的作用。

心身医学（psychosomatic medicine）：以心理影响身体这一思想为基础建立起的医学理论体系。

精神外科学（psychosurgery）：对大脑进行手术以尝试修复人格问题的科学。

会谈治疗（psychotherapeutic interview）：来访者谈论自己生活中重要或棘手的方面的会谈。

精神质（psychoticism）：艾森克视其为一种精神病态倾向，该倾向的特点包括冲动、残忍、强硬、精明等。

惩罚（punishment）：伴随行为出现的不愉快结果，将使未来做出该行为的可能性降低。

Q 数据（Q-data）：卡特尔用这一概念表示通过自我报告和问卷收集到的数据。

Q 分类（Q-sort）：一种人格测量方法，给受测者一些写着各种性格词语的卡片，要求他们对卡片进行分类。

种族（race）：基于一些和地理有关的外貌特征来划分群体，例如皮肤的颜色、眼睛的形状或身高。

激进的决定论（radical determinism）：相信人类的所有行为都是被决定的，不存在自由意志。

合理化（rationalization）：一种防御机制，指给予由内在潜意识动机驱使的行为事后的符合逻辑的解释。

反向形成（reaction formation）：一种防御机制，指通过过分强调思想和行为的对立面来驱走有威胁的冲动。

准备状态（readiness）：指个体在给定的情境中做出适当反应的可能性。这种可能性是个体对该情境的过往经验的函数。

真实自我（Real Self）：霍尼将其定义为人们对自身的认识，认为它是人格的内在核心，包括自我实现的潜能。

现实原则（reality principle）：在弗洛伊德的精神分析理论中指自我的运作原则，即解决现实问题。

退行（regression）：一种防御机制，指个体退回生命早期的安全阶段，以逃避当前的威胁。

强化（reinforcement）：能够加强某一行为或增加该行为重复出现的可能性的事件。

强化程式（reinforcement schedules）：基于时间或反应的强化频率和间隔。

强化效价（reinforcement value）：个体对期待的行为结果的价值估计。

拒绝敏感性（rejection sensitivity）：用来衡量一个人对他人拒绝他的线索过于敏感的程度的人格变量。

相对自我（relative self）：一种哲学观点，认为不存在根本的自我，真正的自我仅由面具组成。

信度（reliability）：多次测量的分数的一致性程度。

抑制（repression）：一种防御机制，指将威胁性思想推入潜意识。

反应定势（response set）：测验中出现的与所测量的人格特征无关的偏差。

罗杰斯治疗（Rogerian therapy）：由罗杰斯发展起来的以来访者为中心的心理治疗，对来访者而言，治疗师是支持性的、非指导的、共情的和无条件积极关注的。

角色建构库测验（Role Construct Repertory Test）：乔治·凯利设计的一种测量工具，意图通过对受测者生活中重要人物的三人一组比较，唤起个体自身的建构系统。

浪漫依恋风格（romantic attachment styles）：根据谢弗的观点，成人浪漫关系的风格能反映出其童年期与父母或照顾者的依恋关系的特点。

统治型（ruling type）：阿德勒认为这种类型的人为了达到自己的目的可以完全不顾及他人的感受。

健康机理（salutogenesis）：阿隆·安东诺维斯基关于人们如何保持健康的理论，根据这个理论，对健康个体而言，世界不一定可控或有序，但个体自身必须拥有连续感。

多血质（sanguine）：基于希波克拉底和盖伦的古希腊体液说提出的一种人格类型，特点是充满希望和欢乐。

图式（schema）：将个体对环境的知识和期望组织起来的认知结构。

精神分裂症（schizophrenia）：这种疾病的症状包括歪曲现实和异常的情绪反应，患者有时还会出现妄想和幻觉。

科学推理（scientific inference）：运用收集到的证据系统地验证理论的正确性。

脚本（script）：在社会情境中指导行为的一种图式。

二级驱力（secondary drives）：在社会学习理论中指通过与原始驱力的满足相联结而习得的驱力。

二级强化（secondary reinforcement）：根据多拉德和米勒的观点，指一种条件强化，即一种中性刺激不断和一个初级强化物相联结，从而也成为强化物。

安全型爱人（secure lovers）：谢弗认为具有这种依恋风格的个体容易与他人形成亲密关系，也愿意让他人亲近自己。

自我实现（self-actualization）：朝精神成长和潜能实现发展的内在过程。

自我效能感（self-efficacy）：个体对自我能否在特定情境中实施特定行为的期望或信念。

自我监控（self-monitoring）：由马克·斯奈德提出，包括自我观察和自我控制，受当前情境中适恰行为的社会线索指导。

自我呈现（self-presentation）：马克·斯奈德用这一概念表示按照社会期望行事。

自我调节（self-regulation）：监控作为个体目标、计划、自我强化的内在过程的个体行为。

自我体系（self-system）：在班杜拉的理论中指一个人知觉、评价和调节自身行为，使之符合环境要求并达到个体目标的认知过程。

感觉寻求（sensation seeking）：追求高刺激性活动和新异体验的倾向。

感觉－直觉分量表（Sensation-Intuition scale）：迈尔斯－布里格斯类型指标的分量表，主要反映个体更注重现实还是想象。

连续感（sense of coherence）：一个人对世界可理解、可控制和有意义的信心。

社会经济地位梯度（SES gradient）：存在于公共健康领域的一个现象，即个体的社会经济地位越高，他生病和罹患绝症的可能性越低。

性（sex）：罗洛·梅认为它是一种爱的形式，主要表现为强烈的情欲和驱力的释放。

暗影原型（shadow archetype）：荣格提出的原型之一，代表了人格中黑暗而不被接受的一面。

塑造（shaping）：未分化的操作行为通过连续近似的强化逐渐改变或成为期望的行为模式的过程，使行为越来越接近目标行为。

病人角色（sick role）：关于生病时人们该如何表现的一系列社会期望。

情境性社会认知（situated social cognition）：一种随着情境的变化而变化的社会认知过程。

斯金纳箱（Skinner box）：在特定空间里，实验者通过控制强化和精确测量动物反应来塑造动物行为。

社会达尔文主义（Social Darwinism）：认为社会和文化也会为了适应生存而自然地相互竞争。

社会赞许反应定势（social desirability response set）：在测验中，人们可能会故意表现出社会接纳和赞许的一面或有意取悦实验者。

社会工程学（social engineering）：为影响个人行为对环境相倚性进行的控制。

社会智力（social intelligence）：该观点认为，个体对与不同人际交互情境有关的特定知识和技能掌握程度不同。

社会学习理论（social learning theory）：认为习惯是基于二级驱力建立起来的。

社会角色（social roles）：渗透于工作和家庭生活中的性别及其他角色，包含着对不同类别的人的期待。

社会角色理论（social roles theory）：爱丽丝·伊格利的理论认为，社会行为表现出的性别差异可以用社会角色进行解释，也就是说，男人和女人因为扮演不同的角色而具有特定的行为。

社会自我（social self）：米德提出的概念，指在社会互动中发展出的关于自己是谁及如何看待自己等的观念，也指社会中的身份认同。

社会任务（societal tasks）：阿德勒认为的基本社会事务，如必须建立友情和社会关系。

社会生物学（sociobiology）：研究生物进化规律对于个体对社会事件的反应的影响。

社会经济地位（socioeconomic status，SES）：反映个体受教育程度和收入状况的指标。

身心影响（somatopsychic effect）：疾病或疾病遗传因素影响人格。

体型学（somatotypology）：威廉·赫伯特·谢尔顿关于体型和人格特征间关系的理论。

特定期望（specific expectancy）：根据罗特的理论，指对行为能在特定情境下得到奖励的期待。

因果的稳定性（stability of causality）：由维纳提出，指个体倾向于将事件发生的原因知觉为持久稳定的还是随时间变化的。

刻板印象（stereotype）：关于特定群体成员人格特征的图式或信念。

刻板印象威胁（stereotype threat）：个体担心他人的评价和自己的行为会验证其所属群体的消极刻板印象。

策略（strategies）：根据米歇尔的理论，指人们赋予刺激和强化物的意义的差异，是从各情境及其结果中习得的经验。

结构化访谈（structured interview）：一种系统的访谈方法，访谈者遵循既定提纲引导访谈过程，以得到来自不同的人的同类信息。

主观评估（subjective assessment）：依赖主观解释的测量。

主观幸福感（subjective well-being）：个人对自己幸福水平或生活质量的看法。

升华（sublimation）：一种防御机制，指将危险的欲望转化为积极的能被社会接受的动机。

超我（superego）：在弗洛伊德的精神分析理论中指内化了社会规范的人格结构，它以能被社会接纳的方式引导目标导向的行为。

优越情结（superiority complex）：由阿德勒提出，指个体通过表现得过分傲慢来克服自卑情结。

适者生存（survival of the fittest）：物种进化的相关概念，那些不能在生活环境中竞争的个体在成长和生育后代方面往往不那么成功。

共生性精神病（symbiotic psychotic）：玛格丽特·马勒认为患有共生性精神病的儿童与他人建立了太过坚固的情感联系，以至于其自我意识难以形成。

多元文化评定系统（System of Multicultural Pluralistic Assessment，SOMPA）：由简·默瑟开发的一套系统，认为测验结果不能脱离所处文化，强调应在同一文化群体中进行比较。

系统脱敏法（systematic desensitization）：通过分离恐惧刺激和恐惧反应，使恐怖症逐渐消退。

系统（systems）：根据莫瑞的理论，指带有反馈的一系列动态影响。

T数据（T-data）：由卡特尔提出，指通过记录或评估给定情境下被试的反应得来的数据。

目的论（teleology）：认为人生存在宏伟的设计或目的的观点。

气质（temperament）：个体情绪反应的稳定差异。

重测信度（test-retest reliability）：同一测验在不同时间和情境下测量的结果的一致性程度。

睾酮（testosterone）：最常见和典型的雄性激素。

塔纳托斯（Thanatos）：在弗洛伊德的理论中指朝向死亡和自我毁灭的驱力。

主题（thema）：根据莫瑞的理论，指个体需求和环境压力的典型组合。

主题统觉测验（Thematic Apperception Test，TAT）：一种投射测验，要求受测者根据看到的图片编一个故事，包括接下来会发生的事。

思维－情感分量表（Thinking-Feeling scale）：迈尔斯－布格里斯类型指标的分量表，主要反映个体更关注逻辑性和客观性还是个人性和主观性。

特质（trait）：奥尔波特用这一术语表示一种广义的神经心理结构或核心倾向，是行为跨时间、跨情境一致性的基础。

特质取向（trait approach）：使用有限的形容词或者形容词维度来对个体进行描述和测量的取向。

向性（tropism）：寻找特定类型的环境的倾向。

图灵测验（Turing Test）：一项关于计算机是否能够充分模拟人类的标准化测验。最早由艾伦·图灵提出，在测验中，人需要和两个隐藏的对象进行互动，判定哪个是人、哪个是机器。

特纳氏综合征（Turner's syndrome）：孩子出生时只有一个X染色体的异常现象，这样的个体有女性的外生殖器，但是没有卵巢。

A型行为模式/A型人格（Type A behavior pattern/Type A personality）：一种紧张、竞争性的风格，很有可能与冠心病有关。

T型人格理论（Type T theory）：由弗兰克·H. 法利提出，认为对刺激的生理心理需要源于内部唤醒不足，其中T指的是“刺激寻求”。

类型（types）：一种人格理论取向，认为人们应该被分为不同的类别。这种观点与认为应将人放在一个连续体上考虑的观点相反。

类型论（typology）：一种分类倾向，认为一个人只可能属于某一个群体。

潜意识（unconscious）：意识思维无法接近的心灵部分。

效度（validity）：一个测验测到预期测量内容的程度。

替代学习（vicarious learning）：通过观察别人的经验而实现的学习。

回避风格（withdrawn style）：由霍尼提出，具有回避风格的人认为不掺杂任何情感是应对社会的最佳方式。

零熟人（zero acquaintance）：对一个从未接触过的人进行的观察和判断时的状态。

心理学教材

《社会心理学（原书第14版)》

作者：[美]尼拉 R. 布兰斯科姆 罗伯特 A.巴隆 著 译者：邹智敏 翟晴 等

版次最高的社会心理学教材之一！权威经典，生动有趣，前沿趋势，实用全面！非心理学专业读者的第一本社会心理学读物！顶级社会心理学家为普通读者经营的心理学百货商店！著名心理学家菲利普 • 津巴多热烈推荐！最时尚的思潮与久经考验的古老真理天衣无缝地结合在一起

《变态心理学（原书第3版）》

作者：[美] 德博拉 C. 贝德尔 辛西娅 M. 布利克 梅琳达 A. 斯坦利 译者：袁立壮

哥伦比亚大学等100多所美国大学采用教材
根据DSM-5标准全新改版
生动活泼，通俗易懂，案例丰富
国内广受欢迎的外版变态心理学教材

《心理学导论（原书第9版）》

作者：[美] 韦恩 · 韦登 译者：高定国 等

中山大学心理学系系主任高定国教授领衔翻译
中国著名心理学家、《普通心理学》主编彭聃龄教授推荐
美国心理学会颁发的卓越教学奖得主韦登教授撰写
心理学导论类优秀教材之一

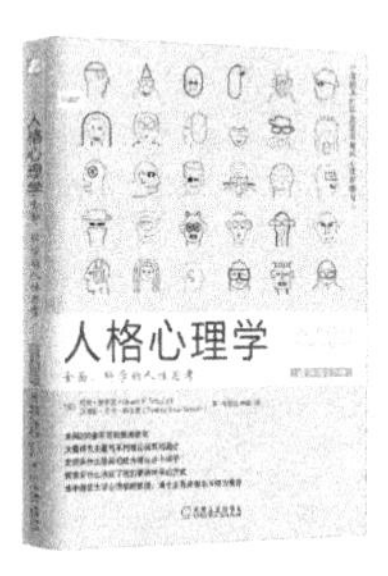

《人格心理学：全面、科学的人性思考（原书第10版）》

作者：[美] 杜安 · 舒尔茨 西德尼 · 艾伦 · 舒尔茨 译者：张登浩 李森

美国200多所高校使用教材；大量研究主题与不同理论流派相融合；发现什么使我们成为现在这个样子；探索什么决定了我们看待世界的方式；华中师范大学心理学院教授、博士生导师郭永玉倾力推荐

《人格心理学：经典理论和当代研究（原书第6版）》

作者：[美] 霍华德 · S. 弗里德曼 米利亚姆 · W. 舒斯塔克 译者：王芳 等

全球名校学生喜爱的心理学教材，著名心理学家许燕推荐，北师大心理学部王芳教授团队翻译。阐述人格心理学8大理论取向和科学研究，启发读者对于人性的批判性思考

更多>>>

《心理学入门：日常生活中的心理学（原书第2版）》 作者：[美]桑德拉 · 切卡莱丽 诺兰 · 怀特 译者：张智勇 等
《心理学史（原书第2版）》 作者：[美] 埃里克 · 希雷 译者：郑世彦 刘思诗 柴丹 张潇涵
《变态心理学：布彻带你探索日常生活中的变态行为（原书第2版）》 作者：[美] 詹姆斯 · 布彻 等 译者：王建平 等